FADIAN QIYE XINYUANGONG RUZHIPEIXUN JIAOCAI

发电企业新员工
入职培训教材

华能国际电力江苏能源开发有限公司　编

中国电力出版社
CHINA ELECTRIC POWER PRESS

内 容 提 要

在"30·60"碳达峰碳中和目标引领下，我国电力行业大力实施绿色低碳转型发展，随着大量新技术、新工艺、新设备在发电企业得到广泛应用，对发电企业员工的综合素质提出了更高要求。其中，新员工入职培训更是电力企业发展的一项重要工作。

本书共分十九章，内容包括安全教育、消防安全知识、急救常识、电力生产过程、锅炉及辅助系统、汽轮机及辅助系统、发电厂电气设备及系统、阀门基础知识、电力安全工器具使用与管理、热工过程自动化及热工保护、电厂燃料输送系统设备、电厂化学及水处理过程、火电厂集控运行基础知识、燃气轮机电厂设备及生产过程、城市热网运行管理、风力发电设备、光伏发电设备和生产过程、电力市场、综合能源服务等。

本书可作为电力企业新员工的入职培训用书，也可供电力企业相关专业管理和技术人员参考使用。

图书在版编目（CIP）数据

发电企业新员工入职培训教材/华能国际电力江苏能源开发有限公司编. —北京：中国电力出版社，2022.11

ISBN 978-7-5198-6894-9

Ⅰ．①发… Ⅱ．①华… Ⅲ．①发电厂－岗位培训－教材 Ⅳ．①TM62

中国版本图书馆 CIP 数据核字（2022）第 119657 号

出版发行：中国电力出版社
地　　址：北京市东城区北京站西街 19 号（邮政编码 100005）
网　　址：http://www.cepp.sgcc.com.cn
责任编辑：孙　芳（010-63412381）
责任校对：黄　蓓　常燕昆　于　维
装帧设计：赵丽媛
责任印制：吴　迪

印　　刷：三河市万龙印装有限公司
版　　次：2022 年 11 月第一版
印　　次：2022 年 11 月北京第一次印刷
开　　本：787 毫米×1092 毫米　16 开本
印　　张：35.25
字　　数：854 千字
印　　数：0001—2000 册
定　　价：140.00 元

前 言

在"30·60"碳达峰碳中和目标引领下，我国电力行业大力实施绿色低碳转型发展，随着大量新技术、新工艺、新设备在发电企业得到广泛应用，对发电企业员工的综合素质提出了更高要求。发电企业员工技术技能水平直接关系到机组、电厂甚至电网的安全、稳定、经济运行，如何做好员工培训工作是发电企业的重要课题。新员工入职培训是发电企业人才储备、队伍建设的基础和重要工作，新员工进入企业接受培训的第一课，是扣好职业生涯的"第一粒扣子"的关键，对其今后职业生涯的发展、树立终身学习的态度至关重要。

本书针对入职新员工的特点，重点介绍了发电企业安全生产知识、火力发电厂的主要系统及现场设备的作用和结构，以及现场基本操作技能等内容。本书还结合当前发电企业转型发展的实际情况，介绍了燃气发电、风力发电、太阳能发电、综合能源服务、电力市场营销等相关知识，以适应发电企业的培训需求。本书将发电企业生产需求和学校教育进行衔接，帮助新员工理论联系实际，进一步了解电力生产知识、电力生产流程，迅速融入发电企业职业环境。

本书在编写过程中，得到了华能集团及各兄弟单位领导、专家和相关专业技术人员的大力支持和积极协助，在此表示衷心的感谢！特别感谢华能集团公司党组组织部（人资部）、教培中心在本书编写过程中的指导和帮助！

限于时间仓促和编写水平，书中难免出现疏漏与不足之处，恳请广大读者和同仁批评指正，以便内容不断补充和完善。

编 者

2022 年 10 月

目 录

三、电力安全工作规程

本文中电力安全规程指的是中国华能集团公司《电力安全工作规程》(热力和机械部分)和中国华能集团公司《电力安全工作规程》(电气部分),适用于华能集团公司生产性企业。

主要内容摘录:

(1)各级人员应牢记"安全第一,预防为主,综合治理"的安全生产方针,全面树立"安全就是信誉,安全就是效益,安全就是竞争力"的华能安全理念。

(2)企业必须对所有新进入员工和新入厂外来作业人员进行厂(公司)、车间(部门)、班组(岗位)的三级安全教育培训,告知作业现场和工作岗位存在的危险因素、防范措施及事故应急措施,并按本部分和其他相关安全规程的要求,考试合格后方可上岗作业。

(3)对于中断工作连续 1 个月以上人员,必须重新学习本规程,并经考试合格后,方能恢复工作。

(4)新建或改、扩建项目应经过安全条件论证,平面布局合理。工程竣工后,安全设施应经过竣工验收。

(5)各级领导人员不准发出违反《安规》的命令。工作人员接到违反《安规》的命令,应拒绝执行。

(6)对于可能直接危及人身安全的紧急情况,应立即停止作业或在采取可能的应急措施后撤离作业场所,并立即报告。

(7)作业现场的生产条件、安全设施、作业机具和安全工器具等应符合国家或行业标准规定的要求,安全工器具和劳动防护用品在使用前应确认合格、齐备。

(8)易燃、易爆、有毒有害危险品,高噪声以及对周边环境可能产生污染的设备、设施、场所,在符合相关技术标准的前提下,应远离人员聚集场所。进入易燃易爆场所(氨站、氢站等)的机动车,必须有防火防爆措施。

(9)应根据生产场所、设备、设施可能产生的危险、有害因素的不同,分别设置明显的安全及职业危害警示、告知标志。例如:

禁止标志如图 1-1 所示。警告标志如图 1-2 所示。指令标志如图 1-3 所示。

禁止烟火　　　禁止带火种　　　禁止放易燃物　　　禁止触摸

图 1-1　禁止标志

(10)主控制室、重要表计、主要楼梯、通道等地点,必须设有事故照明。工作地点应配有手持、移动式等应急照明。高度低于 2.5m 的电缆夹层、隧道应采用安全电压供电。

(11)工作场所的井、坑、孔、洞或沟道,必须覆以与地面齐平的坚固盖板。在检修工

参考文献

第一章　安全教育

为什么要进行新员工安全基础教育？

电力企业新入厂员工主要是指新招聘的大学毕业生或其他新调入、准备安排到生产岗位上工作的生产人员。新员工安全基础教育是为了保证新入厂员工的人身安全和设备安全，提高安全能力，增强安全意识，在工作中做到安全生产、文明施工、杜绝违章、防范事故。对员工进行安全教育是企业生存发展的需要、国家法律法规的要求，是全面适应电厂安全、健康、环保管理体系，实现安全生产目标的需要。要求新入厂员工了解发电厂的生产特点、熟悉现场作业环境，掌握必要的安全知识和自我防护技能。作业中严格遵守电厂各项规章制度，遵循安全技术操作规程，听从电厂有关方面人员的指导和安排，树立"违章就是事故"的安全意识。学会正确使用个人防护用品，做好安全防护措施，做到"不伤害自己，不伤害别人，不被他人伤害，保护他人不受伤害"，有效防止各类事故的发生。

第一节　安全生产法律法规

一、《中华人民共和国安全生产法》

《中华人民共和国安全生产法》以下简称《安全生产法》，是我国第一部安全生产领域的基本法律。

2002 年 6 月 29 日，第九届全国人大常委会第二十八次会议审议通过，同年 11 月 1 日起正式施行。根据 2009 年 8 月 27 日第十一届全国人民代表大会常务委员会第十次会议《关于修改部分法律的决定》进行了第一次修正，2014 年 8 月 31 日，根据第十二届全国人大常委会第十次会议《关于修改〈中华人民共和国安全生产法〉的决定》进行了第二次修正。2021 年 6 月 10 日，第十三届全国人民代表大会常务委员会第二十九次会议表决通过了关于修改《中华人民共和国安全生产法》的决定，对《安全生产法》进行了第三次修正，并于 2021 年 9 月 1 日起施行。

立法目的：为了加强安全生产工作，防止和减少生产安全事故，保障人民群众生命和财产安全，促进经济社会持续健康发展。

《安全生产法》主要内容见附录 1。

二、中华人民共和国电力法

《中华人民共和国电力法》于 1995 年 12 月 28 日，第八届全国人民代表大会常务委员会第十七次会议通过，自 1996 年 4 月 1 日起施行。2009 年 8 月 27 日，根据第十一届全国人民代表大会常务委员会第十次会议《关于修改部分法律的决定》进行了第一次修正，2015 年 4 月 24 日，根据第十二届全国人民代表大会常务委员会第十四次会议《关于修改

〈中华人民共和国电力法〉等六部法律的决定》进行了第二次修正，根据 2018 年 12 月 29 日第十三届全国人民代表大会常务委员会第七次会议《关于修改〈中华人民共和国电力法〉等四部法律的决定》进行了第三次修正。

立法目的：为了保障和促进电力事业的发展，维护电力投资者、经营者和使用者的合法权益，保障电力安全运行。

《中华人民共和国电力法》主要内容见附录 2。

三、中华人民共和国消防法

《中华人民共和国消防法》于 1998 年 4 月 29 日第九届全国人民代表大会常务委员会第二次会议通过并正式实施，2008 年 10 月 28 日第十一届全国人民代表大会常务委员会第五次会议修订，2019 年 4 月 23 日第十三届全国人民代表大会常务委员会第十次会第一次修正，2021 年 4 月 29 日第十三届全国人民代表大会常务委员会第二十八会议第二次修正，正式通过实施。

立法目的：为了预防火灾和减少火灾危害，加强应急救援工作，保护人身、财产安全，维护公共安全。

《中华人民共和国消防法》主要内容见附录 3。

四、中华人民共和国环境保护法

《中华人民共和国环境保护法》于 1989 年 12 月 26 日第七届全国人民代表大会常务委员会第十一次会议通过、公布并实施。2014 年 4 月 24 日第十二届全国人民代表大会常务委员会第八次会议表决通过修订，2015 年 1 月 1 日起施行。

立法目的：为了保护和改善环境，防治污染和其他公害，保障公众健康，推进生态文明建设，促进经济社会可持续发展。

《中华人民共和国环境保护法》主要内容见附录 4。

五、企业安全生产责任体系五落实五到位

为深入贯彻落实习近平总书记关于安全生产工作的重要论述精神和全国安全生产电视电话会议部署，全面贯彻落实新《安全生产法》，进一步健全安全生产责任体系，强化企业安全生产主体责任落实，2015 年 3 月 16 日，国家安全生产监督管理总局印发《企业安全生产责任体系五落实五到位规定》（安监总办〔2015〕27 号），要求各企业将《规定》张贴在醒目位置，并严格按照要求，抓紧完善安全生产领导责任制，调整安全生产管理机构人员，建立相关工作制度。

（1）必须落实"党政同责"要求，董事长、党组织书记、总经理对本企业安全生产工作共同承担领导责任；

（2）必须落实安全生产"一岗双责"，所有领导班子成员对分管范围内安全生产工作承担相应职责；

（3）必须落实安全生产组织领导机构，成立安全生产委员会，由董事长或总经理担任主任；

（4）必须落实安全管理力量，依法设置安全生产管理机构，配齐配强注册安全工程师

等专业安全管理人员；

（5）必须落实安全生产报告制度，定期向董事会、业绩考核部门报告安全生产情况，并向社会公示。

（6）必须做到安全责任到位、安全投入到位、安全培训到位、安全管理到位、应急救援到位。

第二节　安全生产知识

一、安全管理基础概念

电力工业是国民经济的一项基础产业，是国民经济发展的先行产业，与国民经济各部门关系非常密切。对电力系统运行的基本要求概括为：安全、可靠、优质、经济。

（1）安全：安全是指生产系统中人员免遭危险的伤害。在生产过程中，不发生人员伤亡、职业病或设备、设施损坏或环境危害，不因人、机、环境的相互作用而导致系统失效、人员伤害或其他损失。

（2）事故：事故是一个或一系列非预期的导致人员疾病或伤亡，设备或产品损失或破坏，以及危害环境的事件。根据后果不同可分为人身伤亡事故、财产损失事故和未遂事故。

（3）不安全行为：能够导致事故发生的动作或指令。

（4）事故隐患：物的危险状态、人的不安全行为和管理缺陷等随时可导致事故发生的潜在危险因素。

（5）"三违"：是指违章指挥、违章作业、违反劳动纪律。

（6）"三宝四口"："三宝"是指安全帽、安全带、安全网；"四口"是指楼梯口、电梯口、预留口和通道口。

（7）华能集团的安全理念："安全就是信誉、安全就是效益、安全就是竞争力"。

（8）安全生产方针："安全第一，预防为主，综合治理"。

1）安全第一。安全第一，首先是人的基本需要，其次是任何事业发展的基础，第三是任何管理工作的重要内容，第四是任何产品质量标准的基本要求，第五是任何基础科学技术的应用，首先要考虑安全问题。

2）预防为主。防止和减少事故，保障人民生命财产安全，重在预防，这是安全生产工作的重中之重。落实安全生产保障措施是预防事故发生的根本途径。

3）综合治理。综合治理就是综合运用经济、法律、行政等手段，人管、法治、技防等多管齐下，并充分发挥社会、职工、舆论的监督作用，实现安全生产的标本兼治、齐抓共管。

（9）安全信念和目标是树立一切事故都是可以避免的信念，设立零事故的安全目标。即世界一流安全业绩企业的安全目标是：零事故、零伤害、零污染。

（10）三个不能过高估计：不能过高估计当前的安全生产形势；不能过高估计我们对安全生产工作的认识；不能过高估计我们的安全管理水平。

（11）三同时：生产经营单位新建、改建、扩建工程项目的安全设施，必须与主体工程同时设计、同时施工、同时投入生产和使用。

（12）四不放过：事故原因分析不清不放过；事故责任者和群众没有受到教育不放过；没有采取切实可行的防范措施不放过；事故责任没有受到追究不放过。

（13）四不伤害：在安全生产过程中做到：不伤害自己；不伤害他人；不被他人伤害；保护他人不受伤害。

（14）安全工作要求的"五个绝对不允许"是指：绝对不允许发生重大责任事故；绝对不允许发生重大伤亡、重大设备损坏事故；绝对不允许在重要的时间和重要地点发生重大事故；绝对不允许发生有重大社会影响的事故；绝对不允许因为燃料供应问题而影响安全生产。

（15）三级安全教育。根据电力企业安全管理规定的相关规定，生产岗位员工（包括学徒工、外单位调入员工、合同工、代培人员和大中专院校毕业生、技术岗位的季节性临时工等）首次上岗前必须进行三级安全教育培训工作，并经各级安全培训教育考试合格后，方能参加相应的生产工作。

三级安全教育是指厂级、部门级和班组级安全教育。

1）厂级安全教育由各单位安监部门组织，厂级岗前安全培训。需培训内容：①本单位安全生产情况及安全生产基本知识；②本单位安全生产规章制度和劳动纪律；③从业人员安全生产权利和义务；④有关事故案例等。

2）部门级安全教育由生产部门安全工程师组织。需安全培训内容：①工作环境及危险因素；②所从事工种可能遭受的职业伤害和伤亡事故；③所从事工种的安全职责、操作技能及强制性标准；④自救互救、急救方法、疏散和现场紧急情况的处理；⑤安全设备设施、个人防护用品的使用和维护；⑥本车间（工段、区、队）安全生产状况及规章制度；⑦预防事故和职业危害的措施及应注意的安全事项；⑧有关事故案例；⑨其他需要培训的内容。

3）班组级安全教育由班组兼职安全员组织。需培训内容：①岗位安全操作规程；②岗位之间工作衔接配合的安全与职业卫生事项；③有关事故案例；④其他需要培训的内容。

4）重新上岗培训要求：①从业人员调整工作岗位，或者离岗1年以上重新上岗，应当重新接受部门和班组级的安全培训；②生产经营单位实施新工艺、新技术或者使用新设备、新材料时，应当对有关从业人员重新进行有针对性的安全培训。

二、两票三制

（1）两票三制：工作票、操作票；交接班制度、巡回检查制度、设备定期试验与轮换制度。

（2）设备管理三措两案：组织措施、技术措施、安全措施，施工方案、应急救援方案。

（3）防止电气误操作的"五防"指：

1）防止带负荷拉隔离开关。

2）防止误断合断路器。

3）防止带电挂接地线。

4）防止带接地线送电。

5）防止误入带电间隔。

作中如需将盖板取下，必须装设牢固的临时围栏，并设有明显的警告标志。

注意安全　　　　当心火灾　　　　当心中毒　　　　当心触电

图 1-2　警告标志

必须戴安全帽　　必须戴防尘口罩　　必须戴护耳器　　必须系安全带

图 1-3　指令标志

（12）所有升降口、大小孔洞、楼梯和平台，必须装设不低于 1200mm 高的栏杆和不低于 180mm 高的护板。

（13）禁止利用任何管道、栏杆、脚手架悬吊重物和起吊设备。

（14）生产厂房及仓库应备有必要的消防设施和消防防护装备，如：消防栓、水龙带、灭火器、砂箱、防火毯和其他消防工具以及正压式空气呼吸器、防毒面具等。消防设施和防护装备应定期检查和试验，保证随时可用。严禁将消防工具移作他用；严禁放置杂物妨碍消防设施、工具的使用。

（15）生产厂房内外的电缆，在进入控制室、电缆夹层、控制柜、开关柜等处的电缆孔洞，必须按相关规定用防火材料严密封闭，并沿两侧规定长度上涂以防火涂料或其他阻燃物质。

（16）主控室、值班室、化验室等经常有人工作的场所应配备急救箱，施工车辆上宜配备急救箱，根据生产实际存放相应的急救药品，并指定专人经常检查、补充或更换。

（17）机动车在无限速标志的厂内主干道行驶时，在保证安全的情况下不得超过 20km/h。

（18）新录用的工作人员应经过身体检查合格。经医师鉴定，无妨碍工作的病症（身体检查每两年至少一次）。

（19）所有工作人员都应具备必要的安全救护知识，应学会紧急救护方法（见图 1-4），特别要学会触电急救法、窒息急救法、心肺复苏法等，并熟悉有关烧伤、烫伤、外伤、气体中毒等急救常识。

（20）作业人员的着装不应有可能被转动的机械绞住的部分和可能卡住的部分，进入生产现场必须穿着合格的工作服，衣服和袖口必须扣好；禁止戴围巾，穿着长衣服、裙子。工作服禁止使用尼龙、化纤或棉、化纤混纺的衣料制作，以防遇火燃烧加重烧伤程度。工作人员进入生产现场，禁止穿拖鞋、凉鞋、高跟鞋；对接触高温物体、酸碱作业、易燃易爆、带电设备、有毒有害、辐射等作业，必须穿专用的防护工作服、戴面罩、手套等。带电作业必须穿绝缘鞋。

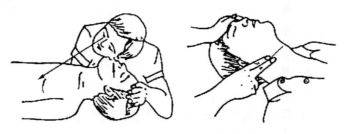

图 1-4　紧急救护

（21）电气设备分为高压和低压两种：

1）高压电气设备：电压等级在 1000V 以上者；

2）低压电气设备：电压等级在 1000V 及以下者。

（22）运用中的电气设备，指全部带有电压、一部分带有电压或一经操作即带有电压的电气设备。

（23）所有电气设备的金属外壳均应有良好的接地装置。使用中不准将接地装置拆除或对其进行任何工作。

（24）任何电气设备上的标示牌，除原来放置人员或负责的运行值班人员外，其他任何人员不准移动。

（25）发现有人触电，应立即切断电源，使触电人脱离电源，并进行急救。如在高空工作，抢救时必须注意防止高处坠落。

（26）遇有电气设备着火时，应立即将有关设备的电源切断，然后进行救火。对可能带电的电气设备以及发电机、电动机等，应使用干式灭火器、二氧化碳灭火器或六氟丙烷灭火器灭火；对油开关、变压器（已隔绝电源）可使用干式灭火器、六氟丙烷灭火器等灭火，不能扑灭时再用泡沫式灭火器灭火，不能扑灭时可用干砂灭火；地面上的绝缘油着火，应用干砂灭火。扑救可能产生有毒气体的火灾（如电缆着火等）时，扑救人员应使用正压式呼吸器。

（27）机械的转动部分必须装有防护罩或其他防护设备（如栅栏），露出的轴端必须设有护盖。在机器设备断电隔离之前或在机器转动时，禁止从联轴器和齿轮上取下防护罩或其他防护设备。

（28）在机器未完全停止以前，不准进行维修工作。维修中的机器应做好防止转动的安全措施，如：切断电源（电动机的断路器、隔离开关或熔丝应拉开；断路器操作电源的熔丝也应取下；DCS操作画面上也应设置"禁止操作"），切断风源、水源、气源、汽源、油源；与系统隔离的有关闸板、阀门等应关闭，必要时，应加装堵板，并加装措施锁；上述闸板、阀门上悬挂"禁止操作，有人工作"标示牌（见图 1-5）。

图 1-5　"禁止操作、有人工作"标示牌

（29）禁止在栏杆上、管道上、联轴器上、安全罩上或运行中设备的轴承上行走和坐、立，如需要在管道上坐、立才能工作时，必须做好安全措施。

（30）设备异常运行可能危及人身安全时，应停止设备运行。

（31）严禁戴手套或用单手抡大锤，使用大锤时，周围不准有人靠近。

（32）电气工器具应由专人保管，每六个月须由电气试验单位进行定期检查。

（33）使用Ⅰ类或外壳为金属材料的电动工具时，应戴绝缘手套。使用电动工具时，必须装设剩余电流动作保护器。

（34）使用电钻等电气工具时必须戴绝缘手套。

（35）在金属容器内和狭窄场所工作时，必须使用24V以下的电气工具，或选用Ⅱ类手持式电动工具。必须设专人不间断地监护，监护人可随时切断电动工具的电源。电源联结器和控制箱等应放在容器外面、宽敞、干燥场所。

（36）砂轮片磨损到原半径的1/3时必须更换。

（37）使用砂轮机时，禁止撞击，禁止用砂轮的侧面磨削，严禁站在砂轮机的正面操作，严禁两人同时使用一个砂轮机，操作人员应戴合格的防护眼镜、防护面罩。

（38）使用钻床、车床等转动机械时严禁戴手套。

（39）高压电气设备发生接地时，室内人员不得接近故障点4m以内，室外不得接近故障点8m以内。

（40）保证安全的组织措施有：工作票制度、工作许可制度、工作监护制度，以及工作间断、转移和终结制度。

（41）在电气、热力、机械和热控设备、系统上工作，需要运行值班人员对设备采取措施的或在运行方式、操作调整上采取保障人身、设备运行安全措施的，必须填用（外包）电气工作票或（外包）热力机械工作票。严禁采取口头联系的方式在生产区域进行工作。

（42）每份操作票只能填写一个操作任务。

（43）停电操作必须按照断路器——负荷侧隔离开关——母线侧隔离开关的顺序依次操作，送电操作应按与上述相反的顺序进行。严防带负荷拉合隔离开关。

（44）为防止误操作，高压电气设备都应安装完善的防误操作闭锁装置，必要时加装机械锁。防误闭锁装置不得随意退出运行，停用防误闭锁装置应经本企业主管生产的副厂长（或总工程师）批准；紧急情况时，需短时间解除防误闭锁装置进行操作的，必须经当班值长批准，并应按程序尽快投入。单人操作时，严禁解除防误闭锁装置。防误闭锁装置的解锁用具（包括钥匙）应妥善保管，按规定使用，不许乱用。机械锁要一把钥匙开一把锁，钥匙要编号并妥善保管。

（45）下列各项工作可以不用操作票：

1）事故处理。

2）拉合断路器的单一操作。

3）拉开全厂（站）仅有的一组接地开关（装置）或拆除仅有的一组接地线。

4）程序操作。

上述操作完成后应做好记录，事故处理应保存原始记录。

（46）检修工作涉及动火作业时，应遵守《电力设备典型消防规程》（DL 5027—2015）的相关规定，同时必须附动火作业措施票。涉及有毒有害气体、缺氧环境、有限空间、放射性等作业时，必须附特殊作业措施票；涉及继电保护、热控措施的，必须附继热作业措施票。措施票编号与工作票编号相同，可以手书，工作票上必须注明措施票张数。措施票执行及管理原则按工作票执行。

（47）工作票和工作联系单应附有作业危险点（源）辨识预控措施卡。

（48）如电气设备属于同一电压、位于同一楼层、同时停送电，且不会触及带电导体时，则允许在几个电气连接部分共用一张工作票。开工前工作票内的全部安全措施应一次做完。

（49）在几个电气连接部分上依次进行不停电的同一类型的工作，可以共用一张电气工作票。

（50）若一个电气连接部分或一个配电装置全部停电，则所有不同地点的工作，可以共用一张工作票，但要详细填明主要工作内容。几个班同时进行工作时，工作票可发给一个总的负责人，在工作班成员栏内只填明各班的负责人，不必填写全部工作人员名单。

（51）事故紧急抢修，经运行值班负责人许可后，使用事故紧急抢修单。节假日、夜间临时检修可以参照事故紧急抢修执行。如抢修时间超过 8h 或夜间检修工作延续到白班上班的，均应办理或补办工作票。

（52）工作票由工作负责人填写，一个工作负责人同时只能持有一张工作票（含工作联系单），工作签发人审核、签发。同一张工作票中，工作票签发人、工作负责人和工作许可人三者不得互相兼任。

（53）已执行的工作票、工作联系单、事故紧急抢修单应由运行、检修部门在每月底按编号顺序收回，保存 12 个月。

（54）对于外包检修工作，外包工作票实行"双工作票签发人"、承包单位设立工作负责人和发包单位设立工作联系人制度。

（55）工作票的填写必须使用标准的术语，设备应注明名称和编号；"工作内容和工作地点"栏填写应具体，写明被检修设备名称及所在的具体地点，要求准确、清楚和完整。电气工作票上所列的工作地点，以一个电气连接部分为限；交流系统中一个电气连接部分，是指可用隔离开关同其他电气装置分开的部分。

（56）保证安全的技术措施有：

1）停电；

2）验电、装设接地线；

3）悬挂标示牌和装设遮栏。

（57）装设接地线必须先接接地端，后接导体端，接地线应接触良好，连接可靠。拆接地线的顺序与此相反。装、拆接地线均应使用绝缘棒和戴绝缘手套，人体不应碰触接地线。

（58）在一经合闸即可送电到工作地点的断路器和隔离开关的操作把手上，均应悬挂"禁止合闸，有人工作"的标示牌，见图 1-6。

（59）在室内高压设备上工作，应在工作地点两旁及对侧运行设备间隔的遮栏上和禁止通行的过道遮栏上悬挂"止步，高压危险"的标示牌，见图 1-7。

（60）热力设备检修需要断开电源时，应在已拉开的断路器、隔离开关和检修设备控制开关的操作把手上悬挂"禁止合闸，有人工作！"的标示牌，并拉开操作回路上的熔断器。

图1-6　"禁止合闸，有人工作"标示牌　　　　图1-7　"止步，高压危险"标示牌

（61）汽、水、烟、风系统，公用排污、疏水系统检修必须将应关闭的截止门、闸板、挡板关严加装措施锁，悬挂警告牌。

（62）凡属电动门、气动门或液压门作为隔离措施时，必须将其操作能源（如电源、气源、液源等）可靠地切断。

四、职业健康

对劳动者的健康和劳动能力可能产生危害作用的称为生产性有害因素，又称职业危害。生产性有害因素按性质可分为物理因素、化学因素、生物因素和其他因素。

职业病是指企业、事业单位和个体经济组织等用人单位的劳动者在职业活动中，因接触粉尘、放射性物质和其他有毒、有害因素而引起的疾病。

《职业病目录》将职业危害因素分10大类（115种）：尘肺13种、职业性放射疾病11种、化学因素所致职业中毒56种、物理因素所致职业病5种、生物因素所致职业病3种、职业性皮肤病8种、职业性眼病3种、职业性耳鼻喉口腔疾病3种、职业性肿瘤8种、其他职业病5种。

职业危害物理因素及对人体的影响如下：

（1）高温作业。在高气温或高温高湿，或在强热辐射的气象条件下劳动，通称高温作业。一般将室内温度保持在35℃以上的车间称为高温车间。如果长期从事高温作业，工人容易患上血压过高或过低，肠胃消化不良、肾功能不良等疾病。容易发生中暑（先兆中暑、轻症中暑、重症中暑）症状。

高温作业人员必须在上岗前及每年入暑前接受体检，有高温作业禁忌症应根据病情作出调离高温岗位或减轻工作量处理，做好防暑降温保健措施。

（2）噪声。干扰正常生活，危害人体健康的声音。根据产生噪声的不同发生源，可分为空气动力噪声、机械噪声、电磁噪声和其他噪声。噪声不仅对听觉系统有影响，对非听觉系统如神经系统、心血管系统、内分泌系统、生殖系统及消化系统等都有影响。

噪声的控制防护措施如下：

1）消除或降低噪声、振动源。为防止振动使用隔绝物质。

2）消除或减少噪声、振动的传播，如吸声、隔声、隔振、阻尼，见表1-1。

3）加强个人防护和健康监护。

表 1-1　　　　　　　　　　　　　　　　现行国家规定噪声标准

日接触噪声时间 （h）	卫生限值 ［dB（A）］	日接触噪声时间 （h）	卫生限值 ［dB（A）］
8	85	1/2	97
4	88	1/4	100
2	91	1/8	103
1	94		
最高不得超过 115［dB（A）］			

（3）粉尘及对人体的影响。

1）生产性粉尘—生产性粉尘是指生产中产生的、能长时间飘浮在生产环境中的微粒。生产性粉尘按种类可分无机粉尘和有机粉尘。

生产性粉尘对人体危害的特点：粉尘浓度越高，接触时间越长，危害越大；游离二氧硅含量高，会使病变加重加快；微粒越小，越容易沉积肺内，对人体危害较大。

粉尘污染严重或带有有毒物质的可用外送风面罩及全身防尘服。

2）在生产过程中产生或使用的有毒物质，称为生产性毒物或工业毒物。毒物在一定条件下会引起人体功能性或器质性损害，通常称为中毒。容易引发中毒的毒物形态有气体、蒸汽、雾、烟、粉尘。毒物一般经呼吸道、皮肤和口进入人体，毒物会对人体神经系统、呼吸系统、血液系统、消化系统和泌尿系统造成危害。

五、正确使用和佩戴劳动防护用品

1. 进入生产厂区着装的要求

（1）任何人进入生产现场（办公室、控制室、值班室和检修班组室除外），必须正确配戴安全帽。

（2）作业人员的穿戴和装扮不应有可能被转动的机器绞住的部分和可能卡住的部分。

（3）作业人员进入生产现场必须穿着合体的工作服；工作服禁止使用化纤或棉、化纤混纺的衣料制作，以防工作服遇火燃烧加重烧伤程度。

（4）做接触高温物体的工作时，应戴手套和穿专用的防护工作服。

（5）所有进入生产现场的人员，衣服和袖口必须扣好。

（6）禁止穿戴围巾、长衣服、裙子、领带等易被卷入的物品；禁止穿拖鞋、凉鞋、高跟鞋和带钉子的鞋；辫子、长发必须盘在工作帽或安全帽内。

2. 正确佩戴安全帽

（1）安全帽的防护作用：

1）防止物体打击伤害。

2）防止高处坠落伤害头部。

3）防止机械性损伤。

4）防止污染毛发伤害。

（2）安全帽使用注意事项：

1）要有下颏带和后帽箍并拴系牢固，以防帽子滑落与碰掉。

2）热塑性安全帽可用清水冲洗，不得用热水浸泡，也不能放在暖气片上、火炉上烘烤，以防帽体变形。

3）佩戴安全帽前，应检查各配件有无损坏，装配是否牢固，帽衬调节部分是否卡紧，绳带是否系紧等，确信各部件完好后方可使用。

4）安全帽使用超过规定限值，或者受过较严重的冲击后，虽然肉眼看不到裂纹，也应予以更换。一般塑料安全帽使用期限为三年（生产日期开始算起）。

3．正确佩戴防护眼镜和面罩

（1）防护眼镜和面罩的作用：

1）防止异物进入眼睛。

2）防止化学性物品的伤害。

3）防止强光、紫外线和红外线的伤害。

4）防止微波、激光和电离辐射的伤害。

（2）防护眼镜和面罩使用注意事项：

1）选用的护目镜要选用经产品检验机构检验合格的产品。

2）护目镜的宽窄和大小要适合使用者的脸型。

3）镜片磨损粗糙、镜架损坏，会影响操作人员的视力，应及时调换。

4）护目镜要专人使用，防止传染眼病。

5）防止重摔重压，防止坚硬的物体摩擦镜片和面罩。

4．正确佩戴防尘防毒用品

（1）防尘防毒用品的作用：

由于固体物质的粉碎、筛选等作业会产生粉尘，这些粉尘进入肺组织可引起肺组织的纤维化病变，也就是尘肺病。使用防尘防毒用品将会防止、减少尘肺病的发生。生产过程中的毒物如一氧化碳、苯等侵入人体会引起职业性中毒。使用防尘防毒用品将会防止、减少职业性中毒的发生。

（2）佩戴步骤：

1）对好嘴部位置；

2）戴好口罩；

3）调整鼻夹。

（3）自吸过滤式防尘口罩使用注意事项：

1）在使用过程中严禁随意拧开滤毒罐（盒）的盖子，并防止水或其他液体进入罐（盒）中。

2）防毒呼吸面具的眼窗镜片，应防划痕摩擦，保持视物清晰。

3）防毒呼吸用品应专人使用和保管，使用后应清洗，消毒。在清洗和消毒时，应注意温度，不可使橡胶等部件因受温度影响而发生质变受损。

5．耳塞、耳罩

（1）耳塞、耳罩的作用：

1）防止机械噪声的危害。由机械的撞击、摩擦、固体的振动和转动而产生的噪声。

2）防止空气动力噪声的危害。如通风机、空气压缩机等产生的噪声。

3）防止电磁噪声的危害。如发电机、变压器发出的声音。

（2）耳塞的使用和注意事项：

1）各种耳塞在佩戴时，要先将耳廓向上提拉，使耳甲腔呈平直状态，然后手持耳塞柄，将耳塞帽体部分轻轻推向外耳道内，并尽可能地使耳塞体与耳甲腔相贴合。但不要用劲过猛过急或插得太深，以自我感觉适度为宜。

2）戴后感到隔声不良时，可将耳塞缓慢转动，调整到效果最佳效果为止。如果经反复调整仍然效果不佳时，应考虑改用其他型号规格的耳塞反复试用，以选择最佳者定型使用。

佩戴泡沫塑料耳塞时，应将圆柱体揉搓成锥形体后再塞入耳道，让塞体自行回弹，充满耳道。

3）佩戴硅橡胶自行成型的耳塞，应分清左右塞，不能弄错；插入耳道时，要稍事转动放正位置，使之紧贴耳甲腔内。

4）无论戴用耳罩还是耳塞，均应在进入有噪声车间前戴好，工作中不得随意摘下，以免伤害鼓膜。如确需摘下，最好在休息时或离开车间以后，到安静处所再摘掉耳罩或耳塞。

5）耳塞或耳罩软垫用后需用肥皂、清水清洗干净，晾干后再收藏备用。橡胶制品应防热变形，同时撒上滑石粉储存。

（3）耳塞佩戴步骤：

1）捏细耳塞成长棍状（有绳耳塞不用捏）；

2）一只手从后拉住耳朵，另一只手将耳塞塞进耳朵。

6. 防护手套

（1）防护手套的作用：

1）防止火与高温、低温的伤害。

2）防止电磁与电离辐射的伤害。

3）防止电、化学物质的伤害。

4）防止撞击、切割、擦伤、微生物侵害以及感染。

（2）防护手套的分类及使用注意事项：

除棉制手套外，防护手套按防护功能分为：

1）绝缘手套：电气操作时使用，必须定期检验绝缘性能合格。使用前应检查绝缘手套检验时效合格，外观完好无破损。

2）耐酸碱手套：防酸碱伤害手部。使用前应看清手套的适用范围，无喷霜、发脆、发粘和破损等缺陷，气密性应合格。耐酸碱手套也可替代防水手套、防毒手套使用。

3）耐油手套：用以保护手部皮肤避免受油脂类物质的刺激引起各种皮肤病，如急性皮炎、皲裂、色素沉着等。

4）焊工手套：为防御焊接时的高温熔融金属及火花烧灼手部的个人防护用具。焊工手套有严格外观要求，应谨慎选用。

5）橡胶、塑料等类防护手套用后冲洗干净、晾干，保存时避免高温，撒上滑石粉以防粘连。

6）操作旋转设备禁止戴手套作业。

7. 防护鞋

（1）防护鞋的作用：

1）防止高处坠落物体的砸伤。

2）防止地面铁钉、锐利物品等的刺伤。

3）防止高温物体的烤伤、烧伤。

4）防止酸碱性化学品的烧灼伤害。

5）防止作业过程中接触到带电体造成的触电伤害。

6）防止人员因高压静电现象产生心理恐惧、心理障碍，而引起的摔倒、坠落等二次事故伤害。

7）冬季室外作业，可以防止发生冻伤。

（2）绝缘鞋（靴）的使用及注意事项：

1）应根据作业场所电压高低正确选用绝缘鞋，低压绝缘鞋禁止在高压电气设备上作为安全辅助用具使用，高压绝缘鞋（靴）可以作为高压和低压电气设备上辅助安全用具使用。但不论是穿低压或高压绝缘鞋（靴），均不得直接用手接触电气设备。

2）布面绝缘鞋只能在干燥环境下使用，避免布面潮湿。

3）穿用绝缘靴时，应将裤管套入靴筒内。穿用绝缘鞋时，裤管不宜长及鞋底外沿条高度，更不能长及地面，保持布帮干燥。

4）非耐酸碱油的橡胶底，不可与酸碱油类物质接触，并应防止尖锐物刺伤。

5）合格的绝缘鞋（靴），应有绝缘永久标记，如红色闪电符号，鞋底耐压等级表示清楚；合格证，安全鉴定证，生产许可证编号等齐全。绝缘鞋老化、磨损时则不能作为绝缘鞋使用。

8. 安全带

（1）高处作业。

1）在离地面 1.5m 及以上的地点进行的工作，都应视作高处作业。

2）高处作业均须先搭建脚手架或采取防止坠落的措施，方可进行（脚手架须检验合格）。

3）在没有脚手架或者在没有栏杆的脚手架上工作，高度超过 1.5m 时，必须使用安全带和安全袋，或采取其他可靠的安全措施。

（2）坠落高度基准面：指可能坠落范围内最低处的水平面称为坠落高度基准面。

（3）减速装置：指能吸收坠落过程中产生的能量的装置。例如抓绳器、可撕缝合系索、特殊编织的系索、撕开或变形系索、自动收缩生命线、系索等。

（4）生命线：一根垂直或水平的绳，固定到一个锚固点上或两个锚固点之间，可在它上面挂系索或安全带。悬挂式生命线是固定到两个锚固点之间在水平位置上使用的生命线。

（5）锚固点：用于在上面固定生命线、引入线或系索的固定点。

（6）系索：将人员和锚固点或生命线连接在一起的短绳或系带。

（7）全身式安全带：指能够系住人的躯体，把坠落力量分散的安全保护装置，包括挂在锚固点或救生索上的两根系索。

（8）自动收缩式救生索：可以缓慢拉伸，但坠落时，立即锁住的坠落防护系统。

（9）坠落阻止器：一种带止回功能的救生索附件，当坠落发生时能通过惯性扣住救生索。

（10）定位系索：用来固定人员站立位置，让人腾出双手工作不至于导致坠落的系带。

（11）临边：指地板、甲板、或栅格板的边缘；当放置了另外的地板或甲板块时，它会改变位置。

（12）安全带的作用：预防作业人员从高处坠落及发生伤亡事故。

（13）安全带使用注意事项：

1）在使用安全带前，检查安全带的部件应完整，无损伤。

2）安全带应该挂在牢固可靠的构件上。要高挂低用。禁止挂在移动或不牢固的物件上。

3）安全带应定期进行静荷重试验；无变形、破裂等情况，不合格的安全带应及时更换。

4）选用经有关部门检验合格的安全带，并保证在使用有效期内。

5）安全带严禁打结、续接。

6）使用中，要可靠地挂在牢固的地方，高挂低用，且要防止摆动，避免明火和刺割。

7）在无法直接挂设安全带的地方，应设置挂安全带的安全拉绳、安全栏杆等。

六、安全色、安全标志

为了保证劳动者的安全与健康，提醒劳动者注意安全，国家分别颁发了 GB 2893—2008《安全色》和 GB 2894—2008《安全标志》，并在工厂和其他劳动现场广泛采用安全色和安全标志。因此，劳动者应熟悉安全色和安全标志，趋利避害。

1. 安全色

（1）安全色是表达安全信息含义的颜色，用来表示禁止、警告、指令、指示等。其作用在于使人们能够迅速发现或分辨安全标志，提醒人们注意，预防事故发生。安全色不包括灯光、荧光颜色和航空、航海、内河航运以及其他目的所使用的颜色。

（2）安全色和对比色的用途。

1）安全色规定为红、蓝、黄、绿四种颜色，其用途含义列表见表1-2。

表 1-2　　　　　　　　　　　　　安全色的含义和用途

颜色	含义	用　途　举　例
红色	禁止	停止信号：机器、车辆上的紧急停止手柄或按钮，以及禁止人们触动的部位 红色也表示防火
蓝色	指令	①指令标志：如必须佩带个人防护用具； ②道路指引车辆和行人行驶方向的指令
黄色	警告	①警告标志； ②警戒标志：如厂内危险机器和坑池边周围的警戒线； ③行车道中线； ④机械上齿轮箱的内部； ⑤安全帽
绿色	提示	①提示标志； ②车间内的安全通道； ③行人和车辆通行标志； ④消防设备和其他安全防护装置的位置

注　1. 蓝色只有与几何图形同时使用时，才表示指令。

　　2. 为了不与道路两旁绿色行道树相混淆，道路上的提示标志用蓝色。

2）对比色规定为黑白两种颜色，如安全色需要使用对比色时，应按表 1-3 规定。

表 1-3　　　　　　　　　　　　安全色与对比色的共同应用

安全色	相应的对比色
红色	白色
蓝色	白色
黄色	黑色
绿色	白色

在运用对比色时，黑色用于安全标志的文字，图形符号和警告标志的几何图形。白色既可以用作红、蓝、绿的背景色，也可以用作安全标志的文字和图形符号。

另外，红色和白色、黄色和黑色的间隔条纹是两种较醒目的标示，其用途如表 1-4 所示。

表 1-4　　　　　　　　　　　　间隔条纹标示的含义和用途

颜色	含义	用途举例
白色红色	禁止超过	道路上用的防护栏杆
黄色黑色	警告	①工矿企业内部的防护栏杆； ②吊车吊钩的滑轮架； ③铁路和道路交叉道口上的防护栏杆

2. 安全标志

（1）安全标志的意义和作用。安全标志是由安全色、几何图形和图形符号所构成，用以表达特定的安全信息。此外，还有补充标志，它是安全标志的文字说明，必须与安全标志同时使用。

安全标志的作用，主要在于引起人们对不安全因素的注意，预防事故发生。但不能代替安全操作规程和防护措施。航空、海运、内河航运上的安全标志，不属于这个范畴。

（2）安全标志的类别。安全标志分为禁止标志、警告标志、指令标志和提示标志等四类。现将其情况，分述如下：

1）禁止标志。禁止标志的含义是不准或制止人们的某种行动（注：图形为黑色，禁止符号与文字底色为红色）。

2）警告标志。警告标志含义是人们注意可能发生的危险（注：图形、警告符号及字体为黑色，图形底色为黄色）。

3）指令标志。指令标志的含义是告诉人们必须遵守的意思（注：图形为白色，指令标志底色均为蓝色）。

4）指示标志。指示标志的含义是向人们提示目标的方向。其中包括消防的提示（注：消防提示标志的底色为红色，文字、图形为白色）。

3. 其他与安全有关的色标

除去上述安全色和安全标志外，工厂里还有一些色标与安全有关系，我们也应了解。常见的色标主要有工业管路、气瓶和电气供电汇流等方面的漆色。

（1）工业管路的基本识别色。

根据 GB 7231—1987 规定，工业管路的识别色见表 1-5。

表 1-5   **工 业 管 路 的 识 别 色**

水	绿色
蒸汽	铝色
矿物油、植物油和动物油、易燃液体	棕色
气态或液态气体（空气和氧气除外）	黄褐色
酸或碱	紫色
空气或氧气	浅蓝色
其他液体	黑色

（2）气瓶的色标。为了迅速识别气瓶内盛装的介质，原国家劳动总局颁发的《气瓶安全监察规程》对气瓶颜色和气瓶字样的颜色作了规定。常用的气瓶色标见表 1-6。

表 1-6   **气 瓶 漆 色**

气瓶名称	外表面颜色	字样	字样颜色
氢	深绿	氢	红
氧	天蓝	氧	黑
氨	黄	液氨	黑
氯	草绿	液氯	白
压缩空气	黑	空气	白
氮	黑	氮	黄
二氧化碳	铝白	液化二氧化碳	黑
氩	灰	氩	绿
煤气	灰	煤气	红
石油气	铝白	液化石油	红

（3）供电汇流条的色标。在工厂里，变电站的母线汇流条，单间配电箱的汇流条等都漆有色标，见表 1-7。

表 1-7   **供 电 汇 流 条 的 色 标**

A 相母线	黄色	C 相母线	红色
B 相母线	绿色	D 地线	黑色

七、本质安全

本质安全：通常是指通过系统、合理和可靠的设计，使设备、装置具有内在的防止发生事故的功能。本质安全是通过追求企业生产过程中人、物、系统、制度等诸要素内在的安全可靠和谐统一，使各种危害因素始终处于受控状态。本质安全是"预防为主"安全生产理念的根本体现，也是安全生产的最高境界。

本质安全型企业：是指企业建立起科学的、系统的、主动的、预知的、全面的事故预防安全管理和工程体系。在存在高危、易燃易爆或安全隐患的生产环境条件下，能够依靠企业内部内在机制保证长效安全生产。本质安全型企业具有四大基本特征，即人的安全可靠性、物的安全可靠性、系统的安全可靠性、制度规范管理科学。

创建"本质安全型企业"就是要在企业组织中实现安全管理、员工行为、工艺设备和作业环境安全可靠的和谐统一。是运用企业安全生产组织机构设置、技术、管理、规范及文化等手段在保障人、物及环境的可靠前提下，通过合理配置安全生产系统各要素在运行过程中的基本交互作用实现安全生产系统的内、外在和谐，从而达到人员称职、设备可靠、管理全面、系统安全，构筑防范事故的系统性屏障，实现对事故的长效预防。

八、反违章管理

（一）定义

（1）违章：是指在生产和基建过程中，违反国家法律、法规、规章、标准及上级公司、各单位颁布的制度、规程、反事故措施等不安全行为和状态。根据违章的主体不同，将违章分为行为性违章、装置性违章和管理性违章。根据行为性违章的主体不同，又将行为性违章分为作业性违章和指挥性违章。根据违章性质和可能危害后果的严重程度，实行分类考核管理，分为一类违章、二类违章和三类违章，并分别采取不同的考核措施。

（2）反违章：是指通过管理手段控制和消除违章行为和状态的工作。

（3）作业性违章：是指在生产活动过程中，不遵守国家、行业、公司以及本单位颁发的各项规定、制度及反事故措施，违反保证安全的各项规定、制度及措施的一切不安全行为。作业性违章的主体是直接作业人员和作业负责人。

（4）指挥性违章：是指各级领导直至工作票签发人、工作负责人、许可人、设计、施工负责人，违反国家、行业的法规、技术规程、条例和保证人身安全的安全技术措施进行劳动组织与指挥的行为。指挥性违章的主体是生产指挥人员。

（5）装置性违章：是指工作现场的环境、设备、设施及工器具不符合有关的安全工作规程、设计技术规程、劳动安全和工业卫生设计规程、施工现场安全规范等保证人身安全的各项规定的一切不安全状态。

（6）管理性违章：是指从事生产工作的各级行政、技术管理人员，不按国家、行业、公司、本单位有关规定和反事故措施，不结合本单位、本部门实际制定有关规程、制度和措施并组织实施的行为。管理性违章的主体是负责制定和落实规程、制度的管理人员。

（7）一类违章是指一旦造成后果，对自身或他人人身安全造成严重威胁的行为；或可能对设备造成严重损坏的违章行为；违反《中国华能集团公司〈电力安全规程〉（电气部分）》和《中国华能集团公司〈电力安全规程〉（热力和机械部分）》中"严禁……"的行为；或者性质恶劣的违章行为。

（8）二类违章是指对自身的健康带来伤害的行为；有可能造成设备停运的行为；违反《中国华能集团公司〈电力安全规程〉（电气部分）》和《中国华能集团公司〈电力安全规程〉（热力和机械部分）》中"应……"的行为。

（9）三类违章是指违反规程、制度，尚未构成一、二类违章的其他违章行为。

（二）常见典型违章事例

1．作业性违章

（1）防触电类：

1）非电工从事电气作业或不具备带电作业资格人员进行带电作业；

2）电气倒闸操作不填写操作票或不执行监护制度；

3）倒闸操作不核对设备名称、编号、位置、状态；

4）防误闭锁装置解锁钥匙未按规定保管使用；

5）使用不合格的绝缘工具和电气安全用具；

6）装设接地线前不验电；

7）设备检修不办理工作票或不执行工作监护制度，工作人员擅自扩大工作范围；

8）工作负责人在工作期间未指定能胜任的人员临时代替就离开工作现场；

9）跨越安全围栏或超越安全警戒线；

10）使用一类电动工具金属外壳不接地，不戴绝缘手套；

11）设备检修，约时停送电；

12）设备检修完毕，未办理工作票终结手续就恢复设备运行；

13）在带电设备附近进行起吊作业时，安全距离不够或无监护；

14）在电缆沟、隧道、夹层或金属容器内工作，不按规定使用安全电压行灯照明；

15）将电源线钩挂隔离开关上或直接插入插座内使用；

16）使用手持电动工具（电钻、电锤、磨光机、砂轮机等）未经剩余电流动作保护器；

17）剩余电流动作保护器动作后，没有检查分析动作原因，就合闸送电；

18）无资格人员单独巡视高压设备。

（2）防高处坠落类：

1）高处作业不使用安全带或安全带未挂在牢固的构件上；

2）焊工不使用防火安全带；

3）使用未经验收合格的脚手架；每天使用前未对脚手架进行检查；

4）沿绳索、脚手杆攀爬脚手架、竖井架等；

5）在高处平台、孔洞边缘、安全网内休息或倚坐栏杆；

6）擅自拆除孔洞盖板、栏杆、隔离层或拆除上属设施不设明显标志并及时恢复；

7）搭乘载货吊笼；

8）站在石棉瓦、油毡、苇箔等轻型、简易结构的屋面上施工；

9）借助栏杆、脚手架、瓷件等非起吊设施作为起吊重物的承力点起吊物件；

10）使用未经定期试验合格的登高工具；

11）梯子架设在不稳固的支持物上进行工作；

12）绳梯未挂在可靠的支持物上，使用前未认真检查；

13）在雷雨、暴雨、浓雾、六级及以上大风时进行高处作业；

14）登杆前未认真检查爬梯、脚钉是否齐全完好；

15）高处作业不戴安全帽；

16）穿硬底鞋或带铁掌的鞋进行登高作业；

17）冬季高处作业无防滑、防冻措施；

18）酒后登高作业。

（3）防物体打击与机械伤害类：

1）进入现场不戴安全帽、戴不合格安全帽或安全帽佩戴不规范；

2）高处作业人员不用绳索传递工具、材料，随手上下抛掷物件，或高处作业的工器具无防坠落措施；

3）高处作业时，施工材料、工器具等放在临空面或孔洞附近；

4）吊物捆扎、吊装方法不当；在吊物上堆放、悬挂零星物件，起吊未经验收合格的预制构件；

5）在组装铁构件与构架时，将手指伸入螺孔进行找正；

6）层面板、联系梁串吊时，未采取可靠的安全措施；

7）使用不合格的吊装用具（机具、器具、索具）；

8）不执行起吊措施，设备超载运行或偏拉斜吊或吃力不均；

9）在起吊物的下方、正在施工的高层建筑物、构筑物下方通过或停留；

10）擅自穿越安全警戒区；

11）在抓土（煤）机工作时，进入抓斗工作范围；

12）不走通行道，跨越皮带或在皮带上站立；

13）跨越输煤机、卷扬机等运转设备的钢绳；

14）运输机械未停稳或挪动时，人员上、下传递物件；

15）运行中将转动设备的防护罩打开，或将手伸入遮栏内；戴手套或用抹布对转动部分进行清扫或进行其他工作；

16）在机械的转动、传动部分保护罩上坐、立、行走，或用手触摸运转中机械的转动、传动、滑动部分及旋转中的工件；

17）启动运输机械，没有进行联系，也没有启动警告铃；

18）用吊头、抓头或其他载货设备输送人员；

19）转动设备停运检修，未履行工作票手续和未采取防止误启动的措施；工作结束后未会同值班人员一起检查、确认工作人员撤离现场便启动设备；

20）脚手架上堆物超过其承载能力；

21）起重工作没有统一明确的指挥信号；

22）非操作工操作起重设备（指专人操作的起重设备）；

23）没有使用或不正确使用劳动保护用品，如使用砂轮、车床不戴护目眼镜，使用钻床、打大锤时戴手套等；

24）未正确着装，在现场穿高跟鞋、凉鞋、短裤、背心、裙子等，女同志未将辫子或齐肩发盘在工作帽内；

25）高处作业切割、焊接的边角余料不及时清理，有可能造成高空落物。

（4）防火防爆类：

1）未接受爆破培训的人员从事爆破工作。

2）在易爆、易燃区携带火种、吸烟、动用明火及穿戴铁钉的鞋；穿易产生静电的服装进入油气区工作。

3）动火作业不办理动火工作票，氢油管道动火时不按规定接地线。

4）在氢、油区使用铁制工具又无防止产生火花的措施。

5）对有压力、带电、充油的容器及管道施焊。

6）焊接切割工作前，未清理周围易燃物，工作结束后，未检查清理遗留物。

7）在易燃物品及重要设备上方进行焊接，下方无监护人，未采取防火等安全措施。

8）在密闭容器内同时进行电焊、气焊工作，入口处无人监护。

9）锅炉水压试验时，无关人员在周围逗留，人员站在焊接堵头对面或法兰侧面。锅炉启动升压过程中，在承压部件上继续作业。

10）进入炉膛、汽包、油罐及其他储存化学药品、惰性气体的容器前，没有进行充分的通风。

11）现场滤油无人看管，或无防漏防火的可靠措施。

12）未采取措施即对盛过油的容器施焊。

13）未严格按规定要求存放炸药、雷管，无专人保管，领退料手续不严格，易燃、易爆物品存放在普通仓库内。

14）消防器材挪作他用，不定期检查试验。

15）使用超过检定周期的可燃气体检测仪。

16）用汽油、易挥发溶剂擦洗设备、衣物、工具及地面等。

17）未经批准的各种机动车辆进入易燃易爆区。

18）就地排放易燃、易爆物料及危险化学品。

（5）防止中毒、窒息：

1）对从事有毒、有窒息危险作业的人员，未接受防中毒、急救安全知识教育。

2）在氧含量不足 20% 的工作环境（设备，容器，井下，地沟等）进行工作。

3）在有毒场所作业时，不佩戴防护用具，无人监护。

4）进入缺氧或有毒气体设备内作业时，未将与其相通的管道加盲板隔绝。

5）对有毒或有窒息危险的工作场所，未制定急救措施、未配备相应的防护用品和器具。

6）对有毒有害场所的有害物浓度，未定期检测。

7）使用没有定期检验的监测毒害物质的仪器。

2. 装置性违章

（1）防触电类：

1）高压开关室的门不能从内部打开。

2）现场电气开关设备护盖不全、导电部分裸露。

3）电气安全工具、绝缘工具未按规定进行定期试验。

4）地线、中性线的连接使用缠绕法，未采用焊接、压接或螺栓连接方法。

5）变电站构架爬梯、隔离开关操作把手抱箍、低位旋转探照灯外壳没有直接接地。110kV 及以上钢筋混凝土构架上的电气设备金属外壳没有采用专门敷设的接地线。

6）电气防误闭锁装置不齐全或不具备"五防"功能。

7）电力设备拆除后，仍留有带电部分未处理。

（2）防高处坠落类：

1）脚手架使用前未进行验收，或使用的脚手架不合格。

2）设备、管道、孔洞无牢固盖板或围栏。

3）高处危险作业区下方未装设牢靠的安全网。

4）梯子端部无防滑装置，人字梯无限制开度的装置。

5）夜间高处作业或炉膛内作业照明不足。

6）临时爬梯材质不符合要求，挂靠不牢。

7）高建筑物临空面没有栏杆。

8）深沟、深坑四周无安全警戒线，夜间无警告指示红灯。

9）厂房和其他生产场所吊装口四周无固定栏杆。

10）登高工器具不合格或未定期试验。

（3）防物体打击与机械伤害类：

1）立体交叉作业无严密牢固的防护隔离设施。

2）高空作业、起重作业、深沟深坑、拆除工程等工作现场四周无安全警戒线或警戒装置。

3）脚手架未按规定搭设。

4）起重机械制动、限位、信号、显示、保护装置失灵或有缺陷。

5）起吊索具、承力部件未经试验，或存在缺陷。

6）高处作业临空面未设防护栏杆和挡脚板。

7）设备、管道、孔洞无盖板或围栏。

（4）防火防爆类：

1）易燃易爆区、重点防火部位，消防器材配备不全，不符合消防规程规定要求，且无警示标志。

2）易燃易爆物品仓库之间的距离不满足防火规程的要求，无避雷设施。

3）制氢站、储氢瓶房、燃油泵房、液化气站等易燃易爆区内未装设防爆型电源开关及设备。

4）氧气瓶、乙炔瓶、氢气瓶及其他惰性气体、腐蚀性气体瓶等，安全防护装置不全，未定期检验，未按规定进行标识。

5）进入易燃、易爆区的车辆无防火罩。

6）油罐、油管道接地不良，接头渗漏油。

7）现场无畅通的消防通道。

8）消防水压力不足，未按规定设置消防水管及配置消防水龙带。

9）控制室、办公楼及其他场所消防设施不符合有关消防规定。

10）使用中的氧气瓶、乙炔瓶安全距离少于8m。

3. 指挥性违章

（1）允许、批准未经安全培训并考试合格的人员从事电力生产工作。

（2）没有进行安全技术交底或重大项目没有组织安全技术措施的学习就组织从事电力生产工作。

（3）未办理完工作许可手续，做完相应安全措施，就允许工作人员从事电力生产相应工作。

（4）工作票上的安全措施与现场实际不符，或安全措施不完善，不能保证从事工作人员、设备的安全。

（5）强令员工违章、冒险作业。

（6）违反规程规定，越权指挥运行操作和事故处理。

（7）允许批准购置未经国家权威部门鉴定和检测合格的安全工器具。

（8）设备故障或异常运行后，领导者不组织进行分析，就毫无根据地下达处理意见。

（9）领导者职责范围不清，凭兴趣插手职责范围以外的工作，或代行下属人员的指挥权。

（10）对设备、设计存在的隐患不能及时指挥实施对应措施。

4．管理性违章

（1）已运行的设备没有运行、检修规程。

（2）没有按规定对现场规程、制度进行复查、修订、公布、印发。

（3）没有按《防止电力生产事故重点要求》，制定反事故技术措施计划。

（4）制定规定、制度不符合实际，不具体，操作性不强，起不到指导生产管理的作用。

（5）对各类装置性违章不及时组织消除。

（6）设备用变压器更或系统改变后，相应的规程、制度、资料没有及时进行修改，会导致生产人员仍按原来规定执行出现不安全事件。

（7）不按照规定，自行变更设计。

（8）工程结束后，未按规定提供正确的竣工图纸。

（9）对上级颁发的反事故措施，不能按要求结合实际组织实施。

（10）不能按规定组织开展季节性安全检查。

（11）不能按规定组织开展安全性评价自查评工作，查出的问题不制定整改措施计划，不组织消除。

（12）不能综合应用安全性评价、危险点分析等方法，对企业和工作现场的安全状况进行科学分析，找出薄弱环节和事故隐患，及时采取防范措施。

（13）不能认真落实公司《安全工作规定》中的例行工作。

（14）没按规定及时公布或调整工作票签发人、工作负责人、工作许可人的人员名单。

（15）不按规定结合实际制定、完善设备检修、运行规程和管理制度，不能有效地组织落实各项制度。

（16）不按规定制定反事故技术、安全措施，不制定现场工作的安全措施。

（17）制定的规程、制度、措施不符合现场实际，使用中导致事故的发生，或在事故处理时延误或扩大了事故。

（18）上级下发的文件、规定及信息不能及时传达和布置，不能按时间和标准完成规定的工作任务。

（19）不能对工作进行总结，找出薄弱环节，制定措施，改进工作。

（20）国家、行业、公司新颁发的规定和反事故措施没有落实到工程设计中去。

（21）工程调试、试验项目遗漏；交接验收项目不全。

（三）典型安全禁令和安全规定

1．江苏公司安全生产禁令

（1）未经安全培训和岗前教育的人员不得从事电力生产作业。

（2）特种作业人员无证不得上岗作业。

（3）未经安全检验或安全检验不合格的特种设备不得进入施工现场。

（4）未经安全验收合格的脚手架、施工平台等设施禁止投入使用。

（5）未经有害气体检测的受限空间禁止入内。

（6）未履行质量控制程序的关键工艺和环节禁止转入下序作业。

（7）禁止工程转包和违法分包。

（8）严禁违章指挥、违章作业、违反劳动纪律。

（9）严禁超能力、超强度、超定员组织生产。

（10）严禁无票作业。

（11）严禁不戴安全帽进入生产现场。

（12）严禁采购或使用不合格的劳动防护用品和工器具。

（13）严禁不经安全交底就开工作业。

（14）法律法规禁止的其他行为。

2．施工现场"十项安全技术措施"

（1）按规定使用安全"三宝"。

（2）机械设备防护装置一定要齐全有效。

（3）塔吊等起重设备必须有限位装置，不准"带病运转"，不准超负荷作业，不准在运转中维修养护。

（4）架设电线线路必须符合有关规定，电气设备必须全部接零接地。

（5）电动机械和手持电动工具要设置漏电掉闸装置。

（6）脚手架材料及脚手架的搭设必须符合规程要求。

（7）各种缆风绳及其设置必须符合规程要求。

（8）在建工程"四口"防护必须规范、齐全。

（9）严禁赤脚或穿高跟鞋、拖鞋进入施工现场，高空作业不准穿硬底和带钉易滑的鞋靴。

（10）施工现场的悬崖、陡坎等危险区域应设警戒标志，夜间要设红灯警示。

3．起重吊装"十不吊"规定

（1）起重臂吊起的重物下面有人停留或行走不准吊。

（2）无证指挥、无指挥信号或信号不清不准吊。

（3）散物捆扎不牢或物料装放过满不准吊。

（4）吊物重量不明或超负荷，"大件吊装"无吊装方案，现场无安监人员"旁站"不准吊。

（5）各类吊物上方站人，不准吊。

（6）斜牵斜挂、埋入地物、粘连、附着的物件等不准吊。

（7）机械安全装置失灵、带病时，多机作业无安全措施不准吊。

（8）现场光线阴暗看不清吊物起落点不准吊。

（9）棱刃物与钢丝绳直接接触无保护措施不准吊。

（10）五级以上风不准吊。

4．气割、电焊"十不焊"规定

（1）不是电焊、气焊工、无证人员不能焊割焊。

（2）重点要害部位及重要场所未经消防安全部门批准，未落实安全措施不能焊割。

（3）不了解焊割地点及周围情况（如该处能否动用明火，有否易燃易爆物品等）不能焊割。

（4）不了解焊割物内部是否存在易燃、易爆的危险性不能焊割。

（5）盛装过易燃、易爆的液体、气体的容器（如气瓶、油箱、槽车、贮罐等）未经彻底清洗，排除危险性之前不能焊割。

（6）用可燃材料（如塑料、软木、玻璃钢、谷物草壳、沥青等）作保温层、冷却层、隔热等的部位，或火星飞溅到的地方，在未采取切实可靠的安全措施之前不能焊割。

（7）有压力或密闭的导管、容器等不能焊割。

（8）焊割部位附近有易燃易爆物品，在未清理或未采取有效的安全措施前不能焊割。

（9）在禁火区内未经消防安全部门批准不能焊割。

（10）附近有与明火作业有抵触的工种在作业（如刷漆、防腐施工作业等）不能焊割。

5. 高处作业"十不登"

（1）患有心脏病、高血压、深度近视眼等禁忌症的不登高。

（2）迷雾、大雪、雷雨或六级以上大风等恶劣不登高。

（3）安全帽、安全带、软底鞋等个人劳防用品不合格的不登高。

（4）夜间没有足够照明的不登高。

（5）饮酒、精神不振或身体状态不佳的不登高。

（6）脚手架、脚手板、梯子没有防滑或不牢固的不登高。

（7）携带笨重工件、工具或有小型工具没配工具包的不登高。

（8）石棉瓦上作业无跳板不登或高楼顶部没有固定防滑措施的不登高。

（9）设备和构筑件之间没有安全跳板、高压电附近没采取隔离措施不登高。

（10）梯子没有防滑措施和度数不够不登高。

九、隐患排查治理

1. 术语和定义

隐患：是指作业场所、设备及设施的不安全状态，人的不安全行为和管理上的缺陷，是引发安全事故的直接原因。

隐患排查：是指排除、查找隐患的工作。

隐患治理：是指对排查出的隐患加以控制及消除的工作。

2. 隐患类别

安全隐患按其严重程度、解决难易分为重大隐患和一般隐患两种。重大隐患：危害严重或者治理难度大，须由上级单位协助解决的隐患。一般隐患：危害一般或者有一定的工作量，由本单位可以解决的隐患。

3. 隐患排查工作要求

（1）任何人都有排查安全隐患的责任和义务。

（2）隐患排查工作应动员全体员工开展隐患排查与治理工作，充分发挥广大员工的力量。

（3）隐患排查工作应结合安全检查如日常检查、季节性安全大检查和专项安全检查以及设备检修、维护作业过程中进行。

（4）班组、部门和企业均应建立隐患排查治理台账，及时登记排查出的安全隐患，并动态跟踪记录治理情况，对安全隐患治理实行档案化管理。

（5）员工排查出的安全隐患应及时上报班组并填写隐患排查治理登记表，每月月底，班组应将本班本月隐患排查治理情况上报部门。

（6）对于发现的可能会造成生产安全事故的重大隐患，发现人应立即向上级汇报。

（7）接到重大隐患报告的人员，应立即组织相关专业技术人员赶赴隐患现场进行确认，研究制定并组织实施重大隐患治理。

4. 隐患治理

（1）排查出的安全隐患项目，必须做到项目、措施、资金、时间、人员、责任六落实。重大安全隐患由企业分管的副厂长（副经理）负责落实；一般安全隐患由各部门负责人负责落实，安监部门负责监督落实。

（2）对安全隐患项目按月度实行挂牌跟踪管理，由专人监督落实。对重大隐患由企业明确整改负责人，对一般隐患由部门明确整改负责人。每月 28 日前，各部门要将本月安全隐患治理完成情况报安监部门备案。每月 3 日前，安监部门要将上月安全隐患治理完成情况报送上级公司安监部备案。重大安全隐患在未整改完以前，必须每次都报。

（3）部门对安全隐患的治理在确定整改负责人的同时，由安监部门确定验收销号负责人。安监部门应每月通报本企业隐患排查治理情况。

（4）企业应将安全隐患排查治理纳入调度会内容，根据会议纪要要求，督促整改。

（5）各部门要把安全隐患的排查治理工作纳入日常安全管理范围，并根据安全隐患治理要求，由分管负责人负责有关规程措施的落实工作。

（6）安监部门应督促落实隐患排查治理情况，对完成的项目，由各专业领导组织有关单位进行验收，参加验收负责人必须在"验收卡"上签字并销号，验收不合格项目，责令安全隐患单位重新整改。

（7）企业应将排查出的安全隐患列入本企业"两措"计划。

（8）各企业坚持"不安全不生产"的原则。凡是存在安全隐患的单位，必须制定可靠的防范措施，无措施的不准生产。

第三节 安全生产技能

一、机械安全生产技术

1. 机械产品分类

按设备的用途，可分为 10 大类：动力机械；金属切削机床；金属成型机械；起重运输机械；交通运输机械；工程机械；农业机械；通用机械；轻工机械；专用设备。

2. 机械设计本质安全

（1）机械设备本质安全定义：在设计阶段，采取各种措施，如采取限制能量、减少或限制人员涉入危险区域等，实现消除因人员违章或失误的安全风险。安全防护装置分类：

防护装置；安全装置。

（2）机床的机械危害因素。

1）由机械产生的危险机械危险；

2）电气危险；

3）温度的危险；

4）噪声危险；

5）振动危险；

6）辐射危险；

7）材料和物质产生的危险；

8）忽略安全人机学原则产生的危险。

（3）机床的机械性危险。

1）静止部件：①切削刀具与刀刃；②突出较长的机械部分；③毛坯、工具和设备边楞利角及粗糙表面；④引起滑跌坠落的工作台。

2）旋转部件：①单旋转部分；②轴，凸块和孔，研磨工具和切削刀具。

3）旋转配合运动件：①对向旋转部件的啮合；②旋转与切线运动部件面的结合处；③旋转部件和固定部件结合处。

4）往复运动或滑动件：①相对固定构件的往复运动或滑动；②接近类型，通过类型；③相向直线运动的往复运动或滑动；④旋转部件与滑动之间；⑤由于振动造成的间距变化。

5）其他危害因素：①飞出的装夹具或机械部件；②飞出的切屑或工件；③运转着的工件打击或绞轧。

3. 常用机械主要危险部位和防护要求

（1）常用机械主要危险部位：

1）旋转运动零部件、轴、联轴器、卡盘、丝杠等；

2）旋转的凸出部位和孔处，如风扇叶、凸轮、飞轮；

3）运动部件的结合/啮合处，皮带和皮带轮、链条和链轮、齿条和齿轮等；

4）辊、轮旋转部件与固定部件的接近处，如辐条手轮或飞轮和机床床身；

5）旋转搅拌机和外壳搅拌装置等；

6）接近型：如锻锤的锤体、冲床的冲头、剪切机的刀；

7）通过型，龙门刨的工作台、牛头刨滑枕；

8）单向滑动，如带锯边缘、磨光机的砂带；

9）旋转部件与滑动之间的危险，如某些平板印刷机面上的机构、纺织机床；

10）机床的危险部件，高速运动的执行部件和运动的传递部件。

（2）常用机械的安全防护装置及其要求：

1）啮合传动的防护——防护罩。①材料：钢板、金属骨架的铁丝网。②要求：安装牢靠、外形合理；便于开启、便于维护保养；防护罩内壁应涂成红色；最好与电气联锁；罩壳体不应有尖角和锐利部分。

2）皮带传动机械的防护。①方式：金属骨架的网、防护栏杆。②要求：皮带接头一定要牢固可靠；皮带松紧适宜。③设置要求：传动机构离地面不大于 2m；皮带轮中心距离不小于 3m；皮带宽度不小于 15cm；皮带回转的速度不小于 9m/min。④防护装置要求：

防护罩与皮带的距离不小于 50mm；将皮带全部遮盖/隔离起来。

3）联轴器、轴等的防护——Ω 型防护罩。①一切突出于轴面而不平滑的部件；突出的螺钉、销、键。②措施：没有突出的部分，采用沉头螺钉、防护罩。

4）安全防护装置的一般要求。①符合《机械安全防护装置固定式和活动式防护装置设计与制造一般要求》（GB/T 8196—2018）的规定；②结构简单、布局合理，不得有锐利的边缘和突缘；③足够的可靠性，在寿命全周期内应有足够的强度、刚度、稳定性；④应与设备运转连锁，保证安全防护装置未投运前，设备不能运转；⑤安全防护罩、屏、栏的材料，及其至运转部件的距离，应符合《机械安全防护装置固定式和活动式防护装置设计与制造一般要求》（GB/T 8196—2018）的规定；⑥光电式、感应式等安全防护装置应设置自身出现故障的报警装置；⑦紧急停车开关应保证瞬时动作时能终止设备的一切运动；⑧紧急停车开关对有惯性运动的应与制动器或离合器联锁；⑨紧急停车开关形状区别于其他开关，为红色；⑩紧急停车开关的布置保证操作者易安全触及；⑪设备紧急停止运行后，须按启动顺序重新启动运转。

4．机械伤害的类型及对策

（1）机械伤害主要类型。①物体打击；②车辆伤害；③机械伤害；④起重伤害；⑤触电；⑥灼烫；⑦火灾伤害；⑧高处坠落；⑨坍塌；⑩火药爆炸；⑪化学性爆炸；⑫物理性爆炸；⑬中毒和窒息；⑭其他伤害。

（2）机械伤害的原因分析和预防措施。

1）事故原因分析：①物的不安全状态；②人的不安全行为；③安全管理缺失；④环境的不安全因素。

2）机械事故原因分析：①操作的机械及其部件在工作状态下或失效；②钳夹、挤压、冲压、摩擦等和部件及材料的弹射；③电气故障、化学品暴露、高温、高压、噪声、振动和辐射；④"软件因素"，如计算机控制、操作机器的人的干预；⑤机械安全风险取决于机器的类型、用途、使用方法；⑥人员的知识、技能、工作态度，人们对危险的了解程度和避免危险的技能。

（3）预防机械危害的对策。

1）实现机械安全：消除产生危险的原因，减少或消除接触机器的危险部件的需求。

2）保护人员安全：①提供安全保护装置或者个人防护装备；②安全教育与培训；③提高辨识危险的能力；④提高避免伤害的能力；⑤采取必要的行动来避免伤害的自觉性；⑥使用安全信息；警示标志。

5．通用机械安全防护装置的技术要求

（1）安全防护装置的分类。

1）防护装置分类：①设置物体障碍将人与危险隔离；②壳、罩、屏障、封闭式防护装置等；③固定式防护装置、活动式防护装置；④可调式防护装置、联锁防护装置等。

2）安全装置分类：①通过自身的结构功能限制或防止机器的某种危险，如限制运动速度、压力等；②联锁装置、使动（控制）装置；③止—动操作装置、双手操纵装置；④自动停机装置、排除装置；⑤限制装置、阻挡装置等。

（2）安全防护措施的设置原则。

1）以操作人员所站立的平面为基准（以下情况都应防护）：①高度不大于 2m 的各种

运动零部件；②高度大于 2m 以上有物料传输等施工处的下方；③距坠落基准面的高度不小于 2m 的作业位置。

2）满足安全距离的要求：防止夹挤、危险不可及；

3）设置限位装置，防止超行程运动；

4）设置负荷限制装置，防止超负荷；

5）采取缓冲装置，防止惯性冲撞；

6）采取有效紧固措施，防止零部件松脱；

7）设置紧急停机装置。

（3）安全防护装置技术要求。

1）安全防护罩。①在防护罩没闭合前，活动部件就不能运转。②采用固定防护罩，操作人员触不到活动部件。③防护罩与活动部件有足够间隙。④防护罩应固定牢固，拆卸、调节须使用工具。⑤防护罩打开或失灵时，活动部件不能运转或停止运动。⑥不允许带来新的危险。⑦不影响操作。在正常操作、保养时不需拆卸防护罩。⑧防护罩必须坚固可靠，防护有效。⑨可踏立时，应有防滑平台或阶梯，承受 1500N 的垂直力。

2）安全防护网技术要求，《机械设备防护罩安全要求》（GB 8196—1987），见表 1-8。

表 1-8　　　　　　　　　不同网眼开口尺寸的安全距离　　　　　　　　　mm

防护人体通过部位	网眼开口宽度（直径/边长/椭圆形孔短轴）	安全距离
手指尖	<6.5	≥35
手指	<12.5	≥92
手掌（不含第一掌指关节）	<20	≥135
上肢	<47	≥460
足尖	<76（罩底部与所站面间隙）	≥150

实现机械安全的措施和实施阶段采用本质安全技术、可靠有效的安全防护、履行安全人机学的要求、使用安全信息维修的安全性、个人防护装备、作业场所与工作环境的安全性、安全管理。

（4）个人防护装备。

个人防护用品：指为防护作业人员在劳动生产过程中免遭事故伤害或职业健康影响采取的个人防护性技术措施，如防护服、安全帽、安全鞋等个人佩戴的器具和装置。个人防护用品按防护人体器官或部位分 9 大类：即头部防护类，呼吸器官防护类，防护服类，听觉器官防护类，眼、面防护类，手防护类，足防护类，防坠落类，护肤用品类。基本劳动防护用品指工作服、安全帽、安全鞋和手套等，特殊劳动防护用品指存在粉尘、听力或有毒有害环境等的防护用品，如粉尘口罩、呼吸器和化学防护服等。

1）安全帽是用以防护人员头部免受伤害的防护用品，这种伤害可能来自坠落的物体或撞击，所有人员进入生产区必须正确佩戴安全帽。在有物体坠落可能的其他场合（如高空作业、脚手架上的工作、上方有人操作的场合），在头顶上方空间不足，可能造成头部伤害的其他区域，必须戴安全帽。

2）安全眼镜、全覆盖眼罩、面罩、防酸头罩、焊接护目罩等是以防护人员眼、面部免受伤害的防护用品。除特别规定外，凡在建筑工地、生产车间、维修间、实验室、货仓及正在进行工作和有可能伤害眼的其他区域均应配戴带侧翼保护安全眼镜。当从事磨、削或处理热液体，或有溅泼危险存在时，应配戴面罩或全覆盖眼罩。当焊接时，应配戴焊接护目镜或焊接用头盔或焊接面罩，面罩应与安全眼镜(眼罩)同时使用。在粉尘、高温或干燥、化学蒸汽/气体存在的区域禁止佩戴隐形眼镜。

3）防尘口罩、正压式呼吸器、防毒面具等是呼吸类防护用具。工作场所有潜在的空气污染，如粉尘、有害气体等存在时，员工应使用呼吸防护用具。应保证呼吸防护用具适合工作环境，员工选择合适大小的呼吸器，每次使用前检查有无破损及有无过期。

4）耳塞、耳罩等是听觉类防护用具。在工作场所噪声水平超过 85 分贝区域内作业，需配戴听力防护用具（耳塞或耳罩）。

5）安全鞋是足部防护用具，工作场所必须穿防护鞋，以防砸和防扎，在生产区域、仓库、维修间或其他规定区域内，必须穿安全鞋。电厂生产区域内禁止穿凉鞋、拖鞋、高跟鞋或打赤脚。

6）劳保手套、特种作业手套等是手部防护用品。在存在割伤、划伤、磨破、烫伤及由皮肤接触化学品而引起的皮肤病及伤害的场所，应选择合适的劳保手套，为员工提供有效的手部防护。进行一般的操作，如搬运木板、金属材料及其他带利边材料，使用手动、便携式工具、离锐边较近工作时，均需戴防磨损手套。工作中如可能接触高温表面或物料，具有烫伤危险，则必须配戴相应耐热等级的防烫手套。手套或其他手部防护用具应定期检查，如有损坏及时更换。

二、电气安全生产技术

1. 电气安全概述

电在造福于人类的同时，也会给人类带来灾难。统计资料表明：在工伤事故中，电气事故占有不少的比例。例如：触电死亡人数占全部事故死亡人数的 5%左右。世界上每年电气事故伤亡人数不下几十万人。我国约每用 1.5 亿 kWh 电就触电死亡 1 人，而美、日等国每用 20 亿～40 亿 kWh 电才触电死亡 1 人。

2. 触电事故及其对策

（1）触电事故的种类。

1）电击。①直接接触电击：触及正常状态下带电的带电体；②间接接触电击：触及正常状态下不带电、而在故障下意外带电的带电体；③单线电击：人站在地面上，与一线接触。（可以是直接或间接）；④两线电击：人与地面隔离，两手各触一线（可以是直接或间接；可以是两相，也可以是单相）；⑤跨步电压电击。

2）电伤：电弧烧伤、电流灼伤、皮肤金属化、电气机械性伤害等。

（2）电流对人体的作用。

1）人本身就是一种电气设备，这是因为：①人的整个神经系统是以电信号和电化学反应为基础的。②上述电信号和电化学反应所涉及的能量是非常小的。③人只要求正常功能所必要的电能，由于这个能量非常小，因此，系统功能很容易被破坏。

2）电击致命原因：①心室颤动数秒～数分钟（6～8min）→死亡；②窒息→缺氧或中

枢神经反射→室颤，特点是致命时间较长，10～20min；③电休克（昏迷），由于中枢神经反射造成体内功能障碍，昏迷时间长后的死亡。

（3）电流效应的影响因素。

1）电流值（工频）。

①感知电流——引起感觉的最小电流。如轻微针刺，发麻。平均（概率50%），男：1.1mA；女：0.7mA。②摆脱电流——能自主摆脱带电体的最大电流。平均（概率50%），男：16mA；女：10.5mA。最低（概率0.5%），男：9mA；女：6mA。③室颤电流——引起心室发生心室纤维性颤动的最小电流。$I_颤$=50（mA）适用于当 $1s \leqslant t < 5s$ 时；$I_颤$=50/t（mA）适用于当 $0.01s < t < 1s$ 时。

2）电流持续时间。

$t \uparrow$ →吸收电能$\uparrow$→伤害$\uparrow$；$t \uparrow$→电流重合心脏易损（激）期，危险$\uparrow$；$t \uparrow$→人体电阻$\downarrow$→人体电流$\uparrow$→伤害$\uparrow$；$t \uparrow$→中枢神经反射$\uparrow$→危险$\uparrow$。

3）电流途径。不同途径，危险性不同，但没有不危险的途径。最危险的是左手到前胸。判断危险性，既要看电流值，又要看途径。

4）电流种类。①高频电流——烧伤比工频电流严重，但电击的危险性较小。②冲击电流——指作用时间不超过 0.1～10ms 的电流。种类：方脉冲、正弦波、电容放电脉冲。影响室颤的主要影响因素是 I_t 和 I_{2t} 的值（I——有效值）。③直流电流——持续时间大于心脏周期时，室颤阈值为交流的数倍；持续时间小于200ms时，室颤阈值与交流大致相同。

5）个体特征。因人而异，健康情况、健壮程度、性别、年龄，人体电阻的数值及影响因素变化范围。皮肤表皮最外层——角质层其厚度一般不超过 0.05～0.2mm，但其电阻率很大，可达 1×10^5～$1 \times 10^6 \Omega \cdot m$。但数十伏电压即可击穿角质层，使人体阻抗急剧下降。除去角质层，干燥的情况下，人体电阻：1000～3000Ω；潮湿的情况下，人体电阻：500～800Ω。影响因素：电气参数，U（接触电压）；皮肤表面状态，潮湿、导电污物、伤痕、破损；皮肤表面接触状态，接触压力、面积。

（4）触电防护。

1）基本防护原则——应使危险的带电体不会被有意或无意地触及；

2）基本防护措施——绝缘、屏护和间距；

3）保护接地（基本技术措施）；

4）保护接零（基本技术措施）；

5）加强绝缘；

6）电气隔离；

7）不导电环境；

8）等电位联结；

9）特低电压；

10）剩余电流动作保护器。

（5）接地类型。

1）故障接地。

2）正常接地（人为接地）。

正常接地又分为：①工作接地（兼作电流回路、保持零电位）；②安全接地（只在故障时发挥作用）；③保护接地（IT 系统）；保护接地是最古老的电气安全措施；保护接地是防止间接接触电击的基本安全技术措施。④保护接地（IT 系统）；保护原理（适用于各种不接地网）。⑤保护接零（TN 系统）。

3）保护接地原理：漏电→单相短路→单相短路电流 I_{SS}→单相短路保护元件动作→迅速切断电源→实现保护。

4）保护接零，适用于低压中性点直接接地的三相四线配电网，凡因绝缘损坏而可能呈现危险对地电压的金属部分均应接零。保护接零有三种方式，即 TN-S 系统、TN-C-S 系统、TN-C 系统。①TN-S 系统，可用于爆炸、火灾危险性较大或安全要求高的场所，宜用于独立附设变电站的车间，也适用于科研院所、计算机中心、通信局站等。正常工作条件下，外露导电部分和保护导体呈零电位——最"干净"的系统。②TN-C-S 系统，宜用于厂内设有总变电站，厂内低压配电场的所及民用楼房。③TN-C 系统，可用于爆炸、火灾危险性不大，用电设备较少、用电线路简单且安全条件较好的场所。

（6）等电位联结。目的是构成等电位空间。

（7）主等电位联结（Main Equipotential Bonding）。在建筑物的进线处将 PE 干线、设备 PE 干线、进水管、总煤气管、采暖和空调竖管、建筑物构筑物金属构件和其他金属管道、装置外露可导电部分等相联结。

（8）辅助等电位联结（Supplementary Equipotential Bonding）。在某一局部将上述管道构件相联结。

（9）双重绝缘和加强绝缘。工作绝缘，又称基本绝缘或功能绝缘，是保证电气设备正常工作和防止触电的基本绝缘。位于带电体与不可触及金属件之间。保护绝缘，又称附加绝缘，是在工作绝缘因机械破损或击穿等而失效的情况下，可防止触电的独立绝缘。位于不可触及金属件与可触及金属件之间。双重绝缘，是兼有工作绝缘和附加绝缘的绝缘。加强绝缘，是基本绝缘经改进，在绝缘强度和机械性能上具备了与双重绝缘同等防触电能力的单一绝缘。在构成上可以包含一层或多层绝缘材料。

具有双重绝缘和加强绝缘的设备属于Ⅱ类设备。Ⅱ类设备无须再采取接地、接零等安全措施。标志"回"作为Ⅱ类设备技术信息一部分。手持电动工具应优先选用Ⅱ类设备。

（10）特低电压。特低电压，又称安全特低电压，是属于兼有直接接触电击和间接接触电击防护的安全措施。

1）保护原理：通过对系统中可能会作用于人体的电压进行限制，从而使触电时流过人体的电流受到抑制，将触电危险性控制在可承受的范围内。

2）特低电压额定值：《安全电压》（GB 3805—2008）规定了特低电压的系列：特低电压额定值（工频有效值）的等级包括 42、36、24、12V 和 6V。

3）选用：根据使用环境、人员和使用方式等因素确定。

（11）安全特低电压和安全电源。根据国际电工委员会相关的导则中有关慎用"安全"一词的原则，上述安全电压的说法仅作为特低电压保护型式的表示，即不能认为仅采用了"安全"特低电压电源就能防止电击事故的发生。

安全特低电压必须由安全电源供电。可以作为安全电源的主要有安全隔离变压器、蓄电池及独立供电的柴油发电机，以及即使在故障时仍能够确保输出端子上的电压不超过特低电压值的电子装置电源等。

（12）漏电保护。漏电保护，利用漏电保护装置来防止电气事故的一种安全技术措施。漏电保护装置，又称为剩余电流保护装置，简称 RCD（Residual Current Operated Protective Device）。漏电保护装置是一种低压安全保护电器。用于直接接触电击防护时，应选用额定动作电流为 30mA 及其以下的高灵敏度、快速型漏电保护装置。触电、防火要求较高的场所和新、改、扩建工程使用各类低压用电设备、插座，均应安装剩余电流动作保护器。对新制造的低压配电柜（箱、屏）、动力柜（箱）、开关箱（柜）、操作台、试验台，以及机床、起重机械、各种传动机械等机电设备的动力配电箱，在考虑设备的过载、短路、失压、断相等保护的同时，必须考虑漏电保护。用户在使用以上设备时，应优先采用带漏电保护的电气设备。

需要安装漏电保护装置的场所：

1）建筑施工场所、临时线路的用电设备；

2）手持式电动工具（除Ⅲ类外）、移动式生活日用电器（除Ⅲ类外）、其他移动式机电设备，以及触电危险性大的用电设备，必须安装剩余电流动作保护器；

3）潮湿、高温、金属占有系数大的场所及其他导电良好的场所，如机械加工、冶金、化工、船舶制造、纺织、电子、食品加工、酿造等行业的生产作业场所，以及锅炉房、水泵房、食堂、浴室、医院等辅助场所。

3. 电气防火防爆

（1）电气引燃源。主要分为两类：

1）危险温度；

2）电火花和电弧。电火花，电极之间的击穿放电。大量电火花将汇集成电弧，电弧高温可达 8000℃，能使金属熔化、飞溅，构成火源。

（2）危险物质分类（按爆炸性物质种类分类）。

爆炸性物质分为以下三类：

1）Ⅰ类：矿井甲烷（CH_4）；

2）Ⅱ类：爆炸性气体、蒸气；

3）Ⅲ类：爆炸性粉尘、纤维。

（3）防爆电气设备类型。

1）按照使用环境，防爆电气设备分成两类：

Ⅰ类——煤矿井下用电气设备；

Ⅱ类——工厂用电气设备。

2）按防爆结构型式，防爆电气设备分为以下类型（括弧内字母为该类型标志字母）：①隔爆型（d）。②增安型（e）。③充油型（o）。④充砂型（q）。⑤本质安全型（ia、ib）分为 ia 级和 ib 级。ia，在正常工作、发生一个故障及发生两个故障时不能点燃爆炸性混合物的电气设备，主要用于 0 区；ib，正常工作及发生一个故障时不能点燃爆炸性混合物的电气设备，主要用于 1 区。⑥正压型（p）。⑦无火花型（n）。⑧特殊型（s）。

（4）防爆电气设备的标志。防爆型电气设备外壳的明显处，须设置清晰的永久性凸纹标志。设备铭牌的右上方应有明显的"Ex"标志。

1）防爆标志表示法。防爆型式 类别 级别 组别。例如：dⅡBT3，表示Ⅱ类 B 级

T3 组的隔爆型电气设备；iaⅡAT5，表示Ⅱ类 A 级 T5 组的 ia 级本质安全型电气设备。

另外，如有一种以上复合防爆型式，应先标出主体防爆型式，然后标出其他防爆型式。例如：epⅡBT4，表示主体为增安型，并有正压型部件的防爆型电气设备。

2）粉尘防爆电气设备外壳的分类。粉尘防爆电气设备外壳按其限制粉尘进入设备的能力分两类。①尘密外壳，外壳防护等级为 IP6X，标志为 DT；②防尘外壳，外壳防护等级为 IP5X，标志为 DP。

（5）电气防火防爆措施。

电气防火、防爆措施是综合性的措施。其他防火、防爆措施对于防止电气火灾和爆炸也是有效的。

1）消除或减少爆炸性混合物。消除或减少爆炸性混合物属一般性防火防爆措施。例如：①采取封闭式作业，防止爆炸性混合物泄漏；②清理现场积尘，防止爆炸性混合物积累；③设计正压室，防止爆炸性混合物侵入；④采取开式作业或通风措施，稀释爆炸性混合物；⑤在危险空间充填惰性气体或不活泼气体，防止形成爆炸性混合物；⑥安装报警装置，当混合物中危险物品的浓度达到其爆炸下限的 10% 时报警等。

2）隔离和间距。隔离是将电气设备分室安装，并在隔墙上采取封堵措施，以防止爆炸性混合物进入。10kV 及其以下的变、配电室不得设在爆炸、火灾危险环境的正上方或正下方。变、配电站是工业企业的动力枢纽，电气设备较多，而且有些设备工作时产生火花和较高温度，其防火、防爆要求比较严格。室外变、配电站与建筑物、堆场、储罐应保持规定的防火间距。露天变、配电装置不应设置在易于沉积可燃粉尘或可燃纤维的地方。

3）消除引燃源。①根据爆炸危险环境的特征，以及危险物的级别和组别选用电气设备、电气线路；②保持电气设备和电气线路安全运行；③在爆炸危险环境，应尽量少用携带式电气设备，少装插销座和局部照明灯。

为了避免产生火花，在爆炸危险环境更换灯泡应停电操作。在爆炸危险环境内一般不应进行测量操作。

4）爆炸危险环境接地和接零。爆炸危险环境的接地、接零要求比一般环境要求高。①接地、接零实施范围。除生产上有特殊要求的以外，一般环境不要求接地（或接零）的部分仍应接地（或接零）。②整体性连接。在爆炸危险环境，必须将所有设备的金属部分、金属管道，以及建筑物的金属结构全部接地（或接零）并连接成连续整体，以保持电流途径不中断。③保护导线。单相设备的工作中性线应与保护中性线分开，相线和工作中性线均应装有短路保护元件，并装设双极开关同时操作相线和工作中性线。

（6）电气灭火。

1）触电危险：①电气设备或电气线路发生火灾，如果没有及时切断电源，扑救人员身体或所持器械可能接触带电部分而造成触电事故。②使用导电的火灾剂，如水枪射出的直流水柱、泡沫灭火器射出的泡沫等射至带电部分，也可能造成触电事故。③火灾发生后，电气设备可能因绝缘损坏而碰壳短路；电气线路可能因电线断落而接地短路，使正常时不带电的金属构架、地面等部位带电，也可能导致接触电压或跨步电压。因此，发现起火后，首先要设法切断电源。

2）切断电源应注意以下 4 点：①火灾发生后，由于受潮和烟熏，开关设备绝缘能力降低，因此，拉闸时最好用绝缘工具操作。②高压应先操作断路器而不应该先操作隔离开关切断电源，低压应先操作电磁启动器而不应该先操作刀开关切断电源，以免引起弧光短路。③切断电源的地点要选择适当，防止切断电源后影响灭火工作。④剪断电线时，不同相的电线应在不同的部位剪断，以免造成短路。剪断空中的电线时，剪断位置应选择在电源方向的支持物附近，以防止电线剪后断落下来，造成接地短路和触电事故。

3）带电灭火安全要求。①应按现场特点选择适当的灭火器。二氧化碳灭火器、干粉灭火器的灭火剂都是不导电的，可用于带电灭火。泡沫灭火器的灭火剂（水溶液）不宜用于带电灭火（因其有一定的导电性，而且对电气设备的绝缘有影响）。②用水枪灭火时宜采用喷雾水枪，这种水枪流过水柱的泄漏电流小，带电灭火比较安全。用普通直流水枪灭火时，为防止通过水柱的泄漏电流通过人体，可以将水枪喷嘴接地（即将水枪接入埋入接地体，或接向地面网络接地板，或接向粗铜线网络鞋套）；也可以让灭火人员穿戴绝缘手套、绝缘靴或穿戴均压服操作。③人体与带电体之间保持必要的安全距离。用水灭火时，水枪喷嘴至带电体的距离：电压为 10kV 及其以下者不应小于 3m。

4. 防雷

（1）雷电的种类。

1）直击雷。带电积云与地面目标之间的强烈放电称为直击雷。

2）感应雷。感应雷也称为雷电感应或感应过电压。它分为静电感应雷和电磁感应雷。①静电感应雷。是由于带电积云接近地面，在架空线路导线或其他导电凸出物顶部感应出大量电荷引起的。在带电积云与其他客体放电后，架空线路导线或导电凸出物顶部的电荷失去束缚，以大电流、高电压冲击波——雷电波的形式，沿线路导线或导电凸出物极快地传播。又称为感应过电压（感应雷）。感应过电压一般为 200～300kV。最高可达 400～500kV。雷电侵入波的传播速度在架空线路中约为 300m/s，在电缆中约为 150m/s。②电磁感应雷。雷电放电时，巨大的冲击雷电流在周围空间产生迅速变化的强磁场，在邻近的导体上感应出很高的电动势。如系开口环状导体，开口处可能由此引起火花放电；如系闭合导体环路，环路内将产生很大的冲击电流；如闭合导体环路某处接触不良，局部发热，甚至达到危险温度。

3）球雷。球雷是雷电放电时形成的发红光、橙光、白光或其他颜色光的火球。其是一团处在特殊状态下的带电气体。其直径多为 20cm 左右，运动速度约为 2m/s，存在时间为数秒钟到数分钟。出现概率约为雷电放电次数的 2%。在雷雨季节，球雷可能从门、窗、烟囱等通道侵入室内。

（2）雷电参数。

1）雷电参数，即雷暴日、雷电流幅值、雷电流陡度、冲击过电压。雷暴日，即只要一天之内能听到雷声的就算一个雷暴日。用年平均雷暴日数来衡量雷电活动的频繁程度，单位 d/a。雷暴日数越大，说明雷电活动越频繁。例如：我国广东省的雷州半岛（琼州半岛）和海南岛一带雷暴日在 80d/a 以上，北京、上海约为 40d/a，天津、济南约为 30d/a 等。我国把年平均雷暴日不超过 15d/a 的地区划为少雷区，超过 40d/a 划为多雷区。

2）雷电的危害。雷电具有电性质、热性质和机械性质等三方面的破坏作用。

（3）建筑物防雷的分类。建筑物按其重要性、生产性质、遭受雷击的可能性和后果的严重性分为三类。

1）第一类防雷建筑物。制造、使用或储存炸药、火药、起爆药、火工品等大量危险物质的建筑物，遇电火花会引起爆炸，从而造成巨大破坏或人身伤亡的建筑物。

2）第二类防雷建筑物。①国家级重点文物保护的建筑物。②国家级的会堂、办公楼、档案馆、大型展览馆、国际机场、大型火车站、国际港口客运站、国宾馆、大型旅游建筑和大型体育场等。③国家级计算中心、通信枢纽，以及对国民经济有重要意义的装有大量电子设备的建筑物。④制造、使用和储存爆炸危险物质，但电火花不易引起爆炸，或不致造成巨大破坏和人身伤亡的建筑物，如油漆制造车间、氧气站、易燃品库等。⑤具有 1 区爆炸危险环境的建筑物，且电火花不易引起爆炸或不致造成巨大破坏和人身伤亡者。⑥2 区、11 区及某些 1 区属于第二类防雷建筑物。⑦有爆炸危险的露天气罐和油罐。⑧年预计雷击次数大于 0.06 次的部、省级办公楼及其他重要的或人员密集的公共建筑物。⑨年预计雷击次数大于 0.3 次的住宅、办公楼等一般性民用建筑物。

3）第三类防雷建筑物。①省级重点文物保护的建筑物和省级档案馆。②年预计雷击次数等于大于 0.012 次，小于和等于 0.06 次的部、省级办公楼及其他重要的或人员密集的公共建筑物。③年预计雷击次数大于和等于 0.06 次，小于和等于 0.3 次的住宅、办公楼等一般性民用建筑物。④年预计雷击次数大于和等于 0.06 次的一般性工业建筑物。⑤考虑到雷击后果和周围条件等因素，确定需要防雷的 21 区、22 区、23 区火灾危险环境的建筑物。⑥年平均雷暴日 15d/a 以上地区，高度为 15m 及其以上的烟囱、水塔等孤立高耸的建筑物。年平均雷暴日 15d/a 及 15d/a 以下地区，高度为 20m 及 20m 以上的烟囱、水塔等孤立高耸的建筑物。

（4）防雷装置。

避雷针、避雷线、避雷网、避雷带、避雷器都是经常采用的防雷装置。一套完整的防雷装置包括接闪器、引下线和接地装置。上述的避雷针、避雷线、避雷网、避雷带都只是接闪器。

接闪器的保护范围一般只要求保护范围内被击中的概率小于 0.1% 即可。接闪器的保护范围按滚球法计算。滚球的半径按建筑物防雷类别确定，一类为 30m、二类为 45m、三类为 60m。

1）避雷器：避雷器并联在被保护设备或设施上，正常时处在不通的状态。出现雷击过电压时，击穿放电，切断过电压，发挥保护作用。过电压终止后，避雷器迅速恢复不通状态，恢复正常工作。避雷器主要用来保护电力设备和电力线路，也用作防止高电压侵入室内的安全措施。压敏阀型避雷器是一种新型的阀型避雷器。这种避雷器没有火花间隙，只有压敏电阻阀片。

2）引下线：防雷装置的引下线应满足机械强度、耐腐蚀和热稳定的要求。引下线宜采用圆钢或扁钢，宜优先采用圆钢。圆钢直径不应小于 8mm。扁钢截面不应小于 48mm²，其厚度不应小于 4mm。

接地装置是防雷装置的重要组成部分。接地装置向大地泄放雷电流，限制防雷装置对地电压不致过高。除独立避雷针外，在接地电阻满足要求的前提下，防雷接地装置可以和其他接地装置共用。

3）直击雷防护措施。第一类防雷建筑物、第二类防雷建筑物和第三类防雷建筑物的易受雷击部位应采取防直击雷的防护措施；可能遭受雷击，且一旦遭受雷击后果比较严重的设施或堆料（如装卸油台、露天油罐、露天储气罐等）也应采取防直击雷的措施；高压架空电力线路、发电厂和变电站等也应采取防直击雷的措施。直击雷防护的主要措施有装设避雷针、避雷线、避雷网、避雷带。

4）感应雷防护措施。①静电感应防护。为了防止静电感应产生的高电压，应将建筑物内的金属设备、金属管道、金属构架、钢屋架、钢窗、电缆金属外皮，以及突出屋面的放散管、风管等金属物件与防雷电感应的接地装置相连。②电磁感应防护。为了防止电磁感应，平行敷设的管道、构架、电缆相距不到 100mm 时，须用金属线跨接，跨触点之间的距离不应超过 30m；交叉相距不到 100mm 时，交叉处也应用金属线跨接。

5）雷电侵入波防护措施。以第一类防雷建筑物的供电线路要求为例。全长采用直埋电缆，入户处电缆金属外皮、钢管与防雷电感应接地装置相连。户外天线的馈线临近避雷针或避雷针引下线时，馈线应穿金属管线或采用屏蔽线，并将金属管或屏蔽接地。如果馈线未穿金属管，又不是屏蔽线，则应在馈线上装设避雷器或放电间隙。要注意离开墙壁或树干 8m 以外。

（5）人身防雷。

1）户外防雷。雷暴时，应尽量离开小山、小丘、隆起的小道，离开海滨、湖滨、河边、池塘旁，避开铁丝网、金属晒衣绳以及旗杆、烟囱、宝塔、孤独的树木附近，还应尽量离开没有防雷保护的小建筑物或其他设施。

2）户内防雷。雷暴时，在户内应注意防止雷电侵入波的危险，应离开照明线、动力线、电话线、广播线、收音机和电视机电源线、收音机和电视机天线，以及与其相连的各种金属设备，以防止这些线路或设备对人体二次放电。调查资料表明，户内 70% 以上对人体的二次放电事故发生在与线路或设备相距 1m 以内的场合，相距 1.5m 以上者尚未发生死亡事故。由此可见，雷暴时人体最好离开可能传来雷电侵入波的线路和设备 1.5m 以上。应当注意，仅仅拉开开关对于防止雷击是起不了多大作用的。雷雨天气，还应注意关闭门窗，以防止球雷进入户内造成危害。

（6）防雷击电磁脉冲（主要针对信息系统）。

雷击电磁脉冲（lightning electro magneticim pulse，LEMP）是一种干扰源，是闪电直接击在建筑物防雷装置和建筑物附近所引起的效应。绝大多数是通过连接导体引入的干扰，如雷电流或部分雷电流、被雷击中的装置的电位升高，以及电磁辐射干扰。

防雷击电磁脉冲措施：

1）屏蔽，建筑物和房间外部设屏蔽措施，以合适的路径敷设线路（合理布线，避免靠近引下线），线路采用屏蔽。

2）等电位连接，所有与建筑物组合在一起的大尺寸金属件都应等电位连接在一起。如屋顶金属表面、立面金属表面、混凝土内钢筋和金属门窗框架等。当采用屏蔽电缆时，其屏蔽层应至少在两端并在防雷区交界处做等电位连接（当系统要求只在一端组等电位连接时，应采用两层屏蔽，外层屏蔽按上述要求处理）。

3）接地，每幢建筑物本身应采用共用接地系统。

5. 静电危害防护

（1）静电的产生。实验证明，只要两种物质紧密接触而后再分离时，就可能产生静电。静电的产生是同接触电位差和接触面上的双电层直接相关的。

1）橡胶、塑料、纤维等行业工艺过程中的静电高达数万伏，甚至数十万伏，如不采取有效措施，很容易引起火灾。

2）人在活动过程中，人的衣服、鞋以及所携带的用具与其他材料摩擦或接触-分离时，均可能产生静电。例如，人穿混纺衣料的衣服坐在人造革面的椅子上，如人和椅子的对地绝缘都很高，则当人起立时，由于衣服与椅面之间的摩擦和接触-分离，人体静电高达10000V以上。

3）液体或粉体从人拿着的容器中倒出或流出时，带走一种极性的电荷，而人体上将留下另一种极性的电荷。

4）人体是导体，在静电场中可能感应起电而成为带电体，也可能引起感应放电。人体静电引起的放电往往是酿成静电灾害的重要原因之一。

5）粉体只不过是处在特殊状态下的固体，其静电的产生也符合双电层的基本原理。

粉体物料的研磨、搅拌、筛分或高速运动时，由于粉体颗粒与颗粒之间及粉体颗粒与管道壁、容器壁或其他器具之间的碰撞、摩擦，以及由于破断都会产生有害的静电。

塑料粉、药粉、面粉、麻粉、煤粉和金属粉等各种粉体都可能产生静电。粉体静电电压可高达数万伏。

粉体具有分散性和悬浮状态的特点。由于分散性，与空气的接触面积增加，使得材料的稳定度降低。例如，虽然整块的聚乙烯是很稳定的，而粉体聚乙烯却可能发生强烈的爆炸。

由于悬浮状态，颗粒与大地之间总是通过空气绝缘的，而与组成粉体的材料是否是绝缘材料无关。因此，铝粉、镁粉等金属粉体也能产生和积累静电。

6）液体静电。液体在流动、过滤、搅拌、喷雾、喷射、飞溅、冲刷、灌注和剧烈晃动等过程中，可能产生十分危险的静电。

由于电渗透、电解、电泳等物理过程，液体与固体的接触面上也会出现双电层。固定电荷层，紧贴分界面的电荷层不随液体流动；滑移电荷层，与固定电荷层相邻的异性电荷层随液体流动。液体流动时，一种极性的电荷随液体流动，形成所谓流动电流。由于流动电流的出现，管道的终端容器里将积累静电电荷。

（2）静电的消失。静电的消失有两种主要方式，即中和和泄漏。前者主要是通过空气发生的；后者主要是通过带电体本身及其相连接的其他物体发生的。

1）静电中和。空气中的自然存在的带电粒子极为有限，中和是极为缓慢的，一般不会被觉察到。带电体上的静电通过空气迅速地中和发生在放电时。静电放电有以下几种形式：①电晕放电，发生在带电体尖端附近或其他曲率半径很小处附近的局部区域内。电晕放电的能量密度不高，如不发展则没有危险。②刷形放电，火花放电的一种，其放电通道有很多分支。刷形放电释放的能量不超过 4mJ，其局部能量密度具有引燃一些爆炸性混合物的能力。传播型刷形放电——高电阻率薄膜的背面贴有金属导体时，薄膜两面带有异性电荷。如有导体接近薄膜表面，则发生放电，非导体表面上大面积的电荷经过邻近电离了的气体迅速流向初始放电点，构成所谓传播型刷形放电。传播型刷形放电形成密集的火花，火花能量较大，引燃危险性也大。③火花放电，放电通道火花集中的火花放电，即电极上有明显的放电集中点的放电。在易燃易爆场所，火花放电有很大的危险。④雷型放电，当悬浮在空气中的带电粒子形成大范围、高电荷密度的空间电荷云时，可能发生闪电状的所谓雷型放电。雷型放电能量大，则引燃危险大。

2）静电泄漏。绝缘体上较大的泄漏有两条途径：一条是绝缘体表面泄漏（遇到的是表面电阻）；另一条是绝缘体内部泄漏（遇到的是体积电阻）。

半值时间，泄漏到 $Q=Q_0/2$ 时所用的时间。用于衡量静电泄漏的快慢，亦即衡量危险性的大小。湿度对泄漏影响较大，随着湿度增加，绝缘体表面电阻大为降低，加速静电泄漏。

（3）静电的影响因素。

1）材质和杂质的影响。一般情况下，杂质有增加静电的趋势；但如杂质能降低原有材料的电阻率，则加入杂质有利于静电的泄漏。液体内含有高分子材料（如橡胶、沥青）的杂质时，会增加静电的产生。液体内含有水分时，在液体流动、搅拌或喷射过程中会产生附加静电。液体内水珠的沉降过程中也会产生静电。如果油管或油槽底部积水，经搅动后容易引起静电事故。

2）工艺设备和工艺参数的影响。接触面积越大，双电层正、负电荷越多，产生静电越多。管道内壁越粗糙，接触面积越大，冲击和分离的机会也越多，流动电流就越大。对于粉体，颗粒越小者，一定量粉体的表面积越大，产生静电越多。

接触压力越大或摩擦越强烈，会增加电荷的分离，以致产生较多的静电。

设备的几何形状也对静电有影响。例如，平皮带与皮带轮之间的滑动位移比三角皮带大，产生的静电也比较强烈。

过滤器会大大增加接触和分离程度，可能使液体静电电压增加十几倍到 100 倍以上。下列工艺过程容易产生和积累静电：①固体物质大面积的摩擦，如纸张与辊轴摩擦、橡胶或塑料碾制、传动皮带与皮带轮或辊轴摩擦等；固体物质在压力下接触而后分离，如塑料压制、上光等；固体物质在挤出、过滤时与管道、过滤器等发生摩擦，如塑料的挤出、赛璐珞的过滤等。②固体物质的粉碎、研磨过程，粉体物料的筛分、过滤、输送、干燥过程，悬浮粉尘的高速运动等。③在混合器中搅拌各种高电阻率物质，如纺织品的涂胶过程等。④高电阻率液体在管道中流动且流速超过 1m/s 时，液体喷出管口时，液体注入容器发生冲击、冲刷和飞溅时等。⑤液化气体、压缩气体或高压蒸汽在管道中流动和由管口喷出时，如从气瓶放出压缩气体、喷漆等。⑥穿化纤布料衣服、穿高绝缘（底）鞋的人员在操作、行走、起立时等。

（4）环境条件和时间的影响。

1）空气湿度。导电性地面在很多情况下能加强静电的泄漏，减少静电的积累。

2）周围导体布置。例如，传动皮带刚离开皮带轮时电压并不高，但转到两皮带轮中间位置时，由于距离拉大，电容大大减小，电压则大大升高。

（5）防静电的措施。

1）环境危险程度的控制。静电引起爆炸和火灾的条件之一是有爆炸性混合物存在。为了防止静电的危害，可采取以下控制所在环境爆炸和火灾危险性的措施。①取代易燃介质。例如，用三氯乙烯、四氯化碳、苛性钠或苛性钾代替汽油、煤油作洗涤剂有良好的防爆效果；②降低爆炸性混合物的浓度，在爆炸和火灾危险环境，采用通风装置或抽气装置及时排出爆炸性混合物；③减少氧化剂含量。这种方法实质上是充填氮、二氧化碳或其他不活泼的气体，减少气体、蒸气或粉尘爆炸性混合物中氧的含量不超过 8%时即不会引起燃烧。

2）工艺控制。工艺控制是从工艺上采取适当的措施，限制和避免静电的产生和积累。①材料的选用：在存在摩擦而且容易产生静电的场合，生产设备宜于配备与生产物料相同的材料。还可以考虑采用位于静电序列中段的金属材料制成生产设备，以减轻静电的危害。②限制摩擦速度或流速：油罐装油时，注油管出口应尽可能接近油罐底部，最初流速应限制在 1m/s 左右，待注油管出口被浸没以后，流速可增加至 4.5～6m/s。③增强静电消散过程：在输送工艺过程中，在管道的末端加装一个直径较大的松弛容器，可大大降低液体在管道内流动时积累的静电。

为了防止静电放电，在液体灌装、循环或搅拌过程中不得进行取样、检测或测温操作。进行上述操作前，应使液体静置一定的时间，使静电得到足够的消散或松弛。料斗或其他容器内不得有不接地的孤立导体。同液态一样，取样工作应在装料停止后进行。④消除附加静电：工艺过程中产生的附加静电，往往是可以设法防止的。为了减轻从油罐顶部注油时的冲击，减少注油时产生的静电，应使注油管头（鹤管头）接近罐底。为了防止搅动罐底积水或污物产生附加静电，装油前应将罐底的积水和污物清除掉。为了降低罐内油面电位，过滤器不应离注油管口太近。

3）接地和屏蔽。导体接地。接地是消除静电危害最常见的方法，它主要是消除导体上的静电。金属导体应直接接地。①凡用来加工、储存、运输各种易燃液体、易燃气体和粉体的设备都必须接地。如果袋形过滤器由纺织品或类似物品制成，建议用金属丝穿缝并予以接地；如果管道由不导电材料制成，应在管外或管内绕以金属丝，并将金属丝接地。②工厂或车间的氧气、乙炔等管道必须连成一个整体，并予以接地。可能产生静电的管道两端和每隔 200～300m 处均应接地。平行管道相距 10cm 以内时，每隔 20m 应用连接线互相连接起来。管道与管道或管道与其他金属物件交叉或接近，其间距离小于 10cm 时，也应互相连接起来。③注油漏斗、浮动罐顶、工作站台、磅秤和金属检尺等辅助设备均应接地。油壶或油桶装油时，应与注油设备跨接起来，并予以接地。④汽车槽车、铁路槽车在装油之前，应与储油设备跨接并接地；装、卸完毕先拆除油管，后拆除跨接线和接地线。⑤可能产生和积累静电的固体和粉体作业中，压延机、上光机及各种辊轴、磨、筛、混合器等工艺设备均应接地。

4）静电接地电阻。由于静电的消散过程所对应的泄漏电流很小，一般在微安数量级，导体与大地间的总泄漏电阻值只要不大于 1MΩ，导体上的静电电荷就可以很快地泄漏掉。因此，原则上所有单纯为了消除导体上静电的接地，其防静电接地电阻值在 1MΩ 以下就可以了。

专设的静电接地体的接地电阻值一般不应大于 100Ω，在山区等土壤电阻率较高的地区，其接地电阻值也不应大于 1000Ω。为了防止人体静电的危害，工作人员应穿导电性鞋。人体还可以通过金属腕带和挠性金属连接线予以接地。应注意：在有静电危险的场所，工作人员不应佩戴孤立的金属物件。

专设的静电接地体措施主要有：①导电性地面。采用导电性地面，实质上也是一种接地措施。有利于泄漏设备及人体上的静电。②绝缘体接地。为了使绝缘体上的静电较快地泄漏，绝缘体宜通过为 $1×10^6Ω$ 或稍大一些的电阻接地。③屏蔽。它是用接地导体

（即屏蔽导体）靠近带静电体放置，以增大带静电体对地电容，降低带电体静电电位，从而减轻静电放电的危险。④增湿。一般从相对湿度上升到 70% 左右，静电很快地减少。但要注意：有的报告指出在某一湿度下（约 60%）存在静电产生量的最大值；水分以气体状态存在时，几乎不能增加空气的导电性，甚至有时因为有水分而使电荷难于泄漏（试验证明，电荷在干燥空气中泄漏加速）。

5）抗静电添加剂。抗静电添加剂是化学药剂，具有良好的导电性或较强的吸湿性。加入抗静电添加剂之后，能降低材料的体积电阻率或表面电阻率，对于固体，若能将其体积电阻率降低至 $1×10^7\Omega$ 以下，或将其表面电阻率降低至 $1×10^8\Omega$ 以下，即可消除静电的危险。注意：对于悬浮粉体和蒸气静电，因其每一微小的颗粒（或小珠）都是互相绝缘的，所以任何抗静电添加剂都不起作用。

6）静电中和器，又叫静电消除器，装置能产生电子和离子，中和物料上的静电电荷。①感应式中和器。②高压式中和器。③放射线中和器。它是利用放射线同位素使空气电离，产生正离子和负离子，中和生产物料上的静电。

6. 电磁辐射防护

电磁辐射无色无味无形，可以穿透包括人体在内的多种物质。各种家用电器、电子设备、办公自动化设备、移动通信设备等电器装置只要处于操作使用状态，它的周围就会存在电磁辐射。长期处于高电磁辐射环境下，可能会对人体健康产生以下影响：

（1）对心血管系统的影响，表现为心悸，失眠，部分女性经期紊乱，心动过缓，心搏血量减少，窦性心律不齐，白细胞减少，免疫功能下降等。

（2）对视觉系统的影响，表现为视力下降，引起白内障等。

（3）对生殖系统的影响，表现为性功能降低，男子精子质量降低，使孕妇发生自然流产和胎儿畸形等。

（4）长期处于高电磁辐射的环境中，会使血液、淋巴液和细胞原生质发生改变；影响人体的循环系统、免疫、生殖和代谢功能，严重的还会诱发癌症，并会加速人体的癌细胞增殖。

（5）装有心脏起搏器的病人处于高电磁辐射的环境中，会影响心脏起搏器的正常使用。电磁污染、水污染和废气污染被并称为人类的三大污染源，电磁辐射看不见、摸不着，却时刻在威胁着我们的健康。

电磁辐射的防护对策——防护手段主要有两个，一个是屏蔽，另一个是吸收。前者就是把电磁波屏蔽掉，反射回去、折射回去。后者就是把电磁波的电磁能量，通过材料本身吸收掉。比如屏蔽室、屏蔽服都是利用这个原理。

电磁屏蔽——是最常用的降低电磁辐射的手段。利用导电性能和导磁性能良好的金属板或金属网，通过反射效应和吸收效应，阻隔电磁波的传播。

目前，大部分设备使用金属网来屏蔽电磁波。一般来说，金属网线越粗、网眼越小，屏蔽的效果越好。当电磁波遇到屏蔽体时，大部分被反射回去，其余的一小部分在金属内部被吸收衰减。

除此之外，还有：

接地——屏蔽金属在电磁场中会产生感应电流。为了不使屏蔽体本身成一个较弱的二次辐射源，屏蔽体应该通过导体接地，将感应电流引入地下。而对于那些不能安装屏蔽装置的电线和微波发射装置来说，就必须在它的周围规划出防护带，防护带的距离根据辐射强度的大小，一般为 20～50m。

距离防护——由于感应电场强度是与辐射源到被照射物体之间的距离的平方呈反比，辐射电场强度是与辐射源到被照射物体之间的距离呈反比，因此，加大辐射源到被照射物体之间的距离可较大幅度地衰减电磁辐射强度。

自动化作业——应尽量采用机械化和自动化作业，减少作业人员直接进入强电磁场辐射区域的次数和工作时间。

个体防护——在高频辐射环境内的作业人员要进行防护。常用的防护用品有防护眼镜、防护服、防护头盔等。这些防护用品一般用金属丝布、金属膜布和金属网等制作。

使用手机的简易的自我防护措施建议包括采取"拉开距离""限时使用"和"积极防护"等措施，如：

（1）美国制订了手持电话的天线要在距头部 2.5cm 处使用的规定。

（2）美国专门从事电磁波研究的阿迪博士认为"1 天最好不超过 30min"。

（3）使用耳机麦克风，除减少头部辐射之外，还可避免一只手驾驶汽车，另一只手拿电话的不安全操作。

（4）戴用由几微米粗细的不锈钢纤维与化学纤维混纺成、能屏蔽电磁波的导电布制作的防护帽。

（5）装用能改变天线附近的电磁场分布、减少对人体头部照射剂量的特殊贴片。

思考与练习

1．我国安全生产工作方针是什么？

2．请说出安全生产"三同时"的具体内容。

3．电气误操作的"五防"指的是什么？

4．请说出针对电气设备着火，应采取的应对措施有哪些？

5．在电气设备上工作，保证安全的技术措施有哪些？

6．什么是职业病？"鼠标手"算不算职业病？

7．安全色规定为哪几种颜色？分别代表什么含义？

8．如何理解违章行为？违章的分类有哪些？

9．电气设备中的 Ⅱ 类设备指的是什么设备？手持式电动工具通常应选用几类工具？如何选择？

10．易燃易爆环境电气设备应选用防爆型，防爆型电气设备标志是什么？有哪些分类？

第二章　消防安全知识

消防安全教育是贯彻消防工作群众路线的一项重要措施。企业的消防安全工作是一项涉及整个企业及广大职工群众的工作，必须充分发动和依靠职工群众才能搞好。消防工作要走群众路线，就必须通过宣传教育，充分调动职工群众做好消防安全工作的积极性，提高企业职工的消防安全意识。另外从企业消防安全的实践看，职工群众是消防安全实践的主体，只有教育和依靠职工群众，企业的消防安全才会有坚实的基础，才能得到巩固和发展。

从消防工作的实践看，引起火灾的原因很多，但制约的因素是人而不是物。火灾统计分析也同样表明，绝大多数的火灾是因人们的思想麻痹、用火不慎或违反消防安全规章制度和技术操作规程造成的。所以，要把企业的消防安全工作做好，消防安全教育培训是普及消防知识的重要途径，必须通过必要的教育形式，向职工普及消防常识，增强职工的法治观念和责任感，自觉遵守消防安全制度和操作规程，维护企业消防安全秩序。

本章我们将解读消防法律法规、介绍消防基础知识、了解消防设施设备、学习初期火灾的扑救、熟悉发生火灾时如何报火警、组织人员疏散及火场逃生自救，以及常见消防器材如何使用等消防常识。通过学习，推动职工依法履行消防安全责任和义务，强化职工对消防安全工作重要性和必要性的认识，提升职工消防安全防范意识和消防安全技能，营造良好的企业消防安全环境，增强企业整体抗御火灾的能力，杜绝火灾事故发生。

第一节　概　　述

一、火的利用和危害

火是人类赖以生存和发展的一种自然力，火的利用，加强了人类对自然力的控制力量，成为人类征服自然的武器和手段，在人类进化史上具有划时代的意义。火给人类带来温暖、光明、动力，纵观人类的历史，实际上就是一部用火发展的历史。

火和其他事物一样也具有两重性。火既可以造福于人类，也会给人类造成危害。火给人类带来了光明和温暖，带来了健康和智慧，从而促进了人类物质文明的不断发展。但是，从古至今，火又能成为一种具有很大破坏性的多发性的灾害，给人类的生活、生产乃至生命安全构成了威胁。

火灾，能烧毁茂密的森林和广袤的草原，使宝贵的自然资源化为乌有，还污染了大气，破坏了生态环境。

火灾，能烧毁人类经过辛勤劳动创造的物质财富，使工厂、仓库、城镇、乡村和大量的生产、生活资料化为灰烬，在一定程度上影响着社会经济的发展和人们的正常生活。

火灾，能烧毁大量文物、典籍、古建筑等稀世瑰宝，毁灭人类历史的文化遗产，造成无法挽回和弥补的损失。

火灾，不仅会使人们的生活陷于困境，更会夺取人的生命和健康，给遇难家属带来难以消除的身心痛苦。

二、消防工作的开展

消防工作，就是人们在同火灾作斗争的过程中逐步形成和发展起来的一项专门工作。

中华人民共和国成立后，各地公安机关重新组建公安消防队伍。1955 年 12 月，公安部将治安行政局消防处扩建为消防局，开始系统进行消防业务建设。1957 年 9 月 11 日，国务院发布《关于加强消防工作的指示》，要求各级公安机关应将消防监督机构建立健全起来，同时加强教育训练，改善消防技术装备。同年 10 月 16 日，公安部召开全国消防工作座谈会，要求认真执行"以防为主、以消为辅"的方针，开展群众性的防火宣传检查，加强消防监督和各项经常工作。同年 11 月 30 日，国务院公布施行《消防监督条例》，规定消防监督工作由各级公安机关实施。

1960 年 5 月 1 日，中共中央发出《关于加强防火的指示》，要求公安机关大力加强专业消防队和义务消防队建设，加强防火的宣传、组织和检查工作，对纵火的反坏分子严加惩处。同年 5 月 5 日，公安部发出《关于认真贯彻中央关于加强防火的指示的通知》，要求各地公安机关立即开展以防火为中心的安全检查运动，狠抓消防专门工作，迅速建立健全各级消防组织机构，加强消防队伍建设，尽可能充实数量，改进技术装备，提高业务能力，并对义务消防队加以整顿。

1963 年 9 月 17 日，公安部召开全国消防工作会议，总结近几年的消防工作经验，讨论通过了《关于城市消防管理工作的规定（试行草案）》《关于加强农村消防工作建设的若干措施（试行草案）》和《关于进一步加强公安消防队伍建设的若干措施》三个文件。

到 20 世纪 60 年代初期，我国公安消防工作在监督管理、重点保卫、群众防火、队伍建设和技术水平等方面都有了很大发展和提高，对保卫我国社会主义建设和人民生命财产安全发挥了重大作用。

随着科学技术和经济的发展，物质财富增多，城市规模扩大，人口趋向密集，发生火灾的因素相应增加，火灾造成人员伤亡和经济损失都呈上升趋势。同时也为人们同火灾作斗争提供了先进的手段。总的发展趋势是火灾原因更加复杂，经济损失呈上升趋势。但是只要人们重视消防，采取有效措施，就能减缓这种趋势，最大限度地减少火灾损失，从而为经济建设，为人民群众的生活创造一个安全的社会环境。

三、消防工作的方针

我国消防工作的方针是"预防为主，防消结合"。

"预防为主，防消结合"，这一方针科学、准确地表达了"防"和"消"的辩证关系，反映了人们同火灾作斗争的客观规律，也体现了我国消防工作的特色。"预防为主，防消结合"就是要把预防火灾和扑救火灾结合起来。是对消防立法意义的总体概括，包括了两层含义：一是做好预防火灾的各项工作，防止发生火灾；二是火灾绝对不发生是不可能的，而是一旦发生火灾，就应当及时、有效地进行扑救，减少火灾的危害。

防火和灭火是一个问题的两个方面，是辩证统一、相辅相成，有机结合的整体，二者缺一不可。

预防为主，就是不论在指导思想还是具体行动上，都要把火灾预防放在首位，动员和依靠人民群众，贯彻落实各项防火措施、技术措施和组织措施，先发制火，争取主动，切实有效地防止火灾的发生。

防消结合，也就是要求在作好防火工作的同时，积极做好各项灭火准备工作，在一旦发生火灾时，能够迅速有效的予以扑救，最大限度地减少火灾损失和人员伤亡，只有认真贯彻这一方针，才能有效地防止和控制火灾的发生。

无数事实证明，只要人们具有较强的消防安全意识，自觉遵守，严格执行消防法律、法规以及国家消防技术标准，遵守安全操作规程，大多数火灾是可以预防的。

四、单位、个人的消防义务和权利

（1）任何单位和个人都有维护消防安全、保护消防设施、预防火灾、报告火警的义务。

（2）任何单位和成年人都有参加有组织的灭火工作的义务。

（3）任何单位、个人不得损坏、挪用或者擅自拆除、停用消防设施、器材，不得埋压、圈占、遮挡消火栓或者占用防火间距，不得占用、堵塞、封闭疏散通道、安全出口、消防车通道。人员密集场所的门窗不得设置影响逃生和灭火救援的障碍物。

（4）任何人发现火灾都应当立即报警。

（5）任何单位、个人都应当无偿为报警提供便利，不得阻拦报警。严禁谎报火警。

（6）人员密集场所发生火灾，该场所的现场工作人员应当立即组织、引导在场人员疏散。

（7）任何单位发生火灾，必须立即组织力量扑救。邻近单位应当给予支援。消防队接到火警，必须立即赶赴火灾现场，救助遇险人员，排除险情，扑灭火灾。

（8）火灾扑灭后，发生火灾的单位和相关人员应当按照消防救援机构的要求保护现场，接受事故调查，如实提供与火灾有关的情况。

（9）任何单位和个人都有权对住房和城乡建设主管部门、消防救援机构及其工作人员在执法中的违法行为进行检举、控告。

（10）对在消防工作中有突出贡献的单位和个人，应当按照国家有关规定给予表彰和奖励。

第二节　消防法律法规

一、《中华人民共和国消防法》

1. 立法沿革

《中华人民共和国消防法》（以下简称《消防法》），原《消防法》由1998年4月29日中华人民共和国第九届全国人民代表大会常务委员会第二次会议通过，自1998年9月1日起施行以来，在预防和减少火灾危害，维护消防安全等方面，发挥了重要作用。但是，随着我国经济社会的发展和政府职能的转变，面对着以人为本、保障和改善民生、强化社会管理和公共服务的新要求，原《消防法》对消防工作社会化、应急救援方面的规定确实已经落后于形势的需要。

根据 2008 年 10 月 28 日中华人民共和国第十一届全国人民代表大会常务委员会第五次会议通过《中华人民共和国消防法》修订，自 2009 年 5 月 1 日起施行。

根据 2019 年 4 月 23 日中华人民共和国第十三届全国人民代表大会常务委员会第十次会议通过《全国人民代表大会常务委员会关于修改〈中华人民共和国建筑法〉等八部法律的决定》第一次修正。

根据 2021 年 4 月 29 日中华人民共和国第十三届全国人民代表大会常务委员会第二十八次会议通过《全国人民代表大会常务委员会关于修改〈中华人民共和国道路交通安全法〉等八部法律的决定》第二次修正。

2. 节选

（1）第一条　为了预防火灾和减少火灾危害，加强应急救援工作，保护人身、财产安全，维护公共安全，制定本法。

（2）第二条　消防工作贯彻预防为主、防消结合的方针，按照政府统一领导、部门依法监管、单位全面负责、公民积极参与的原则，实行消防安全责任制，建立健全社会化的消防工作网络。

（3）第五条　任何单位和个人都有维护消防安全、保护消防设施、预防火灾、报告火警的义务。任何单位和成年人都有参加有组织的灭火工作的义务。

（4）第十六条　机关、团体、企业、事业等单位应当履行下列消防安全职责：

1）落实消防安全责任制，制定本单位的消防安全制度、消防安全操作规程，制定灭火和应急疏散预案。

2）按照国家标准、行业标准配置消防设施、器材，设置消防安全标志，并定期组织检验、维修，确保完好有效。

3）对建筑消防设施每年至少进行一次全面检测，确保完好有效，检测记录应当完整准确，存档备查。

4）保障疏散通道、安全出口、消防车通道畅通，保证防火防烟分区、防火间距符合消防技术标准。

5）组织防火检查，及时消除火灾隐患。

6）组织进行有针对性的消防演练。

7）法律、法规规定的其他消防安全职责。

单位的主要负责人是本单位的消防安全责任人。

（5）第十七条　县级以上地方人民政府消防救援机构应当将发生火灾可能性较大以及发生火灾可能造成重大的人身伤亡或者财产损失的单位，确定为本行政区域内的消防安全重点单位，并由应急管理部门报本级人民政府备案。

消防安全重点单位除应当履行本法第十六条规定的职责外，还应当履行下列消防安全职责：

1）确定消防安全管理人，组织实施本单位的消防安全管理工作；

2）建立消防档案，确定消防安全重点部位，设置防火标志，实行严格管理；

3）实行每日防火巡查，并建立巡查记录；

4）对职工进行岗前消防安全培训，定期组织消防安全培训和消防演练。

（6）第二十一条　禁止在具有火灾、爆炸危险的场所吸烟、使用明火。因施工等特殊情况需要使用明火作业的，应当按照规定事先办理审批手续，采取相应的消防安全措施；作业人员应当遵守消防安全规定。

（7）第二十八条　任何单位、个人不得损坏、挪用或者擅自拆除、停用消防设施、器材，不得埋压、圈占、遮挡消火栓或者占用防火间距，不得占用、堵塞、封闭疏散通道、安全出口、消防车通道。人员密集场所的门窗不得设置影响逃生和灭火救援的障碍物。

（8）第六十条　单位违反本法规定，有下列行为之一的，责令改正，处五千元以上五万元以下罚款：

1）消防设施、器材或者消防安全标志的配置、设置不符合国家标准、行业标准，或者未保持完好有效的。

2）损坏、挪用或者擅自拆除、停用消防设施、器材的。

3）占用、堵塞、封闭疏散通道、安全出口或者有其他妨碍安全疏散行为的。

4）埋压、圈占、遮挡消火栓或者占用防火间距的。

5）占用、堵塞、封闭消防车通道，妨碍消防车通行的。

6）人员密集场所在门窗上设置影响逃生和灭火救援的障碍物的。

7）对火灾隐患经消防救援机构通知后不及时采取措施消除的。

个人有前款第二项、第三项、第四项、第五项行为之一的，处警告或者五百元以下罚款。

有本条第一款第三项、第四项、第五项、第六项行为，经责令改正拒不改正的，强制执行，所需费用由违法行为人承担。

（9）第六十四条　违反本法规定，有下列行为之一，尚不构成犯罪的，处十日以上十五日以下拘留，可以并处五百元以下罚款；情节较轻的，处警告或者五百元以下罚款：

1）指使或者强令他人违反消防安全规定，冒险作业的。

2）过失引起火灾的。

3）在火灾发生后阻拦报警，或者负有报告职责的人员不及时报警的。

4）扰乱火灾现场秩序，或者拒不执行火灾现场指挥员指挥，影响灭火救援的。

5）故意破坏或者伪造火灾现场的。

6）擅自拆封或者使用被消防救援机构查封的场所、部位的。

二、《江苏省消防条例》

1. 条例修订

《江苏省消防条例》已由江苏省第十一届人民代表大会常务委员会第十八次会议于2010年11月19日修订通过，自2011年5月1日起施行。

2. 节选

（1）第六条　维护消防安全是全社会的共同责任。任何单位和个人都应当学习消防知识，预防火灾，保护消防设施，及时报告火警，提高自救互救能力。

（2）第十四条　建设工程施工现场的消防安全由施工单位负责。

施工单位应当明确施工现场消防安全责任，落实消防安全管理制度，设置符合规定的临时消防给水设施，配备必要的灭火器材，设置消防车通道并保持畅通，规范用火用电，消除火灾隐患。

建筑施工搭建的临时建筑物、构筑物，应当符合消防技术标准和管理规定。

（3）第十七条　机关、团体、企业、事业等单位应当按照消防技术标准，定期组织对消防设施、器材进行检验、检测、维修和保养，对建筑消防设施每年至少进行一次全面检测，确保消防设施、器材完好有效。单位自身不具备检验、检测、维修、保养条件的，应当委托具有相应资质的消防技术服务机构对消防设施、器材进行检验、检测、维修和保养。

按照消防技术标准设置消防控制室的单位，应当落实消防控制室管理制度，确保及时发现和正确处置火灾报警。

（4）第五十四条　建设工程有关单位违反本条例规定使用不合格消防产品、国家明令淘汰的消防产品或者防火性能不符合消防安全要求的建筑材料的，责令限期改正；逾期不改正的，责令停止施工、停止使用，对单位处五千元以上五万元以下罚款，并对有关责任人员处五百元以上两千元以下罚款。

第三节　消防基础知识

一、基础知识

1. 术语和定义

（1）火灾：在时间或空间上失去控制地燃烧。

（2）燃烧：可燃物与氧化剂作用发生的放热反应，通常伴有火焰、发光和（或）发烟的现象。

（3）引火源：使物质开始燃烧的外部热源（能源）。

（4）可燃物：可以燃烧的物品。

（5）灭火：扑灭或抑制火灾的活动和过程。

（6）消防安全标志：由表示特定消防安全信息的图形符号、安全色、几何形状（或边框）等构成，必要时辅以文字或方向指示的安全标志。

（7）消防设施：专门用于火灾预防、火灾报警、灭火以及发生火灾时用于人员疏散的火灾自动报警系统、自动灭火系统、消火栓系统、防烟排烟系统以及应急广播和应急照明、防火分隔设施、安全疏散设施等固定消防系统和设备。

（8）固定灭火系统：固定安装于建筑物、构筑物或设施等，由灭火剂供应源、管路、喷放器件和控制装置等组成的灭火系统。

（9）灭火剂：能够有效地破坏燃烧条件，终止燃烧的物质。

（10）火灾自动报警系统：能实现火灾早期探测、发出火灾报警信号、并向各类消防设备发出控制信号完成各项消防功能的系统，一般由火灾触发器件、火灾警报装置、火灾报警控制器、消防联动控制系统等组成。

（11）喷水灭火系统：由洒水喷头、报警阀组、水流报警装置（水流指示器或压力开关）等组件，以及管道、供水设施组成，并能在发生火灾时喷水的自动灭火系统。

（12）泡沫灭火系统：将泡沫灭火剂与水按一定比例混合，经发泡设备产生灭火泡沫的灭火系统。

（13）气体灭火系统：灭火介质为气体灭火剂的灭火系统。

（14）感烟火灾探测器：探测悬浮在大气中的燃烧和（或）热解产生的固体或液体微粒的火灾探测器。

（15）感温火灾探测器：对温度和（或）温度变化响应的火灾探测器。

（16）防排烟系统：建筑内设置的用以防止火灾烟气蔓延扩大的防烟系统和排烟系统的总称。

（17）室内消火栓：设于建筑物内部的消火栓。

（18）室外消火栓：露天设置的消火栓。

（19）手提式灭火器：能在其内部压力作用下，将灭火剂喷出以扑救火灾，并可手提移动的灭火器。

（20）推车式灭火器：装有轮子，可由一人推（或拉）至火场，并能在其内部压力作用下，将灭火剂喷出以扑救火灾的灭火器。

（21）灭火毯：由不燃织物编织而成，用于扑灭初起小面积火的毯子。

（22）安全出口：供人员安全疏散用的楼梯间、室外楼梯的出入口或直通室内外安全区域的出口。

（23）疏散：人员由危险区域向安全区域撤离。

（24）疏散通道：建筑物内具有足够防火和防烟能力，主要满足人员安全疏散要求的通道。

（25）疏散指示标志：设置在安全出口和疏散路线上，用于指示安全出口和通向安全出口路线的标志。

（26）疏散预案：为保证建筑物内人员在火灾情况下能安全疏散而事先制定的计划。

（27）应急照明：当正常照明中断时，用于人员疏散和消防作业的照明。

（28）消防供水设施：供灭火救援用的人工水源和天然水源。

（29）消防车通道：满足消防车通行和作业等要求，在紧急情况下供消防队专用，使消防员和消防车等装备能到达或进入建筑物的通道。

2. 燃烧的必要条件

（1）可燃物。

（2）引火源。

（3）助燃物（氧化剂）。

二、火灾分类

根据可燃物的类型和燃烧特性将火灾定义为以下 6 个不同的类别：

（1）A 类火灾。固体物质火灾，这种物质通常具有有机物性质，一般在燃烧时能产生灼热的余烬，如木材、棉、毛、麻、纸张等。应选用水型、泡沫、磷酸铵盐干粉灭火器。碳酸氢钠、二氧化碳灭火器不适用。

（2）B 类火灾。液体或可熔化的固体物质火灾。如汽油、煤油、原油、甲醇、乙醇、沥青、石蜡火灾等。应选用干粉、泡沫、二氧化碳灭火器。（这里值得注意的是，化学泡沫灭火器不能灭 B 类极性溶剂火灾，因为化学泡沫与极性溶剂接触后，泡沫会迅速被吸收，使泡沫很快消失，这样就不能起到灭火的作用）醇、醛、酮、醚、酯等都属于极性溶剂，扑救 B 类极性溶剂火灾应选用抗溶泡沫灭火器。

一般不用水进行灭火，不适用水射流冲击油面，会激溅油火，致使火势蔓延，灭火困难。

（3）C 类火灾。气体火灾，如煤气、天然气、甲烷、乙烷、丙烷、氢气火灾等。

应选用干粉、二氧化碳灭火器。水型灭火器、泡沫灭火器不适用。

（4）D 类火灾。金属火灾，如钾、钠、镁、钛、锆、锂、铝镁合金火灾等。

应选用专用干粉灭火器，也可用干沙、土、铸铁屑粉末代替。

（5）E 类火灾。带电火灾，物体带电燃烧的火灾。

应选用干粉、二氧化碳灭火器。水型、泡沫灭火器不适用。

（6）F 类火灾。烹饪器具内的烹饪物（如动植物油脂）火灾。

应选用干粉、二氧化碳型灭火器。灭火时忌用水、泡沫及含水性物质，使用窒息灭火方式，隔绝氧气进行灭火。

三、报火警的方法

（1）在火灾发生时，及时报警是及时扑灭火灾的前提，这对于迅速扑救火灾、减轻火灾危害、减少火灾损失具有非常重要的作用。因此，《消防法》规定：任何人发现火灾都应当立即报警。任何单位个人都应当无偿为报警提供便利，不得阻拦报警。严禁谎报火警。

1）向消防救援机构报警。消防救援机构是灭火的主要力量，即使失火单位有专职消防队，也应向消防救援机构报警，绝不可等个人或单位扑救不了再向消防救援机构报警，以免延误灭火最佳时机。

2）向单位（地区）专职、志愿消防队报警。很多单位有专职消防队员，并配置了消防车等消防装备。单位一旦有火情发生，要尽快向其报警，以便争取时间投入灭火战斗。

3）向受火灾威胁的人员发出警报，以便他们迅速做好疏散准备尽快疏散。

4）装有火灾自动报警系统的场所，在火灾发生时会自动报警。没有安装火灾自动报警系统的场所，可以根据条件采取下列方法报警：使用警铃、汽笛或其他平时约定的报警手段报警。

（2）"报告火警"主要是指发现火灾后，应当立即拨打火警电话"119"，报警之后，应派人到路口接应消防车进入火灾现场。

在拨打"119"火警电话向消防救援机构报火警时，必须讲清以下内容：

1）发生火灾单位或个人的详细地址。包括街道名称，门牌号码，靠近何处，附近有无明显的标志；大型企业要讲明分厂、车间或部门；高层建筑要讲明第几层等。总之，地址要讲得明确具体。

2）火灾概况。主要包括：起火的时间、场所和部位、燃烧物的性质、火灾的类型、火势的大小、是否有人员被困、有无爆炸和毒气泄漏等。

3）报警人基本情况。主要包括：姓名、性别、年龄、单位、联系电话号码等。

第四节 消防安全"四懂四会四个能力"

一、消防安全四懂

1．懂得岗位火灾的危险性
（1）防止触电。
（2）防止引起火灾。
（3）可燃、易燃品、火源。

2．懂得预防火灾的措施
（1）加强对可燃物质的管理。
（2）管理和控制好各种火源。
（3）加强电气设备及其线路的管理。
（4）易燃易爆场所应有足够的、适用的消防设施，并要经常检查，做到会用、有效。

3．懂得扑救火灾的方法
一切灭火方法都是为了破坏已经发生的燃烧条件。在火灾发生后，往往是根据着火物质、燃烧特点、火场具体情况以及消防设备性能等进行灭火。具体的灭火方法主要有：
（1）冷却灭火法。
1）原理：根据可燃物发生燃烧必须达到一定温度这一条件，将水或灭火剂直接喷洒在燃烧物上，使燃烧物的温度降低至燃点以下，从而终止燃烧。
2）适用场合：除直接用于燃烧物外，还可用于冷却尚未燃烧的物体，如建筑构件、设备等，避免它们受热辐射影响而发生燃烧或爆炸。
（2）隔离灭火法。
1）原理：根据发生燃烧必须具备可燃物这一条件，将与燃烧物临近的可燃物隔离开，阻止燃烧进一步扩散。
2）如将火源附近的可燃、易燃、易爆和助燃物质，从燃烧区转移到安全地点；关闭阀门，阻止易燃、可燃气体、液体流入燃烧区。
（3）窒息灭火法。
1）原理：窒息灭火法就是根据可燃物燃烧需要足够的空气（氧气）这一条件，采取适当措施阻止空气流入燃烧区，或用不燃物质冲淡空气中的氧气，使燃烧物缺乏氧气的助燃而熄灭。
2）适用场合：用于扑救密闭的房间和生产装置、设备容器内的火灾。
（4）化学抑制灭火法。
1）原理：将灭火剂喷在燃烧物上，使其参与燃烧反应，使燃烧过程中产生的游离基消失，形成稳定分子或低活性游离基从而使燃烧反应终止。
2）如使用干粉灭火剂灭火，干粉灭火剂直接参与燃烧反应使燃烧停止。

4．懂得逃生的方法
（1）自救逃生时要熟悉周围环境，要迅速撤离火场。
（2）紧急疏散时要保证通道不堵塞，确保逃生路线畅通。

（3）紧急疏散时要听从指挥，保证有秩序地尽快撤离。

（4）当发生意外时，要大声呼喊他人，不要拖延时间，以便及时得救，也不要贪恋财物。

（5）要学会自我保护，尽量保持低姿势匍匐前进，用湿毛巾捂住嘴鼻。

（6）保持镇定，就地取材，用窗帘、床单自制绳索，安全逃生。

（7）逃生时要直奔通道，不要进入电梯，防止被困在电梯内。

（8）当烟火封住逃生的道路时，要关闭门窗，用湿毛巾塞住门窗缝隙，防止烟雾侵入房间。

（9）当身上的衣物着火时，不要惊慌乱跑，就地打滚，将火苗压住。

（10）当没有办法逃生时，要及时向外呼喊求救，以便迅速地逃离困境。

二、消防安全四会

1. 会报火警
（1）大声呼喊报警，使用手动报警设备报警；

（2）如使用专用电话、内线电话、控制中心电话报警等；

（3）拨打119火警电话向当地消防救援机构报警。

2. 会使用消防器材
各种手提式灭火器的操作方法简称为："一拔"，拔掉保险销；"二握"，握住喷管喷头；"三压"，压下握把；"四准"，对准火焰根部喷射即可。

3. 会扑救初起火灾
在扑救初起火灾时，必须遵循：先控制后消灭，救人第一，先重点后一般的原则。

4. 会组织疏散逃生
（1）按疏散预案组织人员疏散。

（2）酌情通报情况，防止混乱。

（3）分组实施引导。

三、消防安全四个能力

1. 检查消除火灾隐患能力
（1）单位应建立防火检查、巡查队伍；

（2）单位应制定消防安全管理制度；

（3）单位消防安全责任人、消防安全管理人每月至少组织一次防火检查；

（4）单位实行每日防火巡查，并建立巡查记录；

（5）部门负责人每周至少开展一次防火检查；

（6）员工每天班前、班后进行本岗位防火检查；

（7）做到"十查十禁"。

1）"查设施器材　禁损坏挪用"。

2）"查通道出口　禁封闭堵塞"。

3）"查照明指示　禁遮挡损坏"。

4）"查装饰装修　禁易燃可燃"。

5）"查电器线路　禁私搭乱接"。

6）"查用电设备　禁违章使用"。

7）"查吸烟用火　禁擅用明火"。

8）"查场所人员　禁超员脱岗"。

9）"查物品存放　禁违规存储"。

10）"查人员住宿　禁三合一体"。

2．扑救初起火灾能力

（1）单位应建立两支队伍（灭火第一战斗力量队伍、灭火第二战斗力量队伍）；

（2）发现起火后，起火部位员工 1min 内形成灭火第一战斗力量。

扑救初起火灾要掌握"三近"原则：

1）距起火点近的员工负责利用灭火器和室内消火栓灭火。

2）距电话或火灾报警点近的员工负责报警。

3）距安全通道或出口近的员工负责引导人员疏散。

（3）火灾确认后，单位 3min 内形成灭火第二战斗力量。

1）通信联络组：通知员工赶赴火场，消防队报警、保障火场通信联络。

2）灭火行动组：利用本单位消防器材设备灭火。

3）疏散引导组：组织引导现场人员有序疏散。

4）安全维护组：抢救护送受伤人员。

5）现场警戒组：维持火场秩序。

3．组织人员疏散逃生能力

消防安全责任人、消防安全管理人和员工要做到"四熟悉"：

（1）熟悉本单位疏散逃生路线。

（2）熟悉引导人员疏散程序。

（3）熟悉遇难逃生设施使用方法。

（4）熟悉火场逃生基本知识。

4．消防宣传教育培训能力

消防安全责任人、消防安全管理人和员工要做到"六掌握"：

（1）掌握消防法律法规和安全操作规程。

（2）掌握本单位、岗位火灾危险性和防火措施。

（3）掌握消防设施器材使用方法。

（4）掌握报警、灭火及疏散逃生技能。

（5）掌握安全疏散线路及引导疏散的程序方法。

（6）掌握灭火应急疏散预案内容及操作程序。

第五节　消防设施设备

一、火灾自动报警系统

火灾自动报警系统（见图 2-1）是由触发器件、火灾报警装置、火灾警报装置以及具有其他辅助功能的装置组成的火灾报警系统。

它能够在火灾初期，将燃烧产生的烟雾、热量和光辐射等物理量，通过感温、感烟和感光等火灾探测器变成电信号，传输到火灾报警控制器，并同时显示出火灾发生的部位，记录火灾发生的时间。

火灾自动报警系统和自动喷水灭火系统、室内消火栓系统、消防应急照明和疏散指示系统、防排烟系统、通风系统、空调系统、防火门、防火卷帘、挡烟垂壁等相关设备联动，自动或手动发出指令、启动相应的装置，达到灭火、控制火情、分隔火情区域和引导疏散的作用。

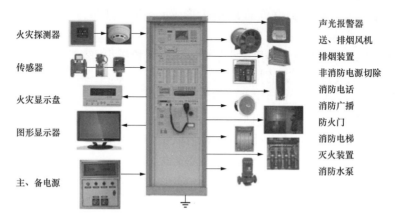

图 2-1　火灾自动报警系统

火灾自动报警系统组成如下：

（1）触发器件。在火灾自动报警系统中，自动或手动产生火灾报警信号的器件称为触发件，主要包括火灾探测器和手动火灾报警按钮。

火灾探测器（见图 2-2）是能对火灾参数（如烟、温度、火焰辐射、气体浓度等）响应，并自动产生火灾报警信号的器件。按响应火灾参数的不同，火灾探测器分成感温火灾探测器、感烟火灾探测器、感光火灾探测器、可燃气体探测器和复合火灾探测器五种基本类型。不同类型的火灾探测器适用于不同类型的火灾和不同的场所。

手动火灾报警按钮（见图 2-3）是手动方式产生火灾报警信号、启动火灾自动报警系统的器件，也是火灾自动报警系统中不可缺少的组成部分之一。

图 2-2　火灾探测器

图 2-3　手动火灾报警按钮

（2）火灾报警装置。在火灾自动报警系统中，用以接收、显示和传递火灾报警信号，并能发出控制信号和具有其他辅助功能的控制指示设备称为火灾报警装置。火灾报警控制器就是其中最基本的一种。火灾报警控制器（见图2-4）担负着为火灾探测器提供稳定的工作电源；监视探测器及系统自身的工作状态；接收、转换、处理火灾探测器输出的报警信号；进行声光报警；指示报警的具体部位及时间；同时执行相应辅助控制等诸多任务，是火灾报警系统中的核心组成部分。

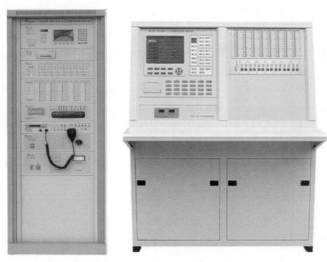

图 2-4　火灾报警控制器

在火灾报警装置中，还有一些如中断器、区域显示器、火灾显示盘等功能不完整的报警装置，它们可视为火灾报警控制器的演变或补充，在特定条件下应用，与火灾报警控制器同属火灾报警装置。

火灾报警控制器的基本功能主要有：主（备）电源自动转换、备用电源充电、电源故障监测、电源工作状态指示、火灾探测器供电、控制器或系统故障声光报警、火灾声光报警、火灾报警时间记忆、火灾报警优先、火灾警报装置消声及再次声响报警等功能。

（3）火灾警报装置。在火灾自动报警系统中，用以发出区别于环境声、光的火灾警报信号的装置称为火灾警报装置（见图2-5）。它以声、光音响方式向报警区域发出火灾警报信号，以警示人们采取安全疏散、灭火救灾措施。

图 2-5　火灾警报装置

（4）消防控制设备。在火灾自动报警系统中，当接收到火灾报警后，能自动或手动启动相关消防设备并显示其状态的设备，称为消防控制设备（见图2-6）。

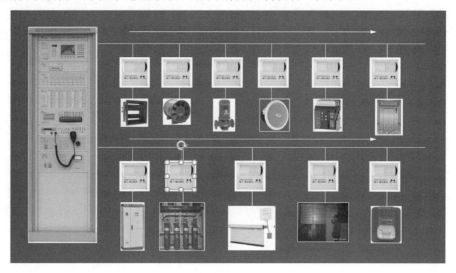

图2-6　消防控制设备

主要包括火灾报警控制器、自动灭火系统的控制装置、室内消火栓系统的控制装置、防烟排烟系统及空调通风系统的控制装置、常开防火门和防火卷帘的控制装置、电梯回降控制装置，以及火灾应急广播（见图2-7）、火灾警报装置、消防通信设备（见图2-8）、火灾应急照明（见图 2-9）与疏散指示标志（见图 2-10）的控制装置等十类控制装置中的部分或全部。

图2-7　火灾应急广播

图2-8　消防通信设备

图2-9　火灾应急照明

图2-10　疏散指示标志

消防控制设备一般设置在消防控制中心，以便于实行集中统一控制。也有的消防控制设备设置在被控消防设备所在现场，但其动作信号则必须返回消防控制室，实行集中与分散相结合的控制方式。

（5）电源。火灾自动报警系统属于消防用电设备，其主电源应当采用消防电源，备用电源采用蓄电池。系统电源除为火灾报警控制器供电外，还为与系统相关的消防控制设备等供电。

二、消防给水及消火栓系统

消防给水系统主要由消防水源、供水设施设备和给水管网等构成。

1. 按水压分类

分为高压消防给水系统，临时高压消防给水系统和低压消防给水系统。

（1）高压消防给水系统，是指能始终保持满足水灭火设施所需的工作压力和流量，火灾时无须启动消防水泵直接加压的消防给水系统。

（2）临时高压消防给水系统，是指平时不能满足水灭火设施所需的工作压力和流量，火灾时能自动启动消防水泵以满足水灭火设施所需的工作压力和流量的消防给水系统（此系统目前公共建筑、消防安全重点单位等普遍使用）。

（3）低压消防给水系统，是指能满足车载或手抬移动消防水泵等取水所需的工作压力和流量的消防给水系统。

2. 按给水范围分类

分为独立消防给水系统和区域（集中）消防给水系统。

（1）独立消防给水系统，是指在一栋建筑内消防给水系统自成体系、独立工作的系统。

（2）区域（集中）消防给水系统，是指两栋及两栋以上的建筑共用消防给水系统。

3. 按用途分类

分为专用消防给水系统，生活、消防共用给水系统，生产、消防共用给水系统，生活、生产、消防共用给水系统。

（1）专用消防给水系统，是指仅向水灭火系统供水的独立系统的消防给水系统。

（2）生活、消防共用给水系统，是指生活给水管网与消防给水管网共用的给水系统。

（3）生产、消防共用给水系统，是指生产给水管网与消防给水管网共用的给水系统。

（4）生活、生产、消防共用给水系统，大中型城镇、开发区的给水系统均为生活、生产和消防共用的给水系统，比较经济和安全可靠。

4. 按位置分类

分为室外消防给水系统和室内消防给水系统。

（1）室外消防给水系统，是由消防水源、消防供水设备、室外消防给水管网和室外消火栓灭火设施组成。其主要用途都是供消防车取水，经增压后向建筑内的供水管网供水或实施灭火，也可以直接连接水带、水枪出水灭火。

（2）室内消防给水系统，是由消防水源、消防供水设备、室内消防给水管网、室内消火栓设备、报警控制及系统附件等组成。其主要用途在建筑物内部进行灭火时，通过室内管网供水灭火。

5. 按灭火方式分类

分为消火栓灭火系统和自动喷水灭火系统。

（1）消火栓灭火系统，是指以消火栓、水带、水枪等灭火设施构成的灭火系统。

（2）自动喷水灭火系统，是指以自动喷水灭火系统的喷头等灭火设施构成的灭火系统。

6. 按管网形式分类

分为枝状管网消防给水系统和环状管网消防给水系统。

（1）枝状管网消防给水系统，是指消防给水管网似树枝状，单向供水［见图 2-11（a）］。

（2）环状管网消防给水系统，是指消防给水管网构成闭合环形、双向供水［见图 2-11（b）］。

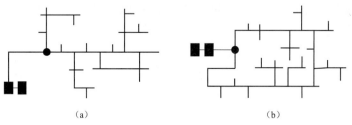

（a）　　　　　　　　　　　（b）

图 2-11　管网的布置形式

（a）树状管网；（b）环状管网

三、自动喷水灭火系统

自动喷水灭火系统（见图 2-12）由洒水喷头、报警阀组、水流报警装置（水流指示器或压力开关）等组件，以及管道、供水设施组成，并能在发生火灾时喷水的自动灭火系统。

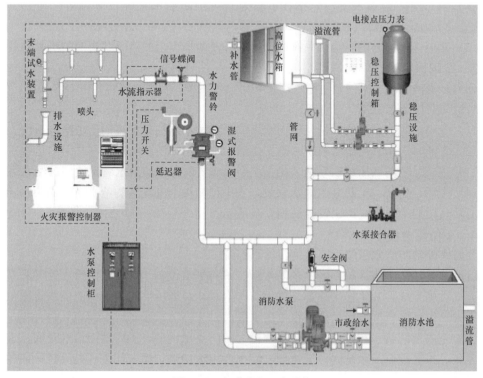

图 2-12　自动喷水灭火系统

依照采用的喷头分为闭式系统和开式系统两类。

（1）采用闭式洒水喷头的为闭式系统。基本类型包括湿式、干式、预作用及重复启闭预作用系统等。

1）湿式系统。湿式系统（见图 2-13）由湿式报警阀组、闭式喷头、水流指示器、控制阀门、末端试水装置、管道和供水设施等组成。系统的管道内充满有压水，一旦发生火灾，按流程（见图 2-14）启动喷淋泵，喷头立即喷水。

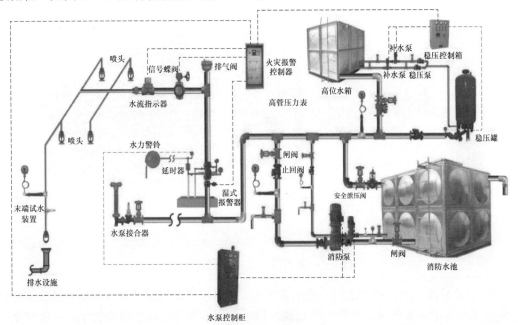

图 2-13　湿式系统

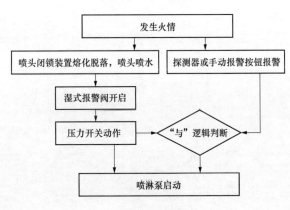

图 2-14　流程

2）干式系统。准工作状态时配水管道内充满用于启动系统的有压气体的闭式系统。

3）预作用系统。准工作状态时配水管道内不充水，由火灾自动报警系统自动开启雨淋报警阀后，转换为湿式系统的闭式系统。

4）重复启闭预作用系统。能在扑灭火灾后自动关阀、复燃时再次开阀喷水的预作用系统。适用于灭火后必须及时停止喷水的场所。

（2）采用开式洒水喷头的为开式系统。基本类型包括雨淋系统、水幕系统等。

1）雨淋系统。由火灾自动报警系统或传动管控制，自动开启雨淋报警阀和启动供水泵后，向开式洒水喷头供水的自动喷水灭火系统（见图2-15）。

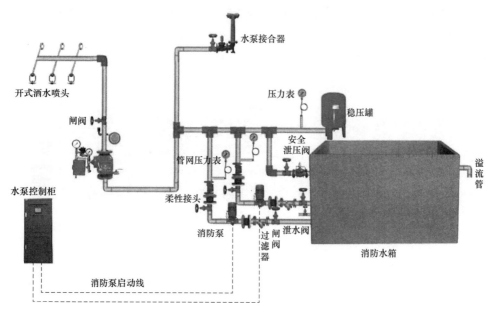

图 2-15　雨淋系统

2）水幕系统。由开式洒水喷头或水幕喷头、雨淋报警阀组或感温雨淋阀，以及水流报警装置（水流指示器或压力开关）等组成，用于挡烟阻火和冷却分隔物的喷水系统（见图2-16）。

图 2-16　水幕系统

四、气体灭火系统

1. 简介

气体灭火系统是指平时灭火剂以液体、液化气体或气体状态贮存于压力容器内，灭火时以气体（包括蒸汽、气雾）状态喷射作为灭火介质的灭火系统（见图2-17）。并能在防护区空间内形成各方向均一的气体浓度，而且至少能保持该灭火浓度达到规范规定的浸渍时间，实现扑灭该防护区的空间、立体火灾。

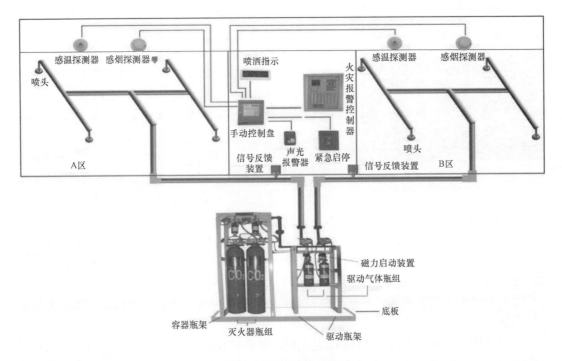

图 2-17　气体灭火系统

气体灭火系统主要用在不适于设置水灭火系统等其他灭火系统的环境中，比如计算机机房、重要的图书馆档案馆、移动通信基站（房）、UPS室、电池室和一般的柴油发电机房等。

2. 适用范围

气体灭火系统适用于扑救下列火灾：电气火灾、固体表面火灾、液体火灾、灭火前能切断气源的气体火灾。（注：除电缆隧道（夹层、井）及自备发电机房外，K型和其他型热气溶胶预制灭火系统不得用于其他电气火灾）。

气体灭火系统不适用于扑救下列火灾：硝化纤维、硝酸钠等氧化剂或含氧化剂的化学制品火灾，钾、镁、钠、钛、锆、铀等活泼金属火灾，氢化钾、氢化钠等金属氢化物火灾，过氧化氢、联胺等能自行分解的化学物质火灾，可燃固体物质的深位火灾。

热气溶胶预制灭火系统不应设置在人员密集场所、有爆炸危险性的场所及有超净要求的场所。K型及其他型热气溶胶预制灭火系统不得用于电子计算机房、通信机房等场所。

3. 系统分类

气体灭火系统一般由灭火剂储存装置、启动分配装置、输送释放装置、监控装置等组成。为满足各种保护对象的需要，最大限度地降低火灾损失，根据其充装不同种类灭火剂、采用不同增压方式，气体灭火系统具有多种应用形式，分类如下：

（1）按使用的灭火剂分为二氧化碳灭火系统、七氟丙烷灭火系统、惰性气体灭火系统、热气溶胶灭火系统等。

1）二氧化碳灭火系统。二氧化碳灭火系统是以二氧化碳作为灭火介质的气体灭火系统（见图 2-18）。二氧化碳是一种惰性气体，对燃烧具有良好的窒息和冷却作用。

二氧化碳灭火系统按灭火剂储存压力不同可分为高压系统（指灭火剂在常温下储存的系统）和低压系统（指将灭火剂在-20～-18℃低温下储存的系统）两种应用形式。管网起点计算压力（绝对压力）：高压系统应取 5.17MPa，低压系统应取 2.07MPa。

高压储存容器中二氧化碳的温度与储存地点的环境温度有关。因此，容器必须能够承受最高预期温度所产生的压力。储存容器中的压力还受二氧化碳灭火剂充装密度的影响。因此，在最高储存温度下的充装密度要注意控制，充装密度过大，会在环境温度升高

图 2-18 二氧化碳灭火系统

时因液体膨胀造成保护膜片破裂而自动释放灭火剂。

低压系统储存容器内二氧化碳灭火剂温度利用保温和制冷手段被控制在-20～-18℃之间。典型的低压储存装置是压力容器外包一个密封的金属壳，壳内有隔热材料，在储存容器一端安装一个标准的制冷装置，制冷装置的冷却管装于储存容器内。

2）七氟丙烷灭火系统。七氟丙烷灭火系统以七氟丙烷作为灭火介质的气体灭火系统（见图 2-19）。

七氟丙烷（HFC-227ea、FM200）是无色、无味、不导电、无二次污染的气体，具有清洁、低毒、电绝缘性好、灭火效率高的特点，臭氧层损耗能力（ODP）为 0，全球温室效应潜能值（GWP）很小，不含破坏大气环境，被认为是替代卤代烷 1301、1211 的最理想的产品之一。

目前，卤代烷 1301、1211 灭火剂已淘汰禁用，但七氟丙烷灭火剂及其分解产物对人有毒性危害，使用时应引起重视，应确认防护区内人员已撤离。

3）惰性气体灭火系统。惰性气体灭火系统包括：IG01（氩气）灭火系统、IG100（氮气）灭火系统、IG55（氩气、氮气）灭火系统、IG541（氩气、氮气、二氧化碳）灭火系统（见图 2-20）。由于惰性气体是一种无色、无味、不导电的"绿色"气体，使用后以其原有成分回归自然，故又称为洁净气体灭火系统。

图 2-19 七氟丙烷灭火系统

图 2-20 惰性气体灭火系统

4）热气溶胶灭火系统。是以固态化学混合物（热气溶胶发生剂）经化学反应生成具有灭火性质的气溶胶作为灭火介质的灭火系统。按气溶胶发生剂的主要化学组成可分为 S 型热气溶胶、K 型热气溶胶和其他热气溶胶。

（2）按系统的结构特点分为无管网灭火系统和管网灭火系统。

1）无管网灭火系统。是指按一定的应用条件，将灭火剂储存装置和喷放组件等预先设计、组装成套且具有联动控制功能的灭火系统，又称预制灭火系统。

无管网灭火系统又分为柜式气体灭火装置和悬挂式气体灭火装置两种类型，其适应于较小的、无特殊要求的防护区。

2）管网灭火系统。是指按一定的应用条件进行计算，将灭火剂从储存装置经由干管、支管输送至喷放组件实施喷放的灭火系统。管网灭火系统又可分为组合分配系统和单元独立系统。组合分配系统是指用一套气体灭火剂储存装置通过管网的选择分配，保护两个或两个以上防护区的灭火系统（见图 2-21）。组合分配系统的灭火剂设计用量是按最大的一个防护区或保护对象来确定的，如组合中某个防护区需要灭火，则通过选择阀、容器阀等控制，定向释放灭火剂。这种灭火系统的优点使储存容器数和灭火剂用量可以大幅度减少，有较高应用价值。

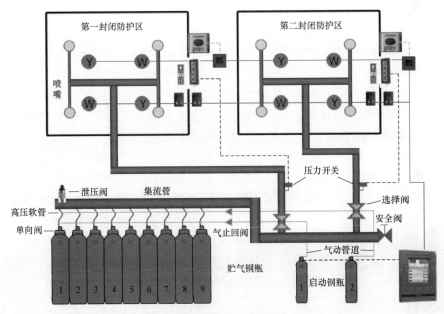

图 2-21　组合分配系统

单元独立系统是指用一套灭火剂储存装置保护一个防护区的灭火系统。

一般说来，用单元独立系统保护的防护区在位置上是单独的，离其他防护区较远不便于组合，或是两个防护区相邻，但有同时失火的可能。对于一个防护区包括两个以上封闭空间也可以用一个单元独立系统来保护，但设计时必须做到系统储存的灭火剂能够满足这几个封闭空间同时灭火的需要，并能同时供给它们各自所需的灭火剂量。当两个防护区需要灭火剂量较多时，也可采用两套或数套单元独立系统保护一个防护区，但设计时必须做到这些系统同步工作。

（3）按应用方式分为全淹没灭火系统和局部应用灭火系统。

1）全淹没灭火系统。是指在规定的时间内，向防护区喷射一定浓度的气体灭火剂，并使其均匀地充满整个防护区的灭火系统。全淹没灭火系统的喷头均匀布置在防护区的顶部，火灾发生时，喷射的灭火剂与空气的混合气体，迅速在此空间内建立有效扑灭火灾的灭火浓度，并将灭火剂浓度保持一段所需要的时间，即通过灭火剂气体将封闭空间淹没实施灭火。

2）局部应用灭火系统。是指在规定的时间内向保护对象以设计喷射率直接喷射气体，在保护对象周围形成局部高浓度，并持续一定时间的灭火系统。局部应用灭火系统的喷头均匀布置在保护对象的四周，火灾发生时，将灭火剂直接而集中地喷射到保护对象上，使其笼罩整个保护对象外表面，即在保护对象周围局部范围内达到较高的灭火剂气体浓度实施灭火。

（4）按加压方式分为自压式气体灭火系统、内储压式气体灭火系统和外储压式气体灭火系统。

1）自压式气体灭火系统。是指灭火剂无需加压而是依靠自身饱和蒸气压力进行输送的灭火系统。

2）内储压式气体灭火系统。是指灭火剂在瓶组内用惰性气体进行加压储存，系统动作时灭火剂靠瓶组内的充压气体进行输送的灭火系统。

3）外储压式气体灭火系统。是指系统动作时灭火剂由专设的充压气体瓶组按设计压力对其进行充压的灭火系统。

4．系统的组成

（1）高压二氧化碳灭火系统、内储压式七氟丙烷灭火系统。由灭火剂瓶组、驱动气体瓶组（可选）、单向阀、选择阀、驱动装置、集流管、连接管、喷头、信号反馈装置、安全泄放装置、控制盘、检漏装置、管道管件及吊钩支架等组成。

（2）外储压式七氟丙烷灭火系统。由灭火剂瓶组、加压气体瓶组、驱动气体瓶组（可选）、单向阀、选择阀、减压装置、驱动装置、集流管、连接管、喷头、信号反馈装置、安全泄放装置、控制盘、检漏装置、管道管件及吊钩支架等组成。

（3）惰性气体灭火系统。由灭火剂瓶组、驱动气体瓶组（可选）、单向阀、选择阀、减压装置、驱动装置、集流管、连接管、喷头、信号反馈装置、安全泄放装置、控制盘、检漏装置、管道管件及吊钩支架等组成。

（4）低压二氧化碳灭火系统。由灭火剂储存装置、总控阀、驱动器、喷头、管道超压泄放装置、信号反馈装置、控制器、制冷装置等组成。

（5）无管网灭火系统。

1）柜式气体灭火装置。一般由灭火剂瓶组、驱动气体瓶组（可选）、容器阀、减压装置（针对惰性气体灭火装置）、驱动装置、集流管（只限多瓶组）、连接管、喷头、信号反馈装置、安全泄放装置、控制盘、检漏装置、管道管件等组成（见图2-22）。

图 2-22　柜式气体灭火装置

2）悬挂式气体灭火装置。由灭火剂储存容器、启动释放组件、悬挂支架等组成（见图 2-23）。

五、泡沫灭火系统

泡沫灭火系统由于其保护对象（储存或生产使用的甲、乙、丙类液体）的特性或储罐形式的特殊要求，其分类有多种形式，但其系统组成大致是相同的。

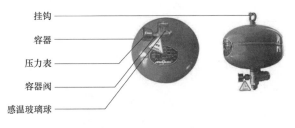

图 2-23　悬挂式气体灭火装置

1. 系统的组成

泡沫灭火系统一般由泡沫液储罐、消防泵、泡沫比例混合器（装置）、泡沫产生装置、火灾探测与启动控制装置、控制阀门及管道等系统组件组成（见图 2-24）。

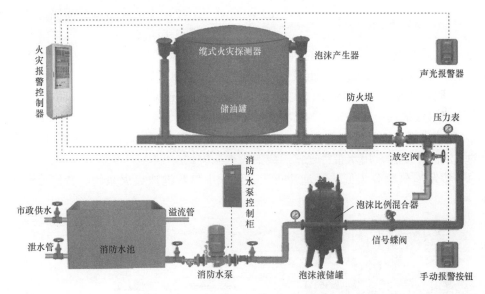

图 2-24　泡沫灭火系统

2. 系统的分类

（1）按喷射方式分为液上喷射、液下喷射、半液下喷射。

1）液上喷射系统。是指泡沫从液面上喷入被保护储罐内的火火系统（见图 2-25）。

与液下喷射灭火系统相比较，这种系统泡沫不易受油的污染、可以使用廉价的普通蛋白泡沫等优点。它有固定式、半固定式、移动式三种应用形式。

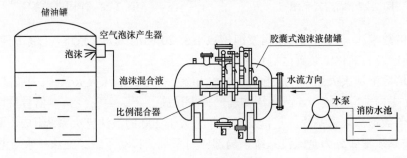

图 2-25　液上喷射系统

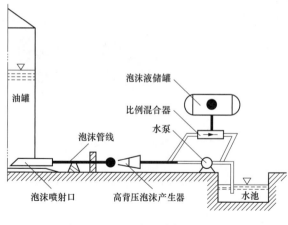

图 2-26　液下喷射系统

2）液下喷射系统。是指泡沫从液面下喷入被保护储罐内的灭火系统（见图2-26）。

泡沫在注入液体燃烧层下部之后，上升至液体表面并扩散开，形成一个泡沫层的灭火系统。该系统通常设计为固定式和半固定式。

3）半液下喷射系统。是指泡沫从储罐底部注入，并通过软管浮升到液体燃料表面进行灭火的泡沫灭火系统。

（2）按系统结构分为固定式、半固定式和移动式。

1）固定式系统。是指由固定的泡沫消防水泵或泡沫混合液泵、泡沫比例混合器（装置）、泡沫产生器（或喷头）和管道等组成的灭火系统（见图2-27）。

2）半固定式系统。是指由固定的泡沫产生器与部分连接管道，泡沫消防车或机动泵，用水带连接组成的灭火系统（见图2-28）。

3）移动式系统。是指由消防车、机动消防泵或有压水源、泡沫比例混合器、泡沫枪、或移动式泡沫产生器，用水带等连接组成的灭火系统。

（3）按发泡倍数分为低倍数泡沫灭火系统、中倍数泡沫灭火系统、高倍数泡沫灭火系统。

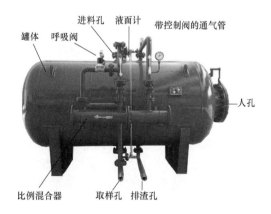

图 2-27　固定式系统

图 2-28　半固定式系统

1）低倍数泡沫灭火系统。是指发泡倍数小于20的泡沫灭火系统。该系统是甲、乙、丙类液体储罐及石油化工装置区等场所的首选灭火系统。

2）中倍数泡沫灭火系统。是指发泡倍数为20～200的泡沫灭火系统。中倍数泡沫灭火系统在实际工程中应用较少，且多用作辅助灭火设施。

3）高倍数泡沫灭火系统。是指发泡倍数为大于200的泡沫灭火系统。

（4）按系统形式分为全淹没系统、局部应用系统、移动系统、泡沫－水喷淋系统和泡沫喷雾系统。

1）全淹没系统。由固定式泡沫产生器将泡沫喷放到封闭或被围挡的保护区内，并在规定时间内达到一定泡沫淹没深度的灭火系统。

2）局部应用系统。由固定式泡沫产生器直接或通过导泡筒将泡沫喷放到火灾部位的灭火系统。

3）移动系统。移动系统是指车载式或便携式系统，移动式高倍数灭火系统可作为固定系统的辅助设施，也可作为独立系统用于某些场所。移动式中倍数泡沫灭火系统适用于发生火灾部位难以接近的较小火灾场所、流淌面积不超过 $100m^2$ 的液体流淌火灾场所。

4）泡沫－水喷淋系统。由喷头、报警阀组、水流报警装置（水流指示器或压力开关）等组件，以及管道、泡沫液与水供给设施组成，并能在发生火灾时按预定时间与供给强度向防护区依次喷洒泡沫与水的自动喷水灭火系统。

5）泡沫喷雾系统。采用泡沫喷雾喷头，在发生火灾时按预定时间与供给强度向被保护区设备或防护区喷洒泡沫的自动灭火系统。

第六节 消防器材

消防器材是指用于灭火、防火以及火灾事故的器材，是人类与火灾作斗争的重要武器。随着科学技术的飞速发展，多种学科的相互渗透，给消防器材的更新发展带来了生机与活力。消防器材涉及的面广、种类多。下面以常见器材进行介绍。

常见的消防器材有手提式灭火器、推车式灭火器、室内消火栓、水枪、水带、室外消火栓、灭火毯、防烟面罩、逃生绳、缓降器等。

一、手提式灭火器

手提式灭火器（见图 2-29）包括水基型灭火器、干粉灭火器、二氧化碳灭火器、洁净气体灭火器等。具有结构简单、操作灵活、应用广泛、使用方便、价格低廉等优点。

图 2-29 手提式灭火器

1．使用方法

以手提式干粉灭火器为例。可手提或肩扛灭火器快速奔赴火场，在距燃烧处 5m 左右，放下灭火器。如在室外，应选择在上风方向喷射。使用的干粉灭火器若是外挂式储压式的，操作者应一手紧握喷枪、另一手提起储气瓶上的开启提环。如果储气瓶的开启是手轮式的，则向逆时针方向旋开，并旋到最高位置，随即提起灭火器。当干粉喷出后，迅速对准火焰的根部扫射。使用的干粉灭火器若是内置式储气瓶的或者是储压式的，操作者应先将开启把上的保险销拔下，然后握住喷射软管前端喷嘴部，另一只手将开启压把压下，打开灭火器进行灭火。有喷射软管的灭火器或储压式灭火器在使用时，一手应始终压下压把，不能放开，否则会中断喷射。

2．注意事项

手提式干粉灭火器喷射时间很短，所以使用前要把喷粉胶管对准火焰后，才可打开或按压阀门。

手提式干粉灭火器喷射距离也很短，所以使用时，操作人员在保证自身安全的情况下应尽量接近火源。

干粉喷射没有集中的射流，喷出后容易散开，所以喷射时，操作人员应站在火源的上风方向。

不能从上面对着火焰喷射，以防把燃烧的液体溅出，扩大火势。而应对着火焰的根部平射，由近及远，向前平推，左右横扫，不让火焰窜回。

使用手提式二氧化碳灭火器时，持喷筒的手应握住胶质喷管处，防止冻伤。

二、推车式灭火器

推车式灭火器（见图 2-30）的喷射距离远，连续喷射时间长，因而可充分发挥其优势，用来扑救较大面积的初起火灾。

图 2-30　推车式灭火器

1．使用方法

推车式灭火器一般由两人操作，使用时两人一起将灭火器推或拉到燃烧处，在离燃烧物 5～10m 停下，一人快速取下喇叭筒并展开喷射软管后，握住喇叭筒根部的手柄，另一人快速按逆时针方向旋动手轮，并开到最大位置。

灭火方法与手提式灭火器的方法一样。

2．注意事项

灭火时，人要站在上风处。

使用时，胶管不能弯折或打圈。

使用推车式二氧化碳灭火器时，持喷筒的手应握住胶质喷管处，防止冻伤。

三、室内消火栓

室内消火栓（见图 2-31）是一种固定消防工具。主要作用是控制可燃物、隔绝助燃物、消除着火源。

图 2-31　室内消火栓

1．使用方法

发生火灾时，应迅速打开消火栓箱门，紧急时可将玻璃击碎，按下箱内火灾报警按钮，启动消防水泵，取出水枪，拉出水带，把水带一端接口与消火栓接口连接，另一端与水枪连接，同时在地面上拉直水带，然后把消火栓阀门的手轮逆时针旋转，打开阀门，用双手紧握水枪，对准火源喷水灭火即可。

2．注意事项

扑救带电火灾时，一定要确认已切断电源。由两个人及以上人员操作为宜。先检查一下水带、水枪及接头是否完好无损，如有破损，不能使用。使用中不要使消防水带发生弯折。开启阀门时不能一次全开，缓慢打开消火栓阀门至最大。

四、室外消火栓

室外消火栓是一种安装在室外的固定消防连接设备，种类有室外地上式消火栓（见图 2-32）、室外地下式消火栓、室外直埋伸缩式消火栓。主要是由消防救援专业（专职）人员使用。

图 2-32　室外消火栓

五、灭火毯

灭火毯（见图 2-33）或称消防被、灭火被、防火毯、消防毯、阻燃毯、逃生毯，其灭火的主要原理是隔绝空气，具有小巧轻便，可二次使用，无失效期等优点。灭火毯不仅可以覆盖在家中着火物品上进行紧急灭火，更可以在火灾逃生的时候披在自己身上。

图 2-33　灭火毯

1. 使用方法

取出灭火毯，双手握住两根黑色拉带。将灭火毯轻轻抖开，将涂有阻燃、灭火涂料的一面朝外，迅速覆盖在火源上（油锅、地面等），注意一定要包裹完全，不留任何缝隙，同时切断电源或气源。待着火物体熄灭，并于灭火毯冷却后，将毯子裹成一团，作为不可燃垃圾处理。

灭火毯也可以用于自身，护在自己脸上或披在身上，用于短时间内自我防护。

2．注意事项

平时将灭火毯固定或放置于比较显眼且能快速拿取的墙壁上或抽屉内。

没有失效期，其次在使用后也不会产生二次污染，更重要的是在无破损、油污时能够重复使用。

六、防烟面罩

火灾时最可怕就是烟雾，所以在家中要准备防烟面罩来方便逃生。

防烟面罩（见图 2-34）又称消防过滤式自救呼吸器，由面罩和滤毒罐组成，一旦遇到火灾，只要拉开面罩套上即可正常呼吸；防毒面具口鼻部位有一个厚五六厘米的圆柱形过滤器，能有效防止使用者吸入过量的烟雾和一氧化碳，可以有效阻挡烟雾对人体的危害。

图 2-34　防烟面罩

1．使用方法

打开包装盒。朝着开启方向往上提拉，即可打开自救器包装盒。取出自救器。取出自救器后，拔掉滤毒罐前后红色橡胶塞，保持空气对流。迅速把自救器戴在头上，套住头部，向下拉至颈部，滤毒罐应置于鼻子前面，拉紧头带。选择安全出口，快速离开危险区域。如果走不开时，靠近窗口等待救援。

2．注意事项

防毒时间有限，越早离开危险区域越安全。

七、缓降器

缓降器（见图 2-35）由挂钩（或吊环）、吊带、绳索及速度控制等组成，是一种可使人沿（随）绳（带）缓慢下降的安全营救装置。它可用专用安装器具安装在建筑物窗口、阳台或楼房平顶等处，也可安装在举高消防车上，营救处于高层建筑物火场上的受难人员。

图 2-35　缓降器

1. 使用方法

取出缓降器，把安全钩挂于预先安装好的固定架上或任何稳固的支撑物上。将绳索盘投向楼外地面以松开绳索。将安全带套于腋下，拉紧滑动扣至合适的松紧位置。不要抓上升的缓降绳索，而是手抓安全带面朝墙壁缓降着落，缓降器会匀速安全将人员送往地面。落地后，匀速松开滑动扣，脱下安全带，离开现场。

缓降器可以上下循环交替使用，能在短时间内营救多名人员的生命。

2. 注意事项

火灾疏散时，在无路可逃或万不得已的情况下使用。使用时注意防止高空坠落。

选购逃生缓降器时，应根据预定的安装高度选择适宜的滑降绳索长度规格，宁长勿短。

应存放在安装位置附近的显眼及通风干燥处，禁止与油脂、腐蚀性物品及易燃物品混放。

定期检查，发现异常应与原厂联系，严禁擅自拆卸主机；严禁往主机内注油，以免摩擦块打滑而造成事故。

预定安装时，应选择火灾时最容易缓降逃生的位置。

使用时，尽量避免缓降绳索与墙壁或其他尖锐物品接触摩擦，以免影响滑降速度及损伤滑降绳索。

滑降绳索的使用寿命因保存和使用情况不同而异，发现编织层明显剥落、损坏时，必须及时更换新绳。

 思考与练习

1. 我国消防工作的方针是什么？
2. 机关、团体、企业、事业等单位应当履行的消防安全职责有哪些？
3. 火灾的分类和主要扑救方法？
4. 报火警的要点有哪些？

5．消防安全的"四懂""四会""四个能力"是什么？

6．初起火灾的扑救原则是什么？

7．火灾自动报警系统主要由哪几部分组成？

8．火灾自动喷水灭火系统主要有哪几种？

9．灭火器（手提式干粉）的使用方法和注意事项？

第三章 急救常识 ◆

针对生产、生活环境下发生的危重急症、意外灾害，向员工普及救护知识，使其掌握基本的救护理念和技能，以便能在现场及时有效地开展救护，从而达到"挽救生命，减轻伤残"的目的，为安全生产、健康生活提供必要的保障。

第一节 心 肺 复 苏

一、心搏骤停

心搏骤停是指各种原因引起的、在未能预计的情况和时间内心脏突然停止搏动，从而导致有效心泵功能和有效循环突然中止，引起全身组织细胞严重缺血、缺氧和代谢障碍，如不及时抢救即可立刻失去生命。心搏骤停不同于任何慢性病终末期的心脏停搏，若及时采取正确有效的复苏措施，病人有可能被挽回生命并得到康复。

心搏骤停一旦发生，如得不到即刻及时地抢救复苏，4~6min 后会造成患者脑和其他人体重要器官组织不可逆的损害，因此心搏骤停后的心肺复苏必须在现场立即进行，为进一步抢救直至挽回心搏骤停伤病员的生命而赢得最宝贵的时间。

心搏骤停的识别一般并不困难，最可靠且出现较早的临床征象是意识突然丧失和大动脉搏动消失，一般轻拍病人肩膀并大声呼喊判断意识是否存在，以食指和中指触摸颈动脉感觉有无搏动，如果二者均不存在，就可做出心搏骤停的诊断，并应该立即实施初步急救和复苏。如在心搏骤停 4~6min 内争分夺秒给予有效的心肺复苏，病人有可能获得复苏成功且不留下脑和其他重要器官组织损害的后遗症；若延迟至 6min 以上，则复苏成功率极低，即使心肺复苏成功，亦难免造成病人中枢神经系统不可逆性的损害。但现实中要求"120"在 6min 内到达可能性很小，因此在现场识别和急救时，应分秒必争并充分认识到时间的宝贵性，注意不应要求所有临床表现都具备齐全才肯定诊断，不要等待听心音、测血压和心电图检查而延误识别和抢救时机。

二、心肺复苏

心肺复苏（CPR）是针对呼吸心跳停止的急症危重病人所采取的抢救措施，即胸外按压形成暂时的人工循环并恢复自主搏动，采用人工呼吸代替自主呼吸，快速电除颤转复心室颤动，以及尽早使用血管活性药物来重新恢复自主循环的急救技术。心肺复苏的目的是开放气道、重建呼吸和循环。人们只有充分了解心肺复苏的知识并接受过此方面的训练后才可以为他人实施心肺复苏。目前社会上有用于练习心肺复苏的心肺复苏模拟人，在模拟人身上进行心肺复苏训练是普及和提高心肺复苏急救术有效的方法。

三、心肺复苏措施简介

心肺复苏=胸外心脏按压（清理呼吸道）+人工呼吸+后续的专业用药

据美国近年统计，每年心血管病人死亡数达百万人，约占总死亡病因 1/2。而因心脏停搏突然死亡者 60%～70%发生在院前。因此，美国成年人中约有 85%的人有兴趣参加 CPR 初步训练，结果使 40%心脏骤停者复苏成功，每年抢救了约 20 万人的生命。心脏跳动停止者，如在 4～6min 内实施初步的心肺复苏，再由专业人员进一步心脏救生，死而复生的可能性很大，因此时间就是生命，速度就是关键。

初步的心肺复苏按以下步骤进行：

1. 检查现场是否安全

在发现伤员后应先检查现场是否安全。若安全，可当场进行急救；若不安全，须将伤员转移到安全的场地后再进行急救。

2. 检查伤员情况

在安全的场地，应先检查伤员是否丧失意识、自主呼吸、心跳。检查意识的方法：轻拍重呼，轻拍伤员肩膀，大声呼喊伤员。检查呼吸方法：一听二看三感觉，将一只耳朵放在伤员口鼻附近，听伤员是否有呼吸声音，看伤员胸廓有无起伏，感觉脸颊附近是否有空气流动。检查心跳方法：检查颈动脉的搏动，颈动脉搏动点在喉结旁两公分处。切记不可同时触摸两侧颈动脉，容易发生危险。

3. 建立有效的人工循环

检查心脏是否跳动，最简易、最可靠的是触摸颈动脉。抢救者用 2～3 个手指放在患者气管与颈部肌肉间轻轻按压，时间不少于 10s，如 10s 内仍不能确定有无脉搏，应立即实施胸外心脏按压。

如果检查发现患者心脏停止跳动，就要通过胸外心脏按压，使心脏和大血管血液产生流动，以维持心、脑等主要器官最低血液需要量。

4. 保持呼吸顺畅

昏迷的病人常因舌后移而堵塞气道，所以心肺复苏的首要步骤是畅通气道。将伤患者置于平仰卧位，施救人员跪在患者身体的一侧，一手按住其额头向下压，另一手托起其下巴向上抬，标准是下颌与耳垂的连线垂直于地平线，这样就说明气道已经被打开。对怀疑有颈部损伤者只能托举下颌而不能使头部后仰。

5. 口对口人工呼吸

在保持患者仰头抬颏前提下，施救者用一手捏闭鼻孔（或口唇），然后深吸一大口气，迅速用力向患者口（或鼻）内吹气，然后放松鼻孔（或口唇），照此每 5s 反复一次，直到恢复自主呼吸。

每次吹气间隔 1.5s，在这个时间抢救者应自己深呼吸一次，以便继续口对口呼吸，直至专业抢救人员的到来。

若伤员口中有异物，应使伤员面朝一侧（左右皆可），将异物取出。若异物过多，可进行口对鼻人工呼吸。即用口包住伤员鼻子，进行人工呼吸。

胸外心脏按压方法：急救员应跪在伤员躯干的一侧，两腿稍微分开，重心前移，选择胸外心脏按压部位：双乳头连线中点，胸骨中下 1/3 处。急救者将右手掌掌跟放在胸骨中下 1/3 处，再将左手放在右手上，十指交错，手指抬起，双肘关节伸直（按压时不可屈肘），利用上身重量垂直下压（不是用手上的力量），放松时掌根部不能离开胸壁，以免按压点移位。对中等体重的成人下压深度应大于 5cm，不超过 6cm，而后迅速放松，解除压力，让胸廓自行复位。如此有节奏地反复进行，按压与放松时间大致相等，频率为每分钟不低于 100 次，一般为 100～120 次/分。

一人心肺复苏方法：当只有一个急救者给病人进行心肺复苏时，应每做 30 次胸外心脏按压，交替进行 2 次人工呼吸，做 5 个循环后可以观察一下伤病员的呼吸和脉搏情况。

二人心肺复苏方法：当有两个急救者给病人进行心肺复苏术时，首先两个人应呈对称位置，以便于互相交换。此时，一个人做胸外心脏按压，另一个人做人工呼吸。两人可以数着 1001、1002、1003、1004……进行配合，每按压心脏 30 次，口对口或口对鼻人工呼吸 2 次。

此外在进行心肺复苏前应先将伤员恢复仰卧姿势，恢复时应注意保护伤员的脊柱。先将伤员的两腿按仰卧姿势放好，再用一手托住伤员颈部，另一只手翻动伤员躯干。

若伤员患有心脏疾病（非心血管疾病），不可进行胸外心脏按压。

（1）按压部位：胸部正中，两乳头连线中点，即胸骨中下 1/3 处；

（2）按压频率：100～120 次/分；

（3）按压幅度：5～6cm；

（4）按压次数：30 次；

（5）口对口人工呼吸：2 次；

（6）按压与口对口呼吸比为 30:2，即每按压 30 次，吹气 2 次；

（7）连续做 5 个周期，再看病人是否有呼吸、心跳。

四、注意事项

（1）口对口吹气量不宜过大，一般不超过 1200mL/次，胸廓稍起伏即可。吹气时间不宜过长，过长会引起急性胃扩张、胃胀气和呕吐。吹气过程要注意观察患（伤）者气道是否通畅，胸廓是否被吹起。

（2）胸外心脏按压术只能在患（伤）者心脏停止跳动下才能施行。

（3）口对口吹气和胸外心脏按压应同时进行，严格按吹气和按压的比例操作，吹气和按压的次数过多和过少均会影响复苏的成败。

（4）胸外心脏按压的位置必须准确。不准确容易损伤其他脏器。按压的力度要适宜，过大过猛容易使胸骨骨折，引起气胸血胸，按压的力度过轻，胸腔压力小，不足以推动有效血液循环。

（5）施行心肺复苏术时应将患（伤）者的衣扣及裤带解松，以免引起内脏损伤。

五、心肺复苏有效指标

（1）颈动脉搏动：按压有效时，每按压一次可触摸到颈动脉一次搏动，若中止按压搏动亦消失，则应继续进行胸外按压，如果停止按压后脉搏仍然存在，说明病人心搏已恢复。

（2）面色（口唇）：复苏有效时，面色由紫绀色转为红润，若变为灰白，则说明复苏无效。

（3）其他：复苏有效时，可出现自主呼吸，或瞳孔由大变小并有对光反射，甚至有眼球活动及四肢抽动。

六、心肺复苏终止抢救的标准

现场心肺复苏应坚持不间断地进行，不可轻易作出停止复苏的决定，如符合下列条件者，现场抢救人员方可考虑终止复苏。

（1）患者呼吸和循环已有效恢复。

（2）无心搏和自主呼吸，心肺复苏在常温下持续 30min 以上，专业医疗人员到场确定患者已死亡。

（3）有专业医疗人员接手承担复苏或其他人员接替抢救。

工作生活中难免有很多意外，为了能够在危急时刻挽救生命，建议大家一定要学会初步的心肺复苏方法。

第二节 职业病的危害

一、职业病的危险因素

从全球范围看，约有 10 万种化学物质会对健康产生严重危害，约有 50 种物理因素、200 种生物因素和 20 种有害人体的工效条件及难以统计的心理—社会因素造成的危险，损害从业者良好的身体和精神状态。

职业病的危害因素无处不在，它以多种表现形式，在多个生产环节覆盖各个主要生产岗位，其危害因素可致病、致残、甚至死亡，我们必须高度重视，千万不可掉以轻心。

二、尘肺病

职业病的发病形势一直十分严峻，其中尘肺病占 75% 左右。尘肺病发病率高，健康损害严重，一旦患病不能彻底治愈，严重影响人们的生活质量。

尘肺，是由于在职业活动中长期吸入生产性粉尘，并在肺内潴留而引起的以肺组织弥漫性纤维化为主的全身性疾病。

尘肺按其吸入粉尘的种类不同，可分为无机尘肺和有机尘肺。在生产劳动中吸入无机粉尘所致的尘肺称为无机尘肺。

尘肺大部分为无机尘肺。吸入有机粉尘所致的尘肺称为有机尘肺，如棉尘肺、农民肺等。

我国法定 12 种尘肺有：矽肺、煤工尘肺、电墨尘肺、炭黑尘肺、滑石尘肺、水泥尘肺、云母尘肺、陶工尘肺、铝尘肺、电焊工尘肺、铸工尘肺等。矽肺和煤工尘肺仍然是最主要的尘肺病。

尘肺病无特异的临床表现，其临床表现多与合并症有关，如咳嗽、咳痰、胸痛、呼吸困难、咯血。

三、职业病的防治

防治职业病是企业的责任，也是每个人的自我责任。企业要创造良好的工作环境和劳动条件，控制工作场所粉尘和有毒有害物浓度，我们每位职工首先要提高认识，了解自己所从事行业的职业危害和防治措施，在工作中严格加强个人防护，在粉尘作业场所一定要一直佩戴合格的防尘口罩，在有毒作业场所要防止裸露的皮肤直接接触有机溶剂和有毒金属，工作完毕和进食前必须洗手，下班后淋浴，勤洗工作服，工作服不要带回家或宿舍。对不同职业配备的防护器材，如防护帽、防护服、防护手套、防护眼镜、防护口（面）罩、防护耳罩（塞）、呼吸防护器和皮肤防护等个人防护用品一定要按规定使用，不能怕麻烦，图省事，无所谓，不能有任何麻痹思想存在。

另外，自觉参加职业病健康体检，早期发现隐患并及时报告、采取措施，愈后还是良好的。

保持良好的体魄是对自己、家庭和社会的高度负责，只要我们认识到职业病的危害，自觉加强防护意识，职业病是能够预防的。

第三节　高空坠落的急救

一、高空坠落伤的临床表现

高空坠落伤是指人们在日常工作或生活中，从高处坠落，受到高速的冲击力，使人体组织和器官遭到一定程度破坏而引起的损伤。多见于建筑施工和电梯安装等高空作业，通常有多个系统或多个器官的损伤，严重者当场死亡。

高空坠落伤除有直接或间接受伤器官表现外，尚可有昏迷、呼吸窘迫、面色苍白和表情淡漠等症状，可导致胸、腹腔内脏组织器官发生广泛的损伤。高空坠落时，足或臀部先着地，外力沿脊柱传导到颅脑而致伤；由高处仰面跌下时，背或腰部受冲击，可引起腰椎前纵韧带撕裂，椎体裂开或椎弓根骨折，易引起脊髓损伤。脑干损伤时常有较重的意识障碍、光反射消失等症状，也可有严重合并症的出现。

二、抢救注意事项

当发生高处坠落事故后，抢救的重点放在对休克、骨折和出血上进行处理。为避免施救方法不当使伤情扩大，抢救时应注意以下几点：

（1）发现坠落伤员，首先看其是否清醒，能否自主活动，若伤员已不能动，或不清醒，切不可乱抬，更不能背起来送医院，这样极容易拉脱伤者脊椎造成永久性伤害。然后应进一步检查伤者是否骨折，若有骨折，应采用夹板固定，使断端不再移位或刺伤肌肉、神经和血管。固定方法：以固定骨折处上下关节为原则，可就地取材，用木板、竹片等，托住骨折部位，绑三道绳，使骨折处由夹板依托不产生横向受力，绑绳不能太紧，以能够在夹板上左右移动 1～2cm 为宜。

（2）针对呼吸心脏骤停及致命的外出血，给予心肺复苏及恰当的止血方法救治。

（3）去除伤员身上的用具和口袋中的硬物，取平仰卧位，保持呼吸道通畅，解开领扣。

创伤局部妥善包扎，但对疑似颅底骨折和脑脊液漏的伤患者切忌作填塞，以免导致颅内感染。

（4）发现脊椎受伤者，创伤处用消毒的纱布或清洁布等覆盖伤口，用绷带或布条包扎。

搬运时，在伤者一侧将小臂伸入伤者身下，并有人分别托住头、肩、腰、胯、腿等部位，同时用力，将伤者平稳托起，再平稳将伤者平卧放在担架或硬板上，以免受伤的脊椎移位、断裂造成截瘫，甚至导致死亡。抢救脊椎受伤者，搬运过程严禁只抬伤者的两肩与两腿或单肩背运。

（5）送颌面部伤员首先应保持呼吸道畅通，摘除义齿，清除移位的组织碎片、血凝块、口腔分泌物等，同时松解伤员的颈、胸部纽扣。

（6）对于周围血管损伤者，应用力压迫伤员伤部以上动脉干。可以直接在伤口上放置厚敷料，绷带加压包扎，以不出血和不影响肢体血循环为宜。当上述方法无效时可慎用止血带，原则上尽量缩短使用时间，一般以不超过 1h 为宜，并做好标记，注明上止血带的时间。

（7）有条件时迅速给予静脉输液，补充血容量，快速平稳送医院救治。

三、高空坠落的预防措施

（1）加强安全自我保护意识教育，强化管理安全防护用品的使用。
（2）重点部位项目，严格执行安全管理专业人员旁站监督制度。
（3）随施工进度，及时完善各项安全防护设施，各类竖井安全门栏等必须设置警示牌。
（4）各类脚手架及垂直运输设备搭设、安装完毕后，未经验收禁止使用。
（5）安全专业人员，加强安全防护设施巡查，发现隐患及时落实解决。

第四节 烧烫伤的急救

一、发生原因与危害

烧烫伤一般指由于接触火、开水、热油等高热物质而发生的一种急性皮肤损伤。在众多原因所致的烧伤中，以热力烧伤多见，占 85%～90%。在日常生活中烧烫伤主要是因热水、热汤、热油、热粥、炉火、电熨斗、蒸汽、爆竹、强碱、强酸等造成。

二、烧烫伤的分度

烧烫伤按深度，一般分为三度。
（1）一度烧烫伤：只伤及表皮层，受伤的皮肤发红、肿胀，觉得火辣辣的痛，但无水泡出现。
（2）二度烧烫伤：伤及真皮层，局部红肿、发热，疼痛难忍，有明显水泡。
（3）二度烧烫伤：全层皮肤包括皮肤下面的脂肪、骨和肌肉都受到伤害，皮肤黝黑、坏死，这时反而疼痛不剧烈，因为许多神经也都一起被损坏了。

三、烧伤面积计算方法

目前比较通用的是以烧伤皮肤面积占全身体表面积的百分数来计算，即中国九分法：在 100% 的体表总面积中：头颈部占 9%（9×1）（头部、面部、颈部各占 3%）；双上肢占 18%（9×2）（双上臂 7%，双前臂 6%，双手 5%）；躯干前后包括会阴占 27%（9×3）（前躯 13%，后躯 13%，会阴 1%）；双下肢（含臀部）占 46%（双臀 5%，双大腿 21%，双小腿 13%，双足 7%）（9×5+1）（女性双足和臀各占 6%）。还有一种简便的计算方法是以患者本人手掌（包括手指掌面）其面积为体表总面积的 1%，以此计算小面积烧伤；大面积烧伤时用 100 减去用病人手掌测量未伤皮肤，以此计算烧伤面积。

四、急救措施

热力、电、化学物质、放射线等造成的烧伤，其严重程度都与接触面积与接触时间密切相关，因此现场急救的原则是迅速脱离致伤源、立即冷疗、就近急救和转运。

在处理任何烧烫伤时，应先冷静下来，做各种正确的紧急处理，才有可能尽量降低烧烫伤对皮肤所造成的伤害。伤口范围占整体面积的 10%～20% 时，都有入院治疗的必要。在紧急处理的同时要安慰患者，以减少其恐慌。

1. 热力烧伤

包括火焰，蒸汽、高温液体、金属等烧伤，常用方法如下：

（1）尽快脱去着火或沸液浸湿的衣服，特别是化纤衣服，以免着火或衣服上的热液继续作用，使创面加深。

（2）用水将火浇灭，或跳入附近水池、河沟内。

（3）就地打滚压灭火焰，禁止站立或奔跑呼叫，防止头面部烧伤或吸入性损伤。

（4）立即离开密闭和通风不良的现场，以免发生吸入性损伤和窒息。

（5）用不易燃材料灭火。

（6）冷疗。

2. 化学烧伤

化学烧伤严重程度与酸碱的性质、浓度及接触时间有关。弱酸弱碱烧伤，应立即用大量流动清水彻底冲洗伤口。强酸强碱烧伤，应用清洁的干布迅速将酸、碱蘸干后，再用流动的清水彻底冲洗受伤部位。无论何种酸碱烧伤，均应立即用大量清水冲洗至少 30min 以上，一方面可冲淡和清除残留的酸碱，另一方面作为冷疗的一种方式，可减轻疼痛。头面部烧伤应首先注意眼，尤其是角膜有无烧伤，并优先冲洗。

干石灰烧伤应先去除石灰粉粒，再用大量流动水冲洗 10min 以上，尤其是眼内烧伤更应彻底冲洗，严禁用手或手帕等揉搓。切忌立即将烧伤部位用水浸泡，以免石灰遇水产生大量热量而加重烧伤。

3. 电烧伤

急救时，应立即切断电源，不可在未切断电源时去接触患者，以免自身被电击伤，同时进行人工呼吸、胸外心脏按压等处理，并及时转送至就近医院进一步处理。

五、烧烫伤的一般处理

（1）冲：以流动的自来水冲洗或浸泡在冷水中，直到冷却并减轻疼痛，或者用冷毛巾敷在伤处至少 10min。不可把冰块直接放在伤口上，以免使皮肤组织受伤。如果现场没有水，可用其他任何凉的无害的液体，如牛奶或罐装的饮料。

（2）脱：在穿着衣服被热水、热汤烫伤时，千万不要脱下衣服，而是先直接用冷水浇在衣服上降温，充分泡湿伤口后小心除去衣物，如衣服和皮肤粘在一起时，切勿撕拉，只能将未粘着部分剪去，粘着的部分留在皮肤上以后处理，再用清洁纱布覆盖创面，以防污染。有水泡时千万不要弄破。

（3）泡：继续浸泡于冷水中至少30min，可减轻疼痛。但烧伤面积大或年龄较小的患者，不要浸泡太久，以免体温下降过度造成休克而延误治疗时机。但当患者意识不清或叫不醒时，就该停止浸泡赶快送医院。

（4）盖：如有无菌纱布可轻覆在伤口上。如没有，让小面积伤口暴露于空气中，大面积伤口用干净的床单、布单或纱布覆盖。

（5）送：最好到设置有整形外科的医院求诊。

六、烧烫伤急救注意事项

（1）对严重烧烫伤患者，在进行上述步骤时，用凉水冲的时间要长一些，至少10min以上。第一时间打120急救电话，在急救车到来之前，检查患者的呼吸道、呼吸情况和脉搏，做好心肺复苏的急救准备，监测呼吸次数和脉搏。

（2）面部、口腔和咽喉的烧烫伤是非常危险的，因为可能使呼吸道迅速肿胀和发炎，肿块可迅速阻塞呼吸道而导致呼吸困难，因此需要迅速就医。

（3）不可挑破水疱或在伤处吹气，以免污染伤处；不可在伤处涂抹麻油、牙膏和酱油等，这样做并不科学，反而增加烧烫伤处感染的机会。

七、家庭烧烫伤预防措施

（1）大力进行宣传教育，使每个家庭成员掌握基本的烧烫伤防护知识，能够进行自救和互救。

（2）有幼儿的家庭，厨房和餐厅尽量分隔开。烹调时，不要让幼儿在厨房玩耍。家里的热水瓶不要放在幼儿可能拿到的地方，以防被不慎碰翻而导致烫伤。餐桌上最好不要铺桌布，以免幼儿好奇拉扯，热的菜、汤等被拉下导致烫伤。

（3）刚从火上端下来的热锅、开水壶等要放在安全的地方。

（4）当煮火锅、泡咖啡或泡茶时，注意不要绊到电线而弄翻茶壶、热锅或热水瓶等。

（5）进食时饭菜温度要适宜。

（6）不要用空饮料瓶装危险溶液，以免家人误食。家中最好不要放强酸、强碱等危险物品。

（7）家中使用的电熨斗、电炉、电取暖器等电气设备应放在儿童接触不到的地方。

（8）洗澡时，应该先放冷水后再兑热水，以防引起烫伤。水温为38℃～40℃，以热而不烫为宜。

（9）如果家中的暖气片没有包，应用毛巾盖好，或者用家具挡好；如果家中有火炉，要用挡板隔开。

第五节　雷击的预防及自我保护

一、雷击的危害

雷击是大气中的一种放电现象，是常见的暴雨天气灾害，常发生在户外活动场所，不易受人们重视，但其破坏力是巨大的。

雷击灾害是全球性的严重自然灾害，我国是受雷击灾害严重威胁的国家之一。据统计，每年全国发生雷击灾害近万起，造成数以千计的人员伤亡和近百亿元的经济损失，雷击灾害的范围几乎波及所有省市。

雷电能产生 1 亿 V 以上的高电压、2 万～4 万 A 电流、高温和极大的冲击波，电效应、热效应和力学效应是雷电能量作用的三种形式，如此高的能量可以产生极大的破坏力。

1. 电效应

雷电产生的强大电场和磁场，使处于雷击区内的电子设备和人体产生静电感应和电磁感应，生成数千伏的静电感应电压，造成大量电子设备被击毁或导致人体心室纤颤和呼吸肌麻痹而猝死。

2. 热效应

强大的雷电流可以转变为热能，雷击点的发热量可达 500～2000J，能立即熔化 50～2000mm^3 的钢材，使建筑物起火燃烧，人体组织碳化成焦状。

3. 力学效应

雷击能对物体产生强大的冲击性和电动力，使被击物体断裂或破碎，导致高大的建筑物倒塌。

二、防雷措施至关重要

（1）雷雨天应关闭门窗，不要靠近通向室外的门窗（尤其是金属材料的门窗）；不要靠近自来水管、暖气、天然气等金属管道；切勿接触天线、铁丝网；不要在卫生间洗澡，不要使用太阳能热水器，切忌使用电吹风、电动剃须刀等。

（2）电闪雷鸣时要远离室内的各种电线；尽量不拨打或接听固定电话，最好暂时关闭手机，注意不要在户外接听手机，尽量少看或不看电视，必要时可提前拔下电视电源及有线电视天线插头；不在阳台的铁管或铁丝上晾、收衣服。

（3）雷声滚滚时要尽量避免走出房间到外面活动；在开阔地行走时不使用金属柄雨伞或肩扛金属物；不要在大树、广告牌、烟囱旁避雨；不要触及灯杆或电线杆；不宜进行户外运动；雷雨天气开车时，千万不要下车避雨，停留在汽车内反而安全，但车窗一定要全部关紧，不要把头或身体其他部位伸出窗外。

（4）雷雨季节在山区旅游时应格外注意防雷击，应迅速离开山顶或高的地方，找一个低洼处双脚并拢蹲下，尽可能降低高度；进入山洞避雨时不要触及洞壁岩石；建筑工地的工人要立即离开建筑物顶部；不宜在水面或水路交界处作业；不要在旷野奔跑、骑自行车或摩托车；行走中如果感觉头发竖起或者皮肤有显著的颤动感时，说明将发生雷击，要立刻卧倒在地上。

只要大家提高预防意识，雷击的悲剧一定不会发生。

第六节　中暑的发病机制与预防措施

一、中暑的发病机制

中暑是由于在高温高湿环境下，人体内产热和吸收热量超过散热，人体体温调节功能紊乱而引起的中枢神经系统和循环系统障碍为主要表现的急性疾病。轻者可出现头晕、头痛、恶心、胸闷、心悸等症状，重者可能诱发脑水肿及心、肾等多器官功能衰竭并危及生命。如果有高血压、冠心病等基础性疾病的患者，更易引起心肌梗死、急性心功能衰竭而危及生命。

在高温环境中或炎夏酷日曝晒下从事一定时间的活动，且无足够的防暑降温的措施，常易发生中暑。有时气温虽未达到高温，但由于湿度较高和通气不良亦可发生中暑。

二、中暑的分型

根据主要发病机制和临床表现一般分为三型：

（1）热射病。由于人体受外界环境中热源的作用和体内热量不能通过正常的生理性散热以达到热平衡，致使体内热蓄积，引起体温升高。临床以高热、意识障碍、无汗为主要表现。由于头部受日光直接曝晒的热射病，又称日射病。

（2）热痉挛。高温环境中，人的散热方式主要依赖出汗，一般认为一个工作日最高生理限度的出汗量为 6L，但大量出汗使水和盐过多丢失，使肌肉痉挛，并引起疼痛。

（3）热衰竭。由于人体对热环境不适应引起周围血管扩张，循环血量不足发生虚脱，热衰竭亦可伴有过多的出汗、失水和失盐。

三、预防中暑的方法

（1）保证充足的睡眠：合理安排休息时间，保证足够的睡眠以保持充沛的体能，并达到防暑目的。

（2）科学合理的饮食：吃大量的蔬菜、水果及适量的动物蛋白质和脂肪，补充体能消耗，切忌节食。

（3）提前做好防晒措施：室外活动要避免阳光直射头部，避免皮肤直接吸收辐射热，戴好帽子、衣着宽松。

（4）合理饮水：每日饮水 3～6L，以含氯化钠 0.3%～0.5%的淡盐水为宜。饭前、饭后及运动前、后避免大量饮水。

四、中暑急救常识

（1）立即将病人移到通风、阴凉、干燥的地方，如走廊、树荫下。

（2）使病人仰卧，解开衣领，脱去或松开外套。若衣服被汗水湿透，应更换干衣服，同时开电扇或开空调（应避免直接吹风），以尽快散热。

（3）用湿毛巾冷敷头部、腋下以及腹股沟等处，有条件的用温水擦拭全身，同时进行皮肤、肌肉按摩，加速血液循环，促进散热。

（4）意识清醒的病人或经过降温清醒的病人可饮服绿豆汤、淡盐水，或服用人丹、十滴水、藿香正气水（胶囊）等解暑。

（5）一旦出现高烧、昏迷抽搐等症状，应让病人侧卧，头向后仰，保持呼吸道通畅，同时立即拨打 120 电话，求助医务人员给予紧急救治。

思考与练习

1．分别说出心脏按压的部位、频率、幅度及按压与人工呼吸比。

2．心肺复苏的注意事项及有效指标。

3．化学烧伤的一般处理方法是什么？

4．中暑的预防及急救方法。

5．日常工作学习中，如何做好职业病的防治工作？

第四章　电力生产过程

本章对发电厂的定义分类以及发电厂生产过程和主要的设备进行了简要的描述和讲解。便于读者形成对发电厂的初步概念，为将来进一步进入岗位工作打下良好的基础。

第一节　发电厂定义

一、发电厂类型

发电厂按使用能源划分有下述基本类型：

1. 火力发电厂

火力发电是利用燃烧燃料（煤、石油及其制品、天然气等）所得到的热能发电。火力发电的发电机组有两种主要形式：利用锅炉产生高温高压蒸汽冲动汽轮机旋转带动发电机发电，称为汽轮发电机组；燃料进入燃气轮机将热能直接转换为机械能驱动发电机发电，称为燃气轮机发电机组。

2. 水力发电厂

水力发电是将高处的河水（或湖水、江水）通过导流引到下游形成落差推动水轮机旋转带动发电机发电，以水轮发电机组发电的发电厂称为水力发电厂。水力发电厂按水库调节性能又可分为：①径流式水电厂：无水库，基本上来多少水发多少电的水电厂；②日调节式水电厂：水库很小，水库的调节周期为一昼夜，将一昼夜天然径流通过水库调节发电的水电厂；③年调节式水电厂：对一年内各月的天然径流进行优化分配、调节，将丰水期多余的水量存入水库，保证枯水期放水发电的水电厂；④多年调节式水电厂：将不均匀的多年天然来水量进行优化分配、调节，多年调节的水库容量较大，将丰水年的多余水量存入水库，补充枯水年份的水量不足，以保证电厂的可调功率。

3. 核能发电厂

核能发电是利用原子反应堆中核燃料（例如铀）慢慢裂变所放出的热能产生蒸汽（代替了火力发电厂中的锅炉）驱动汽轮机再带动发电机旋转发电。以核能发电为主的发电厂称为核能发电厂，简称核电站。根据核反应堆的类型，核电站可分为压水堆式、沸水堆式、气冷堆式、重水堆式、快中子增殖堆式等。

4. 风力发电场

利用风力吹动建造在塔顶上的大型桨叶旋转带动发电机发电称为风力发电，由数座、数十座甚至数百座风力发电机组成的发电场称为风力发电场。

5. 太阳能发电厂

将太阳辐射能直接转换成电能的发电厂，其原理就是半导体的光生伏特效应。太阳能发电主要有太阳能光发电和太阳能热发电两种基本方式。

6. 其他

还有地热发电厂、潮汐发电厂等。

二、我国电力发展的趋势

1. 火电近年的发展

相较其他能源发电，我国火力发电技术起步较早，火电占领电力的大部分市场，行业发展处于成熟阶段。近年来，火力发电量保持稳定增长，受环保、电源结构改革等政策影响，火力发电量市场占有比重呈逐年小幅下降态势，但同时受能源结构、历史电力装机布局等因素影响，国内电源结构仍将长期以火电为主。火电行业未来只有不断提高火力发电技术，才能适应和谐社会的要求。火电行业推进产业结构优化升级正当时，未来，实现高效、清洁、绿色生产方式是行业发展主要目标。

2. 火电设备迎"近零排放"时代

对火电而言，"近零排放"无疑是最为热议的话题。

2012 年国家生态环境部会同相关部门制定了《火电厂大气污染物排放标准》（GB 13223—2011），明确提出至 2014 年 7 月 1 日起强制执行，被称为史上最严的《火电厂大气污染物排放标准》正式施行。

大容量、高参数、高效率、低排放逐渐成为火电设备发展的主流，2020 年我国 6000kW 及以上电厂平均供电标准煤耗为 305.5g 标准煤/kWh。目前，我国已投运的百万千瓦超超临界机组超过 100 台，数量、总容量均居世界首位。同时，火电发电量首次出现下降。截至 2020 年年底，我国发电装机容量中火电为 124517 万 kW，占全部装机容量的 56.58%，其中煤电装机容量为 107992 万 kW，占全部装机容量的 49.07%，首次降至 50% 以下。火电占比下降，却走上了高效、清洁之路，各地燃煤机组减排改造一浪高过一浪。

3. 风电的发展

随着全球化石能源枯竭、供应紧张、气候变化形势严峻，世界各国都认识到了发展可再生能源的重要性，并对风电发展高度重视，世界风电产业得到迅速发展。自 1996 年以后，全球风电装机年均增长率保持在 25% 以上，风能成为世界上增长最快的清洁能源。

（1）我国风能资源。

根据中国气象局的资料显示，我国风能资源十分丰富。我国离地 10m 高的风能资源总储量约 32.26 亿 kW，其中可开发和利用的陆地上风能储量有 2.53 亿 kW，50m 高度的可开发和利用的风能资源比 10m 高度的多一倍，为 5 亿多 kW；近海可开发和利用的风能储量有 7.5 亿 kW。

我国风能资源丰富的地区主要分布在东北、华北、西北地区，包括东北三省、河北、内蒙古、甘肃、宁夏和新疆等省（市、自治区）近 200km 宽的地带；东南沿海及其附近岛屿，包括山东、江苏、上海、浙江、福建、广东、广西和海南等省（市、自治区）沿海近 10km 宽的地带；内陆个别地区由于湖泊和特殊地形的影响形成的一些风能丰富点和东部近海地区，我国风能资源丰富风电发展前景良好。

（2）风电优缺点。

优点：风力发电不耗煤、不耗水、无"三废"排放，是节能减排的重要途径。风力发电还可以有效地削减风速。与火电相比，风力发电 1 亿 kWh 可节省 10 万 t 标准煤，同时减少二氧化碳等废气排放 20 万 t。取之不尽、用之不竭的风能资源替代燃煤发电具有显著的节能效益，而且还具有无公害、无污染、资源可再生等优势，每年可减少大量的烟尘、二氧化硫等有害气体的排放。风电基建周期短，投资少，装机规模灵活，技术相对成熟。

缺点：噪声，视觉污染，占用大片土地，不稳定，不可控，成本较高。

（3）我国风电产业发展现状分析及前景预测。

长期以来，我国电力供应主要依赖火电。"十三五"期间，我国提出了调整能源结构战略，积极推进核电、风电等清洁能源供应，改变过度依赖煤炭能源的局面。近年来，我国政府对新能源开发的扶持、鼓励措施不断强化，风能作为最具商业潜力的新能源之一，备受各地政府和电力巨头的追捧。

自 2005 年我国通过《可再生能源法》后，我国风电产业迎来了加速发展期。作为新能源主力军之一，风电在 2020 年持续维持高景气度。根据国家能源局正式公布数据，截至2020 年年底，我国电源新增装机容量为 19087 万 kW，其中风电并网装机容量达 7167 万 kW，占比高达 37.5%，风电累计突破装机 2.8 亿 kW，这是继 2010 年以来，我国风电年新增装机连续 11 年世界第一。

4. 新能源发展情况

国家发展改革委、国家能源局近日联合印发通知，要求做好风电、光伏发电平价上网项目开发建设工作。通知称，结合各省级能源主管部门报送信息，2020 年风电平价上网项目装机规模为 1139.67 万 kW、光伏发电平价上网项目装机规模为 3305.06 万 kW。国家能源局新能源司有关负责人表示，公布风电、光伏发电平价上网项目，有利于加快风电、光伏发电平价上网进程，进一步提升我国风电、光伏发电产业的市场竞争力。组织实施风电、光伏发电平价上网项目，将进一步增加可再生能源装机规模和发电量，提升非化石能源占一次能源消费总量的比重，助力能源转型和高质量发展。据初步测算，2020 年风电、光伏发电平价上网项目将拉动投资约 2200 亿元，并将新增大量就业岗位，对于稳投资、稳增长、稳就业具有现实意义。

三、火电厂的分类

一般按蒸汽参数分：

中低压：3.4MPa，435℃，6/12/25/50MW。

高压：9.8MPa，540℃，50/100MW。

超高压：13.7MPa，535/535℃，125/200MW。

亚临界：16.2MPa，540/540℃，300/600MW。

超临界：24MPa，538/566℃ 600MW/800MW。

超超临界：28MPa 以上。

四、火力发电厂基本循环及发电原理

1. 火力发电厂基本循环-朗肯循环

郎肯循环理论的奠基人：朗肯（W.J.M. Rankine，1820～1872 年），英国科学家。被后人誉为那个时代的天才，他在热力学、流体力学及土力学等领域均有杰出的贡献。他建立的土压力理论，至今仍在广泛应用。朗肯计算出的热力学循环（后称为朗肯循环）的热效率，被作为是蒸汽动力发电厂性能的对比标准。他于 1859 年出版《蒸汽机和其他动力机手册》，是第一本系统阐述蒸汽机理论的经典著作。

图 4-1 是最简单的蒸汽动力循环系统，由水泵、锅炉、汽轮机和冷凝器四个主要装置组成。水在水泵中被压缩升压；然后进入锅炉被加热汽化，直至成为过热蒸汽后，进入汽轮机膨胀做功，做功后的低压蒸汽进入冷凝器被冷却凝结成水，再回到水泵中，完成一个循环。图 4-2 所示为朗肯循环 T-S 图。

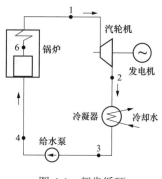

图 4-1　朗肯循环

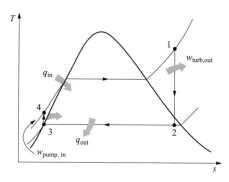

图 4-2　朗肯循环 T-S 图

2. 火力发电厂发电涉及的三个基本原理

（1）热力学第一定律。不同形式的能量在传递与转换过程中守恒的定律，表达式为 $Q=\Delta U+W$。表述形式：热量可以从一个物体传递到另一个物体，也可以与机械能或其他能量互相转换，但是在转换过程中，能量的总值保持不变。

该定律经过迈耳（J.R.Mayer）、焦耳（T.P.Joule）等多位物理学家验证。热力学第一定律就是涉及热现象领域内的能量守恒和转化定律。十九世纪中期，在长期生产实践和大量科学实验的基础上，它才以科学定律的形式被确立起来。

热力学第一定律本质上与能量守恒定律是相等同的，是一个普适的定律，适用于宏观世界和微观世界的所有体系，适用于一切形式的能量。

自 1850 年起，科学界公认能量守恒定律是自然界普遍规律之一。能量守恒与转化定律可表述为：自然界的一切物质都具有能量，能量有各种不同形式，能够从一种形式转化为另一种形式，但在转化过程中，能量的总值不变。

热力学第一定律是能量守恒与转化定律在热现象领域内所具有的特殊形式，是人类经验的总结，也是热力学最基本的定律之一。

（2）热力学第二定律。不可能把热从低温物体传到高温物体而不产生其他影响，或不可能从单一热源取热使之完全转换为有用的功而不产生其他影响，或不可逆热力过程中熵的微增量总是大于零。又称"熵增定律"，表明了在自然过程中，一个孤立系统的总混乱度（即"熵"）不会减小。

熵增加原理深刻地指出了热力学第二定律是大量分子无规则运动所具有的统计规律，因此只适用于大量分子构成的系统，不适用于单个分子或少量分子构成的系统。

熵增原理的相关不符合情况：麦克斯韦妖是詹姆斯•麦克斯韦假想存在的一理想模型。麦克斯韦设想了一个容器被分为装有相同温度的同种气体的两部分 A、B。麦克斯韦妖看守两部分间"暗门",可以观察分子运动速度,并使分子运动较快的分子向确定的一部分流动,而较慢的分子向另一部分流动。经过充分长的时间,两部分分子运动的平均速度即温度(参考统计力学中对于温度的微观解释)产生差值并越来越大。经过运算可以得到这一过程是熵减过程,而麦克斯韦妖的存在使这一过程成为自发过程,这是明显有悖于热力学第二定律的。

洛施密特悖论,又称可反演性悖论,指出如果对符合具有时间反演性的动力学规律的微观粒子进行反演,那么系统将产生熵减的结果,这是明显有悖于熵增加原理的。

热力学第二定律是建立在对实验结果的观测和总结的基础上的定律。虽然在过去的一百多年间未发现与第二定律相悖的实验现象,但始终无法从理论上严谨地证明第二定律的正确性。自1993年以来,Denis J.Evans等学者在理论上对热力学第二定律产生了质疑,从统计热力学的角度发表了一些关于"熵的涨落"的理论,比如其中比较重要的FT理论。而后G.M.Wang等人于2002在Physical Review Letters上发表了题为《小系统短时间内有悖热力学第二定律的实验证明》。从实验观测的角度证明了在一定条件下热,孤立系统的自发熵减反应是有可能发生的。

玻尔兹曼关系给出了一个并不外延的熵的表示方法。这导致产生了一个明显有悖于热力学第二定律的结论,吉布斯悖论——其允许一个封闭系统的熵减少。在通常的解释中,都会引用量子力学中粒子的不可区分性去说明系统中粒子本身性质并不影响系统的熵来避免产生这一悖论。然而现在有越来越多论文采用如是观点:熵阐释的改变恰恰可以忽略由于分子本身排列方式改变所带来的影响。而现有的Sackur-Tetrode方程对于理想气体的熵的解释是外延的。

热寂论是把热力学第二定律推广到整个宇宙的一种理论。宇宙的能量保持不变,宇宙的熵将趋于极大值,伴随着这一进程,宇宙进一步变化的能力越来越小,一切机械的、物理的、化学的、生命的等多种多样的运动逐渐全部转化为热运动,最终达到处处温度相等的热平衡状态,这时一切变化都不会发生,宇宙处于死寂的永恒状态。宇宙热寂说仅仅是一种可能的猜想。

如果将热力学第一、第二定律运用于宇宙,这一典型的孤立系统,将得到这样的结论:①宇宙能量守恒;②宇宙的熵不会减少。那么将得到,宇宙的熵终将达到极大值,即宇宙将最终达到热平衡,称热寂。

(3)电磁感应。因磁通量变化产生感应电动势的现象,闭合电路的一部分导体在磁场里做切割磁感线的运动时,导体中就会产生电流,这种现象叫电磁感应,产生的电流称为感应电流。这是初中物理课本为便于学生理解所定义的电磁感应现象,不能全面概括电磁感应现象:闭合线圈面积不变,改变磁场强度,磁通量也会改变,也会发生电磁感应现象。所以准确的定义如下:因磁通量变化产生感应电动势的现象。

电动势的方向(公式中的负号)由楞次定律提供。楞次定律指出:感应电流的磁场要阻碍原磁通的变化。对于动生电动势也可用右手定则判断感应电流的方向,进而判断感应电动势的方向。

感应电动势的大小由法拉第电磁感应定律确定;$e(t) = -n(\mathrm{d}\Phi)/(\mathrm{d}t)$。对动生的情况也可用$E=BLV$来求。

电磁感应现象是电磁学中最重大的发现之一,它揭示了电、磁现象之间的相互联系。

法拉第电磁感应定律的重要意义在于，一方面，依据电磁感应的原理，人们制造出了发电机，电能的大规模生产和远距离输送成为可能；另一方面，电磁感应现象在电工技术、电子技术以及电磁测量等方面都有广泛的应用。人类社会从此迈进了电气化时代。

第二节　发电厂生产过程

火力发电厂生产过程示意图如图4-3所示。

（1）新到或储存在储煤场（或储煤罐）中的原煤由输煤设备从储煤场送到锅炉的原煤斗。

（2）原煤斗中的煤由给煤机送到磨煤机中磨成煤粉。煤粉送至分离器进行分离，合格的煤粉送到煤粉仓储存（仓储式）或直接送到锅炉本体的燃烧器（直吹式）。

（3）煤粉仓的煤粉由给粉机送到锅炉本体的燃烧器，由燃烧器喷到炉膛内燃烧（直吹式锅炉将煤粉分离后直接送入炉膛）。

（4）燃烧的煤粉放出大量的热能将炉膛四周水冷壁管内的水加热成汽水混合物。混合物被锅炉汽包内的汽水分离器进行分离，分离出的水经下降管送到水冷壁管继续加热，分离出的蒸汽送到过热器，加热成符合规定温度和压力的过热蒸汽，经管道送到汽轮机做功。再热式机组采用中间再热过程，即把在汽轮机高压缸做功之后的蒸汽，送到锅炉的再热器重新加热，使气温提高到一定（或初蒸汽）温度后，送到汽轮机中压缸继续做功。

（5）过热蒸汽在汽轮机内做功推动汽轮机旋转，汽轮机带动发电机发电，发电机发出的三相交流电通过发电机端部的引线经变压器升压后引出送到电网。

（6）在汽轮机内做完功的过热蒸汽被凝汽器冷却成凝结水，凝结水经凝结泵送到低压加热器加热，然后送到除氧器除氧，再经给水泵送到高压加热器加热后，送到锅炉继续进行热力循环。

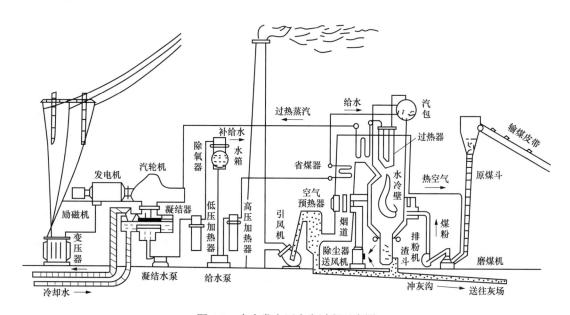

图4-3　火力发电厂生产过程示意图

第三节　火电厂三大主机

一、锅炉

锅炉是一种能量转换设备，向锅炉输入的能量有燃料中的化学能、电能，锅炉输出具有一定热能的蒸汽，如图 4-4 所示。锅的原义指在火上加热的盛水容器，炉指燃烧燃料的场所，锅炉包括锅和炉两大部分。由炉膛、烟道、汽水系统（其中包括受热面、汽包、联箱和连接管道）以及炉墙和构架等部分组成的整体，称为"锅炉本体"。

1. 锅炉设备

由锅炉的汽水部分、燃烧部分、锅炉附件和锅炉辅机等组成。

（1）汽水部分（锅）：包括水冷壁、汽包、过热器、再热器和省煤器等。图 4-5 为锅炉布置示意图。

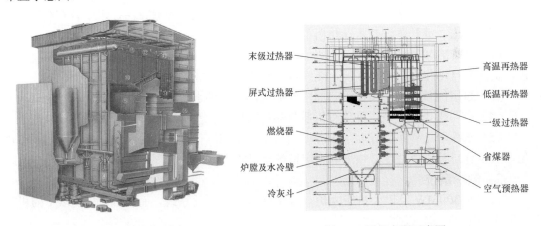

图 4-4　锅炉本体截面图　　　　　　　　图 4-5　锅炉布置示意图

（2）燃烧部分（炉）：包括炉膛和燃烧设备、空气预热器。

（3）锅炉附件：包括水位计、安全门、压力表、温度表、吹灰器及防爆门等。

（4）锅炉辅机：包括磨煤机、给煤机、一次风机、送风机、引风机、排粉机、除尘器、脱硝系统、脱硫系统、输灰系统、除渣系统、烟囱等。

2. 自然循环锅炉、强制循环锅炉、直流锅炉的区别

自然循环锅炉是靠水冷壁中的汽水混合物与下降管内饱和水的重度差使水在锅炉内自然循环受热，然后进行汽水分离，蒸汽进入过热器加热后送往汽轮机。强迫循环则是在循环回路的下降管侧增设炉水循环泵，提供额外压头，以弥补自然循环驱动力的不足，提高锅炉水循环的可靠性。直流锅炉是给水直接进入锅炉，分阶段加热汽化过热，然后送往汽轮机。

一般亚临界即蒸汽参数为 16.2～18.2MPa、锅筒工作压力达 18.6～20.6MPa 的自然循环锅炉应用广泛，表明在亚临界压力下，采用自然循环仍具有足够的水循环推动力，以实现安全可靠的运行。

强制循环锅炉是在自然循环锅炉的基础上发展起来的，在结构和运行特性等许多方面都与自然循环锅炉有相似之处，其主要差别只是在循环回路的下降管中加装了炉水循环泵。

随着锅炉工作压力的提高，汽水的密度差减小，自然循环的可靠性降低。但强制循环锅炉（包括控制循环锅炉）因为有了炉水循环泵，就可以主要依靠炉水循环泵的压头使工质在蒸发受热面内强制流动，而不受锅炉工作压力的限制。这样既能增大运动压头，又便于控制各个循环回路中的流量。

直流锅炉与自然循环锅炉相比主要优点是：

（1）原则上它可适用于任何压力，但从水动力稳定性考虑，一般在高压以上（更多是超高压以上）才采用。

（2）节省钢材。它没有汽包，并可采用小直径蒸发管，使钢材消耗量明显下降。

（3）锅炉启、停时间短。它没有厚壁的汽包，在启、停时，需要加热、冷却的时间短，从而缩短了启、停时间。

（4）制造、运输、安装方便。

（5）受热面布置灵活。工质在管内强制流动，有利于传热及适合炉膛形状而灵活布置。

直流锅炉的缺点及存在的问题是：

（1）给水品质要求高。锅水在蒸发受热面要全部蒸发，没有排污，水中若有杂质要沉积于蒸发管内，或随蒸汽带入过热器与汽轮机。

（2）要求有较高的自动调节水平。直流锅炉运行时，一旦有扰动因素，参数变化比较快，需配备自动化高的控制系统，能维持稳定的运行参数。

（3）自用能量大。工质在受热面中的流动，全靠给水泵压头，故给水泵的能耗高。

（4）启动操作较复杂，且伴有工质与热量的损失。

（5）水冷壁工作条件较差。水冷壁出口工质全部汽化或微过热，沸腾换热恶化不可避免，且没有自补偿特性，必须采取一定措施予以防止。

3. 制粉系统

目前的 300MW 及以上机组锅炉一般采用直吹式制粉系统，而 200MW 及以下的机组一般采用中间仓储式制粉系统。

直吹式制粉系统：磨煤机出口的煤粉，不经中间停留，而直接吹送到炉膛去燃烧的制系统，称为直吹式制粉系统。直吹式制粉系统大多配用中速磨煤机或高速磨煤机。

中间仓储式制粉系统：中间仓储式制粉系统中，磨成的煤粉先储存在煤粉仓内，随后根据负荷要求再由煤粉仓送入炉膛。

直吹式制粉系统的主动要优点有：

（1）系统简单，设备少，管道短，投资省。

（2）煤粉没有中间停留，气粉温度也不太高，出现爆炸的危险性较小。

（3）制粉系统磨煤电耗较低。

直吹式制粉系统主要缺点是：

（1）磨煤机运行出力需随锅炉负荷变化而变化，因此，不能经常处于经济出力下运行。

（2）磨煤机故障将直接影响锅炉工作。但对于大容量锅炉来说，一台锅炉装有多台磨煤机，有事故备用与检修备用，这一缺点已不是主要问题。

（3）锅炉负荷变化时，给煤量的调节是通过给煤机来实现的，故时滞较大。

直吹式制粉系统采用正压运行，这样系统中不严密处有可能往外冒粉，污染周围环境。同时，还可能通过转动部分的间隙漏粉，加剧动、静部位及轴承的磨损，并使润滑油脂劣化。为此，这些部位均应采取密封措施，即送入压力较磨煤机内干燥剂压力高的空气，阻止煤粉气流的逸出。密封空气的气源，小型磨煤机一般用压缩空气，大型磨煤机则安装专用密封风机。采用冷一次风机时，冷一次风机可兼作密封风机。

二、汽轮机

汽轮机是将蒸汽的能量转换成为机械能的旋转式动力机械。主要用作发电用的原动机，也可直接驱动各种泵、风机、压缩机和船舶螺旋桨等。还可以利用汽轮机的排汽或中间抽汽满足生产和生活上的供热需要。图 4-6 为带动发电机的汽轮机内部实体图。它与回热加热系统、调节保安系统、油系统、凝汽系统以及其他辅助设备共同组成汽轮机组。按热力过程特性可分为：凝汽式汽轮机、背压式汽轮机、抽气式汽轮机、抽汽及背压联合式汽轮机、凝汽抽汽式汽轮机等。

图 4-6　600MW 汽轮机全貌

1. 汽轮机本体

由固定部分（定子）和转动部分（转子）组成。固定部分包括汽缸、隔板、喷嘴、汽封、紧固件和轴承等。转动部分包括主轴、叶轮或轮鼓、叶片和联轴器等。固定部分的喷嘴、隔板与转动部分的叶轮、叶片组成蒸汽热能转换为机械能的通流部分。汽缸是约束高压蒸汽不得外泄的外壳。汽轮机本体还设有汽封系统。

2. 调速系统

作用是保持汽轮机在额定转速（一般为 3000r/min）下稳定运行。并网运行时，调整机组负荷与外界负荷相适应。调速系统过去一般使用离心式调速系统，现在大型发电机组调速部分一般采用电调型式（即 DEH 控制系统）；危急保安器是汽轮机的重要保护装置。

3. 油系统

作用是供给汽轮机和发电机各处轴承的润滑油和调速系统用油，油系统包括主油泵、高压油泵、交流油泵、直流事故油泵、冷油器和油箱以及具备 DEH 控制系统机组的高压抗燃油系统等。另外还包括顶轴油泵和盘车。

4. 附属设备

附属设备包括除氧器、轴封汽系统、凝汽设备（凝汽器、抽气器、凝结水泵等）和回热系统设备等。

（1）除氧器。除氧器是锅炉及供热系统关键设备之一，如除氧器除氧能力差，将对锅炉给水管道、省煤器和其他附属设备的腐蚀造成的严重损失，引起的经济损失将是除氧器造价的几十或几百倍，因此对除氧器含氧量提出了标准要求，即大气式除氧器给水含氧量应小于 15μg/L，压力式除氧器给水含氧量应小于 7μg/L。

除氧器主要由除氧塔头、除氧水箱两大件以及接管和外接件组成，其主要部件除氧器（除氧塔头）是由外壳、汽水分离器、新型旋膜器（起膜管）、淋水篦子、蓄热填料液汽网等部件组成。

（2）轴封系统。为了回收高压端漏出的蒸汽和阻止外界空气由低压端漏入，汽轮机均设置有轴封系统。凝汽式汽轮机低压端轴封的作用是阻止外界空气漏入汽缸，从而破坏凝汽器的真空，使汽轮机的排汽压力提高，降低机组的经济性。压端轴封中去。

（3）凝汽设备。凝汽设备在汽轮机装置的热力循环中起到冷源的作用，降低汽轮机排汽温度和排汽压力，可以提高热循环效率。

凝汽器的主要作用，一是在汽轮机排汽口建立并保持高度真空，二是将汽轮机排汽凝结的水作为锅炉给水，构成一个完整的循环。而凝汽器通过与循环水进行热交换，使凝汽器保持较高的真空度。凝汽器真空过低会严重影响电厂机组的安全经济运行。

抽气器或真空泵：是指利用机械、物理方法对凝汽器进行抽气而获得真空的器件或设备。

凝结水泵：用于火电热力系统中输送凝汽器内的凝结水至除氧器。

（4）回热抽汽系统。回热抽汽系统是指从汽轮机的抽汽口到各加热器之间的系统，包括抽汽管道和管道上的阀门以及阀门前后的疏水管道、疏水阀门。采用回热循环的主要目的在于减少冷源损失，使蒸汽热量得到充分利用，热耗率下降，提高了机组循环热效率。

三、发电机

发电机的类型按电流类别分为交流发电机和直流发电机，按相数分为单相发电机和三相发电机。按冷却方式分为空气冷却、氢冷却和水冷却发电机。

发电机由汽轮机驱动，将汽轮机的机械能转换为电能。发电机的形式很多，但其工作原理都基于电磁感应定律和电磁力定律。因此，其构造的一般原则是：用适当的导磁和导电材料构成互相进行电磁感应的磁路和电路，以产生电磁功率，达到能量转换的目的。

同步发电机组成如图 4-7 所示，可分为定子和转子两大部分，定子部分主要由定子铁芯和绕组组成，分为 A、B、C 三相，均匀的分布在定子槽中；转子部分由转子铁芯和绕组组成，绕组通以直流电，建立发电机的磁场。当转子由原动机（如汽轮机）带动旋转时，产生一旋转磁场，定子绕组（导线）切割了转子磁场的磁力线，就在定子绕组上感应出电动势，当定子绕组接通用电设备时，定子绕组中即产生三相电流，发出电能。

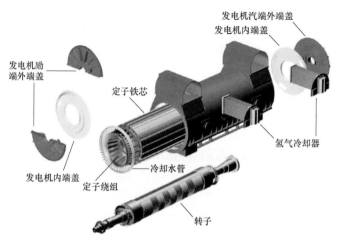

图 4-7　发电机主要部件

转子：由良好导磁性能的合金钢制成，绕组外接直流励磁电源，产生磁场。

定子：由铁芯、绕组和外壳等组成，铁芯由环形硅钢片叠压而成，定子相当于是一根导线，转子相当于是一个电磁铁，转子通电，然后由原动机驱动旋转，形成旋转磁场。当旋转磁场切割导线时，导线中将形成感应电势，然后开关闭合导线，电流开始流动。

励磁系统：发电机要发出电来，除了需要原动机带动其旋转外，还需给转子绕组输入直流电流（称为励磁电流），建立旋转磁场。供给励磁电流的电路，称为励磁系统，包括励磁机、励磁调节器及控制装置等。

第四节　其他设备及系统

一、电气设备

1. 主变压器

利用电磁感应原理，可以把一种电压的交流电能转换成同频率的另一种电压等级的交流电的一种设备。如图4-8所示为变压器实物。

2. 开关设备

包括断路器、隔离开关、负荷开关、高压熔断器等都是断开和合上电路的设备。断路器在电力系统正常运行情况下用来合上和断开电路，故障时在继电保护装置控制下自动把故障设备和线路断开，还可以有自动重合闸功能。在我国，220kV及以上变电站使用较多的是压缩空气断路器和六氟化硫断路器。

3. 6kV、380V配电装置

完成电能分配、控制设备的装置。

图4-8　变压器

4. 电机

将电能转换成机械能或将机械能转换成电能的电能转换器。

5. 蓄电池

指放电后经充电能复原继续使用的化学电池。在供电系统中，过去多用铅酸蓄电池，现多采用镉镍蓄电池。

6. 控制盘

有独立的支架，支架上有金属或绝缘底板或横梁，各种电子器件和电器元件安装在底板或横梁上的一种屏式的电控设备。

二、输煤系统

卸煤进入厂区进行存储或进入厂房，进行初步加工和燃料筛选工作，同时完成外加物质的混合工作。输煤系统主要包括卸煤设备、储煤设备、输送设备、辅助设备。

1. 卸煤设备

主要有将火车来煤或水路来煤卸下的设备，其中翻卸火车来煤的目前有翻车机、螺旋卸车机或自卸式底开车厢，翻车机是出力最大，目前使用较广的一种卸煤设备，在国内已经可以一次翻卸三节车皮。水路来煤主要用桥式卸船机、固定式起重机等，而这些卸煤设备主要是针对运输煤炭的船只决定，长江航线是万吨以上轮船，所以桥式卸船机要比内河的大得多。

2. 储煤设备

就是将卸下的煤送到指定地点存储并可以随时使用的设备，目前主要有斗轮堆取料机、筒仓两种型式，其中斗轮堆取料机分两种，一种是圆形煤场用的、另一种是条形煤场用的。筒仓主要是用于煤种来源混杂需经常掺配的场合，由于投资较大，故一般不采用。

3. 输送设备

主要是起转运煤的作用，即皮带机。

4. 辅助设备

对煤进行初级破碎用的碎煤机、除去来煤中杂物及大块的除大块器、除去来煤中的铁件的除铁器、除尘器、入厂煤及入炉煤采样装置、皮带秤及校验装置等。

三、化水系统

化水给水处理设备分为三个处理系统，即为预处理系统、RO 脱盐系统、混床精处理系统等。预处理系统包括原水泵、多介质过滤器及过滤器反洗设备等，用于去除水中的悬浮物、胶体等，为后续的脱盐处理提供条件；RO 脱盐系统包括 $5\mu m$ 过滤器、RO 膜组、RO 清洗系统和中间水池等，脱除水中 98%的盐分，是装置的核心系统；精处理系统主要有混床、再生系统、中和池组成，作为精处理系统它的主要作用是保障出水水质指标。

1. 系统主工艺流程

原水→（原水池）→原水泵→絮凝剂加药装置→管道混合器→多介质过滤器→阻垢剂加药装置→保安过滤器→高压泵→反渗透装置→（中间水池）→中间水泵→混床→（除盐水池）→除盐水泵→自动加氨装置→主厂房，图 4-9 为化水处理主要设备流程图。

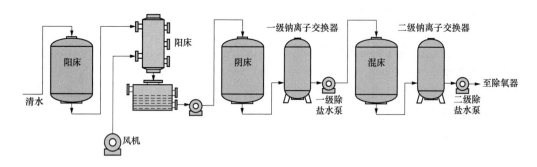

图 4-9　化水处理主要设备流程图

2. 系统辅助流程

（1）过滤器反洗系统。由反洗水箱、反洗水泵和罗茨风机构成。用于定时去除多介质过滤器截留的污物。反洗水水源采用 RO 装置产生的浓水或原水。罗茨风机目的是增强反洗效果，采用空气擦洗时，气体在水中分散成微小气泡，带动滤料互相摩擦，同时借助水的作用，则能够将泥球打散并使粘附于滤料表面的杂质剥落下来，然后用反洗水冲走，从而提高反洗效果。

（2）RO 清洗系统。主要设备有 5μm 过滤器、清洗水箱、清洗水泵等。随着系统运行时间的增加，进入 RO 膜组的微量难溶盐、微生物、有机和无机杂质颗粒会污堵 RO 膜表面，发生 RO 膜组的产水量下降、脱盐率下降等情况。为此需要利用 RO 清洗系统，在必要时对 RO 装置进行化学清洗。

（3）阻垢剂投加系统。主要由阻垢剂计量箱和阻垢剂计量泵组成。为了防止溶解在水中的不易溶解的盐类在反渗透浓水侧的浓度超过溶解度而产生沉淀，在 5μm 过滤器前投加阻垢剂。阻垢剂计量泵配置为两台，一用一备。

（4）再生系统。主要有酸计量、碱计量箱、酸碱喷射器及原有的酸碱储罐等。用于对失效的离子交换器进行再生操作。

（5）絮凝剂投加系统。主要由絮凝剂计量箱和絮凝剂计量泵组成。为了保证预处理的效果，在多介质过滤器前投加絮凝剂，使水中的悬浮物、胶体、有机物等颗粒形成絮凝体，在多介质过滤器上被截留去除。絮凝剂计量箱和计量泵配置为各两台，一用一备。

（6）氨水投加系统。主要由氨计量箱和氨计量泵组成。目的提高除盐水的 pH 值，保证锅炉正常运行的水质要求。氨计量泵配置为两台，一用一备。

（7）压缩空气系统。主要由空气压缩机、储气罐和空气冷干机组成，目的是满足气动蝶阀和气动隔膜阀等气动元器件能正常工作的气压要求。

四、脱硫系统

通过对国内外脱硫技术以及国内电力行业引进脱硫工艺试点厂情况的分析研究，目前脱硫方法一般可划分为燃烧前脱硫、燃烧中脱硫和燃烧后脱硫等 3 类。

其中燃烧后脱硫，又称烟气脱硫（flue gas desulfurization，FGD）。

在 FGD 技术中，按脱硫剂的种类划分，可分为以下五种方法：以 $CaCO_3$（石灰石）为基础的钙法，以 MgO 为基础的镁法，以 Na_2SO_3 为基础的钠法，以 NH_3 为基础的氨法，以有机碱为基础的有机碱法。世界上普遍使用的商业化技术是钙法，所占比例在 90% 以上。

按吸收剂及脱硫产物在脱硫过程中的干湿状态又可将脱硫技术分为湿法、干法和半干（半湿）法。湿法 FGD 技术是用含有吸收剂的溶液或浆液在湿状态下脱硫和处理脱硫产物，该法具有脱硫反应速度快、设备简单、脱硫效率高等优点，但普遍存在腐蚀严重、运行维护费用高及易造成二次污染等问题。干法 FGD 技术的脱硫吸收和产物处理均在干状态下进行，该法具有无污水废酸排出、设备腐蚀程度较轻、烟气在净化过程中无明显降温、净化后烟温高、利于烟囱排气扩散、二次污染少等优点，但存在脱硫效率低、反应速度较慢、设备庞大等问题。半干法 FGD 技术是指脱硫剂在干燥状态下脱硫、在湿状态下再生（如水洗活性炭再生流程），或者在湿状态下脱硫、在干状态下处理脱硫产物（如喷雾干燥法）的烟气脱硫技术。特别是在湿状态下脱硫、在干状态下处理脱硫产物的半干法，以其既有湿法脱硫反应速度快、脱硫效率高的优点，又有干法无污水废酸排出、脱硫后产物易于处理的优势而受到人们广泛的关注。

石膏湿法是世界上最成熟的烟气脱硫技术，采用石灰或石灰石乳浊液吸收烟气中的 SO_2，生成半水亚硫酸钙或石膏。优点：①脱硫效率高（有的装置 Ca/S=1 时，脱硫效率大于 90%）；②吸收剂利用率高，可达 90%；③设备运转率高（可达 90% 以上）。缺点：成本较高、副产物产生二次污染等。

等离子法烟气脱硫技术：烟气 SO_2 中在高压脉冲电压作用下，与加入的 NH_3 反应生成 $(NH_4)_2SO_4$，脱硫效率大于 90%，已完成 $400m^3/h$ 的实际燃煤烟气试验。该法为国家自然科学基金资助项目。

图 4-10 为湿法脱硫系统图。

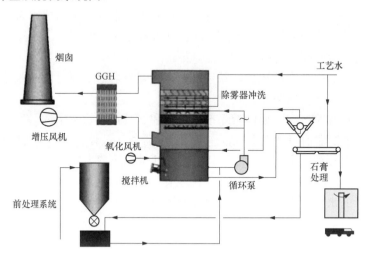

图 4-10　湿法脱硫系统图

五、热工控制系统

热工控制系统是火电厂自动控制系统的重要组成部分，用以实现热工过程的自动控制。自动控制包括对主机、辅助设备和公用系统的控制。热工控制系统的功能是控制各种热工过程的参数，包括温度、压力、流量、液位（或料位）等，使其处于最佳状态，以达到火电厂的安全、经济运行。热工控制系统一般由感受件或变送单元、连接单元（或中间单元）、调节单元、执行单元组成，包括自动检测（遥测）、自动报警、远方操作（遥控）、自动操作（程控）、自动调节、自动保护和连锁等环节。

 思考与练习

1．试述火电和风电各自的优缺点。

2．简述火电厂的生产过程。

3．火电厂的三大主机是什么？

4．火电厂的环保装置有哪些？

第五章　锅炉及辅助系统

锅炉是将燃料的化学能转化为蒸汽的热能的设备，是火力发电厂的三大主机之一。燃料在锅炉中燃烧，放出的热量将锅炉内的水加热、蒸发并过热成为具有一定温度和压力的过热蒸汽，供汽轮机使用。目前电厂锅炉所用燃料主要是煤。为实现将煤的化学能转化为蒸汽的热能，锅炉可分为以下四个系统：制粉系统、燃烧系统、风烟系统、汽水系统。为实现对燃烧污染物排放的控制，锅炉尾部相应增加了脱硝系统、除尘系统、脱硫系统。本章通过对燃煤锅炉各系统的介绍，使新员工能熟悉锅炉的基本结构及工作原理，了解锅炉各分系统的工作过程。

第一节　锅炉结构及原理

一、锅炉基本概念

锅炉是火力发电厂的三大主机中最基本的能量转换设备。

其作用是使燃料在炉内燃烧放热，并将锅内工质由水加热成具有足够数量和一定质量（汽温、汽压）的过热蒸汽，供汽轮机使用。火力发电厂生产过程见图 5-1。锅炉的组成见图 5-2。

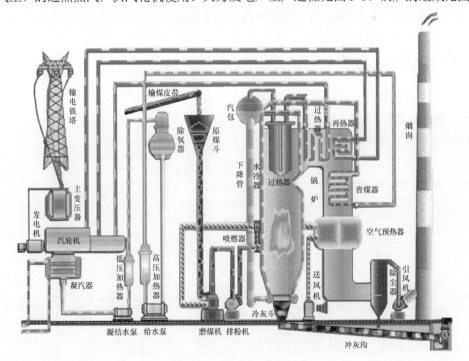

图 5-1　火力发电厂生产过程

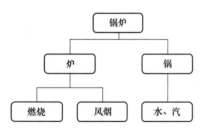

图 5-2　锅炉的组成

1．锅炉相关指标

额定蒸发量（BRL）：在额定蒸汽参数，额定给水温度和使用设计燃料，保证锅炉效率时所规定的蒸发量。单位：t/h 或 kg/s。

最大连续蒸发量（BMCR）：在额定蒸汽参数，额定给水温度和使用设计燃料，长期连续运行所能达到的最大蒸发量。单位：t/h 或 kg/s。

额定蒸汽参数：锅炉设计时所规定的锅炉出口处的蒸汽温度和蒸汽压力。单位：℃或 K、MPa。

2．锅炉效率

锅炉的输出热量占输入热量的百分比称为锅炉效率。大型燃煤锅炉效率一般在 93% 左右。

通过测量求得锅炉总的输出热量与锅炉总的输入热量，可以计算出锅炉效率，通过此方法求得的效率称为正平衡效率。由于燃料量的测量精度较差，以及在输入输出热量的测定上常会引起较大误差，因此锅炉效率测定通常使用反平衡法。

通过计算锅炉各项热损失而求得的锅炉效率称为反平衡效率。锅炉燃烧中产生的热量损失主要有排烟热损失 q_2、可燃气体未完全燃烧热损失 q_3、固体未完全燃烧热损失 q_4、锅炉散热损失 q_5、灰渣物理热损失 q_6。

3．水的临界点

正常压力下，水加热至一定温度时，开始沸腾，此时虽继续受热但水的温度不变，直至所有水全部汽化为蒸汽后温度才开始上升。

随着压力的提高，饱和水线与干饱和蒸汽线逐渐接近，当压力增加到某一数值时，两线相交，相交点即为临界点。

当压力超过 22.126MPa，将水加热超过 374.15℃时，水将直接进入过热状态，不存在饱和区。

当温度大于临界温度时，无论压力多大，再也不能使蒸汽液化。

4．锅炉分类

我国电站锅炉常用参数及容量见表 5-1。

表 5-1　　　　　　　　　　　我国电站锅炉参数、容量系列

压力级别	参　　数			锅炉容量 BMCR（t/h）	发电功率（MW）
	蒸汽压力（MPa）	蒸汽温度（℃）	给水温度（℃）		
中压	3.9	450	150，172	35，65，130	6，12，25
高压	9.9	540	205～225	220，410	50，100
超高压	13.8	540/540	220～250	420，670	125，200
亚临界	16.8～18.6	540/540	250～280	1025，2008	300，600
超临界	25～27.6	545/545～605/605	267～302	1900～3033	600～1000
	25	545/545	267～277	1650～2650	500，800

锅炉一般可按蒸发量、蒸汽参数、燃烧方式、水循环方式等分为不同类别。具体分类如下。

（1）按锅炉蒸发量分类。

1）小型锅炉：蒸发量小于 400t/h。

2）中型锅炉：蒸发量 400～1000t/h。

3）大型锅炉：蒸发量大于 1000t/h。

（2）按蒸汽参数分类。

1）高压锅炉：9.8MPa、540℃。

2）超高压锅炉：13.7MPa、540℃；13.7MPa、550℃。

3）亚临界锅炉：16.7MPa、540℃；18.3MPa、540.6℃。

4）超临界锅炉：25MPa、545℃；25.4MPa、541/569℃。

（3）按燃烧方式分类。

1）层燃炉：煤块或固体燃料在炉排上燃烧。

2）室燃炉：燃料悬浮在炉膛空间内燃烧。

3）旋风炉：气流在圆柱形旋风筒内高速旋转。

4）流化床炉：燃料在炉内呈沸腾状态。

（4）按水的循环方式分类。

1）自然循环：利用上升管与下降管汽水密度差建立循环。

2）控制循环：主要依靠锅水循环泵压头进行循环。

3）直流式：靠给泵压头，一次通过锅炉各受热面产生蒸汽。

4）复合循环：依靠锅水循环泵将蒸发受热面出口部分工质进行再循环。

5. 自然循环与强制循环

锅炉的水循环就是汽水混合物在锅炉蒸发受热面回路中不断流动。在锅炉的水循环回路中，汽水混合物的密度比水的密度小，利用这种密度差而形成的水和汽水混合物的循环流动称为锅炉的自然循环。

自然循环锅炉是利用汽水密度差进行工作的，随着锅炉蒸汽参数的提高，汽水之间的密度差逐渐减小，导致工质在循环回路中的流动越来越困难。一般当汽压超过 18.6MPa 时，自然循环已不能可靠地工作。此时必须采取强制循环，在循环回路中增加强制循环泵，借助水泵的压头使工质在循环回路中流动，既能增大流动压头，确保水循环的安全，又便于控制各个回路中的工质流量。

当汽压低于 16MPa 时，自然循环锅炉是完全可靠的。汽压在 16～19MPa 时，采用多次强制循环将更为有利，可采用直径较小的汽包、上升管和下降管，受热面布置也比较灵活。

直流锅炉又称为一次强制循环锅炉。直流锅炉的结构与自然循环锅炉或多次强制循环锅炉不同，它没有汽包。汽包锅炉的汽包既是加热、蒸发、过热三个阶段的汇合点，又是三个阶段的分界点。直流锅炉既没有汇合点也没有分界点。当工况变化时，三个阶段的分界点也随之移动，给水由给水泵送入锅炉后，在锅炉受热面管中依次流经加热、蒸发、过热各区段，一次全部加热成过热蒸汽，其汽水流动的全部阻力均由给水泵压头来克服。

二、锅炉汽水系统

锅炉汽水系统是指连接过热器、再热器、水冷壁、省煤器受热面之间的连接管道及固定装置，以及锅炉本体范围内的排污、排汽、取样、疏水、减温水、再循环等管道及固定装置。某电厂锅炉受热面布置情况及汽水系统流程分别见图 5-3 和图 5-4。

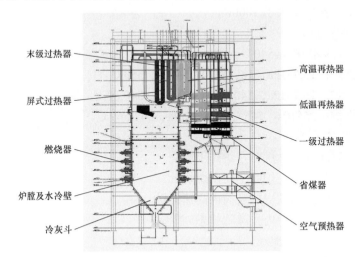

图 5-3　锅炉受热面布置图

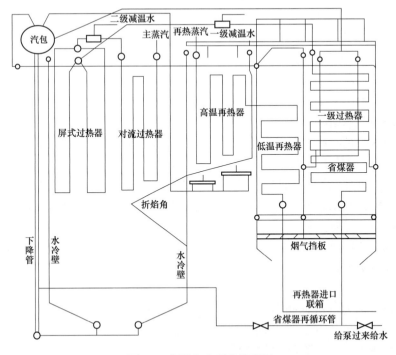

图 5-4　锅炉汽水系统流程图

1. 汽包

（1）汽包的作用。汽包是循环锅炉最重要的设备，是加热、汽化、过热三个过程的连接枢纽，起着承上启下的作用。

汽包是加热、汽化、过热的交汇点和分界点，三个过程分别由省煤器、水冷壁、过热器来完成，汽包与上述三个过程都有联系，是三个过程的交汇点，也是分界点。

汽包起蓄热和缓冲作用。汽包内储存有一定量的水与蒸汽，当外界负荷变时，对蒸汽和给水量的不平衡、汽压的变化速度都有一定的缓冲作用。

汽包起到保证蒸汽品质的作用。汽包内装有汽水分离、蒸汽清洗、加药、排污装置，确保蒸汽品质。

为保证锅炉安全运行，汽包上装有水位计、压力表、安全阀、事故放水阀等附属设备，能够对锅炉的运行状态进行监视。

（2）汽包结构。汽包内部结构见图5-5。

1）旋风分离器：沿汽包长度在两侧装设若干旋风分离器，它们的主要作用是将由上升管引入的汽水混合物进行汽和水的初步分离。

2）清洗孔板：在汽包内的中上部，水平装设蒸汽清洗孔板，其上有清洁给水层，当蒸汽穿过给水层时，便将溶于蒸汽或蒸汽携带的部分盐分转溶于水中，以降低蒸汽的含盐量。

3）均汽孔板：靠近汽包的顶部设有多孔板，均匀汽包内上升汽流，并将蒸汽中的水分进一步分离出来。

4）事故放水管：汽包中心线以下150mm左右设有事故放水管口，用于紧急情况下避免汽包水位过高。

5）排污及加药管：正常水位线以下200mm处设有连续排污管口，用于排出含盐浓度较高的炉水，降低炉水含盐量。再下方布置加药管，用于向汽包内加药。

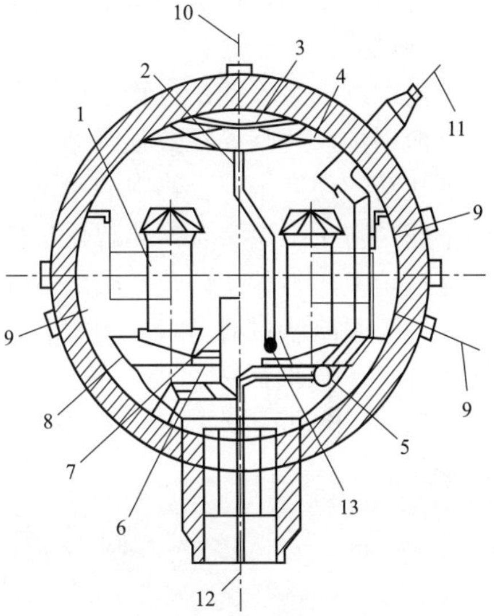

图5-5 汽包内部结构图

1—旋风分离器；2—疏水管；3—均汽孔板；4—百叶窗分离器；5—给水管；6—排污管；7—事故放水管；8—汽水夹套；9—汽水引入管；10—饱和蒸汽引出管；11—给水管；12—下降管；13—加药管

6）十字挡板：下降管入口处还装设了十字挡板，以防止下降管口产生旋涡斗造成下降管带汽。

2. 水冷壁

（1）水冷壁的作用。水冷壁是敷设在炉膛内壁、由许多并联管子组成的蒸发受热面。最初设计时，目的并不是吸热，而是为了冷却炉墙使之不被高温损坏。后来，由于其良好的热交换功能，逐渐成为锅炉主要受热设备。

水冷壁的作用是吸收炉膛高温火焰或烟气的辐射热量，在管内产生蒸汽或热水，并降低炉墙温度，保护炉墙。在大容量锅炉中，炉内火焰温度很高，热辐射的强度很大。锅炉中有40%～50%的热量由水冷壁所吸收。

（2）水冷壁的分类。水冷壁一般可分为光管式、销钉式和膜式。

光管式水冷壁由一般的锅炉钢管组成。管子排列越密对炉墙保护效果越好。炉墙广泛采用轻质耐火材料和保温材料，这些材料可以砌成炉墙，也可敷设在水冷壁上成为敷管式炉墙以便于安装。小容量、中低压锅炉多采用光管式水冷壁。

膜式水冷壁是将鳍片管（或扁钢与光管）相互焊接在一起组成的整排管屏。它的优点是气密性好；管屏外侧仅需敷以较薄的保温材料，炉膛高温烟气与炉墙不直接接触，有利于防止结渣；管屏可在制造厂成片预制，便于工地安装。大容量高参数锅炉多采用膜式水冷壁。膜式水冷壁结构见图 5-6。

销钉式水冷壁又称刺管式水冷壁。它是按照要求在光管表面焊上一定长度的圆钢，利用销钉可以牢固地在水冷壁上敷设耐火涂料，用以构成卫燃带、液态排渣炉渣池以及旋风炉的旋风筒。

内螺纹管水冷壁是在管子内壁开出单头或多头螺旋形槽道的管子。内螺纹管水冷壁用于直流锅炉、亚临界参数强制循环锅炉及自然循环锅炉。工质在内螺纹管内流动时，发生强烈扰动，使汽水混合物中的水压向管壁，并迫使汽泡脱离壁面被水带走，从而破坏汽膜的形成，防止出现沸腾换热恶化，使水冷壁管壁温度下降。在大容量高参数锅炉，尤其在直流锅炉中，为了在炉膛高热负荷区防止传热恶化，常采用内螺纹管水冷壁。

（3）水冷壁材料。水冷壁材料一般使用碳素钢，锅炉压力在 14MPa 以上时选用合金钢。管子外径：自然循环锅炉一般用 51～83mm；多次强制循环锅炉和直流锅炉一般用 22～60mm。直流锅炉的水冷壁不像自然循环锅炉那样一定是直立式的，也可以是水平围绕或其他形式的。

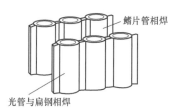

膜式水冷壁优点：
● 炉膛气密性好。
● 降低金属消耗量。
● 不用耐火材料，只需轻型绝热料，减少了炉墙重量。
● 便于采用悬吊结构。
● 锅炉蓄热能力减小，炉膛升温快，缩短启动和停炉时间。

图 5-6　膜式水冷壁

3. 过热器、再热器、省煤器

（1）过热器的作用。将蒸汽从饱和温度进一步加热至过热温度的设备称过热器。电厂为了提高整个蒸汽动力装置的循环热效率，一般都装有过热器，同时可以降低汽轮机排汽湿度。汽温的高低取决于锅炉的压力、蒸发量、钢材的耐高温性能以及燃料与钢材的比价等因素，对电厂锅炉来说，4MPa 的锅炉一般为 450℃左右；10MPa 以上的锅炉为 540～570℃。大容量锅炉采用更高的汽温（可达 650℃）。

（2）过热器分类。

1）过热器按传热方式可分为辐射式和半辐射式、对流式。

辐射式过热器：布置在炉膛上方，直接吸收辐射热的过热器称为辐射式过热器。前屏、顶棚，高参数大容量直流炉水冷壁的上方，也布置辐射式过热器（墙式过热器）。

半辐射式过热器：布置在炉膛出口处，既能吸收炉内的直接辐射热，又能吸收烟气对流热的称半辐射式过热器。吸收对流热和辐射热的比例，视其布置部位烟温高低而不同。后屏过热器一般为半辐射式过热器。

对流过热器：受烟气直接冲刷，以对流传热方式吸收烟气热量的过热器称为对流式过热器。对流式过热器一般布置在锅炉的水平烟道或尾部烟道内。

2）按介质流向可分为逆流、顺流、双逆流、混合流几种。

3）按结构特点可分为蛇形管式、屏式、墙式和包墙式。它们都由若干根并联管子和进出口集箱组成。

（3）过热器的材料。过热器管壁金属在锅炉受压部件中承受的温度最高，因此必须采用耐高温的优质低碳钢或各种铬钼合金钢等，在最高的温度部分有时还要用奥氏体铬镍不锈钢。锅炉运行中如果管道承受的温度超过材料的持久强度、疲劳强度或表面氧化所允许的温度限值，则会发生管道爆裂等事故。

（4）再热器的作用。汽轮机高压缸的排汽进入锅炉再热器中进行再次加热，将蒸汽温度加热到与过热蒸汽温度相等或相近，然后再送到汽机中压缸及低压缸做功，以提高汽轮机尾部蒸汽的干度及电站热经济性。

（5）省煤器的作用。省煤器是利用锅炉排烟余热来加热给水的热交换器。省煤器吸收排烟余热，降低排烟温度，提高锅炉效率。

由于进入汽包的给水，经过省煤器提高了水温，减小了因温差而引起的汽包壁的热应力，从而改善了汽包的工作条件，延长了汽包的使用寿命。

汽包炉的省煤器一般设置有再循环管，其作用是在锅炉点火和停炉时，当中断给水时保护省煤器。因为在点火和停炉时，当不上水时，省煤器中的水是不流动的，高温烟气有可能把省煤器管烧坏。开启省煤器再循环阀，利用汽包与省煤器工质比重差而产生自然循环，从而使省煤器管得到冷却。

（6）省煤器的分类。按省煤器出口给水的状态可分为沸腾式和非沸腾式两种。当省煤器出口给水温度低于饱和温度，称非沸腾式省煤器；当省煤器出口给水温度加热至饱和温度并产生部分蒸汽，称沸腾式省煤器。按省煤器材质分为铸铁式和钢管式。

4．影响蒸汽温度的因素

锅炉负荷高低、燃料变化、燃烧工况变动等，都对过热器出口汽温有影响。

（1）燃料性质的变化。燃料的低位发热量、挥发分、水分、灰分及煤粉细度等因素变化时，都会造成炉内燃烧工况的变化，从而导致蒸汽温度的变化。当挥发分降低，灰分、水分增加时，燃烧推迟，火焰中心上移，汽温升高。

（2）风量的变化。当风量在规定范围内增大时（燃料量不变），一方面炉膛温度降低，产汽量减少，另一方面风量增大烟气量增多，烟速升高，最终造成过热汽温升高。

（3）燃烧工况的变化。燃烧工况的变化将引起火焰中心上下移动，包括磨组组合、一次风量及一次风温的变化、煤粉细度大小等变化均会对汽温产生影响。

（4）受热面清洁程度。水冷壁结焦，汽温升高；过热器结焦，汽温下降。

（5）给水流量、给水温度的变化、过热汽压的高低、锅炉负荷的变化等均会影响蒸汽温度。

5.汽温调整方法

汽温调整方法包括改变火焰中心、改变锅炉配风、利用吹灰手段、烟温调节挡板、使用减温水、改变煤水比等。

三、锅炉燃烧系统

1.燃烧器的作用

燃烧器的作用是将燃料与燃烧所需空气按一定的比例、速度和混合方式经喷口送入炉膛。其主要作用为：向锅炉炉膛内输送燃料和空气；组织燃料和空气及时、充分地混合；保证燃料进入炉膛后尽快、稳定地着火，迅速、完全地燃尽。

通过燃烧器的空气主要有一次风、二次风、三次风。

（1）一次风：携带煤粉送入燃烧器的空气。主要作用是输送煤粉和满足燃烧初期对氧气的需要。

（2）二次风：待煤粉气流着火后再送入的空气。二次风补充煤粉继续燃烧所需要的空气，并起气流的扰动和混合的作用。

（3）三次风：对中间储仓式热风送粉系统，为充分利用细粉分离器排出的含有10%～15%细粉的乏气，由单独的喷口送入炉膛燃烧，这股乏气称为三次风。

2.燃烧器分类

燃烧器分为直流燃烧器和旋流燃烧器两种。出口气流为直流射流或直流射流组的燃烧器称为直流燃烧器。出口气流包含有旋转射流的燃烧器称为旋流燃烧器。

3.直流燃烧器

直流燃烧器的一、二、三次风分别由垂直布置的一组圆形或矩形的喷口以直流湍流自由射流的形式喷入炉膛，根据燃煤特性不同，一、二次风喷口的排列方式可分为均等配风和分级配风。

（1）直流射流的主要特点。

1）沿流动方向的速度衰减比较慢。

2）具有比较稳定的射流核心区。

3）一次风和二次风的后期混合比较强。

（2）均等配风直流燃烧器。

均等配风燃烧器一、二次风喷口相间布置，即在两个一次风喷口之间均等布置一个或两个二次风喷口，各二次风喷口的风量分配较均匀。

均等配风燃烧器一、二次风口间距较小（80～160mm），有利于一、二次风的较早混合，使一次风煤粉气流着火后能迅速获得足够的空气，达到完全燃烧。

均等配风适用于燃用高挥发分煤种，常称为烟煤、褐煤型配风方式。

（3）分级配风直流燃烧器。

分级配风燃烧器一次风喷口相对集中布置，并靠近燃烧器的下部，二次风喷口则分层布置，一、二次风喷口间保持较大的距离（160～350mm），燃烧所需要的二次风分阶段送入燃烧的煤粉气流中，强化气流的后期混合，促使燃料燃烧与燃尽。

分级配风燃烧器一次风喷口高宽比大，卷吸量大；煤粉气流相对集中，火焰中心温度高，有利于低挥发分煤的着火、燃烧。

分级配风适合于燃用低挥发分煤种或劣质烟煤，常称为无烟煤、贫煤型配风方式。

（4）直流燃烧器各层二次风的作用。

下二次风：防止煤粉离析，避免未燃烧的煤粉直接落入灰斗；托住火焰不致过分下冲，避免冷灰斗结渣，其风量较小。

中二次风：是均等配风方式煤粉燃烧阶段所需氧气和湍流扰动的主要风源，风量较大。

上二次风：提供适量的空气保证煤粉燃尽，是分级配风方式煤粉燃烧和燃尽的主要风源，风量较大。

燃尽风：喷口位于整组燃烧器的最上部（三次风喷口之上），送入剩余约 15% 的空气，实现富氧燃烧，抑制燃烧区段温度，达到分级燃烧的目的，有效减少炉内 NO_x 生成量，有利于燃料的燃尽。

周界风：位于一次风喷口的四周，周界风的风层薄、风量小、风速较高。可防止喷口烧坏，适应煤质的变化。

夹心风：位于一次风喷口的中间，风速高于一次风，补充火焰中心的氧气；提高一次风射流刚性，防止偏斜，增强扰动；减小扩展角，减轻贴壁，防止结渣；变煤种、变负荷时燃烧调整的手段之一。

十字风：燃烧褐煤时使用，作用类似于夹心风。

（5）直流燃烧器四角切圆燃烧方式。

四角切圆燃烧方式直流燃烧器的布置如图 5-7 所示，炉内燃烧火焰形态如图 5-8 所示。

炉膛四角或接近四角布置，四个角燃烧器出口气流的轴线与炉膛中心的一个或两个假想圆相切，使气流在炉内强烈旋转。

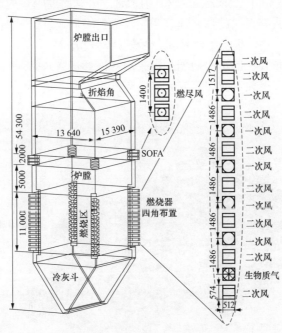

图 5-7　直流燃烧器四角切圆布置方式

切圆燃烧方式有以下特点：

1）煤粉气流着火所需热量除依靠本身外边界卷吸烟气和接受炉膛辐射热以外，主要是靠来自上游邻角正在剧烈燃烧的火焰的冲击和加热，着火条件好。

2）火焰在炉内充满度较好，燃烧后期气流扰动较强，有利于燃尽，煤种适应性强。

3）风粉管布置复杂。

4. 旋流燃烧器

图 5-9 为一种旋流燃烧器火焰示意图。

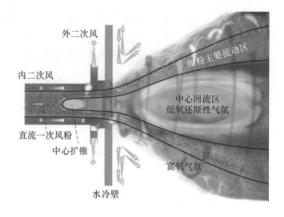

图 5-8　四角切圆炉内燃烧火焰　　　　图 5-9　旋流燃烧器火焰

旋流燃烧器出口气流是一股绕燃烧器轴线旋转的旋转射流。一、二次风用不同管道与燃烧器连接，在燃烧器内一、二次风通道隔开。二次风射流均为旋转射流，一次风射流可以是旋转射流，也可以是直流射流。旋流燃烧器是一组圆形喷口。旋流射流具有比直流射流大得多的扩展角，射流中心形成回流区，射流内、外同时卷吸炉内高温烟气，卷吸量大。从燃烧器喷出的气流具有很高的切向速度和足够大的轴向速度，早期湍动混合强烈。旋流燃烧器轴向速度衰减较快，射流射程较短，后期扰动较弱。

旋流燃烧器一般布置在锅炉前后墙上，采用对冲燃烧方式。通常采用一台磨煤机或给粉机对应一层燃烧器或单独对应前墙或后墙燃烧器的布置方式。每层前后墙一般各布置 4～6 只燃烧器。

图 5-10、图 5-11 为某电厂旋流燃烧器结构示意图。

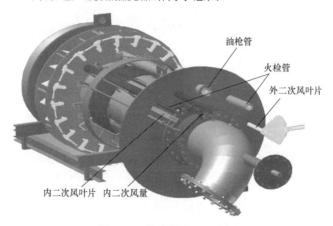

图 5-10　旋流燃烧器示意图

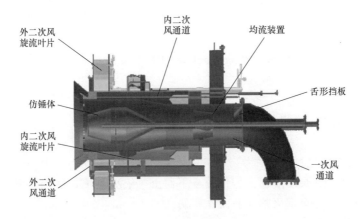

图 5-11　旋流燃烧器剖面图

【案例解读】

案例一　某电厂 6 号机组燃烧失稳全部火焰丢失造成锅炉 MFT

1. 事件经过

某电厂 6 号机组为东方锅炉公司生产的 DG3110/26.15-Ⅱ2 型超超临界参数变压运行直流锅炉，前后墙对冲燃烧方式，锅炉共设六套制粉系统，磨煤机为正压直吹式中速磨煤机，燃烧器为东方锅炉厂自主研发的 OPCC 型双调风旋流燃烧器，采用前后墙各 3 层，前（CDE）、后（AFB）墙对冲布置，其中 A（后下）层燃烧器具有少油点火功能。

2018 年 4 月 10 日 13:10，6 号机组负荷 820MW，主/再热蒸汽压力 24.6/3.8MPa，主/再热蒸汽温度 601/604℃，炉膛负压−20Pa，总给煤量 340t/h，氧量 3.5%，B/C/D/E/F 制粉系统运行，A 制粉系统检修，C、D、F 层油枪均在"自动"状态，C 层油枪在"快速投入"模式。

12:25，6A 给煤机控制板故障，停运 6A 制粉系统。

13:07:52，C7 燃烧器煤火检消失。

13:08:04，C 层其他燃烧器煤火检开始消失，13:08:07 达到 4 个以上煤火检消失，C 煤层失去火焰，达到 C 层点火油枪快速投入条件，炉膛负压下降至−350Pa 左右。

13:08:08，C 层点火油枪快速投入。

13:08:30，C4、C5、C6、C8 油枪火检有火，C 层各煤火检开始恢复，此时炉膛负压向上波动至 340Pa 左右，随后恢复至−150Pa 左右稳定。

13:09:37，C7 燃烧器煤火检消失。

13:09:45，C 层其余燃烧器煤火检开始消失，13:09:50 达到 4 个以上煤火检消失，C 煤层失去火焰，C 层点火油枪全部投入，但各油枪火检均无火。

13:09:48，炉膛负压向下波动至−320Pa 左右，随后回到−150Pa 左右。

13:10:28，炉膛负压由−125Pa 开始持续下降。

13:10:43，D 层燃烧器煤火检开始消失，13:10:46 达到 4 个以上煤火检消失，D 煤层失去火焰。13:10:51 6D 制粉系统因失去煤层火焰跳闸，炉膛负压下降到−1049Pa。

13:10:45，F 层燃烧器煤火检开始消失，13:10:49 达到 4 个以上煤火检消失，F 煤层失去火焰。13:10:55 6F 制粉系统因失去煤层火焰跳闸。

13:10:50，B层燃烧器煤火检开始消失，13:10:55达到4个以上煤火检消失，B煤层失去火焰。

13:10:51，E层燃烧器煤火检开始消失，13:10:55达到4个以上煤火检消失，E煤层失去火焰。

13:10:56，锅炉"全部煤火检无火"报警，13:10:58锅炉MFT保护动作，首出："全炉膛无火"，汽轮机跳闸，发电机解列。

2. 原因分析

调取SOE及相关运行历史曲线分析，先是C层燃烧器煤火检出现摆动，在油枪投入没有达到稳燃效果后，各层燃烧器火检信号自下而上（依次为C、D、F、B、E层）逐渐消失，最终导致锅炉失去全部火焰保护动作跳闸。

（1）C层燃烧器在13:08和13:09两次失去火焰后，炉膛负压均随之向下波动，第一次由于油枪投入起到稳燃作用，炉膛先出现了一次正压，再恢复到正常负压范围。但是在第二次失去火焰时，因为油枪投入未能起到稳定煤粉燃烧的作用，炉膛压力维持在一个较低的水平，随锅炉燃烧情况持续恶化，13:10:28炉膛负压开始连续下降。由炉膛负压波动时间均略晚于火检变化，可以分析出炉膛负压波动是受燃烧情况影响，可以排除炉膛负压波动造成灭火的可能。

（2）对事件发生时运行的B、C、D、E、F制粉系统燃煤取样化验，下层的C仓燃煤干燥无灰基挥发分为9.89%，低位发热量为19.91MJ/kg；中层的D、F仓燃煤干燥无灰基挥发分为11.28%、17.06%，低位发热量为20.73MJ/kg、15.13MJ/kg；上层的B、E仓燃煤干燥无灰基挥发分为17.96%、12.69%，低位发热量为21.63MJ/kg、21.26MJ/kg。从化验结果看，在事件发生时，对稳燃最为重要的C层制粉系统燃煤挥发分不足10%，稳燃能力较差，首先出现煤火检摆动消失。D层制粉系统燃煤挥发分也较低，F层制粉系统燃用煤泥，发热量偏低较多，随C层制粉系统燃烧恶化，煤火检相继消失，导致D、F层制粉系统先后因失去煤层火焰跳闸。在D层制粉系统跳闸时，上层的B、E层燃烧器煤火检出现摆动，随F制粉系统跳闸，B、E煤层均失去火焰，全炉膛无火条件满足，MFT保护动作。

（3）A层燃烧器停运，炉下层只有一套制粉系统运行，稳燃效果差。C层燃烧器灭火，下层燃烧器灭火后得不到足够的点火能量，很难恢复燃烧，当底层火焰失去后，炉膛底部温度较低，底部冷风上升使相邻的中、上层燃烧器脱火。最终导致锅炉失去全部火焰保护动作跳闸。

3. 防范措施

（1）做好入厂、入炉煤质的控制。根据锅炉设计指标，制定燃料采购最低标准，确保入炉煤达到稳燃的最低要求。

（2）加强配煤掺烧工作。根据机组负荷、库存煤情况，制定上煤加仓实施方案，运行、燃料共同监督实施，控制入炉煤热值和挥发分，做到精细化管理。

（3）下层制粉系统保证有一台上高挥发分烟煤，下层制粉系统故障及时调整配煤，稳定底层燃烧。

（4）加强运行人员的培训，提高运行人员对入炉煤质的及时判断，对燃烧状况的及时判断，及时采取控制措施，燃烧调整得当，避免再次发生燃烧异常事件。

案例二　某电厂 1 号机组给水流量低造成锅炉 MFT

1. 事件经过

某电厂 1 号机组容量 670MW。锅炉型号为 HG-2100/25.4-HM11。给水系统配置一台 30%容量启动用电动给水泵和两台 50%容量汽动给水泵。

2018 年 7 月 12 日 23 时，1 号机组在进行 30%（200MW）额定负荷深度调峰试验过程中，机组负荷 217MW 并继续减负荷时，省煤器入口要求的给水流量也应随之减少（对应负荷下的省煤器入口给水流量应为 550t/h），两台汽动给水泵转速均已降至 3050r/min，（正常运行时汽动给水泵转速不能低于 3000r/min），省煤器入口给水流量为 570t/h，为继续降低给水流量，同时保证汽动给水泵流量不低于最小流量（320t/h，汽动给水泵再循环超驰开启），运行人员手动开启汽动给水泵再循环。

23:28:25，手动逐渐开启 1B 汽动给水泵再循环调门至 50%。

23:28:43，手动逐渐开启 1A 汽动给水泵再循环调门至 43%。

23:39:08，省煤器入口流量发生波动并降低至 560t/h，两台给水泵汽轮机低压供汽调门正常开大。

23:40:11，1A 给水泵汽轮机低压进汽调节门全开。

23:40:15，1B 给水泵汽轮机低压进汽调节门全开，给水流量持续下降至 466t/h。

23:40:15，A、B 给水泵汽轮机遥控跳开至手动模式，手动加 A、B 给水泵汽轮机转速指令至 3000r/min。

23:40:24，1A、1B 给水泵汽轮机再循环达到超驰开启条件，自动全开，加大了给水扰动，给水流量继续降低至 406t/h。

23:41:01，手动关闭 1B 给水泵汽轮机再循环调节门至 44%，给水流量仍未上升。

23:42:06，继续关小 1B 给水泵汽轮机再循环调节门至全关后超驰自动打开。

23:43:36，继续手动加 1B 给水泵汽轮机转速指令至 3300r/min，给水流量未见回头，降至 243t/h。

23:44:04，由于给水流量下降导致机组负荷下滑 142MW，四抽压力相应降低至 0.25MPa，汽动给水泵出力继续降低，给水流量低至 238t/h，延时 10s 后锅炉 MFT 动作。

2. 原因分析

（1）深度调峰过程中，给水泵汽轮机转速低，发生流量扰动时，给水泵汽轮机转速反馈波动过大导致给水泵汽轮机跳至手动模式。

（2）低负荷运行时，汽动给水泵流量低，发生流量扰动时容易诱发汽动给水泵再循环超驰开启，给水调节品质恶化。

（3）两台给水泵汽轮机遥控跳至手动模式后，运行人员手动调节不及时。

（4）低负荷运行时，给水泵汽轮机低压进汽调节门流量特性不好，调节过程中容易发生过调、欠调，致使给水泵汽轮机转速跟踪不好，增加了锅炉给水流量的扰动。

3. 防范措施

（1）深度调峰过程中，确保给水泵汽轮机转速不低于 3200r/min，使给水流量调整留有一定裕度。

（2）低负荷运行时，开大汽动给水泵再循环调节门，保证汽动给水泵入口流量，防止给水泵汽轮机再循环超驰开启。

（3）优化深度调峰时给水调节品质。

（4）低负荷运行时，给水泵汽轮机低压进汽调节门流量特性不好，通过试验进一步优化给水泵汽轮机低压进汽调节门流量特性。

第二节　锅炉风烟系统及设备

一、风烟系统常见设备

锅炉风烟系统是指不断地给锅炉燃料燃烧提供所需的空气，并按照燃烧要求分配风量送至燃烧相连接的地点，同时使燃烧生成的含尘烟气流经各受热面及烟气净化装置后，最终由烟囱排入大气。

锅炉风烟系统包括锅炉通风设备、除尘器、脱硫、脱硝设备、烟囱、连接的风烟道及风门等。

锅炉通风设备主要由送风机、引风机、风门、烟风道等设备组成。其任务是及时供应燃料燃烧所需空气、及时排走燃烧所产生的烟气，它一般是始终保持炉膛出口有一定负压的平衡通风系统。由送风机克服风道、燃烧器或燃料层的阻力，把风送入炉膛，使风道在正压下工作；利用引风机克服全部烟道（包括各受热面、脱硝装置、空气预热器、除尘器）的阻力，使烟道和炉膛在负压下工作，一般维持炉膛内负压稳定在–100Pa 左右。图 5-12 为某电厂锅炉风烟系统流程图，图 5-13 为某电厂风烟系统控制画面示例。

（1）送风机：克服各设备阻力送入锅炉燃料燃烧所需空气的设备。

（2）引风机：克服各设备阻力把锅炉燃料燃烧所产生的烟气及时排入烟囱的设备。

（3）风门：在输送气体（煤粉）过程中能有效的隔离、控制、调整气体（煤粉）的流动，满足锅炉通风及制粉系统等工作要求的设备。

（4）风烟道：在风烟系统中确保空气、烟气与外界空气隔开，成为独立系统的设备。

表 5-2 列出了不同典型电厂 350、600、1000MW 机组送、引风机及一次风机选用情况。

表 5-2　　　　　　　　　　　　　　　典型电厂风机选型

电　厂	送风机	引风机	一次风机
江苏 350MW	动调轴流	离心风机，变频调速	离心风机，变频调速
天津 600MW	动调轴流	静调轴流	双吸离心
浙江 600MW	动调轴流	动调轴流	动调轴流
浙江 1000MW	动调轴流	静调轴流	双级动调轴流
江苏 1000MW	动调轴流	静调轴流	双级动调轴流
江苏 1000MW	动调轴流	静调轴流	双级动调轴流

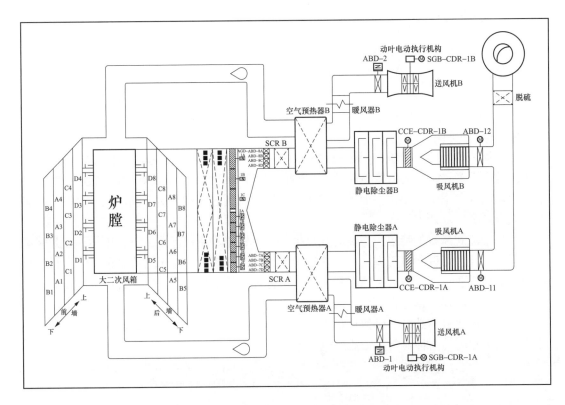

图 5-12 锅炉风烟系统流程图

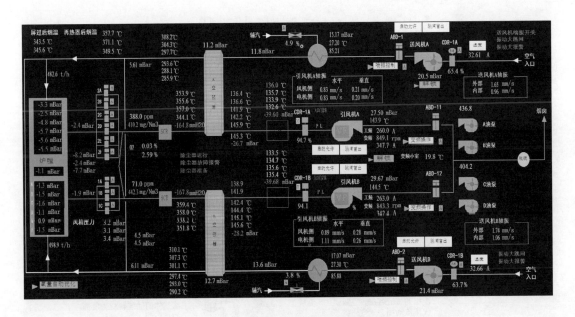

图 5-13 锅炉风烟系统控制画面

二、锅炉风机介绍

1. 电厂锅炉风机发展趋势

200MW 及以下机组送风机、引风机、一次风机以离心式为主。

300MW 机组送风机以轴流式为主，引风机、一次风机（排粉机）以离心式为主。

600MW 及以上机组送风机、引风机、一次风机基本均为轴流式风机。

2. 轴流式风机

随着锅炉容量的不断增大，锅炉燃烧所需空气量及燃烧后产生的烟气量也在不断加大，但风压提高不多。如果采用离心式风机，叶轮尺寸不断加大，受到材料和叶轮强度的限制，不能满足大容量锅炉的要求，而轴流式风机正好能达到这一点，所以轴流式风机在大机组锅炉上得到了广泛使用。

（1）轴流式风机的特点。与离心式风机相比，轴流式风机流量大、体积小、高效区调节范围大。叶片可以制成可调式，但获得的风压低、噪声大、转子结构复杂，叶片材料质量和制造精度要求高。随着金属材料和制造工艺技术的不断提高，轴流式风机流量大、风压低、占地小，越来越适合大机组锅炉的使用。

（2）轴流风机的结构。轴流风机由风壳、轴承、导流器、扩压器、转子、叶轮组成。叶片有固定和活动两种。常见轴流风机分类见图 5-14。

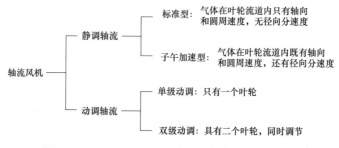

图 5-14　轴流风机分类

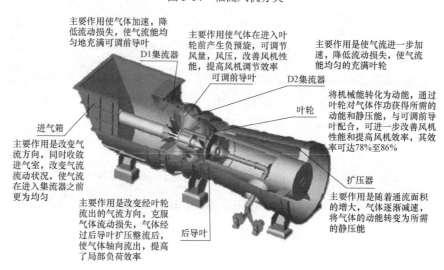

图 5-15　静调轴流风机结构示意图

静调轴流风机结构示意见图 5-15。动调轴流风机结构示意见图 5-16。

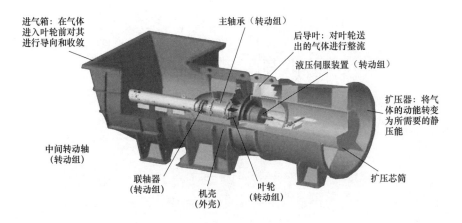

图 5-16　动调轴流风机结构示意图

（3）轴流风机原理。

1）标准型原理：在轴流式风机中，气体受到叶片的推挤作用而获得能量，提高风压，经导流叶片由轴向压出。气体是沿着轴向流动。

2）子午加速型原理：工作时气体进入进气室，经过前导叶的导向，在集流器中收敛加速，再通过叶轮的做功，产生静压能和动压能，后导叶又将气体的螺旋运动转化为轴向运动而进入扩压器，在扩压器中将气体的大部分动能转化为静压能，完成输送气体。

3）静调（AN）风机组成：静调轴流风机由进气室、可调前导叶、集流器、叶轮、后导叶和扩散器组成。

4）动调（AP）风机组成：动调轴流风机由进气室、集流器、叶轮、后导叶、扩散器和动叶调节机构组成。

5）静调（AN）轴流风机结构简单，叶轮质量轻，叶轮的转动惯性小，检修时叶轮无需与轴承座整体吊装，无需油站、冷却水系统，投资少，维护量小，风量调节由机翼型前导叶完成，能在−75°～+30°范围内实现无级风量调节。

6）动调（AP）轴流风机风量调节是通过液压调节系统来改变叶轮叶片的工作角度而实现的，当动叶角度改变时，其风量、风压、功率也跟着改变，对应有一个不同的性能曲线，它能在−36°～+20°范围内实现无级风量调节，调节范围宽，具有高压力，高效率，大风量，但结构复杂，多了一套动叶控制油系统。

3. 离心式风机

（1）离心式风机的特点。与轴流式风机比，离心式风机可以获得较高风压，结构简单，调节方便，噪声小。但风机体积大，流量小，高效区调节范围小。随着电厂单机容量的增加，要满足送、引风机容量的要求，风机的尺寸、质量大大增加，给制造、运输、安装、检修带来困难，且受到叶轮强度的限制（叶轮不能无限制地加大），在大机组锅炉上越来越少用。但一些辅助的小型风机仍都使用离心式。离心式风机结构示意图见图5-17。

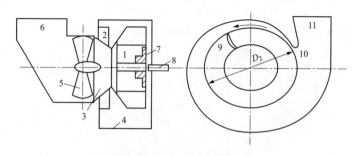

图 5-17 离心风机结构示意图

1—叶轮；2—稳压器；3—集流器；4—机壳；5—导流器；6—进气箱

7—轮毂；8—主轴；9—叶片；10—蜗舌；11—扩散器

（2）离心风机原理。在离心式风机中，充满叶片间的气体和叶轮一起旋转，旋转的气体因自身的质量产生离心力，从叶轮中甩出，使叶轮外缘处的空气压力升高，压向风机出口，与此同时，在叶轮中心气体压力下降形成真空，气体自动补充到叶轮中心。气体在叶轮中是沿着径向流动。

（3）离心风机调节方式。离心风机一般采用变角和变速调节风机的风量。进口挡板（导流器）变角调节：利用改变风机的性能曲线方法来改变风机工作点，达到调整风机风量的目的。调节方便灵活，投资小，维护工作量少，但效率低。一般在小型离心式风机使用。风机变速调节：利用液力联轴器或变频电机对风机实现变速调节，达到调整风机风量的目的。这种调节没有附加阻力，风机效率高，是比较理想的调节方式。但投资大，维护工作量大，故障率高。

4. 风门挡板

（1）风门的作用。在输送气体（煤粉）过程中能有效的隔离、控制、调整气体的流动，满足锅炉通风及制粉系统等工作要求的设备。

（2）风门的分类。按形状分为圆形、方形、锥形等。按动力分为电动、气动、液动、手动等。按作用分为隔离、调整等。

5. 空气预热器

空气预热器是利用锅炉尾部烟气的热量加热燃料燃烧所需的空气的设备。

（1）空气预热器的作用。

1）进一步降低锅炉的排烟温度，提高锅炉效率。

2）改善燃料的着火与燃烧条件，降低不完全燃烧热损失。

3）节省金属、降低造价。

4）改善引风机的工作条件、降低风机电耗。

（2）空气预热器的分类。空气预热器根据其结构不同分为钢管式空气预热器和回转式空气预热器。大型燃煤电厂一般使用回转式空气预热器。回转式空气预热器又分为受热面回转式空气预热器和风罩回转式空气预热器。图 5-18 为受热面回转式空气预热器内部结构。

图 5-18 受热面回转式空气预热器内部结构

回转式空气预热器以再生方式传递热量，烟气与空气交替流过受热面。当烟气流过时，热量从烟气传给受热面，受热面温度升高并积蓄热量；当空气再流过时，受热面将积蓄的热量放给空气。其受热面为厚度 0.5～1.25mm 的蓄热板叠放而成。因蓄热板中积蓄的空气被携带进入烟气侧，以及空气预热器动静部分之间存在间隙，会导致空气漏入烟气中。空气预热器的漏风率是指漏入空气预热器烟气侧的空气质量占进入空气预热器烟气质量的百分率。回转式空气预热器在径向、轴向、周向均存在漏风，以热端径向漏风最大。

回转式空气预热器传热元件因蓄热板间通道较小，流通阻力较大。烟气中灰尘等容易在传热元件上沉积；当空气预热器冷端温度低于烟气中 SO_3 蒸汽露点时，空气预热器会发生低温腐蚀；脱硝系统逃逸的氨气会与 SO_3 反应生成硫酸氢铵，进而堵塞传热元件。这些都会使空气预热器通风阻力上升。空气预热器阻力上升后会导致送引风机出力不足，导致锅炉带负荷能力下降。

三、脱硝系统介绍

1. 氮氧化物的性质

（1）NO_x 的组成。氮与氧结合的化合物有 N_2O、NO、NO_2、NO_3、N_2O_4、N_2O_5 等，总体用氮氧化物（NO_x）表示。其中造成大气污染的 NO_x 主要指 NO 和 NO_2。

（2）NO_x 的性质。N_2O：单个分子的温室效应为 CO_2 的 200 倍，并参与臭氧层的破坏。

NO：大气中 NO_2 的前提物质，形成光化学烟雾的活跃组分，难溶于水。

NO_2：强烈的刺激性，来源于 NO 的氧化、酸沉降。可溶于水。

（3）NO_X 的来源。

1）固氮菌、雷电等自然过程。

2）人类活动。燃料燃烧生成的 NO_x 占比达 90%。NO_x 中 95% 以 NO 形式存在，其余主要为 NO_2。

2. 脱硝排放标准

2011 年 7 月 18 日环保部发布了 GB 13223—2011，并于 2012 年 1 月 1 日开始实施。NO_x 排放标准值为 $100mg/m^3$。

对于采用 W 型火焰锅炉、循环流化床锅炉、2003 年 12 月 31 日前建成投产或通过环评报告审批的电站锅炉，NO_x 排放标准值为 $200mg/m^3$。重点地区全部执行 $100mg/m^3$ 的特别限值。

江苏省新发布的排放标准规定，从 2022 年 7 月 1 日开始，脱硝均执行 $50mg/m^3$ 的排放标准。

3. 选择性催化还原脱硝技术（SCR）

脱硝技术根据 NO_x 还原作用于还原剂的关系可以分为选择性非催化还原（SNCR）和选择性催化还原（SCR）两种。选择性非催化还原（SNCR）脱硝技术是在没有催化剂存在的条件下，利用还原剂将烟气中的 NO_x 还原为无毒无污染的 N_2 和 H_2O 的一种脱硝技术。其反应通常发生在较高的温度（850～1100℃）下，通过高温达到反应所需的活化能，从而避免使用催化剂。

选择性催化还原（SCR）技术是通过还原剂（如 NH_3）在适当温度并有催化剂存在的条件下，将烟气中的 NO_x 还原为无害的 N_2 和 H_2O 的一种脱硝技术。与 SNCR 相比，这种工艺之所以称作选择性，是因为还原剂 NH_3 优先与烟气中的 NO_x 反应，而不是被烟气中的 O_2 氧化。

SCR 技术因其比较成熟，脱硝效率高（能达到 70%～90%或以上），目前大型火电机组基本使用选择性催化还原（SCR）技术进行脱硝，还原剂主要是氨或尿素。下面主要介绍选择性催化还原（SCR）技术。

（1）基本化学反应。在反应过程中，NH_3 可以选择性地和 NO_x 反应生成 N_2 和 H_2O，而不是被 O_2 所氧化，因此反应又被称为"选择性"。其反应方程式如下

$$4NO+4NH_3+O_2 \longrightarrow 4N_2+6H_2O \qquad (5\text{-}1)$$

$$2NO_2+4NH_3 \longrightarrow 3N_2+6H_2O \qquad (5\text{-}2)$$

式（5-1）是最主要的，烟气中约 95%的 NO_x 以 NO 的形式存在。

脱硝反应中还存在以下副反应

$$4NH_3+3O_2 \longrightarrow 2N_2+6H_2O \qquad (5\text{-}3)$$

$$2NH_3 \longrightarrow N_2+3H_2 \qquad (5\text{-}4)$$

$$4NH_3+5O_2 \longrightarrow 4NO+6H_2O \qquad (5\text{-}5)$$

反应温度在 300℃以下时可能发生式（5-3）的副反应，温度 350℃以上时可能发生式（5-4）、式（5-5）的副反应。

（2）脱硝反应装置。SCR 反应器安装在省煤器后、空气预热器前区域，烟气温度区间 290～400℃。典型的 SCR 流程见图 5-19。

SCR 装置结构见图 5-20。

（3）火电厂 SCR 装置组成。

1）还原剂区。尿素法：尿素储仓、尿素溶解罐、尿素溶液储罐、尿素溶液输送泵、水解器等。液氨法：卸料压缩机、液氨储罐、氨蒸发器、氨缓冲罐、废水池等。

2）SCR 区。CEMS、反应器（催化剂）、吹灰系统、喷氨系统。

（4）脱硝催化剂型式。催化剂常用型式有板式催化剂、波纹式催化剂和蜂窝式催化剂，见图 5-21。

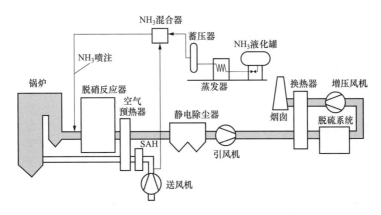

图 5-19 SCR 流程图

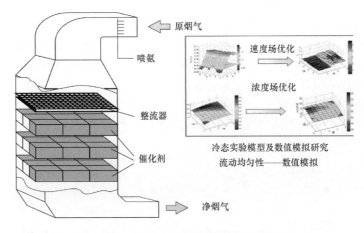

图 5-20 SCR 结构图

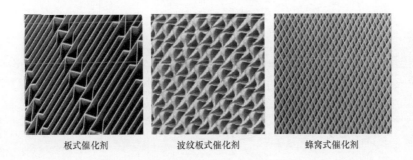

图 5-21 催化剂型式

　　板式催化剂和波纹式催化剂均为非均质催化剂，分别以玻璃纤维和 TiO_2、柔软纤维为载体，均匀涂敷活性组分 V_2O_5 和助催化剂 WO_3。

　　上两种催化剂表面遭到灰分等的破坏磨损后，不能维持原有的催化性能，催化剂不能再生。

蜂窝式催化剂属于均质催化剂，以 TiO_2、V_2O_5、WO_3 为主要成分，催化剂模块全部由催化剂材料组成，破坏磨损后能维持性能，可以进行再生。

全世界大部分燃煤发电厂（95%）使用蜂窝式和板式催化剂，其中蜂窝式催化剂由于其强耐久性、高耐腐性、高可靠性、高反复利用率、低压降等特性，得到广泛应用。

从目前已投入运行的 SCR 看，75%采用蜂窝式催化剂，新建机组采用蜂窝式催化剂的比例也基本相当。

四、除尘系统介绍

1. 除尘过程

（1）除尘过程的机理。除尘过程的机理是将含尘气体引入具有一种或几种力作用的除尘器，使颗粒相对其运载气流产生一定的位移，并从气流中分离出来，最后沉降到捕集表面上。

颗粒捕集过程中需要考虑的作用力有外力、流体阻力、颗粒间相互作用力。其中外力有重力、离心力、惯性力、静电力、磁力、热力、泳力等。

（2）除尘效率。除尘总效率：在同一时间内净化装置去除的污染物数量与进入装置的污染物数量之比。分级除尘效率：除尘装置对某一粒径或粒径间隔内粉尘的除尘效率，简称分级效率。总效率高低往往与粉尘粒径大小有很大关系。

2. 电除尘装置

电除尘装置通过使尘粒荷电并在电场力的作用下沉积在集尘极上。其结构如图 5-22 所示。

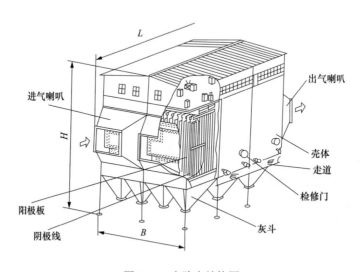

图 5-22　电除尘结构图

（1）电除尘器的优、缺点。

电除尘器优点：①与其他除尘器的根本区别在于，分离力直接作用在粒子上，而不是作用在整个气流上。②压力损失小，一般为 200～500Pa。③处理烟气量大，可达 10^5～$10^6 m^3/h$。④对细粉尘有高的捕集效率。⑤可在高温或强腐蚀性气体下工作。

电除尘器缺点是设备庞大，消耗钢材多，初投资大，要求安装和运行管理技术较高。锅炉工况和负荷的变化影响净化效率，从而导致排放的不稳定。

（2）电除尘原理。电除尘器是利用强电场使气体电离，即产生电晕放电，进而烟气中的粉尘荷电，并在电场力的作用下，向集尘极运动，将粉尘从气体中分离出来。其工作原理如图 5-23 所示。

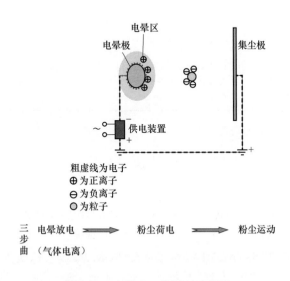

图 5-23　电除尘工作原理示意图

3. 布袋除尘器

布袋除尘器是使含尘气流通过过滤材料将粉尘分离捕集的装置。其采用纤维织物作滤料，除尘效率一般可达 99%以上，具有效率高，性能稳定可靠、操作简单等优点。

（1）布袋除尘工作原理。含尘烟气流经布袋时粉尘被过滤吸附在布袋外侧形成粉尘初层。粉尘初层形成后，成为袋式除尘器的主要过滤层，提高了除尘效率。

随着粉尘在滤袋上积聚，滤袋两侧的压力差增大，会把已附着在滤料上的细小粉尘挤压过去，使除尘效率下降。

除尘器压力过高，还会使除尘系统的处理气体量显著下降，因此除尘器阻力达到一定数值后要及时清灰。但清灰时不应破坏粉尘初层。

（2）袋式除尘器的特点。

1）袋式除尘器有以下优点：①除尘效率高；②结构简单，操作维护方便；③对粉尘特性不敏感；④烟气量及浓度不影响排放；⑤除尘效率随着时间增加升高；⑥在线检修，检修环境较好。

2）袋式除尘器有以下缺点：①本体阻力比电除尘器高 1000～1200Pa；②不适用于净化含有油雾、凝结水及黏结性粉尘的气体；③处理高温、高湿度、腐蚀性气体应慎选滤袋；④体积和占地面积都较大；⑤换袋成本较高。

4. 电除尘与袋式除尘的技术经济性综合

电除尘与袋式除尘的技术经济性综合比较见表 5-3。

表 5-3 电除尘与袋式除尘技术经济性对比

序号	分项	技术特点及安全可靠性比较	经济性比较	占地面积比较
1	电除尘器	优点：除尘效率高、阻力损失小、适用范围广、使用方便且无二次污染、对烟气温度及烟气成分等影响不敏感；设备安全可靠性好。 缺点：除尘效率受煤、灰成分的影响	设备费用较低；年运行费用低。 经济性好	占地面积大
2	袋式除尘器	优点：不受煤、灰特性影响，出口排放低且稳定，采用分室结构的能在 100% 负荷下在线检修。 缺点：系统阻力损失最大；对烟气温度、烟气成分较敏感；若使用不当滤袋容易破损并导致排放超标	设备费用低；年运行费用高。 经济性较好	占地面积小

【案例解读】

案例一 某电厂 2 号机组锅炉总风量低造成锅炉 MFT

1. 事件经过

某电厂 2 号机组容量 350MW。锅炉型号为 HG-1110/25.4-HM2。锅炉低风量报警值为 600t/h，触发 MFT 保护动作条件为总风量低于 350t/h 延时 180s。

2018 年 5 月 27 日 22:58 至 23:12，机组负荷 205MW。运行人员发现 A、B 侧空气预热器出口烟温偏差大，对二次风门及送风机动叶进行调整。通过减少同侧送风机风量的方式来提高空气预热器出口烟温，减少两侧空气预热器出口烟温偏差。进行 B 送风机动叶调整操作四次，B 送风机动叶开度由 12% 逐渐关小至 9%，锅炉总风量由 537t/h 减至 315t/h，23:15，锅炉 MFT 保护动作（低于 350t/h 延时 180s），2 号机组跳闸。

2. 原因分析

（1）直接原因：运行人员对两次空气预热器出口烟温偏差大调整过程中，多次关小 B 送风机动叶，期间锅炉总风量低、低低报警已发出，监盘人员未能进行查看查找问题，并盲目复位，最终造成锅炉总风量低于保护动作值。

（2）间接原因：①B 空气预热器转子存在缺陷，电流在 10～16.7A 摆动，空气预热器本身卡涩问题是此次事故主要诱因；②空气预热器漏风率增大，引起总风量偏低；③送风机动叶调整无法投入自动运行，不能闭锁运行人员野蛮操作；④总风量测量装置显示数据偏低，缺陷未能及时消除。

3. 防范措施

（1）进行送风机动叶线性调节特性测试，必要时对送风机进行改造，解决送风机裕度大的问题。

（2）对锅炉总风量、氧量测量装置进行标定，检查系统是否存在堵塞，解决总风量低的问题。

（3）成立专项的热工保护逻辑自动小组，对机组和设备保护、逻辑、声光报警系统进行重新梳理，优化逻辑控制，提高机组自动化水平，避免操作失稳。

（4）强化运行培训。加强运行人员对机组保护动作条件、定值及逻辑关系的学习，提高运行技能水平。

案例二　某电厂1号机组锅炉引风机动叶故障导致炉膛压力高锅炉MFT

1. 事件经过

某电厂1号机组容量350MW。锅炉设计两台双级动叶可调轴流式引风机。风机轴承箱润滑油、动叶调整机构液压油以及电机轴瓦润滑油均由一套油站系统提供。

2018年7月24日16:54:45，1号机组负荷338MW，协调方式，双侧送引风机、一次风机运行，总风量411kg/s，A/B引风机电流309A/312A，A/B引风机动叶开度79%/74%，炉膛压力−265Pa。

16:56:51，炉膛负压自动，炉膛压力至414Pa，A/B引风机电流204A/316A，动叶81%/75%，引风机电流大幅波动。

17:00:00，协调方式下手动将机组负荷由339MW减至336MW，炉膛负压自动，炉膛压力260Pa。

17:01:40，解除协调控制方式，手动降低锅炉主控指令。

17:05:33，A引风机动叶开度由78%波动至100%，电流142A波动至415A，B引风机动叶开度由73%波动至95%，电流313A波动至457A，炉膛负压自动，炉膛压力105Pa。手动减燃料量至124t/h，总风量减至332kg/s，A/B引风机电流142A/416A，A/B引风机动叶开度91%/87%，炉膛压力105Pa。A引风机电流维持在142A，不再随动叶开度变化。

17:05:48，运行人员按照引风机抢风继续处理，将A/B引风机动叶切至手动关至83%/87%，电流分别为142A/413A，炉膛压力达到1010pa。

17:09:15，机组负荷314MW，总风量383kg/s。运行人员将A/B引风机动叶手动关至77%/75%，电流分别为142A/330A，炉膛压力达到1515Pa。

17:09:39，炉膛负压手动，炉膛压力继续升高至1937Pa，打闸B磨组。

17:09:45，炉膛负压手动，炉膛压力曲线显示达到1969Pa，触发炉膛压力高至2000Pa延时2s锅炉MFT。

2. 原因分析

（1）经检查，A引风机润滑油站油压及回油均正常。当操作就地引风机叶片执行机构时，电动头及连杆转动正常，但是叶片并不跟随执行机构转动，说明引风机液压缸内部故障或者引风机叶片卡涩。查看引风机出现异常时的电流曲线，在16:53～17:09的时间段内引风机电流波动较大，入口动叶动作频繁且在热态运行的环境下叶片卡涩的可能性较小，判断为引风机液压缸故障，立即组织人员进行更换。更换液压缸后，1A引风机动叶开关正常。

（2）运行人员事故处理过程中将A引风机动叶故障误判为引风机抢风，在炉膛压力持续升高的情况下继续关小B引风机动叶，最终导致炉膛压力高触发MFT。

3. 防范措施

（1）强化运行人员技能培训。开展事故处理的针对性培训，重点提高运行人员事故处理水平。

（2）举一反三，对其他机组风机液压缸进行检查检修，加强技术管理，将隐患排查、反事故工作切实落实到部门和班组。

（3）由于引风机运行工况恶劣，缩短引风机液压缸检修周期，随机组大小修每两年对液压缸进行检修保养。

第三节　锅炉制粉系统及设备

一、制粉系统组成及分类

1. 煤粉特性

煤粉是由不规则形状的颗粒组成，一般为 0～50μm，其中 20～50μm 的颗粒占多数。

干的煤粉能吸附大量空气，它的流动性很好，容易像流体一样在管道中输送。长期积存的煤粉受空气的氧化作用缓慢地放出热量，当散热条件不好时煤粉温度逐渐上升到其自燃点而着火燃烧。煤粉的自燃还会引起周围气粉混合物的爆燃而导致煤粉爆炸。

煤粉细度是指煤粉经过专用筛子筛分后，残留在筛子上的煤粉质量占筛分前煤粉总质量的百分值，以 R 来表示。煤粉的细度是衡量煤粉品质的重要指标。对于煤粉炉而言，煤粉过粗在炉膛中燃烧不完全，会增加固体未完全燃烧热损失，煤粉过细则会增加制粉系统的电耗及制粉设备的磨损。所以煤粉过粗及过细都是不经济的。锅炉设备运行中，应选择适当的煤粉细度，使固体未完全燃烧热损失、制粉电耗及制粉系统金属磨耗最小，此煤粉细度称为经济细度。

2. 制粉系统组成及分类

（1）制粉系统概述。燃用煤粉的锅炉由煤粉制备系统供应合格的煤粉。

煤粉制备系统是指将原煤磨制成煤粉，然后送入锅炉炉膛进行悬浮燃烧所需设备和相关连接管道的组合，简称制粉系统。

制粉系统由原煤仓、给煤机、磨煤机、粗粉分离器、细粉分离器、储粉仓、螺旋输粉机、给粉机、一次风机、乏气风机、连接管道等组成。

（2）制粉系统分类。制粉系统可分为直吹式和中间储仓式两种。

1）直吹式制粉系统：原煤经磨煤机磨制成煤粉后直接吹入炉膛燃烧。制粉量随锅炉负荷变化。一般不使用低速钢球磨煤机。直吹式系统有正压和负压两种连接方式。

负压系统：排粉机在磨煤机之后，整个系统处于负压下工作。

正压系统：排粉机在磨煤机之前，整个系统处于正压下工作。

正压系统根据一次风机在空气预热器前后的不同又分为冷一次风系统和热一次风系统。

2）中间储仓式制粉系统：原煤经磨煤机磨制成煤粉后不直接送入炉膛，而是将风粉混合物中煤粉分离出来存储在煤粉仓中，然后经过给粉机送入炉膛燃烧。这种制粉系统的特点是磨煤机的出力不受锅炉负荷的限制，磨煤机可以始终保持自身的经济出力。中间储仓式制粉系统一般配用钢球磨。

中间储仓式制粉系统中由细粉分离器分离出来的干燥剂中含有 10%～15% 的极细煤粉，这部分干燥剂也称为磨煤乏气。乏气经排粉机提高工作压头后作为一次风输送煤粉进入炉膛燃烧的制粉系统称为乏气送粉系统。而利用热空气作为一次风输送煤粉至炉膛，磨煤乏气作为三次风由专用喷口送入炉膛燃烧的系统称为热风送粉系统。

制粉系统分类见图 5-24 所示。

3. 常见制粉系统介绍

（1）中速磨直吹式制粉系统。图 5-25 列出了三种带中速磨煤机的直吹式制粉系统的流程图。

1）负压系统。

优点：不会向外漏粉，环境好。

缺点：煤粉全部经过排粉风机，磨损较大；漏风较大降低锅炉效率。

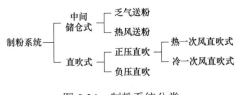

图 5-24 制粉系统分类

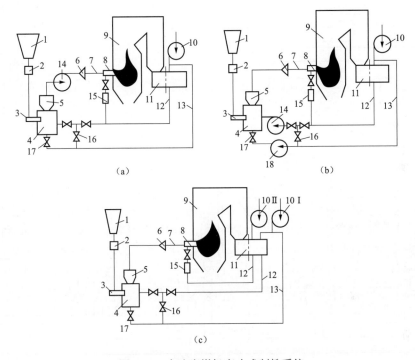

图 5-25 中速磨煤机直吹式制粉系统

（a）负压系统；（b）正压系统（带热一次风机）；（c）正压系统（带冷一次风机）

1—原煤仓；2—自动磅秤；3—给煤机；4—磨煤机；5—粗粉分离器；6—煤粉分配器；7—一次风管；8—燃烧器；
9—锅炉；10 I——一次风机；10 II 二次风机；11—空气预热器；12—热风道；13—冷风道；14—排粉风机；
15—二次风箱；16—调温冷风门；17—密封冷风门；18—密封风机

2）正压系统。

优点：风机磨损小，运行可靠性及经济性提高。

缺点：密封需可靠，否则漏粉容易自燃、爆炸。

图 5-26 为某电厂冷一次风正压直吹式制粉系统流程图。

（2）风扇磨直吹式制粉系统。图 5-27 列出了两种带风扇磨煤机的直吹式制粉系统的流程图。

热风掺炉烟作干燥剂时，提高了干燥能力。而且烟气中氧量含量低，降低了干燥剂含氧浓度，减少了自燃爆炸风险。能够降低炉膛燃烧区域温度水平，减轻燃烧器喷嘴烧损风险并减少 NO_x 生成。

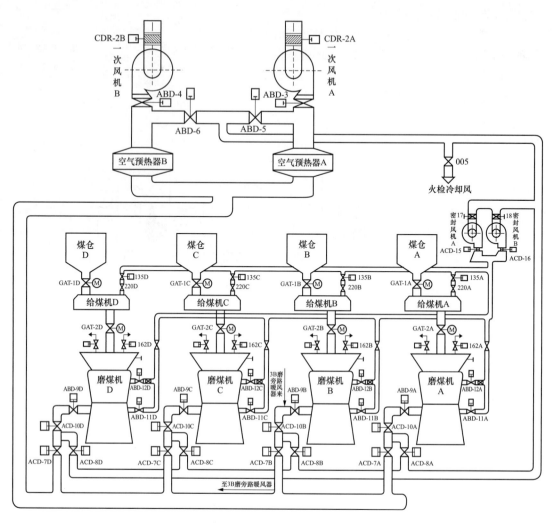

图 5-26　冷一次风正压直吹式制粉系统流程图

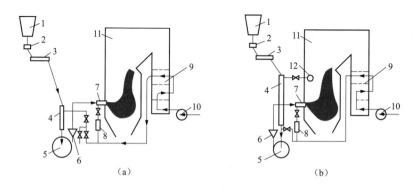

图 5-27　风扇磨煤机直吹式制粉系统

（a）热风干燥；（b）热风和炉烟干燥

1—原煤仓；2—自动磅秤；3—给煤机；4—下行干燥管；5—磨煤机；6—粗粉分离器；

7—燃烧器；8—二次风箱；9—空气预热器；10—送风机；11—锅炉；12—抽烟口

（3）中间储仓式制粉系统。

1）磨煤机制粉量不需与锅炉负荷一致，磨煤机可工作在经济负荷下。

2）最适合配用球磨机。

3）因球磨机轴颈密封性不好，一般为负压系统。

4）因煤粉分离及储存、转运、调节需要，增加了煤粉仓、细粉分离器、螺旋输粉机、给粉机等设备。

5）根据乏气送入炉膛方式不同分为热风送粉系统、干燥剂送粉系统（乏气送粉）。

图 5-28 列出了两种带球磨机的中间储仓式制粉系统流程图。

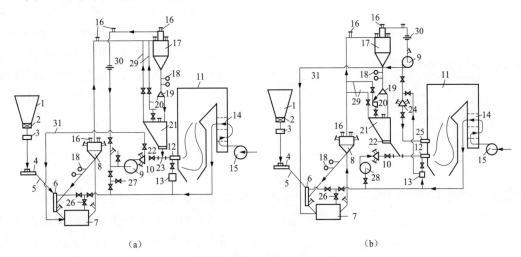

（a）　　　　　　　　　　　　（b）

图 5-28　球磨机中间储仓式制粉系统

（a）干燥剂送粉；（b）热风送粉

1—原煤仓；2—煤闸门；3—自动磅秤；4—给煤机；5—落煤管；6—下行干燥管；7—球磨机；8—粗粉分离器；

9—排粉风机；10—一次风箱；11—锅炉；12—燃烧器；13—二次风箱；14—空气预热器；15—送风机；

16—防爆门；17—旋风分离器；18—锁气器；19—换向阀；20—螺旋输粉机；21—煤粉仓；22—给粉机；

23—混合器；24—三次风箱；25—三次风喷嘴；26—冷风门；27—大气门；28—一次风机；

29—吸潮管；30—流量计；31—再循环管

乏气送粉：适用于水分较低、挥发分较高、易着火的烟煤；热风送粉：适用于难着火及燃尽的无烟煤、贫煤和劣质烟煤。

（4）直吹式与中储式制粉系统比较。直吹式制粉系统简单、设备少、布置紧凑、钢材耗量少，运行电耗也低。但制粉系统设备状况直接影响锅炉运行，可靠性低。需配备用磨煤机。中储式制粉系统供粉可靠性提高。磨煤机可在经济负荷运行。燃煤量通过给粉机调节，负荷响应快。但系统布置复杂、钢材耗量大、初投资大、煤粉自燃爆炸风险大。

二、制粉系统常见设备

1. 磨煤机

（1）概念：磨煤机是将原煤干燥、破碎并磨制成合格煤粉的机械，它是煤粉炉的重要辅助设备。

（2）作用：把原煤破碎磨制成粉，其表面积大大增加。能与空气充分混合，能在炉内迅速完全燃烧。

（3）原理：磨煤机主要是通过挤压、碾磨、撞击（压碎、研碎和击碎）三种方式，将煤磨制成煤粉。

（4）分类：磨煤机的型式很多，按磨煤机工作部件的转速可分为三种类型。低速磨煤机，16～20r/min；中速磨煤机，50～300r/min；高速磨煤机，500～1500r/min。

1）低速磨煤机。16～20r/min 的磨煤机属低速磨煤机，有单进单出球磨机、双进双出球磨机。①单进单出球磨机（见图 5-29）是一个转动的圆柱形或两端为锥形的滚筒。一端进煤进风，另一端出风出粉。滚筒直径 2～4m，长度 3～10m，筒内装有大量直径 25～60mm 的钢球。工作时筒内的钢球被带到一定高度落下，撞击和挤压煤块，将煤磨制成煤粉。由

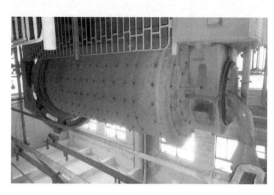

热风将煤烘干并将煤粉送出，经分离器分离后，合格的煤粉被送入粉仓储存或直接送入炉内燃烧，不合格的粗粉返回磨煤机继续碾磨。目前单进单出磨煤机大容量锅炉已不采用。②双进双出磨煤机是从单进单出磨煤机的基础上发展起来的一种新型的制粉设备。它有烘干、磨粉、选粉、送粉等功能，能适应直吹式制粉系统。

图 5-29　单进单出球磨机

工作原理与单进单出球磨机相似，不同的是两端空心轴既是热风与原煤进口，也是风粉混合物的出口。

优点：（与中速磨相比）运行连续可靠，维修方便；制粉出力和煤粉细度稳定；有较小的风煤比，有利于煤粉着火燃烧；储存能力大，响应负荷快；适用煤种广，对原煤中石块、铁块、木块不敏感；可不设备用磨等。

缺点：体积笨重庞大，金属耗量多，投资贵，噪声大，制粉电耗大。

结构：双进双出磨煤机由筒体、给煤设备、煤粉分离设备、筒体传动设备（减速机，传动大、小齿轮，电机）等主要设备组成。中空轴采用铸钢件，内部衬件可更换，传动大齿轮采用铸件滚齿加工连接，筒体内镶有耐磨衬板，具有良好的耐磨性。

双进双出钢球磨煤机有两个非常对称的制粉回路，原煤通过自动控制的给煤机进入混煤箱，经过落煤管落到中心管和中空轴之间的环形通道底部，靠螺旋输送装置将煤送入正在旋转的筒体内。磨煤机由电机经减速箱及大、小齿轮传动带动筒体旋转，筒体内钢球随着转动提升至一定高度自由泻落和抛落对煤进行撞击、研磨，直至将煤研磨成合格的煤粉。

热的一次风在进入磨煤机前被分成二路，一路旁路风在混合箱内对煤进行预干燥，并输送煤粉，保持风粉有一定的流速。另一路进入磨煤机筒体内，继续干燥并输送筒体内的煤粉，是控制磨煤机出力的主要手段。风粉混合物通过中心管和中空轴之间的环形通道上部被带出磨煤机，经分离后，合格煤粉通过出口管送入炉内燃烧，不合格煤粉返回至磨煤机继续碾磨。

图 5-30 为双进双出球磨机结构图。图 5-31 为双进双出球磨机流程示意图。

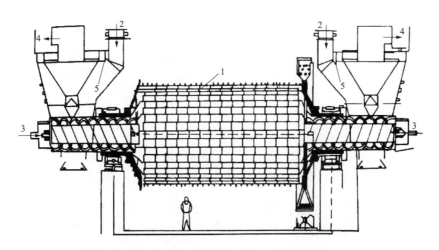

图 5-30　带热风空心圆管的双进双出球磨机结构图

1—球磨机筒体；2—进煤管；3—热空气进口管；4—气粉混合物出口；5—分离器

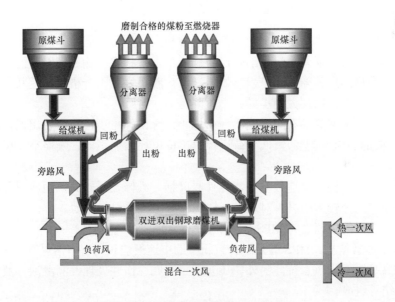

图 5-31　双进双出球磨机流程图

双进双出球磨机出力调整：对于使用 MPS、HP 等磨煤机的直吹式制粉系统而言，磨煤机出力就是机组负荷出力，给煤量要时刻随机组的负荷的变化而变化。双进双出磨出力调整与它们有很大的区别，出力调整是通过调整进入磨煤机的一次风量来实现的，加负荷就加一次风量，一次风量随机组负荷的变化而变化，无论机组负荷怎样变，磨煤机内的风煤比始终保持恒定。给煤量是根据磨煤机内煤位来控制的，煤位高就减煤，煤位低就加煤。图 5-32 为双进双出磨煤机三种运行方式示意图。

2）中速磨煤机。50～300r/min 的磨煤机属中速磨煤机。主要有四种：辊—盘式，又称平盘磨煤机；辊—碗式，又称碗式磨煤机或 RP 磨煤机；辊—环式，又称 MPS 磨煤机；球—环式，又称中速球式磨煤机或 E 型磨煤机。

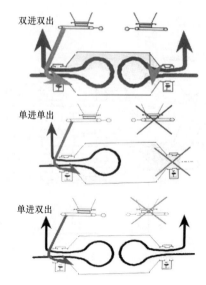

磨煤机运行的三种方式

1. 双进双出方式：当二个回路同时使用时，磨煤机出力最大。

2. 单进单出方式：磨煤机负荷减少至低于50%，低负荷时仍能更稳定的燃烧。

3. 单进双出方式：如果在运行时一侧给煤机发生故障，允许单侧进煤双侧出粉，同时能保证额定出力运行。

图 5-32　双进双出磨煤机运行方式示意图

它们的共同特点是由两组相对运动的碾磨体构成。原煤在碾磨体表面之间受到挤压、碾磨而被粉碎。同时，通入磨煤机的热风将煤烘干，并将煤粉输送到碾磨区上部的分离器中进行分离，合格的煤粉随气流带出磨煤机送入炉膛燃烧，不合格粗粉返回碾磨区重新碾磨。它们的结构和工作原理大同小异。

中速磨优点：中速磨具有设备紧凑，占地小，金属耗量少，投资费用低，磨煤电耗小（为钢球磨煤机的 50%～75%），低负荷运行时单位电耗增加不多、噪声小、运行控制比较轻便灵敏。

中速磨缺点：结构和制造较复杂，元件易磨损，维修费用较大，适应煤种能力差，不适宜磨制较硬和水分较大的煤，对煤中三块比较敏感，易引起振动。

目前使用较多的中速磨为 MPS 轮式、HP 碗式两种。

①MPS 中速磨结构。MPS 磨是一种较新型的中速磨煤机，它由落煤管、研磨部件、加压部件、分离装置及供风系统。另外，还有密封空气、惰性处理、润滑油、液压油加载、杂物排放系统等组成。

研磨部件：磨辊和磨盘，三个磨辊互呈 120°布置在磨盘上，磨盘上衬有耐磨铸铁件（衬瓦），磨盘外围是一圈热风喷嘴环。

加压部件：弹簧压紧环、弹簧、压环和拉杆构成对三个磨辊的加压系统。

分离装置：折向门及调节装置或动态分离器、锥形筒、回粉门组成的煤粉分离系统。

供风系统：冷、热风门、一次风调门及风道、风环喷嘴。

②MPS 中速磨特点。研磨压力可通过液压缸进行定加载或变加载，并传至磨煤机基础上，壳体不承受研磨力；在轻型壳体条件下可对研磨部件施加很高的压力；研磨力及研磨件自重全部作用于减速箱上，再由减速箱传至基础上；三个磨辊铰固在压环上，压环与磨辊支架通过滚柱可沿径向作倾斜 12°～15°的摆动，以适应煤层厚度的变化及磨辊与磨盘衬瓦磨损时所带来的角度变化。这些特点使磨煤机容易做到大型化。

③MPS 磨工作原理。电动机通过减速箱带动磨盘转动，原煤从落煤管落在磨盘中央，

随着磨盘的转动，煤在离心力的作用下，沿径向向磨盘边缘移动，均匀进入磨盘辊道，受到磨辊与磨盘碾压而粉碎；起输送和烘干作用的热风从磨盘四周环形喷嘴进入磨内，粉碎后的煤粉被高速（50m/s）气流带起，一部分大煤粒直接落到磨盘上重新研磨（较大的石块、铁块等杂物气流带不起，落入石子煤室，被随磨盘一起转动的刮板刮入石子煤箱排走）；另一部分煤粉随着气流通过上部分离器，在旋转离心力与惯性的作用下，粗粉从锥斗返回到磨盘上重新研磨，合格细粉随气流一起出磨入炉燃烧。根据不同煤种可通过调整分离器转速或折向门开度，获得不同细度的煤粉，满足锅炉安全经济运行的要求。

④HP、MPS 磨煤机结构。图 5-33 为 HP 碗式及 MPS 磨煤机结构示意图。

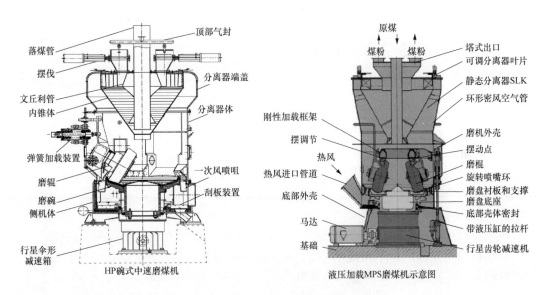

图 5-33 HP 碗式、MPS 磨煤机结构示意图

3）高速磨煤机。500～1500r/min 的磨煤机属高速磨煤机，常见的有风扇磨和锤击磨，主要由高速转子和磨壳组成。图 5-34 为高速风扇磨煤机结构示意图。

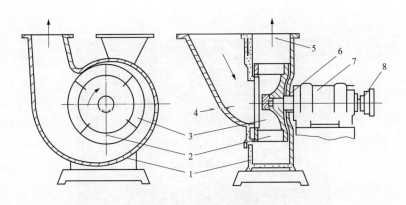

图 5-34 高速风扇磨煤机

1—外壳；2—冲击板；3—叶轮；4—风、煤进口；5—气粉混合物出口（接分离器）

6—轴；7—轴承箱；8—联轴节（接电动机）

在风扇磨中煤块受到高速转子的高速冲击与磨壳碰撞，以及煤块之间互相撞击而被磨碎。这种磨煤机与煤粉分离器组成一个整体，结构简单，紧凑，初投资省，特别适用于磨制高水分褐煤和挥发分高、容易磨制的烟煤。风扇磨由于磨损大，连续运行时间较其他磨煤机短，不适于磨制硬质煤种，应用不广。

各容量机组常规制粉系统选型见表 5-4。

表 5-4　　　　　　350、600、1000MW 锅炉磨煤机、给煤机及密封风机选用情况

电厂	磨煤机	给煤机	密封风机
华能南通电厂 350MW	四台 MPS 中速磨 三运一备	电子称重式皮带给煤机	离心风机
淮阴电厂 330MW	五台 HP 中速磨 四运一备	电子称重式皮带给煤机	离心风机
太仓电厂 300MW	五台 HP 中速磨 四运一备	电子称重式皮带给煤机	离心风机
太仓电厂 600MW	六台 HP 中速磨 五运一备	电子称重式皮带给煤机	离心风机
江苏南通电厂 1000MW	六台 HP1203 中速磨 五运一备	电子称重式皮带给煤机	离心风机

2. 给煤机

按磨煤机或锅炉燃烧要求均匀地将一定数量原煤送入磨煤机的设备称为给煤机。

给煤机根据工作原理不同可分为圆盘式、电磁振动式、刮板式、皮带式、电子称重式等，目前电厂广泛使用电子称重式给煤机。

电子称重式给煤机主要部件有壳体、皮带、皮带轮、称重传感器，皮带刮板、刮板清扫机、皮带速度传感器、断煤及堵煤检测装置、密封空气阀等。它具有先进的皮带转速、断煤、堵煤检测装置和高精度的称重机构，并带有过负荷保护，能实现全自动调节控制，由表 5-4 可见，目前电厂锅炉基本使用该给煤机。电子称重式给煤机实物及结构如图 5-35、图 5-36 所示。

图 5-35　电子称重式给煤机外貌

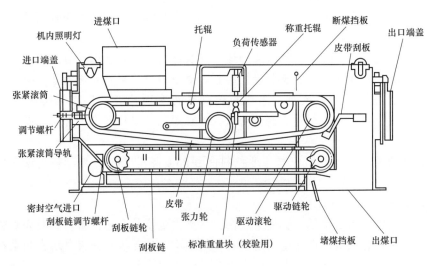

图 5-36　电子称重式给煤机结构示意图

电子称重式给煤机工作原理：原煤经过煤闸门和落煤管落入给煤机皮带，输送机把煤送入给煤机出口，在皮带上安装有电子称重装置。系统将电子秤测得的重量信号转换成实际煤重，实际煤重与皮带速度的乘积为实际给煤量，然后通过请求给煤量与实际煤量的偏差，采用 PID 控制器调节变频电机的转速来调节实际给煤量。其自动称重及调速原理见图 5-37。

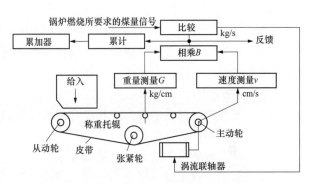

图 5-37　电子称重式给煤机调速原理

3. 一次风机（排粉机）及密封风机

一次风机（排粉机）是根据需要为制粉系统输送、干燥一定量煤粉提供空气的设备。根据在制粉系统中位置不同进行分类。布置在磨煤机之后的叫排粉风机，磨煤机内呈负压状态；布置在磨煤机之前的叫一次风机，磨煤机内呈正压状态，一次风机布置在空气预热器热端称热一次风机，布置在空气预热器冷端称冷一次风机。

密封风机为磨煤机提供具有一定风压的空气，防止磨煤机转动部件润滑油受煤粉污染，确保磨煤机转动部件安全。防止磨煤机动静间隙处漏粉或空气，同时为给煤机提供具有一定风压的空气，防止磨煤机中煤粉倒流至给煤机而使煤流不畅及外漏使煤流不畅。

【案例解读】

案例一　某电厂 4 号炉 B 磨煤机运行中爆燃（MPS 中速磨）

1. 事件经过

2012 年 11 月 16 日 4 号机组负荷 295MW，总煤量 133t/h。其中 B 磨出力 41.8t/h，燃用低位热值 5373kcal/kg 的平朔煤，一次风流量 82.4t/h，磨前温度 225.9℃，磨后温度 86.5℃。20:32 运行人员发现"B 磨一次风量低""磨后温度高"光字牌报警，磨煤机跳闸。检查 B

磨出口温度已快速升至 320℃、一次风流量瞬时跌至 49t/h，立即通入惰性蒸汽。检修检查未发现异常，22:00 重启 B 磨组正常。

24 日 14:52 及 25 日 3:32、18:48 燃用该平朔煤时又三次发生爆燃事件。

前两次爆燃后检修对 B 磨内部以及刮板区、磨进口一次风道口进行了检查，均未发现异常。最后一次爆燃后检修人员对磨煤机内部进行全面检查，发现摆阀区域有过火痕迹。折向门挡板上有煤粉积聚过火烧焦现象。对 B 磨内部进行了全面冲洗以及八根粉管进行了逐根吹扫。

再次启动 B 磨，将磨煤机出口温度控制值由 85℃ 降至 75℃。继续使用该平朔煤未出现异常。

2. 原因分析

使用的平朔煤含水量很低，挥发分较高，在磨内温度较高时，磨内部死角积粉受热自燃，水分很快蒸发且水蒸气占据磨内空间的比例很小，然后挥发分大量析出积聚在磨内，遇火星后这些挥发分被点燃，引燃煤粉，而此过程极短，所以每次磨后温度均快速上升，没有缓慢升高过程。

4B 磨煤机内（如折向门挡板上）积粉发热产生火星，且磨内挥发分达到临界浓度，发生爆燃的概率就大大增加。

1 号炉、2 号炉底层两台磨同期也燃用此种平朔煤，磨后温度放在 75℃，均未发生过爆燃。

该平朔煤在煤场发生自燃冒烟，以往的平朔煤都不曾发生此类的情况，从另一个方面证明此种煤含水太少，自燃倾向较高。

3. 防范措施

（1）严格抓好配煤管理，分析煤种的共性和特殊性。再有类似特性的煤种，可考虑搭配掺烧，减少其所占比例。

（2）提高检修维护质量，消除制粉系统内积煤积粉死角。设备时刻处于健康状态。

（3）加强对燃用特殊煤种的监视和巡检力度，发现制粉系统有异味火星，及时查明原因，从煤量、风量、磨后温度等方面进行优化调整。停磨时应延长吹扫时间，把系统内的积煤积粉吹扫干净。

（4）运行人员做好磨煤机爆燃、进水或磨后温度突升、风门卡涩、给煤机入口断煤、出口堵煤、皮带打滑或卡转、给煤机跳闸等事故预想和演练，提高运行人员技术水平。

案例二　磨煤机堵塞（MPS 中速磨）

1. 事件经过

2001 年 6 月 8 日 2 号机组负荷 200MW，C、D 磨煤机运行。7:35 启动 B 磨组加负荷，7:38，B 给煤机煤量加至 33t/h 时因给煤机进口断煤跳闸，经敲打落煤管 7:47 再次启动给煤机，煤量加至 37t/h，磨后温度 65℃，热风门开足，冷风门关足。接班人员发现入炉煤量偏高，实际负荷只有 205MW（根据当时煤质负荷应超过 240MW），确认机组工况异常。

2. 处理过程

8:00 接班后对 B 制粉系统进行检查，发现 B 磨石子煤比较多，B 磨差压及电流略大，判断磨煤机有堵塞迹象，立即降低 B 磨煤量。8:14 机组负荷由 230MW 开始上升，8:16 升至 275MW，发现主蒸汽温度及压力上升很快。立即将汽轮机控制改手动，手动开汽轮机调门加负荷，开大主汽一、二级减温水控制主蒸汽温度（一级减温水从 33/32t/h 加至 91/97t/h，二级减温水从 19/29t/h 加至 37/37t/h），降低锅炉总煤量（68% 降至 60% 再降至 47%）。机组负荷最高至 334MW，汽温最高至 565℃，经调整各参数恢复正常。11:12 发现 B 磨进口一次风道内部着火，有火星外喷，立即打闸 B 磨，通入惰性蒸汽。

3. 防范措施

磨煤机启动时暖磨要充分，低煤量运行时间长一点。堵磨时减煤要及时，必要时停用给煤机，加大一次风量，提高磨煤机出口温度，根据来煤情况处理好磨煤出力、干燥出力、通风出力三者关系。严密监视主蒸汽温度及压力的变化，防止超温超压事故的发生。

第四节 烟气脱硫系统介绍

一、脱硫技术分类

SO_2 是当今人类面临的主要大气污染物之一。SO_2 的主要来源分为两大类：天然污染源（如海洋硫酸盐雾、细菌分解化合物、火山爆发、森林火灾等）和人为污染源（矿物质燃烧、金属冶炼、石油、化工生产等）。我国人为污染源中，燃煤排放的 SO_2 占比很大。因此对火电生产过程产生的 SO_2 进行脱除显得尤为重要。图 5-38 介绍了我国不同硫分煤炭资源分布情况。

我国不同硫分煤炭资源储量

硫分（$S_{t,d}$/%）	特低硫煤和低硫煤（≤1）	低中硫煤、中硫煤（1~2）	高硫煤（>2）
储量（亿t）	4160.01	2823.30	1276.18
占尚未利用资源量的百分比（%）	50.37	34.18	15.45

我国不同地区产品煤平均硫分

地区	全国	华北	东北	华东	中南	西南	西北
平均硫分含量（$S_{t,d}$/%）	1.08	0.92	0.54	1.12	1.18	2.13	1.42

图 5-38 我国煤炭资源硫分分布情况

1. SO_2 污染的控制途径

控制 SO_2 的方法分为燃烧前脱硫、燃烧中脱硫和燃烧后脱硫三类。

（1）燃烧前脱硫。燃料（主要是原煤）在使用前，脱除燃料中硫分和其他杂质是实现燃料高效、洁净利用的有效途径和首选方案。燃烧前脱硫也称为燃煤脱硫或煤炭的清洁转换。主要包括煤炭的洗选、煤炭转化（煤气化、液化）及水煤浆技术。

（2）燃烧中脱硫。燃烧过程中脱硫主要是指当煤在炉内燃烧的同时，向炉内喷入脱硫剂（常用的有石灰石、白云石等），脱硫剂一般利用炉内较高温度进行自身煅烧，煅烧产物（主要有 CaO、MgO 等）与煤燃烧过程中产生的 SO_2、SO_3 反应，生成硫酸盐或亚硫酸盐，以灰的形式随炉渣排出炉外，减少 SO_2、SO_3 向大气的排放，达到脱硫的目的。

（3）燃烧后脱硫。燃烧后脱硫也称烟气脱硫（Flue Gas Desulfurization，FGD），是对烟气中的 SO_2 进行处理，达到脱硫的目的。烟气脱硫技术是当前应用最广、效率最高的脱硫技术，是控制 SO_2 排放、防止大气污染、保护环境的一个重要手段。

2. 烟气脱硫技术分类

FGD 技术：利用脱硫剂将煤燃烧后所产生的烟气中的 SO_2 脱除的方法。典型脱硫工艺见图 5-39。

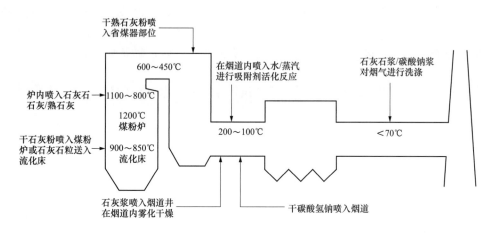

图 5-39　典型脱硫工艺示意图

烟气脱硫技术按照脱硫剂及生成物的状态可划分为干法脱硫、半干法脱硫、湿法脱硫，如图 5-40 所示。

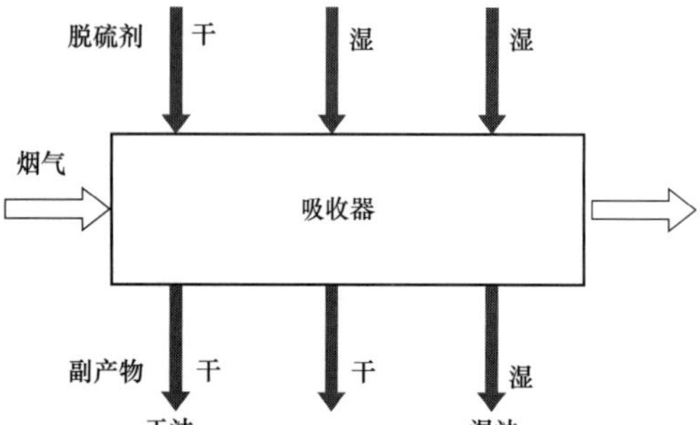

按照生成物的利用与否划分为抛弃法、回收法。

湿法烟气脱硫技术是用含有吸收剂的浆液在湿态下脱硫和处理脱硫产物，该方法具有脱硫反应速度快、脱硫效率高、吸收剂利用率高、技术成熟可靠等优点，但也存在初投资大、运行维护费用高、需要处理二次污染等问题。应用最多的湿法烟气脱硫技术为石灰石湿法，如果将脱硫产物处理为石膏并加以回收利用，则为石灰石—石膏湿法。

图 5-40　烟气脱硫技术分类

湿法烟气脱硫是烟气脱硫技术中应用最广泛、技术最成熟的烟气脱硫技术。

当前世界上开发的湿法烟气脱硫技术，按脱硫剂的种类主要可分为石灰石/石灰-石膏洗涤法、双碱法、氨法及海水脱硫、金属氧化物吸收法等。

由于脱硫剂石灰石/石灰的价格低廉，目前石灰石/石灰法湿法是当前最主流的湿法脱硫技术。

湿法烟气脱硫技术经过 30 年的研究发展和大量使用，一些工艺由于技术和经济上的原因被淘汰，而主流工艺石灰石/石灰—石膏法，得到进一步改进、发展和提高，并且日趋成熟。

其特点是脱硫效率高，可达 95% 以上；可利用率高，可达到 98% 以上。可以保证与锅炉同步运行；工艺过程简化；脱硫副产品为石膏，可利用，不产生二次污染。

石灰石/石灰—石膏法烟气脱硫技术已成为大型电站首选的脱硫技术。

二、湿法烟气脱硫技术

1. 石灰石—石膏湿法脱硫工艺原理

石灰石—石膏湿法脱硫工艺是目前世界上应用最为广泛和最可靠的工艺。

该工艺以石灰石（$CaCO_3$）为吸收剂，通过石灰石浆液在吸收塔内对烟气进行洗涤，发生反应，以去除烟气中的二氧化硫（SO_2），反应产生的亚硫酸钙（$CaSO_3$）通过强制氧化生成含两个结晶水的硫酸钙—石膏（$CaSO_4 \cdot 2H_2O$）。其反应过程式为

$$CaCO_3 + SO_2 \longrightarrow CaSO_3 + CO_2 \quad (5\text{-}6)$$
$$CaSO_3 + 1/2O_2 + H_2O \longrightarrow CaSO_4 \cdot 2H_2O \quad (5\text{-}7)$$

石灰石—石膏湿法脱硫工艺原理见图 5-41，工艺流程见图 5-42。

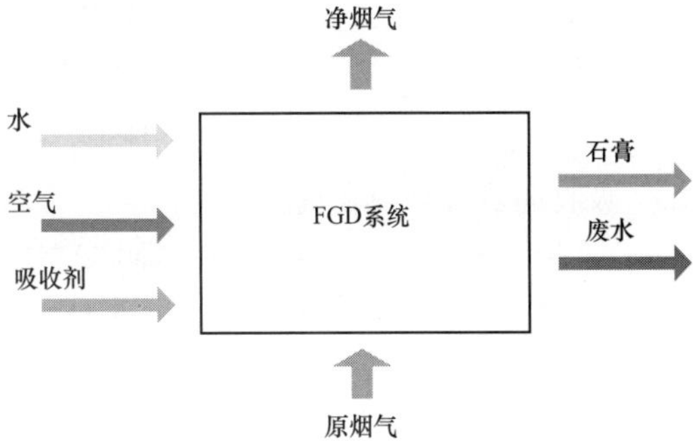

图 5-41 石灰石-石膏湿法脱硫工艺原理示意图

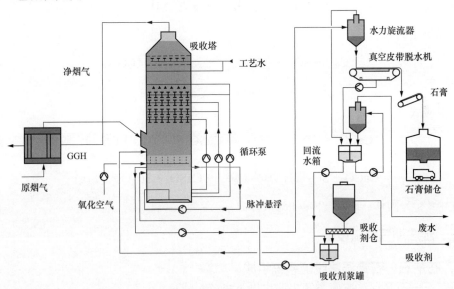

图 5-42 石灰石—石膏湿法脱硫典型工艺流程图

2. 石灰石—石膏湿法脱硫反应原理及过程

从烟气脱除 SO_2 的过程在气、液、固三相中进行。石灰石浆液吸收 SO_2 是一个气液传质过程，该过程分以下阶段：

（1）气态反应物从气相内部迁移到气—液界面；

（2）气态反应物穿过气—液界面进入液相，并发生化学反应；

（3）反应组分从液相界面迁移到液相内部；

（4）进入液相的反应组分与液相组分发生反应；

（5）已溶解的反应物的迁移和由反应引起的浓度梯度产生的反应物的迁移。

整个反应过程主要由气态和液态的扩散及伴随的化学反应完成，液态中发生的化学反应可以加快物质交换速度。因此，脱硫过程是一个复杂的物理、化学过程。用以下化学反应方程式来描述脱硫过程的主要步骤。

气相 SO_2 被液相吸收（石灰石为吸收剂）。在吸收区内烟气中的 SO_2 溶解于喷淋浆液中，烟气中的 HCL 和 HF 也同时被吸收，即

$$SO_2(g)+ H_2O \longleftrightarrow H_2SO_3(l) \tag{5-8}$$

$$H_2SO_3(l) \longleftrightarrow H^+ + HSO_3^- \tag{5-9}$$

$$HSO_3^- \longleftrightarrow H^+ + SO_3^{2-} \tag{5-10}$$

吸收剂溶解和中和反应

$$CaCO_3(s) \longrightarrow CaCO_3(l) \tag{5-11}$$

$$CaCO_3(l)+H^+ + HSO_3^- \longrightarrow Ca^{2+}+SO_3^{2-} + H_2O+ CO_2(g) \tag{5-12}$$

$$SO_3^{2-} + H^+ \longrightarrow HSO_3^- \tag{5-13}$$

氧化反应

$$SO_3^{2-}+\frac{1}{2} O_2 \longrightarrow SO_4^2 \tag{5-14}$$

$$HSO_3^- + \frac{1}{2} O_2 \longrightarrow SO_4^{2-} + H^+ \tag{5-15}$$

结晶析出

$$Ca^{2+} +SO_3^{2-}+ \frac{1}{2} H_2O \longrightarrow CaSO_3 \cdot \frac{1}{2} H_2O(s) \tag{5-16}$$

$$Ca^{2+}+SO_4^{2-} + 2H_2O \longrightarrow CaSO_4 \cdot 2H_2O(s) \tag{5-17}$$

总反应式

$$CaCO_3 + SO_2+\frac{1}{2} H_2O \longrightarrow CaSO_3 \cdot \frac{1}{2} H_2O + CO_2(g) \tag{5-18}$$

$$CaCO_3+ SO_2+2H_2O+\frac{1}{2} O_2 \longrightarrow CaSO_4 \cdot 2H_2O+CO_2(g) \tag{5-19}$$

式中：s 为固体；g 为气体；l 为液体。

三、湿法烟气脱硫设备

1. 石灰石—石膏湿法脱硫系统组成

石灰石—石膏湿法脱硫系统主要由以下系统组成：

（1）吸收塔系统：包括吸收塔本体、氧化风机、除雾器、浆液循环泵、搅拌器、石膏浆液排出系统和事故浆液系统。

（2）烟气系统：由原/静烟气烟道、增压风机、烟气换热器（GGH）、烟道挡板门及其辅助设备组成。

（3）石灰石浆液制备系统：包括卸料系统、浆液制备和供浆系统。

（4）石膏浆液脱水系统：该系统分两级，其中一级石膏脱水是经过石膏旋流器来完成，二级石膏脱水装置为公用的真空皮带脱水机及辅机。

（5）石膏贮存装置。

（6）废水处理系统。

2．吸收塔系统

吸收塔是烟气脱硫系统的核心装置，要求气液接触面积大，气体的吸收反应良好，压力损失小，并且适用于大容量烟气处理。

吸收塔的数量应根据锅炉容量、吸收塔的容量和可靠性等确定。300MW及以上机组宜一炉配一塔。200MW以下机组宜两炉配一塔。根据国外脱硫公司的经验，一般二炉一塔的脱硫装置投资比一炉一塔的装置低5%～10%，在200MW以下等级的机组上采用多炉一塔的配置有利于节省投资。

烟气从喷淋区下部进入吸收塔与均匀喷出的吸收浆液流接触，烟气流速为3～4m/s，液气比与煤含硫量和脱硫率关系较大，一般在8～25L/m^{3}之间。

吸收区高度为5～15m，如按塔内流速3m/s计算，接触反应时间2～5s。

（1）吸收塔工艺流程。吸收塔工艺流程见图5-43，吸收塔实例见图5-44。

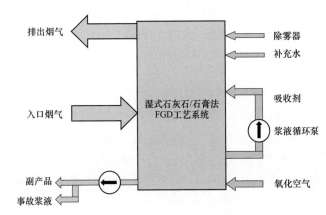

图 5-43　吸收塔工艺流程图

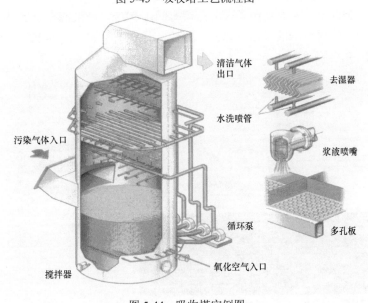

图 5-44　吸收塔实例图

烟气从吸收塔的下部进入吸收塔，然后向上流，在塔的较高处布置了数层喷淋管网，循环泵将浆液经喷淋管上的喷嘴射出雾状液滴，形成吸收烟气 SO_2 的液体表面。

含 SO_2 的烟气与石灰石浆液的雾滴接触时，SO_2 被吸收。烟气中的 HF、HCl 和灰尘等大多数杂质也在吸收塔中被去除。

被吸收的 SO_2 与浆液中的石灰石反应生成亚硫酸盐，进入塔底部的浆池，浆池中有空气分配管和搅拌器。

浆液中的 $CaSO_3$ 在外加空气的强烈氧化和搅拌作用下，由氧化空气氧化生成硫酸盐 $CaSO_4$，转化生成 $CaSO_4 \cdot 2H_2O$，即石膏过饱和溶液的结晶。为了有利于 $CaSO_3$ 转化，氧化池内浆液的 pH 值保持在 5 左右。

含石膏、灰尘和杂质的吸收剂浆液部分被排入石膏脱水系统。

（2）脱硫系统腐蚀与磨损。容易发生腐蚀的部位为吸收塔、净烟道和吸收塔入口烟道。容易发生磨损的部位为吸收塔、浆液管道、泵壳和叶轮。

腐蚀主要是因为氯离子、（亚）硫酸根离子的存在，从防腐层薄弱点开始，慢慢腐蚀，包括低温腐蚀和电化学腐蚀；磨损主要是因为粉尘和 SiO_2 含量超标。当然，腐蚀和磨损是相互的，腐蚀之后有磨损；磨损之后会加剧腐蚀。防腐蚀采取的措施如下：

1）玻璃树脂鳞片进行防腐。

2）橡胶内衬进行防腐。

3）耐腐蚀的合金材料。

4）非金属 FRP 材料进行防腐。

5）溶液中氯离子的浓度不能太高。根据物料平衡排除适量废水，并以清水补充。

（3）吸收塔喷淋层。吸收塔一般安装有 3～6 个喷淋层，每个喷淋层都装有多个雾化喷嘴，交叉布置，覆盖率达 200%～300%。相邻喷嘴喷出的水雾相互搭接叠盖，不留空隙，使喷出的液滴完全覆盖吸收塔整个断面。

喷嘴入口压力不能太高，在 $0.5 \times 10^5 \sim 2 \times 10^5$Pa 之间。喷嘴出口流速约为 10m/s。雾滴直径 1320～2950μm，大液滴在塔内的滞留时间 1～10s，小液滴在一定条件下呈悬浮状态。吸收塔内的喷头材料一般采用碳化硅。脱硫雾化喷嘴型式见图 5-45。吸收塔内的喷淋层材料一般使用 PP 或 FRP。

图 5-45　脱硫雾化喷嘴型式

（4）吸收塔结垢或堵塞。主要原因有以下 3 种：

1）溶液或料浆中的水分蒸发而使固体沉积。

2）$Ca(OH)_2$ 或 $CaCO_3$ 沉积或结晶析出。

3）$CaSO_3$ 或 $CaSO_4$ 从溶液中结晶析出。①SO_4^{2-}、Ca^{2+} 的离子积在局部达到饱和；②吸收塔中保持亚硫酸盐氧化率在 20% 以下；③氧化在脱硫液循环池中完成，鼓氧或空气；④循环池返回吸收塔的脱硫液中含有足量硫酸钙晶体，起到了晶种作用，在吸收过程中，可防止固体直接沉降在吸收塔设备表面。

（5）除雾器。常用的除雾器有折流板除雾器，折流板除雾器利用水膜分离的原理实现汽水分离。

当带有液滴的烟气进入人字形板片构成的狭窄、曲折的通道时，由于流线偏折产生离心力，将液滴分离出来，液滴撞击板片，部分粘附在板片壁面上形成水膜，缓慢下流，汇集成较大的液滴落下，从而实现气水分离。

除雾器结垢和堵塞的原因主要有以下 5 个方面：

1）系统的化学过程：吸收塔循环浆液中总含有过剩的吸收剂（$CaCO_3$），当烟气夹带的这种浆体液滴被捕集在除雾器板片上而又未被及时清除时，继续吸收气中未除尽的 SO_2，发生 $CaSO_3/CaSO_4$ 的反应，在除雾器板片上析出沉淀而形成垢。

2）冲洗系统的设计不合理：当冲洗除雾器板面的效果不理想时会出现干区，导致产生垢和堆积物。

3）冲洗水质量：如果冲洗水中不溶性固体物的含量较高，可能堵塞喷嘴和管道。如果冲洗水中 Ca^{2+} 达到饱和，则会增加产生 $CaSO_3/CaSO_4$ 的反应，导致板片结垢。

4）板片设计：板片表面有复杂隆起的结垢和有较多冲洗不到的部位，会迅速发生固体物堆积现象，最终发展成堵塞通道，并越演越烈。

5）板片的间距：板片间距太窄易发生固体物堆积、堵塞板间流道。

（6）石膏雨。

1）石膏雨产生的原因有烟温、烟速、烟囱结构、防腐材料、除雾器效率、运行工况、扩散条件（环境温度和大气压）等。

2）最主要是除雾器效率低：出口烟气中雾滴质量浓度不大于 $75mg/m^3$，否则极易产生石膏雨。若设计不当、间距过大，运行中结垢堵塞造成差压大于 $100\sim150Pa$，会形成石膏雨。

3）脱硫塔烟速过高：会将浆液带出除雾器进入烟囱和造成除雾器结垢。同样塔内烟温过高，也会增加烟速产生同样效果。当然，烟速过低不利气液分离，降低除雾器效率。

（7）吸收塔运行优化调整。

1）除雾器定时冲洗。

2）浆液控制 pH 值在 5.3～5.8 之间。过高碳酸钙浓度增大，形成系统表面结垢，易使除雾器结垢堵塞。过低亚硫酸盐溶解急剧上升，硫酸盐溶解度略有下降，石膏在短时内大量产生和析出，产生硬垢。

3）控制浆液密度。一般浆液固含量在 15%～17%。过高时黏度会提高，易使除雾器结垢。浆液密度也不是越低越好。当生成的硫酸钙未能充分在石膏晶种表面结晶时容易形成硫酸钙过饱和溶液，过饱和度越大，结垢形成速度则越快。即浆液浓度越低，过饱和度越大，越易发生结垢。

4）锅炉负荷越高、烟气越大、越会产生石膏雨，可适当减少送风量。

5）调整除雾器布置或改造除雾器，改造或调整浆液喷嘴分布，使流场均匀等改造措施。

3. 烟气系统

（1）脱硫烟气系统流程图见图 5-46。脱硫烟气系统主路流程：引风机→入口挡板→增压风机→吸收塔→出口挡板→烟囱。烟气旁路的流程：引风机→旁路挡板→烟囱。

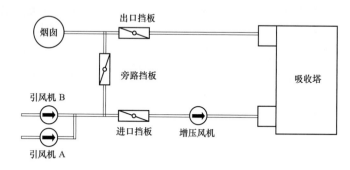

图 5-46　脱硫烟气系统流程

为了补偿烟气在脱硫装置中的压力损失，需安装一台附加的增压风机或将原来的引风机增容。附加的增压风机可以安装在脱硫装置的前面或后面。安装在脱硫装置前面的风机输送的介质是未经处理的烟气，其腐蚀作用很小；而安装在脱硫系统后面的风机介质是经过脱硫系统处理后的烟气，对风机具有较强的腐蚀作用。脱硫增压风机宜装设在脱硫装置进口处。

（2）烟气—烟气再热器 GGH 是在原烟气和净烟气之间通过受热面回转进行热交换的气气换热器，原烟气和净烟气间采用逆流布置来强化换热。

传热元件平行于流动方向布置在转子中，转子以恒定速度转动。当传热元件转到原烟气侧时，元件吸收原烟气的热量；转到净烟气侧时，传热元件将吸收到的热量散发给净烟气，达到加热净烟气的目的。

1）GGH 结垢原因：脱硫塔内烟速太高，除雾器效果差，烟气中携带浆液所致，其垢样 50%是灰中 Al_2O_3、SiO_2。再加上没有按规定冲洗等原因造成。

2）GGH 吹扫方式有压缩空气、蒸汽和高压冲洗水。

4. 石灰石浆液制备系统

（1）石灰石浆液制备系统主要包括以下设备：

①石灰石卸料斗、石灰石料仓；②振动给料机；③斗式提升机；④称重给料机；⑤湿式球磨机；⑥再循环浆液箱、再循环浆液泵；⑦石灰石旋流器；⑧石灰石浆液箱、石灰石浆液输送泵。

（2）石灰石浆液制备系统工艺流程如图 5-47 所示。粒径 0～20mm 的石灰石块经卡车运至脱硫，并经卸料斗、振动给料机、斗式提升机至石灰石仓储存。石灰石储仓中的石灰石块再经过出料口和称重皮带给料机，进入湿式球磨机并加水研磨成固体物含量为 30%左右的浆液，然后送至石灰石浆液箱。进入吸收塔的石灰石浆液在吸收塔浆池中溶解，通过调节进入吸收塔的石灰石浆液量或吸收塔排出浆液浓度，使吸收塔浆池 pH 值维持在 5.3～5.8 之间，以保证石灰石的溶解及 SO_2 的吸收。

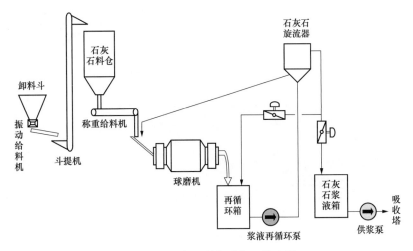

图 5-47　石灰石制备系统工艺流程

5. 石膏浆液脱水系统

（1）石膏浆液脱水系统中的主要设备包括石膏排出泵、石膏旋流器、水环式真空泵、真空皮带脱水机、滤液泵、滤布冲洗水泵、滤液箱、废水箱、石膏仓以及有关的管路、阀门、仪表等。

（2）石膏浆液脱水系统的作用：

1）分离循环浆液中的石膏，将循环浆液中的大部分石灰石和小颗粒石膏输送回吸收塔。

2）将吸收塔排出的合格的石膏浆液脱水，副产品石膏中游离水含量为 40%～60%，真空皮带脱水后石膏的游离水的含量为 10%左右。

3）分离并排放出部分化学污水，以降低系统中有害离子浓度。

脱水石膏品质要求：①含水率，<10%；②石膏纯度，>90%～95%；③氯离子含量，<0.01%；④石膏结晶颗粒，粗颗粒；⑤平均颗粒粒径，60%通过 32μm；⑥低重金属含量；⑦易脱水。

一级石膏浆液脱水系统—水力旋流器。旋流器是利用离心力分离来浓缩浆液的装置。带压浆液从旋流器的入口切向进入旋流腔后产生高速旋转运动，由于内外筒体及顶盖限制，浆液在其间形成一股自上而下的外旋流，在旋流过程中，密度大的携带附着水的固体颗粒受离心力的作用，大部分被甩向筒壁失去能量沿壁滑下。这样，浓相浆液就由底流口排出。密度小的颗粒向轴线方向运动，并在轴线中心形成一股自下而上的内旋流，经溢流管向外排出稀液。这样就达到了两相分离的效果。

二级石膏浆液脱水系统—真空皮带脱水系统见图 5-48。石膏浆液借助给料分配系统均匀分布在真空皮带机上，浆液通过皮带机滤带上的横向沟槽，透过滤布，流向滤带中央的排液孔，汇集在真空室内并输送出去。真空室借助柔性真空密封软管与滤液汇流管相连接。一台水环式真空泵与真空室相接，并使真空室形成要求的负压。

143

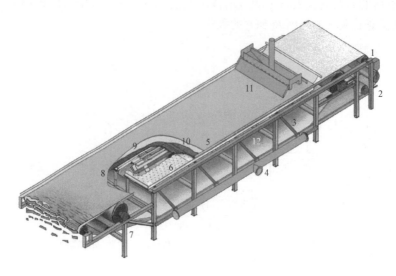

图 5-48　真空皮带脱水机

1—滤布导轨；2—滤布张紧装置；3—滤液管；4—滤液总管；5—剖面部分；6—空气室；7—滤布清洗装置；

8—降低机构；9—真空室；10—横向套筒和孔；11—给料器；12—框架

　　一定量的空气和滤液一起被带入真空室，并从真空室向真空泵方向流动。在滤液汇流管之后，真空泵的上游装有气液分离器，使滤液和带入的空气分离。分离出的滤液借助重力通过管道流入滤液罐或过滤水地坑，滤出的空气则通过真空排至大气。真空泵内汇集的水被送至滤布冲洗水箱。滤布携带的石膏通过真空室，其运动速度将随供浆量的变化来调整使滤饼的厚度基本保持恒定值。

【案例解读】

案例一　某电厂 1 号机组因吸收塔浆液密度计故障导致机组非停

1. 事件经过

　　2018 年 6 月 12 日 7:55，1 号机组负荷 270.25MW，吸收塔浆液密度 1120.00kg/m^3，吸收塔三个液位计算值分别为 8.86m、8.55m、8.75m。运行人员投入密度计顺控，顺控过程中，吸收塔液位计算值于 7:55:58 由 8.75m 左右突变至 -120m 左右，吸收塔液位低触发浆液循环泵 A、B、C 跳闸，导致 1 号机组 FGD 请求 MFT 保护于 7:56:13 动作，锅炉 MFT 保护动作，机组解列。浆液循环泵全停后吸收塔事故喷淋自动投入，吸收塔出口烟温控制正常。

2. 原因分析

　　（1）1 号吸收塔密度计自动冲洗时因密度计排放阀卡涩导致密度计取样管内发生堵塞。运行人员未及时发现密度计排放阀故障，最终密度计高低压取样点间的管路堵塞后，密度差压式变送器输出为 -35kPa，密度计算值由 1104kg/m^3 跳变至 -65.38kg/m^3。导致吸收塔液位计算值由（8.91m、8.81m、8.60m）波动至（-128.24m、-126.28m、-122.90m），低于 3.5m 跳浆液循环泵的保护定值。

（2）逻辑内密度计算值高低值判断存在隐患，未直接在密度计算值出口设置高低限幅块，导致密度计算值无法可靠受限，导致参与液位计算的密度值异常，使得液位由正常8m波动至-120m，导致机组保护动作。

3．防范措施

（1）优化脱硫浆液循环泵相关跳闸逻辑，相关信号处理逻辑中，增加延时以及速率判断，确保不发生保护误动。

（2）深入开展隐患排查，结合热工逻辑隐患排查活动，按照热工组态逻辑指导意见，重点对重要机组保护、重要辅机保护、联锁的逻辑，包括重要系统的时序设置进行排查。

（3）加强热工人员对保护系统隐患的学习，提高专业素质，提升隐患的发现能力。

（4）运行人员加强技术培训，重视现场存在的问题和隐患，确保设备可靠运行。

案例二　某电厂2号机组因运行人员操作失误导致浆液循环泵全停锅炉MFT

1．事件经过

2019年7月7日4:25，2号机组负荷104MW，1、2、3、4号磨煤机运行，给煤量62t/h。脱硫系统2B、2D浆液循环泵运行，2A、2C浆液循环泵备用，净烟气二氧化硫排放浓度13.5mg/m³。4:25:18，2号炉发出MFT动作声光报警，查锅炉MFT动作停炉，首出"四台浆液循环泵全停"。4:48:18，2号机组汽轮机跳闸、发电机解列。

2．原因分析

查脱硫DCS操作员站操作记录：

4:24:50，2号炉脱硫操作员站进行了2号炉2B浆液循环泵停止操作；

4:24:56，1号炉脱硫操作员站进行了1号炉1B浆液循环泵入口门关闭操作；

4:25:15，2号炉脱硫操作员站进行了2号炉2D浆液循环泵停止操作；

4:25:40和4:25:47，2号炉脱硫操作员站分别对2B、2D浆液循环泵进行了启动操作。

因机组负荷低，SO_2排放浓度低，脱硫运行值班员进行运行优化调整工作。准备停运1号炉1B浆液循环泵时误停2号炉2B浆液循环泵。当该值班员发现误操作后，准备启动2B浆液循环泵时，由于紧张且浆液循环泵操作画面无二次确认功能，又误将运行的2D浆液循环泵停运。造成2号炉四台浆液循环泵全停锅炉MFT。

3．防范措施

（1）强化运行操作管理制度，制定针对影响到主机安全的脱硫浆液循环泵的日常操作汇报制度，严格执行请示汇报制度。

（2）调整人员保证脱硫控制室有三人值班，做到重要操作一人监护。

（3）增加浆液循环泵启停操作"二次确认"功能，对重要辅机的操作增加防误操作逻辑判断，防止运行人员误操作。

（4）对1、2号炉脱硫系统两台操作员站增加显著隔离措施，修改画面组态，确保一个操作员站只能对相应的一台脱硫设备进行操作。

（5）浆液循环泵全停跳闸，锅炉保护增加净烟气温度高于80℃并延时100s的条件。

思考与练习

1．锅炉按照水的循环方式分为哪几类？
2．什么是锅炉的风烟系统？由哪些设备组成？
3．火电厂 SCR 装置由哪些部分组成？
4．制粉系统的作用是什么？
5．简述石灰石—石膏湿法烟气脱硫工艺流程。

第六章　汽轮机及辅助系统

汽轮机是将蒸汽的能量转换为机械功的旋转式动力机械，是蒸汽动力装置的主要设备之一。汽轮机是一种透平机械，又称蒸汽透平。其主要是用作发电用的原动机，也可直接驱动各种泵、风机、压缩机和船舶螺旋桨等，还可利用汽轮机的排汽或中间抽汽满足生产和生活上的供热需要。汽轮机设备是火力发电厂的三大主要设备之一，汽轮机设备包括汽轮机本体、调节保护系统、辅助设备及热力系统等。

第一节　汽轮机概述

一、汽轮机的发展历程

汽轮机的出现推动了电力工业的发展，到 20 世纪初，电站汽轮机单机功率已达 10MW。随着电力应用的日益广泛，美国纽约等大城市的电站尖峰负荷在 20 年代已接近 1000MW，如果单机功率只有 10MW，则需要装机近百台，因此 20 年代时单机功率就已增大到 60MW，30 年代初又出现了 165MW 和 208MW 的汽轮机。此后的经济衰退和第二次世界大战的爆发，使汽轮机单机功率的增大处于停顿状态。50 年代随着战后经济发展，电力需求突飞猛进，单机功率又开始不断增大，陆续出现了 325～600MW 的大型汽轮机；60 年代制成了 1000MW 汽轮机；70 年代，制成了 1300MW 汽轮机。现在许多国家常用的单机功率为 300～1000MW。

中国汽轮机发展起步比较晚。1955 年上海汽轮机厂制造出第一台 6MW 汽轮机。1964 年哈尔滨汽轮机厂第一台 100MW 机组在高井电厂投入运行；1972 年第一台 200MW 汽轮机在朝阳电厂投入运行；1974 年第一台 300MW 机组在望亭电厂投入运行。1987 年采用引进技术生产的 300MW 机组在石横电厂投入运行；1989 年采用引进技术生产的 600MW 机组在平圩电厂投入运行。我国从 1992 年开始兴建超临界机组，直到 21 世纪初才开始引进超临界/超超临界技术。国内各汽轮机主机厂通过不同的合作方式引进、消化并吸收国外技术，逐步实现了超超临界机组的国产化。目前，我国已是世界上 1000MW 超超临界机组发展最快、数量最多、容量最大和运行性能最先进的国家。二次再热发电技术是《国家能源技术"十二五"规划》重点攻关技术，是当前世界领先的发电技术，具有高效率、低能耗等优势。据测算，二次再热机组热效率比常规一次再热机组高约 2%，二氧化碳减排约 3.6%。近年来，我国也加快了二次再热机组的研究和应用，相关技术和经验在国际上处于领先地位。

世界上工业汽轮机生产厂家很多，主要有日立公司、三菱公司、东芝公司、西门子公司、阿尔斯通公司、GE 公司、西屋公司等。国内汽轮机生产厂家主要有上海汽轮机厂、东方汽轮机有限公司、哈尔滨汽轮机厂、南京汽轮机厂、杭州汽轮机股份有限公司、北重汽轮机有限责任公司等。

上海电气电站设备有限公司汽轮机厂（上海汽轮机厂）前身为 1946 年 3 月 28 日筹建的资源委员会通用机器有限公司。新中国成立后，1953 年 8 月 30 日被国家命名为上海汽轮机厂，是中国第一家设计和制造汽轮机的企业。1955 年，运用捷克斯洛伐克技术，上海汽轮机厂成功地制造出中国第一台 600MW 汽轮机，被誉为"中国汽轮机的摇篮"，创造了中国汽轮机制造史上的"二十项第一"。1995 年 12 月与美国西屋公司合资组建了由中方控股的上海汽轮机有限公司，1999 年西屋公司股权转让给德国西门子公司，上汽厂成为西门子公司的全球合作伙伴之一，2014 年 11 月与意大利安萨尔多燃气轮机有限公司在燃机产业上开展全面战略合作。上汽厂通过独立自主、自力更生阶段，诞生了中国第一台汽轮机；引进吸收、不断优化阶段，制造了中国第一台引进型 300MW 汽轮机；合资合作、快速发展阶段，成为中国汽轮机行业的第一家中外合资企业。目前，工厂在大火电、核电、燃气轮机、工业透平、服务产业、海外市场等六大领域取得了国内外瞩目的新突破。上海汽轮机厂已发展成为专注火电汽轮机、核电汽轮机和燃气轮机、工业透平等全系列产品和服务的国内领先的现代装备制造企业，生产超超临界百万千瓦火电汽轮机等主导产品。

哈电集团哈尔滨汽轮机厂有限责任公司（哈尔滨汽轮机厂）始建于 1956 年，是我国"一五"期间 156 项重点建设工程项目中的电站汽轮机和舰船主动力装置的生产基地，是以设计制造高效、环保、清洁能源为主的大型火电汽轮机、核电汽轮机、工业汽轮机、重型燃气轮机及 30MW 燃压机组、舰船主动力装置、太阳能发电系统设备、汽轮机控制保护系统设备、汽轮机主要本体辅机设备等系列主导产品的国有大型发电设备制造骨干企业，先后设计制造了中国第一台 25MW、50MW、100MW 和 200MW 汽轮机，20 世纪 80 年代从美国西屋公司引进了 300MW 和 600MW 亚临界汽轮机的全套设计和制造技术，于 1986 年成功地制造了中国第一台 600MW 汽轮机，自主研制了三缸超临界 600MW 汽轮机等。

东方电气集团东方汽轮机有限公司（东方汽轮机有限公司）于 1965 年筹建，1966 年开工建设，1974 建成投产，并于 2006 年 12 月 28 日分立改制为东方汽轮机有限公司和东汽投资发展有限公司，2008 年 5 月 12 日公司遭受了"5·12"汶川特大地震，整个汉旺厂区遭受毁灭性破坏，灾后整体搬迁至德阳八角厂区重建。东汽主导产品火电汽轮机具有冷凝、空冷、供热、背压等多种类型或组合的完整产品系列。机组功率和参数从 50MW 高压汽轮机、135MW 超高压汽轮机、200MW 超高压汽轮机、300MW 亚临界汽轮机、600MW 亚临界汽轮机、600MW 超临界汽轮机发展到 660MW、1000MW 超超临界汽轮机。东汽最早开发并掌握了空冷汽轮机技术、供热汽轮机技术和汽轮机老机组改造技术，在国内处于领先地位。

二、汽轮机的工作原理

1. 级的概念

汽轮机级由喷嘴栅和与之相匹配的动叶栅组成，它是汽轮机做功的基本单元。当具有一定温度和压力的蒸汽通过汽轮机级时，在动叶栅中将其动能转化为机械能，从而完成汽轮机做功的任务。

蒸汽的动能转变为机械能，主要是利用蒸汽通过动叶时，发生动量变化对该叶栅产生冲击力，使动叶栅转动做功而获得的。工作蒸汽的质量流量越大，速度变化量越大，作用力也越大。这种作用力分为冲动力和反动力。当汽轮机在动叶通道内不膨胀加速，而只是随汽道形状改变其流动方向时，汽流改变流动方向对汽道产生的离心力，叫冲动力。这时蒸汽所作的机械功等于它在动叶栅中动能的变化量。这种级叫冲动级，见图 6-1。

当蒸汽在动叶汽道内随汽道改变流动方向的同时，仍继续在膨胀加速，即汽流不仅改变方向而且因膨胀使其速度也有较大的增加，则加速的汽流流出汽道时，对动叶栅施加一个与汽流流出方向相反的反作用力，这个作用力叫反动力。依靠反动力推动的级叫反动级，见图 6-2。

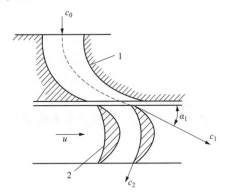
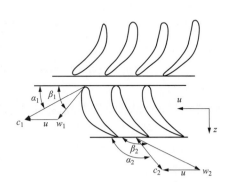

图 6-1　蒸汽在冲动级中的流动　　　　　图 6-2　蒸汽在反动级中的流动

1—喷嘴；2—动叶

从图 6-2 中还可以看出，冲动级叶片和反动级叶片断面形状不同，冲动级叶片断面形状沿其中心线对称，而反动级叶片则不然。

一般情况下，动叶栅受冲动力和反动力的作用。这两个力的合力作用使动叶栅转动而产生机械功。

蒸汽在动叶通道内膨胀程度的大小，常用级的反动度 Ω 表示。它等于动叶片中的理想焓降与级的滞止理想焓降的比值，级的理想焓降 Δh_t 是指蒸汽在汽轮机级内按等熵过程膨胀时所具有的焓降。当假象汽流被等熵地滞止到初速为零的状态参数（滞止参数）时，蒸汽以这个参数为初参数，在级内等熵膨胀所具有的焓降，称为级的滞止理想焓降 Δh_t^*。反动度 Ω_m 表示为

$$\Omega_m = \frac{\Delta h_b}{\Delta h_t^*} \approx \frac{\Delta h_b}{\Delta h_n^* + \Delta h_b}$$

式中：Ω_m 为平均反动度，是指在级的平均直径截面上的反动度，它由平均直径截面上喷嘴和动叶中的理想焓降所确定。平均直径是指动叶顶部和根部处叶轮直径的平均值。

同样，对动叶不同截面可以求得其相应的反动度，如用根部和顶部截面的理想焓降计算，就可求得级的根部或顶部反动度。一般级的反动度沿叶高是不相同的，由根部到顶部反动度是逐渐增大的。对于较短的直叶片而言，由于变化不大，均用平均反动度表示级的反动度。

按照蒸汽在级的动叶内不同的膨胀程度，可将级分为冲动级和反动级两种。它们的工作特点是：

（1）冲动级。冲动级有三种不同形式。

1）纯冲动级。反动度 $\Omega_m = 0$ 的级称为纯冲动级，它的特点是蒸汽只在喷嘴叶栅中膨胀，在动叶中不膨胀、只改变流动方向，做功能力大，但效率低。

2）带反动度的冲动级。为提高汽轮机级的效率，冲动级也具有一定反动度，通常取 $\Omega_m = 0.05\sim0.2$，这时蒸汽的膨胀大部分在喷嘴中进行，只有小部分在动叶栅中继续膨胀。

3）复速级。复速级是由喷嘴静叶栅、装于同一叶轮上的两列动叶栅和第一列动叶栅后的固定不动的导向叶栅所组成，通常在一级内要求承担很大焓降时才采用复速级。

（2）反动级。反动度 $\Omega_m = 0.5$ 的级叫做反动级。蒸汽在反动级中的膨胀一半在喷嘴叶栅中进行，另一半在动叶栅中进行，反动级的效率比冲动级高，但做功能力较小。

2. 汽轮机的级内损失

蒸汽在汽轮机级内并不能把级的理想焓降全部转变成为轴上的机械功。因为在实际能量转换过程中，级内有各种损失存在，级内损失包括喷嘴损失 δh_n、动叶损失 δh_b、余速损失 δh_{c2}、叶高损失 δh_l、扇形损失 δh_θ、叶轮摩擦损失 δh_f、部分进汽损失 δh_e、漏汽损失 δh_δ 和湿汽损失 δh_x。

喷嘴损失 δh_n 和动叶损失 δh_b 是由于蒸汽流过喷嘴和动叶时汽流之间的相互摩擦及汽流与叶片表面之间的摩擦所形成的损失。

余速损失 δh_{c2} 是指蒸汽在离开动叶时仍具有一定的速度，这部分速度能量在本级未被利用，所以是本级的损失。

叶高损失 δh_l 是指汽流在喷嘴和动叶栅的根部和顶部形成涡流所造成的损失。

扇形损失 δh_θ 是指叶片沿轮缘成环形布置，使流道截面成扇形，导致沿叶高方向各处的节距、圆周速度、进汽角产生变化，所引起汽流撞击叶片产生的能量损失，同时汽流还将产生半径方向的流动，消耗汽流能量而形成的损失。

叶轮摩擦损失 δh_f 是指高速转动的叶轮与周围的蒸汽相互摩擦并带动这些蒸汽旋转，以及隔板与喷嘴间的汽流在离心力作用下形成涡流，消耗叶轮的有用功造成的损失。

部分进汽损失 δh_e 包括鼓风损失和斥汽损失。鼓风损失是指由于动叶经过不安装喷嘴的弧段时，因在这个弧段内轴向间隙中充满了停滞的蒸汽，导致动叶旋转时两侧与这些停滞的蒸汽摩擦，以及在叶轮的鼓风作用下，非工作蒸汽从叶轮一侧被鼓到另一侧消耗一部分有用功所产生的损失。斥汽损失是指喷嘴中流出的高速汽流排斥停滞在汽道中的蒸汽，消耗工作蒸汽一部分动能，以及由于叶轮高速旋转的作用，在喷嘴组出口端与叶轮的间隙中发生漏汽，而在喷嘴组进入端的间隙中一部分停滞的蒸汽被吸入汽道所形成的损失。

漏汽损失 δh_δ 是指在汽轮机内由于存在压差，一部分蒸汽会不经过喷嘴和动叶的流道，而经过各种动静间隙漏走，不参与主流做功，从而形成损失。

湿汽损失 δh_x 是指在汽轮机的低压区蒸汽处于湿蒸汽状态，湿汽中的水不仅不能膨胀加速做功，还要消耗汽流动能，并对叶片的运动产生制动作用而消耗有用功所形成的损失。

必须指出，并非各级都同时存在以上各项损失，如全周进汽的级中就没有部分进汽损失；采用转鼓的反动式汽轮机就不考虑叶轮摩擦损失；在过热蒸汽区域工作的级就没有湿汽损失；采用扭叶片的级就不存在扇形损失。

3. 多级汽轮机的工作特点

单级汽轮机，由于焓降受到限制，所以整机焓降不大，也就限制了机组的功率，同时，全部焓降在一列喷嘴中发生，使蒸汽流速很大，损失增大，从而降低了整机效率。多级汽轮机即使每级焓降都不大，但整机焓降可以设计得很大，因而功率可以很大。同时每级的级效率也高。从制造角度看，每千瓦功率的金属材料消耗量和造价远低于单级汽轮机。

4. 多级汽轮机的损失及热力过程

（1）多级汽轮机的损失。多级汽轮机的损失分为两大类，一类是不影响蒸汽状态的损失称为外部损失，另一类是直接影响蒸汽状态的损失称为内部损失。

1）多级汽轮机的外部损失。外部损失包括两种：机械损失和外部漏汽损失。①机械损失：汽轮机运行时，要克服支持轴承和推力轴承的摩擦阻力，以及带动主油泵等，都将消耗一部分有用功而造成损失。大功率机组中占 0.5%～1%。②外部漏汽损失：汽轮机的主轴在穿出汽缸两端时，为了防止动静部分的摩擦，总要留有一定的间隙，虽然装上端部汽封后，这个间隙很小，但由于压差的存在，在高压端总有部分蒸汽向外漏出，这部分蒸汽不作功，因而造成能量损失，在处于真空状态的低压端就会有一部分空气从外向里漏，而破坏真空。为了解决这个漏汽损失，多级汽轮机都设置了一套汽封系统。

2）内部损失。多级汽轮机中除了在各级内要产生各种级内损失外，还有进汽机构的节流损失和排汽管中的压力损失。这两种损失对蒸汽的参数都有影响，因此属于内部损失。同时，又因为这两种损失发生在进端和出端，因而又叫端部损失。①进汽结构的节流损失：蒸汽流过主汽阀和调节阀后，由于阀门的节流作用，压力要降低，但焓值保持不变，熵增大，汽轮机的理想焓降减少了，因而形成损失。②排汽阻力损失：进入汽轮机的蒸汽在各级作功后，从末级动叶出来经排汽管排出。排汽在排汽管中流动时，产生摩擦、涡流等形成的阻力会产生压力损失，导致理想焓降降低，这就是汽轮机的排汽阻力损失。要减少排汽损失，就需要减少阻力，这种阻力的大小与排汽管中的蒸汽流速、排汽缸的型线、结构有关。

（2）多级汽轮机的工作过程。多级汽轮机由于级数多，增加了单机功率，且每一级的焓降较小，能保证在最佳速比附近工作，因而提高了机组效率。由于喷嘴出口速度较小，有可能减小级的平均直径，提高叶片高度，使叶栅端部损失减小，或增大部分进汽度，使部分进汽损失减小。多级汽轮机级的焓降较小，便于采用渐缩喷嘴，提高喷嘴效率，如多级汽轮机的级间布置紧凑，则可以充分利用上一级的余速动能，由于蒸汽在汽轮机中的工作过程是绝热过程，上一级的损失转变为热能，使进入本级的蒸汽温度升高，从而增大了级的理想焓降，亦即利用前一级的损失做功。此外，多级汽轮机便于设计成回热式和中间再热式，提高了循环效率和机组内效率。但多级汽轮机也有着结构复杂，零部件多，机组尺寸及质量大，造价高，以及级间的漏汽损失和湿汽损失等缺点。

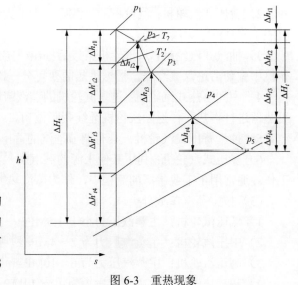

图 6-3 重热现象

5. 重热现象和重热系数

多级汽轮机的损失能提高下一级的蒸汽温度，使下一级的等熵焓降在相同的压差下比前级无损失时的等熵焓降略有增加，这种现象称为重热现象，如图 6-3 所示。

从焓熵图可以看出 $\Delta h_{ti} > \Delta h_{ti}'$：

若
$$\sum \Delta h_t - \Delta H_t = \Delta H$$

令
$$\frac{\Delta h}{\Delta h_t} = a \text{，则 } \Delta H = a\Delta H_t$$

故
$$\sum \Delta h_t = \Delta H_t + \Delta H = (1+a)\Delta H_t$$

式中：a 为重热作用而增加的理想焓降百分比，重热系数的大小在很大程度上取决于各级的损失。损失越大，a 也越大。因此，不能说重热系数越大，整机的相对内效率越大。

影响重热系数的因素有：

（1）汽轮机的级数 z。若级数越多，则前面级的损失被后面级利用的程度就越大，重热系数也就越大。

（2）蒸汽的状态。过热区的重热系数要比饱和区大，这是因为水蒸气的等压线沿熵增方向的发散程度比饱和区更剧烈。

（3）各级的级内损失的大小。各级级内损失越大机组相对内效率越低时，重热系数越大。

三、汽轮机的分类和型号

1. 汽轮机的分类

（1）按工作原理分类。喷嘴栅（或静叶栅）和与其相配的动叶栅组成汽轮机中最基本的工作单元"级"，不同的级顺序串联构成多级汽轮机。

1）冲动式汽轮机：主要由冲动级组成，在级中蒸汽基本上在喷嘴栅（或静叶栅）中膨胀，在动叶栅中只有少量膨胀。

2）反动式汽轮机：主要是由反动级组成，蒸汽在汽轮机的静叶栅和动叶栅中都有相当程度的膨胀。

（2）按热力特征分类。

1）凝汽式汽轮机：蒸汽在汽轮机中做功后，排入高度真空状态的凝汽器，凝结成水。

2）背压式汽轮机：汽轮机的排汽压力大于大气压，排汽直接用于供热或作为低压汽轮机的工作蒸汽，无凝汽器。

3）抽汽式汽轮机：从汽轮机某级后抽出一定压力的部分蒸汽对外供热，其余蒸汽在汽轮机中做功后进入凝汽器。根据供热需要可分一次调整抽汽和二次调整抽汽。

4）中间再热式汽轮机：进入汽轮机的蒸汽膨胀到某一压力后，被全部抽出送往锅炉的再热器进行再热，再返回汽轮机继续膨胀做功。

5）抽汽背压式汽轮机：具有调节抽汽的背压式汽轮机。

6）多压式汽轮机：利用其他来源的蒸汽引入汽轮机相应的中间级，与原来的蒸汽一起工作。通常用于工业生产的流程中，作为蒸汽热能的综合利用。

（3）按主蒸汽参数分类。

1）低压汽轮机：主蒸汽压力小于 1.5MPa。

2）中压汽轮机：主蒸汽压力为 2～4MPa。

3）高压汽轮机：主蒸汽压力为 6～10MPa。

4）超高压汽轮机：主蒸汽压力为 12～14MPa。

5）亚临界汽轮机：主蒸汽压力为 16～18MPa。

6）超临界压力汽轮机：主蒸汽压力大于 22.1MPa。

7）超超临界压力汽轮机：主蒸汽压力不低于 27MPa（各国标准有差异）。

2. 汽轮机的型号

（1）汽轮机型号表示的一般顺序见图 6-4，表 6-1 所示为汽轮机热力机特性或用途代号。

图 6-4　汽轮机型号

表 6-1　　　　　　　　　　　　汽轮机热力特性或用途代号

代号	N	B	C	CC	CB	CY	Y
型式	凝汽式	背压式	一次调节抽汽式	二次调节抽汽式	抽汽背压式	船用	移动式

举例：

C12-4.9/0.98：抽汽式、额定功率 12MW、初压 4.9MPa、抽汽压力 0.98MPa。

B3-3.43/0.49：背压式额定功率 3MW、初压 3.43MPa、背压 0.49MPa。

N330-17.75/540/540：凝汽式、额定功率 330MW、初压 17.75MPa、主、再热蒸汽温度 540℃（亚临界、一次中间再热，三缸、双排汽、单轴，抽汽凝汽式汽轮机）。

N1050-26.25/600/600：凝汽式、额定功率 1050MW、初压 26.25MPa、主、再热蒸汽温度 600℃。

（2）美国、日本汽轮机型号，见图 6-5。

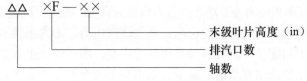

图 6-5　美国、日本汽轮机型号

举例：

TC2F-33.5：亚临界、单轴、双缸双排汽、一次中间再热、冲动凝汽式汽轮机组，末级叶片长度 33.5 英寸（851mm）。

四、汽轮机设备的经济性和可靠性

1. 汽轮机运行的经济指标

（1）循环热效率。在理想条件下，蒸汽在汽轮机内可转换为机械功的热量与蒸汽在锅炉内吸热量之比。随着汽轮机蒸汽参数的提高和机组结构的完善，目前大功率汽轮发电机组的热效率已达 40%以上，二次再热机组循环效率可达 48%以上。

（2）汽轮机的内效率。汽轮机的相对内效率（简称内效率）为蒸汽在汽轮机内的有效比焓降与等熵比焓降之比。汽轮机内效率是评价汽轮机内部结构是否合理，技术是否先进的一个重要指标。

（3）汽耗率。汽耗率是指汽轮发电机组每生产 1kWh 电所需要的蒸汽量，单位 kg/kWh。

（4）热耗率。热耗率是指汽轮发电机组每生产 1kWh 电所消耗的热量，单位 kJ/kWh。

2. 初终参数变化对机组经济性的影响

汽轮机经常在变工况下运行，除了流量发生变化外，蒸汽初终参数亦会偏离设计值，如由于锅炉运行状态的变化或故障，将引起汽轮机进汽参数的变化；另外，凝汽设备运行状态变化或故障，以及自然环境温度的变化，又将引起凝汽器内真空发生变化。蒸汽参数在一定范围内变化，在运行中是允许的，实际上亦是难以避免的。这种变动只影响汽轮机运行的经济性，不影响安全性。但是当蒸汽参数越限时，将危及机组的安全。下面仅对参数偏离额定值（或规定值）时，对机组运行经济性的影响进行分析。

汽轮机制造厂提出的热耗率保证值，一般是汽轮机在设计工况下运行时，应达到的数值。为了衡量汽轮机运行的经济性，校核制造厂给出的热经济性指标保证值，须对机组进行热力特性试验。试验时的工况应尽量与设计工况一致，运行参数接近额定值，若不一致时，对机组经济性要产生影响。为了便于和同类机组以及同一机组进行性能比较，必须将试验结果从试验条件修正到额定条件。一般制造厂均提供一套机组蒸汽参数变化时，其功率和热耗率的修正曲线。

当汽轮机热力特性试验时运行参数与额定参数不同时，汽轮机总的功率（出力）或净热耗率要除以制造厂提供的一系列参数修正系数（假定调节汽阀全开）。

（1）主蒸汽压力变化对经济性的影响。当主蒸汽温度、排汽压力不变，而主蒸汽压力变化时，将引起汽轮机进汽量、理想比焓降和内效率的变化。主蒸汽压力变化不大时，相对内效率可认为不变。若调节汽阀开度不变，则对于凝汽式机组或调节级为临界工况的机组，其进汽量与主蒸汽压力成正比，故汽轮机的功率变化与主蒸汽压力变化成正比。以主蒸汽压力降低为例，当压力降低时，蒸汽在锅炉内的平均吸热相应降低，机组的循环热效率随之降低，而使其热耗率相应增大。功率随压力降低而减少。若主蒸汽压力增加，则反之。

（2）主蒸汽温度变化对经济性的影响。当主蒸汽压力、排汽压力不变，而主蒸汽温度升高时，蒸汽比体积相应增大，若调节汽阀开度不变，则汽轮机进汽量相应减少，此时蒸汽在高压缸的理想比焓降稍有增加，高压缸功率与主蒸汽温度的二次方根成正比，但中、低压缸的功率，再热蒸汽量和中、低压缸理想比焓降低而减少，因高压缸功率占全机比例较小（约为1/3），全机功率相应减少。此时，蒸汽在锅炉内的平均吸热温度升高，而使循环热效率相应增加，故机组热耗率相应降低。若主蒸汽温度降低，则反之。

（3）再热蒸汽压力变化对经济性的影响。主蒸汽参数变化，均将引起汽轮机进汽量相应变化，从而使再热蒸汽流量或再热器流动阻力改变，由此引起再热蒸汽压力改变。若再热蒸汽温度不变，而再热压力降低且排汽压力不变时，则中、低压缸的流量和理想比焓降都相应减小，排汽湿度随再热压力降低而有所降低，虽然这可使低压级的相对内效率增大，但综合的结果，汽轮机中、低压级的功率相应减少。另外，再热蒸汽在锅炉再热器中的平均吸热温度相应降低，且排汽比焓相应增加，从而使机组热耗率相应增大。若再热蒸汽压力升高，则反之。

（4）再热蒸汽温度变化对经济性的影响。当主蒸汽参数和排汽压力不变，而再热蒸汽温度升高时，再热蒸汽比体积相应增加，同时中、低压缸内的理想比焓降也相应增加，故而中、低压缸功率增大。另外，随着再热蒸汽温度升高，低压缸排汽温也会相应降低，则低压缸效率相应提高。又再热蒸汽温度的升高，蒸汽在锅炉内的平均吸热温度必然升高，这使得机组循环热效率提高，热耗率降低。若再热蒸汽温度降低，则反之。

（5）排汽压力变化对经济性的影响。排汽压力（真空）大小，往往取决于凝汽设备的工作性能，而背压式汽轮机的背压变化，则是由用户蒸汽量的变化所引起的，所以背压偏离设计值在运行中是很常见的。

当背压升高时，汽轮机整机焓降减小，若保持机组进汽量不变，则汽轮机的输出功率将减小。根据机组流量与级前压力的关系，蒸汽流量不变时，调节级和中间各级的焓降基本不变。因此，理想焓降的减少主要发生在末几级内，此时末几级反动度相应增加，使轴向推力增加。若背压增加太多时，凝汽器内温度相应提高，凝汽器及铜管可能热胀差过大，导致漏泄损坏，影响使用寿命。同时法兰螺栓应力增大，产生热变形，甚至会使转子中心线变化而引起机组振动等。所以，一般不允许机组长期低真空运行。

当背压降低时，整个汽轮机理想焓降增大，尤其以最末几级焓降增大较为显著，在流量不变的情况下，机组出力增加。

由于末几级工作压力本身很低，若继续降低背压使之小于极限压力时，蒸汽将以超音速汽流流出叶片，并在叶片出口外进一步紊乱膨胀，造成损失。背压降低也会使调节级汽室中压力降低，使该级叶片过负荷，同时会使最末级隔板和叶片过负荷。

所以背压降低真空提高是有限度的，末级叶片出口的极限压力规定了凝汽器相应的极限真空。

3. 汽轮机运行的可靠性

汽轮机运行的可靠性是指其在额定功率下连续运行的性能。是以统计时间为基准的表示机组所处状态的各种性能指标来表征。主要指标有可用率、等效可用率、强迫停机率和等效强迫停机率等。

（1）可用率。机组运行累计小时数及备用停机累计小时数之和与该期间日历小时数的百分比，即在统计期间内（如 1 年）要扣除事故停机时间、检修停机时间。

（2）等效可用率。运行累计小时数及备用小时数之和，再去除等效小时数后，与统计期间小时数的百分比。

（3）强迫停机率。机组的强迫停运小时数与机组的运行小时数及强迫停运小时数之间的百分比。

（4）等效强迫停机率。考虑到实际降低出力影响的强迫停机率。

第二节 汽轮机本体

汽轮机本体是汽轮机设备的主要组成部分，它由转子和定子组成。转子包括动叶、叶轮、主轴、联轴节及紧固件等旋转部件。定子包括汽缸、蒸汽室、喷嘴室、隔板、隔板套、汽封、轴承、轴承座、轴承座座架、底盘、滑销系统及有关紧固零件等。

一、汽轮机叶片

1. 叶片的结构和分类

叶片按用途可分为动叶片（又称工作叶片，简称叶片）和静叶片（又称喷嘴叶片），动叶片安装在转子叶轮（冲动式汽轮机）或转鼓（反动式汽轮机）上，接受喷嘴叶栅射出的高速汽流，把蒸汽的动能转换成机械能，使转子旋转。静叶片安装在隔板或汽缸上，在反动式汽轮机中，起喷嘴作用；在速度级中，作导向叶片，使汽流改变方向引导蒸汽进入下一列动叶片。

（1）叶片的结构。叶片由叶根、工作部分（或称叶身、叶型部分）、叶顶连接件（围带或拉筋）组成，见图6-6。

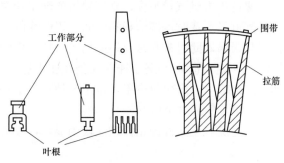

图6-6　叶片的结构

1）叶根。叶根的作用是紧固动叶，使其在经受汽流的推力和旋转离心力作用下，不至于从轮缘沟槽里拔出来。叶根的结构型式取决于转子的结构型式、叶片的强度、制造和安装工艺要求等。

常用的结构型式有 T 型、叉型和枞树型等，见图6-7。

图6-7（a）表示 T 型叶根，此种叶根结构简单，加工装配方便，工作可靠。但由于叶根承载面积小，在叶片离心力的作用下叶轮轮缘弯曲应力较大，使轮缘有张开的趋势，故常用于受力不大的短叶片，如调节级和高压级叶片。

图6-7（b）所示为带凸肩的单 T 型叶根，其凸肩能阻止轮缘张开，减小轮缘两侧截面上的应力。叶轮间距小的整锻转子常采用此种叶根。

图6-7（c）为菌型叶根结构，这种叶根和轮缘的载荷分布比 T 型合理，因而其强度较高，但加工复杂，故不如 T 型叶根应用广泛。

图6-7（d）为带凸肩的双 T 型叶根，由于增大了叶根的承力面，故它适用于叶片较长，离心力加大的叶片。一般高度为 100～400mm 的中等长度叶片采用此种型式。此种叶根的加工精度要求较高，特别是两层承力面之间的尺寸误差大时受力不均，叶根强度大幅度下降。

图6-7（e）为叉型叶根结构，这种叶根的叉尾直接插入轮缘槽内，并用两排铆钉固定。叉尾数可根据叶片离心力大小选择。叉型叶根强度高、适应性好，被大功率汽轮机末几级叶片广泛采用。

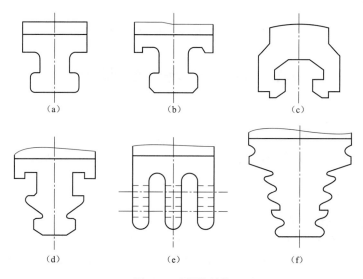

图6-7　叶根的结构

图 6-7（f）为枞树型叶根结构，这种叶根和轮缘的轴向断口设计成尖劈形，以适应根部的载荷分布，使叶根和对应的轮缘承载面都接近于等强度，因此在同样的尺寸下，枞树型叶根承载能力高。叶根两侧齿数可根据叶片离心力的大小选择，强度高，适应性好。叶根沿轴向装入轮缘相应的枞树槽中，底部打入楔形垫片将叶片向外胀紧在轮缘上，同时，相邻叶根的接缝处有一圆槽，用两根斜劈的半圆销对插入圆槽内将整圈叶根周向胀紧，所以装拆方便，但是这种叶根外形复杂，装配面多，要求有很高的加工精度和良好的材料性能，而且齿端易出现较大的应力集中，所以一般只有大功率汽轮机的调节级和末级叶片使用。

2）工作部分。叶型部分是叶片的基本部分，它构成通道。叶型是叶型部分的横截面形状，型线是叶型部分横截面形状的周线。

3）叶顶连接件。成组叶片（叶片组）：用围带、拉金连在一起的数个叶片；整圈连接叶片：用围带（见图 6-8）、拉金将全部叶片联结在一起；单个叶片（自由叶片）：不用围带、拉金连接的叶片。

叶片围带或拉金（拉筋）的作用 ：可增加叶片刚性，降低叶片蒸汽力引起的弯应力，调整叶片频率，改善动叶片的振动特性；围带还构成封闭的汽流通道，防止蒸汽从叶顶逸出；有的围带还做出径向汽封和轴向汽封，以减少级间漏汽。

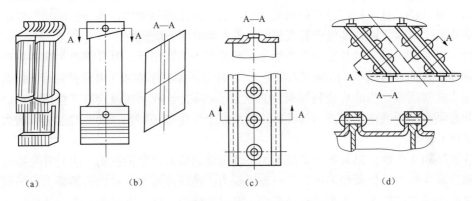

（a）　　　　　　（b）　　　　　　（c）　　　　　　（d）

图 6-8　围带的型式

（a）、（b）整体围带；（c）铆接围带；（d）弹性拱形围带

拉金一般是以 6~12mm 的金属丝或金属管，穿在叶身的拉金孔中。拉金与叶片之间可以是焊接的（焊接拉金），也可以是不焊接的（松拉金）。在一级叶片中，一般有 1~2 圈拉金，最多不超过 3 圈拉金。

拉金处在汽流通道中间，将影响级内汽流流动，同时，拉金孔削弱了叶片的强度，所以在满足振动和强度要求的情况下，有的长叶片可设计成自由叶片。

（2）叶片的分类。

1）按工作原理可分为冲动式叶片与反动式叶片，如图 6-9 所示。

2）按叶型沿叶高是否变化可分为等截面叶片和变截面叶片，如图 6-10 所示。

2. 叶片的受力分析

汽轮机工作时，叶片受到的作用力主要有两种：叶片本身和与其相连的围带、拉金所产生的离心力；汽流的作用力。

离心力的大小与转速的平方成正比，而电站汽轮机的工作转速是恒定的，所以叶片所受的离心力不随时间变化，是静应力。

汽流力的大小随汽轮机的负荷而变化，因此计算叶片静弯应力时，应选择汽流力最大的工况作为计算工况。

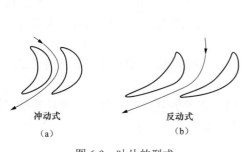

图 6-9　叶片的型式

（a）等截面直叶片；（b）变截面扭曲叶片

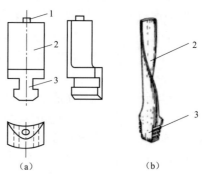

图 6-10　叶片的结构

（a）三视图；（b）外形图

1—叶顶；2—叶型；3—叶根

3. 叶片的汽蚀和振动

（1）叶片的汽蚀。在汽轮机的末几级中，蒸汽速度逐渐增大，水分在隔板静叶出汽边处形成水滴，水滴运动速度低于蒸汽速度，易在动叶背弧面侵蚀。

（2）叶片的振动。叶片是一个弹性体，当突受外力作用后，叶片将产生自由振动，其频率称为叶片的自振频率（或称固有频率）。叶片的自振频率取决于叶片的尺寸、材料及叶片固定方式等因素。当叶片受到周期性的外力（激振力）作用时就会发生强迫振动。若叶片的自振频率等于或倍于激振力的频率，叶片就会发生共振现象，使叶片的振幅增大，甚至造成叶片损坏。

在汽轮机工作中，沿圆周方向汽流的不均匀将对叶片产生激振力，引起叶片振动。激振力按其频率分为：低频激振力，第一类激振力；高频激振力，第二类激振力。低频激振力对长叶片的影响较大，因为叶片较长时，其自振频率较低，在低频激振力的作用下容易引起共振。

二、汽轮机转子

汽轮机的转动部分总称转子，由主轴、叶轮、动叶栅、叶片、联轴器等组成，它是汽轮机最重要的部件之一，担负着能量转换和扭矩传递的重任。转子的工作条件相当复杂，它处在高温工质中，并高速旋转，承受着转子本身质量离心力所引起的应力以及由于温度分布不均匀引起的热应力。

1. 汽轮机转子的分类

（1）按制造工艺。按照制造工艺不同可分为套装转子、整锻转子、焊接转子和组合转子。

1）套装转子（见图 6-11）的叶轮、轴封套、联轴节等部件是分别加工，通过加热套装在阶梯形主轴上的。各部件与主轴之间采用过盈配合，以防止叶轮等因离心力及温差作用引起松动，并用键传递力矩。

2）整锻转子（见图6-12）的叶轮、轴封套和联轴节等部件与主轴是由一整体锻件车削而成，无热套部件，这解决了高温下叶轮与主轴连接可能松动的问题。

3）焊接转子（见图6-13）采用分段锻造，焊接组合，它主要由若干个叶轮与端轴拼合焊接而成。

4）组合转子（见图6-14）高温段采用整锻结构，而在中、低温段采用套装结构，形成组合转子，以减小锻件尺寸。

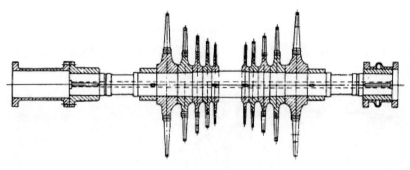

图 6-11　套装转子

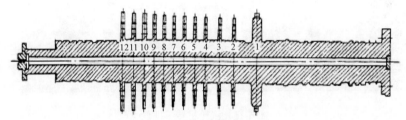

图 6-12　整锻转子

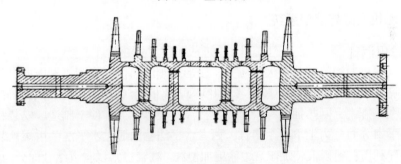

图 6-13　焊接转子

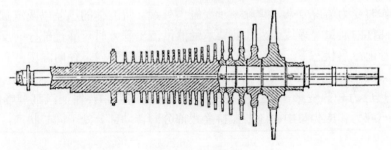

图 6-14　组合转子

（2）按临界转速。按临界转速是否在运行转速范围内，分为刚性转子和挠性转子。在启动过程中，刚性转子的工作转速低于临界转速，启动方便；而挠性转子工作转速高于临界转速，要求在启动过程中充分暖机，以利于快速、平稳通过临界转速，避免转子出现强烈振动。

（3）按形状分类。按形状可分为转轮型转子和转鼓型转子。

2. 汽轮机转子部件（见图 6-15）

汽轮机转子部件上设有危急遮断器、主油泵、推力盘、动叶、联轴器等，如图 6-15 所示。联轴器是连接多缸汽轮机转子或汽轮机转子与发电机转子的重要部件，借以传递扭矩，使发电机转子克服电磁反力矩作高速旋转，将机械能转换为电能。联轴器分为刚性联轴器、半挠性联轴器、挠性联轴器。

图 6-15　汽轮机转子部件

三、汽轮机汽缸与滑销系统

1. 汽轮机汽缸

汽缸将汽轮机的通流部分与大气隔开，以形成蒸汽热能转换为机械能的封闭汽室。汽缸内装有喷嘴室、喷嘴（静叶）、隔板（静叶环）、隔板套（静叶持环）、汽封等部件；汽缸外连接有进汽、排汽、回热抽汽等管道以及支撑座架等。为了便于制造、安装和检修，汽缸一般沿水平中分面分为上下两个半缸。两者水平法兰面通过水平法兰用螺栓装配紧固。另外为了合理利用材料以及使加工、运输更加便利，汽缸也常以垂直结合面分为两或三段，各段通过法兰螺栓连接紧固。

汽缸工作时受力情况复杂，它除了承受缸内外汽（气）体的压差以及汽缸本身和装在其中的各零部件的质量等静载荷外，还要承受蒸汽流出静叶时对静止部分的反作用力，以及各种连接管道冷热状态下，对汽缸的作用力以及沿汽缸轴向、径向温度分布不均匀所引起的热应力。特别是在快速启动、停机和工况变化时，温度变化大，将在汽缸和法兰中产生很大的热应力和热变形。为了满足汽缸工作时的需要，要保证汽缸顺畅地膨胀和收缩，以减小热应力和应力集中；还要保持静止部分同转动部分处于同心状态，并保持合理的间隙。

（1）汽缸的结构形式。根据进汽参数的不同分为高压缸、中压缸和低压缸；按每个汽缸的内部层次分为单层缸、双层缸和三层缸；按通流部分在汽缸内的布置方式分为顺向布置、反向布置和对称分流布置；按汽缸形状分为有水平接合面的或无水平接合面的圆筒形、圆锥形、阶梯圆筒形和球形等。

（2）高、中压汽缸及进汽部分结构。

1）高、中压（汽）缸。随着机组容量的增大和蒸汽初参数的不断提高，若仍采用单层缸结构，则会带来下列问题：①由于汽缸内压力很高，致使缸内外压差增大，则缸壁及法兰需做得较厚；②为保证中分面的汽密性，其连接螺栓必须有很大的预紧力，故其尺寸很大，因此需要设置加热（或冷却）装置；③整个高压缸需用耐高温的贵重合金钢材料制造；④由于法兰比缸壁厚得多，在机组启动，停机和变工况时，温度分布不均匀将产生很大的热应力和热变形，对设备安全和工作寿命极为不利。

目前绝大多数机组的高、中压缸和低压缸采用双层缸结构。把原单层缸承受的巨大蒸汽压力分摊给内外两缸，减少了每层缸的压差与温差，缸壁和法兰可以相应减薄，在机组启停及变工况时，其热应力也相应减小，因此有利于缩短启动时间和提高负荷的适应性。内缸主要受高温及部分蒸汽压力作用，且其尺寸小，故可做得较薄，则所耗用的贵重耐热金属材料相对减少。而外缸因设计有蒸汽内部冷却，运行温度较低，故可用价格相对低廉的合金钢制造。外缸的内、外压差比单层汽缸时降低了许多，因此，减少了漏汽的可能，汽缸结合面的严密性能够得到保障。

有的机组高压缸设计有内外缸夹层蒸汽流，其作用为：当机组正常运行时，由于内缸温度很高，其热量源源不断地辐射到外缸，有使外缸超温的趋势，这时夹层汽流对外缸起冷却作用。当机组冷态启动时，为使内外缸尽可能迅速同步加热，以减小动、静胀差和热应力，缩短启动时间，此时夹层汽流即对汽缸起加热作用。

下面以 H 型单流圆筒型高压缸（见图 6-16）为例：

图 6-16 西门子 H 型高压缸

高压缸采用双层缸设计。外缸为独特的桶形设计，由垂直中分面分为左右两半缸。内缸为垂直纵向平中分面结构。各级静叶直接装在内缸上，转子采用无中心孔整锻转子，在进汽侧设有平衡活塞用于平衡转子的轴向推力。高压缸结构非常紧凑，在工厂经总装后整体发运到现场，现场直接吊装，不需要在现场装配。圆筒型高压缸沿轴向根据蒸汽温度区域分为进汽缸和排汽缸两段，以紧凑的轴向法兰连接，可承受更高的压力和温度。无中分面的圆筒型高压缸具有极高的承压能力，汽缸应力小。即使高压内缸有中分面设置于垂直方向将汽缸分为左右两半，采用高温螺栓进行连接，螺栓不需要承受内缸本身的质量，因此螺栓应力较小，安全可靠性高。

高、中压缸的布置方式（见图 6-17）。高、中压缸的布置方式分为：高、中压合缸和高、中压分缸。分缸与合缸布置各有优缺点，世界各国的汽轮

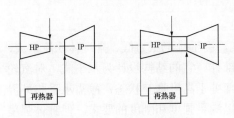

图 6-17 高、中压缸布置方式

机制造厂家都有各自的典型设计。

通常情况下，功率在 350MW 以上的机组不宜采用合缸布置方案，是因为机组容量进一步增大后，若采用合缸将使汽缸和转子过大过重，汽缸上进汽和抽汽口较多，以致管道布置困难，机组对负荷变化的适应性也减弱。

2）汽轮机进汽部分及配汽方式。①汽轮机的进汽部分。进汽部分指调节汽阀后至汽缸第 1 级喷嘴这段区域。它包括：调节汽阀至喷嘴室的主蒸汽（或再热蒸汽）导管、导管与汽缸的连接部分和喷嘴室，是汽缸中承受蒸汽最高压力和最高温度的部分。一般中、低参数汽轮机进汽部分与汽缸浇铸为一体，或是将蒸汽室和喷嘴室单独铸好后，用法兰螺栓与汽缸连接；高参数汽轮机高压缸的进汽部分则是将蒸汽室、喷嘴室单独铸好后，用焊接方式固定在汽缸上。进汽方式分为：全周进汽和部分进汽。全周进汽是指喷嘴分布在汽缸全圆周上；部分进汽是指喷嘴只分布在一段弧段上。②汽轮机的配汽方式。在运行中，为了使汽轮机的功率与外界负荷相适应，必须随时调节汽轮机的功率。汽轮机主要是通过改变进汽量来调节功率的，这种改变进汽量和熔降的方式称为汽轮机的配汽。因此，汽轮机均设置有一个控制进汽量的机构，此机构称为配汽机构。配汽机构由调节汽阀及其提升机构组成。汽轮机的配汽方式分为：节流配汽、喷嘴配汽与旁通配汽，常用的为前两种。

节流配汽的特点：进入汽轮机的所有蒸汽都经过 1 个或几个同时开启的阀门，再流向汽轮机的第 1 级喷嘴，所以第 1 级为全周进汽，可使进汽部分的温度均匀，没有调节级，进汽量的改变领先调节汽阀节流，此种调节方式存在节流损失，但各级温度随负荷变化的幅度大体相同，而且温度变化幅度较小，从而减小了热变形及热应力，提高了机组运行的可靠性及对负荷变化的适应能力。同一背压下，蒸汽流量比设计值小的越多，汽门节流越大，效率越低。

喷嘴配汽的特点：汽轮机的第 1 级喷嘴不是整圈连续布置，而是分成若干个独立的喷嘴组，通常 1 个调节汽阀控制 1 个喷嘴组，喷嘴组一般有 4～6 个。喷嘴调节的汽轮机，在运行中，主汽阀全开，根据负荷的变化，各调节汽阀依次开启或关闭，改变第 1 级（即调节级）的通流面积，以控制进入汽轮机的蒸汽量。在任一工况下，只有部分开启的调节汽阀中的蒸汽节流较大，而其余全开的调节汽阀中的蒸汽节流已减到最小，故在部分负荷下，汽轮机定压运行时，喷嘴配汽与节流配汽相比，节流损失较小，效率较高。但由于各喷嘴组间有间壁（或距离），因此即使各调节汽阀均已全开，调节级仍是部分进汽，依然仍存在部分进汽损失。所以，在额定功率下，喷嘴配汽汽轮机的效率比节流配汽的稍低。另外，滑压运行时，调节级汽室及各高压级在变工况下的蒸汽温度变化比较大，从而会引起较大的热应力，这也是限制喷嘴配汽汽轮机迅速改变负荷的主要因素。

旁通配汽主要用于船舶汽轮机和工业汽轮机，通过设置内部或外部旁通阀增大汽轮机中蒸汽流量，增大输出功率或抽汽供热量。

（3）低压缸。

1）低压缸本体。大功率凝汽式汽轮机的低压缸，由于排汽压力低、排汽体积流量大，因而其尺寸大，排汽口数目多，是汽轮机最庞大的部件。它的结构设计为水平式，对汽轮机运行的经济性及可靠性影响大。因运行中汽缸内部处于高度真空状态，故需承受与外界大气压差的作用。其缸壁也必须具有一定的厚度，以满足强度和刚度的要求。但缸体强度还不是主要矛盾，足够的刚度、良好的气动特性才是其结构设计的主要问题，即排汽通道应有合理的导流形状来降低末级排汽的余速损失，便于回收排汽，提高机组效率。

2）低压缸喷水减温装置。机组在启动、空载和低负荷运行时，流过低压缸的流量很小，不足以带走因鼓风摩擦所产生的热量，而引起排汽温度升高，排汽缸的温度也随之升高。排汽缸温度过高会引起汽缸热变形，使低压转子的中心线改变，造成机组动静部分碰磨引起振动，严重时甚至发生事故。排汽温度过高还可能使凝汽器内管束泄漏。为了防止排汽温度过高，在低压外缸内装有喷水降温装置。低压缸的导流板上，布置有喷水管，管上装有喷水喷嘴，沿汽流方向，将水喷向排汽缸内部空间，以降低排汽温度。

3）中低压连通管。中压缸的排汽由中低压连通管引到低压缸中部。中低压连通管结构如图 6-18 所示。连通管由钢板卷曲后焊成。为了使汽流在管内流动时压损最小，在连通管每个斜接的弯管中部均装有用多个导叶组成的导流叶片环，以减小汽流受到的局部阻力，使汽流平稳地改变方向，顺利地从中压缸流向低压缸。

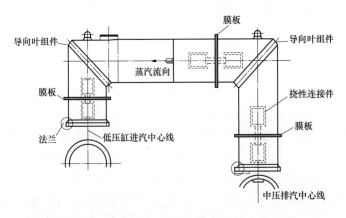

图 6-18　中低压连通管

为了吸收连通管与汽缸间轴向热膨胀差，通常在连通管的直管段上装有 3 只铰链式膨胀节，每个膨胀节由 4 块金属膜片组成，膜片数由该膨胀节所必须吸收的膨胀量定。为便于检查和维修，在连通管上都设有人孔门。不使用时，人孔门必须密封盖紧。

2. 汽缸的支撑和滑销系统

汽缸的支撑要平稳，因其自重而产生的挠度应与转了的挠度近似相等，同时要保证汽缸受热后能自由膨胀，使其动、静部分对中不变或变动很小。

汽缸的支撑定位包括：外缸在轴承座和基础台板（座架、机架等）上的支持定位，内缸在外缸中的支持定位，以及滑销系统的布置等。

汽缸的支撑方式：猫爪支撑、台板支撑。

（1）汽缸的支撑。

1）猫爪支撑。汽缸通过其水平法兰延伸的猫爪（搭爪）作为承力面，支撑在轴承座上，故称猫爪支撑，有下缸猫爪支撑和上缸猫爪支撑两种方式。①下猫爪支撑。汽缸水平法兰前后延伸的猫爪称下猫爪，又称工作猫爪（支撑猫爪）。在高压缸的下缸前后各有两只猫爪，分别支撑在高压缸前后的轴承座上。下猫爪支撑又可分非中分面支撑和中分面支撑两种。②上猫爪支撑。上缸的猫爪支撑称作上猫爪支撑，它采用中分面支撑方式。

2）内缸支撑。内缸也采用类似猫爪支撑的方式，利用其法兰外伸的支持搭耳支撑在外缸上。

3）台板支撑。低压外缸由于外形尺寸较大，一般都采用下缸伸出的撑脚直接支撑在基础台板上，虽然它的支撑面比汽缸中分面低，但因其温度低，膨胀不明显，所以影响不大。但需注意：汽轮机在空载或低负荷运行时排汽温度不能过高，否则将使排汽缸过热，影响转子和汽缸的同心度或转子的中心线，所以要限制排汽温度，设置排汽缸喷水装置。

（2）滑销系统。为了保证汽缸定向自由膨胀，并能保持汽缸与转子中心一致，避免因膨胀不均匀造成不应有的应力及伴同而生的振动，必须设置一套滑销系统。在汽缸与基础台板间和汽缸与轴承座之间应装上各种滑销，并使固定汽缸的螺栓留出适当的间隙，以保证汽缸自由膨胀，以能保持机组中心不变。

1）滑销系统的分类和结构。汽轮机滑销系统组成部件按照功能不同大致可分为横销、纵销、立销、猫爪横销、角销。

立销：用于引导汽缸垂直方向位移。

纵销：用于引导汽缸、轴承箱水平轴向位移。

横销：用于引导汽缸、轴承箱水平横向位移。

猫爪横销：保持汽缸与轴承箱之间的轴向位置不变，同时引导汽缸水平横向膨胀。

角销：用于限制轴承箱与台板脱离。

死点：纵销中心线与横销中心线的交点形成整个汽缸的膨胀死点。在汽缸膨胀时，该点始终保持不动，汽缸只能以此点为中心向前、后、左、右方向膨胀。

典型汽轮机滑销系统和膨胀死点，如图 6-19 所示。

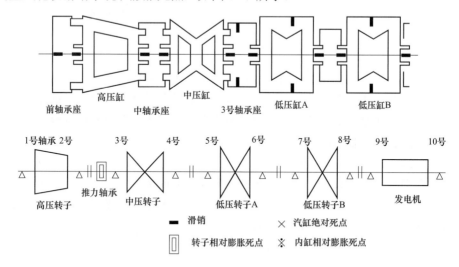

图 6-19　典型汽轮机滑销系统和膨胀死点

2）转子对汽缸的相对膨胀。胀差的概念：当汽轮机启动加热或停机冷却以及负荷变化时，汽缸和转子都会产生热膨胀或冷却收缩。由于转子的受热表面积比汽缸大，且转子的质量比相对应的汽缸小，蒸汽对转子表面的换热较多，因此在相同的条件下，转子的温度变化比汽缸快，使转子与汽缸之间存在膨胀差。而这差值是指转子相对于汽缸而言的，故称为相对膨胀差。超超临界汽轮机滑销系统和膨胀死点见图 6-20。

正胀差：在机组启动加热时，转子的膨胀大于汽缸，其相对膨胀差值被称为正胀差。

负胀差：当汽轮机停机冷却时，转子冷却较快，其收缩亦比汽缸快，产生负胀差。

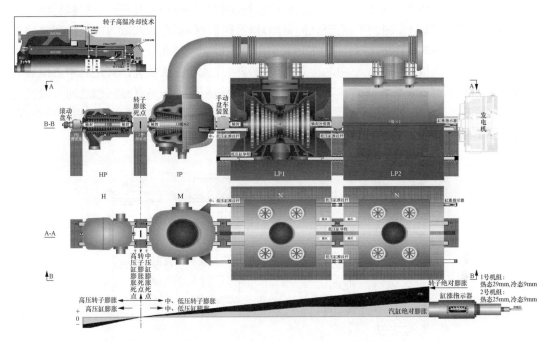

图 6-20　超超临界汽轮机滑销系统和膨胀死点

四、汽轮机隔板和静叶环

为了适应结构上的需要，冲动式汽轮机在汽缸上装有支撑隔板的隔板套，而反动式汽轮机在汽缸上装的是支撑静叶环的静叶持环。隔板将汽缸内的空间分成许多个小空间，每一个小空间都是一个独立的做功体——级。根据机组蒸汽参数的不同，其隔板的结构也不尽相同。冲动式汽轮机的蒸汽只在喷嘴内膨胀做功，故设有隔板和隔板套，隔板装在隔板套内，隔板上装有喷嘴。反动式汽轮机的蒸汽不仅在静叶片内膨胀做功，同时在动叶片中也膨胀做功。静叶片直接组装在汽缸上。由于大功率汽轮机结构上的限制，因此高压缸多采用内、外缸和平衡鼓式结构。庞大的低压缸大多是采用低压外缸、1号低压内缸、2号低压内缸和静叶环的四层结构。

1. 隔板和隔板套

（1）隔板。隔板用以固定汽轮机各级的静叶片和阻止级间漏汽，并将汽轮机通流部分分隔成若干个级。它可以直接安装在汽缸内壁的隔板槽中，也可以借助隔板套安装在汽缸上。隔板通常做成水平对分形式，其内圆孔处开有隔板汽封的安装槽。隔板可以分为焊接隔板和铸造隔板。

1）焊接隔板（见图 6-21）。将铣制或精密铸造、模压、冷拉的静叶片嵌在冲有叶型孔槽的内、外围带上，焊成环形叶栅，然后再将它焊在隔板体和隔板外缘之间，组成焊接隔板。在隔板出口与外缘连接处有两道叶顶径向汽封片，在隔板内圆孔处开有隔板汽封的安装槽。

2）铸造隔板（见图 6-22）。铸造隔板是将已成型的静叶片在浇铸隔板体时同时铸入。这种隔板上下两半的结合面做成倾斜形，以避免水平对开截断静叶片。

（2）隔板套。现代高参数大功率汽轮机中往往将相邻几级隔板装在一个隔板套中，然后将隔板套装在汽缸上，上下隔板套之间采用螺栓连接，隔板套在汽缸内的支撑和定位采用悬挂销和键的结构。图 6-23 所示为低压缸隔板。隔板套通过其下半部分两侧的悬挂销支撑在下汽缸上，隔板套的上、下中心位置通过改变垫片的厚度来实现，其左右中心位置靠隔板套底部的平键或定位销来定位。为保证隔板套的热膨胀，它与汽缸凹槽之间一般留有 1～2mm 的间隙，隔板在隔板套或汽缸内的支撑和定位也是采用悬挂销和键支撑定位结构，见图 6-24。图 6-25 所示为隔板套实物图。

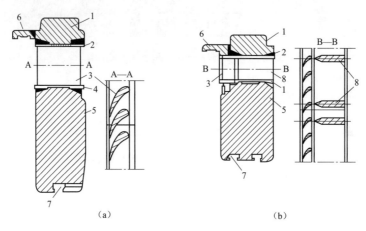

（a） （b）

图 6-21　焊接式隔板结构图

（a）普通焊接隔板；（b）带加强筋的焊接隔板

1—隔板外环；2—外围带；3—静叶片；4—内围带；5—隔板体；6—径向汽封；7—汽封槽；8—加强筋

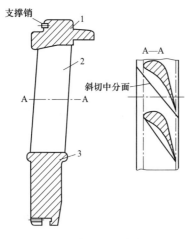

图 6-22　铸造式隔板结构图

1—外缘；2—静叶片；3—隔板体

图 6-23　低压缸隔板

采用隔板套的优点在于：便于拆装，而且可使级间距离不受或少受汽缸上抽汽口的影响，从而可以减小汽轮机的轴向尺寸，简化汽缸形状，有利于启停及负荷变化，并为汽轮机实现模块式通用设计创造了条件。其缺点在于：隔板套的采用会增大汽缸的径向尺寸，相应的法兰厚度也将增大，延长了汽轮机的启动时间。

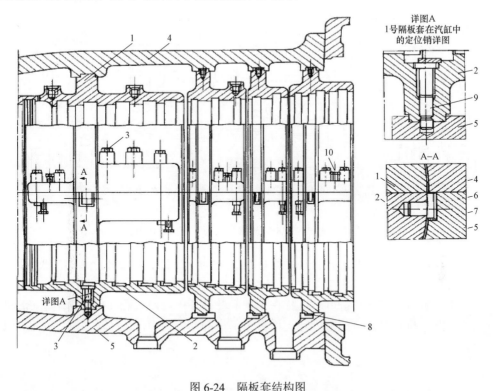

图 6-24　隔板套结构图

1—上隔板套；2—下隔板套；3—连接螺栓；4—上汽缸；5—下汽缸；6—悬挂销；

7—垫片；8—平键；9—定位销；10—顶开螺钉

2. 静叶环和静叶持环

反动式汽轮机没有叶轮和隔板，动叶片直接嵌装在转子的外缘上，静叶环装在汽缸内壁或静叶持环上。

（1）高、中压缸的静叶环和静叶持环。结构特点：高中压缸静叶片由方钢加工而成，具有偏置的根部和整体围带，各叶根和围带在沿静叶片组的外圆和内圆焊接在一起，构成相似隔板形状的静叶环，或称为叶片隔板。这种隔板形状的静叶环，在水平中分面处分成两半，当其上下两半部分嵌入静叶

图 6-25　隔板套实物图

持环的直槽后，在直槽侧面的凹槽中打入一系列短的 L 形锁紧片，使之固定。各上半部分再用制动螺钉固定在上静叶持环中，此螺钉位于水平中分面的左侧（当向发电机看时）。

如图 6-26 所示，国产优化引进型 300MW 汽轮机高压缸有 11 个反动级，其静叶环全部支撑在一个静叶持环中，而静叶持环固定在高压内缸上。中压缸前 5 级的静叶环支撑在 1 个静叶持环中，而静叶持环固定在中压内缸上，后 4 级的静叶环支撑在另 1 个静叶持环中，

而此静叶持环固定在中压外缸中。

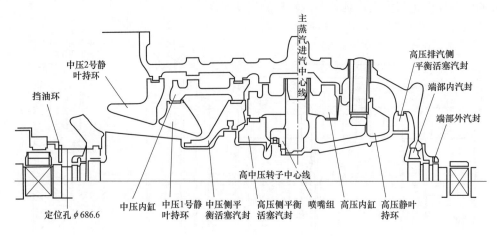

图 6-26　国产优化引进型 300MW 汽轮机高、中压缸静叶持环分布图

（2）低压缸的静叶环和静叶持环。图 6-27 所示为低压缸静叶持环分布图。低压缸的静叶环，其结构形式基本上与高中压缸的静叶环相似。低压缸是对分式布置，该缸有 2 个静叶持环，中压缸端的前 2 级静叶环支撑在 1 个静叶持环中，而该静叶持环固定在低压 1 号内缸上。在发电机端的前 4 级静叶环支撑在另 1 个静叶持环中，该持环也固定在低压 1 号内缸上。

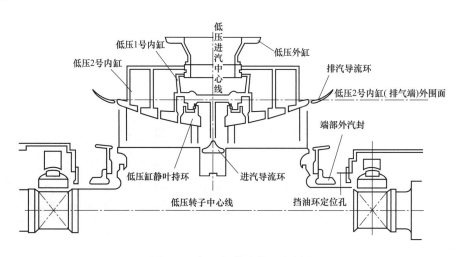

图 6-27　低压缸静叶持环分布图

五、汽轮机汽封与汽封系统

汽轮机运转时，转子高速旋转，汽缸、隔板（或静叶环）等定子固定不动，因此转子和定子之间需留有适当的间隙，才能不相互碰磨。然而存在间隙就要导致漏汽（气），这样不仅会降低机组效率，还会影响机组安全运行。为了减少汽轮机蒸汽外漏和防止空气漏入，需要有密封装置，通常称为汽封。

汽封按安装部位分为轴端汽封、隔板汽封、通流部分汽封；按定位方式分为固定汽封、活动汽封；按结构形式分为碳精式汽封、水封式汽封、曲径式汽封。

1. 轴端汽封（见图6-28）

由于汽轮机主轴必须从汽缸内穿出，因此主轴与汽缸之间必须留有一定的径向间隙，且汽缸内蒸汽压力与外界大气压力不等，就必然会使汽轮机内的高压蒸汽通过间隙向外漏出，造成工质损失，恶化运行环境，并且加热轴颈或进入轴承使润滑油质恶化；或者使外界空气漏入低压端破坏真空，从而增大抽气器的负荷，降低机组效率。

为了提高汽轮机的效率，应尽量防止或减少这种漏汽（气）现象。为此，在转子穿过汽缸两端处都装有汽封，这种汽封称轴端汽封，简称轴封。高压轴封是用来防止汽轮机内部蒸汽漏出汽缸，而低压轴封是用来防止外部空气漏入汽缸内。

国产优化引进型300MW汽轮机组高、中压缸调速器端汽封由高压缸端部的内汽封和外汽封组成。安装在外缸环形槽中的汽封称为内汽封；用螺栓固定在外缸端面的汽封称为外汽封。内汽封体上装有2道汽封环，每道汽封环由8块扇形体组成，形成轴封的第1段；外汽封体上也装有2道汽封环，每道外汽封环各由4块扇形体组成，形成轴封的第2段和第3段。因此，高中压缸调速器端轴封分成3段，构成"X"、"Y"两个腔室。

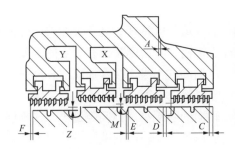

图 6-28　轴端汽封

低压缸两端轴封对称布置、结构相同，第1段由2道汽封环组成，第2、3段各由1道汽封环组成，每道汽封环上均装有8个汽封片。低压缸每端轴封也是由4道汽封环构成3段，形成"X"、"Y"两个腔室，轴封漏汽从"Y"腔室通过汽封体下半的接口通到轴封冷却器，以维持该腔室低真空，轴封供汽通过汽封体下半一个接口被送至"X"腔室。因低压缸轴端处压力较低，故此采用整车式平齿结构汽封。

2. 隔板（或静叶环）汽封（见图6-29）

冲动式汽轮机隔板前后压差大，而隔板与主轴之间又存在着间隙，因此必定有一部分蒸汽从隔板前通过间隙漏到隔板后面与叶轮之间的汽室里。由于这部分蒸汽不通过喷嘴，同时还会恶化蒸汽主流的流动状态，因此形成了隔板漏汽损失。为减少该损失，应设有隔板汽封，通常隔板汽封间隙为0.6mm左右。隔板汽封环装在隔板体内圆的汽封槽中，一般采用梳齿式汽封。

反动式汽轮机无隔板结构，只有单只静叶环结构，静叶环内圆处的汽封称为静叶环汽封，隔板汽封和静叶环汽封统称为静叶汽封，见图6-30。

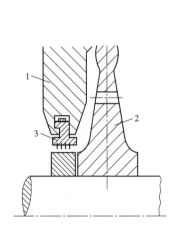

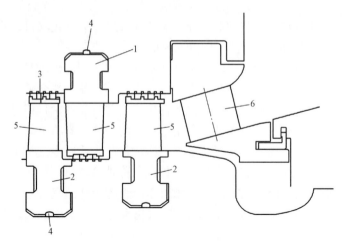

图 6-29　隔板汽封

1—隔板体；2—叶轮；3—汽封环

图 6-30　静叶环汽封

1—高压隔板 T 形叶根；2—高压动叶 T 形叶根；3—围带；

4—填隙条；5—中间型线部分；6—第一级斜置静叶

3. 通流部分汽封

在汽轮机的通流部分，由于动叶顶部与汽缸壁面（或静叶持环）之间存在着间隙，动叶栅根部和隔板（或静叶环）壁面之间也存在着间隙，而动叶两侧又具有一定的压差，因此在动叶顶部和根部必然会有蒸汽泄漏，为减少蒸汽的漏汽损失，装有通流部分汽封。通流部分汽封包括动叶围带处的径向、轴向汽封和动叶根部处的轴向汽封。

为减少叶片上部和下部的漏汽，需将动静叶间轴向间隙减小，但间隙过小，又不能适应较大的相对膨胀，为此，冲动式汽轮机隔板因前后压差大，轴向间隙需设计要小，其围带汽封（见图 6-31）径向间隙一般设计为 1.0mm 左右，围带汽封和动叶根部处汽封的轴向间隙达 6.0mm 左右；而反动式汽轮机，因静叶环前后压差小，间隙漏汽损失相对冲动级要小，故反动式汽轮机的轴向间隙较大，其围带汽封径向间隙为 1.0mm 左右，而围带和动叶根部处汽封轴向间隙可达到 10.0mm 左右。

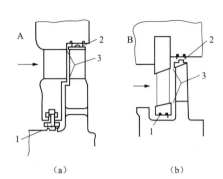

（a）　　　　　　　　（b）

图 6-31　围带汽封

（a）冲动级；（b）反动级

1—隔板（或静叶环）汽封径向间隙；2—围带汽封径向间隙　3—围带汽封轴向间隙或动叶根部处

4．汽封形式介绍

（1）梳齿形汽封（见图 6-32）。梳齿形汽封包括高低齿、平齿、斜平齿三种。高低齿阻汽效果好，但加工费时，通常用在高温、高压部位；平齿、斜平齿汽封一般常用在低温、低压部位。

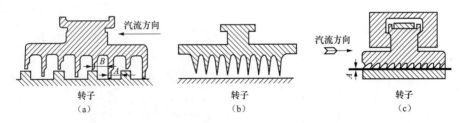

图 6-32　梳齿形汽封结构图

（a）高低齿；（b）平齿；（c）斜平齿

（2）枞树形汽封（见图 6-33）。枞树形汽封具有结构紧凑、富有弹性、效率高的优点，但其形状复杂，加工精确度要求高，且造价高，因此在电厂中应用很少。

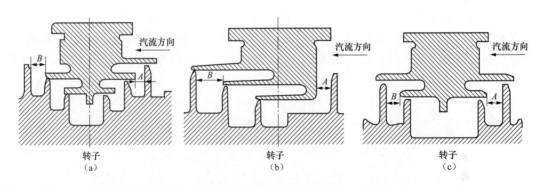

图 6-33　枞树形汽封结构图

（a）前轴封；（b）后轴封；（c）隔板汽封

（3）J 形汽封（见图 6-34）。J 形汽封阻汽效果较好，制造成本较低，还可使转子轴向长度缩短。但其刚性差，运行时受汽流冲力后容易倒伏，失去阻汽的作用。另外，J 形汽封拆装不便，给安装、检修工作带来困难。

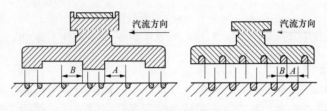

图 6-34　J 形汽封结构图

（4）蜂窝汽封（见图 6-35 和图 6-36）。蜂窝形汽封常用在无围带的自由叶片轴向宽度的连续密封表面。将蜂窝式芯钎焊到基板上制成扇形件而组成密封件，并用一系列加工螺钉装在挡板上。装配后，这些机加工螺钉定位并焊接在挡板上。蜂窝密封扇形件上有槽，用于排除进入蜂窝室内的湿汽。

当蒸汽漏入蜂窝带时，在每个蜂窝腔内会产生蒸汽涡流和屏障，从而有很大的阻尼，使蒸汽泄漏量减少。

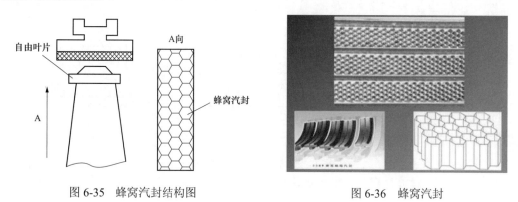

图 6-35 蜂窝汽封结构图　　　　　　　图 6-36 蜂窝汽封

（5）布莱登汽封（见图 6-37）。布莱登活动汽封取消了传统汽封后背弧的弹簧压片，在汽封块端部加装了螺旋弹簧。

汽轮机正常工作时，经过汽封进汽侧槽道进入后背弧汽室的蒸汽将汽封压向转子，使两者间保持较小的径向间隙运行，减小了漏汽损失。在机组启、停及转子振动过大跳闸时，汽封背弧后蒸汽压力较低，在端部螺旋弹簧的作用下，汽封张开，从而避免了汽封与转子之间的摩擦。运行实践证明，这种汽封不仅具有较高的经济性，还具有较高的安全性。

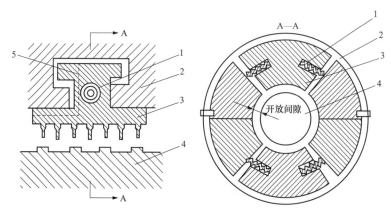

图 6-37 布莱登汽封结构图

1—弹簧；2—汽封体；3—汽封环；4—汽封套；5—用于汽封环背面加压的切口

5. 轴封系统

在汽轮机的高压端和低压端虽然都装有轴端汽封，能减少蒸汽漏出或空气漏入，但漏汽现象仍不可能完全消除。为了防止和减少轴端漏汽，以保证机组的正常启停和运行，并考虑漏汽及其热量的回收利用，减少系统的工质损失和热量损失。因此，汽轮机均设有轴端汽封及与之相连接的管道、阀门等附属设备组成的轴封系统。

结构特点：不同型式汽轮机组的轴封系统各不相同，它由汽轮机进汽参数和回热系统连接方式等因素决定。大中型汽轮机都采用具有自动调节装置（调整轴封蒸汽压力）的闭式轴封系统。

　　轴封系统所需的蒸汽与汽轮机的负荷有关。在启动、空载和低负荷时，汽缸内出现真空，为防止空气漏入，需向轴封供应低温低压蒸汽，以及在高负荷时为防止高、中压缸轴端漏汽，设有定压轴封供汽母管，母管内的蒸汽来自冷段再热蒸汽或主蒸汽或辅助蒸汽或密封蒸汽。机组冷态启动时，先用辅助蒸汽向轴封供汽。机组正常运行中，主蒸汽、冷再热蒸汽、辅助蒸汽作为轴封备用汽源，轴封用汽主要由高、中压缸高压轴封漏汽和高压阀门阀杆漏汽（统称：自密封蒸汽）供给。

六、汽轮机轴承

　　汽轮机轴承分为径向支撑轴承和推力轴承。①径向支撑轴承：径向支持轴承用来承担转子的质量和旋转的不平衡力，并确定转子的径向位置，以保持转子旋转中心与汽缸中心一致，从而保证转子与汽缸、汽封、隔板等静止部分的径向间隙在设计值内。②推力轴承：推力轴承承受蒸汽作用在转子上的轴向推力，并确定转子的轴向位置，以保证汽轮机动静部分的轴向间隙在设计值内。所以推力轴承被看成转子的定位点，或称为汽轮机转子对定子的相对死点。

1. 轴承工作原理

　　（1）油膜润滑的基本原理。由于汽轮机轴承是在高转速、大载荷的条件下工作，因此，要求轴承工作必须安全可靠且摩擦力小。为了满足这两个要求，汽轮机轴承都采用以油膜润滑理论为基础的滑动轴承。这种轴承采用循环供油方式，由供油系统连续不断地向轴承供给压力、温度合适的润滑油。转子的轴颈支撑在轴瓦乌金面上做高速旋转，轴瓦乌金层厚度一般为 2~3mm，材料常选用质软、熔点低的巴氏合金。为了避免轴颈与轴瓦直接摩擦，必须用油进行润滑，使轴颈与轴瓦间形成油膜，建立液体摩擦，从而减小其间的摩擦阻力。摩擦产生的热量由回油带走，使轴颈得以冷却。

　　（2）油膜的形成原理（见图 6-38）。假如有不平行的 A、B 上下两平面构成楔形，其四周充满油，B 平面固定不动，A 板上承受 p 的载荷且以一定的速度移动时，由于油的黏性将润滑油带入油楔里。当带入油楔里的油量与油楔中流出的油量相等时，在油楔中的油就产生与载荷 p 的大小相等而方向相反的作用力 F，将 A 板微微抬起，于是在两平面的油楔中建立了油膜，A 板就在油膜上滑行，而不会与 B 平面产生干摩擦，从而油膜起到了润滑作用。

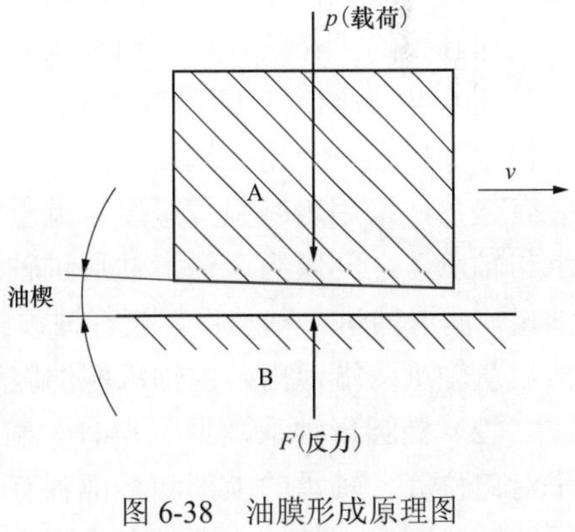

图 6-38　油膜形成原理图

　　两平面间建立油膜的条件是：两平面之间必须形成楔形间隙；两平面之间有一定速度的相对运动，并承受载荷，平板移动方向必须由楔形间隙的宽口移向窄口；润滑油必须具有一定的黏性和充足的油量。

　　（3）轴承中液体摩擦的建立。以圆筒形轴瓦为例：轴瓦直径是大于轴颈直径的，在静止状态下，轴颈置于轴瓦底部，轴颈圆心 O 在轴瓦中心 O 的正下方，轴颈与轴瓦之间构成自上而下的楔形截面间隙。当连续向轴承内提供足量的润滑油，并使轴颈高速旋转，右侧楔形间隙中有黏性的润滑油附在轴颈上一起转动，并带动各层油一起转动，而且将润滑油由宽口带向窄口，楔形间隙的进油量大于出油量，并且由于润滑油几乎不可压缩，使积聚在狭窄的楔形间隙中产生油压，当油压超过轴颈上的载荷时，就抬起轴颈，轴颈抬起后，楔形间隙增大，油压有所下降，轴颈又下落一些，直至楔形间隙内油压与轴颈上载荷平衡，轴颈便稳定在一定位置上旋转。此时，轴颈与轴瓦间有油膜隔开，建立了液体摩擦，使轴承稳定工作，见图6-39。

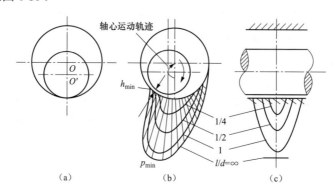

图 6-39　液体摩擦建立原理图

（a）轴在轴承中构成楔形间隙；（b）轴心运动轨迹及油楔中的压力分布（周向）；（c）油楔中的压力分布（轴向）

2. 径向支持（支撑）轴承

按轴承支撑方式分为：固定式、自位式。

按轴承油楔数量：圆筒形轴承（1个油楔）、椭圆形轴承（2个油楔）、三油楔轴承（3个油楔）、可倾瓦轴承（3～6个油楔）和袋式轴承。

（1）圆筒形轴承（圆筒瓦）。圆筒形轴承的合金内孔是一个圆筒，它是最普通的轴承形式之一。其结构简单，润滑油的消耗量和摩擦损失都较小。但它只在下部形成一个油楔，在高速轻载的工作条件下，油膜刚度差。

图6-40为固定式圆筒形轴承，轴承是由上下两半组成，并用螺栓和止口连接成一整体。下轴承支持在三个用碳钢制成的垫铁上，垫铁用螺钉与轴瓦固定在一起，垫铁与轴承之间装有垫片，采用增减垫片厚度来调整轴承中心的位置，上瓦顶部的垫铁和垫片用来调整轴承与轴承盖之间紧力。润滑油通过轴承水平面下方垫铁进油孔进入，节流孔板用来调节进油量。润滑油进入轴承后，随着轴颈旋转先经轴承顶部间隙，再经轴和下瓦颈之间的间隙，然后从轴承两端泄出，由轴承座油腔返回油箱。

（2）椭圆形轴承，见图6-41。椭圆形支持轴承的合金表面呈椭圆形，椭圆的长轴在水平对口位置。轴承的上部和下部各有一个楔形油楔，转子旋转时两油楔相互作用可得到较好的油膜刚度，使转子不易在垂直方向产生振动，近年来被广泛采用。但椭圆形轴承耗油和摩擦损失都大于圆筒形轴承。椭圆形轴承在各种容量的低压转子上普遍采用。

（3）三油楔轴承。三油楔支持轴承的轴瓦有三个长度不等的油楔，上瓦有两个油楔，下瓦有一个油楔，它们所对应的角度分别为$\theta_1=105°\sim110°$，$\theta_2=\theta_3=55°\sim58°$。轴颈旋转时，三个油楔都建立起油膜，油膜力作用在轴颈的三个方向，如F_1、F_2、F_3。下部大油楔产生的油压力F_1起承受轴颈上载荷的作用，上部两个小油楔产生的压力F_2、F_3使轴运转平稳，由于三个油楔的力相互作用，使轴承抗振性提高。轴承中除固定油楔面及排油沟外，都是光滑连续的圆柱面。固定油楔两端的窄面称为阻油边，使固定油楔不与外界直接相通，以减少轴端泄油，增加承载能力。

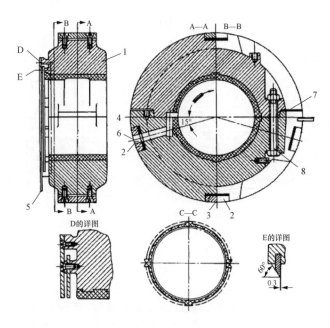

图 6-40　圆筒形轴承

1—轴瓦；2—调整垫铁；3—垫片；4—节流孔板；5—油挡；6—进油口；7—锁饼；8—连接螺栓

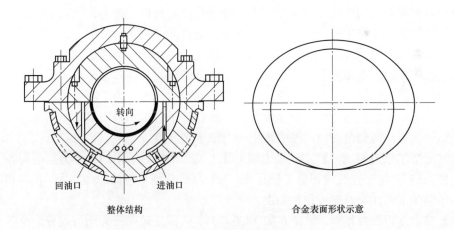

图 6-41　椭圆形轴承

（4）可倾瓦见图 6-42。可倾瓦支持轴承是密切尔式的支持轴承。一般由 3～5 块或更多块能在支点上自由倾斜的弧形瓦块组成。瓦块在工作时可以随着转速或载荷及轴承温度的不同而自由摆动，在轴颈四周形成多油楔。若忽略瓦块的惯性、支点的摩擦阻力及油膜剪切摩擦阻力等影响，每个瓦块作用到轴颈上的油膜作用力总是通过轴颈中心的，故而不易产生轴颈涡动的失稳分力，因而具有较高的稳定性，它甚至可完全消除油膜振荡的可能性。可倾瓦支持轴承的减振性能很好、承载能力较大、摩擦功耗小，能承受各个方向的径向载荷，相对三油楔轴承，其结构好，制造简单、检修方便，因而它越来越多地被现代大功率汽轮机所采用。

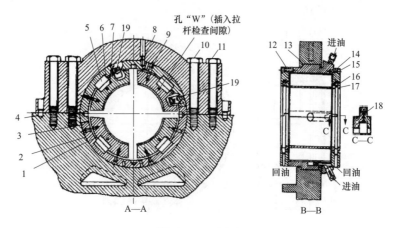

图 6-42　可倾瓦

1—轴承瓦块；2—轴承体；3—轴承体定位销；4—定位销；5—外垫片；6—调整垫块；7—内垫片；

8—轴承体定位销；9—螺塞；10，11—轴承盖螺栓；13—轴承盖；12，14—挡油板；

15—螺栓；16—挡油环限位销；17—油封环；18—挡油环销；19—弹簧

3. 推力轴承

推力瓦，也称为推力轴承，是用来平衡转子的轴向推力，确立转子膨胀的死点，从而保证动静件之间的轴向间隙在设计范围内，分为密切尔推力轴承、金斯布里推力轴承。金斯布里推力轴承与密切尔推力轴承主要不同处是瓦块能自位，推力瓦块背后有两排支撑块（上、下支撑块），工作中使每块瓦块均匀承载，能自动调整载荷分配，而传统采用的密切尔推力轴承最大缺点是每块瓦上受力不均匀，即使通过调整也不能达到受力均匀的效果，大型汽轮机均采用金斯布里型推力轴承。

对于反动式汽轮机，蒸汽在各级中产生的轴向推力较大。为了减小轴向推力，除了在通流部分设计中采用反向流动和双流设计外，还在转子结构上采用了平衡活塞，从而大大减小了轴向推力，而剩余的轴向推力则由推力轴承来承担。

（1）密切尔推力轴承。独立式推力轴承装于高、中压转子中间。推力盘两侧各装有挂在安装环上的 12 块工作瓦块和非工作瓦块。安装环靠在能自位的球面座上。正向和反向推力分别作用在工作瓦块及非工作瓦块上。

（2）推力支持联合轴承，见图 6-43 和图 6-44。为保证轴向推力均匀地分配至各个轴瓦上，通常选用球面支撑轴承。润滑油从支持轴承下瓦调整垫片中心孔引入，经过轴承环形室，一路顺中分面进入支持轴瓦，另一路经过油孔 A、B 分别流向推力盘两侧的工作瓦片和非工作瓦片中去。最后两路油分别经泄油孔 C、D 流回油箱，在泄油孔 D 上装有针形阀以调节润滑油量。

（3）推力瓦块油膜形成原理。推力瓦块油膜形成原理与两平板间油膜形成原理相同。汽轮机静止时，推力瓦表面与推力盘表面平行，如图 6-45（a）所示。当汽轮机转动时，推力盘带着油进入间隙，当转子产生轴向推力时，间隙中油膜受到压力，传递给瓦块，起初油压合力 Q 没有作用在瓦块的支撑肩上，而是偏在进油口一侧，如图 6-45（b）所示。合

力 Q 与支撑肩之间形成一个力偶，使瓦块偏转，形成油楔。随着瓦块的偏转，油压合力 Q 向出油口一侧移动，当 Q 力移至支撑肩处时，瓦块才保持平衡位置，油楔中油压与推力盘上轴向推力保持平衡状态，如图 6-45（c）所示。推力盘与推力瓦之间形成液体摩擦。

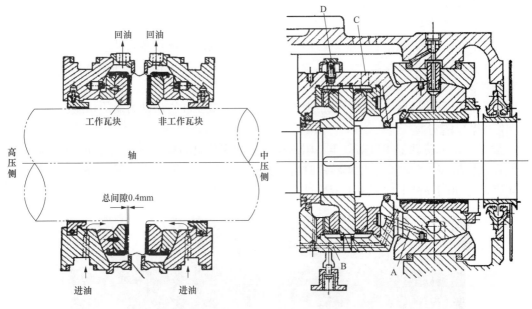

图 6-43　独立式推力轴承结构图　　图 6-44　推力支持联合轴承结构图

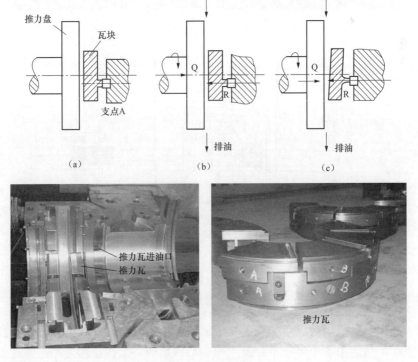

图 6-45　推力瓦

七、汽轮机盘车装置

在汽轮机启动冲转前和停机后，使转子以一定的转速连续地转动，以保证转子均匀受热和冷却的装置叫盘车装置。

1. 盘车的作用

（1）防止转子受热不均产生热弯曲而影响再次启动或损坏设备。

（2）机组启动前盘动转子，可以用来检查机组是否具备运行条件（如是否存在动静部分之间摩擦及主轴弯曲变形等）。

（3）机组启动冲转时，具有减少上下缸的温差和减少冲转启动力矩的功能。

2. 盘车的分类

盘车分为手动盘车和自动盘车。国内机组主要安装电动盘车为主，它既能盘动转子，又能在汽轮机转子转速高于盘车转速时自动脱开，并使盘车装置（见图 6-46）停止转动。近年来，超超临界机组均采用了液压盘车装置（见图 6-47 和图 6-48）。

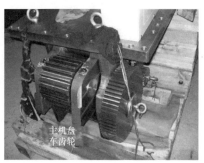

图 6-46　盘车装置

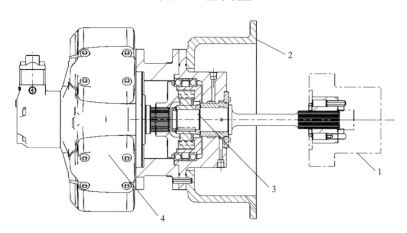

图 6-47　液压盘车装置结构

1—高压转子；2—与 1 号轴承座连接；3—离合器；4—液压马达

西门子超超临界机组液压盘车设备安装于前轴承座前，采用液压马达这一独特的驱动方式进行驱动，马达由 5 个伸缩油缸及 1 根偏心轴组成，工作原理为：需要盘车时，顶轴油的电磁阀打开，借助于在伸缩油缸中的压力油柱，把压力传递给马达的输出偏心轴，使马达伸出轴通过中间传动轴带动转子转动，其安全可靠性及自动化程度均非常高。盘车工作油源来自顶轴油。

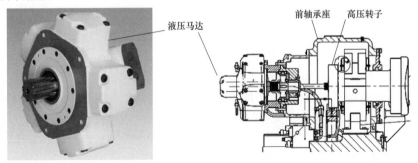

图 6-48　液压盘车装置

盘车装置是自动啮合型的，能使汽轮发电机组转子从静止状态转动起来，盘车转速为 50～60r/min。盘车装置配有超速离合器，能做到在汽轮机冲转达到一定转速后自动退出，并能在停机时自动投入。

八、西门子超超临界汽轮机简介

上汽超超临界汽轮机组的总体型式为单轴四缸四排汽，以西门子机型为例，所采用的是 HMN 型积木块组合：一个单流圆筒型 H30 高压缸，一个双流 M30 中压缸，两个 N30 双流低压缸。该机型根据排汽容积流量的大小（背压及功率）可选配 1～3 个低压缸，技术先进、成熟、安全可靠；所有的最新技术均有成功的应用业绩，通过这些技术的最优组合，使该机型的总体性能达到了世界一流的先进水平。图 6-49 所示为机组总剖面图。

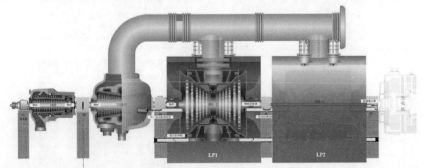

图 6-49　机组总剖面图

1. 总体特点

机组具有超群的热力性能；优越的产品运行业绩及可靠性；效率高、可用率高、容易维护、检修工期短、运行灵活；具备快速启动能力，适应机组调峰。机组高、中压缸整体发运大大缩短了现场安装周期。

机组采用一只高压缸、一只中压缸和二只低压缸串联布置。汽轮机四根转子分别由五只径向轴承来支撑，除高压转子由两个径向轴承支撑外，其余三根转子，即中压转子和两根低压转子均采用单轴承支撑。这种支撑方式不仅是结构比较紧凑，主要还在于减少基础变形对于轴承荷载和轴对中的影响，使得汽轮机转子能平稳运行。

整个高压缸定子件和整个中压缸定子件由它们的猫爪支撑在汽缸前后的两个轴承座上。而低压部分定子件中，外缸质量与其他定子件的支撑方式是分离的，即外缸的质量完全由与它焊在一起的凝汽器颈部承担，其他低压部件的质量通过低压内缸的猫爪由其前后的轴承座来支撑。所有轴承座与汽缸猫爪之间的滑动支撑面均采用低摩擦合金，优点是具有良好的摩擦性能，在不需要润滑的情况下也能保证汽缸自由。

2 号轴承座位于高压缸和中压缸之间，是整台机组滑销系统的死点。2 号轴承座内装有径向推力联合轴承，整个轴系是以此为死点向两端膨胀；高压外缸和中压外缸的猫爪在 2 号轴承座处也是固定的，高压外缸受热后也是以 2 号轴承座为死点只向调阀端方向膨胀。而中压外缸与中压转子的胀差远远小于低压外缸与低压转子的胀差。因此，这样的滑销系统在运行中通流部分动静之间的差胀较小，有利于机组快速启动。

盘车装置采用液压马达，其安装于高压转子调阀端的顶端，位于 1 号轴承座内。

2. 高压缸

高压缸采用双层缸设计。外缸为桶形设计，内缸为垂直纵向平分面结构。由于缸体为旋转对称，使得机组在启动停机或快速变负荷时缸体的温度梯度很小，这也就是将热应力保持在一个很低的水平。

无中分面的圆筒型高压缸具有极高的承压能力，汽缸应力小，即使内缸有中分面，但其螺栓应力也小，安全可靠性好。目前用于该机型的高压缸积木块 H30，其设计压力达到 30MPa，与 25MPa 相比，提高经济性还有约 0.7%的潜力。H 型单流圆筒型高压缸见图 6-50。

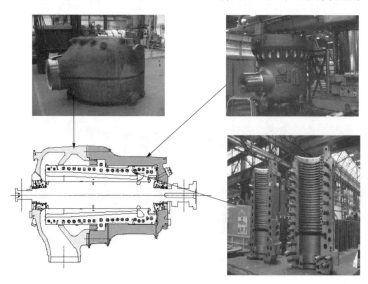

图 6-50　H 型单流圆筒型高压缸

高压缸第一级为低反动度叶片级（约 20%的反动度），降低进入转子动叶的温度。

（1）切向进汽的第一级斜置静叶结构，效率高、漏汽损失小。

（2）100%的全周进汽，对动叶片无任何附加激振力。

（3）滑压运行方式，大幅度提高超临界机组部分负荷的经济性。

（4）滑压及全周进汽根本上消除了喷嘴调节造成的汽隙激振问题。

（5）滑压及全周进汽使第一级动静叶片的最大载荷大幅度下降，根本解决了第一叶片级采用单流程的强度设计问题。

高压缸自流冷却及轴向推力平衡（见图 6-51）：利用高压第 5 级前 540℃左右的蒸汽漏入内、外缸的夹层，再通过夹层漏入平衡活塞前；而平衡活塞前的蒸汽一路经平衡活塞向后泄漏至与高排相通腔室，一路则经过前部汽封向前流动与第一级静叶后泄漏过来的蒸汽混合后经过内缸的内部流道接入高压第 5 级后补汽处。经过内部流道的这一布置，使第一级后泄漏过来的高温蒸汽只经过小直径的转子表面，同时大尺寸的外缸进汽端和转子平衡活塞表面的工作温度只有 540℃左右，降低了结构的应力水平，延长其工作寿命。

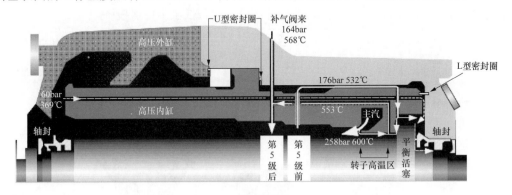

图 6-51　高压缸自流冷却及轴向推力平衡

第 5 级前蒸汽引入内外夹层中：

（1）内外缸分别承受部分压差；

（2）对内缸起到冷却作用；

（3）对转子冷却作用，冷却直径最大、应力最大的转子平衡活塞。

3. 中压缸

中压缸采用双流程和双层缸设计（见图 6-52）。中压高温进汽仅局限于内缸的进汽部分。而中压外缸只承受中压排汽的较低压力和较低温度。这样汽缸的法兰部分就可以设计得较小。同时，外缸中的压力也降低了内缸法兰的负荷，因为内缸只要承受压差即可。

中压缸进汽第一级除了与高压缸一样采用了低反动度叶片级（约 20%的反动度），以及切向进汽的第一级斜置静叶结构外，还为冷却中压转子还采取了一种切向涡流冷却技术，以降低中压转子的温度。为此，可满足某些机组中压缸积块进口再热温度比主蒸汽温度高的要求。

4. 主调门及再热调门

西门子机型汽轮机组采用两个高压主调门（见图 6-53）及两个再热主调门，其结构及布置风格也是与众不同的。主要特点为：

（1）布置在汽缸两侧，切向进汽，损失小；起吊高度低。

（2）阀门直接支撑在基础上。

（3）阀门与汽缸采用大型罩螺母方式连接（见图 6-54）。

5. 低压缸

（1）两个低压缸均采用双流设计（见图 6-55）。低压外缸由 2 个端板、2 个侧板、1 个钢架和 1 个上盖组成。

（2）外缸与轴承座分离，直接坐落在凝汽器上，降低了运转层基础的负荷。

（3）低压内缸通过其前后各两个猫爪支撑在前、后轴承座上，由前、后轴座承担整个内缸、持环及静叶的质量。

（4）低压内缸以推拉装置与中压外缸相连，以保证动静间隙。

6. 汽缸之间的单轴承支撑和轴系高稳定性设计

除与发电机连接的低压转子外，其他两个转子之间只设一个轴承支撑，这样转子之间容易对中，不仅安装维护简单，而且轴系长度可大幅度缩短（较其他公司的四缸四排汽轮机轴系总长段短 8～10m）。因此，轴系特性简单，也降低了主厂房投资。

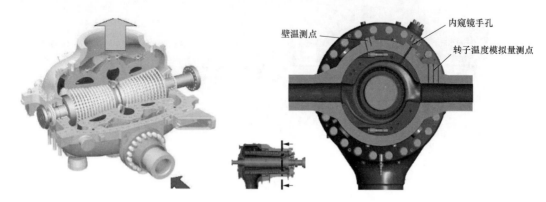

图 6-52　中压缸双层缸结构 　　　　　　　　　　　　图 6-53　主调门

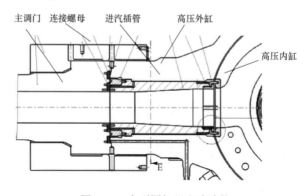

图 6-54　大型罩螺母方式连接

与其他风格的机型相比，对于超临界压力的汽隙激振方面，具有非常明显的技术优势：

（1）采用单流高压缸，转子跨度小、刚性大，临界转速比其他机型高 20%～30%。

（2）全周进汽的运行方式彻底消除了大汽隙激振源。

（3）单轴承支撑使轴承比压高，采用高黏度的润滑油，轴系运行稳定性好。

（4）小直径高压缸，多道汽封，包括各级叶片的转子部位也装有汽封，有利于减少汽隙激振。

7. 机组大修间隔长

因为在机组设计方面采取了一系列独特的技术，机组运行可靠性高；根据西门子公司的规范，HMN 机型的汽轮机大修间隔周期较其他机型延长一倍左右，其等效大修间隔周期可达到 96000h（约 12 年）。

8. 抗应力腐蚀及抗水蚀措施

低压末级及次末级叶片具有必要的抗应力腐蚀及抗水蚀措施，设有足够的除湿用的疏水口。低压末几级叶片抗水蚀措施的说明如下：

超临界机组由于压力的原因，其低压缸的排汽湿度比同样进汽温度的亚临界机组大，从安全性、经济性的角度，更注重抗水蚀和抗腐蚀技术的应用，主要特点有下列五个方面：

图 6-55　低压缸双流设计

（1）结构上有足够的疏水槽。

（2）相当大的轴向间隙，是有效的防冲蚀措施。

（3）末级静叶采取空心叶片结构，在内部抽出水分。

（4）末级动叶片采用新型的激光表面硬化技术，是西门子公司的一项特有技术，其优点为不会降低其表面形成的压应力（应用其他技术一般下降 20%～50%），更有利于提高材料的抗疲劳强度和抗应力腐蚀能力。

九、二次再热机组简介

世界首台 660MW 级超超临界、二次再热机组为江西华能安源电厂（见图 6-56）1 号机组，于 2015 年 6 月 27 日投运。该机组率先在国内选用了高参数的二次再热超超临界汽轮机和锅炉，其汽轮机和发电机由东方电气集团提供，锅炉由哈尔滨锅炉厂提供，机组的发电煤耗、发电效率、环保指标均达到了世界一流水平。汽轮机采用了 31MPa/600℃/620℃/620℃ 的蒸汽参数，属当时国内最高蒸汽参数，该机型通过改进热力循环、优化汽机配汽和缸体结构、通流优化等技术，实现了在更高技术上的产业升级。在试运行期间锅炉负荷率达到 103%，主汽压力 32.4MPa，锅炉各项参数指标全部达到设计要求，特别是两级再热系统的热力性能表现优越，一次再热和二次再热蒸汽温均达到 623℃ 的高效运行参数，为当时世界先进水平。

图 6-56　华能安源电厂

2015 年 9 月 25 日，世界首台 100 万 kW 超超临界二次再热燃煤发电机组（国电泰州电厂二期工程 3 号机组）正式投入运营，脱硫、脱硝装置同步投运。该项目设计发电煤耗 256.2g/kW 时，比当时世界最好水平低 6g/kWh，二氧化碳、二氧化硫、氮氧化物和粉尘排放量减少 5%以上，首次在全世界将二次再热技术应用到百万千瓦超超临界燃煤发电机组。

1. 二次再热技术是目前提高火电机组热效率的有效途径

采用该技术的百万千瓦超超临界机组供电煤耗约 272g/kWh，比普通百万千瓦超超临界机组降低约 12g/kWh，按年利用 6000h 计算，每台百万千瓦机组每年可节约标准煤 72 万 t，直接减排二氧化碳近 20 万 t，节能、环保优势明显，具有良好的经济和社会效益。图 6-57 所示为二次再热机组参数。

类型	二次再热1000MW	二次再热660MW
产品代号	DR96	DR95
汽缸配置	五缸四排汽	五缸四排汽
进汽参数	31/600/620/620 31/600/610/610	31/600/620/620
热耗水平	7070	7100
排汽×末级叶片长度 mm	4×1146	4×914
业绩	泰州等	蚌埠等

图 6-57　二次再热机组参数

2. 对设备制造能力提出极大考验

二次再热机组在设计制造上没有任何可供借鉴和参考的经验，技术难度创历史新高。随着我国二次再热机组的加速开工和相继投运，对设备企业的技术性能、制造水平、服务能力都提出了极大的挑战。

3. 二次再热攻克的十大关键技术

为确保二次再热技术的成功应用，我国相关企业系统开展了二次再热机组应用技术研究，并最终攻克了十大关键性难题，为机组的顺利建设和安全稳定运行提供了强有力的技术支撑。

（1）动态响应分析二次再热锅炉炉烟循环系统，采用直接烟气循环，优化设计烟道除尘器，烟气抽出口加装分离挡板，降低再热器循环炉烟的粉尘浓度，减小风机磨损量。二次再热蒸汽温在控制对象的动态特性设计上，需更多地采用变参数、变定值技术。

（2）启动参数及控制二次再热机组极热态启动时将锅炉转干态运行，从接带 20%负荷提前至汽轮机冲转前的非常规方案。通过多次极热态成功启动的实践，证明该方案切实可靠，解决了二次再热机组极热态启动的难题。

（3）热力系统优化及调整二次再热主蒸汽系统与常规超超临界机组不同，一、二次高温再热系统采用"2-2"的布置方式，降低管道加工焊接及焊缝检测难度，更好地保证主蒸汽、再热蒸汽管道长期安全稳定运行。

（4）超厚壁焊接工艺研究受材料限制，研究人员提出 3 种焊接材料优化焊接工艺参数，经过 84h 的连续施焊，最终焊接成功，焊口经超声波、硬度、金相检验，符合规程规定标准。

（5）环保排放优化研究采用烟气协同治理技术，配置烟气脱硝装置+低低温省煤器+低低温电除尘器+高效除尘的湿法烟气脱硫装置。烟气通过低低温省煤器降温，极大提升了电除尘效率和余热回收利用；优化除尘吸收塔设计，大幅提高了脱硫系统的除尘效率。

（6）参数监测及测点布置立足二次再热机组投运后的安全性、经济性和可靠性运行的要求，对锅炉厂原有的测点设计进行了全面优化布置。

（7）提高系统效率研究。针对烟气再循环优化运行技术、凝结水参与一次调频技术和汽轮机辅助系统节能技术的应用进行了理论论证和方案设计，提出了可以有效降低烟气再循环率的优化运行方式，对机组投运后的运行优化提供直接的指导。

（8）全负荷脱硝超低排放。脱硝采用低氮燃烧+SNCR+SCR 型空气预热器的整体技术路线，氮氧化物均可以满足超低排放要求。

（9）腐蚀防治问题研究。经研究，将两个临时门和超高压旁路门同时打开，改变结构条件，实现了吹管系数大于 1。锅炉吹管采用三阶段、降压法吹管，经过一次再热器系统吹洗、二次再热器系统吹洗、高压旁路吹洗、中旁吹洗。吹管实验效果良好，靶板检验合格，清洁度检查合格。

（10）仿真机开发研究。二次再热超超临界机组锅炉模型要能适应对流受热面级数增加、布置更复杂的要求，汽轮机模型要能有效反映超高压缸多一级再热器、汽水流程增加等因素引起动、静态响应特性发生较大变化的趋势，为试运行当中的控制方式以及调节方式的优先顺序开展合理性研究。实现了二次再热超超临界机组冷态启动、停机、各种变负荷工况、常见事故设置和模拟功能，满足了运行人员学习和培训要求。

第三节　汽轮机辅机设备

根据发电厂热力循环的特征，以安全和经济为原则，将汽轮机本体与锅炉本体由管道、阀门及其辅助设备连接起来，有机地组成了发电厂的热力系统。用特定的符号、线条等将热力系统绘制成图，称为热力系统图。按照应用与绘制的详略程度不同，热力系统图分为原则性热力系统图和全面性热力系统图两种。原则性热力系统图表明热力循环中工质能量转换及热量利用的过程，反映了发电厂热功转换过程中的技术完善程度和热经济性。它的拟定是电厂设计工作的重要环节，也是全面性热力系统设计的基本依据。

汽轮机与锅炉之间的汽水循环系统即为汽轮机热力系统，又称为火力发电厂热力系统，它主要由凝结水系统、真空系统、循环（冷却）水系统、给水系统、抽汽回热系统、旁路系统、疏水系统等专门系统组成，见图 6-58。

由锅炉来的过热蒸汽在汽轮机中逐级膨胀加速，蒸汽热能变为蒸汽动能。高速气流作用于转子的叶片，推动叶轮连同转子高速旋转，又使蒸汽动能变为汽轮机主轴的机械能。汽轮机通过联轴器带动发电机，于是汽轮机轴上的机械能变为电能。做功后的乏汽压力、温度均已降低，被排入凝汽器中凝结成水，其体积缩小数万倍，凝汽器中形成高度真空，凝结水由凝结水泵打入抽汽冷凝器中的冷却水管，抽汽设备从凝汽器中抽出的空气连同喷射抽汽用的蒸汽一起送入抽汽冷凝器，为凝结水泵来的凝结水加热。升温后的凝结水进入低压加热器中的冷却水管，由汽轮机抽汽加热。凝结水进一步升温后进入除氧器中，利用汽轮机抽汽直接加热，使溶于水中的氧气被脱除。除氧后的水称为给水。给水由除氧器水箱经给水泵（组）打到高压加热器，利用汽轮机的抽汽再加热，最后通过给水母管送入锅炉。各种加热器、管道和阀门中所凝结的水作为疏水直接引入除氧器或凝汽器，也可通过疏水泵送入凝水出口母管。对凝汽器起冷却作用的循环水由循环水泵打入，在凝汽器中吸热后去冷却塔散热冷却，再由循环水泵打入凝汽器，如此循环使用。

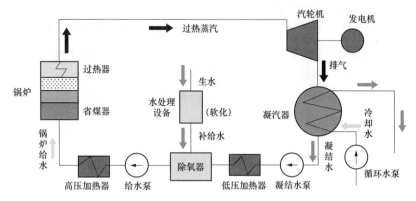

图 6-58　汽轮机热力系统

一、凝结水系统及设备

1. 系统概述

凝结水系统（也称"凝水系统"）在发电厂热力循环过程中起到举足轻重的作用。凝结水系统的主要功能是将凝汽器热井中的凝结水由凝结水泵送出，经除盐装置和各种加热器，最终输送至除氧器。其间还对凝结水进行加热、除氧、化学处理和除杂质。此外凝结水系统还向各有关用户提供水源，如有关设备的密封水、减温器的减温水、各有关系统的补给水（主要包括低压旁路、辅汽、主机及给泵汽轮机轴封减温水、低压缸喷水、凝汽器各疏水立管喷水、给泵主泵密封水、给泵汽轮机排汽管喷水、真空泵及闭冷水箱补水、凝结水泵密封水、凝汽器水幕喷水、磨煤机灭火蒸汽减温水等）以及汽轮机低压缸喷水等。

凝结水系统主要包括凝汽器、凝结水泵、凝结水储水箱、凝结水输送泵、凝结水收集箱、凝结水精处理装置、轴封冷却器、低压加热器以及连接上述各设备所需要的管道、阀门。

每台机组设有一台储水箱，每台储水箱配备 2～3 台凝结水输送泵。凝结水系统的最初注水及运行时的补给水（由于热力循环中有一定流量的汽水损失，在凝结水系统中必须给予补充）来自储水箱中的除盐水。部分电厂对补水系统进行了管路改造，通过凝汽器负压进行补水、节约厂用电。

某机组汽轮机的凝结水系统流程如图 6-59 所示。该系统主要由凝汽设备、补水系统、轴封冷却器、疏水冷却器和低压加热器组成。

凝结水系统采用了中压凝结水精处理系统，系统中仅设凝结水泵，不设凝结水升压泵，系统较简单。凝汽器热井中的凝结水经过凝结水泵升压后，经凝结水精处理装置、轴封冷却器、疏水冷却器和四台低压加热器后进入除氧器。

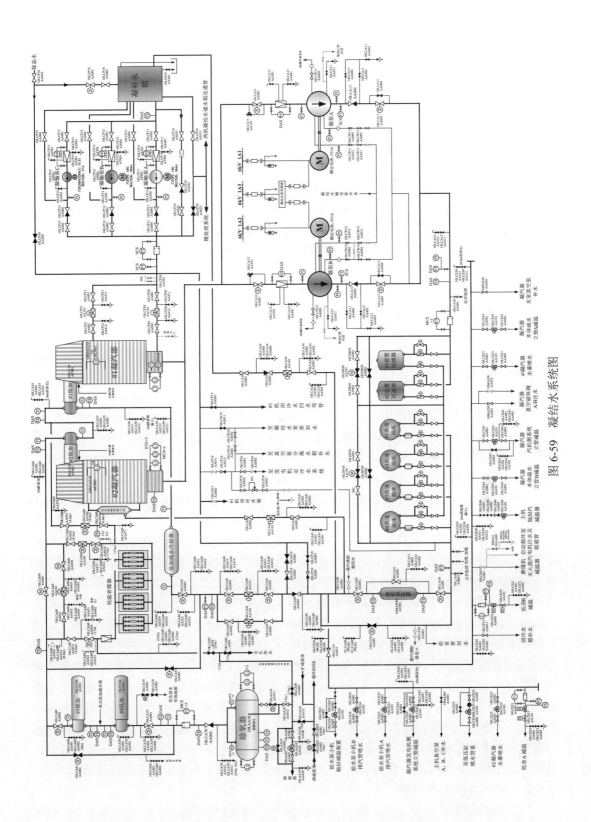

图 6-59　凝结水系统图

　　系统采用 2×100% 容量的凝结水泵（一台运行、一台备用），当运行泵发生故障时，备用泵自动启动投入运行。凝结水系进口管道上设置电动隔离阀、滤网及波形膨胀节，出口管道上设置止回阀和电动隔离阀。进出口的电动阀门与凝结水泵连锁，以防止凝结水泵在进出口阀门关闭状态下运行。

　　系统设置一台全容量的轴封冷却器，一台全容量的疏水冷却器和四台全容量表面式低压加热器。轴封冷却器、疏水冷却器设有单独 100% 容量的电动旁路。

　　关于加热器的编号，有的电厂按照凝结水流经的先后顺序将 4 台低压加热器、除氧器、3 台高压加热器依次编为 1～8 号，有的电厂加热器编号是与对应的汽轮机抽汽编号一致、编为 8～1 号，有的机组为了降低热耗设有 0、9 号加热器。

　　3、4 号低压加热器为卧式、双流程形式，采用电动隔离阀的大旁路系统，以减少除氧器过负荷运行的可能性；1、2 号低压加热器采用独立单壳体结构，至于凝汽器喉部与凝汽器成为一体。采用电动阀大旁路系统。3 号低压加热器疏水由低压加热器疏水泵（简称"低压加热器疏水泵"，2×100% 容量配置、一运一备）引至 3 低压加热器凝结水出口管道。

　　1、2 号低压加热器分别接至疏水冷却器，疏水冷却器疏水接至凝汽器。除了正常疏水外，每台低压加热器还设有危急疏水管路，当发生下述任一种情况时，开启有关加热器事故疏水阀，将疏水直接排入凝汽器疏水扩容器经扩容降压后排入凝汽器；加热器管子断裂或管板焊口泄漏，凝结水进入壳体造成水位升高或者正常调阀故障，疏水不畅造成壳体水位升高；下一级加热器高水位后事故关闭上一级疏水调节阀，上一级加热器疏水无出路；低负荷时，加热器间压差减小，正常疏水不能逐级自流时。每台加热器的疏水管路上均设有疏水调节阀，用于控制加热器正常水位。危急疏水管道上的调节阀受加热器高水位信号控制。每个疏水阀前后均装有隔离阀。疏水流经疏水阀时，会受阀芯节流影响，阀后的疏水势必汽化，造成水汽两相流动，导致管道磨损和振动，且产生噪声。为使其影响减到最小，采取以下预防措施：疏水阀尽可能地布置在靠近接受疏水的设备处，缩短疏水阀后疏水管道的长度，并且疏水阀后管道选用管径大、管壁厚、材质好的管道；布置在疏水阀下游的第一个弯头以三通代替，在三通的直通出口装有不锈钢堵板。每台低压加热器均设有启动排气和连续排气，以排除加热器中的不凝结气体。低压加热器汽侧的启动排气和连续排气均单独接至凝汽器中。所有低压加热器的水侧放气都排大气。连续排气均设有节流孔板，其容量通常按能通过 0.5% 加热器最大加热流量选取。

　　凝结水系统布置了凝结水泵最小流量再循环管路和凝汽器高水位回水管路，最小流量再循环管路自轴封冷却器出口的凝结水管道引出，经最小流量再循环阀回到凝汽器，以保证启动和低负荷期间凝结水泵通过最小流量运行，防凝结水泵汽蚀，同时也保证启动和低负荷期间有足够的凝结水流过轴封冷却器，维持轴封冷却器的微真空。最小流量再循环管道按凝结水泵、轴封冷却器所允许的最小流量中的最大者进行设计。最小流量再循环管道上还设有调节阀以控制在不同工况下的再循环流量。凝汽器高水位回水管路用于在凝汽器水位过高时，将系统里多余的凝水排回室外凝补水箱。凝水主、辅调阀与凝结水泵变频器共同参与调整凝汽器和除氧器水位。在疏水冷却器之前的管道上，还设有控制除氧器水箱水位的调节阀，为了提高调节性能，并列布置主、辅调节阀，分别用于正常运行及低负荷运行。

　　2．凝汽器的工作原理

　　（1）凝汽设备任务及分类。凝汽设备是凝汽式汽轮机装置的重要组成部分之一，它的工作情况直接影响到整个装置的热经济性和运行可靠性。凝汽设备的任务是：建立和维持真空、回收凝结水、真空除氧。按照冷却介质的不同，凝汽器可分为水冷与空冷两种形式。

（2）水冷凝汽器的基本结构。表面式凝汽器（见图 6-60）的外壳通常呈圆柱形或椭圆柱形，大功率汽轮机的凝汽器则为矩形。外壳两端连接着端盖和管板，端盖和管板之间形成水室。冷却水进出一端的水室被隔板分成上下两部分，多根冷却水

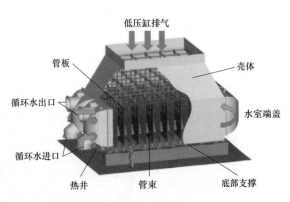

图 6-60　表面式凝汽器结构

管装在管板上，形成主凝结区。冷却水从进口水室进入下部冷却水管，然后在另一端水室转向进入上部冷却水管，最后从出水口排出。汽轮机排汽从上部喉口进入凝汽器，在管外被冷凝成水，并流入下部热井中被凝结水泵抽走。同一股冷却水在凝汽器中先后转向两次流经冷却水管的，称为双流程凝汽器见图 6-61，不转向者则称为单流程凝汽器，见图 6-62。

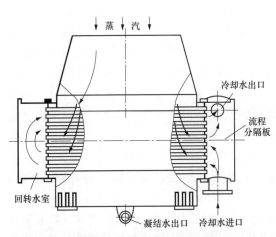

图 6-61　双流程凝汽器

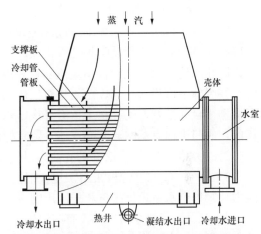

图 6-62　单流程凝汽器

在凝汽器壳体下侧装有空气抽出口，为减轻抽汽设备的负荷，要在抽出之前减少气体中的蒸汽含量。为此把一部分冷却管束用隔板与其他管束隔开，形成空气冷却区，抽汽器将该区的混合气体抽出。根据抽出口的位置不同，凝汽器的结构可分为汽流向心式和汽流向侧式两种。大型凝汽器的负荷大，为了缩短汽流途径，减少汽阻，出现了多区域向心式凝汽器，将若干独立区域平行布置于矩形外壳中，每个区域的中部都有空气冷却区。凝汽器管束的基本排列方式有三种，即三角形排列、转移轴线排列和轴向排列，管束布置必须使蒸汽入口处管子排列稀疏，以利于蒸汽的扩散；要避免内层管束的热负荷过低，应有通道使蒸汽直接深入到内层管束；空气冷却区的管束要适当密些。

（3）某百万机组凝汽器（见图 6-63）结构简介。该凝汽器采用双背压、双壳体、单流程、表面冷却式。底部采用轴承支座支撑，上部与低压缸排汽口之间的连接采用刚性连接。由于冷却介质为海水，因此凝汽器传热管采用钛管，管板采用复合钛板，水室采用衬胶保

护以防海水腐蚀，管子与管板连接方式为胀接加密封焊。其结构特点如下：

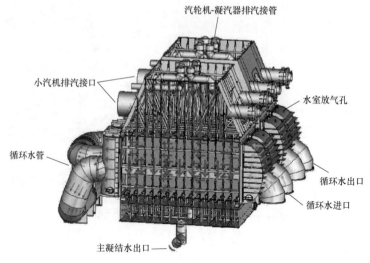

图 6-63 凝汽器

1）壳体。凝汽器壳体采用焊接钢结构，其强度和刚度能承受管道的转移载荷和设计压力，防止汽轮机传递来的振动造成冲击和共振。①凡与凝汽器壳体相连的管道接口，工质温度在 150℃ 及以上者设隔热套管，喷嘴和内部管道工作温度超过 400℃ 的采用合金钢。②为防止高速、高温气流冲击凝汽器管和内部构件，流量分配装置和挡板成具有足够的强度。③壳体上部设入孔门，用于检查低压加热器和抽汽管。在凝汽器上部入孔门外，还设有格栅平台和扶梯。④壳体上留有各汽、水管道的接管。⑤凝汽器壳体上设置电动真空破坏门，阀门进口有滤网。⑥凝汽器上留有检漏装置接口。

2）排汽颈部。开设必要的孔洞，以便安装设在凝汽器内的设备及管道。

3）水室。①水室管板采用钛复合钢板。②水室内部凡接触到循环水的材料具有抗腐蚀能力。③每个水室设供排气和排水用的接口。④循环水出入口设置安全格栅。

4）热井。①热井出水口设有防涡流装置，并在该处设置滤网。②热井放水口管道带有真空隔离门，该管能在 1h 内排出正常水位下的全部凝结水。③热井内部用挡板分开，并配有接头以便测量凝结水的电导率。④热井水位还行高度范围在高低水位报警范围之间，但不小于 300mm。⑤热井有效容积不小于 TMCR 工况下 3min 的凝结水量。

5）性能特点。①凝汽器换热面积为 46000m²，凝汽器以 VWO 工况为设计工况，循环水温升不超过 9℃，循环水设计水温为 20℃，换热管内流速不超过 2.3m/s。②凝汽器能在 VWO 工况以及循环水温 33℃ 下连续运行并保证除氧要求。③在凝汽器的喉部装有 7、8 号低压加热器。④凝汽器管束材料为钛，凝汽区管壁厚度为 BWG24（0.559mm），空冷区和通道外侧管壁厚度为 BWG22（0.711mm），管子与管板连接严密，能防止循环水混入汽侧，管板采用进口复合钛板。

（4）空冷凝汽器。空冷凝汽器是指利用空气来带走汽轮机排气热量的凝汽器。采用空冷凝汽器，不需要冷却水。所以发电厂厂址选择上就不会受到冷却水源的限制，特别是厂址选在煤炭产地的电厂，采用空冷凝汽器更有现实意义。空冷凝汽系统可分为直接空冷利和间接空冷两种方式。

3. 凝结水泵

（1）概述。凝结水泵是将凝汽器底部热井中的凝结水吸出，经水泵升压后流经低压加热器等设备输送到除氧器，凝结水泵采用定速电动机拖动的离心式泵（大多数电厂均进行了变频改造），属于中低压水泵。

凝结水泵所输送的是相应于凝汽器压力下的饱和水，吸入侧是在真空状态下工作，易吸入空气并产生汽蚀，故凝结水泵的运行条件要求水泵的抗汽蚀性能和轴密封装置的性能良好。凝结水泵性能中规定了进口侧的灌注高度，借助水柱产生的压力，使凝结水离开饱和状态、避免汽化。因而凝结水泵安装在热井最低水位以下，使水泵入口与最低水位维持一定的高度差。凝结水泵轴的密封装置可采用普通的填料密封或机械密封。无论哪一种密封，在凝结水泵运转或停运处于备用状态时要保证密封水的供给，以防止空气漏入凝结水系统，影响凝汽器真空度。由于凝结水泵进口处于高度真空状态下，容易从不严密的地方漏入空气积聚在叶轮进口，使凝结水泵打不出水。因此，一方面要求进口处严密不漏气，另一方面在泵入口处接一根抽空气管至凝汽器汽侧（也称平衡管），以保证凝结水泵的正常运行。

凝结水泵接再循环管主要也是为了解决水泵汽蚀问题。为了避免凝结水泵发生汽蚀，必须保持一定的出水量。当空负荷和低负荷时凝结水用量最少，凝结水泵采用低水位运行时，汽蚀现象逐渐严重，凝结水泵工作极不稳定，这时通过再循环管，凝结水泵的一部分出水流回凝汽器，能保证凝结水泵的正常工作。此外，轴封冷却器、射汽抽汽器的冷却器在空负荷和低负荷时也必须流过足够的凝结水，所以一般凝结水再循环管都从它们的后面接出。大机组的凝结水泵通常采用固定水位运行，设置自动调节凝汽器热井水位装置。

（2）立式凝结水泵。某百万机组凝结水泵为两台100%容量的立式筒形泵，一台运行，一台备用。凝结水泵的容量满足汽轮机VWO工况下的凝结水流量，再加上10%的裕量，其扬程也按在VWO工况下运行并留有裕量，且能适应机组变工况运行的要求。凝结水泵为电动多级、筒形，离心泵。其结构（见图6-64）和性能特点如下：

1）凝结水泵为立式筒形壳体结构且有良好的抗汽蚀性能。

2）凝结水泵可以在所有运行工况下连续工作而无需运行人员监视。

3）在所有运行工况下，凝结水泵均能安全运行且不发生汽蚀。

4）凝结水泵的设计和管道的布置充分考虑了运行人员巡检，润滑油注油以及检修和维护的需要，泵的转子、密封和轴承可以在不移动外壳的情况下取出。

5）凝结水泵的经济运行工况点在泵特性曲线的最高效率范围之内，在经济工况点，泵

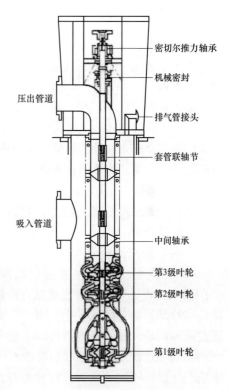

压出管道

吸入管道

密切尔推力轴承

机械密封

排气管接头

套管联轴节

中间轴承

第3级叶轮

第2级叶轮

第1级叶轮

图 6-64 凝结水泵结构图

的流量、压头、效率和净吸入压头均能满足要求；凝结水泵的铭牌工况点是泵的能力工况点，在能力工况点，泵的流量、压头、效率和净吸入压头同样能满足要求；凝结水泵的出力留有一定的裕量且考虑了由于磨损而引起的流量和压头的下降。

6）凝结水泵的流量—压头特性曲线变化平稳，从经济运行工况点到最小流量工况点，压头的升高不超过设计工况点压头的20%。

7）在事故条件下，凝结水泵和电机均可以承受反转。

8）凝结水泵可以在出口门关闭的条件下启动，然后再开启出口门。

9）凝结水泵的转子、叶轮和其他主要转动部件均经过动、静平衡试验合格；凝结水泵的振动值是在无汽蚀运行的条件下测得的且轴承处的振动值符合要求。

10）泵壳按照全真空条件下的外部压应力计算值进行设计并按照4MPa的内部压应力进行校核。

11）当两台凝结水泵并列运行时，在正常的工作范围之内，负荷偏差小于5%，凝结水泵的最小流量不超过25%额定流量。

二、冷却水系统

1．概述

本节讲述的冷却水系统主要是指循环（冷却）水系统、开式（冷却）水系统、闭式（冷却）水系统。

凝汽式发电厂中，为了使汽轮机的排汽凝结，凝汽器需要大量的循环冷却水。除此之外，发电厂中还有许多转动机械因轴承摩擦而产生大量热量，发电机和各种电动机运行因存在铁损和铜损也会产生大量的热量。这些热量如果不能及时排出，积聚在设备内部，将会引起设备超温甚至损坏。为确保设备的安全运行，电厂中需要完备的循环冷却水系统，对这些设备进行冷却。另外，可满足其他工业（如消防、冲灰、设备冲洗、清洁等）、生活等用水的需要。

循环冷却水系统和工业水系统因各厂不同情况有很大差异。冷却水的供水方式有两种：

（1）直流供水方式（也称开式供水）。这种方式通常是循环水泵直接从江河的上游取水，经过凝汽器后排入江河的下游。冷却水只使用一次即排出。

（2）循环供水方式（也称闭式供水）。这种方式是在电厂所在地水源不充足时或水源距离电厂较远时采用。它必须有冷却设施，如冷却水池、喷水池和冷却塔等。循环水泵从这些冷却设施的集水井中汲水，经凝汽器等设备吸收热量后再送进冷却设施中，利用水蒸发降温原理，使水降温后再送至凝汽器循环使用。

无论哪种供水方式，冷却水进入厂内后，根据各设备（轴承、冷却器等）对冷却水量、水质和水温的不同要求，又可分为开式和闭式循环冷却水系统。开式循环冷却水系统是用循环水直接去冷却一些对水质要求较低、要求水温较低而用水量大的设备。闭式循环冷却水系统则是用洁净的除盐水或凝结水作为冷却介质，去冷却一些用水量较小、对温度要求不严格但对水质要求较高的设备，可防止冷却设备的结垢和腐蚀，防止通道堵塞并保持冷却设备的良好传热性能，如润滑油冷却器、取样冷却器等。

在闭式系统中，除盐水在各个冷却器中吸热后利用开式循环冷却水进行冷却，然后循环使用。一般，闭式系统的水温比开式循环水的温度高4～5℃。大多数电厂都将两种循环系统结合使用。开式和闭式循环水系统的关系可见图6-65。

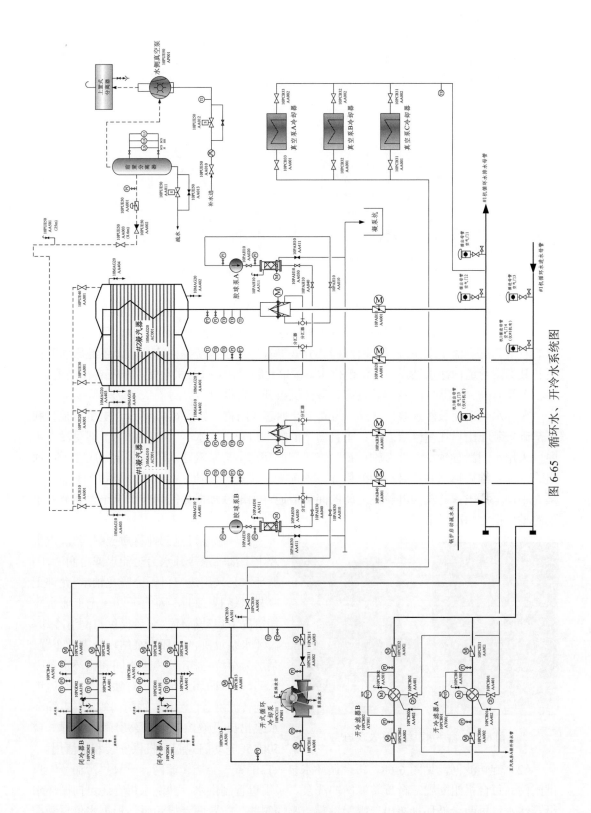

图 6-65　循环水、开冷水系统图

2. 循环水系统

循环水系统采用直流供排水,除作为凝汽器及闭冷器冷却水外,还经原水升压泵及其旁路管道向净水站反应沉淀池供水。每台机组配置多台循环水泵,循泵电机绕组及推力轴承、导轴承采用自身水或工业水冷却水。循环冷却水系统如图 6-66 所示。

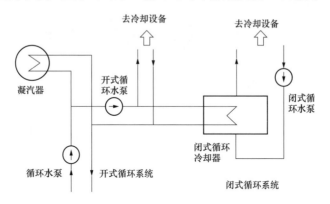

图 6-66　循环冷却水系统

(1) 循环水泵。以某机组为例,机组配 3×33% 容量立式混流循环水泵,用长江水作水源的一次升压直流供水系统,为凝汽器、开式循环冷却水系统提供冷却水,还经原水升压泵及其旁路管道向净水站反应沉淀池供水,按单元制设计。每台机组夏季开三台循泵运行;春秋冬季时开二台循泵;冬季低负荷时每台机组开一台循泵。

循环水泵采用长沙水泵厂产品,为固定叶抽芯式结构,如图 6-67 所示。电机与泵直联单基础安装吐出口在基础层之下;垂直向下的喇叭口吸水,水平吐出;泵的下部浸没在水中,采用水润滑导轴承,并有轴保护管将清洁的润滑水与泵输送水隔开;泵做成转子可抽出式,即泵维修拆卸时不必拆动外筒体、外部管路和安装基础,将需要维修的转子部件从泵壳中向上抽出;叶轮和叶轮室之间的间隙值通过上部联轴器处的调整螺母予以调节;水泵的轴向推力由电机承受。

图 6-67　循环水泵结构图及现场

循环水泵过流部件材质应耐腐蚀,电机及上下部轴承冷却水为工业水或自润滑,因循环水泵采用进口可干磨赛龙轴承,允许无冷却水运行 120s,因此可以在无工业水冷却情况下启动循环水泵后提供自润滑冷却。循环水泵设置再循环水泵站,全露天布置。泵房为湿坑结构,分为进水间和循环水泵吸水间,每台循环水泵均设有独立的进水流道及旋转滤网、拦污栅、钢闸门等设施,循环水泵出口设液控蝶阀,泵房间内配置一台 50t/15t 电动门式起重机供安装和检修用。

(2) 旋转滤网,见图 6-68。每台循环水泵入口配置一台旋转滤网、一只拦污栅,一只钢闸门。每台机组配置三台旋转滤网冲洗泵,采用母管制供水,冲洗水母管还可向循环水母管注水。每两台循环水泵出口蝶阀设置一座蝶阀井,配置两台排污泵,根据水位自动控制，出水至厂区雨水管道。

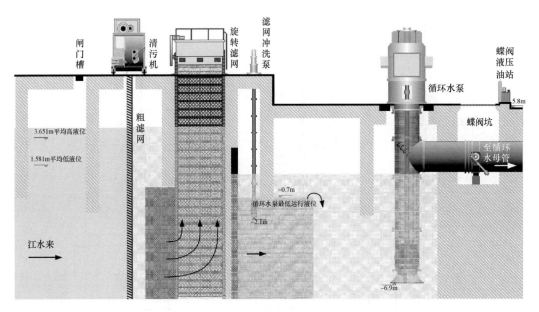

图 6-68　循环水泵站示意图

（3）平面钢闸板。本机每台循环水泵进水前池流道中各设置 1 孔铸铁闸门槽，共 6 孔，统一配设 3 块检修钢闸门，潜孔式布置，液压顶升单向止水。泵站进水间顶部敞开式布置，当需要排空泵站流道进行检修时，可通过进水间上部设置的 50t/15t 电动双梁门式起重机启闭闸门，从而切断长江水源。

（4）拦污栅。每个循环水泵有进水流道配备一套拦污栅。拦污栅安装于循环水泵房进水前池中，用以清除水源中大体积污物和其他漂浮物。

（5）清污机，见图 6-68。移动型垂直耙斗式拦污栅清污机是水利水电工程，火力发电厂、冶金、化工及市政工程给排水系统拦污栅的清污装置。可以清除附着在拦污栅面上的杂草、枯枝败叶、城市污水中的垃圾及小动物尸骨；代替人工清污、减轻劳动强度，满足后续设备净化水质和水泵的工作要求。

（6）排空阀。供水管道使用的能自动排出空气的阀门。它垂直安装于管道的顶部。当管道充水时，管道中的空气可经排气口排出，充满水后，浮子（通常为浮球）在浮力作用下关闭排气口，阻止水的排出。当管道排水时，浮子随着管道水位下降，排气口开启，空气遂进入管道中，以防止管道内形成真空。在管道正常工作的情况下，水内所含的空气会逐渐析出上升，聚集于阀体内的空气达到一定数量时，也通过排气口排出。对于管道起伏坡度变化较大和经常充水、排水的管道，安装排空气阀能保证供水管道的正常工作。

3. 开式冷却水系统

开式冷却水系统主要由电动滤水器、开式冷却水泵、闭式冷却水热交换器、真空泵密封水热交换器以及连接管道阀门等组成。系统配置 2×100%容量电动滤水器，一台 100%容量开冷泵，进水取自主厂房外凝汽器循环水进水总管，出水供闭冷器及真空泵冷却器冷却水后回至循环水回水管。开冷水用户有闭冷器和真空泵密封水冷却器。

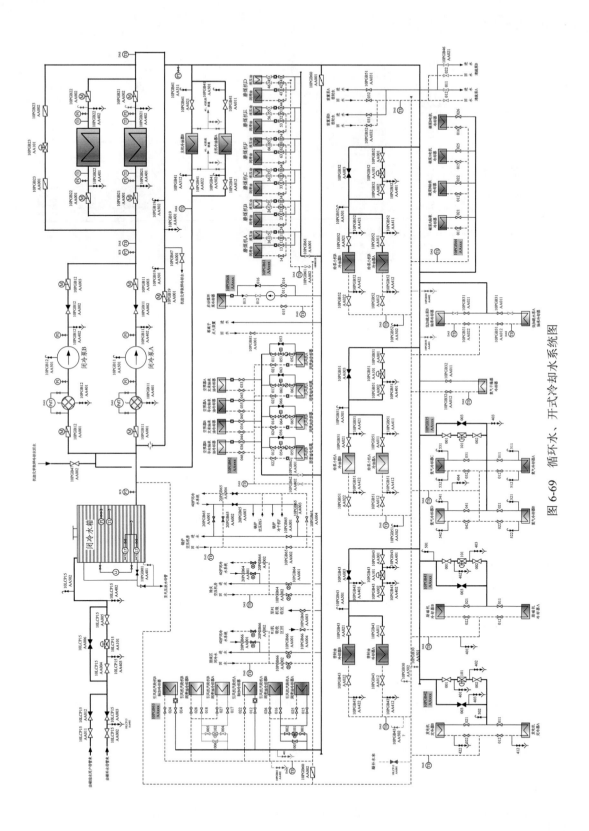

图 6-69　循环水、开式冷却水系统图

开式冷却水系统采用水质较差、流量较大的循环水（海水、江水等），向闭式水热交换器、凝汽器汽侧水环式真空泵冷却器提供冷却水源，经各设备吸热后排至循环水排水管。开式水由凝汽器循环水进水蝶阀前母管引接，经电动滤水器后由开冷水泵升压，分别供给：2 台 100%闭式水热交换器、3 台凝汽器水环式真空泵冷却器，回水接到凝汽器循环水排水蝶阀后的母管，随循环水排入长江。

4．闭冷水系统

（1）概述。闭式循环冷却水系统的作用是向汽轮机、锅炉、发电机的辅助设备提供冷却水，带走有关辅助设备产生的热量。该系统为一闭式回路，用开式循环冷却水进行冷却。除闭冷水热交换器和水环式真空泵冷却器外的所有主厂房内的主、辅机设备的冷却水基本均由本系统提供。

系统配置一只高位布置闭冷水箱，2×100%容量闭冷水泵，2×100%容量板式热交换器，正常运行时闭冷泵、闭冷器一运一备。凝水或凝补水为系统补水经闭冷水箱进入系统。闭冷水系统分别向锅炉、汽轮发电机组及空气压缩机、化学取样等用户提供冷却水，对于部分调温要求较高的用户，在其进水管道上设有单独的温度调节阀。

闭冷水先经闭冷泵升压后，至闭冷水热交换器，被开式水冷却之后，至各冷却设备，然后从冷却设备排出，汇集到闭冷水回水母管后至闭冷泵入口。闭冷水系统采用化学除盐水作为系统工质，由凝补水箱用凝补水输送泵向闭冷水箱及其系统的管道充水，然后通过闭冷水泵升压后，进入各有关设备的热交换器，再返回闭式循环冷却水泵入口，形成闭式循环冷却水系统。正常运行时，该系统的补水来自闭冷水箱，而来自凝结水泵的凝结水（位于精处理装置出口母管处的支管）通过补水调节阀来维持闭冷水箱的正常水位。

系统正常运行时，由闭冷水箱内液位控制开关来控制液位调节阀的开度，以维持水箱的正常运行水位；闭冷水箱还设有无压放水管道，作为闭冷水箱溢流和事故放水用。

闭冷泵出口管道上设有取样接口和加药点，通过取样以及向系统加联氨，以此来监视、调整闭冷水系统的水质。

（2）主要设备。

1）闭冷水箱。闭式膨胀水箱作为闭式循环冷却水的缓冲水箱，其作用是稳定压力，调节整个闭式循环冷却水系统循环水量的波动，以及吸收水的热膨胀。水箱高位布置（标高26m），可为闭式循环冷却水泵提供足够的净吸入压头。水箱的正常水位只维持水箱容积的一半，使其有一定的膨胀空间。

2）闭冷水泵。闭冷水泵采用 100%高效单级双吸离心泵，型号为 GS600-13/6，采用滚动轴承，油脂润滑，密封采用填料密封和机械密封。

每台闭式冷却水泵入口设置一只闸阀和滤网，出口设置一只止回阀和一只电动隔离阀。隔离阀的作用是在水泵检修时隔离水泵来水，正常运行时隔离阀应处于全开位置。出口的止回阀能够防止冷却水倒灌入备用泵中。

3）闭冷水冷却器（见图 6-70）。闭式循环冷却水热交换器的作用是用循环冷却水冷却吸热后温度上升的闭式循环冷却水。闭式冷却水热交换器应当能满足机组从启动到最大出力时各种负荷下运行的冷却水要求，并留有一定的裕量。换热面积按最高计算冷却水温计算确定。目前热交换器主要有管式和板式两种形式。

板式热交换器有结构紧凑、管路布置简单、传热效率高等特点，但长期使用后板片、密封条易出现泄漏；管式热交换器运行可靠，但造价高，占地面积大。目前新建机组大多采用板式热交换器。

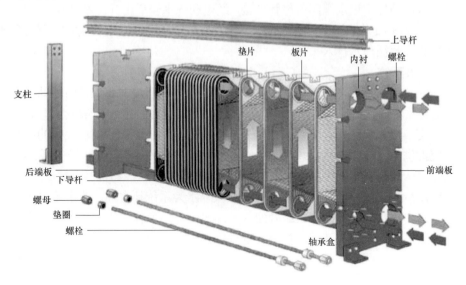

图 6-70　闭冷器结构图

板式换热器由许多压制成型的波纹金属薄板片按一定的间隔，四周通过垫片密封，并通过框架和夹紧螺栓进行压紧而成，板片和垫片的四个角孔形成了流体的分配管和汇集管，同时又合理地将冷热流体进行自由导流分配，通过板片进行热传递达到热量交换的目的。这块传热板片组形成两种介质通过的流道，传热板片的波形使得流体形成湍流，并且两种流体之间产生的压力差对板片起到支撑作用。

三、抽真空系统

1. 系统概述

抽真空系统（见图 6-71）的功能是在机组启动时，将凝汽器内的空气抽出，以达到机组启动所需的真空值；在机组正常运行时，抽出凝汽器汽侧的一些不凝结气体，以维持凝汽器内的真空值、改善传热效果，提高汽轮机设备的热经济性。

2. 系统组成

抽真空系统通常由两只真空破坏阀和三台水环式真空泵及其附属系统组成。两只真空破坏阀分别接在汽轮机 1、2 号凝汽器上，汽轮机破坏真空时开启，可以迅速降低凝汽器真空，加快汽轮机紧急停运速度。正常运行时，为防止真空破坏阀内漏造成机组出现漏真空现象，阀门设有水封系统，水源为凝结水。三台 50% 水环式真空泵可根据机组运行需要，选择运行台数，保证凝汽器最佳真空。目前，凝汽式汽轮机组的常规抽真空设备为水环式真空泵，水环式真空泵具有技术成熟的特点，但存在普遍缺点：选型偏大，选型时考虑快速启机的需要，真空泵的出力往往余量较大，耗电量大；抽吸能力受环境温度影响大；易发生汽蚀，易导致振动和裂纹问题，降低设备可靠性，很多电厂已进行了改造，主要有蒸汽喷射装置、罗茨泵、冷冻水等方案。

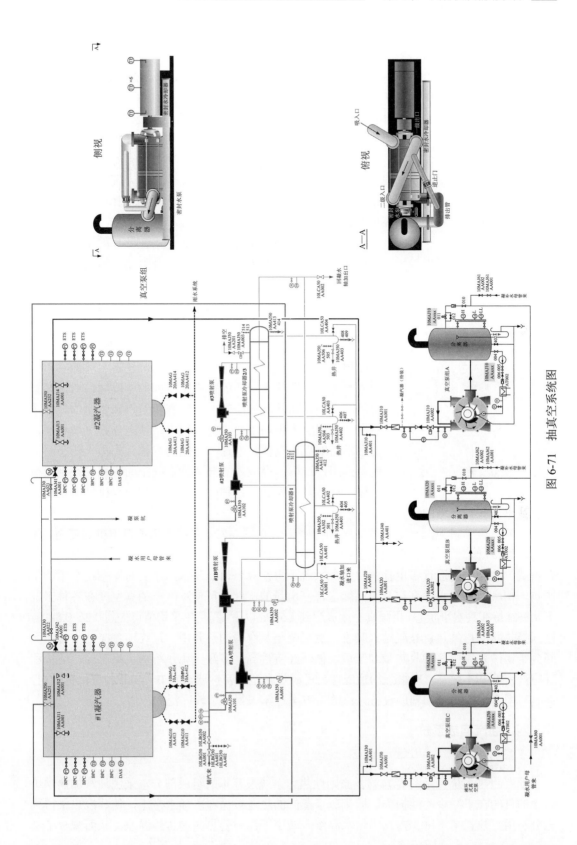

图 6-71　抽真空系统图

3. 主要设备

（1）水环式真空泵。图 6-72 所示为水环式真空泵（简称水环泵）的工作原理，它的主要部件是叶轮和壳体。叶轮由叶片和叶毂组成，叶片有径向平板式，也有向前（向叶轮旋转方向）弯式，壳体中由若干零件组成不同型式的水环泵，壳体的具体结构可能不同，却有共同的特点，那就是在壳体内部形成一个圆柱体空间，叶轮偏心地装在这个空间内，同时在壳体的适当位置上开设吸气口和排气口。吸气口和排气口开设在叶轮侧面壳体的气体分配器上，轴向吸气和排气。壳体不仅为叶轮提供工作空间，更重要的是直接影响泵内工作介质（水）的运动，从而影响泵内能量的转换过程，水环泵工作之前，需要向泵内灌注一定量的水，它起着传递能量的媒介作用。因而被称为工作介质。采用水作为工作介质是因为水获取容易，不会污染环境且黏性小，可以提高真空泵的效率。

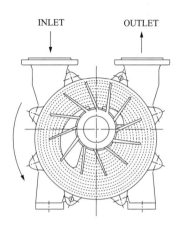

图 6-72　水环式真空泵工作原理

当叶轮在电动机驱动下转动时，水在叶片的推动下获得圆周速度，由于离心力的作用，水向外运动，即水有高开叶轮轮毂流向壳体内表面的趋势，从而在贴近壳体的内表面处形成了运动着的水环。由于叶轮与壳体是偏心的，水环内表面也与叶轮偏心。

由水环内表面、叶片表面、轮毂表面和壳体的两个侧盖表面周成许多互不相通的小空间。由于叶轮与水环偏心，因此处于不同位置的小空间的容积是不同的。同理，对于某指定的小空间，随叶轮的能转，它的容积是不断变化的。如果能在小空间的容积由小变大的过程中，使之与吸气口相通，就会不断地吸入气体，当这个空间的容积开始由大变小时，使之封闭，这样已经吸入的气体就会随空间容积的减小而被压缩。气体被压缩到一定程度后，使该空间与排气口相通，即可排出已经被压缩的气体。

（2）蒸汽喷射无源真空系统（蒸汽喷射器），见图 6-73。系统取消所有电机的使用，无任何机械转动部件。整套系统以多级喷射系统取代原单级喷射器加小功率水环真空泵的组合模式，达到系统运行零电耗的目的。系统不再消耗任何冷却水，不会对原系统水泵产生影响，彻底解决了水环真空泵组高耗水、高电量的问题，可使凝汽器的真空度在各种工况下始终维持在高水平状态，极限真空度可达到 1.5kPa 以下；真空年平均值可提高 0.2～0.5kPa，进入换热器的排气热量被凝结水吸收，然后疏至凝汽器的热井中，最终随着凝结水管路又回到了锅炉系统中，回收热量和工质，循环经济性高。多级无源系统对机组工况、环境和真空严密性都不敏感，有很强的适应性，可满足真空严密性要求在 0～400Pa /分值范围内，并具有配套控制系统和辅助设备。该改造方案近年来得到了较广泛的应用。

四、抽汽回热系统

1. 系统概述

抽汽回热系统（见图 6-74）是原则性热力系统最基本的组成部分，采用抽汽加热锅炉给水的目的在于减少冷源损失，即避免了蒸汽的热量被循环冷却水带走，使蒸汽热量得到充分利用，热耗率下降；提高了给水温度，减少了锅炉受热面的传热温差，从而减少了给水加热过程的不可逆损失。综合以上原因，抽汽回热系统提高了循环热效率，因此抽汽回热系统的正常投运对提高机组的热经济性具有决定性的影响。

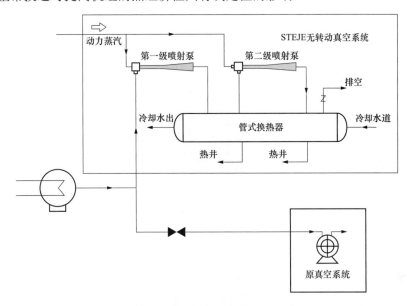

图 6-73　蒸汽喷射无源真空系统图

抽汽回热系统以除氧器为分界点，除氧器后至锅炉省煤器的加热器称为高压回热加热系统；凝汽器至除氧器的加热器称为低压回热加热系统。

加热器应具有足够的换热面积，选用导热性能良好的材料，这是保证回热系统效率的必要条件，因为加热器足够的换热面积并选用导热性能良好的材料能够使加热器的端差尽可能小，系统效率就高。抽汽的管道、阀门要有足够的通流面积，管道内表面尽可能平滑，可减小阀门、管道的流动损失。

回热抽汽系统性能的优化对整个汽轮机组热循环效率的提高起着重大的作用。回热抽汽系统抽汽的级数、参数（温度、压力、流量），加热器（换热器）的型式、性能，抽汽凝结水的导向以及系统内管道、阀门的性能都应予以仔细地分析、选择，才能组成性能良好的回热抽汽系统。

（1）抽汽级数与分布。理论上抽汽回热的级数越多，汽轮机的热循环过程就越接近卡诺循环，汽热循环效率就越高。但回热抽汽的级数受投资和场地的制约，不可能设置得很多，而随着级数的增加，热效率的相对增长随之减少，相对得益不多，一般加热级数定为 8 级。

汽轮机有八段非调整抽汽，一、二、三段抽汽分别向 1、2、3 号三级高压加热器供汽（100%或两台 50%容量）；四段抽汽向汽动给水泵、除氧器和辅助蒸汽联箱供汽；五、六、七、八段抽汽分别向 5～8 号四台 100%容量低压加热器供汽。

给水回热总加热量在各级中的分配是在一定的给水温度和一定级数的条件下，使循环热效率最高为原则，由此对应的各级抽汽回热参数，即为最有利分配的参数，抽汽参数的安排应当是：高品质（高焓、低熵）处的蒸汽少抽，而低品质（低焓、高熵）处的蒸汽则尽可能多抽。确定了分配方式，也就确定了汽轮机的抽汽点，通常用于高压加热器和除氧器的抽汽由高、中压缸或它们的排汽管引出，而用于低压加热器的抽汽由低压缸引出。

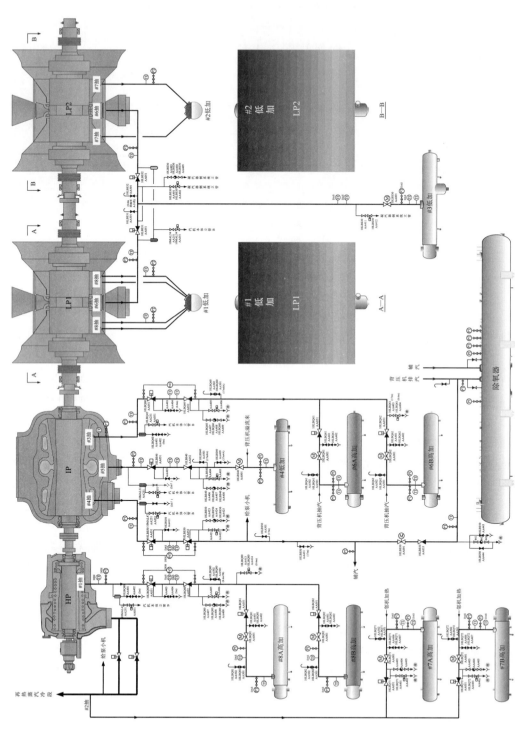

图 6-74 汽轮机抽汽系统

（2）加热器。按换热方式不同，加热器可分为表面式加热器与混合式加热器两种型式。按装置方式可分为立式和卧式两种。按水压可分为低压加热器和高压加热器。一般管束内通凝结水的称为低压加热器。加热给水泵出口后给水的称为高压加热器。加热蒸汽和被加热的给水不直接接触。其换热通过金属表面进行的加热器称为表面式加热器。在这种加热器中，由于金属的传热阻力，被加热的给水不可能到蒸汽压力下的饱和温度，使其热经济性比混合式加热器低。优点是由它组成的回热系统简单，运行方便，监视工作量小，因而被电厂普遍采用。加热蒸汽和被加热的水直接混合的加热器称为混合式加热器。其优点是传热效果好，水的温度可达到加热蒸汽压力下的饱和温度（即端差为零），且结构简单、造价低廉。缺点是每台加热器后均需要设置给水泵，使厂用电消耗大，系统复杂。故混合式加热器主要做除氧器使用。

（3）加热器组成。为了减小端差，提高表面式加热器的热经济性，高压加热器和少量低压加热器采用了联合式表面加热器，该类加热器由三部分组成：

1）过热蒸汽冷却段。利用加热蒸汽的过热度来加热给水。在该加热器中，加热蒸汽不允许被冷却到饱和温度，因为在达到该温度时，管外壁会形成水膜，使加热器的过热度因水膜吸附而消失，能位得不到利用，在此段的蒸汽都保留有剩余的过热度，被加热水的出口温度接近或略超过加热蒸汽压力下的饱和温度。

2）凝结段。加热蒸汽在此段中是凝结放热，其出口的凝结水温是加热蒸汽压力下的饱和温度，因此被加热水的出口温度，低于该饱和温度。

3）疏水冷却段。该段冷却器的作用是凝结段来的疏水进一步冷却，使进入凝结段前的水先被加热，其结果一方面使本级抽汽量有所减少，另一方面，由于流入下一级的疏水温度降低，从而降低本级疏水对下一级抽汽的排挤，提高了系统的热经济性。疏水冷却段是一种水—水热交换器，该段加热器出口的疏水温度低于加热蒸汽压力下的饱和温度。

（4）主要设备。

1）除氧器。进入锅炉的给水中如果含有氧气，将会使给水管道、锅炉设备及汽轮机通流部分受到腐蚀，缩短设备的寿命。除氧器的主要作用就是用它来除去锅炉给水中的氧气及其他气体，保证给水的品质。同时除氧器本身又是给水回热加热系统中的一个混合式加热器起加热给水，提高给水温度的作用。

根据除氧器中的压力不同，可分为真空除氧、大气式除氧器和高压除氧器三种大机组都是采用高压除氧器，根据水在除氧器中散布的形式不同，又可分为淋水盘式、喷雾式和喷雾填料式三种。

目前大机组采用的喷雾淋水盘式除氧器，既保持了喷雾式除氧器的优点，又增设了淋水盘以弥补其不足，因此是一种除氧效果比较理想的除氧器。实际上，喷雾淋水盘式除氧器是对水进行了两次加热除氧，因而除氧效果好。此外还有低负荷适应性好，出力大的优点。

因除氧器水箱的水温相当于除氧器压力下的饱和温度，如果除氧器安装高度和给水泵相同，给水泵进口压力稍有降低，水就会汽化，在给水泵进口处产生汽蚀，造成给水泵损坏的严重事故。为了防止汽蚀产生，必须不使水泵进口压力降低至除氧器压力，因此就必须将除氧器安装在一定高度处（见图6-75），利用水柱的高度来克服进口管的阻力和给水泵进口产生的负压，使给水泵进口压力大于除氧器的工作压力防止。给水的汽化一般还要考虑除氧器压力突然下降时给水泵运行的可靠性，所以除氧器安装标高还留有安全密度。

图 6-75　除氧器安装现场

除氧器水箱的作用是储存给水平衡，给水泵向锅炉的供水量与凝结水泵送进除氧器水量的差额。也就是说，当凝结水量与给水量不一致时，可以通过除氧器水箱的水位高低变化调节，满足锅炉给水量的需要。除氧器水箱的容积一般考虑满足锅炉额定负荷下 20min 用水量的要求。

除氧器加热蒸汽有一路引入水箱的底部或下部（正常水面以下），作为给水在沸腾，用装设再沸腾管有两点作用：一是有利于机组启动前对水箱中的给水加温及备用水箱维持水温，因为这时水并未循环流动，如加热蒸汽只在水面上加热，压力升高较快，但水不易得到加热，二是正常运行中使用，再沸腾管对提高除氧效果有益处。开启沸腾阀，使水箱内的水经常处于沸腾状态，同时，水箱液面上的汽化蒸汽还可以把除氧水与水中分离出来的气体隔绝，从而保证了除氧效果。使用再沸腾管的缺点是汽水加热沸腾时噪声较大，且该路蒸汽一般不经过自动进汽调节阀，操作调整不方便。

高压除氧器用汽连接在相应压力的抽汽管道上，为保证除氧器压力在汽轮机的负荷时不致降低，设置能切换至较高抽汽压力的切换阀。当几台机组并列运行时，可设置用气母管，作为备用气源。除氧器安装有溢流装置，安装溢流装置的目的是防止在运行中大量水突然进入除氧器或监视调整不及时造成除氧器满水事故。安装溢流装置后，如果满水，水从溢流装置排出，避免了除氧器运行失常，危及设备安全。大气式除氧器的溢流装置一般为水封筒，高压除氧器装设高水位自动放水门。

①喷雾淋水盘式除氧器，见图 6-76。某机组喷雾淋水盘式除氧器，该除氧器按 TMCR 工况下的参数作为容量设计的基础，并能满足汽轮机阀门全开工况的运行要求。除氧器最大出力不应小于 BMCR，蒸发量 105%时所需的给水量，除氧器采用卧式直接布置在水箱上，采用除喷雾除氧和深度除氧两段。

凝结水通过进水管进入除氧器的凝结水进水室。在进水室长度方向上均匀布置许多恒速喷嘴，因凝结水的压力高于除氧器内的汽侧压力，在压差的作用下，将喷嘴上的弹簧压缩后打开喷嘴，使凝结水通过喷嘴喷出，呈现一个圆锥形水膜进入喷雾除氧空间。在这个空间中，过热蒸汽与圆锥形水膜充分接触，迅速把凝结水加热到除氧器压力下的饱和温度，绝大部分非凝结气体在喷雾除氧空间中，被除去穿过喷雾除氧空间的凝结水，喷洒在淋水盘箱上的布水槽钢上，布水槽钢均匀的将水分配给淋水盘箱。淋水盘箱由多层一排排的小槽缸交错布置而成，凝结水从上层的小槽缸两侧分别流入下层的小槽缸中，并一层层交替流下去，使凝结水在淋水盘箱内有足够的停留时间，并与过热蒸汽接触，汽水加热面积达到最大淋水盘箱的凝结水不断在沸腾凝结水中，剩余的非凝结气体在淋水盘箱中进一步除去，即使凝结水中的含氧量达到锅炉给水的要求，故该段称为深度除氧空间。凡是在喷雾除氧段和深度除氧段被清除的非凝结气体均上升到除氧器上部特定的排气管中，排向大气。

除氧水从出水管流进除氧器的给水箱中。

②单体式除氧器，见图6-77。单体式除氧器（也称为无头式除氧器、内置式除氧器、一体化除氧器等）正逐步得到推广使用，这是一种先进的除氧设备，已被欧美、北美、中东及远东发达国家广泛应用。在我国300～1000MW机组上也有不少成功的应用。

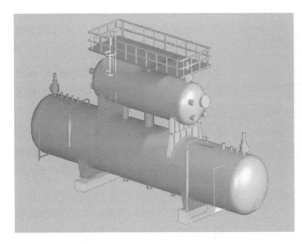

図6-76　喷雾淋水盘式除氧器　　　　　　　　　　图6-77　单体式除氧器

常规除氧器的除氧过程是在一个高大的除氧头内进行的，除氧头内部有淋水盘、各种形状的填料。给水通过喷嘴喷出，再通过淋水盘或填料的过程中增加了接触面积和流动，形成与由下往上流动的蒸汽混合换热，达到除去不凝结气体的目的。这种除氧器的缺点是在符合变化时，除氧效果往往达不到要求，除氧效果受到限制，而且必须有一个高大的除氧头装在除氧水箱上面。体积庞大，需要很高的建筑空间，建筑投资和金属耗量均很大。单体式除氧器将除氧部件设置在除氧水箱内，取消了常规除氧器的除氧头，通过这一结构上的根本改变，从而使得单体式除氧器具有明显的优势和特点。

单体式除氧器的除氧过程分两次进行，进入除氧器的主凝结水是通过特殊自调式喷水装置，雾化器将水雾化成细小水滴，水滴的力度及喷射的角度，不因除氧器处理的大小而改变。这些细小水滴以高速通过除氧器的蒸汽空间撞击到挡水板上，坠落到水空间。除氧器内汽空间总是被饱和蒸汽占据，因此不凝结气体的分压力很小，在小水滴穿过饱和蒸汽的同时。在水滴的表面进行冷凝，水滴被加热。由于细小的水滴接触表面与水体积之比相当大，所以水与蒸汽能够得到充分的换热和混合部分不凝结气体溢出。这种加热过程进行的非常迅速，此过程称为初步除氧。

上述过程中水在蒸汽空间停留的时间很短，不可能彻底除去水中的不凝结气体，因此在水空间中进行进一步除氧，就是用蒸汽喷射设备往水空间冲入蒸汽，搅动水箱内的水，使其达到饱和鼓泡状态，从而把残留在水中的气体驱赶出来，这样除氧器出口给水含量就达到设计要求，此过程称为深度除氧。

2）高压加热器，见图6-78。高压加热器与低压加热器同处于火力发电厂的回热系统中。除了有与低压加热器共同点之外，高压加热器还有自身的一些特点。高压加热器的保护装置一般有水位高报警信号、危急疏水门、给水自动旁路，进汽门，抽汽逆止门联动关闭、汽侧安全门等。当高压加热器铜管破裂，水位迅速升高到某一数值时，高压加热器的进、出水门迅速关闭，切断高压加热器进水，同时让给水经旁路送往锅炉，进汽门、抽汽逆止门联动关闭。对于大型机组来说，这是一个非常重要的保护装置。

大机组配套的表面式加热器都设置内置式蒸汽冷却器，其目的是在结构上弥补表面式加热器由于端差的存在而对热经济性的影响，将加热器出水引入蒸汽冷却段，让该加热器的抽汽先经过这一设备再进入加热器本身。这样可以充分利用蒸汽的过热度，使出水温度接近等于甚至超过该蒸气该抽汽压力下的饱和温度，提高经济性。

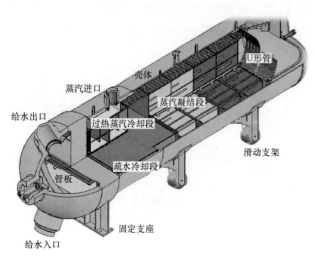

图 6-78 高压加热器

某机组的高压加热器为卧式结构，按汽轮机夏季工况热平衡图中管测流量为基准，并留有 10%裕度，当有 10%堵管时，仍能保证高压给水加热器的性能，以满足汽轮机各工况给水加热的要求，以及各工况下加热器疏水端差和给水端差的要求。

2. 疏水系统

蒸汽与汽轮机本体或管道接触，蒸汽一般被冷却。当蒸汽温度低于该压力对应的饱和温度时，蒸汽就凝结成水。若不及时排出这些凝结水，它会积存在某些管段或汽缸中。运行中，由于蒸汽和水的密度、流速不同，管道对它们的阻力也不同，这些积水可能引起管道水冲击，轻则管道振动，产生噪声污染环境；重则使管道产生裂纹，甚至破裂。更为严重的是，一旦积水进入汽轮机，将会使动静叶片受到水冲击而损伤、断裂，使金属部件因急剧冷却而造成永久性变形，甚至导致大轴弯曲。汽轮机本体疏放水还应考虑一定的容量，当机组跳闸时，能立即排放蒸汽，防止汽轮机超速和过热。

为防止汽轮机发生上述恶劣工况，必须及时把汽缸和蒸汽管道中积存的凝结水排出，以确保机组安全运行，同时回收合格品质的疏水，以提高机组的经济性，汽轮机都设置疏水系统。另辅汽系统、给水泵汽轮机本体及其高、低压主汽门前后进汽管，除氧器加热以及高低压加热器等系统也都有自己的疏水系统。

五、给水系统

1. 系统概述

给水系统（见图 6-79）的主要功能是将除氧器水箱中的主给水，通过给水泵提高压力，经过高压加热器进一步加热之后，输送到锅炉的省煤器入口，作为锅炉的给水。此外，给水系统还向炉水循环泵电机腔室注水及过冷水补水，向锅炉过热器的一、二级减温器、再热器的事故减温器、汽轮机高压旁路的减温器、主汽门前暖管旁路提供高压减温水。给水系统的最初注水来自凝结水系统。

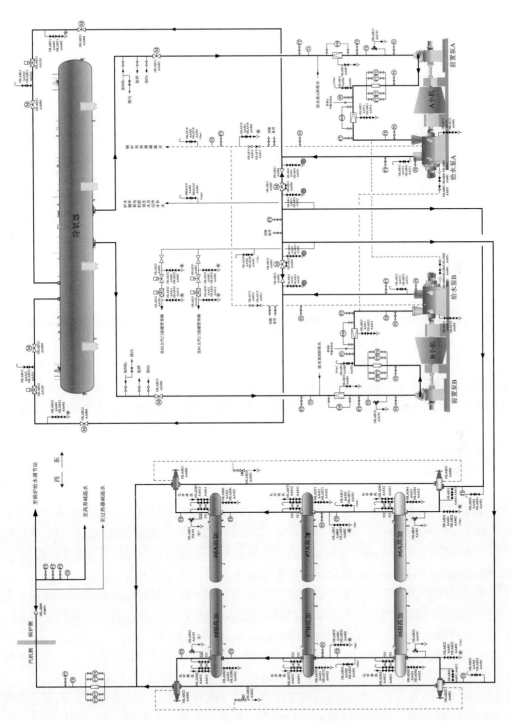

图 6-79 某机组给水系统

给水系统按最大运行流量即锅炉最大连续蒸发量（BMCR）工况时相对应的给水量进行改计。系统通常设置两台 50%容量的汽动给水泵和一台 25%容量的电动启动/备用给水泵（由于设备可靠性提高，也有不设电动给水泵的，可降低建设成本），近年来也有电厂配置了 100%容量的汽动给水泵。每台汽动给水泵自置一台同轴给水前置泵。电动给水泵采用调速给水泵，配有一台与主泵用同一电动机拖动的前置泵和液力耦合器。在一台汽动给水泵故障时，电动给水泵和另一台汽动给水泵并联运行可以满足汽轮机 75%铭牌负荷的需要。

系统设 2（即双列）×3 台全容量、卧式、双流程高压加热器，每列三台高压加热器采用电动关断大旁路系统。当任一台高压加热器故障时，同列三台高压加热器同时从系统中退出，给水能快速切换到该列给水旁路，此时运行的单列高压加热器可通过约 60%的给水流量。机组在双列高压加热器均解列时仍能带额定负荷。这样可以保证在事故状态机组仍能满足运行要求。

给水总管的旁路上装设有 30%容量的调节阀，以增加机组在低负荷时流量调节的灵敏度。机组正常运行时，给水流量由控制给水泵汽轮机或电动给水泵液力耦合器的转速进行调节。

给水系统还为锅炉过热器的减温器、事故情况下的再热器减温器、汽轮机的高压旁路减温器提供减温喷水。锅炉再热器减温喷水从给水泵的中间抽头引出，过热器减温喷水从省煤器进口前引出，汽轮机高压旁路的减温水从给水泵的出口母管中引出。

给水系统可分为低压给水、中压给水和高压给水三部分。

（1）低压给水管道：从除氧器下水口接出至前置泵入口的管路称为低压给水管道，其上设置一个电动门和一个粗滤网。

（2）中压给水管道：前置泵出口至主给水泵入口的管路称为中压给水管道。该管道上的流量测量装置用于测量主泵入口的给水流量，以此流量控制主给水泵出口最小流量阀（再循环阀）的开度，保证主给水泵的安全，该管路上还设置了一个精滤网，以进一步保护主泵。

（3）高压给水管道：主给水泵出口经高压加热器后送至省煤器入口联箱的管路，称为高压给水管道。

2. 主要设备

（1）给水泵，如图 6-80 所示。供给锅炉用水的泵叫给水泵，其作用是把除氧器水箱内具有一定温度、除过氧的给水，提高压力后输送给锅炉，以满足锅炉用水的需要。由于给水温度高（为除氧器压力对应的饱和温度），故给水泵进口处水容易发生汽化，会形成汽蚀而引起出水中断。因此一般都把给水泵布置在除氧器水箱以下（汽轮机房 0m 或运行层），以增加给水泵进口的静压力，避免汽化现象的发生，保证水泵的正常工作。

给水泵的出口压力主要决定于锅炉的工作压力，此外给水泵的出水还必须克服以下阻力：给水管道以及阀门的阻力，各级加热器的阻力，给水调整门的阻力，省煤器的阻力，锅炉进水口和给水泵出水口间的静给水高度。

主给水系统的主要流程为：除氧器→前置泵→流量测量装置→给水泵→6 号高压加热器→7 号高压加热器→8 号高压加热器→给水操作平台→省煤器进口集箱。

给水泵的拖动方式常见的有电动机拖动和专用小汽轮机拖动，还有燃汽轮机拖动及汽轮机主轴直接拖动等。用小型汽轮机拖动给水泵有如下优点：小型汽轮机可以根据给水泵需要采用高转速，转速可从 2900r/min 提高到 5000～7000r/min，变速调节高转速可使给水泵的级数减小，质量减小，转动部分刚度增大，效率提高，可靠性增加，改变给水泵转速来调节，给水流量比节流调节经济性高，消除了阀门因长期节流而造成的磨损，同时简化了给水调节系统，调节方便；大型机组电动给水泵耗电量约占全部厂用电量的 50%，采用汽动给水泵后，可以减少厂用电，使整个机组向外多供 3%～4%的电量；大型机组采用小汽轮机拖动给水泵后可提高机组的热效率 0.2%～0.6%；从投资和运行角度看，大型电动机上升速齿轮液力耦合器及电气控制设备比小型汽轮机贵，且大型电动机启动电流大，对厂用电系统运行不利。

图 6-80　给水泵照片

给水泵在启动后出水阀还未开启时、外界负荷大幅度减少时以及机组低负荷运行时，给水流量很小或为零，这时泵内只有少量水，根本无水通过，叶轮产生的摩擦热不能被给水带走，使泵内温度升高，当泵内温度超过本所处压力下的饱和温度时，给水就会发生汽化，形成汽蚀。为了防止这种现象发生，就必须在给水流量减小到一定程度时，打开再循环管，使一部分给水流量返回到除氧器，这样泵内就有足够的水，通过把泵内摩擦产生的热量带走，不会因为温度的升高而使给水产生汽化。总之，装设再循环管，可以在锅炉低负荷或事故状态下，防止给水在泵内产生汽化，甚至造成水泵振动和断水事故。制造厂对给水泵运行都规定了一个允许的最小流量值，一般为额定流量的 25%～30%。

给水泵出口止回阀的作用：给水泵停止运行时防止压力水倒流引起。给水泵倒转高压，给水倒流会冲击低压给水管道及除氧器。给水箱还会因给水母管压力下降，影响锅炉进水，如给水泵在倒转时再次启动，启动力矩增大，容易烧毁电动机或损坏泵轴。

给水泵中间抽头的作用：为了提高经济效果，减少辅助水泵，往往从给水泵的中间级抽取部分水量作为锅炉的减温水（主要是再热器的减温水）。

某机组给水泵主泵是水平、离心、多级轴向中分面式内壳筒型泵，主泵的所有部件均安装在泵芯上，泵芯可以从外壳中抽出，这样就大大缩短了泵的检修时间，且同一型号的泵芯上所有部件都具有互换性。泵体内所有的高速水流接触的表面都有相应的防汽蚀措施，所有的接合面也有相应的保护措施。

由于叶轮和泵壳采用了合理的结构和材料，因此即使动静部分之间发生了接触，转动部分也能得到很好的保护，而在动静部分之间由于接触出现磨损以后，通过调整动静部分之间的间隙仍然可以实现给水泵的高效运行。从主泵中间级引出的中间抽头供再热器喷水减温用，其出口设有止回阀和截止阀。

汽动给水泵主泵可以在不脱开联轴节的情况下由给水泵汽轮机驱动进行低速转动。启动给水泵减速箱的结构、材质和各项参数均满足汽动给水泵前置泵的要求。减速箱润滑油由给水泵汽轮机油箱供给。汽动给水泵的中间抽头设在泵体的右上侧（从给水泵汽轮机向泵看去），和进口管道成45°～50°。汽动给水泵采用迷宫密封，确保了在运行过程中密封水不会进入泵内，而给水也不会向外泄漏。

（2）前置泵，如图6-81所示。给水泵传送的流体是高温的饱和水，发生汽蚀的可能性较大。要使泵不发生汽蚀，必须使有效汽蚀余量大于必需的汽蚀余量。水泵必需的汽蚀余量随转速的平方成正比地改变，因此，高速泵所需的汽蚀余量比一般水泵高得多，其抗汽蚀性能大大下降，当滑压运行的除氧器工况波动时极易引起汽蚀。

图6-81　HZB303-720型前置泵

为防止给水泵汽蚀，每台给水泵前都安装一台低速前置泵。前置泵的转速较低，所需的汽蚀余量大大减少，加之除氧器仍安装在一定高度，故给水不易汽化。当给水经前置泵后压力提高，增加了进入给水泵的给水压力，提高了泵的有效汽蚀余量，能有效地防止给水泵汽蚀，并可大幅度降低除氧器的布置高度。

前置泵为主泵提供适当的压头，以满足主泵在不同运行工况下对净吸入压头的需要，并留有一定裕度。前置泵在最小流量工况和系统降负荷工况下运行时不会汽蚀，前置泵的主要部件使用抗汽蚀材料组成，同时在结构上考虑了热膨胀的影响。前置泵泵壳由高强度的抗汽蚀材料组成，为了减轻法兰在压力和热冲击联合作用下的变形，泵壳采用高强度螺栓连接。此外，泵壳还装有排气阀，叶轮采用抗汽蚀不锈钢制成，而泵轴则由优质不锈钢锻成体制成。轴承采用油润滑，且装有温度测量装置。前置泵采用机械密封，且装有冷却套筒和过滤器。

该前置泵是卧式、径向剖分、单级、双吸、双蜗壳泵。吸入和排出管安排在泵的顶部。蜗壳和进出口管连接成一体，检修时无需拆卸沉重的管道。泵内部的轴、叶轮和壳体端盖可以从自由端取出。内部部件被液体包围，因此受热均匀。泵由蜗壳、与蜗壳一体的吸入及排出管、用螺栓连接的传动端和自由端端盖组成。由轴及叶轮组成的旋转组合件（转子），由传动端的滑动轴承和自由端的滑动轴承支撑，轴向推力由推力盘承担。

除氧器有两根出水管分别接至给水泵组的两台前置泵。前置泵与给水泵同轴布置，小汽轮机双轴伸出，前置泵由小汽轮机通过减速箱驱动。前置泵的进水管道上依水流方向分别设置了一个电动隔离阀和一个粗滤网。滤网可以防止在安装检修期间可能聚集在除氧器和吸水管内的焊渣、铁屑等杂物进入水泵。运行一段时间待系统干净后，可拆除滤网，以减少流动阻力。前置泵的入口水管上进口电动阀后还设置了泄压阀，以防止该泵组备用期间进水管超压。在该泵组备用期间，前置泵的进口阀门关闭，进水管可能由于备用给水泵出口的止回阀泄漏而超压。

（3）液力耦合器。汽动给水泵由小汽轮机驱动，在变工况时，可以改变小汽轮机的转速满足不同负荷的要求。电动给水泵由定转速的电动机拖动，在变工况时，只能依靠液力耦合器来改变给水泵的转速，以满足相应工况的要求。液力耦合器是利用液体传递扭矩的。可以无级变速。

液力耦合器的主要功能是可以改变输出轴的转速，从而达到改变输出功率的目的。电动给水泵主泵通过液力传动装量的液力耦合器与电动机连接。液力传动装置主要包括传动齿轮、液力耦合器及其执行机构（滑阀、油动机、执行器等）调节阀、壳体以及工作油泵、润滑油泵、电动辅助油泵、冷油器等部件。

六、蒸汽系统及设备

1. 主蒸汽、再热蒸汽系统（见图6-82）

主蒸汽系统是指由从锅炉过热器联箱出口至汽轮机主汽阀进口的主蒸汽管道、阀门、疏水管等设备、部件组成的工作系统。

主蒸汽及高、低温再热蒸汽系统采用单元制系统。主蒸汽管道从过热器的出口联箱的两侧引出，平行接到汽轮机前，分别接入高压缸左右侧主汽阀和调节阀，在汽轮机入口前设压力平衡连通管。蒸汽从两根主调门中间的支管连接到补汽阀，然后经过补汽阀再从高压缸下部的供汽管道进入高压缸。经补汽阀节流降低参数（蒸汽温度约降低30℃）后进入高压第5级动叶后空间，主流与这股蒸汽混合后在以后各级继续膨胀做功。热再热蒸汽管道从再热器的出口联箱的两侧引出，平行接到汽轮机前，分别接入中压缸左右侧再热主汽调节阀，在汽轮机入口前设压力平衡连通管。冷再热蒸汽管道从高压缸的两个排汽口引出，在机头处汇成一根总管，到锅炉前再分成两根支管分别接入再热器进口联箱。这样，既减少了由于锅炉两侧热偏差和管道布置差异所引起的蒸汽温度和压力的偏差有利于机组的安全运行，同时还可以选择合适的管道规格，节省管道投资。过热器出口及再热器的进、出口管道上设有水压试验隔离装置，锅炉侧管系可做隔离水压试验。

为了减小蒸汽的流动阻力损失，在主汽阀前的主蒸汽管道上不设任何截止阀门，也不设置主蒸汽流量测量装置，主蒸汽流量通过设在锅炉一级过热器和二级过热器之间的流量装置来测量，汽轮机的进汽流量由主汽阀和调节阀调节。

该机组给水泵汽轮机备用汽源采用冷再热蒸汽，在进入高压进汽阀之前，设有电动隔离阀，在正常运行时处于开启状态，使管道处于热备用。

冷再热蒸汽系统除供给二号高压加热器加热用汽之外，还为轴封系统、辅助蒸汽系统提供汽源。在高压缸排汽的总管上装有动力控制止回阀，以便在事故情况下切断，防止蒸汽返回到汽轮机引起汽轮机超速。在高压缸排汽总管的端头有蒸汽冲洗接口，以供在管道安装完毕后进行冲洗，在管道冲洗完成后用堵头堵死。

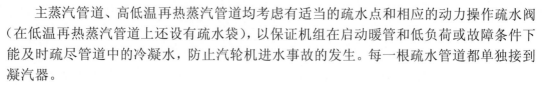

主蒸汽管道、高低温再热蒸汽管道均考虑有适当的疏水点和相应的动力操作疏水阀（在低温再热蒸汽管道上还设有疏水袋），以保证机组在启动暖管和低负荷或故障条件下能及时疏尽管道中的冷凝水，防止汽轮机进水事故的发生。每一根疏水管道都单独接到凝汽器。

2. 旁路系统（见图6-82）

旁路系统是指高参数蒸汽不进入汽轮机的通流部分做功，而是经过与该汽轮机并联的减温减压器降低压力和温度后，进入低一级参数的蒸汽管道或凝汽器的连接系统。大型中间再热式汽轮机均装有旁路系统。机组在启动、停机时，再热器中缺少蒸汽，此时可经旁路系统把新蒸汽减温减压后送入再热器，使再热器不致因干烧而损坏。另外，有的旁路系统具有控制主蒸汽压力和再热蒸汽压力的功能，在机组启、停过程中或甩负荷时，可按设定的压力或曲线控制主蒸汽和再热蒸汽的压力。

汽轮机旁路系统的主要功能是：机组安全而经济地启动；启动时更易满足汽轮机对蒸汽温度的要求；使机组在甩大负荷时不会跳机；由于连续地流动，可最大限度地减少硬质颗粒对汽轮机的冲蚀。

3. 辅助蒸汽系统（见图6-83）

辅助蒸汽系统的主要功能有两方面。当本机组处于启动阶段而需要蒸汽时，可将正在运行的相邻机组（首台机组启动则是启动锅炉）的蒸汽引送到本机组的蒸汽用户，如除氧器水箱预热、暖风器及燃油加热、厂用热交换器、汽轮机轴封、真空系统抽汽器、燃油加热及雾化、水处理室等；当本机组正在运行时，也可将本机组的蒸汽引送到相邻（正在启动）机组的蒸汽用户，或将本机组再热冷段的蒸汽引送到本机组各个需要辅助蒸汽的用户。

辅助蒸汽系统为全厂提供公用汽源。某机组设置压力为 0.8～1.3MPa、温度为 320～380℃ 的辅助蒸汽联箱。二期辅助蒸汽母管与一期辅助蒸汽母管连接，做到互为备用。第一台机组启动及低负荷时辅助蒸汽来自启动锅炉房。机组正常运行后，辅助蒸汽来源主要为运行机组的冷再热蒸汽（减压后）和四段抽汽。机组投入运行时，机组的启动用汽、低负荷时辅助蒸汽系统用汽、机组跳闸时备用汽及停机时保养用汽都来自全厂辅汽母管。当高压缸的排汽参数略高于辅助蒸汽系统用汽的参数时，即可切换到由本机高压缸排汽供给。辅助蒸汽管道设计要满足给水泵汽轮机对蒸汽流量的需求。

辅助蒸汽系统的所有疏水全部送至辅助蒸汽系统的疏水扩容器。每台机组设一台疏水扩容器，布置在除氧间中间层。疏水扩容器出口分两路，当水质合格时排入凝汽器以回收工质，不合格时排入锅炉疏水扩容器。

在机组启动期间，辅助蒸汽系统的汽源来自启动锅炉，向本机组除氧器、汽轮机轴封、燃油加热及雾化、锅炉暖风器、锅炉空气预热器吹灰器与冲洗加热、磨煤机灭火、厂用热交换器等供汽。

在机组低负荷期间，随着负荷的增加，当再热冷段压力足够时，辅助蒸汽开始由再热冷段供汽。来自再热冷段的蒸汽经调温调压后，送入辅助蒸汽母管，维持辅助蒸汽母管一定的温度与压力。减温水来自汽轮机凝结水系统。在再热冷段蒸汽温度高于一定温度时，轴封也由再热冷段供汽。随着负荷进一步增加，逐渐切换成自保持方式，机组进入正常运行阶段。在辅助蒸汽管道上设有一只安全阀，其压力为整定值。

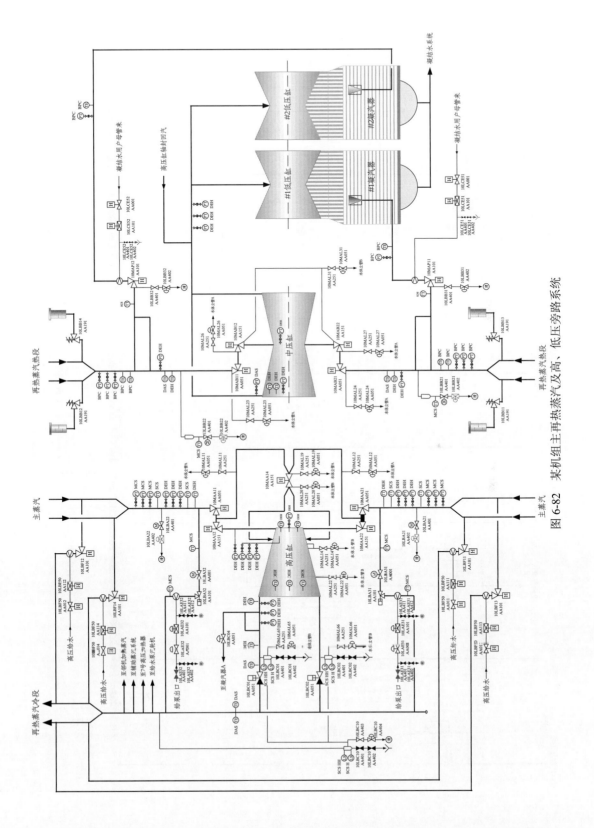

图 6-82　某机组主再热蒸汽及高、低压旁路系统

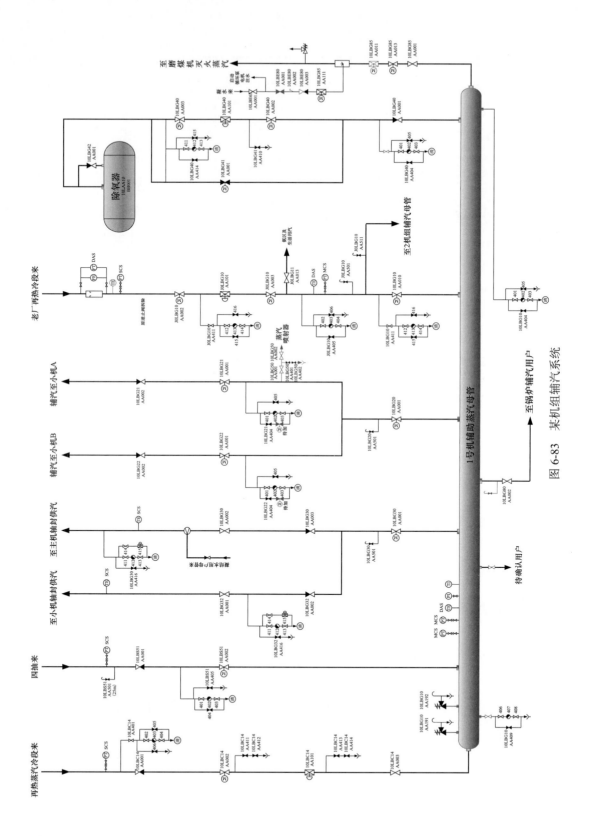

图 6-83　某机组辅汽系统

七、给水泵汽轮机

1. 设备概述

汽轮机的功能就是将热能转化为机械能，驱动给水泵的小汽轮机也是如此，其本体结构的组成部件与主汽轮机的基本相同，主汽阀、调节阀、汽缸、喷嘴室、隔板、转子、支持轴承、推力轴承、轴封装置等样样俱全。此前已经对主汽轮机本体各部件的结构、功能、技术要求进行了必要的阐述，这些阐述也适用于小汽轮机本体部件。驱动给水泵的小汽轮机形式主要有背压式、背压抽汽式和凝汽式。

小汽轮机的工作任务是驱动给水泵，必须满足锅炉所需要的供水要求。小汽轮机与主汽轮机的本质区别：主汽轮机是在定转速下运行，通过改变蒸汽量的大小来适应外界负荷的需要。除变压运行外，主汽轮机的运行参数基本上是不变的。而小汽轮机是一种变参数、变转速、变功率的原动机。在正常工作时，利用主汽轮机中压缸或低压缸的抽汽作为工质。其排汽进入主机的凝汽器，发出的功率直接用于驱动给水泵，所以其工作情况除了与主机的热力系统密切相关外，还与被驱动的给水泵、凝汽设备的特性有关。

2. 某机组给水泵汽轮机

给水泵汽轮机为单缸、单流、凝汽式，汽源采用具有高、低压双路进汽的自动切换进汽方式，正常运行时，由主汽轮机的四段抽汽（至除氧器的抽汽）供给，启动和低负荷时由冷段蒸汽系统供给，调试时由辅助蒸汽系统供给，同时辅助蒸汽系统也可满足给水泵汽轮机启动要求。

给水泵汽轮机排汽向下直接排入凝汽器。每台给水泵汽轮机各自设有一套润滑和控制油系统。给水泵汽轮机的正常工作汽源从四段抽汽管道上引出，装设有流量测量喷嘴、电动隔离阀和止回阀，止回阀是当高压汽源切换时，防止高压蒸汽窜入抽汽系统，当给水泵汽轮机在低负荷运行使用高压汽源时，该管道也将处于热备用状态。

八、数字电液调节系统（DEH）

1. 系统概述

电厂主机控制油系统是一个全封闭定压系统，它提供控制部分所需要的动力、安全和控制用油。以某百万超超临界机组为例，主机控制油系统由油箱、两台100%容量的主机控制油泵、两套再生过滤泵、一套再生装置、高压蓄能器、各种压力控制门、滤油器、及相关管道阀门组成，见图6-84。正常运行时一台主机控制油泵运行，一台备用。控制油系统配有一个抗燃油再生装置，两套再生过滤泵共享一套抗燃油再生装置。当再生过滤泵启动时，抗燃油再生装置也将同时参与运行。

主机控制油站旁配置一台专用临时滤油机，化学定期化验控制油油质，当颗粒度、水分等参数超标时，联系检修进行滤油。

调节控制油系统担负着为汽轮机调节汽门、主汽门驱动任务。本系统由油箱、柱塞油泵、循环油泵、滤网、再生装置、冷油器、蓄能器、执行机构、伺服阀、电磁阀、保护元件以及阀门管道等组成。压力管道（P）和回油管道（T）采用不锈钢制造，管道设计压力为300bar，运行压力为160bar，整个系统的设计温度为70℃。油箱的容积为800L，控制油在油箱中停留时间至少8min，以确保有效地分离。冷油器为空冷散热片式。控制油采用

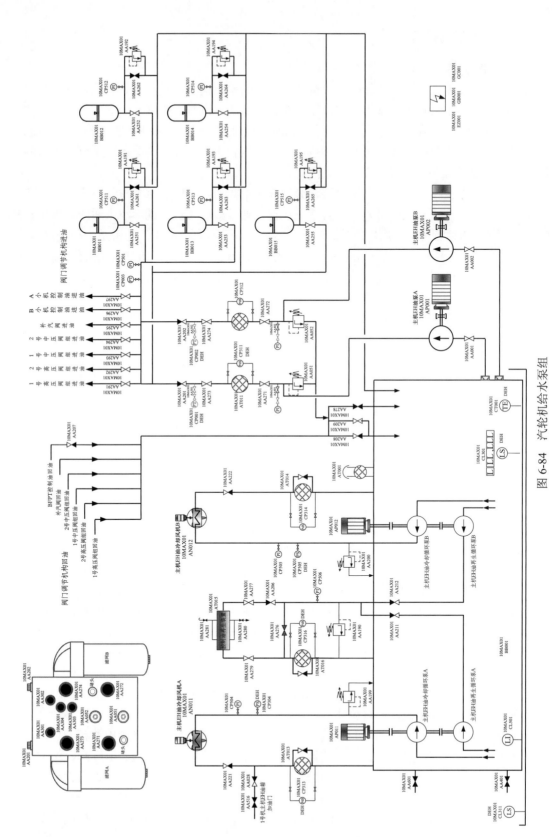

图 6-84　汽轮机给水泵组

阿克苏抗燃油（Fyrquel EHC Control Fluid）。

供油单元向电液执行器提供控制油，油量设计满足阀门打开和连续的漏油流量。两台轴向柱塞泵向系统供油，运行泵故障时，备用泵自动切换。轴向柱塞泵的压力可以按设定自行调整，以维持系统压力，从而也避免了泵长期在满载下工作。当泵的出口压力达到定值时，控制斜盘摆动的活塞克服弹簧力恢复到中间位置，泵的供油量减少，只提供漏油量。

液压供油单元包括一个带有油位监视器的不锈钢油箱、油位计、一个放油门和一个装在倾斜油箱底部的漏油监视器。油箱上盖有一个呼吸孔，呼吸孔上用一个纤维制的空气滤网和一个带孔的旋盖与外界隔离。

控制油泵是两台全容量的轴向柱塞泵，泵的出口装有两个压力油滤网，为保护液压元件、滤网不设旁路而设有污染指示器，滤网规格为 10μm，其流动方向从外向里。压力油滤网之后是逆上门和高压蓄能器。此蓄能器可以缓冲压力波动，为胆式橡胶皮囊。蓄能器在系统压力瞬间波动时起到压力补偿的作用。

循环油泵是固定容量的内齿轮泵。从油箱取油，对控制油提供过滤和冷却。其出口通过风冷式冷油器、止回门和 3μm 滤网返回油箱。冷油器为风扇式，再生装置出口是一个 3μm 回油滤网。再生装置通常利用硅藻土吸附油老化产生的酸性有害物质。

电—液伺服执行机构是 DEH 控制系统的重要组成部分之一，分别控制 2 个高压主汽阀、2 个高压调节汽阀、1 个补汽阀、2 个再热主汽阀和 2 个再热调节汽阀的位置。由于控制对象不同，型式不同，所以 9 只执行机构可分为 2 种类型执行机构。所有执行机构的油缸，均属单侧进油的油缸，阀门开启由抗燃油压力来驱动，而关闭是靠操纵座上的弹簧力。液压油缸与一个控制块连接，在这个控制块上装有隔离阀、伺服阀、电磁阀、快速卸荷阀和止回阀等。加上不同的附加组件，可组成 2 种基本形式的执行机构［即开关型和控制（比例）型执行机构］。另外，在油动机快速关闭时，为了使蒸汽阀碟与阀座的冲击应力保持在允许的范围内，在油动机活塞尾部采用液压缓冲装置，可以将动能累积的主要部分在冲击发生的最后瞬间转变为流体的能量。

2. 设备概述

汽轮机控制用抗燃油系统包括油箱及附件、两台 100%容量的交流供油泵、抗燃油再生装置、两台 100%容量的冷油器、蓄能器、油过滤器、油温调节装置等。抗燃油系统各部件及油箱，采用不锈钢材料。当两台高压供油泵瞬间失去电源时（小于 5s），不使汽轮机跳闸，当运行泵发生故障或油压低时，备用泵能自启动。油温调节装置包括一次元件及控制设备。抗燃油冷却器采用空冷。

控制油泵是两台全容量的恒电压互感器量柱塞泵。其压力可以按设定值进行调整，以维持系统压力，也避免长期满载工作。当泵的出口压力达到定值时，系统不再要求供油，控制斜盘摆动的活塞克服弹簧力恢复到中间位置，泵的供油量减小只提供漏油量。活塞力由压力控制阀上的弹簧调节螺钉决定。控制油泵的出口装有两个压力油滤网，为保护液压元件滤网不设旁路而设有污染指示器，滤网规格为 10μm，其流动方向从外向里。压力油滤网之后是止回门和高压蓄能器，此蓄能器可以缓冲压力波动，为胆式橡胶皮囊，蓄能器在系统压力瞬间波动时起到压力补偿的作用。

3. 液压执行机构（油动机）

电液伺服执行机构是油动机调节汽阀的执行机构，它将由放大器或电液转换器输入的二次油信号转换为有足够作功能力的行程输出以操纵调节阀，控制汽轮机进汽。

油动机由油缸、位移传感器和一个控制块相连而成。油动机按其动作类型可以分为两类：即连续控制型和开关控制型。高压调节阀油动机、高压主汽门油动机和中压调节阀油动机属于连续控制型油动机，其中在控制块上装有伺服阀、关断阀、卸载阀、遮断电磁阀和单向阀及测压接头等；而高压主汽阀油动机、中压主汽阀油动机属开关控制型油动机，在控制块上则装有遮断电磁阀、关断阀、卸载阀、试验电磁阀和单向阀及测压接头等。

单侧进油式油动机是依靠弹簧力关闭阀门，因此可以保证在失去动力源压力油的情况下仍能关闭阀门，而油动机的开启只是靠压力油作用，只用于使机组加减负荷或升降转速。当油动机快速关闭时，为减小汽阀蝶阀与阀座的冲击应力，在油动机的底部设有液压缓冲装置。

九、汽轮机油系统

1. 系统概述

本节所讲述的汽轮机油系统是指润滑油系统和顶轴油系统，包括主油箱、交流润滑油泵、直流润滑油泵、顶轴油泵、冷油器、过滤装置、阀门、管道、仪表以及满足每台汽轮发电机组所需全部附件。润滑油系统与发电机密封油系统分开。

润滑油系统有可靠的主供油设备及辅助供油设备，在启动、停机、正常运行和事故工况下，各个轴承的油量、油压、回油温度等数值，满足汽轮机、发电机所有轴承的要求。汽轮发电机组的进口油温由安装在冷油器出口管路上的油温控制阀来保证，该油温控制阀是一个三向阀，可以控制冷油器的旁路流量。给水泵汽轮机的润滑油系统和主汽轮机的润滑油系统分开，各自设有单独的润滑油系统。针对某超超临界机组项目，转子采用单支撑轴承，轴承负荷较大，从轴承的承载能力和轴承的稳定性等方面综合考虑，推荐使用 46 号汽轮机油。

顶轴油系统能向每个轴承（包括发电机轴承）注入高压润滑油，以承受转子的质量，该系统还能向盘车马达提供动力油，在机组盘车时或跳闸后都能顺利投入运行，顶轴油系统设计成母管制系统。

2. 设备简介

（1）润滑油站，如图 6-85 所示。以某机组为例，润滑油站由主油箱、交流润滑油泵、直流润滑油泵、排油烟风机、电加热器、冷油器、顶轴油泵、双联过滤器以及连接它们的管道和阀门等组成。

（2）主油箱。主油箱一般由钢板焊成，油箱内装有两层滤网和净段滤网，过滤油中杂质并降低油的流速。底部倾斜以便能很快地将已分离开来的水、沉淀物或其他杂质由最底部的放水管放掉。在油箱上设有油位计，用以指示油位的高低。在油位计上还装有最高、最低油位的电气触点，当油位超过最高或最低油位时，这些触点接通，发出音响和灯光信号。稍大的机组上，装有两个油位计，一个装在滤网前，一个装在滤网后，以便对照监视，如果两个油位计的指示相差太大，则表示滤网堵塞严重，需要及时清理。为了不使油箱内压力高于大气压力，在油箱盖上装有排烟孔，大机组油箱上专设有排油烟机。

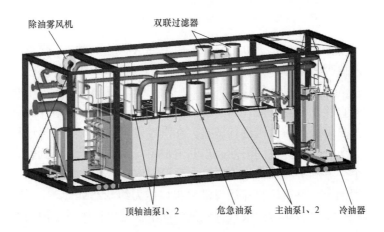

图 6-85 某电厂润滑油站示意图

主油箱的贮油量决定于油系统的大小，应满足润滑及调节系统的用油量。机组越大，调节、润滑系统用油量越多。油箱的容量也越大。汽轮机油的循环倍率等于每小时交流润滑油泵的出油量与油箱总油量之比，一般应小于 12。如循环倍率过大，汽轮机油在油箱内停留时间少，空气、水分来不及分离，致使油质迅速恶化，缩短油的使用寿命。

主油箱能容纳所有轴承用的润滑和冷却油以及低转速下顶轴用油，保证当厂用交流电失电的同时冷油器断冷却水的情况下停机时，仍能保证机组安全惰走，此时，轴承中的润滑油能承受 120℃的油温，润滑油箱中的油温不超过 80℃（不影响润滑油物理和化学特性的最高油温为 80℃）。主油箱不仅是油的储存箱，也可以对油中的气体进行分离，油箱的容量保证油的循环倍率不超过 10，约为 9.7，也就是进入油箱的油经过 6min 的时间到达泵的吸入口，这段时间可使油充分进行杂质沉淀和分离空气。正常运行油位以上的油箱空间能接受停机时系统内所有回油。油箱的底部倾斜并在最低点设排污接口。供油系统的油经油箱油位下的进油口回到油箱第一个腔室中，油在油箱内上升过程中进行除泡沫，然后，油经过滤网进入临近的腔室，在被油泵吸入之前，流经很长的通道。主油箱配有液位指示器和液位开关，在最高、最低油位报警。主油箱设置阻火器及事故放油接口。主油箱设有油净化接口及配套油位控制阀。主油箱设有电加热器，当油箱油温低于 10℃，油不能循环时，投入电加热器加热温度到 40℃。

（3）交流润滑油泵。汽轮机润滑油压根据转子的质量、转速、轴瓦的构造及润滑油的黏度等，在设计时计算出来，以保证轴颈与轴瓦之间能形成良好的油膜，并有足够的油量来冷却，因此汽轮机润滑油压一般取 0.12～0.15MPa。润滑油压过高可能造成油挡漏油，轴承振动；油压过低使油膜建立不良，甚至发生断油损坏轴瓦。

汽轮机交流润滑油泵主要分容积式油泵和离心式油泵两种，容积式泵包括齿轮油泵和螺旋油泵。容积式油泵最大优点是吸油可靠。缺点是工作转速低，不能由主轴直接带动，在油动机动作，大量用油时，泵的出口油压下降较多，影响调节系统的快速动作。离心式油泵的优点有：转速高，可由汽轮机主轴直接带动而不需任何减速装置；特性曲线比较平坦，调节系统动作大量用油时，油泵出油量增加，而出口油压下降不多，能满足调节系统快速动作的要求。离心式油泵的缺点是油泵入口为负压，一旦漏入空气就会使油泵工作失常，因此必须用专门的注油器向交流润滑油泵供油，以保证油泵工作的可靠与稳定。

某机组交流润滑油泵出口压力 0.55MPa，用于轴承润滑和冷却。交流润滑油泵使系统具有更佳的油泵入口吸入条件（不需要注油器或油涡轮）；较少的管道布置；提高了可靠性；维护更加方便。在汽轮发电机运行状态下，其中的一个交流润滑油泵为所有轴承提供润滑油，交流润滑油泵直接从油箱吸油，润滑油经过滤油器、冷油器及节流阀供至各个轴承，每个轴承的润滑油量可通过节流阀进行调整。在汽轮发电机启动、停机过程中，其中的一个交流润滑油泵为所有轴承提供润滑油。当润滑油系统中的油压下降到整定点以下，通过压力开关将第二个交流润滑油泵或危急油泵自动投入运行。

（4）直流润滑油泵。某机组直流润滑油泵出口压力约 0.25MPa，用于紧急停机时轴承润滑。在停机过程中，直流润滑油泵直接供油到润滑油管保证轴承供油而不经过冷油器、过滤器等设备。

（5）排油烟风机。油位以上的所有空间（如油箱、回油管、轴承座等）都可能产生油雾，油箱装设排油烟机的作用是排除油箱和有可能聚集油气的腔室中的气体和水蒸气。这样一方面使水蒸气不在油箱中凝结；另一方面使油箱中压力不高于大气压力，使轴承回油顺利地流入油箱。反之，如果油箱密闭，那么大量气体和水蒸气积在油箱中产生正压，会影响轴承的回油，同时易使油箱油中积水。排油烟机还有排除有害气体使油质不易劣化的作用。

润滑油系统设置 2×100%用交流电动机驱动的抽油烟机进行油烟分离。排油雾风机可使上述空间内产生 0.5～1.0mbar 的真空。风机的吸入口设置一个油分离器，可将空气排至大气并将分离的油返回油箱。如果发电机由氢气冷却，则发电机轴承配有独立的排油烟装置。汽轮机润滑油系统设计时考虑配氢冷发电机时发电机轴承油经排氢设施的回油。凡有可能聚集油气的腔室，如轴承箱、回油母管等、有排放油气的设施（设置通气管与油箱真空区相通）。

（6）冷油器。润滑油系统设有 2×100%板式冷油器，润滑油在轴承中吸入的热量通过冷油器与冷却水进行热量交换。每台冷油器根据汽轮发电机组在设计冷却水流量、设计冷却水温（38℃）和5%余量下的最大负荷设计。冷油器的设计和管路布置方式允许在一台运行时，另一台停用的冷油器能排放、清洗或调换。冷油器的板材根据冷却水水质（除盐水）选用不锈钢材料 TP316，冷油器冷却水采用闭式循环冷却水，冷却水设计温度为38℃。

（7）顶轴油泵。顶轴油泵为 3 台 100%容量叶片泵（所配电机要求防爆型），油泵出口高压油经过滤器向汽轮机及发电机各轴承供油。布置于油箱上部，保证可靠地运行并防止漏油。顶轴油泵出口压力约 17.5MPa。顶轴油系统投入工作，并为液压盘车马达提供高压油。小流量的高压油将轴颈顶离轴承，避免在低转速状态下轴颈与轴承产生金属摩擦。系统油压由一个先导阀操作的压力限制阀来整定。每个轴承的供油压力由各自独立的控制阀来调节。设置止回阀以防止机组运行时轴承润滑油倒流。顶轴油系统设置有安全阀以防超压。顶轴油系统退出运行后，可利用该系统测定各轴承油膜压力，以了解轴承的运行情况。每一轴承顶轴油管路中要配置止回阀及固定式压力表。顶轴油泵设置入口油位低的闭锁装置，以保证顶轴油泵不受损坏。

（8）润滑油净化装置。对于汽轮机组，保证润滑油系统能正常地工作，是机组安全运行的极其重要任务。润滑油系统除了合理地配置设备和系统的流程连接之外，还有一个非常重要的任务，这就是确保系统中润滑油的理化性能和清洁度，能够符合使用要求（包括系统注油和运行期间）。润滑油的理化性能在设计时就应当注意并予以妥善安排。润滑油的清洁度，则是在安装、注油、运行、管理中应当十分重视、仔细处理的。

设置润滑油净化系统的目的，是将主油箱、小汽轮机油箱、润滑油储存箱（脏油箱）内以及来自油罐车的润滑油进行过滤、净化处理，以使润滑油的油质达到使用要求，并将经净化处理后的润滑油再送回主油箱、小汽轮机油箱、润滑油储存箱（脏油箱）。

每台汽轮发电机设有一套在线润滑油净化装置。润滑油净化装置除能净化处理主汽轮机、给水泵汽轮机油箱的油，也能对贮油箱中的脏油进行净化处理。本系统还设有润滑油输送油泵，用于贮油箱和主油箱之间润滑油的输送。主油箱、给水泵汽轮机油箱、润滑油贮油箱分别设有事故放油管道，其放油排至布置在汽轮机房外的事故排油池。

主汽轮机油净化装置固定布置在汽轮机房 8.6m 层，小汽轮机油净化装置固定布置在汽轮机房 0m 层。每套机组配一台润滑油净化装置，该装置能连续运行，油质合格后可处于备用状态。油净化装置能循环处理润滑油，目的是能去除水分、杂质，改善酸性和乳化度，以保证汽轮机能正常运行。该油净化装置为集装式组合净化装置，能除去润滑油中的水分和杂质等污染物，破坏乳化相使油再生。该装置应设有进、出油口管接头、压力表、差压开关、过压保护装置及其有关仪表等。

"聚结分离"技术是目前国际上先进的脱水分离技术，其在聚结分离器内部安装有"聚结"和"分离"两种功能不同的滤芯。被水污染了的油液从聚结滤芯内部流向外部，油液中的水分经历了过滤、破乳、聚结三个过程，乳化水和游离水在此过程中逐渐聚结成大水珠沉降到积水槽中，携带部分剩余小水珠的油液再从分离滤芯外部流向内部，分离滤芯是由亲油疏水的特殊材料制造，挡在滤芯外面的小水珠相互聚结，体积逐渐增大，经历再次沉降，从而达到脱除水分的目的。经过脱水系统而分离出来的水分聚集到储水罐中，通过排水阀门排出体外。

十、发电机冷却系统和密封油系统

发电机在运行中会发生能量损耗，包括铁芯和绕组的发热、转子转动时气体与转子之间的鼓风摩擦发热，以及励磁损耗、轴承摩擦损耗等。这些损耗最终都将转化为热量，致使发电机发热，因此必须及时将这些热量排离发电机。也就是说，发电机运行中必须配备良好的冷却系统。

发电机定子绕组、铁芯、转子绕组的冷却方式，可采用水、氢、氢的冷却方式，也可采用水、水、氢的冷却方式，还有采用空气冷却的方式。

1. 发电机氢冷系统

（1）系统概述。发电机内的氢气在发电机端部风扇的驱动下，以闭式循环方式在发电机内作强制循环流动，使发电机的铁芯和转子绕组得到冷却。其间，氢气流经位于发电机四角处的氢气冷却器（氢冷器），经氢冷器冷却后的氢气又重新进入铁芯和转子绕组作反复循环。氢冷器的冷却水来自闭式循环冷却水系统。

常温下的氢气不怎么活跃，但当氢气与氧气或空气混合后，如果被点燃（如发电机内的闪电点），则将会发生爆炸，后果不堪设想。因此，要求发电机内的氢气纯度不低于98%，氧气含量不超过 2%，而且在置换气体时，使用惰性气体或二氧化碳气体进行过渡，也有采用真空置换，以避免氢气与空气直接接触、混合，防止发生爆炸。

氢冷系统也称为气体系统，它的作用为：提供对发电机安全充、排氢的措施和设备，用二氧化碳作为中间置换介质；维持机内正常运行时所需气体压力；监测补充氢气的流量；在线监测机内气体的压力、纯度及湿度；干燥氢气，排去可能从密封油进入机内的水汽；监测漏入机内的液体（油或水）；监测机内绝缘部件是否过热；在线监测发电机的局部漏氢。

氢冷系统主要由氢气汇流排（供氢系统）、二氧化碳汇流排（供二氧化碳系统）、二氧化碳蒸发器（加热器）、氢气控制装置、氢气干燥器（氢气去湿装置）、发电机绝缘过热监测装置（发电机工况监测装置）、发电机漏液检测装置和发电机漏氢检测装置（气体巡回检测仪）组成。

（2）氢冷系统的气密性试验。在发电机安装完毕，且发电机和氢冷系统设备在电厂连接完毕后，在氢冷系统调试之前，需对发电机和氢冷系统（包括所有通氢管路）作气密试验，以验证其是否满足规定的要求。气密试验期间，密封油系统须投入正常运行。

（3）氢冷系统的气体置换。发电机和氢冷系统的气密试验合格后且密封油系统也可正常运行，则具备了向发电机充氢的条件。为了防止氢气和空气混合成爆炸性的气体，在向发电机充入氢气之前，必须要用惰性气体将发电机内的空气置换干净。同理，在发电机排氢后，要用惰性气体将发电机内的氢气置换干净。目前在国内，惰性气体普遍采用二氧化碳。发电机启动前，必须先将发电机内的空气置换为二氧化碳，然后再将二氧化碳置换为氢气，最后对发电机内的氢气加压，以达到其要求的工作压力。

2. 发电机密封油系统

发电机密封油系统的功能是向发电机密封瓦提供压力略高于氢压的密封油，以防止发电机内的氢气从发电机轴伸出处向外泄漏。密封油进入密封瓦后，经密封瓦与发电机轴之间的密封间隙，沿轴向从密封瓦两侧流出，即分为氢气侧回油和空气侧回油，并在该密封间隙处形成密封油流，既起密封作用，又润滑和冷却密封瓦。

（1）系统概述。密封油系统也称为氢气密封油系统，它的作用为：向密封瓦提供压力油源，防止发电机内压力气体沿转轴逸出；保证密封油压始终高于机内气体压力某一个规定值，其压差限定在允许变动的范围之内；通过热交换器冷却密封油，从而带走因密封瓦与轴之间的相对运动而产生的热量，确保瓦温与油温控制在要求的范围之内；系统配有真空净油装置，去除密封油中的气体，防止油中的气体污染发电机中的氢气；通过油过滤器，去除油中杂物，保证密封油的清洁度；密封油路备有多路备用油源，以确保发电机安全、连续运行；排油烟风机排除轴承室和密封油贮油箱中可能存在的氢气；系统中配置一系列仪器、仪表，监控密封油系统的运行；密封油系统采用集装式，便于运行操作和维修。

（2）系统组成。密封油系统主要由密封油供油装置、排油烟风机和密封油贮油箱（空侧回油箱）组成。

发电机轴密封所用的密封油来自密封油供油装置，密封油供油装置由下列主要设备构成：真空油箱（密封油箱），包括真空泵；氢侧回油控制箱（氢侧回油箱或中间油箱）；主密封油泵（2×100%）；备用密封油泵；油泵下游压力控制阀；密封油冷却器（2×100%）；密封油过滤器（2×100%）；压差调节阀（2×100%）。上述主要设备均组装在一个集装装置上。

3. 发电机定子冷却水系统

定子绕组冷却水系统也称为定子冷却水系统或定子水系统。本机型的发电机定子绕组采用冷却水直接冷却，这将极大地降低最热点的温度，并可降低可能产生导致热膨胀的相邻部件之间的温差，从而能将各部件所受的机械应力减少至最小。定子线棒中通水冷却的导管采用不锈钢导管，其余回路也采用不锈钢或类似的耐腐蚀材料制成。

定子冷却水系统的主要功能为：采用冷却水通过定子绕组空心导管，将定子绕组损耗产生的热量带出发电机；用水冷却器带走冷却水从定子绕组吸取的热量；系统中设有过滤器以除去水中的杂质；系统中设有补水离子交换器，以提高补水的质量；使用监测仪表仪器等设备对冷却水的电导率、流量、压力及温度等进行连续的监控；具有定子绕组反冲洗功能，提高定子绕组冲洗效果。

定子水系统主要由下列设备组成：定子冷却水供水装置，其中包括水泵、冷却器、过滤器、监控仪器及阀门、管道等。配有两台100%额定出力的离心泵，一台工作、另一台备用。当工作泵出现故障时，备用泵将自动启动。

第四节 汽轮机典型事故

一、汽轮机事故概述

汽轮机事故是指各种可能危及安全运行的异常工况，此时不一定会立即对机组造成危害，但若处理不当，进一步发展就会造成对设备或人身的损害。汽轮机设备一旦发生事故，不仅影响人身设备的安全，也会影响到电网的供电状况。任何事故的发生，尽管有各种原因，出现的现象也错综复杂，但总有一些原因，在事故发生前也会有明显的征兆，如能及时的发现并加以处理，就可以避免或减少损失。

目前机组的自动化水平不断地提高，对运行操作人员运行水平的要求也相应提高。作为运行操作人员，除了要求在机组正常运行时能熟练地进行操作和调整外，还应了解有关事故处理的规定，一旦事故发生，能迅速做出正确的判断，及时进行处理，防止事故的进一步扩大。

1. 事故处理的原则

（1）机组发生故障时，首先要保护人身安全和设备安全。

（2）要根据相关的仪表、信号及事故征兆进行综合分析，迅速准确地判断事故性质。

（3）事故处理一定要果断迅速，避免误操作，防止事故的进一步扩大。

（4）事故处理结束后，应对事故现象、损坏程度和处理过程进行真实详细的记录。

在实际运行中，有些事故产生的原因比较复杂，很难在短时间内做出准确的判断。例如机组的振动，就涉及多方面的原因，如叶片损坏、转子弯曲、动静摩擦、轴承座松动、油膜震荡等。但是事故发生后，由于时间的延误或判断失误而导致的误操作，又将使事故进一步扩大，造成设备的严重损坏。因此，制定有效的防范措施，了解各类事故的表征及现象，对事故正确及时处理、减少事故造成的危害是至关重要的。

2. 事故处理的步骤

机组发生故障时，应按下列步骤进行事故处理：

（1）根据设备参数变化、设备联动和报警提示判断故障发生的区域，迅速消除对人身和设备的威胁，必要时应立即解列发生故障的设备；迅速查清故障的性质，发生的地点和范围，然后进行处理和汇报；保持非故障设备的正常运行；事故处理的每一阶段都要迅速汇报，正确地采取对策，防止事故蔓延。

（2）当判明是系统与其他设备故障时，则应采取措施，维持机组运行，以便有可能尽快恢复机组的正常运行。

（3）处理事故时各岗位应互通情况，密切配合，迅速按规程规定处理，防止事故扩大。

（4）处理事故，应当准确、迅速。

（5）当发生规程未列举的事故及故障时，值班人员应根据自己的经验作出判断，主动采取对策，迅速进行处理。

（6）发生事故时值班员要立即汇报，如发生值班员操作和巡视职责范围内的设备事故，值班员来不及汇报，为防止事故扩大，可根据实际情况先进行处理，待事故处理告一段落再逐级向上汇报。

（7）事故处理中，达到紧急停炉、停机条件而保护未动作时，应立即手动停止机组运行；辅机达到紧急停运条件而保护未动作时，应立即停止该辅机运行；

（8）若出现机组突然跳闸情况，事故处理完且事故原因已查清后应尽快恢复机组运行。

（9）在机组发生故障和处理事故时，运行人员不得擅自离开工作岗位。如果事故处理发生在交接班时间，应停止交接班，在事故处理完毕再进行交接班。在事故处理中接班人员要主动协助进行事故处理。

（10）事故处理完毕，值班人员应将事故发生时的现象和时间、汇报的内容、接受的命令及发令人、采取的操作及操作的结果详细进行记录。

二、汽轮机大轴弯曲事故

汽轮机大轴弯曲事故，是汽轮机恶性事故中较为突出的一种，近年来在不同类型的机组上曾多次发生。汽轮机在启动、停机及变负荷过程中，由于转子内部周向温度不均匀，转子受热膨胀不对称而造成转子的弯曲。转子的弯曲可分为热弹性弯曲和塑性弯曲。弹性弯曲是指造成转子弯曲的应力在弹性范围内，转子周向温度均匀后，转子的弯曲会自行消失，转子恢复原来状态。塑性弯曲是指当转子温度周向不均匀产生的热应力超过材料的屈服极限，转子产生塑性永久变形，温度均匀后弯曲依然存在。

1. 大轴弯曲的原因

（1）设计制造安装方面。轴承安装不良，轴承失去正常的承载能力；径向轴封间隙不合理，汽封间隙分配不合适；转子自身动不平衡，在升速时，产生异常振动，造成动静部分摩擦，使汽轮机转子产生弯曲。

（2）运行方面。

1）上下缸温差过大。在汽轮机启动过程中，因汽缸保温不良，或进入汽轮机的蒸汽低于汽缸的金属温度产生冷冲击，造成上下缸温差过大，汽缸产生热变形，使动静部分径向间隙消失而产生摩擦，致使转子出现热弯曲，弯曲又加剧摩擦，产生大量热量，使转子局部过热而造成转子更严重的弯曲，形成恶性循环。

2）汽缸进水。汽轮机发生水冲击事故时，汽缸进水造成上下缸温差过大，使汽缸和隔板套变形拱起，动静部分产生摩擦，使转子产生变形。机组停机后，汽缸温度仍较高，若此时有水倒流入汽缸，造成处于高温的汽缸和转子发生急剧冷却，则会使转子产生径向温差而发生大轴弯曲。

3）机组振动。汽轮机大轴弯曲总是与机组的振动密切相关，并随转速的升高摩擦加剧，振动也增大。当机组振动过大，或初始晃度较大时，动静部分产生碰摩，摩擦产生的热量局部加热转子，增大了转子的弯曲，转子的弯曲反过来又增大了振动和摩擦，最终导致大轴弯曲。

4）盘车使用不当。在机组启动前或停机后，汽缸温度仍较高，此时若没有长时间进行连续盘车，因上下缸存在的温差，会使转子产生弯曲。

2. 大轴弯曲事故的预防

大轴弯曲事故，大多数在机组热态启动中发生，或在滑停过程和停机后发生。为了防止汽轮机大轴弯曲事故的发生，可采取以下的预防措施：

（1）汽轮机启动前转子晃度不得超过原始值的 0.02mm，不允许在晃度较大的情况下冲转。

（2）采用性能良好的保温材料，机组停机后，汽缸上下缸温差不超过 30～35℃。

（3）汽轮机冲转前，主蒸汽、再热蒸汽温度至少高于汽缸最高金属温度 60～100℃，但不应超过额定汽温，且蒸汽至少有 50℃ 的过热度。

（4）冲转前应进行充分的盘车，停机后盘车应立即投入，并按规定进行连续盘车。

（5）热态启动时应先向轴封供汽，后抽真空，防止冷空气从轴封进入汽缸。

（6）防止汽轮机进冷汽或蒸汽带水，疏水系统应保证疏水畅通，不向汽缸返水。

（7）凝汽器应有高水位报警装置，防止满水倒灌入汽缸。

3. 大轴弯曲事故的处理

目前尚无直接测量转子弯曲的方法，一般采用在盘车和低速时用转子晃度来监视转子弯曲；在升速和带负荷时借助机组振动判断转子是否弯曲。在冲转前若转子晃度超限，应延长盘车时间，直至晃度合格为止。在升速时机组振动大于 0.04mm，则应降速暖机。在带负荷时机组振动超限，应立即打闸停机，将转速降至振动合格的转速下暖机。若盘车和暖机一段时间后，转子的晃度或振动减小，说明转子出现弹性弯曲，继续盘车或暖机进行直轴。若连续盘车或暖机无效，则说明转子产生永久弯曲，应停机检查和进行机械直轴。

4. 事故实例

某电厂 1 号机在 1991 年 6 月检修后启动，发现机组盘车在运行中脱开，通过检查运行记录，估计盘车脱开时间约为 4h。立即将盘车重新投入，2h 后偏心指示为 105μm，3h 后偏心指示为 60μm。此时汽轮机进汽冲转，当转速达 650r/min 时，各轴颈振动达 300μm 以上，振动保护动作跳闸。停机惰走过程中，振动值仍较高。当转速到零时，盘车投入，破坏真空，停轴封供汽，观察到 2、3 号瓦处有明显的金属摩擦声。盘车至次日上午，金属摩擦声基本消失。24h 后，偏心指示为 120μm，重新冲转，振动正常，启动成功。此次事故原因是由于汽轮机盘车脱开后，重新投入盘车时，因连续盘车时间不够，造成转子热弯曲，最终导致机组产生振动。

三、汽轮机进水事故

水或冷蒸汽进入汽轮机而引起的事故称为汽轮机进水事故。汽轮机进水或进入低温蒸汽，将使处于高温下的金属部件受到突然冷却而急剧收缩，产生很大的热应力和热变形。汽轮机进水事故在汽轮机启动、停机、负荷变动过程中及停机后都有可能发生，是一种较易发生的事故。汽轮机一旦进水，其零部件的损坏几乎是不可避免的。汽轮机进水而引起的故障主要有：汽缸法兰结合面漏汽；叶片和围带损坏；动静部分碰磨，汽封片磨损；推力轴承损坏；转子和汽缸产生裂纹；转子永久性弯曲；定子部分永久性变形等。因此在运行过程中，应尽量防止汽轮机进水事故的发生。

1. 汽轮机进水事故的危害

（1）动静部分碰磨。汽轮机进水或冷蒸汽，会使处于高温下的金属部件突然冷却而急剧收缩，产生很大的热应力和热变形，使汽缸变形，导致机组相对膨胀急剧变化，引起机组强烈振动，使动静部分轴向和径向碰磨。径向碰磨严重时会产生大轴弯曲事故。

（2）叶片的损伤及断裂。水进入汽轮机的通流部分后，会造成动叶片受到水冲击而损伤或断裂，特别是对较长的叶片其危害更大。

（3）推力瓦烧毁。进入汽轮机的水或冷蒸汽的密度比蒸汽的密度大得多，因而在喷嘴内不能获得与蒸汽同样的加速度，流出喷嘴时的绝对速度比蒸汽小得多，使其相对速度的进汽角远大于蒸汽相对速度的进汽角，汽流不能按正确方向进入动叶通道，而对动叶进口边的背弧进行冲击。这种情况除了对动叶产生制动力外，还将产生一个轴向的分力，造成汽轮机轴向推力增大。实际运行中，轴向推力甚至可增大到正常情况时的 10 倍，致使推力轴承超载而导致乌金烧毁。

（4）阀门或汽缸接合面漏汽。若阀门和汽缸受到急剧冷却，会使汽缸产生永久变形，导致阀门或汽缸接合面漏汽。

（5）引起金属裂纹。机组启停时，如经常出现进水或冷蒸汽，金属在频繁交变的热应力作用下，会出现裂纹。如汽封处的转子表面受到汽封供汽系统来的水或冷蒸汽的反复急剧冷却，就会出现裂纹，并不断地扩大。

2. 进水事故产生的原因

汽轮机在运行中发生水冲击或进入低温蒸汽，有多方面的原因，损坏的程度取决于多种因素：包括水的入口点、水量、进水时间的长短、汽轮机金属温度、机组运行速度和负荷、蒸汽流量、转动部件和静止部件的相对位置以及运行人员采取的行动等。一般引起事故的主要水源或低温汽源有：

（1）锅炉蒸发量过大或蒸发不均，锅炉蒸汽温度或汽包水位失去控制，锅炉汽包发生汽水沸腾、满水时，汽包中的水或冷蒸汽就将从锅炉经主蒸汽管道进入汽轮机。

（2）滑参数启动或滑参数停机时，温度和压力不匹配，使蒸汽过热度降低，就可能在管道中产生凝结水，造成过多的积水流入汽轮机。另外，汽轮机启动时，主蒸汽系统若没有进行充分地暖管，或疏水不畅（疏水阀未能正常开启或疏水管直径太小），则蒸汽管中凝结的水将进入汽轮机中，引起水冲击。

（3）在低负荷运行时，锅炉减温水调整不当，过热器中可能因为凝结或过量喷水而积水，同时喷水阀泄漏也会造成过热器中产生积水，当蒸汽流量增大时，这部分积水也可能被带入汽轮机。旁路系统减温减压器喷水过量而产生的积水，也可能被蒸汽带入汽轮机中。

（4）疏水系统设计不合理或布置位置不当，可能导致疏水向汽缸返水。这时表现为上、下缸温差增大，严重时会导致汽缸变形，动静部分产生摩擦。运行中当上、下缸金属温度差超过 42℃，且下缸温度低于上缸时，则被认为发生进水事故。

（5）汽轮机回热系统加热器管子泄漏或加热器疏水系统故障，保护装置失灵时，水或冷蒸汽就可能由抽气管道进入汽轮机。

（6）汽轮机启动时，由于轴封供汽系统暖管不充分或管道上的疏水不畅，疏水将被带入汽封内。

3．进水事故的预防

为了防止水冲击事故的发生，在运行维护方面应采取以下相应的预防性措施。

（1）疏水系统合理布置。疏水系统管路的设计应考虑到冷态和热态启动工况，安装的位置为每个管路的最低点。在锅炉出口至汽轮机主汽阀间的主蒸汽管道上，每个最低点处均应设置疏水点；主蒸汽管道的疏水管不得与锅炉任何疏水管的联箱连接，再热蒸汽管道的最低点处亦应设置疏水点。连接到凝汽器壳体上的疏水管和联箱，都必须装在热井最高位置以上。疏水管径应有足够的流通面积，能排尽疏水。由于再热系统管径大，蒸汽压力低，所以再热冷段和再热热段的疏水管径应比主蒸汽系统的疏水管径大些。疏水联箱和疏水膨胀箱应有足够的容积和排泄能力。汽封供汽管应尽可能短，在汽封调节器前后以及汽封供汽联箱处均应装设疏水管。

设置可靠的水位监视和报警装置，除氧器、加热器和凝汽器应装高水位报警；加热器水位高时，应有自动事故放水保护，加热器抽汽止回门应能自动关闭。

在机组启动前直至负荷为 20%额定负荷，各疏水阀应开启，随着负荷增加，从高压到低压逐步关闭各疏水阀；当机组卸载至 20%额定负荷时，疏水阀应开启；负荷小于 20%额定负荷时，疏水阀一直保持开启，直到汽轮机冷却为止。

（2）严密监测各管道疏水及各设备水位。蒸汽管道投用前（特别是轴封供汽管道，法兰、夹层加热系统和高中压导汽管）应充分暖管，疏水，严防低温水、汽进入汽轮机。注意监视除氧器，凝汽器水位，防止出现满水。定期检查加热器水位调节及高水位报警装置；定期检查加热器高水位事故放水门、抽汽止回门动作是否正常。要严密监视锅炉汽包水位，注意调整汽压和汽温。

（3）严密监测汽缸温度和蒸汽温度。在机组启、停过程中要严格按规程规定控制升（降）速、升（降）温、升（降）压、加（减）负荷的速率，并保证蒸汽过热度不少于 50℃。启、停机过程中，应认真监视和记录各主要参数。包括主、再热蒸汽温度，压力，各汽缸金属温度，法兰、螺栓温度，胀差，缸胀，轴向位移，排汽温度等。机组冲转过程中因振动异常停机而必须回到盘车状态时，应进行全面检查，认真分析，查明原因，严禁盲目启动。当机组已符合启动条件时，应连续盘车不少于 4h，才允许再次启动。严密监视汽缸金属温度和上下缸温差，防止进水和进冷蒸汽。严密监视主蒸汽和再热蒸汽的压力和温度，以防止由于减温水过量而导致汽轮机进水。若汽温突降 50℃，应立即打闸停机，同时按停机要求打开疏水阀、关闭各减温水阀。在疏水排尽和故障原因排除之前，不允许重新启动。

（4）严密监视加热器的运行状况。加热器故障，特别是加热器水位升高超限时，应立即切除。当加热器切除时，其对应抽汽管道中的疏水阀必须开启。

无论何种原因造成汽轮机进水，只要判断确定汽缸进水，应立即破坏真空，紧急停机。在停机过程中应注意机内声音、振动、轴向位移、推力瓦温、上下缸温差及惰走时间，并测量大轴晃度。如无不正常现象，在经过充分疏水后，方可重新启动。在重新启动过程中，若发现汽轮机内部或转动部分有异常声音，或转动部分有摩擦，应立即停机，并进行人工盘车。

4. 进水事故处理

如果加热器显示出反常或最终的高水位，如果用户用于监视进水的传感器在抽汽管道中指示有水，或者任何一对监测进水的热电偶指示汽缸的上、下部金属间的温差达75℃或更大（汽缸的底部更冷些）时，则认为进水正在进行。如果温差大于100℃，则机组无论如何要立即停机。如果温差不超过100℃，同时没有仪表指示或其他事故信号表明该机组必须立即停机时，将水隔离并处理后机组仍可保持运行。若运行中管道有振动或摇晃，这种现象以前又不存在，且没有可接受的解释时，则可认为进水在进行中。显然，可能有一些可以接受的原因，但如果不能马上查明这些原因，则运行人员就应该认为，进水的事故正在进行中，应采取必要的防护措施。当这种情况中的任何一种发生时，必须立即实行紧急操作步骤。进水事故发生后，企图过快地再启动机组，可能会造成机组损坏，将使机组停止运行六个月甚至更长时间。所以，运行人员必须认识到，一旦进水事故发生或有理由相信机组进水了，则该机组在至少24h或更长时间内安全启动是不可能的。

为了尽量避免进水事故的发生，生产中应遵循一些准则：

（1）培训运行人员处理进水事故。

（2）每当报警或仪表指示汽轮机进水或即将进水时，运行人员要遵循规定的操作步骤。

（3）当有进水指示时，应立即采取措施。

（4）在控制室中，对热力循环中所有的监测进水的热电偶装设报警装置并采用记录仪。

（5）当报警器报警时，不要只依赖关键阀门的自动动作，要遥控操纵并目视检查这些阀门，确保它们处于正确的位置。

（6）如果发生故障的防护设备与水源有联系时，应将水源与汽轮机隔开，并按照损失了该防护设备后的要求来调整运行条件。

（7）发生进水事故时，要分析事故原因。不仅要对进水区域的设备，还要对同类事故敏感的所有其他区域中的设备进行必要的修正。如果需要修正的话，就要修正运行程序和纠正运行人员培训时的不足之处。

（8）通常在汽轮机运行时监测进水、事故时隔离并进行排水。一旦有水进入热的汽轮机，造成的结果通常是超越允许的运行极限，机组必须停机。因此，机组运行人员必须通过培训具有对付这些突发事件的能力。自动保护方案对于快速行动使汽缸上下部分的温差保持在100℃以下是必要的。

5. 预防进水事故的维护措施

为确保保护汽轮机免受进水损坏而装备的仪表和设备在需要时进入工作状态，应对一些关键设备每隔三十天校验一次，以保证这些设备正常、可靠地运行。如果实际经验表明一些特殊的设备需要经常性的检查，那么这三十天的校正周期可以按需进行调整。当测试关键设备时，测试要尽可能在接近这些设备的实际运行的状况下进行，而不损坏汽轮机或其他电站设备也不必停机。

（1）启动期。

1）在第一个三十天运行以后的初始启动期间,要清洗所有的汽水阀、节流阀和集水槽,除非有指示器指示这些装置要提前清洗。

2）在汽轮机或部件拆卸后启动的两个星期内清洗汽水阀、节流阀和集水槽。

（2）每月一次。

1）检查汽轮机的检测仪表,包括差胀、汽缸膨胀、偏心率、振动、转子位置和金属温度记录仪。这些仪表必须清洗干净,通电校验。在检验期间更换任何有问题的元件。

2）检查全部汽轮机测温用的金属热电偶,应每三十天检查维修一次。另外要遵守下列建议:①立即更换那些出故障的热电偶,通常可在机组运行时更换。②准备好备用的经过校验的热电偶,以更换关键的进水探头热电偶。

3）检查所有的抽汽管道阀门。检查所有与这些阀门有关的控制器,包括开关、电磁阀、空气过滤器、供气管道和压缩空气站等。这些阀门大多数可以在运行中检测,它们的检查周期与汽轮机上的主汽阀相同。若有可能,编制检查止回阀渗漏的程序,因为止回阀的渗漏会引起麻烦。当有两个阀门在一根管道上时,可以在两个阀门之间的管道上用压缩空气加压来检查渗漏。

4）检查全部加热器的水位控制和报警系统,以保证正常运行。检验期间,必须清洗这些仪表并更换有问题的设备。

5）检查全部加热器疏水阀以确保其正常运行。清洗每个阀门外部并更换有问题部件。

（3）每三个月一次。

1）检查来自汽轮机及有关管道的所有疏水管道（和阀门）。包括主蒸汽、抽汽、和热及冷再热管道。用测温的方法来检查疏水管道和阀门。

2）用测量疏水器或节流孔上游和下游管道温度的方法检查全部节流孔和疏水器。

3）用测温法侧试疏水阀门和疏水管道,查看利用接触式高温计或热电耦通过温差来确定疏水管道是否畅通的程序。该方法并不完全可靠,但总比不检测要好得多。这种检查方法通常是在运行中关闭阀门的时候进行的,首先测量靠近管道源的阀门侧上游的温度,然后测量疏水管道上阀门的下游的温度。随后开启阀门,重新测量这两点温度。如果测得的温度值相互很接近,则可以认为管道畅通,运行正常。如果测得的温度差别与阀门关闭时测得的相同,说明管道完全堵塞。为使温度的测定得出良好结果,隔绝从来源至疏水阀门的疏水管道。为每一个关键阀门编制温度检测程序,进行合理的检查以增强设备运行的安全可靠性。

4）对于疏水阀,要检查手动和马达驱动的阀门螺纹是否清洁并上过润滑油。手动阀应该有与阀杆确切连接的手轮或手柄。检查电动疏水阀门,所有部件的功能是否正常。清洁螺杆并按需要润滑阀门。检查期间更换所有有问题的部件。

（4）每年检查一次。每次大检查时,检查内部,清洁或维修关键阀门、疏水器和节流孔,至少每年一次。每次大检查时,应清洗集水槽。

6. 事故实例

（1）辅助蒸汽引起汽轮机进水。某电厂1号机（600MW）调试时发生过一次水冲击事故。由于从邻厂来的辅助蒸汽温度较低,汽轮机停机后,当轴封汽切换到邻厂供给的辅汽时,辅汽进入轴封系统后含水,造成汽缸上下缸温差过大,盘车盘不动。进水的原因是设备存在缺陷，缺乏监测保护手段，未严格执行操作规程等。若加强管理、提高运行人员技术素质、严格执行规程，有些事故是可以避免的。有些电厂由于启动时仔细检查，及时发现，处理正确，虽然进水却未造成大轴弯曲事故。后来厂方在辅汽管道上增加了疏水点，提高辅汽温度，并制定专门措施及运行方式，防止了类似事故的发生。

（2）旁路系统引起汽轮机进水。汽轮机的旁路系统在机组启动过程中提升蒸汽参数到规定值，在机组停机或甩负荷过程中保证锅炉不超压，同时还起到回收工质和减少噪声的作用。与直流锅炉配套运行的汽轮机大旁路系统主要是建立启动流量，提升蒸汽参数，以满足汽轮机冲车的要求。

某电厂 1 号机 1996 年 9 月 14 日温态启动过程中，当时高压内上缸内壁温度为 232℃，19 时锅炉点火，启动用大旁路调整门开启到 65%。19 时 40 分，主蒸汽压力升到 3.5MPa，主蒸汽温度为 330℃，汽轮机开始冲车。19 时 58 分转速达 3000r/min，此时，主蒸汽压力降到 1.8MPa。为保证主蒸汽压力，运行人员擅自关小大旁路调整门到 55%，但汽压并未上升。20 时 04 分发电机并网，启动旁路全关，机组负荷仅带到 20MW（按规定应带 50MW负荷暖机），中压缸调速汽门全开，高压缸调速汽门开至 60%。20 时 05 分，主蒸汽温度降到 200℃，但运行人员未敢打闸。锅炉投运一台磨煤机，经 5h 后，主蒸汽温度才逐渐恢复到正常参数。

机组温态启动过程中，一般锅炉要点燃 12 支油枪，燃烧 90min 才能将参数提升到冲车参数（汽压 3.5MPa，汽温 330℃）。而在这次温态启动过程中，锅炉由点火到建立冲车参数的过程中只点燃了 8 支油枪，燃烧了 40min，就使主蒸汽参数达到了冲车参数。这主要是因为启动旁路调整门开度仅有 65%（规定应该全开），由于启动旁路未全开，从而使得启动流量减少，造成锅炉提升参数的时间缩短。此时虽然主汽参数已达到冲车要求，但锅炉的热负荷还远未达到冲车要求，所以在汽轮机冲车后，随着汽轮机进汽量的增加，必然使锅炉给水量增加，而由于直流锅炉本身的热负荷太小，势必会造成冲车后主汽压力和温度下降（蒸发量不足）。而此时运行人员未及时联系司炉提高炉膛热负荷，只是盲目地关小启动旁路，来提升蒸汽参数。虽然在发现主汽压力和汽温下降的情况下提高了给水流量和煤粉量，但直流锅炉的特性决定了它不可能使炉膛热负荷立即增加，所以最终造成过热器进水，主汽温度下降。由于当时汽缸温度尚低，且机组又在启动过程中，因此未对汽轮机造成损坏。

直流锅炉的启动旁路是建立机组启动参数的重要环节，锅炉点火后，启动旁路必须完全打开，这是建立锅炉炉膛热负荷的重要步骤，也是直流锅炉与汽包炉的根本区别之一。与直流锅炉配套的汽轮机在启动冲车过程中，启动参数的给定都是在启动旁路全开的情况下设定的。由于运行人员不了解直流炉特性和汽轮机冲车时所需要的锅炉热负荷，导致大旁路使用不当，造成汽轮机进汽温度严重下降，从而使汽轮机发生水冲击。

四、汽轮机组振动故障

在汽轮发电机中，只要机组发生机械故障，一般均会伴随着出现异常振动。异常振动可以认为是机械故障的征兆，同时振动又会使故障进一步扩大和形成新的故障。在汽轮机组的振动现象中，除了最常见的由于转子的不平衡引起的强迫振动外，近年来随着汽轮机单机功率的增大，以及汽轮发电机转子固有频率不断降低等原因，还出现了许多动力不稳定现象，例如轴承油膜的自激振荡和转子间隙自激振荡等。汽轮机组产生振动的原因很复杂，为了保证机组的正常安全运行，现场技术人员应能够正确判断振动产生的原因、性质及涉及范围，并在这个判断的基础上采取相应措施，使振动消除或减小。

1. 机组振动过大的危害

机组的轴承衬因振动过大造成动静部分和轴承磨损、转子弯曲、轴承巴氏合金脱落、轴承的紧固螺钉、凝汽器管道以及主油泵的蜗轮等零件损坏。机组振动过大时，还会造成轴系破坏。若发电机振动过大，会使滑环和电刷磨损加剧、定子槽楔松动、绝缘磨损等，造成发电机或励磁机事故。

2. 机组产生振动的原因

机组的异常振动产生的原因是多方面的，亦十分复杂，与制造、安装、检修和运行水平等都有关系。机组的振动可分为自激振动和强迫振动。自激振动是振动系统通过本身的运动不断向自身馈送能量，自己激励自己。强迫振动是由外界的激振力引起，主要是由于机械激振力和电磁激振力等原因造成。

（1）机械激振力引起的机组强迫振动。汽轮发电机转子质量的不平衡、转子挠曲、转子连接和对中心的缺陷等原因会造成过大的机械激振力。

1）转子质量不平衡产生的原因。造成转子质量不平衡，主要有以下几方面的原因：由于制造装配误差、材料质量不均，使转子质量中心与回转中心不重合；汽轮机在运行中出现动叶片或拉金断裂、动叶不均匀磨损、蒸汽中携带的盐分在叶片上不均匀沉积；汽轮机在大修时拆装叶轮、联轴节、动叶等转子上的零部件或车削转子轴颈时加工不符合要求。

2）转子挠曲产生的原因。运行中的汽轮机有可能由于转子残余应力及材料膨胀不均，使转子在温度变化时发生弯曲，或因转子沿圆周受热（冷却）不均，产生热弯曲。运行中汽轮机动、静间隙消失，产生摩擦，出现局部过热现象，亦会造成转子弯曲。转子锻件在机械加工及处理中的残留变形也会引起转子的永久性挠曲。

3）动静摩擦产生机械激振力的原因。由于转子受热变形，或轴封间隙太小，汽封安装不正确等造成汽轮机动、静部分产生摩擦，使转子承受附加的不平衡力而产生振动。

（2）电磁激振力引起的强迫振动。

1）发电机转子线圈匝间短路，磁场偏心引起的不均匀电磁激振力。

2）发电机转子和定子径向间隙不均匀而引起的不均匀电磁激振力。

3）发电机定子铁芯在磁力作用下发生激烈的振动，而改变转子和定子径向间隙。

（3）系统刚度削弱而引起异常振动。支撑刚度削弱，使转子临界转速降低、振动被放大而出现异常振动。造成支撑刚度削弱的原因有：

1）轴衬座设计刚度不够；各支撑轴瓦、轴承座、基础框架等主要部件之间连接刚度减弱。

2）轴承座和基础台板之间脱开或出现间隙。

3）基础承载元件中出现裂纹。

（4）低频自激振荡。

1）油膜自激振荡。油膜振荡是使用滑动轴承的高速旋转机械出现的一种剧烈振动现象，它是由于汽轮发电机组转子在轴承油膜上高速旋转（轻载、高速）时，丧失动力稳定性的结果而引起的。汽轮机正常运行时，轴颈在轴承内的高速旋转，通过润滑油膜支撑。稳定时转轴是围绕轴线旋转的，失稳后转轴不仅围绕其轴线旋转，而且该轴线本身也在空间缓慢回转，即为涡动。轴线涡动频率总保持在约为转子转速的一半，称为半速涡动。油膜振荡就是当半速涡动的涡动速度与转子的临界转速重合时，半速涡动被共振放大而表现出的激烈振动现象。

2）汽流自激振荡。汽流自激振荡是由于蒸汽对动叶栅作用的切向力不对称而激起转子涡动。当运行中级间汽封径向间隙不均匀时，沿周向汽封漏汽量不同，造成叶栅沿周向进汽量不均匀，使蒸汽对动叶栅的作用力出现不对称的切向力。此不对称切向力的合力，使转子轴线偏移，造成汽封径向间隙新的不均匀，此时不均匀间隙随转子旋转呈周期性变化，作用在转子上的不对称切向力的合力也呈周期性变化。当此合力大于转子涡动的阻尼力时，将引起转子涡动。汽流涡动只可能发生在高压转子，转子涡动又引起轴颈在轴承内涡动，当涡动频率等于转子的自振频率时，即产生汽流自激振荡。

（5）轴承的轴向振动。

1）若转子弯曲或轴系找中心存在误差，当转子旋转时，轴颈在轴承内围绕受力中心摆动，轴承受交变的轴向分力。

2）轴瓦受力中心和轴承座几何中心不重合，转子振动对轴承座产生交变的轴向分力。

3）轴承座不稳固或轴向刚度不足。

3. 机组振动故障的特征

机组振动的原因复杂多变，但不同原因引起机组振动都有其固有的特征，可根据振动的特征对振动的原因进行分析判断，采取相应的措施，消除异常振动，保证机组安全运行。振动特征由振动特性来反映，包括振动的频率、相位及振幅的变化。分析振动的主要方法是测量振动的变化和进行频谱分析。

（1）转子质量不平衡引起振动的特点。

1）转子存在质量不平衡，在旋转时产生交变的不平衡离心力或力偶，使转子产生受迫振动。不平衡离心力和力偶与转速的平方成正比，使得转子的振幅与转速的平方成正比；在通过临界转速时振动明显加剧；振动的频率与转子转速相符；纯静不平衡离心力引起的振动，转子两端轴承振动的相位相同；纯动不平衡力偶引起的振动，转子两端轴承振动的相位相反。振动相位相对固定，只是在通过临界转速前后换向。

2）若转子因摩擦产生弯曲，在发生摩擦时振动波形中有高频谐波。转子弯曲，在低速或盘车时可测出转子的晃度相应变化（包括晃度的大小或相位），且振幅的相位与晃度的相位有关。

3）若由于转子上零件松动形成质量不平衡，则只有在高转速下才显现出来。

4）若质量不平衡是由于转子对中心不良引起的，通常联轴节两侧轴承的振幅较大。质量轻的转子可能有甩尾现象。

（2）发电机电磁不平衡力引起振动的特点。

1）电磁力只有在发电机转子投入励磁后才显现，因此不平衡电磁力引起的振动只在机组并网时或带负荷后才会产生，且其振幅随励磁电流的增加而增大。

2）发电机转子线圈匝间短路，转子磁场偏心，不平衡电磁力与不平衡离心力相似，其振动频率与转速一致，为工频振动，且电压波形零线偏移，即出现不对称的电压波形。

3）发电机转子相对定子偏心（周向间隙不均匀），则产生不平衡电磁力。对于一对极的发电机，每转一周，N 极和 S 极各通过最小间隙处一次，其引起振动的频率为工频的两倍。

4）发电机转子上通风孔被灰尘不均匀堵塞，使发电机转子线圈热膨胀不对称，使转子失去平衡或引起端部线圈接地，或转子本身热处理不当等原因，造成转子热弯曲而引起的振动，其振幅也随励磁电流的增大而增大。但与不平衡电磁力引起的振动相比，所不同的是振幅的变化滞后于励磁电流的变化，即励磁电流变化时，振幅不立即变化，而励磁电流不再变化时振幅继续变化。

（3）轴承油膜振荡引起振动的特点。轴承油膜振荡是由于轴承失稳后产生共振而引起的，其振动特征是：振动猛烈，起振突然，振动频率等于转子的临界转速，且近似等于转子转动转速的一半。在一定转速范围内振幅和频率不随转速的升高而改变，失稳轴承处的振动最大。

（4）汽流自激振荡引起振动的特点。汽轮机级内动静间隙沿周向不均匀，如果产生汽流自激振荡，只可能在大功率汽轮机的高压转子发生，且在负荷达到一定值时，被诱发产生振动，降低负荷时振动消失。振动的频率与某一阶临界转速一致，而与额定转速无任何比例关系。

（5）支撑刚度不足引起振动的特点。支撑刚度不足只是将原已产生的振动放大，使机组振动超过允许范围。其振动的特点是：轴承振幅沿垂直方向随标高逐渐增大，且在刚度削弱处振幅变化较大。其振动特性与激起振动的原因有关。

机组异常振动原因的判断，通常要通过进行转速试验、变负荷试验和真空试验来获取。在并网前改变机组转速；在并网后改变机组负荷；在一定负荷下改变真空，测取机组振动变化的规律和相关参数（如转子晃度、电压特性等），再根据试验测试结果进行分析和判断。现代汽轮机若配有机械故障诊断系统，可根据机组运行中振动的特性自动进行故障原因、部位、危害程度的诊断，并作出相应的处理决策。

4．机组振动的防止和处理

（1）机组异常振动的防止。在机组安装和检修时要精细地进行转子找平衡，将不平衡质量降至最小；根据运行中汽缸和转子中心线可能产生的变化，调整好动、静部分间隙，确保运行中转子与静止部分同心；按要求精确的进行转了联轴节找中心；保证基础台板与轴承座和低压缸支座接触面符合要求；管道连接的冷拉量符合要求。

在机组冲转前至少连续盘车 2h，并仔细检查转子晃度的变化（包括大小和相位），其数值符合规程要求；润滑油温、油压符合要求；600r/min 时仔细检查有无动、静摩擦声；升速时振幅不大于给定的上限值；严密监视机组振幅的变化，特别是通过临界转速时的振幅值和非临界转速下振幅的异常值；维持凝汽器真空正常；注意控制上、下缸温差，相对胀差。停机后转速为零时，只要能启动盘车设备，应进行连续盘车；即使盘车设备无法投入，也应间歇手动盘车，防止转子发生弯曲。

（2）机组异常振动的处理。在冲转升速过程中机组产生异常振动，应立即降速至振幅允许范围，直至盘车状态，进行暖机或连续盘车，决不能强行升速。在带负荷运行时，机组产生异常振动，应立即降负荷。降负荷不能使异常振动消除时，则打闸停机或解列降速暖机，直至盘车状态。当机组轴颈振幅达 0.254mm 时，汽轮机应自动脱扣，否则立即手动打闸停机。无论机组处于何种运行状态，在振动异常之前或之后机组内有金属撞击声或摩擦声，应立即破坏真空紧急停机，进行盘车。

5. 消除振动的措施

消除振动缺陷，首先要明确引起机组振动的原因，只要引起机组振动的原因判断比较准确，消除振动缺陷并不困难。

如果是转子质量不平衡，则可以通过转子找平衡（高速动平衡），来消除不平衡质量。通常在厂内用蒸汽冲转转子，分别在不同的转速下由低速到高速进行多次动平衡。为了在转子配重时不揭缸，有些机组在转子配重位置的汽缸处开有调整配重的孔，可以打开孔的螺塞，用专用工具在转子上进行配重。

如果是转子弯曲引起的机组振动，则首先应该降速暖机或盘车直轴，以消除转子受热不均产生的弹性弯曲。若降速暖机或盘车直轴后，仍不能消除弯曲，则可能转子产生了永久性弯曲，就要在大修时用应力松弛法进行直轴。若弯曲的是发电机转子，则首先要检查转子通风道是否堵塞，是否存在匝间短路。若降速暖机或盘车直轴后，转子弯曲消失，无异常振动，而再次启动时并无摩擦现象，却又产生异常振动，这可能是转子材质不均造成的。在直轴时则要矫枉过正，使转子适当向热弯曲的另一侧弯曲。

如果判断振动是由轴承油膜振荡引起，则在运行中可适当提高油温；在维修时调整轴承间隙或车短轴承承力面的轴向长度，增大轴承的压比。若仍无效，就应更换稳定性好的轴承。若判断振动是汽流涡动引起的共振，则应调整转子和静止部分的周向间隙，使运行中两者同心；对于调节级还可改变调节阀的开启顺序。

若由于支撑刚度不足使振动放大，则应消除支撑间隙，并使机组膨胀顺畅；同时必须要加强轴承座的刚度，消除基础缺陷。

总之，振动缺陷的消除，必须对症下药，首先是准确判断引起机组振动的原因，再采取相应的措施。但必须注意，有时引起机组振动的原因是多方面的，应综合进行治理。

6. 事故实例

（1）轴系不平衡。某电厂 2 号机（600MW 亚临界）在 1992 年 7 月 22 日首次冲转升速过程中机组产生异常振动，5、6、8、10、11 号瓦轴振均超过跳闸值（254μm）。机组达到额定转速后，8 号瓦轴振达 240μm，11 号瓦轴振达 280μm，接近或超过跳闸值。

为了消除振动，安装公司停机进行了 40 天找正，重新启动后振动仍然很大，为此进行了转子动平衡工作。在汽轮机低压转子、发电机转子上先后配重 8 次，并进行动平衡试验，前后历时半个月，最后终于将振动消除。机组冲转升速时，各轴颈振动都小于跳闸值（254μm）。在额定转速下，除 10 号瓦轴振有些偏大（90μm）外，其余各轴颈振动均达到良好标准（小于 76μm）。

此次事故原因是机组在安装过程中轴系不平衡，最终导致启动过程中机组强烈振动。

（2）轴系振动。某电厂由哈汽引进西屋技术制造的 N600-16.7/537/537-1 型汽轮机于 1999 年 10 月 21 日进行首次整套启动，在升速至 1820r/min 时，11 号轴承最大振动为 390μm；升速至 2160～2280r/min 时，5～8 号轴承 Y 方向轴振都存在明显的峰值，7 号轴承 Y 方向振幅上升最大，最高为 237μm，而该区域为非临界区；当机组在 3000r/min 定速工况时，5～8 号轴承轴振值较大，尤其是 X 方向轴振数值更大，其振幅及相位亦有很大的波动，6 号和 7 号轴承轴振振幅最大波动值为 40μm。在机组进行超速试验时，5～8 号轴承轴振值又大幅度上升，在升速至 3180r/min 时，7 号轴承轴振最大为 500μm，而后又大幅度下降。在机组停机后盘车工况下，对上述四个轴承 X 和 Y 方向用探头敲击法测量其振动响应，经频谱分析确认四个轴承 X 和 Y 方向轴振探头的固有频率有上 50～53Hz 的频率成分，表明上述各探头在此固定方式下的固有频率接近其工作频率。因此，造成各探头在机组定速时发生共振，使其振动幅值很大且不稳定，各振动值并非转子的真实振动值，而是由于探头共振造成的。停机后，对 4～8 号轴承的 X 和 Y 方向轴振探头进行修频，由于探头安装方式为悬臂式结构，安装套管长接近 500mm，加粗套管以提高其刚度，经敲击法测试，各轴振探头的固有频率提高到 63Hz 以上。

1999 年 11 月 6 日机组进行第二次整套带负荷试运转。停机后对 7 号轴翻瓦检查时发现轴瓦乌金严重磨损，且 7 号顶轴油管在轴承箱内断裂。由于振幅大小与激振力大小成正比，与支撑刚度成反比，而末级叶片及松拉筋没有异常，说明激振力没有明显变化，但顶轴油管的断裂导致 7 号轴承内的润滑油泄漏至轴承箱，使其油膜刚度降低、振动增大、相位变化。对顶轴油管及轴瓦进行处理后，机组再次启动，在升速过程及定速工况下，7 号轴承振动基本恢复至机组首次整套启动状态。

（3）转子联轴器挡风罩脱落。某 600MW 亚临界机组在 1991 年 11 月 6 日首次大修后启动时，当汽轮机进行中速暖机（2040r/min）结束后，一切正常，当升速到 2800r/min 时，7～9 号瓦振动指示直线上升，3、5、6、10、11 号瓦振动超限，8 号瓦振动指示到头，汽轮机因振动大而跳闸。在运转层台板可感受到强烈振动，8 号瓦轴承室有明显的金属摩擦声，立即进行紧急停机处理。打开轴承室检查后发现，新制作的转子联轴器挡风罩脱落并扭曲，将盘车装置喷油管堵头打断，该堵头飞出撞坏了 OPC 转速测量探头和低压差胀测量装置。

事故原因是联轴器挡风罩安装中心不正，固定不牢。经过重新制作、安装联轴器挡风罩后，机组再次启动时，情况一切正常。

（4）热膨胀不均。电厂 1 号机（600MW 亚临界）在 1988 年 11 月调试过程中，当汽轮机冲转至 2040r/min 进行中速暖机时，发电机 10 号瓦振动逐渐增大，最终达到跳闸值而保护动作。检查后发现其振动大，同时发电机壳体两侧温度明显不一致。仔细检查后发现，是由于发电机氢冷却器一侧因阀门指示状态错误，而导致冷却水未送。将该侧冷却水投入后，机组重新复置冲转，10 号瓦振动仍是很大，导致机组跳闸。经过几个小时，待发电机两侧壳体温度相同后，再次启动冲转，10 号瓦振动正常。

事故原因是因为发电机受热膨胀不均，从而造成机组振动。

五、汽轮机油系统故障

油系统在汽轮机的正常运行中担负着供给各轴承的润滑冷却用油，以及调节系统工作用油的任务。油系统一旦发生故障，如不能及时处理或处理不当，则会使事故扩大，造成极其严重的危害。

1. 油系统事故产生的危害

汽轮机的调节保安系统用油作为工作介质，轴承用油作为润滑介质并带走热量，因此油温、油压和油的质量合格是保证机组安全运行的基本条件。油中进水、油质劣化，将使调节保安系统部套锈蚀卡涩，造成甩负荷时机组超速甚至飞车。润滑油油温过高或乳化，使黏度降低，油膜可能破坏，造成轴承及轴颈磨损；油质不洁，也会使轴承及轴颈磨损；润滑油压过低或供油中断，轴瓦因润滑和冷却不良会很快烧损，造成机组内部动静部分发生碰摩，引起机组严重损坏。若油系统泄漏或油管道破裂，一旦油接触到高温，将引发火灾。

2. 油系统事故产生的原因

油系统运行中引起的事故在汽轮机事故中占有相当大的比例，主要故障有主油泵工作失常、油系统漏油、轴承油温升高、轴承断油、油系统进水等。

（1）油系统进水事故。

1）轴封系统不完善。当轴封供汽压力调节器工作不正常，高压轴封和低压轴封的供汽不能分别调整，可能使轴封供汽室的压力升高，或轴封抽气器工作不正常，漏入轴封抽气室的蒸汽不能全部被抽至轴封加热器，造成抽气室压力升高，使蒸汽漏到汽缸外，进入轴承座内与油相混合后凝结成水。

2）轴封径向间隙过大。轴封径向间隙过大，轴封供汽漏入轴封抽气室的漏汽量加大，而且不能全部被抽到轴封加热器去，继而漏入轴承座内。

3）轴封冷却器工作不正常。若运行时通水量偏小，或换热面积垢，使抽入轴封冷却器的轴封漏汽凝结量减少，轴封抽气器过负荷，导致轴封抽气室的压力升高，而使蒸汽漏到汽缸外，被吸入轴承座内。

4）汽缸端部结合面漏汽。汽缸端部水平结合面的漏汽，被吸入轴承座内。

5）汽轮机轴承座内负压过高，使轴封漏出的蒸汽被轴承吸入，导致油中进水。

6）冷油器漏水。冷油器内冷却水压力高于油压，且冷却管胀口不严，致使冷却水漏入油中。

（2）轴承断油事故。在切换冷油器过程中，误操作造成断油；主油泵内或进油管内积存空气（或漏气），使主油泵打空断油；润滑油压过低，辅助油泵未及时投入，中间存在短时断油现象。

（3）油系统泄漏。安装检修存在缺陷或管道振动，运行中造成油管丝扣接头松动、焊口断裂、油管道破裂，或者法兰质量不佳，结合面不严；或设备本身存在缺陷都会使油发生泄漏。油系统泄漏使油箱油位降低，系统缺油。当泄漏的油与高温热体接触，便会引起油系统着火。汽轮机油系统着火，往往是瞬时发生且蔓延迅速，如果不能及时切断油源，将危及设备和人身安全。

3. 油系统事故的预防和处理

（1）油系统进水事故的预防和处理。运行中保持冷油器中的油压大于水压，以避免冷油器管道或管板渗漏时，冷却水渗入油中。保证轴封系统各设备工作正常，高压轴封供汽压力应能够进行适当调节。保证汽缸结合面严密，轴封径向间隙符合要求。运行中加强油质监督，如果发现油中含水，应立即进行分离处理，保持油质良好。

（2）轴承断油事故的预防和处理。轴承断油烧瓦事故的发生，与设计、安装、运行操作等都有密切关系。但是只要交、直流润滑油泵能及时启动，一般不会发生断油烧瓦事故。为杜绝此类事故的发生，可采用以下的预防措施：

1）在切换冷油器时，应严格执行操作规程，防止误操作，避免轴承断油。

2）辅助油泵应始终处于良好的自启动状态，当轴承油压降低时，应能立即自启动，维持正常的油压。

3）保证油系统油质的清洁度合格，以防止油系统内设备卡涩和油泵入口滤网的堵塞。

4）直流油泵在检修期间，如无特殊措施，不允许主机启动和运行。

5）若发现油压降低到正常值以下，立即手动启动备用油泵或辅助油泵，恢复油压。若油压继续降低至危险值，立即打闸停机。

（3）油系统泄漏的预防和处理。油系统在安装和检修时，要确保设备和管道清洁、完好，焊口和接口严密。运行中密切监视油系统的状态和油箱油位，若油箱油位降低，应立即查明原因。发现油系统的泄漏点，应立即堵漏、接油；若泄漏严重或找不到泄漏点，应立即打闸停机，进行处理。

4. 汽轮机漏油着火事故预防措施

汽轮机漏油着火事故，近几年来也屡次发生，造成极大的经济损失。这类事故都是由于油系统漏油，喷到保温脱落的热管道上引起的。目前已在检修、维护上采取了一些措施。

（1）消除油管道振动，尽量减少油管路的阀门、法兰接头；

（2）法兰禁用塑料垫和耐油胶皮垫；

（3）提高油系统检修质量，搞好靠近油系统的热力管道和热体保温，并采取必要的隔离措施。

可采用防止油系统着火的新技术，如在调速系统采用抗燃油，这种油的燃点高，不易燃烧；改变传统的油系统布置结构，油管道和热管道完全隔离；油系统本身采用双套管油系统，高压油管套在低压回油管内；油管不采用法兰连接；机头的结合面采用新型密封材料等技术，从而从根本上防止了油系统漏油着火的问题。

5. 事故实例

（1）顶轴油泵损坏。某电厂 600MW 汽轮机设计有四台顶轴油泵（A、B、C、D），分别作用于低压转子的 5～8 号轴承。顶轴油泵为齿轮式泵，进口油压最小不低于 0.03MPa，进口滤网 250 目，滤网差压大于 0.1724MPa 时旁路自动打开，出口过压阀达 13.79MPa 时打开。该顶轴油泵在调试中多台多次损坏，主要现象是其出口油压太低。

分析后认为是由于顶轴油泵出口滤网因油质不良，造成闷泵，最终导致顶轴油泵损坏。但所有顶轴油泵在清洗滤网后，压力仍然无法建立，分析认为是因闷泵造成泵间隙变化而引起。

处理方法是增加了一套顶轴油系统，能够满足汽轮机运行要求。

（2）油净化装置故障。某电厂 2 台汽轮机各配备一套油净化装置，油箱容积 26.5m³，净化能力 9000L/h，工作流量 6300L/min，过滤精度 8μm。汽轮机运行初始阶段，经常发生跑油现象，且泵的自启停回路也不正常。当时由于轴封汽系统超压，造成油系统带水严重，加上该装置不能正常运行，只有每天采用人工放水，造成了油质乳化。

处理方法是对该系统进行改造，更换了油位计，将油泵自动回路中磁环式油位计改为浮筒式液位开关，经过仔细试验维护，使该装置能正常投运，从而保证了润滑油质正常，运行情况良好。

（3）润滑油系统进水。某电厂 2 号汽轮机在调试及试运行初期，经常发生机组热态停运后几小时就发现润滑油已进水乳化的现象。

分析后认为油中进水的原因是汽轮机真空破坏后，由于锅炉仍有较高的压力，汽轮机主汽门门杆漏汽至轴封系统后进入轴承室使润滑油乳化。

处理方法是规定当主机真空破坏而锅炉尚有压力时不得停运轴封风机。此后再未出现润滑油乳化现象。轴封风机正常运行并在轴封乏汽母管建立一定的微真空是保证轴封蒸汽不进入轴承室的关键措施。对设有密封油真空泵的机组，应使密封油系统打开式循环，使之与润滑油系统保持联合循环，这样就可以采用密封油真空泵连续不断地处理油中水分并将之排向大气，并且当润滑油轻度乳化时，采用这种方法可以使润滑油脱水还原。

（4）抗燃油油质恶化。某电厂 2 号机组调试运行近半年后，检查发现抗燃油油质已严重恶化。经过化验后认为油质细颗粒超标。由于 G/A 机组的 EH 油采用以磷酸酯为基的抗燃油，油颜色较深且酸值较大，因此首次大修时采用了西安热工研究所提供的滤油机进行滤油处理。经过三、四天滤油后分析，油质污染指数有所好转。但不久检测发现油质污染指数又恶化，经多次滤油仍无法使油质污染指数合格。大修后 100%更换新油，油牌号与原来一样。新油投运后，每月进行一次油质化验，前 3 个月，油质基本没有变化；后 3 个月，油的颜色开始逐渐变深，酸值逐渐升高，虽然更换了硅藻土滤网，但效果不明显，且硅藻土滤网很快就失效。第 7 个月对油样进行分析时发现油质已严重恶化，颜色变为棕色，油的细颗粒超标，且有纤维状的东西，经过多方处理仍无效。分析这两次油质恶化现象后，认为主要原因是主汽门和调节汽门油动机与阀体太近，温度太高，油动机外壳温度达到105℃，又因为油动机内的油基本不会流动（除非机组跳闸），因此长时间的高温使 EH 油加速老化。

六、汽轮机通流部分磨损故障

1. 通流部分动静磨损的原因

在汽轮机启动、停机和变工况时，产生动静磨损主要是由于汽缸与转子加热或冷却不均匀、机组启动运行方式不合理、保温不良及法兰加热不当等原因造成。

机组在安装检修时，动静间隙调整的过小，或隔板、轴封找中心不精细，运行时动静部分不同心。启动、停机及变工况时，由于机组振动超限、转子弯曲，或相对胀差、轴向位移、汽缸上、下缸温差过大，以及轴承损坏等，都会造成汽轮机动静部分轴向或径向间隙消失，发生动静碰摩。

2. 通流部分动静磨损的预防和处理

在安装检修时，不但要按要求调整汽轮机动静部分轴向和径向间隙，而且隔板和轴封找中心要考虑到汽缸、轴承和转子中心线在运行中的相对变化，合理地调整汽封径向间隙的周向分布，使汽轮机动静部分在运行中同心。

机组启动冲转前，必须仔细测量转子的晃度变化（包括大小和相位）和上下缸温差、相对胀差。这些参数不合格，不允许冲转；冲转后，转速在 600r/min 时，仔细检查动静部分有无摩擦；中速暖机时，机组振动应小于 0.04mm；严格按启动曲线升速、并网和带负荷。注意监视机组振动，避免在临界转速、空负荷或低负荷和低真空下长时间运行。

运行中严密监视蒸汽参数，防止发生水冲击；一旦出现异常振动，振幅超过极限值，立即降负荷、停机、降速，使振幅降至合格范围内，进行暖机或盘车。停机时，严格监控相对胀差和上下缸温差，防止发生水冲击。

3. 事故实例

某电厂 2 号汽轮机组（亚临界 600MW）在 1994 年 12 月 24 日夜，机组负荷为 300MW，且机组已连续运行 10 多天，从 0 时开始，6 号轴承振动从稳定的 33μm 慢慢向上爬升，当振动达 50μm 左右时，3、4、5、7、8 号轴承振动也开始逐渐爬升。运行人员全面检查各项运行参数及润滑油油温，均未发现异常，而机组轴承振动一直向上爬升，并且上升趋势加快，就地手动测量各轴承振动亦明显增大。迅速减负荷直至 70MW，但振动值依旧上升。当垂直振动值达 130μm 时立即手动脱扣停机。停机后振动立即下降，当机组越过临界转速区域时，振动又多次回升至 200μm。机组的惰走时间和盘车电流及转子偏心度均正常。

分析历史数据可知，振动从 6 号轴承开始，逐步扩展至 3、4、5、7、8 号轴承，而且振动呈不断上升趋势，经过减负荷处理并没有减弱振动的增大，可判断为比较典型的碰磨振动。振动呈不断增加的趋势，没有突变性，因此可排除转动部件脱落引起的振动，如叶片、围带、拉筋等。停机后全面检查发现，低压缸轴封和中压缸轴封均发生了严重的摩擦现象，低压缸轴封的上间隙小于设计值低限，中压缸 3 号轴封的左侧间隙为零。

事故原因是轴封间隙偏小，造成动静碰磨，引起机组振动。处理方法是将 4 个轴封的上间隙放大至 1.3～1.4mm，下间隙不变。对中压缸重新进行负荷分配试验，消除了中压缸的偏移，轴封间隙也恢复至设计值。1995 年 1 月 29 日机组重新启动，带负荷至 300MW，并在该负荷下稳定运行 2h 以上，汽轮机各轴承振动均在 40μm 以下。

七、汽轮机叶片损坏事故

汽轮机叶片损坏与设计、制造安装工艺、运行维护等因素有密切的关系。叶片损坏包括叶片的冲蚀磨损、拉金开焊、围带飞脱、叶片损伤、断裂等。

1. 叶片损坏的原因和现象

汽轮机叶片在工作时，受到较高的离心力和蒸汽作用的弯曲应力，同时还受到不均匀的周期性激振力，以及应力腐蚀和水蚀等。对于正常工况下高速旋转产生的离心力和蒸汽作用的弯曲应力，在设计时已作了充分考虑，并避开共振区域，因此在正常情况下叶片一般不会损坏。造成叶片损坏的原因有以下几方面：

（1）汽轮机运行中，汽温长期偏低，蒸汽流量偏大，叶片过负荷。

（2）机组启动、停机过程中操作不当，发生水冲击，使叶片突然骤冷，造成应力突增。

（3）工作蒸汽中夹杂有异物，碰磨叶片，造成叶片损伤，使叶片强度和自振频率降低。叶片积垢也会使其自振频率降低，可能使叶片共振余量减小，动应力增加。

（4）长期的低周波运行，或叶片共振余量偏小，增大了叶片的动应力。如果是单个叶片或围带飞脱时，会发出金属撞击声，同时机组振动有所增加。如果是末几级叶片不对称地断落时，会使转子不平衡，发生强烈地振动。

2. 叶片损坏的预防措施

（1）电网应保持正常周波运行，避免周波偏高或偏低，以防叶片落入共振区。

（2）汽轮机的汽温、汽压、监视段压力等参数应保持在规定的范围内。当其值超过规定的范围时，应相应减少负荷，防止叶片过负荷。

（3）汽轮机内部有撞击声，并伴有振动突然加剧现象，应立即停机检查。

（4）超负荷运行的机组，需对叶片及隔板应力、隔板挠度进行强度校核。

（5）大修时对叶片进行测频，监视其自振频率的变化，对共振余量不合格的叶片，需要进行调频处理。

3. 事故实例

（1）某电厂叶片损坏。某电厂 2 号机组在 1994 年 4 月投运至机组第一次大修，共累计运行约 1 万小时。首次大修揭缸进行常规检查，发现低压转子次末级、末级共 8 级叶片能轻轻摇动且晃动厉害，中压转子第 9 级（中压末级）49 号叶片由出汽侧向进汽侧倾斜。拆下仔细检查这九级叶片后发现，低压末级、次末级和中压第 9 级叶片均有损坏。

低压转子末级和次末级弹簧片断裂，损坏原因是机组停运保养期间，特别是在较长时间的停运期间，电厂未采用热风干燥保养。因为该弹簧片材料在潮湿的空气环境中容易受应力腐蚀而损坏。电厂方认为 G/A 并未随机提供热风干燥设备和干燥操作方法，弹簧片断裂是材料热处理不当引起的。弹簧片回火组织不正常以及弹簧表面存在较严重的不完全脱碳现象是造成弹簧片早期断裂的主要原因。为了防止运行中再次发生弹簧应力腐蚀导致断裂，G/A 对更换的弹簧片表面采用真空法涂镉处理（涂镉可防止应力腐蚀），但效果仍有待在运行中检验。

中压转子第 9 级叶片叶根断裂或开裂。仔细检查后发现，叶根叉断口宏观形貌具有疲劳断裂特征，疲劳断口表面呈细瓷状，贝壳条纹不明显；断口拉断区很小，表明叶根曾受到过多次的循环载荷作用。因此叶根损坏属于疲劳断裂损坏，并与叶根参与振动有关。另外还发现销钉、销钉孔加工粗糙，拉毛现象严重，各类销钉直径相差很大，这样容易产生应力集中现象。叶片紧配接触面小，安装质量不佳，导致叶片共振时动应力水平增大。这些都是导致叶根断裂的主要原因。

（2）调节级叶片损坏。某电厂 1 号汽轮发电机（ABB 超临界 600MW 机组）在 1993 年 9 月 16 日上午正常运行中，1、2 号瓦处的振动突然从小于 50μm 增加至 60～70μm，1～2min 后，振动突升至 280μm，振动保护动作使汽轮机脱扣，机组负荷从 460MW 降至零，惰走时间为 86min，比正常停机时间（90min）略短，随后盘车正常投入。16 日下午，汽轮机第二次启动。由于是热态启动，仅 2min 转速即从盘车转速达到 1000r/min，稳定 6min 后，转速升到 1159r/min，此时振动值大于 250μm，汽轮机保护动作，汽轮机脱扣。在第二次启动升速过程中，听到高压缸内有明显的碰撞声，表明有可能出现断叶片。

汽轮机高压缸开缸检查后发现，调节级处共有 3 片叶片已完全断裂脱落（47～49 号），落下的叶片被打成团，其中有一片被打成几个小团，随蒸汽汽流冲刷到高压缸末级中被卡住，调节级出口叶轮和第一级反动级叶片被落下的叶片打坏，26、46 号叶片也已产生肉眼可见的长裂纹，判断为调节级断叶片事故。

分析后认为：叶片断裂性质为高温振动疲劳，振动方向为轴向。由于热应力引起低周疲劳，出现了微裂纹，由于喷嘴激振频率的激振力和部分进汽度的强迫振动导致高周疲劳，从而使裂纹扩展。调节级叶片振动强度设计不够，叶片动应力接近或超过允许的动应力值，导致叶片振动疲劳损坏。叶片材料晶粒粗大和高温屈服强度比值高是造成叶片早期疲劳失效的重要原因。焊接接头是调节级叶片的薄弱环节，叶片根部距叶型底部太近。

处理方法是将调节级叶片及叶轮全部车掉，将四个喷嘴组的喷嘴拆除。重新调整调节汽门的特性，四个调节汽门从依次开启的喷嘴调节改为四个调节汽门同时开关的节流调节。汽轮机在节流调节的方式下投入运行，振动及各方面运行情况均很好。

八、凝汽器真空下降

汽轮机凝汽器真空的好坏，将影响机组运行的经济性和安全性。凝汽器真空下降，主要表现在以下方面：真空表计指示下降，排汽缸温度升高，机组出力下降或负荷维持不变时蒸汽流量增大。在运行过程中出现真空下降故障应注意监视段压力及各段抽汽压力不得超限，轴向位移、推力瓦温不得超限，轴承振动、胀差不得超限，严禁旁路投入，仔细倾听机组内部声音，同时保证当排汽温度不小于80℃时低压缸喷水会自动投入。

1．真空下降的危害

（1）叶片损伤。凝汽器真空下降，排汽压力升高时，要维持机组负荷不变，就应增大汽轮机的进汽量，引起轴向推力增大以及叶片过负荷。同时可能引起末级叶片过热和不正常的振动。

（2）机组振动。凝汽器真空下降，排汽温度相应升高。若排汽温度过高，将使排汽缸受热膨胀，与低压缸一体的轴承被抬高，机组中心线偏移，破坏转子中心线的自然垂弧，引起机组强烈振动。

（3）凝汽器铜管松动。凝汽器真空下降，排汽温度大幅度升高时，凝汽器铜管因受热膨胀使胀口产生松动，使冷却水漏入汽侧空间，导致凝结水质恶化。另外，汽轮机真空下降，将使机组出力减少，效率降低。

2．真空下降的原因

（1）循环水量不足或循环水中断。循环水泵发生故障或跳闸时，备用泵不能及时投入，或凝汽器虹吸破坏，或凝汽器铜管堵塞，会使循环水量不足或循环水中断，造成排汽压力升高，凝汽器真空恶化。

（2）抽气器工作性能恶化。抽气器工作性能恶化或抽气器本身发生故障时，在相同的抽气压力下，抽气量减少，使凝汽器内空气含量增加，真空下降。

（3）凝汽器水位过高或积垢。若凝汽器水位过高淹没铜管，使换热面积减小，或铜管积垢，使换热系数减小，都使换热效果恶化，凝汽器内真空下降。

（4）真空系统严密性不良。若凝汽器密封不好或真空系统严密性降低时，使空气的漏入量增加，传热热阻增加，引起凝汽器真空下降。但应注意的是，当真空降低到某一值后，就不再继续下降。

（5）轴封汽压力降低或中断以及给水泵汽轮机汽封系统工作失常，或排汽蝶阀漏空气。

3．预防真空下降的措施

发现真空下降时，应对照真空表、排汽缸温度、凝结水温度及热工信号报警情况，确认真空下降，同时迅速查明真空下降的原因，进行有针对性的处理措施。当排汽压力升至11kPa时，联动备用水环真空泵；若真空下降不能及时恢复，应按规程规定进行降负荷，以防止排汽温度超限，防止低压缸大气安全门动作。当排汽压力继续上升，则每升高1kPa减负荷20%～30%；当排汽压力上升至14.7kPa时，出现真空低报警信号；若排汽压力升至19.7kPa时，低真空保护动作，否则应手动停机（不同机组设计值会有所差别）。

循环水量中断或减少的原因及处理方法：

（1）若循环水量中断不能立即恢复，应立即破坏真空紧急停机。

（2）循环水量减少若因一台循环水泵故障跳闸或泵组故障不能及时恢复，应立即降负荷至 50%～60%额定负荷，待故障消除后，恢复机组正常运行工况。

（3）如果水池水位过低或循环水泵入口滤网堵塞，就应及时清理滤网。

（4）如果循环水门误关，就应及时恢复至原来的开度。

若凝汽器真空下降是由于其水位升高而引起，此时应检查凝结水泵入口是否汽化，凝汽器铜管是否泄漏。若是真空系统严密性不良引起真空下降，则可通过凝汽器严密性试验来检查，发现漏气点后进行处理。要注意监视凝汽器循环水进出口压力，及时了解循环水量的变化，防止循环水量减少或中断而引起真空下降。另外，一个防止真空下降的重要措施是凝汽器在运行中，适时采用胶球清洗装置，清洁换热面，并可防止沉积腐蚀。

4. 事故实例

（1）真空系统严密性不合格。机组真空严密性是一个重要的技术经济指标，真空严密性试验按规定每月进行一次，机组检修后也应进行该试验。某电厂为提高真空严密性做了大量工作，每次停机检修前，都进行仔细分析，排出漏气疑点，在检修中加以消除。其中包括采用灌水法对负压区发现的渗漏加以消除，但始终未彻底解决真空泄漏的问题。1、2号机组真空下降速度分别在 0.6～0.7kPa/min 和 0.4～0.5kPa/min 之间。而部颁标准规定汽轮机真空下降速度合格标准为平均不大于 0.266～0.399kPa/min。某电厂每台机组配有 2台功率各为 330kW 的真空泵，每台真空泵为 100%容量。按设计要求，正常运行时一台真空泵运行，但实际却难以维持真空度，而不得不开两台真空泵运行，因此厂用电量损失很大。电厂 1995 年 12 月至 1996 年 5 月进行彻底消漏时，才较好地解决了真空严密性的问题。

大容量机组真空系统复杂，设备管道纵横交错，焊口、法兰和阀门数目多，均有可能漏入空气。运行中机组受热膨胀不均，阀门操作频繁，也容易引起泄漏，而采用常规的检漏方法已不能满足实际运行的要求，必须采用检漏新设备、新技术。厂方采用日本的HEL10T—301 型真空检漏仪，先后对 1、2 号机组真空系统进行检漏。1995 年 12 月下旬对1、2 号机组进行全面检漏，实测 2×300 点，发现漏气点各 7 处，尤其是主机低压缸的真空破坏门、安全防爆薄膜处漏气量为最大。上述泄漏点于 1996 年年初在计划停机检修中基本消除后，又于 1996 年 5 月中旬，利用同样的方法，再次对 1、2 号机组检漏，共发现 1 号机组漏气点 8 处，2 号机组漏气点 9 处，尤其是低压旁路阀门杆处漏气量较多。这些漏气点在年中计划停机检修时得到解决，消除了大部分已知漏点，使 1、2 号机组真空下降速度分别达到 0.25kPa/min 和 0.28kPa/min。1996 年 5 月下旬，在 1 号机组维修中和 7 月下旬 2号机组停机消缺时，针对低压旁路阀门杆处漏气，采用汽封办法，加装了蒸汽管路，以微量的蒸汽封住空气，从而达到了消漏的目的，效果良好。电厂 100%容量的真空泵之所以不能单台泵运行，维持抽气，其主要原因之一是另一台停用的真空泵进口蝶阀漏气。后经蝶阀严密性试验证实，关闭蝶阀前的隔绝阀门后立即断绝漏气，实现单台真空泵运行。经讨论研究后，将手操隔绝门改为电动门，并改为自动控制。在正常运行情况下，两台机组都实现了单台真空泵运行。机组真空严密性经上述改进后，1 号机组真空下降速度达到0.10kPa/min，超过国家优级（0.13kPa/min）；2 号机组真空下降速度达到 0.17kPa/min，也超过了"创一流"标准（0.20kPa/min）。两台机组都实现了单台真空泵运行，节约了厂用电，降低了供电煤耗率。

（2）凝汽器管束泄漏。某电厂 2 号机组 1993 年 3 月 6 日启动时，检测到凝结水有硬度，由于运行人员误以为是锅炉停止排污而引起的，所以凝结水出现硬度现象未能引起主机运行人员的重视。3月7日凝汽器停止补水4h后，发现水位未下降，而此时锅炉排污已恢复，测得凝结水硬度达50epb，给水硬度达20epb，运行人员据此判断凝汽器发生泄漏，机组降负荷运行。3月8日4时关闭凝汽器A侧循环水进水阀（该阀为电动阀，当时未能关严），5时凝结水硬度达200epb，7时30分凝结水硬度为120epb，初步判断为凝汽器A侧泄漏。由于当时系统负荷紧张，未能进行停机，于是进行凝汽器半侧解列找漏。手动将A侧循环水进水阀关严，打开人孔由检修人员检漏。15时凝结水硬度降为零，16时45分找漏结束。共堵8根管，泄漏部位是靠近凝汽器疏水扩容器上2排管束。17时，凝结水硬度又上升到8epb，于是将凝汽器A侧重新半侧解列，再次找漏。至3月10日16时找漏结束，共堵管10根，泄漏部位是靠近凝汽器疏水扩容器的管束。重新投运后，凝结水硬度为0，找漏消缺完毕。

此次凝汽器泄漏造成锅炉水冷壁产生大面积氢脆腐蚀，运行中发生多次爆管，严重影响了机组运行的安全性和经济性。电厂于1994年2号机大修时对锅炉水冷壁左、右两侧墙进行了大面积的换管，共换管约2000m。机组检修时，发现凝汽器铜管泄漏的原因是疏水扩容器内疏水管喷嘴挡板由于安装不牢固，被疏水冲掉，大量汽水混合物直接冲刷到凝汽器管束造成泄漏。采取的措施是及时修复热力系统内漏的疏水阀，尽可能减少疏水量，重新制作的疏水管喷嘴挡板采用氩弧焊打底，使其在运行中不易脱落。

1995年7月，2号机凝汽器运行中再次发现有泄漏现象，立即进行凝汽器半侧解列找漏。发现A侧凝汽器靠近凝汽器疏水扩容器的管束有3根铜管微漏，共堵管10根。停机检修时发现疏水扩容器内有一个疏水管喷嘴挡板脱落，重新安装固定后机组运行正常。

 思考与练习

1．汽轮机由哪些主要部件组成？
2．所在电厂的汽轮机有几段抽汽？每段抽汽的用途是什么？抽汽口各在什么位置？
3．汽轮机盘车的作用？
4．高、低压加热器的结构原理是什么？
5．画出所在电厂的热力系统图。
6．凝汽器的作用是什么？

第七章 发电厂电气设备及系统

发电厂电气系统设备是产生电能、输送电能、监测电能的主体，从宏观角度可以分为两类：一次设备和二次设备。一次设备包括：发电机、变压器、断路器、隔离开关、接触器、电抗器、电力电容器、母线、避雷器、输电线路、动力电缆、交流不停电电源（UPS）、高低压变频器、蓄电池组等；二次设备包括：电能表、电压表、电流表、分合闸指示灯、继电器、控制信号电缆、低压综保、自动保护装置等。

第一节 同步发电机

一、同步发电机的工作原理

同步发电机是利用电磁感应原理将机械能转变为电能的设备，以常规燃煤电厂汽轮发电机为例，其工作原理见图 7-1 所示。在同步发电机的定子铁芯内，对称地安放着 U—X、V—Y、W—Z 三相绕组。每相绕组匝数相等，三相绕组的轴线在空间互差 120°电角度。

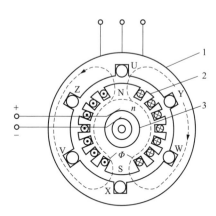

图 7-1 同步发电机工作原理图
1—定子；2—铁芯；3—转子

在同步发电机的转子上装有励磁绕组，直流电通过时会产生主磁场，其磁通如图 7-1 中虚线所示。磁极的形状决定了气隙磁密在空间基本上按正弦规律分布。所以，当原动机带动转子旋转时，就得到一个在空间按正弦规律分布的旋转磁场。定子导线固定不动，旋转磁场磁力线切割定子导线时，导线内感应产生了电动势 e，将导线连成闭合回路，就有电流通过。

定子绕组感应电动势的频率与发电机转子的磁极对数 p 和转子的转速 n 有关。当磁极对数为 1 时，转子旋转一周，定子绕组感应电动势变化一个周期。当同步发电机的转子有 p 对极时，转子旋转一周，感应电动势变化 p 个周期；而当转子的转速为每分钟 n 转时，则感应电动势每分钟变化 pn 个周期，即定子绕组感应电动势的频率为 $f=pn/60$。当同步发电机的极对数一定时，定子绕组感应电动势的频率与转子转速之间有着恒定的比例关系，这是同步电机的主要特点。我国电力系统的标准频率为 50Hz，因此同步发电机的极对数与转速成反比。如一台汽轮机的转速 $n=3000\text{r/min}$，则被其拖动的发电机极对数应为一对极；当 $n=1500\text{r/min}$ 时，发电机应为两对极，以此类推。

二、同步发电机的分类

（1）按原动机的类别不同，可分为汽轮发电机、水轮发电机、燃气轮发电机、柴油发电机等。

（2）按冷却介质的不同，可分为空气冷却、氢气冷却、水冷却等。

（3）按主轴安装方式的不同，可分为卧式安装、立式安装等。

（4）按本体结构不同，可分为隐极式和凸极式、旋转电枢式和旋转磁极式等。

三、同步发电机的主要技术数据

（1）额定容量 S 或额定功率 P：额定容量是指发电机长期安全运行时，所能输出的最大视在功率，一般以千伏安（kVA）或兆伏安（MVA）为单位；额定功率是指发电机正常运行时，所能输出的最大有功功率，一般以千瓦（kW）或兆瓦（MW）为单位。

（2）额定电压 U：是指发电机额定运行时，机端定子三相绕组的线电压，单位为伏（V）或千伏（kV）。

（3）额定电流 I：指发电机正常连续运行时，定子绕组允许通过的最大线电流，单位为安（A）。

（4）额定功率因数 $\cos\phi$：指发电机额定功率和额定容量的比值。铭牌上一般标出额定功率和额定功率因数。

（5）发电机型号：表示该发电机的型式、特点，如 QFSN-1000-2 型，Q 表示汽轮机，F 表示发电机，S 表示定子绕组水内冷，N 表示转子绕组氢内冷（定子铁芯氢冷），1000 表示功率（MW），2 表示极数。

（6）效率：指发电机输出与输入能量的百分比。

（7）绝缘等级：绝缘等级是按电机绕组所用的绝缘材料在使用时允许的极限温度来分级的，见表 7-1。极限温度是指电机绝缘结构中最热点的最高允许温度。

表 7-1　　　　　　　　　　　绝缘等级与极限温度的对应关系

绝缘等级	A	E	B	F	H
极限温度（℃）	105	120	130	155	180

（8）发电机铭牌上通常还有额定频率、额定转速、额定励磁电压、额定励磁电流和额定温升等。

四、同步发电机的构造

发电机由定子和转子组成。定子主要由定子铁芯、定子绕组、机座、端盖、轴承等组成；转子主要由转了本体、转了绕组、护环、中心环和风扇等组成。

1. 定子铁芯

定子铁芯是构成发电机磁路和固定定子绕组的重要部件。为了减少铁芯的磁滞和涡流损耗，现代大容量发电机定子铁芯常采用导磁率高、损耗小、厚度为 0.35～0.5mm 的优质冷轧硅钢片叠装而成。每层硅钢片由数张扇形片组成一个圆形，每张扇形片都涂了耐高温的无机绝缘漆。B 级硅钢绝缘漆能耐温 130℃，一般铁芯许可温度为 105～120℃。涂 F 级绝缘漆，可耐受更高的温度。定子铁芯的叠装结构与其通风散热方式有关。大容量电机铁芯的通风冷却有铁芯轴向分段径向通风、铁芯全轴向通风、半轴向通风三种方式。为了减少铁芯端部漏磁和发热，靠两端的铁芯段均采用阶梯形结构，即铁芯端部的内径由里向外是逐级扩大的。整个定子铁芯通过外圆侧的许多定位筋及两端的齿压板（又称压指）和压圈或连接片固定、压紧，再将铁芯和机座连接成一个整体。

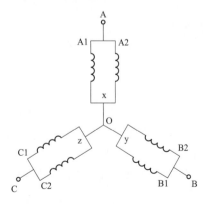

图 7-2　汽轮发电机定子双星形接线

2. 定子绕组

大容量发电机定子绕组三相接成双星形（YY）见图 7-2，都采用三相双层短节距分布绕组，目的是改善感应电动势的波形，即消除绕组的高次谐波电动势，以获得近似的正弦波电动势。定子绕组嵌放在定子铁芯内圆的定子槽中，分三相布置成互为 120° 电角度。水内冷定子绕组线棒采用聚酯双玻璃丝包绝缘实心扁铜线和空心裸铜线组合而成。一般由一根空心导线和 2～4 根实心绝缘扁线编为一组，一根线棒由许多组构成，分成 2～4 排。国产 600MW 发电机定子线棒空心、实心导线的组合比为 1:2。图 7-3 为一种 600MW 水内冷定子线棒在定子槽中的断面。为了平衡股间导线的阻抗，抑制趋表效应，减少直线及端部的横向漏磁通在各股导体内产生环流及附加损耗，使每根子导线内电流均匀，线棒在槽内各股线（包括空心线）要进行换位。大容量电机定子线棒（如国产 600MW 汽轮发电机）一般采用 540° 换位。定子绕组绝缘包括股间绝缘、排间绝缘、换位部位的加强绝缘和线棒的主绝缘。主绝缘是指定子导体和铁芯间的绝缘，亦称对地绝缘或线棒绝缘。主绝缘是线棒各种绝缘中最重要的一种绝缘，它是最易受到磨损、碰伤、老化和电腐蚀及化学腐蚀的部分。主绝缘在结构上可分为两种：一种是烘卷式，一种是连续式。大容量发电机都采用连续式绝缘。现在国内外大容量汽轮发电定子绕组的绝缘材料，普遍采用以玻璃布为补强材料的、环氧树脂为黏合剂或浸渍剂的粉云母带，最高允许温度为 130℃。其优点是耐潮性高、老化慢，电气、机械及热性能好，但耐磨和抗电腐蚀能力较差。线棒的制作一般是将编织换位后的线棒垫好排间绝缘和换位绝缘，刷或浸 B 级黏合胶，再用云母粉、石英粉和 B 级黏合胶配成的填料填平换位导线处和各股线间间隙，热压胶化成一整体，端部再成型胶化。然后，用玻璃布为底的环氧树脂粉云母带胶带，沿同一方向包绕，每包一层表面需刷漆一次，直包绕到绝缘要求的层数，再热压成型，最后喷涂防油、防潮漆及分段涂刷各种不同电阻率的半导体防晕漆。涂了半导体漆后，可以防止线棒表面处于槽口和铁芯通风槽处的电场突变。现今流行的大型电机绝

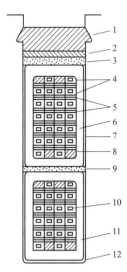

图 7-3　水内冷定子线棒断面

1—槽楔；2—滑动楔块；3—填充物；4—空心导线；

5—实心导线；6—对地绝缘；7—侧面填充物；8—互换垫片；

9—填充物（埋电阻温度检测器）；10—排间隔离物；

11—对地绝缘；12—槽底填充物

缘是用多胶环氧粉云母带（含胶量为 35.5%～36.5%），连续式液压或烘压成型。

3. 机座与端盖

机座的作用主要是支持和固定定子铁芯和定子绕组，同时在结构上还要满足电机的通风和密封要求。发电机端盖既是发电机外壳的一部分，又是轴承座，为便于安装，沿水平方向分为上下两半。端盖与机座的配合面及水平合缝面上开有密封槽，以便槽内充密封胶，密封机内氢气。端盖应具有足够的强度和刚度，以支撑转子，同时承受机内氢气压力甚至氢气爆炸产生的压力。发电机转子轴承、氢气轴封和向这些部件供油的油路均包含在外端盖中并由其支撑。机壳和定子铁芯背部之间的空间是电机通风（氢气）系统的一部分。

4. 转子本体

大容量发电机的转子铁芯采用导磁性能好和机械强度高的优质合金钢锻件。转子铁芯有良好的导磁性能，并能承受很大的离心力作用。沿转轴的中心线镗一个中心孔，用于将转子绕组引线通过它引向滑环，转子铁芯外圆表面铣出的槽用于放置直流励磁绕组，从而构成主磁极。转子护环对转子绕组端部起着固定、保护、防止变形的作用。承受着转子的弯曲应力、热套应力和绕组端部及本身的巨大离心力。护环通常用非磁性高强度奥氏体钢锻制而成。发电机转子结构的散件式示意图见图 7-4。

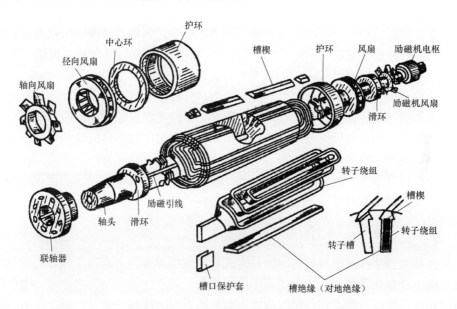

图 7-4　典型汽轮发电机转子结构的散件式示意图

5. 转子绕组

转子绕组是由扁铜线绕成的同心式线圈，以大齿为中心，每极八个线圈，两极共十六个，嵌入小齿槽内。转子绕组的引出线经导电杆接到集电环上，再经电刷引出。为了提高汽轮发电机承受不对称负荷的能力，提高阻尼作用和有效地削弱负序电流对转子发热等不利影响，在发电机转子上都采取了一定的措施——安装阻尼绕组。阻尼绕组有全阻尼和半阻尼之分。全阻尼绕组是指在转子各槽的槽楔下都压着一根和转子本体一样长的铜制阻尼条，大齿上若干浅槽内也放有阻尼条，所有阻尼条在两端用铜导体连接在一起，构成形似鼠笼的短路环。半阻尼绕组是指只在转子两端装梳齿状的阻尼环，其梳齿伸进每个槽（包括大齿上的阻尼槽）的槽楔下，由槽楔压紧。两端护环直接压在短路环上（有的短路环经过镀银处理）。集电环分为正、负两个环，装在发电机励磁机端轴承外侧，由坚硬耐磨的合金锻钢制成，热套于隔有云母绝缘的转轴上。为加强集电环散热，在集电环表面加工有螺旋沟槽和通风孔，在两环间装有离心风扇，加强对集电环的冷却。发电机转子两侧各装有一个风扇，用于加快氢气在定子铁芯和转子部位的循环，提高冷却效果。

五、发电机的冷却

发电机在运行过程中存在着各种损耗，主要是铁损、铜损和机械损耗。每台发电机都有一个额定容量，这个容量是考虑了发电机的发热情况、效率和机械强度等情况而定的，在此容量下长期、连续正常工作，发电机能获得最佳的经济、技术性能。如果发电机发出的功率超过它的额定容量时，就会导致温升过高和效率降低。在小容量的电机中，由于体积小，工艺相对简单，因而发热问题容易解决。但在大型同步发电机中，常常是发热问题对机组的出力起着主要制约作用。所以，改进电机的冷却方式，提高电机的电磁负载，用同样的材料做出更大容量的电机，将是对经济发展的重大贡献。汽轮发电机的冷却方式按冷却介质的不同，通常分为空气冷却、氢气冷却和水冷却三种类型。

1. 空气冷却

空气冷却是指以空气为冷却介质，用风扇将冷空气送入机内，经发电机内部的风道，对发热部件进行冷却，吸热后的热空气排出机外，经空气冷却器冷却后，再送入机内。

2. 氢气冷却（外冷）

以氢气作介质对发电机的部件进行冷却称为氢外冷。氢气作为冷却介质具有密度小、导热能力强、清洁及冷却效果稳定等优势，因此氢冷技术在汽轮发电机中广泛应用且日趋成熟。采用氢气冷却，可以降低电机的通风损耗及转子表面对气体的摩擦损耗，可以使绝缘内间隙及其他间隙的导热能力改善、增强传热效果，还可以保持机内清洁，降低事故以及延长绝缘材料寿命等。但同时，采用氢气冷却也会带来电机结构、系统运行的复杂性。比如，必须保证严格的密封性，必须设置专门的供氢装置，必须采取严格的监视手段，必须采用防爆结构等，以防止和避免氢气泄漏和爆炸事故的发生。

3. 氢内冷

冷却介质氢直接接触绕组导体的冷却方式称为氢内冷方式。这种冷却方式使绝缘导体的热量直接由冷却介质带走，大大提高了冷却效果。转子绕组采用氢内冷时，绕组槽楔上钻有与槽底通风槽相对的小孔，氢气由槽底通风槽进入，冷却转子导体后，再由小孔按轴向流入空气隙。

4. 水内冷

水内冷就是以凝结水作为冷却介质直接冷却绕组导体。水的冷却能力是空气的 50 倍，大大改善了冷却效果，降低了绕组温升，大幅提高了发电机的出力。

5. 汽轮发电机的典型冷却系统

大型发电机组通常采用水-氢-氢冷却方式。即定子线圈（包括定子引线，定子过渡引线和出线）采用水内冷，转子线圈采用氢内冷，定子铁芯及端部结构件采用氢气表面冷却。机座内部的氢气由装于转子两端的轴流式风扇驱动，在机内进行密闭循环。氢气由中央制氢站或储氢罐提供。为了除去机内氢气中的水分,保持机内氢气干燥和纯度,设置有氢气干燥器,通常是冷凝式干燥器,通过制冷析出水分。发电机设有气体纯度分析仪及气体纯度计,以监视氢气的纯度。在发电机置换氢气的过程中,采用二氧化碳(或氮气)作为中间介质,以防止机内形成空气与氢气混合的易爆炸气体。集电环采用空气冷却。氢气由氢冷却器来冷却。冷却器一般为 2～4 组,其布置位置主要有立放在电机两端的两侧、立放在电机中部的两侧、横卧在电机两侧等多种形式。发电机定子线圈的热量由定子冷却水带走。对大容量汽轮发电机,定子绕组水冷系统基本要求:供给额定的冷却水流量;控制进水温度达到要求值;保持高质量的冷却水质。一般要求冷却水的电导率低于 5μS/cm(S 为西门子),最高不大于 10μS/cm(25℃时),否则应停机。

绕组冷却水温度,在任何情况下,出口的水温不应超过 85℃(有的定为 90℃)以免汽化。入口水温也不允许低于制造厂的规定值,以防止定子绕组和铁芯的温差过大或可能引起汇水母管表面的结露现象。

水氢氢冷发电机定子绕组的水冷系统都大同小异,其基本组成是:一只水箱、两台 100% 互为备用的冷却水泵、两只 100% 的冷却器、两只过滤器、一至两台离子交换树脂混床(除盐混床)、进入定子绕组的冷却水的温度调节器以及一些常规阀门和监测仪表。

六、汽轮发电机的测温系统

为监视发电机的运行状态,必须有完善的温度监测装置,以测量定子绕组温度、定子铁芯温度、冷氢和热氢的温度、冷却绕组的凝结水(除盐水)温度、氢气冷却器的冷却水的温度、密封油和轴承油的温度,以及励磁系统部件自身轴承油的温度等。不同型号的水氢氢冷汽轮发电机测温元件的配置总体上基本相同。测温元件主要有热电阻和热电偶两种,原则上是可能的最热点处都应配置测温元件。

七、发电机的励磁系统

发电机的励磁系统主要由励磁功率单元和励磁调节器(AVR 装置)两大部分组成见图 7-5。

励磁功率单元是指向同步发电机转子绕组提供直流励磁电流的励磁电源部分。

励磁调节器则是根据控制要求的输入信号和由给定的调节准则,控制励磁功率单元输出的装置。

由励磁调节器、励磁功率单元和发电机本身一起组成的整个系统称为励磁控制系统。

励磁系统的主要作用:

(1) 在正常运行条件下,供给发电机励磁电流,

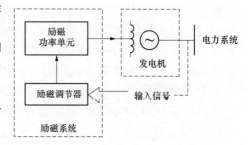

图 7-5 发电机励磁系统框图

并根据发电机所带负荷的情况,相应地调整励磁电流,以维持发电机端电压在给定值。

(2) 使并列运行的各台同步发电机所带的无功功率得到稳定而合理的分配。

(3) 在电力系统发生短路故障、发电机端电压严重下降时,能对发电机强励,使励磁电压迅速增升到顶值,以提高电力系统的暂态稳定性;短路切除后,使电压迅速恢复

正常。

（4）当发电机突然甩负荷时，能强行减磁，将励磁电流迅速降到安全数值，防止发电机电压过分升高。

（5）在发电机内部出现故障时，进行灭磁，以减小故障损失程度。

（6）在不同运行工况下，根据要求对发电机实行过励限制和欠励限制等，以确保发电机组的安全稳定运行。

八、发电机的运行与控制

1. 发电机并列

发电机并列的方法有准同期并列和自同期并列两种。

（1）准同期并列。发电机在并列合闸前已经投入励磁，当发电机电压和频率、相位角分别和并列点处系统侧电压和频率、相位角大小接近相同时，将发电机断路器合闸，完成并列。准同期并列可分为手动准同期和自动准同期并列两种。准同期最大的特点是操作复杂，并列过程较长，但对系统和发电机本身冲击电流很小，在发电机正常并网时一般均采用准同期并列。

（2）自同期并列。在相序正确的条件下，启动未加励磁的发电机，当转速接近同步转速时合上发电机断路器，将发电机投入系统，然后再加励磁，在原动机转矩、异步转矩、同步转矩等作用下，拖入同步。自同期并列的最大特点是并列过程短、操作简单，在系统电压和频率降低的情况下，仍有可能将发电机并入系统，容易实现自动化。但是，由于自同期并列时，发电机未经励磁，相当于把一个有铁芯的电感线圈接入系统，会从系统中吸取很大的无功电流而导致系统电压降低，同时合闸时的冲击电流较大，所以自同期方式仅在系统中的小容量发电机上采用。大中型发电机均采用准同期并列方法。

2. 发电机的负荷调整

（1）有功负荷的调整。汽轮发电机组通过改变原动机的出力，实现对发电机有功负荷的调整，即当发电机需增加有功负荷时，通过汽轮机的调速电动机，加大汽轮机进汽量；当需要减少有功负荷时，就减少进汽量，从而保持发电与负荷的平衡，维持发电机的转速恒定。

（2）无功负荷的调整。发电机对无功负荷的调整，是通过调节发电机励磁电流来实现的。功率因数 $\cos\phi$ 是电能质量和经济运行的重要指标。当有功不变而调整无功时，功率因数即改变，无功负荷减少时，功率因数增加；无功负荷增加时，功率因数下降。发电机进相运行是功率因数超前、发电机电流超前于端电压，向系统送出有功，吸收无功，励磁电流较小，处于低励磁情况下运行的方式。进相运行主要受静态稳定性降低的制约、受端部漏磁引起定子端部温度升高的制约、受吸收无功后发电机端电压降低，致使厂用电压降低的制约。

3. 发电机的调相运行

所谓调相运行，就是发电机不发有功，主要用来向电网输送感性无功功率。调相运行的电机是需要消耗有功功率来维持其转动的，其消耗的有功可以从原动机上获得，也可以从系统来获得。汽轮发电机在调相运行时，因为汽轮机在调相运行时鼓风摩擦很大，使排汽温度增高，汽轮机要从轴封处进一点汽。其作用除轴封外，同时冷却汽轮机的转子和汽缸。水轮发电机调相运行是将水轮机的导水叶关闭，排出水轮室的水，使水轮发电机本身转动的能源改由系统供给，增加发电机的励磁电流即可向系统供给无功功率。发电机调相运行时，一方面使系统有旋转备用容量，随时可升带有功负荷；另一方面可调节无功，维持系统电压在正常水平。

4．发电机的解列与停机

发电机解列时，如采用单元接线方式，应先将所带厂用电转至备用电源，然后再将发电机所带有功、无功负荷转移到其他机组，将有功负荷降到零时，断开发电机断路器，将发电机解列。为了防止汽轮机超速，通常通过拉停炉开关，确认汽轮机主汽门、调门等关闭，发逆功率信号后，自动跳开或手动拉开发电机断路器。

第二节　电　力　变　压　器

一、变压器的基本原理

变压器是一种按电磁感应原理工作的电气设备，当一次线圈加上电压、流过交流电流时，在铁芯中就产生交变磁通。磁通中的大部分交链着二次线圈，称它为主磁通。在主磁通的作用下，两侧的线圈分别产生感应电势，电势的大小与匝数成正比。变压器的原、副线圈匝数不同，这样就起到了变压作用。变压器一次侧为额定电压时，其二次侧电压随着负载电流的大小和功率因素的高低而变化，变压器工作原理见图 7-6。

二、变压器的分类

1．按用途分类

（1）电力变压器。电力变压器在输配电系统中应用时，可进一步分为升压变压器、降压变压器和联络变压器等。

（2）仪用变压器。指电流互感器和电压互感器等，用于仪表测量、继电保护和操作电源等。

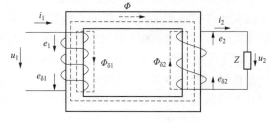

图 7-6　变压器原理图

（3）特殊用途变压器。包括整流变压器、电炉变压器、焊接变压器、实验变压器等。

2．按绕组数分类

（1）自耦变压器。自耦变压器指高、低压侧绕组共用一个绕组，两侧接线匝数不同。见图 7-7，自耦变压器是只有一个绕组的变压器。当作为降压变压器使用时，从绕组中抽出一部分线匝作为二次绕组。当作为升压变压器使用时，外施电压只加在绕组的一部分线匝上。通常，把同时属于一次和二次的那部分绕组称为公共绕组，其余部分称为串联绕组。在传输相同容量的情况下，自耦变压器与普通变压器相比，不但尺寸小，而且效率高。容量越大，电压越高，这个优点就尤为突出。在三相自耦变压器中，除公共绕组和串联绕组外，一般还增设了一个接成三角形的第三绕组。第三绕组与公共绕组、串联绕组之间只有磁的联系，没有电路上的直接联系。第三绕组通常制成低压 6～35kV，除用于消除三次谐波外，还可用于对附近地区供电，或连接调相机或补偿电容器等。

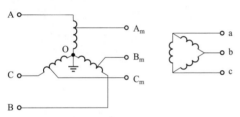

图 7-7　三相三绕组自耦变压器

（2）双绕组变压器。每相有高、低压两个绕组。

（3）三绕组变压器。每相有高、中、低压三个绕组，常作为联络变压器。

（4）分裂绕组变压器。见图 7-8，分裂绕组变压器用作大容量厂用电变压器。分裂变有一个高压绕组和两个低压绕组，高压绕组采用两段并联，其容量按额定容量设计；两个低压绕组其容量分别按 50%额定容量设计。分裂绕组变压器运行特点是：当一个绕组的低压侧发生短路时另一个低压绕组仍能维持较高的电压，以保证该低压侧母线上的设备能继续正常运行，并能保证该母线上的电动机紧急启动。

3.　按相数分类

（1）单相变压器。容量过大且受运输条件限制时，在三相电力系统中，用三台单相变压器组合成三相变压器组。

（2）三相变压器。用于三相电力系统，三相绕组和铁芯连为一体。

4.　按冷却方式分类

（1）油浸式变压器。绕组与铁芯完全浸在变压器油里。油浸式变压器可以分为：①油浸自冷式变压器-油自然循环进行冷却；②油浸风冷式变压器-在散热器上装设风扇，吹风冷却；③强迫油循环风冷却变压器-在油浸风冷的基础上，在油箱主壳体与带风扇的散热器的连接管上装有潜油泵，通过油泵运转，强制变压器油从油箱上部吸入散热器，经冷却后再回到油箱下部；④强迫油循环水冷却变压器-用油泵强迫变压器油通过变压器外专设备的水冷却器冷却后再送回变压器内。

（2）干式变压器。铁芯和绕组都由空气直接冷却。

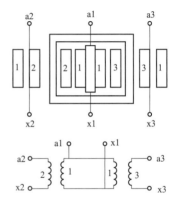

图 7-8　分裂变压器绕组布置与连接图
1—高压绕组；2—低压绕组；3—低压绕组

三、变压器的额定参数和铭牌

（1）额定容量：变压器在厂家铭牌规定的额定电压、额定电流时连续运行时所能输送的容量，额定容量是指变压器的视在功率，以 VA、kVA、MVA 表示。

（2）额定电压：变压器长时间运行所能承受的工作电压，以 V、kV 表示。

（3）额定电流：变压器在额定容量下，允许长期通过的工作电流，以 A、kA 表示。

（4）容量比：变压器各侧额定容量之比。

（5）电压比：变压器各侧额定电压之比。

（6）空载损耗：变压器在二次侧开路，一次侧施加额定电压时，变压器铁芯所产生的有功损耗，也称为铁耗，以 W、kW 表示。

（7）短路损耗：将变压器的二次绕组短路，流经一次绕组的电流为额定电流时，变压器绕组导体所消耗的有功功率，也称为铜耗，以 W、kW 表示。

（8）短路电压：将变压器的二次绕组短路，使一次绕组电压慢慢加大，当二次绕组的短路电流达到额定电流时，一次绕组所施加的电压（短路电压）与额定电压的比值百分数，就是短路电压，也称为阻抗电压。

四、变压器的结构

1. 铁芯

铁芯是变压器的磁路部分。为了降低铁芯在交变磁通作用下的磁滞和涡流损耗，铁芯采用厚度为 0.35mm 或更薄的优质硅钢片叠成。目前广泛采用导磁系数高、单位损耗小的冷轧晶粒取向硅钢片，以缩小变压器的体积和质量，节约铜材、钢材，降低损耗。

2. 绕组

变压器的绕组一般都采用同心式绕组，高压绕组和低压绕组均做成圆筒形，但圆筒的直径不同，然后同轴心地套在铁芯柱上。为了绝缘方便，通常低压绕组装得靠近铁芯，高压绕组则套在低压绕组的外面，低压绕组与高压绕组之间，以及低压绕组与铁芯之间都留有一定的绝缘间隙和散热油道，并用绝缘纸筒隔开。

3. 分接开关

变压器分接头切换开关，简称分接开关，是变压器为适应电网电压的变化，用来调节绕组（一般为高压绕组）匝数的一种装置。

4. 绝缘套管

将变压器内部的高、低压引线引到变压器油箱外部的部件。

5. 油箱及附件

（1）油箱。油浸式变压器的器身装在充满变压器油的油箱中，油箱用钢板焊成。中、小型变压器的油箱由箱壳和箱盖组成，变压器的器身就放在箱壳内，将箱盖打开就可吊出器身进行检修。大、中型变压器，由于器身庞大和笨重，起吊器身不方便，都做成箱壳可吊起的结构。这种箱壳好像一只钟罩，当器身要检修时，吊去较轻的箱壳，即上节油箱，器身便全部暴露出来了。

（2）储油柜及呼吸器。储油柜俗称油枕见图 7-9，容量约为变压器油量的 8%～10%，作用是容纳变压器油因温度的变化而使油体积变化的部分，以限制变压器油与空气的接触，从而减少油受潮和氧化的程度。大型电力变压器（电压 110kV 以上）通常采用隔膜式储油柜。隔膜气袋形状和体积与储油柜内腔相似，隔膜气袋充满储油柜上部空间，袋内空气经呼吸器与大气相通，隔膜将变压器油和大气隔离，可防止油老化和吸收水分，因而保证了变压器油的绝缘强度。隔膜袋随着油面的上升或下降而上下浮动，通过呼吸器平衡与外界的压力。在储油柜上装有磁针式油位表，油位表在最高和最低油位均装有报警信号。吸湿器又称呼吸器，安装在储油柜上，由一铁管和玻璃容器组成，为防止空气中潮气和杂质进入变压器，其内部充有用氯化钴处理过的硅胶吸附剂，为硅胶式活性氧化铝，具有很强的吸潮能力，其中常放入一部分变色硅胶，当变色硅胶由蓝变红时，表明吸附剂已受潮，必须干燥和更换。

（3）气体继电器。气体继电器俗称瓦斯继电器。它装在油箱和储油柜连接管路的中部，带有载调压装置的变压器，在有载调压装置的油室和油箱之间也装有瓦斯继电器。当变压器发生故障时，内部绝缘物气化，产生的气体，从油箱上升进入储油柜前，先在气体继电器内积聚，当积聚到相当数量时，上浮筒下沉，触点闭合，发出信号，即为轻瓦斯。当油流速度达到整定值时，推动挡板，使跳闸触点闭合，断路器跳闸，就是重瓦斯。

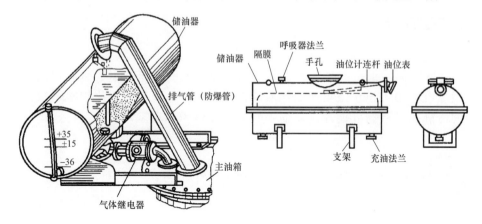

图 7-9　隔膜式储油柜示意图

（4）压力释放阀。用于以变压器油为冷却介质的大、中型电力变压器，安装在变压器油箱上，或侧壁上。压力释放阀在变压器正常工作时，保护变压器油与外部空气隔离，使油箱内保持正压，确保油箱外部的空气、灰尘和水分不能进入变压器油箱内。变压器一旦发生短路时，变压器线圈将产生电弧和火花，使变压器油在瞬间产生大量气体，油箱内的压力因此猛增。这种过压全靠压力释放阀来保护。当压力一旦达到阀门动作压力时，阀门在 2ms 内开启，变压器油箱内压力下降，油箱不致变形和爆裂。

（5）净油器。净油器又称油再生器，净油器内充满硅胶等干燥吸附剂，成分为硅胶式活性氧化铝等，当油经过净油器与吸附剂接触时，油中的水分、酸和氧化物即被吸附剂吸收，使油清洁，并延长油的使用年限。净油器是利用运行中变压器的油上下温差形成的比重差，作为循环动力，以使变压器油经过再生器不断循环，从而达到油再生目的。

五、变压器的运行和管理

1. 变压器的运行

（1）变压器的空载运行。变压器的空载运行是指变压器的一次绕组接入电源，二次绕组开路的工作状况。此时，一次绕组中的电流称为变压器的空载电流。空载电流产生空载磁场。在主磁场（即同时交链一、二次绕组的磁场）的作用下，一、二次绕组中便感应出电动势。变压器空载运行时，虽然二次侧没有功率输出，但一次侧仍要从电网吸取一部分有功功率，来补偿因磁通饱和，在铁芯内引起的磁滞损耗和涡流损耗，简称铁耗。磁滞损耗的大小取决于电源的频率和铁芯材料磁滞回线的面积；涡流损耗与最大磁通密度和频率的平方成正比。另外还存在空载电流引起的铜耗。对于不同容量的变压器，空载电流和空载损耗的大小是不同的。

（2）变压器的负载运行。变压器的负载运行是指一次绕组接上电源，二次绕组接有负载的运行形式。此时二次绕组便有电流 i_2 流过，产生磁通势 $i_2\omega_2$，该磁通势将使铁芯内的磁通趋于改变，使一次电流 i_1 发生变化，但是由于电源电压 u_1 为常值，故铁芯内的主磁通 $\varPhi_m$ 始终应维持常值，所以，只有当一次绕组新增电流 Δi_1 所产生的磁通势 $\omega_1 \Delta i_1$ 和二次绕组磁

通势 $i_2\omega_2$ 相抵消时，铁芯内主磁通才能维持不变，即：$\omega_1\Delta i_1+\omega_2 i_2=0$，称为磁通势平衡关系。变压器正是通过一、二次绕组的磁通势平衡关系，把一次绕组的电功率传递到了二次绕组，实现能量转换。

（3）变压器的经济运行。变压器在传输电能的过程中要消耗一部分电能，即铁损和铜损。铁损是励磁电流在铁芯中造成的损耗，基本上固定不变，称为固定损耗；铜损的大小与负荷电流的平方成正比，是可变的，称为可变损耗。根据理论计算，当铁损和铜损相等时，变压器的效率达到最大值，处于最经济状态。这时变压器所带的负荷称为经济负荷。

2. 变压器的参数测定试验

（1）空载试验。变压器的空载试验又称无载试验见图7-10，实际上就是在变压器的任一侧线圈加额定电压，其他侧线圈开路的情况下，测量变压器的空载电流和空载损耗。通过变压器空载试验，可以测量空载电流、空载损耗，计算出变压器的激磁

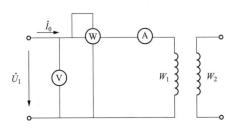

图 7-10　变压器空载试验原理图

抗等参数，并求出变比，能发现变压器磁路中局部和整体的缺陷，如硅钢片间绝缘不良，穿心螺杆或压板的绝缘损坏等，还能发现变压器线圈的一些问题，如线圈匝间短路，线圈并联支路短路等。

（2）短路试验。短路试验是在变压器的任一侧线圈通以额定电流，其他侧线圈短路的情况下，测量变压器加电源一侧的电压、电流和短路损耗（主要是线圈中的铜耗，包括铁件中的涡流损耗），见图7-11。为了测量方便，短路试验一般由高压侧供电。做短路试验可通过测量短路时的电压、电流、损耗，求出变压器的铜耗及短路阻抗等参数。短路试验还能检查线圈结构的正确性。对于短路损耗超出标准或比同规格的线圈大时，从中可发现多股并绕线圈的换位是否正确或是否有换位短路。

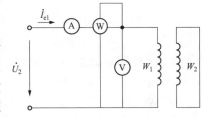

图 7-11　变压器短路试验原理图

第三节　发电厂配电装置

一、电气主接线

电气主接线的基本形式分为有母线和无母线两大类。有母线的形式主要有单母线、单母线分段、双母线、双母线分段及其增设旁路的接线，一倍半（3/2）断路器接线，变压器母线组接线等。无母线的形式包括单元接线、桥形接线、角形接线等。

1. 有母线形式

（1）单母线接线。单母线接线特点（见图7-12）：简单、清晰、设备少；当母线故障、检修或母线隔离开关检修时，整个系统需全部停电；断路器检修期间也必须停止该回路的供电。单母线接线适用范围：单电源的发电厂和变电站，且出线回路数少，用户对供电可靠性要求不高的场合。

（2）单母线分段接线。单母线分段接线特点（见图7-13）：接线简单清晰、设备较少、操作方便、占地少和便于扩建和采用成套配电装置。当一段母线或母线隔离开关发生永久性故障或检修时，连接在该段母线上的回路需全部停电。单母线分段接线母线分段的数目，通常以2～3分段为宜。单母线分段接线适用范围：6～10kV配电装置出线6回及以上；35kV出线数为4～8回；110～220kV出线数为3～4回。

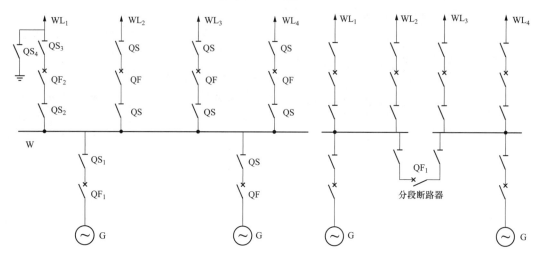

图7-12　单母线接线方式　　　　　图7-13　单母线分段接线方式

（3）单母线分段加装旁路母线接线。旁路母线接线特点（见图7-14）：不停电检修进出线断路器。单母线分段加装旁路母线接线的操作方式（检修 QF₄，且 WL₄ 不停电）如 A、B 段经 QF₁ 和 QS₁、QS₂ 并列运行，则闭合 QSW，断开 QF₁→断开 QS₁→闭合 QS₃→闭合 QF₁ 使 W₃ 带电（不要首先闭合 QS₈）。此时若 W₃ 隐含故障，则由继电保护装置动作断开 QF₁。若 W₃ 充电正常，操作可以继续进行：合上 QS₈，断开 QF₄。这时 WL₄ 由母线 B、QS₂、QF₁、QS₃、W₃、QS₈、WL₄ 供电。并由 QF₁ 替代断路器 QF₄。QF₄ 检修前，应把 QS₆、QS₇ 断开。单母线分段加装旁路母线接线的适用范围：中小型发电厂和 35～110kV 的变电站。

（4）双母线接线。双母线接线（见图7-15）是指具有两组母线 W₁、W₂。每一回路经一台断路器和两组隔离开关分别与两组母线连接，母线之间通过母线联络断路器 QF（简称母联）连接。双母线接线有以下几种运行方式：母联 QF 断开，一组母线工作，另一组母线备用，全部进出线接于运行母线上；母联 QF 断开，进出线分别接于两组母线，两组母线分裂运行；母联 QF 闭合，电源和馈线平均分配在两组母线上。双母线接线的优点：检修一组母线，可使回路供电不中断，一组母线故障，部分进出线会暂时停电；供电可靠、调度灵活，又便于扩建。双母线接线可使运行的可靠性和灵活性大为提高，主要表现为：检修任一组母线时，可把全部电源和负荷线路切换到另一母线；运行调度灵活，通过倒换操作可以形成不同的运行方式。当母联断路器闭合，进出线适当分配接到两组母线上，形成双母线并列运行的状态。有时为了系统的需要，亦可将母联断路器断开（处于热备用状态），两组母线各自运行；在特殊需要时，可以用母联与系统进行同期或解列操作；当个别回路需要独立工作或进行试验时，可将该回路单独接到一组母线上进行。

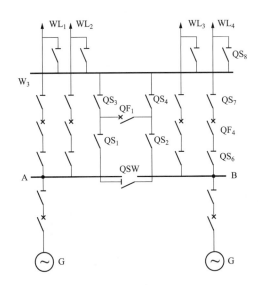

图 7-14 单母线分段加装旁路母线接线方式

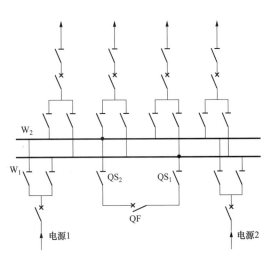

图 7-15 双母线接线方式

（5）双母线带旁路母线接线。双母线带旁路母线接线（见图 7-16）是指在每一回路的线路侧装一组隔离开关（旁路隔离开关）QS_{14}、QS_{24}，接至旁路母线Ⅲ上，而旁路母线再经旁路断路器 QF01 及隔离开关接至两组母线上。

（6）一台半断路器接线（3/2 接线）。在母线 W_1、W_2 之间，每串接有三台断路器，两条回路，每二台断路器之间引出一回线，故称为一台半断路器接线见图 7-17，又称 3/2 接线。3/2 接线的特点：具有较高的供电可靠性及运行灵活性；母线故障，只跳开与此母线相连的断路器，任何回路不停电；隔离开关不作操作电器，减少了误操作的几率；使用设备较多，投资较大，二次控制接线和继电保护配置也比较复杂。3/2 接线的适用范围：大型电厂和变电站的超高压配电装置。

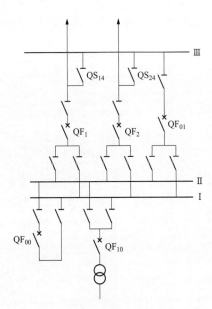

图 7-16 双母线带旁路母线接线方式

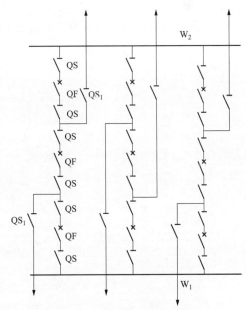

图 7-17 一台半断路器接线方式

2. 无母线形式

（1）桥形接线。桥形接线（见图7-18）适用范围：用于小型发电厂和变电站，对一、二级负荷供电，也可作为过渡性的接线。桥形接线分为内桥接线和外桥接线。内桥接线适合变压器不经常切换或线路较长、故障率较高的变电站，外桥接线适合变压器切换频繁或线路较短、故障率较少的变电站。

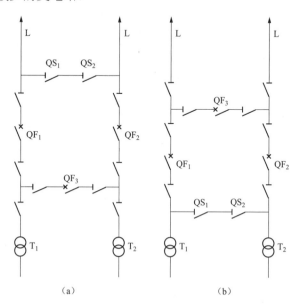

图 7-18　桥行接线方式

（a）内桥；（b）外桥

（2）单元接线及扩大单元接线。单元接线是发电机、变压器、输电线路等元件直接单独相连接的接线方式，没有横向的联系，所以是最简单、可靠的接线方式，将一条出线上挂接两台机组的接线又称扩大单元接线见图7-19。这种接线简单明显，设备少，投资省，但灵活性较差，一台变压器或一条线路检修，两台机组均需停运。

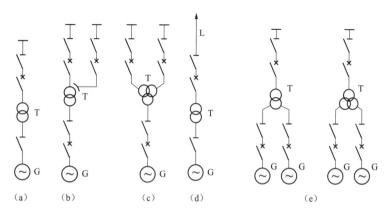

图 7-19　单元接线及扩大单元接线方式

（a）发电机-双绕组变压器单元；（b）发电机-三绕组自耦变压器单元；（c）发电机-三绕组变压器单元；

（d）发电机-变压器-线路单元；（e）扩大单元接线

二、高压开关设备

1. 断路器

断路器是指能开断、关合和承载运行线路的正常电流，并能在规定时间内承载、关合和开断规定的异常电流（如短路电流）的电气设备，通常也称为开关。

断路器的分类：断路器根据其灭弧介质可分多油、少油、压缩空气、真空和六氟化硫等类型。按操动机构分有手动、电磁、弹簧、气动和液压等多种类。按安装地点分户内和户外式。按相数分单相和三相式。按有无重合闸功能分能自动重合闸和不能自动重合闸式。

（1）SF_6 断路器。SF_6 断路器是采用 SF_6 气体作灭弧和绝缘介质的断路器。SF_6 断路器开断能力强，开断性能好，电气寿命长，单断口电压高，结构简单，维护少，因此在各个电压等级尤其是在高电压领域得到了越来越广泛的使用。

SF_6 气体的基本特性：

1）物理性质。SF_6 为无色、无味、无毒、不易燃烧的惰性气体，具有优良的绝缘性能，且不会老化变质，比重约为空气的 5.1 倍，在标准大气压下，−62℃时液化。注意：SF_6 气体经过灭弧后会产生有毒有害气体。

2）化学性质。SF_6 是一种极不活泼的惰性气体，具有很高的化学稳定性。在一般情况下，根本不发生化学变化，与氧气之类的各种气体，水分以及碱性之类的各种化学药品均不反应。所以，在常规使用情况下，完全不会使材料劣化。但是在高温和电弧放电的情况下，就有可能发生化学变化，产生含有 S 或 F 的有毒物质，即可与各种材料起反应。

3）灭弧性能。①SF_6 气体是一种理想的灭弧介质，它具有优良的灭弧性能，SF_6 气体的介质绝缘强度恢复快，约比空气快 100 倍，即它的灭弧能力为空气的 100 倍。②弧柱的导电率高，燃弧电压很低，弧柱能量较小。③SF_6 气体的绝缘强度较高。

4）传热性能。SF_6 气体的热传导性能较差，其导热系数只有空气的 2/3，但 SF_6 气体的比热是氮气的 3.4 倍，其对流散热能力比空气大得多。SF_6 气体的实际导热力比空气好，接近于氦、氢等热传导较好的气体。

5）SF_6 气体具有优良的绝缘性能。在同一气压和温度下，SF_6 气体的介质强度约为空气的 2.5 倍，而在三个大气压时，与变压器油的介质强度相近。

（2）SF_6 全封闭组合电器（gas insulated substation，GIS）。SF_6 全封闭组合电器（GIS）是把断路器、隔离开关、电压及电流互感器、母线、避雷器、电缆终端盒、接地开关等元件，按电气主接线的要求，依次连接，组合成一个整体，封闭于接地的金属外壳中，壳体内充以 SF_6 气体，作为绝缘和灭弧介质。

1）SF_6 全封闭组合电器（GIS）的优点：①大量节省配电装置所占面积和空间。②运行可靠性高。③运行维护工作量小。在使用寿命内几乎不需要解体检修。④环境保护好。无静电感应和电晕干扰，噪声水平低。⑤适应性强。因为重心低、脆性元件少，所以抗震性能好；可用于高海拔地区和污秽地区。⑥安装调试容易。

2）SF_6 全封闭组合电器（GIS）的缺点：①SF_6 全封闭电器对材料性能、加工精度和装配工艺要求极高。②需要专门的 SF_6 气体系统和压力监视装置，且对 SF_6 的纯度和水分都有严格的要求。③金属消耗量大。④造价较高。

SF_6 全封闭式电器应用范围主要为 110~500kV，在 35~10kV 配电侧也较为常用。

（3）真空断路器。真空断路器是一种触头在高真空中关合和开断的断路器。根据试验，要满足真空灭弧室的绝缘强度，真空度不能高于 $6.6 \times 10^{-2} Pa$。因此要求工厂制造的新真空灭弧室真空度要达到 $7.5 \times 10^{-4} Pa$ 以下。真空断路器具有开距短、体积小、重量轻、电寿命和机械寿命长、维护少、无火灾和爆炸危险等优点，近年来发展很快，特别在中等电压领域内使用很广泛，是配电开关无油化的最好的换代产品。

真空断路器由真空灭弧室、保护罩、动触头、静触头、导电杆、分合操动机构、支持绝缘子、支持套管、支架等构成。

真空灭弧室由真空容器、动触头、静触头、波形管、保护罩、法兰、支持件等构成。

真空灭弧室主要构件的作用：

1）动、静触头。在绝缘杆与分合操动机构的控制下完成真空断路器的分、合操作。真空灭弧室触头结构可分为非磁吹和磁吹两大类，主要的实用品种有：圆柱状触头、横磁吹触头、纵向磁吹触头。

2）保护罩。吸收火弧过程中的金属蒸气微粒。

3）法兰、支持件。起连接、支撑作用。

真空断路器通常使用弹簧操动机构操作。该操动机构有如下特点：

1）储能源功率较小，紧急情况下可手动储能，独立性和适应性强，可在各种场合使用。

2）根据需要可构成不同合闸功能的操动机构，用于 10～220kV 各电压等级的断路器中。

3）动作时间比电磁机构的快，断路器的合闸时间短。

4）缺点是结构比较复杂，机械加工工艺要求比较高。其合闸力输出特性为下降曲线，与断路器所需要的呈上升的合闸力特性不易配合好。合闸操作时冲击力较大，要求有较好的缓冲装置。

2. 隔离开关

（1）隔离开关的用途。隔离开关是在高压电气装置中保证工作安全的开关电器，结构简单，没有灭弧装置，不能用来断开负荷电流和短路电流，需与断路器配合使用，完成运行方式的调整和保证检修人员的安全。其用途有：

1）保证高压电气装置检修工作的安全，即安全隔离作用；

2）用于改变运行方式的倒闸操作，如双母线接线的倒母线操作；

3）用于拉合小电流回路的操作，如拉合正常情况下的互感器、避雷器，一定容量和电压下的空载变压器和空载线路等。

（2）隔离开关的特点。

1）隔离开关的触头全部敞露在空气中，这可使断开点明显可见。隔离开关的动触头和静触头断开后，两者之间的距离应大于被击穿时所需的距离，避免在电路中发生过电压时断开点发生闪络，以保证检修人员的安全。

2）隔离开关没有灭弧装置，仅能用来分合只有电压没有负荷电流的电路，否则会在隔离开关的触头间形成强大的电弧，危及设备和人身安全，造成重大事故。因此在电路送电时，先合隔离开关，后合断路器；停电时，先断开断路器，再拉开隔离开关。

（3）隔离开关的类型。隔离开关按照装置地点可分为户内用和户外用；按极数可分为单极和三极；按有无接地开关可分为带接地开关和不带接地开关；按用途可分为一般用、

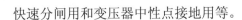

快速分闸用和变压器中性点接地用等。

三、高低压配电装置系统

在发电厂和变电站中，按照电气主接线的要求，将相关电气设备布置连接，组合成汇集和分配电能的综合电气设施，称为高压配电装置。

按电气设备装设地点不同，可分为屋内和屋外配电装置。

按其组装方式，分为装配式和成套式。电气设备在现场组装的称为装配式配电装置；在制造厂预先将开关电器、互感器等安装成套，然后运至安装地点，这样的配电装置称为成套配电装置。

屋外配电装置根据电器和母线布置的高度，可分为低型、中型、半高型和高型。

低型配电装置指电气设备直接安放于地面基础上，为保证安全距离，设备周围设有围栏。

中型布置的配电装置，是把所有电器都安装在同一水平面内，并装在一定高度的基础上，以便工作人员能在地面安全地活动。而母线所在的水平面，稍高于电器所在的水平面，这种布置是我国屋外配电装置普遍采用的一种方式。

高型和半高型布置的配电装置，其母线和电器分别装在几个不同高度的水平面上，并重叠布置。

凡是将一组母线与另一组母线重叠布置的，称为高型配电装置。如果仅将母线与断路器、电流互感器等重叠布置，则称为半高型配电装置。

1. 厂用电系统

发电厂在启动、运转、停役、检修过程中，有大量电动机械设备，以保证机组的主要设备和输煤、碎煤，除灰、除尘及水处理等辅助设备的正常运行。这些电动机以及全厂的运行、操作、试验、检修、照明等用电设备都属于厂用负荷，总的耗电量，统称为厂用电。厂用电耗电量占发电厂全部发电量的百分数，称为厂用电率。厂用电率是发电厂运行的主要经济指标之一。凝汽式电厂的厂用电率一般为 5%～8%。

（1）厂用电负荷的分类。根据用电设备在生产中的作用和突然中断供电所造成的危害程度，按其重要性可分为四类：

1）Ⅰ类：凡是属于单元机组本身运行所必需的负荷，短时停电会造成主辅设备损坏、危及人身安全、主机停运及影响大量出力的负荷，都属于Ⅰ类负荷。如火电厂的给水泵、凝结水泵、循环水泵、引风机、送风机、给粉机、炉水循环泵等。通常，它们设有两套或多套相同的设备。

2）Ⅱ类：允许短时停电（几分钟至几个小时），恢复供电后，不致造成生产紊乱的厂用负荷，此类负荷一般属于公用性质负荷，不需要 24h 连续运行，而是间断性运行，如上煤、除灰、水处理等系统的负荷。一般它们也有备用电源，常用手动切换。

3）Ⅲ类：较长时间停电，不会直接影响生产，仅造成生产上不方便者，如修配车间等负荷。通常由一个电源供电，在大型电厂中，也有采用两路电源供电。

4）Ⅳ类：事故保安负荷。在 200MW 及以上机组的大容量电厂中，自动化程度较高，要求在事故停机过程中及停机后的一段时间内，仍必须保证供电，否则可能引起主要设备损坏、重要的自动控制失灵或危及人身安全的负荷，称为事故保安负荷。事故保安负荷通常由蓄电池和快速启动的柴油发电机供电。

（2）厂用工作电源和备用电源。厂用电是发电厂生产的基本动力，必须设置可靠的工作电源和备用电源，正常情况下由工作电源向厂用负荷供电，当工作电源故障时，备用电源应自动投入。

厂用工作电源应互相独立、供电可靠，能满足整套机炉的全部厂用负荷，可能还要承担部分公用负荷。

大型机组通常为一机一炉单元式设置，因此，厂用系统也必须按单元设置，而且采用多段（两段或四段）单母线供电。300MW 及以上机组一般都采用发电机—变压器组单元接线，并采用分相封闭母线。工作电源从发电机至主变压器之间的封闭母线引接。

1）6kV 厂用电源接线举例。以某台大型机组 6kV 厂用电源接线为例见图 7-20，设置一台分裂绕组的工作变压器、两台三相双绕组启/备变，平时带公用负荷。

2）400V 厂用电源接线。400V（或 380V）低压厂用电系统，其工作电源和备用电源都从 6kV 厂用母线上引接，通常在一个单元中设有若干个动力中心（简称 PC）和由 PC 供电的若干电动机控制中心（简称 MCC）。一般容量在 75～200kW 之间的电动机和 150～650kW 之间的静态负荷接于动力中心（PC）；容量小于 75kW 的电动机和小功率加热器等接于电动机控制中心（MCC）。从电动机控制中心又可接出至车间就地配电屏（PDP）。400V 各动力中心，如汽轮机、锅炉、出灰、水处理动力中心等，基本接线为单母线分段。每一 400V 的 PC 设两段母线，每段母线由一台变压器供电，高压侧接至厂用中压母线的不同分段上，低压母线之间设一联络断路器见图 7-21。

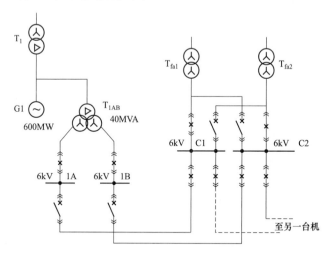

图 7-20　大型机组 6kV 厂用电源接线

400V（或 380V）低压厂用电系统备用电源供电方式分为明备用和暗备用两种方式。

明备用又称为冷备用，是在正常运行时有专门备用的厂用变压器或线路，它的容量应等于容量最大的一台厂用工作变压器容量。运行中任一台厂用变压器事故断开时，备用变压器都能自动投入。

暗备用又称为热备用，指在正常运行时所有厂用电源（变压器或线路等）都投入工作，每台厂用变压器只在低负荷下运行，没有专用的备用变压器。当一台变压器发生故障时，另一台变压器应能担负全部重要负荷。

（3）厂用电的切换。对单元接线的机组，在正常运行时，厂用母线由工作电源供电，而备用电源处于断开备用状态，并将启动电源兼作备用电源。机组启动时，其厂用负荷需由启/备变供电，待机组启动完成后，再切换至由工作电源供电；在机组正常停机时，停机前又需要将厂用负荷母线从工作电源切换至备用电源供电，以保证安全停机。

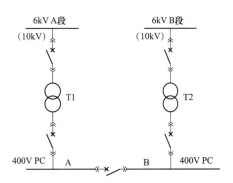

图 7-21　厂用 400V 动力中心基本接线

1）手动合环切换。操作顺序为，先合上工作电源（或备用电源）断路器，然后手动拉开备用电源（或工作电源）断路器。在切换期间，工作电源和备用电源短时并联运行，它的优点是保证厂用电连续供给，缺点是并联期间短路容量增大，增加了断路器的断流要求。但由于并联时间很短（一般在几秒内），发生事故的概率低，所以在正常的切换中被广泛采用。

2）自动合环切换。操作顺序为，先合上工作电源（或备用电源）断路器，同时自动拉开备用电源（或工作电源）断路器。其特点为厂用电能连续供给，但是并联运行的时间比手动合环切换更短。

3）断电切换。操作顺序为，先断开工作电源（或备用电源）断路器，同时自动合上备用电源（或工作电源）断路器。断电切换又可称串联切换，通常用在事故切换中。如果两个电网之间同期检定达不到要求，也用断电切换。

2．防雷与接地

（1）雷电过电压的形式及危害。雷电过电压又称为大气过电压。雷电过电压的基本形式有直击雷、感应雷和侵入波三种。

1）直击雷：雷直接击于输电线路或设备引起的，称为直击雷过电压。

2）感应雷：雷击输电线路附近的地面或设备时，由于电磁感应引起的，称为感应雷过电压。

3）侵入波：雷电波沿输电线路入侵变电站或升压所，产生过电压击坏电气设备，称为侵入波。

最危险的是直击雷过电压。雷击输电线路往往造成跳闸事故。

（2）电气设备的防雷保护。电厂常用的防雷装置有避雷针、避雷线和避雷器以及相应的防雷接地装置。

1）避雷针：由避雷针针头、引流体和接地体三部分组成。避雷针可保护设备免受直接雷击。避雷针一般明显高于被保护物，当雷云放电临近地面时首先击中避雷针，避雷针的引流体将雷电流安全引入地中，从而保护了某一范围内的设备。避雷针的接地装置的作用是减小泄流途径上的电阻值，降低雷电冲击电流在避雷针上的电压降。

2）避雷线：避雷线是悬挂在空中的水平的接地导线，又称架空地线，主要用于保护架空输电线路，也可用于发电厂、升压站作直击雷保护。

3）避雷器：限制过电压以保护电气设备。避雷器的类型主要有保护间隙、阀型避雷器和氧化锌避雷器，目前发电厂常用金属氧化锌避雷器作为过电压保护器。

（3）接地。接地是指为了保证电力网或电气设备的正常运行和工作人员的人身安全，人为地使电力网及其某个设备的某一特定地点通过导体与大地作良好的连接。埋入土壤的金属物体称为接地体或接地极，连接接地体及电气设备的导线称为接地线。接地体和接地线总称为接地装置。

工作接地：为了保证电气设备在正常或发生故障情况下可靠地工作而采取的接地。例如变压器和发电机中性点接地等。

保护接地：将一切正常工作时不带电而在绝缘损坏时可能带电的金属部分接地，以保证工作人员接触时的安全。

防雷接地：为消除大气过电压对电气设备的威胁，而对过电压保护装置采取的接地措施。

防静电接地：对生产过程中有可能积蓄电荷的设备所采取的接地。

接地装置分为人工接地和自然接地两种。人工接地由垂直埋入土壤的镀锌钢管或角钢构成，并从顶部用扁铁相连。自然接地是利用埋入地下的金属管道、电缆铠甲等作为接地装置。

第四节 发电厂电气控制

一、电气二次系统概述

发电厂和变电站的电气设备通常分为一次设备和二次设备，其接线也分为一次接线和二次接线。

一次设备是指直接用于生产、输送和分配电能的高电压、大电流的设备，又称电力生产的主设备，包括发电机、变压器、断路器、隔离开关、电抗器、电力电缆以及母线、输电线路等。由这些设备按一定规律相互连接构成的电路称为一次接线或一次系统，它是发电、输变电和配电的主体。

二次设备是指对一次设备进行监测、控制、保护和调整的低压设备，又称为辅助设备，包括监察测量仪表、控制及信号器具、继电保护装置、自动装置、远动装置等。这些设备通常是由电流互感器、电压互感器、蓄电池组或厂（所）用低压电源供电。表明二次设备互相连接关系的电路称为二次接线或二次系统。

1. 原理接线图

原理接线图是用来表示继电保护、测量仪表和自动装置等工作原理的一种二次接线图。

原理接线图见图 7-22。其特点是二次回路中的元件及设备以整体形式表示，同时将相互联系的电气部件和连线画在同一张图上，给人以明确的整体概念。

2. 展开接线图

展开接线图主要用来说明二次回路的动作原理，在现场使用极为普遍。

展开接线图见图 7-23。其特点是将每套装置的有关设备部件解体，按供电电源的不同分别画出电气回路接线图，如交流电流回路、交流电压回路和直流回路分开表示。于是，同一个仪表或继电器的电流线圈、电压线圈和触点分别画在不同的回路里，为了避免混淆，将同一个元件及设备的线圈和结点采用相同的文字标号表示。

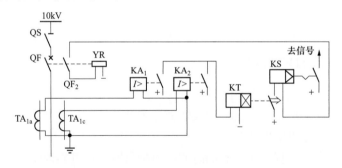

图 7-22　10kV 线路过电流保护原理接线图

TA—电流互感器；KA₁、KA₂—电流继电器；KT—时间继电器；KS—信号继电器；

QF—断路器及其辅助触点；YR—跳闸线圈；QS—隔离开关

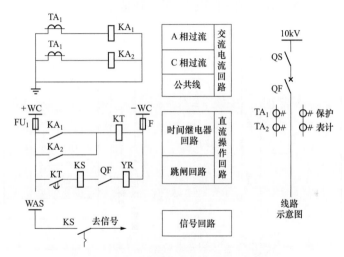

图 7-23　10kV 线路过电流保护展开接线图

WAS—事故音响信号小母线；WC—控制电路电源小母线

3. 安装施工图

安装施工图是制造厂加工制造屏（屏盘）和现场施工安装所必不可少的图，也是运行试验、检修和事故处理等的主要参考图。

安装接线图包括屏面布置图、屏背面接线图和端子排图三个组成部分，它们相互对应，相互补充，以 10kV 线路过电流保护安装接线图为例见图 7-24。

屏面布置图：说明屏上各个元件及设备的排列位置和其相互间距离尺寸的图，要求按照一定的比例尺绘制。

屏背面接线图：在屏上配线所必需的图，其中应标明屏上各设备在屏背面的引出端子之间的连接情况，以及屏上设备与端子排的连接情况。

端子排图：表示屏上需要装设的端子数目、类型及排列次序以及它与屏外设备连接情况的图。

屏背面接线图和端子排图必须说明导线从何处来，到何处去，以防接错导线。

265

我国广泛采用"相对编号法"，例如甲、乙两个端子需用导线连接起来，则在甲端子旁边标上乙端子的编号，而在乙端子旁边标上甲端子的编号；如果一个端子需引出两根导线，那么，在它旁边就标出所要连接的两个端子编号。

二、断路器及隔离开关的控制

1. 发电厂和变电站对控制回路的一般要求

（1）满足双重化的要求。通常，500kV 断路器的操动机构，都配有两个独立的跳闸回路，两跳闸回路的控制电缆也分开。

（2）跳、合闸命令应保持足够长的时间。为确保断路器可靠地跳、合闸，即一旦操作命令发出，就应保证整个跳闸或合闸过程执行完成。

（3）有防止多次跳合闸的闭锁措施。即跳、合闸操作命令一旦发出，只容许断路器跳、合闸一次。这就是所谓的断路器"防跳"措施，在 500kV 断路器的控制接线中，常用的"防跳"接线有两种，一种是采用串联"防跳"，另一种是并联"防跳"。

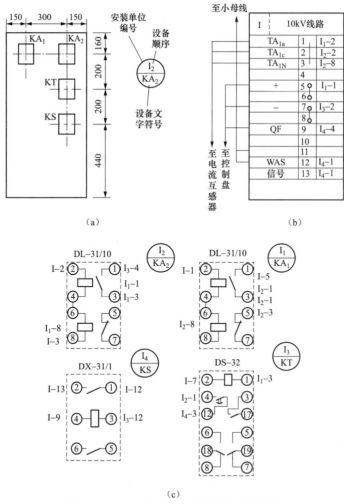

图 7-24　10kV 线路过电流保护安装接线图

（a）屏面布置图；（b）端子排图；（c）屏背面接线图

（4）对跳合闸回路的完好性要能经常监视。

（5）能实现液压、气压和 SF_6 浓度低等状态的闭锁。

（6）应设有断路器的非全相运行保护。在 500kV 系统中，断路器出现非全相运行的情况下，因出现零序电流，有可能引起网络相邻段零序过电流保护的后备段动作，而导致网络的无选择性跳闸。所以，当断路器出现非全相状态时，应使断路器三相跳开。

（7）断路器两端隔离开关拉合操作时应闭锁断路器操作回路。

2. 信号系统

发电厂和变电站设置了不同的信号装置，用来表示电气设备的运行状况，便于运行人员对设备的监视和事故处理。

信号系统的分类和功能：

事故信号——表示发生事故，断路器跳闸的信号。

预告信号——反映机组及设备运行时的不正常状态。

位置信号——指示开关电器、控制电器及设备的位置状态。

继电保护和自动装置的动作信号——表示继电保护和自动装置有动作。

全厂事故信号——当发生重大事故时，通知各值班人员坚守岗位、加强监视，并通知有关人员深入现场进行紧急处理。

3. 测量及监察系统

大型电厂一般设有远动装置或采用计算机、微处理机实现监控。其模拟输入量都为弱电系列。

测量表计直接接在变送器的输出端，经弱电电缆送到控制室的毫安表或毫伏表上（表的刻度按一次回路的电流互感器变比折算到一次电流）。

常规电气计量仪表有电流表、电压表、有功功率表、无功功率表、频率表、有功电能表、无功电能表、功率因数表等，这些仪表都是由变送器输出到 DCS 通过 CRT 显示。

4. 操作电源

发电厂和变电站中各种设备的操作、控制、信号、保护及自动远动装置，都需要有可靠的供电电源。由于这些电源特别重要，因此一般都专门设置，通常称其为操作电源。

操作电源分直流和交流两种。直流电源由蓄电池或整流装置提供，交流操作电源可从 0.4kV 申源获取，重要的操作电源则由 UPS 提供。

蓄电池的运行方式：充电-放电式、浮充电式。

充电-放电式：将充好电的蓄电池接到直流母线上对直流负荷供电，放电结束时再换下来专门对其充电。

浮充电式：将充好电的蓄电池与浮充电整流装置并联工作，浮充电装置除供给直流母线上经常性负荷外，同时以不大的电流向蓄电池浮充电，使蓄电池处于满充电状态。浮充电运行的蓄电池主要承担短时冲击性负荷。

UPS（uninterruptible power supply）是交流不停电电源的简称。它的主要功能是在正常、异常和供电中断的情况下，均能向重要负荷提供安全、可靠、稳定、不间断、不受倒闸操作和系统运行方式影响的交流电源。

UPS 由整流器、逆变器、蓄电池和静态开关组成。

整流器：通过触发信号控制晶闸管的触发控制角来调节平均直流电压。整流器由隔离变压器、晶闸管整流元件、输出滤波电抗器和相应的控制板组成。

逆变器：逆变器的功能是把直流电变换成稳压的符合标准的正弦波交流电，并具有过载、欠压保护功能。逆变器由逆变转换电路、滤波和稳压电路、同步板、振荡器等部分组成。

静态切换开关：静态切换开关由一组并联反接晶闸管和相应的控制板组成，通过控制板控制晶闸管的切换，当逆变器输出电压消失、受到过度冲击、过负荷或 UPS 负载回路短路时，会自动切至旁路电源运行并发出报警信号，总的切换时间不大于 3ms。逆变器恢复正常后，经适当延时切回逆变器运行，切换逻辑保证手、自动切换过程中连续供电。

5. 继电保护与自动装置

继电保护装置是指能反应电力系统电气元件发生故障或不正常运行状态，并动作断路器跳闸或发出信号的装置。为了实现继电保护的功能，可以利用电力系统发生故障和处于不正常运行状态时一些物理量的特征和特征分量，构成各种原理的保护。继电保护装置通常由测量部分、逻辑部分和执行部分组成。

（1）继电保护装置的基本要求。

1）选择性：指电力系统故障时，保护装置仅切除故障元件，尽可能地缩小停电范围，保证电力系统中非故障部分继续运行。

2）速动性：在发生故障时，应力求保护装置能迅速切除故障。快速切除故障，可以提高电力系统并列运行的稳定性、减少用户在电压降低的情况下工作的时间、缩小故障元件的损坏程度、防止大电流流过非故障设备引起损坏等。

3）灵敏性：灵敏性是指对于其保护范围内，发生故障或不正常的运行状态的反应能力。实质上是要求继电保护装置应能反应在其保护范围内所发生的所有故障和不正常运行状态。

4）可靠性：要求保护装置在应该动作时可靠动作；在不应该动作时不应误动作，即既不应该拒动也不应该误动。

（2）发电机保护。根据发电机容量大小、类型、重要程度及特点，装设下列发电机保护，以便及时反映发电机的各种故障及不正常工作状态。

1）纵差动保护。用于反映发电机线圈及其引出线的相间短路。

2）横差动保护。用于反映发电机定子绕组的同相的一个分支匝间或同相不同分支间短路。

3）过电流保护。用于切除发电机外部短路引起的过流，并作为发电机内部故障的后备保护，通常与复合电压（低电压、负序电压等）进行配合。

4）单相接地保护。反映定子绕组单相接地故障。在不装设单相接地保护时，应用绝缘监视装置发出接地故障信号。

5）不对称过负荷保护。反映不对称负荷引起的过电流，一般在 5MW 以上的发电机应装设此保护，动作于信号。

6）对称过负荷保护。反映对称过负荷引起的过电流，一般应装设于一相过负荷信号保护。

7）过压保护。反映大型汽轮发电机突然甩负荷时，引起的定子绕组的过电压。

8）励磁回路的接地保护，分转子一点接地保护和转子两点接地保护。反映励磁回路绝缘状态。

9）失磁保护。是反应发电机由于励磁故障造成发电机失磁，根据失磁严重程度，使发电机减负荷或切厂用电或跳发电机。

10）发电机断水保护。装设在水冷发电机组上，反应发电机冷却水中断故障。

以上 10 种保护是大型发电机必需的保护。

为了快速消除发电机故障，以上介绍的各类保护，除已标明作用于信号的外，其他保护均作用发电机断路器跳闸，并且同时作用于自动灭磁开关跳闸。

（3）变压器保护。为了防止变压器在发生各种类型故障和异常运行时造成不应有的损失，保证电网的安全连续运行，变压器一般应装设下列继电保护装置：

1）气体［重（轻）瓦斯］保护：能反应铁芯、绕组短路及断线、绝缘逐渐劣化、油面下降等故障，不能反应变压器本体以外的故障。优点是灵敏度高，几乎能反应变压器本体内部的所有故障。但缺点是动作时间较长。

2）差动保护：是变压器最重要的保护。反应变压器内部各种相间、接地以及匝间短路故障，同时还能反应引出线套管的短路故障。能瞬时动作。

3）过电流保护：保护变压器外部短路或接地引起的变压器绕组过电流，是变压器主保护的后备保护。

4）零序电流保护：能反应变压器内部或外部发生的接地性短路故障。一般是由零序电流、间隙零序电流、零序电压共同构成完善的零序电流保护。

5）过负荷保护：当负荷或绕组温升超过限额时，保护动作发信号。

在超高压电网中，由于大型变压器价格昂贵以及它在系统中的重要作用，其保护应按双重化配置，以确保变压器安全可靠地供电。

（4）线路保护。

1）电流保护。线路发生故障，短路电流超过继电器的整定值时，保护动作。

2）接地保护。当出现接地故障电流时，接地继电器动作。对中性点不接地的小电流接地系统一般作用于信号；对中性点接地的大电流系统，则作用于跳闸。

3）功率方向保护。一般与电流保护配合使用。当线路发生故障时，短路电流超过整定值，且功率流动方向为保护方向时动作。

4）距离保护。利用阻抗继电器测量故障点到保护安装处之间的阻抗来反映故障点至保护安装处的距离，根据距离的远近确定动作时间，又称阻抗保护。

5）高频保护。利用高压输电线路作为高频信号的传播通道，综合反映线路两侧电量信号的全线速动保护。

6）光纤保护。以光纤作为传输通道的保护。

（5）母线保护。母线保护主要是母差保护，即按照差动保护原理构成的母线保护。在正常时流入母差保护的电流为不平衡电流，在故障时流入母差保护的电流是故障电流，这样继电器只要躲过不平衡电流就能正确动作。

（6）电动机保护。

1）差动保护。是大电机最重要的保护，当电流速段保护不能满足灵敏度要求时，差动保护基于被保护设备短路故障设置，快速反应于设备内部短路故障。能瞬时动作。

2）电流速断保护。电动机正常启动过程中，电流较大，可能达到 6～7 倍额定电流，为了保证电动机的正常启动，电流速断保护需要躲过电动机正常启动过程中的最大启动电流。但是在运行过程中，灵敏度不够。

3）负序一段、二段保护。电动机三相电流有较大不对称时，会产生较大的负序电流，从而使电动机的转子发热加大，危及电动机的正常运行。负序电流保护，可以对电动机反相运行、断相运行、匝间短路、电压不对称等异常情况进行保护。

4）零序过流保护。零序电流通过专用零序电流互感器得到，利用零序过流保护来实现电动机单相接地保护。

5）堵转保护。电动机在运行过程中，由于负荷过大或自身机械原因，造成电机轴被卡住（俗称"抱死"），根据其过载能力不同，允许短时间运行，但如果不能及时切除本故障，将造成电机绕组过热，绝缘降低而烧毁电机，堵转保护是避免该类型故障的有力武器。

6）长启动保护。电动机启动过程中，如果时间过长，会严重影响电动机的安全运行。装置提供长启动保护，对电动机的启动过程进行保护。电动机启动过程中，启动电流越大，则相应的允许启动时间应该越短，否则应该越长。

7）正序过流保护。对电动机在启动结束后的堵转及对称过负荷提供快速保护。

8）过负荷保护。是指电机所带负荷长时间连续地超载，使电流升高，电机温度升高，容易使电机烧坏。

9）过热保护。通过在各种运行工况下，建立电动机的发热模型，对电动机提供准确的过热保护，电动机过热保护跳闸后，积累的热量按指数规律衰减，当电动机仍处于过热状态时，禁止电动机再次启动。

10）欠压保护。为防止电动机在低电压状态下运行时，负荷电流增加而烧坏设备，同时保障重要电机自启动。欠压保护经 TV 断线闭锁。此种欠压保护方式可称为"分散式低电压保护"。

思考与练习

1．发电机有功负荷如何调整？
2．断路器与隔离开关的操作顺序？
3．变压器储油柜的作用？
4．气体继电器重瓦斯动作原理？
5．双母线带旁路母线接线图理解？
6．继电保护装置的基本要求？
7．大型发电机有哪些保护，各起何种作用？

◆ 第八章　阀门基础知识

　　电厂是指将某种形式的原始能转化为电能以供固定设施或运输用电的动力厂，例如火力、水力、燃气、风力、太阳能、核能发电厂等。电厂无论是对国民经济的发展，还是人民生活水平的提高，都起着重大作用。

　　阀门是流体管路的控制装置，其基本功能是接通或切断管路介质的流通，改变介质的流动方向，调节介质的压力和流量，保护管路的设备正常运行。阀门在电厂中的系统管道中起到了重要的控制作用。

第 一 节　阀　门　分　类

一、按压力分类

　　真空阀：工作压力低于标准大气压的阀门。

　　低压阀：公称压力 PN≤1.6MPa 的阀门。

　　中压阀：公称压力 PN2.5～6.4MPa 的阀门。

　　高压阀：公称压力 PN10.0～80.0MPa 的阀门。

　　超高压阀：公称压力 PN≥100MPa 的阀门。

二、按介质工作温度分类

　　高温阀：$t > 450℃$ 的阀门。

　　中温阀：$120℃ < t ≤ 450℃$ 的阀门。

　　常温阀：$40℃ < t ≤ 120℃$ 的阀门。

　　低温阀：$-100℃ ≤ t ≤ 40℃$ 的阀门。

　　超低温阀：$t < -100℃$ 的阀门。

三、按阀体材料分类

　　非金属阀门：如陶瓷阀门、玻璃钢阀门、塑料阀门等。

　　金属材料阀门：如铸铁阀门、碳钢阀门、铸钢阀门、低合金钢阀门、高合金钢阀门及铜合金阀门等。

四、按公称通径分类

　　根据阀门的公称通径可分：

　　小口径阀门：公称通径 DN≤40mm 的阀门。

　　中口径阀门：公称通径 DN50～300mm 的阀门。

大口径阀门：公称通径 DN350～1200mm 的阀门。

特大口径阀门：公称通径 DN≥1400mm 的阀门。

五、按与管道连接方式分类

法兰连接阀门：阀体带有法兰，与管道采用法兰连接的阀门。

螺纹连接阀门：阀体带有内螺纹或外螺纹，与管道采用螺纹连接的阀门。

焊接连接阀门：阀体带有焊接坡口或者插口，与管道采用焊接连接的阀门。

夹箍连接阀门：阀体上带夹口，与管道采用夹箍连接的阀门。

卡套连接阀门：采用卡套与管道连接的阀门。

对夹连接：用螺栓直接将阀门及两头管道穿夹在一起的连接形式。

六、按操纵方式分类

手动阀门：用人力手动来开关的阀门。如手轮、手柄阀门等。

电动阀门：用电动装置来开关的阀门。如电动头阀门等。

气动阀门：用气动装置来开关的阀门。如气动头阀门等。

液动阀门：用液体装置来开关的阀门。如液压缸阀门等。

自动阀门：利用介质来使阀门自动动作。如安全阀等。

七、按作用和用途分类

截断阀类：主要用于截断或接通介质流。包括闸阀、截止阀、隔膜阀、球阀、旋塞阀、碟阀、柱塞阀、球塞阀、针型仪表阀等。

调节阀类：主要用于调节介质的流量、压力等。包括调节阀、节流阀、减压阀等。

止回阀类：用于阻止介质倒流。包括各种结构的止回阀。

分流阀类：用于分离、分配或混合介质。包括各种结构的分配阀和疏水阀等。

安全阀类：用于介质超压时的安全保护。包括各种类型的安全阀。

第二节　阀门的基本参数

一、适用介质

（1）气体介质：空气、水蒸气、氨、氮、氢气、煤气、石油气和天然气等。

（2）液体介质：水、氨液、汽油等。

（3）含固体介质：含有固体颗粒或悬浮物的气体或液体介质等。

（4）特殊介质：腐蚀介质和剧毒介质等。

二、试验压力

阀门的强度和严密性试验，应符合以下规定：阀门的强度试验压力为公称压力的 1.5 倍；严密性试验压力为公称压力的 1.1 倍；试验压力在试验持续时间内应保持不变，且壳体填料及阀瓣密封面无渗漏。

三、阀门的基本参数

（1）公称通径。用作参考的经过圆整的表示口径大小的参数，是指阀门与管道连接处通道的名义直径，用"DN*"表示，如：DN100 是 4in 阀门，DN200 为 8in 阀门。

（2）公称压力。经过圆整过的表示与压力有关的数字标示代号，如：PN6.3MPa。公称压力是指在规定温度下阀门允许的最大工作压力。

（3）阀门密封。由阀座和关闭件组成，依靠阀座和关闭件的密封面紧密接触或密封面受压塑性变形而达到密封的目的。

（4）阀门填料函。填料函结构：由填料压盖、填料和填料垫组成。填料函结构分为压紧螺母式、压盖式和波纹管式。

填料圈数：石墨填料 PN≤2.5MPa 时，4～10 圈；PN=4.0～20MPa 时，8～14 圈。

四、阀门的编号

为了便于认识选用，每种阀门都有一个特定的型号，以说明阀门的类别、驱动方式、连接方式、结构形式、密封面和衬里材料、公称压力及阀体材料，阀门的型号由七个单元组成，按下列顺序编制。

例：Z942W-16 阀门的含义：电动驱动、法兰连接、明杆楔式双闸板闸阀、阀座密封面材料由阀体直接加工，公称压力 PN1.6MPa 、阀体材料为灰铸铁。

阀门型号的组成由七个单元顺序组成（见图 8-1）。

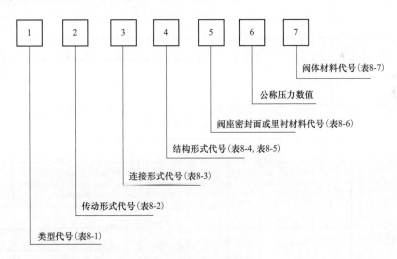

图 8-1 阀门型号组成

（1）阀门类型代号，用汉语拼音字母表示，按表 8-1 的规定。

（2）传动方式代号，用阿拉伯数字表示，按表 8-2 的规定。

（3）连接形式代号，用阿拉伯数字表示，按表 8-3 的规定。

（4）结构形式代号，用阿拉伯数字表示，按表 8-4 和表 8-5 的规定。

（5）阀座密封面或衬里材料代号，用汉语拼音字母表示，按表 8-6 的规定。

（6）阀体材料代号，用汉语拼音字母表示，按表 8-7 的规定。

表 8-1 阀 门 类 型 代 号

阀门类型	代号	阀门类型	代号	阀门类型	代号
闸阀	Z	球阀	Q	疏水阀	S
截止阀	J	旋塞阀	X	安全阀	A
节流阀	L	液面指示器	M	减压阀	Y
隔膜阀	G	止回阀	H		
柱塞阀	U	蝶阀	D		

表 8-2 传 动 方 式 代 号

传动方式	代号	传动方式	代号
电磁阀	0	锥齿轮	5
电磁-液动	1	气动	6
电-液动	2	液动	7
蜗轮	3	气液动	8
圆柱齿轮	4	电动	9

注：手轮、手柄和扳手传动以及安全阀、减压阀、疏水阀省略本代号。

表 8-3 连 接 形 式 代 号

连接形式	代号	连接形式	代号
内螺纹	1	对夹	7
外螺纹	2	卡箍	8
法兰	4	卡套	9
焊接	6		

表 8-4 闸 阀 结 构 形 式 代 号

闸阀结构形式				代号
明杆	楔式		弹性闸板	0
		刚性	单闸板	1
			双闸板	2
	平行式		单闸板	3
			双闸板	4
暗杆楔式			单闸板	5
			双闸板	6

表 8-5 截止阀和节流阀结构形式代号

截止阀和节流阀结构形式	代号
直通式	1
角式	4

续表

截止阀和节流阀结构形式		代号
直流式		5
平衡	直通式	6
	角式	7

表8-6 阀座密封面或衬里材料代号

阀座密封面或衬里材料	代号	阀座密封面或衬里材料	代号
铜合金	T	渗氮钢	D
橡 胶	X	硬质合金	Y
尼龙塑料	N	衬胶	J
氟塑料	F	衬铅	Q
巴氏合金	B	搪瓷	C
合金钢	H	渗硼钢	P

注 由阀体直接加工的阀座密封面材料代号用"W"表示，当阀座与阀瓣密封面材料不同时，用低硬度材料代号表示。

表8-7 阀 体 材 料 代 号

阀体材料	代号	阀体材料	代号
HT25-47	Z	Cr5Mo	I
KT30-6	K	1Cr18Ni9Ti	P
QT40-15	Q	Cr18Ni12Mo2Ti	R
H62	T	12CrMoV	V
ZG25	C		

第三节 阀门的结构及原理

一、闸阀

闸阀是指启闭件（阀板）由阀杆带动阀座密封面作升降运动的阀门，闸板运动方向与流体方向相垂直，可接通或截断流体的通道，如图8-2所示。

1. 闸阀的结构

（1）阀体与阀盖。阀体与阀盖多采用法兰连接。阀体截面形状主要取决于公称压力。低压阀：扁平状；高中压阀：椭圆形或圆形。

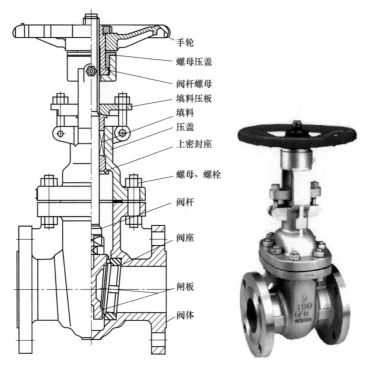

图 8-2　闸阀

（2）闸板与阀座密封圈。

1）楔式闸板。闸板密封面与闸板垂直中心线有一定倾角，称为楔半角。防止温度变化时闸板卡死，一般角度为 2°52″、5°，介质温度越高，通径越大，楔半角就越大。

2）平行式闸板。闸板的两个密封面平行，阀座密封面垂直于管道中心线。

2. 闸阀的特点

闸阀在管路中主要作切断用，适合制成大口径的阀门，除适用于蒸汽、油品等介质外，还适用于含有粒状固体及粘度较大的介质，并适用于作放空和低真空系统的阀门。

（1）闸阀有以下优点：

1）流体阻力小。

2）开闭所需外力较小。

3）介质的流向不受限制。

4）全开时，密封面受工作介质的冲蚀比截止阀小。

5）体形比较简单，铸造工艺性较好。

（2）闸阀也有不足之处：

1）外形尺寸和开启高度都较大，安装所需空间较大。

2）开闭过程中，密封面间有相对摩擦，容易引起擦伤现象。

3）闸阀一般都有两个密封面，给加工、研磨和维修增加一些困难。

二、截止阀、节流阀

截止阀和节流阀都是向下闭合式阀门，启闭件（阀瓣）由阀杆带动，沿阀座中心线作升降运动来启闭阀门。

1. 截止阀、节流阀的结构

截止阀与节流阀的结构基本相同，只是阀瓣的形状不同：截止阀的阀瓣为盘形，节流阀的阀瓣多为圆锥流线型，特别适用于节流，可以改变通道的截面积，用以调节介质的流量与压力，如图 8-3 所示。

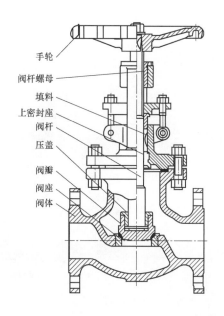

手轮
阀杆螺母
填料
上密封座
阀杆
压盖
阀瓣
阀座
阀体

图 8-3 截止阀

（1）截止阀阀瓣（平面阀瓣）。截止阀启闭件依靠阀杆压力，开闭过程中密封面之间摩擦力小，不仅适用于中低压管路、而且适用于高压管路，不适合用于含有颗粒易沉淀的介质和粘度较大的介质。截止阀只允许介质单向流动，安装时有方向性。

（2）节流阀阀瓣。节流阀按通道方式分直通式和角式两种，按启闭件形状分有针形、沟形和窗形三种形式。当阀瓣在不同高度时，阀瓣与阀座的环形道路面积相应变化，从而得到确定数值的压力或流量。由于流速较大，易冲蚀密封面，不适用于黏度大和含有固体颗粒的介质。

2. 截止阀、节流阀的特点

截止阀在管路中主要作切断用；节流阀在管路中主要作节流使用。截止阀使用较为普遍，但由于开闭力矩较大，结构长度较长，一般公称通径都限制在 DN≤200mm 以下。截止阀的流体阻力损失较大，限制了截止阀更广泛的使用。

截止阀有以下优点：

（1）在开闭过程中密封面的摩擦力比闸阀小，寿命较长。

（2）工作行程小，开闭时间短。

（3）结构简单，制造和维修比较方便。

（4）节流阀有以下优点：

1）构造较简单，便于制造和维修。

2）外形尺寸小，重量轻。

三、球阀

球阀（见图 8-4）是由旋塞阀演变而来。它具有相同的启闭动作，不同的是阀芯旋转体不是塞子而是球体。当球旋转 90°时，在进、出口处应全部呈现球面，从而截断流动。

1. 球阀的结构

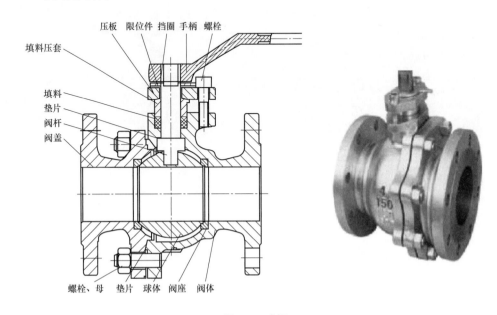

图 8-4　球阀

2. 球阀的特点
球阀在管路中主要用来做切断、分配和改变介质的流动方向。

球阀具有以下优点：

（1）结构简单、体积小、重量轻，维修方便。

（2）流体阻力小，紧密可靠，密封性能好。

（3）操作方便，开闭迅速，便于远距离的控制。

（4）球体和阀座的密封面与介质隔离，不易引起阀门密封面的侵蚀。

（5）适用范围广，通径从小到几毫米，大到几米，从高真空至高压力都可应用。

球阀具有以下缺点：

（1）采用聚四氟乙烯阀座密封材料的球阀，只能在 120℃以下使用。

（2）调节性能相对较差。

四、蝶阀

蝶阀是由阀体、圆盘、阀杆、和手柄组成。它是采用圆盘式启闭件，圆盘式阀瓣固定于阀杆上，阀杆转动 90°即可完成启闭作用。同时在阀瓣开启角度为 20°～75°时，流量与开启角度呈线性关系，有节流的特性。

1．蝶阀的结构（见图8-5）

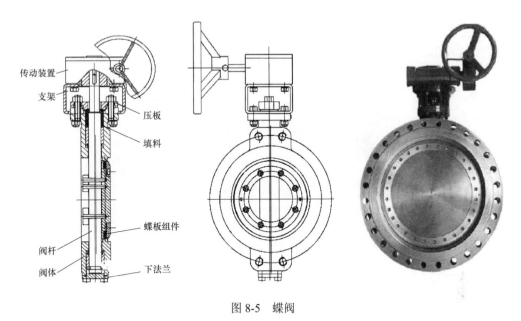

传动装置
支架
压板
填料
蝶板组件
阀杆
阀体
下法兰

图 8-5　蝶阀

2．蝶阀的特点

（1）蝶阀具有以下优点：

1）结构简单，外形尺寸小，结构长度短，体积小，重量轻，适用于大口径的阀门。

2）全开时阀座通道有效流通面积较大，流体阻力较小。

3）启闭方便迅速，调节性能好 。

4）启闭力矩较小，由于转轴两侧蝶板受介质作用基本相等，而产生转矩的方向相反，因而启闭较省力。

5）密封面材料一般采用橡胶、塑料，故低压密封性能好。

（2）蝶阀具有以下缺点：

1）使用压力和工作温度范围小。

2）密封性较差。

五、旋塞阀

1．旋塞阀作用及形式

旋塞阀是依靠旋塞体绕阀体中心线旋转，以达到开启与关闭的目的。旋塞阀在管路中主要用作切断、分配和改变介质流动方向的。流体直流通过，阻力较小、开启方便、迅速。旋塞阀如图 8-6 所示。

（1）阀体形式。

1）直通式：截断介质。

2）三通式：改变介质方向或进行介质分配。

3）四通式：改变介质方向或进行介质分配。

（2）塞子呈圆锥台状，内有介质通道，截面为长方形，通道与塞子的轴线相垂直。

2. 旋塞阀特点

旋塞阀是历史上最早被人们采用的阀件。由于结构简单，开闭迅速（塞子旋转四分之一圈就能完成开闭动作），操作方便，流体阻力小，至今仍被广泛使用。适用于低压、小口径和黏度较大介质的场所，一般不适于蒸汽和温度较高的介质。

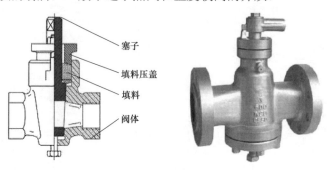

图 8-6　旋塞阀

六、止回阀

止回阀是指依靠介质本身流动而自动开、闭阀瓣，用来防止介质倒流的阀门，如图 8-7 所示。它的名称很多，如逆止阀、单向阀、单流门等；一般适用于清净介质，不宜用于含有固体颗粒和黏度较大的介质。

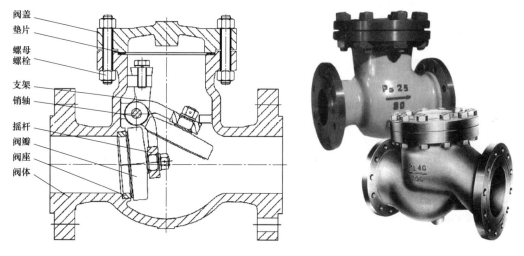

图 8-7　止回阀

（1）旋启式止回阀。阀瓣围绕座外的销轴旋转，流动阻力小，密封性能不如升降式。适用于低流速和流动不常变动的场合，不宜用于脉动流。

1）单瓣式：中等口径。

2）双瓣式：较大口径（DN≤600）。

3）多瓣式：减少水击，不会造成密封面损坏，大口径（DN＞600）。

（2）升降止回阀。阀瓣沿着阀体垂直中心线移动。这类止回阀有两种：一种是卧式，装于水平管道；另一种是立式，装于垂直管道。

（3）底阀。泵吸入口设置。防止倒流，利于启泵。

七、安全阀

安全阀是自动阀门，它不借助任何外力，利用介质本身的压力来排出一定量的流体，以防止系统内压力超过预定的安全值。当压力恢复到安全值后，阀门再自行关闭以阻止介质继续流出，如图 8-8 所示。

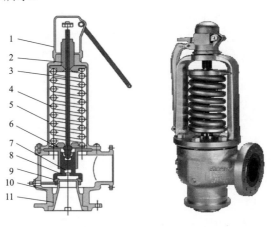

图 8-8 安全阀

1—保护罩；2—调整螺杆；3—阀杆；4—弹簧；5—阀盖；6—导向套；7—阀瓣；

8—反冲盘；9—调节环；10—阀体；11—阀座

第四节 阀门的检验、安装、操作和维护

一、阀门的检验

安装在电站汽、水管道上的各种阀门，首先是密封性要好，不能泄漏；其次是强度和调节性能至关重要，要经得起高压汽、水的冲蚀，化学水处理系统的阀门还要考虑耐腐蚀的问题。电站阀门的跑、冒、滴、漏，不但会影响机组的效率，更重要的是会危及人身和设备的安全，所以使用前检验、检查时一定要慎重。阀门安装前应逐台检验、检查，主要内容如下：产品质量合格证、阀门型号、公称压力、工作压力、极限温度、工作介质、阀门材质、密封件是否充实、阀门外形尺寸是否与管道相配、阀门部件是否完好等，高温高压和易腐蚀类特种阀门必须进行材质光谱复查。

二、阀门安装

1. 阀门安装的一般要求

（1）法兰式螺纹连接的阀门应在关闭状态下进行。

（2）焊接阀门与管道焊接时要用氩弧焊打底，以保证其内部光洁平整。焊接时，阀门应处在开启状态，以防局部过热变形。

（3）安装阀门前，应根据介质流动方向，确定其安装方向。

（4）安装在水平管道上的阀门，要垂直向上或水平安装等，其中心线要尽量取齐。

（5）安装阀门时，须防止强力连接或受力不均引起损坏。

（6）装前清洗管路设备，除去杂质，以免堵塞。

2. 安全阀安装与调试必须按下列要求进行：

（1）垂直，不得倾斜。

（2）在管道投入试运时，安全阀应及时进行调校。调校的压力应按设计要求进行。当设计无要求时，其开启压力为工作压力的 1.05～1.15 倍。回座压力应大于工作压力的 0.9 倍，每个安全阀要反复调校 3 次以上，方可认为调校合格，重新铅封。并填写《安全阀调整试验记录》。

三、阀门操作

1. 手动阀门的开闭

（1）手动阀门是使用最广的阀门，它的手轮或手柄，是按照普通人力量来设计的，考虑了密封面的强度和必要的关闭紧力。使用阀门扳手时，应该注意，启闭阀门，用力应该平稳，不要用力过大过猛，容易损坏密封面，或扳断手轮、手柄。

（2）对于蒸气阀门，开启前，应预先加热，并排除凝结水，开启时，应尽量缓慢，以免发生水击现象。

当阀门全开后，应将手轮倒转少许（丝杆带力后回半圈手轮），使螺纹之间严紧，以免松动损伤。

（3）对于明杆阀门，要记住全开和全闭时的阀杆位置。并便于检查全闭时阀杆是否正常。假如阀瓣脱落，或阀芯密封之间有较大杂物，全闭时的阀杆位置就会发生变化。

（4）管路初用时，内部脏物较多，可将阀门微启，利用介质的高速流动，将其冲走，然后轻轻关闭（不能快闭、猛闭，以防残留杂质夹伤密封面），再次开启，如此重复多次，冲净脏物，再投入正常工作。

（5）常开阀门，密封面上可能粘有脏物，关闭时也要用上述方法将其冲刷干净，然后正式关严。

（6）如手轮、手柄损坏或丢失，应立即配齐，不可用活动扳手代替，以免损坏阀杆四方，启闭不灵，以致在生产中发生事故。

（7）某些介质，在阀门关闭后冷却，使阀件收缩，操作人员就应于适当时间再关闭一次，让密封面不留细缝，否则，介质从细缝高速流过，很容易冲刷密封面。

（8）操作时，如发现操作过于费劲，应分析原因。若填料太紧，在系统隔离消压为零时，可适当松点。有的阀门，在关闭状态时，关闭件受热膨胀，造成开启困难；如必须在此时开启，在系统隔离消压为零时，可将阀盖螺纹拧松半圈至一圈，消除阀杆应力，然后扳动手轮。

2. 注意事项

（1）200℃以上的高温阀门，由于安装时处于常温，而正常使用后，温度升高，螺栓受热膨胀，间隙加大，所以必须再次拧紧，叫作"热紧"，操作人员要注意这一工作，否则容易发生泄漏。

天气寒冷结冰时，阀门长期关闭，应将阀后积水排除，并做好保温防寒防冻措施。

（2）非金属阀门，有的硬脆，有的强度较低，操作时，开闭力不能太大，尤其不能使猛劲。

（3）新阀门使用时，填料不要压得太紧，以不漏为度，以免阀杆受力太大，加快填料磨损，而又启闭费劲。

四、阀门维护

（1）阀门维护目的在于延长阀门寿命和保证启闭可靠。

（2）阀杆螺纹经常与阀杆螺母摩擦，要涂一点黄油或石墨粉，起润滑作用。

（3）不经常启闭的阀门，要定期转动手轮，对阀杆螺纹加润滑剂，以防咬住。

（4）室外阀门，要对阀杆加保护套，以防雨、雪、尘土锈污。

（5）如阀门系机械传动，要按时对变速箱添加润滑油并保持阀门的清洁。

（6）不要依靠阀门支持其他重物，不要在阀门上站立。

（7）阀杆，特别是螺纹部分，要经常清洁并添加新的润滑剂，防止尘土中的硬杂物，磨损螺纹和阀杆表面，影响使用寿命。

第五节　阀门的检修、常见故障、研磨和管道坡口

一、阀门检修

检修阀门时，要求在干净的环境中进行。首先清理阀门外表面。检查外表损坏情况，并做记录。接着拆卸阀门各零部件，用专用清洗剂清洗（不要用汽油、煤油清洗，以免引起火灾），检查零部件损坏情况，并做记录。

对阀体阀盖进行检查有无砂眼、气孔、裂纹等。

对密封面可用红丹粉检验阀座、闸板（阀芯）的吻合度。检查阀杆是否弯曲，有否腐蚀，螺纹磨损。检查阀杆螺母磨损程度。

对检查到的问题进行处理。阀体砂眼、气孔缺陷补焊，密封面研磨，校直或更换阀杆，修理一切应修理的零部件；不能修复的更换。

重新组装阀门。组装时，垫片、填料要全部更换。

二、阀门常见故障

阀门填料室泄漏，这是电厂跑、冒、漏的主要方面。产生填料室泄漏的原因有以下几点：

（1）填料与工作介质的腐蚀性、温度、压力不相适应（材料选用）。

（2）装填方法不对，尤其是整根填料放入，最易产生泄漏。

（3）阀杆加工精度或表面光洁度不够，或有椭圆度，或有刻痕。

（4）阀杆已发生点蚀，或因露天缺乏保护而生锈。

（5）阀杆弯曲。

（6）填料使用太久已经老化。

（7）填料紧力不够。

（8）填料环与阀杆间隙偏大。

三、阀门研磨

1. 全新研磨工作原理

采用研磨环表面层固定金刚石磨料方式研磨（见图 8-9）：同一颗粒度的磨料颗粒被压嵌入研磨环表面，在研磨盘上排列形成切削锋刃，从而使研磨切削速率大，研磨时间减少，而且研磨环自身修复要求减少，既便于修复，也快捷方便。

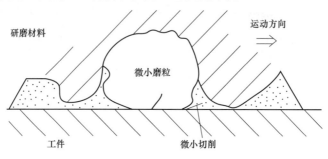

图 8-9　研磨原理

2. 合成研磨环

复合研磨环（见图 8-10）正反两面均可使用，一面由特制的复合铜材料制成，另一面由特制的复合铁材料制成，这两面厚度分别为 5/16 英寸，粘压在中间厚度为 3/8 英寸的铝合金基体上。

3. 研磨程序（见图 8-11）

两种推荐的研磨运动方法：一个是采用 8 字形的研磨运动轨迹方式；另一个是采用 Z 字形的研磨运动轨迹方式，两种方式等效。

图 8-10　研磨环

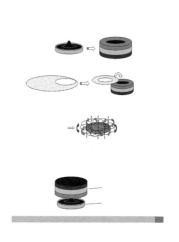

图 8-11　研磨程序图

首先检查工件需要哪种研磨，如需快速去除余量则首先需要选择粗磨，否则就选择中度研磨。中磨后需要进行精磨。

注意：禁止将阀瓣和喷嘴进行对研。

（1）粗磨——研磨程序。选择和安全阀尺寸匹配的研磨环，确认研磨环和工件表面清洁无杂质；根据工件表面情况选择粒度从粗到细（60～320 号）的背胶砂纸，按需从粗至细依次进行打磨；将砂纸粘贴在研磨环上（两面均可），砂纸中央可根据需要剪孔以适应工件安放；选择 8 字形，Z 字形或如附图所示运动方式来进行工件打磨，如果打磨效率变慢则更换新的砂纸；当工件表面所有的粗划痕被最后一步 320 号砂纸打磨掉后粗磨即告结束。

（2）中磨——研磨程序。确认研磨环和工件表面清洁无杂质，特别是工件表面及棱角不能有毛刺，如有毛刺，须用细砂纸打磨干净，清洁研磨环及工件时可使用擦拭纸蘸上工业清洗溶剂（如 Chloro Cleaner E）轻微擦拭。在研磨环复合铁一面涂覆少量 14μm 颗粒度的金刚石研磨膏，并使其扩散均匀，将研磨环放置在工件上，均匀用力，按 8 字形、Z 字形或以附图所示运动方式进行研磨。研磨过程中应经常将研磨环旋转 90° 方向。经过大约 1min 的研磨后，取下研磨环，清洁并检查工件，有必要时再重复刚才中磨工序。

（3）精磨——研磨程序。像中磨步骤一样，使用 3μm 颗粒度金刚石研磨膏在合成研磨环的复合铜层一面进行精磨，直至工件密封面表面颜色均匀一致，无亮点。

注意：精磨时，复合铜层固定使用较细的研磨膏（3μm 喜百事五星金刚石研磨膏），中磨时复合铁层固定使用较粗的研磨膏（14μm 喜百事五星金刚石研磨膏）。

（4）检验——研磨程序。清洗阀门，通过机械平面度检测仪检查到同心条纹，说明研磨合格，清洗研磨环，并将它和金刚石研磨膏、砂纸放回箱中。

四、阀门管道坡口

电厂高温、高压管道种类繁多，多为焊接结构，根据尺寸需要各类形式的坡口，如表 8-8 所示。

表 8-8　　　　　　　　　　　　管道焊接坡口形式尺寸

项次	厚度 T（mm）	坡口名称	坡口形式	坡口尺寸			备注
				间隙 C（mm）	钝边 P（mm）	坡口角度 α (β)（°）	
1	1～3	I 型坡口		0～1.5	—	—	单面焊
	3～6			0～2.5			
2	3～9	V 型坡口		0～2	0～2	65～75	双面焊
	9～26			0～3	0～3	55～65	
3	20～60	双 V 型坡口		0～3	1～3	65～75（8～12）	

续表

项次	厚度 T（mm）	坡口名称	坡口形式	坡口尺寸			备注
				间隙 C（mm）	钝边 P（mm）	坡口角度 α（β）（°）	
4	20～60	U 型坡口		0～3	1～3	（8～12）	

思考与练习

1. 产生填料函泄漏的原因？
2. 阀门的作用是什么？
3. 调门的主要作用是什么？
4. 电厂小管道常用的坡口形式及角度是什么？
5. 常用研磨平面运动轨迹是什么？

第九章 电力安全工器具使用与管理

本章对电力安全工器具的使用和管理进行了较为全面的分析和介绍。电力安全工器具在电力生产过程中有着重要作用，正确使用和保管电力安全工器具对于避免发生安全事故有着非常重要的意义。电力安全工器具种类比较多，工作人员应根据需要合理选用，并注意使用的方法与注意事项。为了保证安全工器具的使用寿命，工作人员应该合理保存，定期予以维护，保证使用时安全工器具性能良好。新入职员工对电力安全工器具的使用和管理有所了解，可以为今后从事电力生产工作奠定坚实的安全基础。

第一节 安全工器具概述

在电力生产工作过程中，从事不同的工作和进行不同的操作，经常要使用不同的安全工器具，以免发生人身和设备事故，如触电、高空坠落、电弧灼伤等。电力生产过程中常用的安全工器具可分为个人防护装备、绝缘安全工器具、登高工器具、警示标识四类，见图9-1。

（1）个体防护装备：指保护人体避免受到急性伤害而使用的安全用具，如安全帽、护目镜等。

（2）绝缘安全工器具：可分为基本绝缘安全工器具（含带电作业绝缘安全工器具）和辅助绝缘安全工器具。

1）基本绝缘安全工器具：指能直接操作带电装置、接触或可能接触带电体的工器具，其中部分为带电作业专用绝缘安全工器具。属于这一类的安全工器具，一般包括绝缘杆、高压验电器、绝缘挡板等。

2）辅助绝缘安全工器具：指绝缘强度不能承受设备或线路的工作电压，仅用于加强基本绝缘安全工器具的保安作用，以防止接触电压、跨步电压、泄漏电流及电弧对作业人员造成伤害的安全工器具。属于这一类的安全工器具一般指绝缘手套、绝缘靴、绝缘鞋、

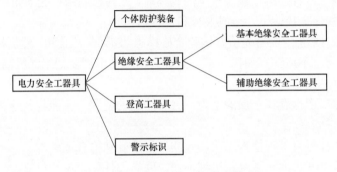

图9-1 电力安全工器具分类

绝缘垫、绝缘台等。辅助安全工器具不能直接接触电气设备的带电部分，一般用来防止设备外壳带电时的接触电压，高压接地时跨步电压等异常情况下对人身产生的伤害。

（3）登高工器具：指用于登高作业、临时性高处作业的工具，如梯子、踏板、安全带等。

（4）警示标识：包括安全围栏（网）和标识牌。安全围栏（网）包括用各种材料做成的安全围栏，安全围网和红布幔；标识牌包括各种安全标示牌、设备标识牌、锥形交通标、警示带等。

第二节　安全工器具的使用

一、基本绝缘安全工器具的使用

1. 绝缘操作杆的使用

绝缘操作杆又称绝缘棒、令克棒等，如图 9-2 所示。它用在接通或拉开高压隔离开关，安装和拆除临时接地线，以及带电测量和试验等工作。

绝缘操作杆由工作部分、绝缘部分和握手部分组成。工作部分一般由金属或具有较大机械强度的绝缘材料制成，一般不宜过长，在满足工作需要的情况下，长度不宜超过 5～8cm，以免过长时操作发生相间或接地短路。绝缘部分和握手部分一般是由环氧树脂管制成，绝缘杆的杆身要求光洁、无裂纹或损伤，其长度根据工作需要、电压等级和使用场所而定。

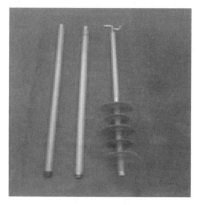

图 9-2　绝缘操作杆

（1）使用和保管。

1）使用绝缘操作杆时，操作人应戴绝缘手套。

2）下雨天用绝缘操作杆在高压回路上工作，还应使用带防雨罩的绝缘杆。雨天室外使用绝缘棒，操作人应穿绝缘靴。

3）使用绝缘操作杆工作时，操作人应选择好合适的站立位置，保证工作对象在移动过程中与相邻带电体保持足够的安全距离。

4）使用绝缘操作杆装拆地线等较重的物体时，应注意绝缘杆受力角度，以免绝缘杆损坏或绝缘杆所挑物件失控落下，造成人员和设备损伤。

5）用绝缘操作杆前，应首先检查试验合格标志，超期禁止使用；然后检查其外表干净、干燥、无明显损伤，不应沾有油物、水、泥等杂物。使用后要把绝缘杆清擦干净，存放在干燥的地方，以免受潮。

6）绝缘操作杆应保存在干燥的室内，并有固定的位置，不能与其他物品混杂存放。

（2）检查与试验。

1）绝缘操作杆每月外观检查一次，建立专用的外观检查记录本。

2）使用前检查其表面无裂纹、机械损伤，联结部件使用灵活可靠。

3）每年进行一次预防性试验。试验不合格的绝缘操作杆要立即报废销毁，不可降低标准使用，更不可与合格绝缘棒放在一起。

2. 高压验电器的使用

高压验电器是检验正常情况下带高电压的部位是否有电的一种专用安全工器具，如图 9-3 所示。

（1）声光式验电器结构。声光式验电器由验电接触头、测试电路、电源、报警信号、试验开关等部分组成。

（2）工作原理。验电接触头接触到被试部位后，被测试部分的电信号传送到测试电路，经测试电路判断，被测试部分有电时验电器发出音响和灯光闪烁信号报警，无电时没有任何信号指示。为检查指示器工作是否正常，设有一试验开关，按下后能发出音响和灯光信号，表示指示器工作正常。

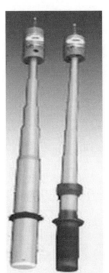

（3）使用方法及注意事项。

1）使用前，按被测设备的电压等级，选用试验合格、在有效期内、符合该系统电压等级的验电器。

2）检查验电器绝缘杆外观完好，按下验电器头的试验按钮后声光指示正常。

3）在已停电设备上验电前，应先在同一电压等级的有电设备上试验，检查验电器指示正常。不得以验电器的自检按钮试验替代本项操作。自检按钮试验仅供参考。

4）操作人手握验电器护环后的部位，不准超过护环，（伸缩式绝缘杆要拉足）。逐渐靠近被测设备，一旦有声光指示，即表明该设备有电，否则设备无电。

图 9-3　高压验电器

5）每次使用完毕，应收缩验电器杆身及时取下显示器，并将表面尘埃擦净后放入包装袋（盒），存放在干燥处。

6）超过试验周期的验电器禁止使用。

7）操作过程中操作人应按《安规》要求保持与带电体的安全距离。

8）每年进行预防性试验。

3. 低压验电器的使用

低压验电器又称试电笔或电笔，它的工作范围是在 100～500V 之间，氖管灯光亮时表明被测电器或线路带电，也可以用来区分火（相）线和地（中性）线，此外还可用它区分交、直流电，当氖管灯泡两极附近都发亮时，被测体带交流电，当氖管灯泡一个电极发亮时，被测体带直流电。使用方法及注意事项：

（1）使用时，手拿验电笔，用一个手指触及笔杆上的金属部分，金属笔尖顶端接触被检查的测试部位，如果氖管发亮则表明测试部位带电，并且氖管越亮，说明电压越高。

（2）低压验电笔在使用前要确知有电的地方进行试验，以证明验电笔确实工作正常。

（3）阳光照射下或光线强烈时，氖管发光指示不易看清，应注意观察或遮挡光线照射。

（4）验电时人体与大地绝缘良好时，被测体即使有电，氖管也可能不发光。

（5）低压验电笔只能在 500V 以下使用，禁止在高压回路上使用。

（6）验电时要防止造成相间短路，以防电弧灼伤。

4. 绝缘夹钳的使用

绝缘夹钳是用来安装和拆卸高、低压熔断器或执行其他类似工作的安全工具，主要用于 35kV 及以下电力系统。

绝缘夹钳由工作钳口和握手部分组成。

（1）使用和保管注意事项。

1）不允许用绝缘夹钳装地线，以免在操作时，由于接地线在空中摆动造成接地短路和触电事故。

2）下雨天气只能使用专用的防雨绝缘夹钳。

3）操作人员工作时，应戴护目眼镜、绝缘手套、穿绝缘靴（鞋）或站在绝缘台（垫）上，手握绝缘夹钳要精力集中并保持身体平衡，同时注意保持人身各部位与带电部位的安全距离。

4）夹钳要存放在专用的箱子或柜子里，以防受潮或损坏。

（2）试验与检查。绝缘夹钳应每年试验一次，并将试验结果登记记录。

二、辅助绝缘安全工器具的使用

1. 绝缘手套的使用

绝缘手套是在高压电气设备上进行操作时使用的辅助安全工器具，如用来操作高压隔离开关、高压跌落开关、装拆接地线、在高压回路上验电等工作，如图 9-4 所示。在低压交直流回路上带电工作，绝缘手套也可以作为基本安全工器具使用。

绝缘手套用特殊橡胶制成，其试验耐压分为 12kV 和 5kV 两种，12kV 绝缘手套可作为 1kV 以上电压的辅助安全工器具及 1kV 以下电压的基本安全工器具。5kV 绝缘手套可作为 1kV 以下电压的辅助安全工器具，在 250V 以下时作为基本安全工器具。

（1）使用及保管注意事项。

1）每次使用前应进行外部检查，查看表面有无损伤、磨损、破漏、划痕等。如有砂眼漏气情况，禁止使用。检查方法是，手套内部进入空气后，将手套朝手指方向卷曲，并保持密闭，当卷到一定程度时，内部空气因体积压缩压力增大，手指膨胀，细心观察有无漏气，漏气的绝缘手套不得使用。

图 9-4　绝缘手套

2）用绝缘手套，不能抓拿表面尖利、带电刺的物品，以免损伤绝缘手套。

3）绝缘手套使用后应将沾在手套表面的脏污擦净、晾干。

4）绝缘手套应存放在干燥、阴凉、通风的地方，并倒置在指形支架或存放在专用的柜内，绝缘手套上不得堆压任何物品。

5）绝缘手套不准与油脂、溶剂接触、合格与不合格的手套不得混放一处，以免使用时造成混乱。

6）每半年进行预防性试验。

（2）使用绝缘手套常见的错误。

1）不做漏气检查，不做外部检查。

2）单手戴绝缘手套或有时戴有时不戴。

3）把绝缘手套缠绕在隔离开关操作把手或绝缘杆上，手抓绝缘手套操作。

4）手套表面严重脏污后不清擦。

5）操作后乱放，也不做清抹。

6）试验标签脱落或超过试验周期仍使用。

2. 绝缘靴的使用

绝缘靴（见图 9-5）的作用是人体与地面保持绝缘，是高压操作时使用人用来与大地保持绝缘的辅助安全工器具，可以作为防跨步电压的基本安全工器具。

绝缘靴使用及保管注意事项如下：

（1）绝缘靴不得当作雨鞋或作他用，一般胶靴也不能代替绝缘靴使用。

图 9-5　绝缘靴

（2）绝缘靴在每次使用前应进行外部检查，表面应无损伤、磨损、破漏、划痕等，有破漏、砂眼的绝缘靴禁止使用。

（3）存放在干燥、阴凉的专用柜内，其上不得放压任何物品。

（4）不得与油脂、溶剂接触，合格与不合格的绝缘靴不准混放，以免使用时拿错。

（5）每半年进行预防性试验。

（6）超试验期的绝缘靴禁止使用。

三、防护安全工器具的使用

为了保证电力工人在生产中的安全与健康，除在作业中使用基本绝缘安全工器具和辅助绝缘安全工器具以外，还必须使用必要的防护安全工器具，如安全带、安全帽、防毒用具、护目镜等，这些防护用具是防护现场作业人员高空坠落，物体打击、电弧灼伤、人员中毒、有毒气体中毒等伤害事故的有效措施，是其他安全工器具所不能取代的。

1. 安全带的使用

安全带是高空作业人员预防高空坠落伤亡事故的防护用具，在高空从事安装、检修、施工等作业时，为预防作业人员从高空坠落，必须使用安全带予以保护，如图 9-6 所示。

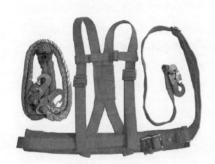

安全带是由护腰带、围杆带（绳）、金属挂钩和保险绳组成。保险绳是高空作业时必备的人身安全保护用品，通常与安全带配合使用。常用的保险绳有 2、3、5m 三种。

（1）使用和保管注意事项。

1）每月进行一次外观检查，作好记录。

2）每次使用前必须进行外观检查，凡发现破损、伤痕、金属配件变形、裂纹、销扣失灵、保险绳断股者，

图 9-6　安全带

禁止使用。

3）安全带应高挂低用或水平拴挂。高挂低用就是将安全带的保险绳挂在高处，人在下方工作。水平拴挂就是使用单腰带时，将安全带系在腰部，保险绳挂钩和带同一水平的位置，人和挂钩保持较短距离。安全带严禁低挂高用。使用 3m 以上长绳应加缓冲器，缓冲器作用是当人体坠落时能减少人体受力，吸收部分冲击能量的装置。

4）安全带上的各种附件不得任意拆除或不用，更换新保险绳时要有加强套，安全带的正常使用期限为 3～5 年，发现损伤应提前报废换新。

5）安全带使用和保存时，应避免接触高温、明火和酸等腐蚀性物质，避免与坚硬、锐利的物体混放。

6）安全带可以放入温度较低的温水中，用肥皂、洗衣粉水轻轻擦洗，再用清水漂洗干净然后晾干，不允许浸入高温热水中，以及在阳光下曝晒或用火烤。

7）华能电气安规附录 C 规定：安全带应每年进行一次静负荷试验，牛皮带每半年进行一次静负荷试验。

（2）安全带常用的使用错误。

1）使用前不对安全带作外观检查。

2）作业移位后忘记使用。

3）安全带缺少附件或局部损伤。

4）未经定期试验仍在使用。

5）保险绳接触高温、明火和酸类、腐蚀性溶液物质，以及有锐利尖角的物质。

2. 安全帽的使用

安全帽是用来保护使用者头部或减缓外来物体冲击伤害的个人防护用品。在工作现场佩戴安全帽可以预防或减缓高空坠落物体对人员头部的伤害。在高空作业现场的人员，为防止工作时人员与工具器材及构架相互碰撞而头部受伤，或杆塔、构架上工作人员失落的工具、材料击伤地面人员，因此，无论高空作业人员或配合人员都应戴安全帽。

（1）防护原理。

1）使冲击力传递分布在头盖骨的整个面积上，避免打击一点。

2）头与帽顶的空间位置构成一个能量吸收系统，可起到缓冲作用，因此可减轻或避免伤害。

（2）安全帽结构。

帽壳、帽衬、下颚带、吸汗带、通气孔组成。

（3）使用安全帽注意事项。

1）使用完好无破损的安全帽。

2）系紧下颚带，以防止工作过程中或外来物体打击时脱落。

3）检查帽衬完好。帽衬破损后，一旦出现意外打击时，帽衬失去或减少了吸收外部能量的作用，安全帽就不能很好的保护戴帽人。

4）破损、有裂纹的安全帽应及时更换。

5）华能电气安规附录 C 规定：安全帽试验周期为按规定期限，一般采取在规定期限前更换。

3. 携带型接地线的使用

当对高压设备进行停电检修或有其他工作时，为了防止检修设备突然来电或邻近带电高压设备产生的感应电压对工作人员造成伤害，需要装设接地线（见图 9-7 和图 9-8），停电设备上装设接地线还可以起到放尽剩余电荷的作用。

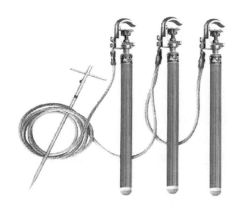

图 9-7　携带型接地线（一）

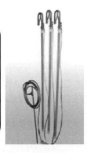

图 9-8　携带型接地线（二）

（1）九种"突然来电"的情况。

1）带电线路断线搭接；

2）误操作引起误送电；

3）平行线路感应电；

4）雷击线路感应电；

5）用户发电机倒送电；

6）配电变压器低压侧反送电；

7）用户双电源闭锁装置失灵反送电；

8）电压互感器反送电；

9）开关、隔离开关误碰触、误动作合闸。

（2）结构组成。

1）线夹：起到接地线与设备的可靠连接作用。

2）多股软铜线：应承受工作地点通过的最大短路电流，同时应有一定的机械强度，截面不得小于 25mm²，多股软铜线套的透明塑料外套起保护作用。

3）多股软铜线截面的选择应按接地线所用的系统短路容量而定，系统越大，短路电流越大，所选择的接地线截面也越大。

293

4）接地端：起接地线与接地网的连接作用，一般是用螺钉紧固或接地棒。接地棒打入地下深度不得小于 0.6m。

（3）装拆顺序。

装设接地线必须先接地端，后挂导体端，且必须接触良好，拆接地线必须先拆导体端，后拆接地端。

（4）使用和保管注意事项。

1）接地线的线卡或线夹应能与导体接触良好，并有足够的夹紧力，以防通过短路电流时，由于接触不良而熔断或因电动力的作用而脱落。

2）检查接地铜线和三根短铜线的连接是否牢固。

3）拆接地线必须由两人进行，装接地线之前必须验电，操作人要戴绝缘手套和使用绝缘杆。

4）接地线每次使用前应进行详细检查，检查螺钉是否松脱，铜线有无断股，线夹是否好用等。

5）接地线必须使用专用线夹固定在导线上，严禁用缠绕的方法进行接地或短路。

6）每组接地线均应编号，并存放在专用工器具房（柜），对应位置编号存放。接地线号码与存放位置号码必须一致，以免发生误拆或漏拆接地线造成事故。

7）接地线在承受过一次短路电流后，一般应整体报废。

8）华能电气安规附录 B 规定：携带型接地线操作棒每 5 年进行工频耐压试验，成组直流电阻试验周期不得超过 5 年。

4．护目眼镜的使用

在维护电气设备和进行检修工作时，保护工作人员不受电弧灼伤以及防止异物落入眼内的防护用具。

护目眼镜使用规定如下：

（1）凡在烟灰尘粒、金属沫飞扬的工作场所和在强光刺眼的环境下工作，应佩戴护目镜。

（2）带电断、接空载线路时，应佩戴护目镜。

（3）不同的工作场所和工作性质选用相应性能的护目镜。

（4）护目镜应存放在专用的镜盒内，并放入专门工具柜内。

5．防电弧面屏、防电弧服的使用

（1）由阻燃或阻燃隔热层制成的保护穿着者免于电弧灼伤的防护服装，用于减轻或避免电弧发生时散发出的大量辐射热能、电弧爆冲击波与熔融金属飞溅物对人体的伤害。

（2）电弧防护是一个整体防护体系，除防电弧服外，工作人员还应配备具有同等防护级别的防电弧面屏或头罩，防电弧手套等防护产品。

（3）在从事电气检修、试验、就地操作工作时，工作人员应按规定正确穿着防电弧服。

（4）防电弧服的材料：贴近皮肤的内衣应为阻燃材料，或不熔融、熔滴的材料。

（5）穿着尺寸的考虑：在正式采用前，使用者应穿着样衣模拟在实际工作环境中所需做的运动，以确认合身与否。该尺寸的合身性不应该由于工作任务的不同而受到影响。避免紧身穿着。宽松的电弧服由于在防护服与人体之间形成了一层空气层，由于空气本身的良好隔热效能，而提供了更佳的防护。

（6）夹克、衬衫及连体服上所有的拉链、闭合部位穿着时都应闭合。衬衫应扎在裤内，袖口必须扣紧。裤子也应穿着正确并扣紧。

（7）防电弧服的穿脱注意事项：不要在有易燃易爆潜在危险的工作环境中穿脱防护服。在安全离开危险区域之前不要脱掉防护服。

6. 梯子的使用

梯子是工作现场常用的登高工具，分为直梯和人字梯两种。直梯和人字梯又分为可伸缩型和固定长度型，一般用竹子、环氧树脂等高强度绝缘材料制成。每半年进行静负荷预防性试验。

竹、木梯各构件所用的木质应符合 GB 50005—2017《木结构设计标准》的选材标准，梯子长度不应超过 5m，梯梁截面不小于 30~80mm。直梯踏板截面尺寸不小于 40~50mm，踏板间距在 275~300mm 之间，最下一个踏板宽度不小于 300mm，与两梯梁底端距离均为 275mm。

梯子的上、下端两脚应有胶皮套等防滑、耐用材料，人字梯应在中间绑扎两道防止自动滑开的防滑拉绳。

作业人员在梯子上正确的站立姿势是：一只脚踏在踏板上，另一条腿跨入踏板上部第三格的空档中，脚钩着下一格踏板。

（1）登梯作业注意事项。

1）为了避免梯子向背后翻倒，其梯身与地面之间的夹角不大于 80°，为了避免梯子后滑，梯身与地面之间的夹角不得小于 60°。

2）使用梯子作业时一人在上工作，一人在下面扶稳梯子，不许两人上梯，不许带人移动梯子。

3）伸缩梯调整长度后，要检查防下滑铁卡是否到位起作用，并系好防滑绳。

4）在梯子上作业时，梯顶一般不应低于作业人员的腰部，或作业人员在距梯顶不小于 1m 的踏板上作业，以防朝后仰面摔倒。

5）人字梯使用前防自动滑开的绳子要系好，人在上面作业时不准调整防滑绳长度。

6）在部分停电或不停电的作业环境下，应使用绝缘梯。

7）在带电设备区域中，距离运行设备较近时，严禁使用金属梯。超过 4m 长的梯子应由两人平抬，不准一人肩扛梯子，以免人身触电气设备发生事故。

（2）使用梯子常用的错误行为：

1）梯子太短，梯子放在椅子、木箱上进行工作。

2）梯子靠墙角度太大或太小。

3）人站在梯子最顶端工作。

4）人字梯无防止开滑的保险绳。

5）梯头、梯脚无防滑套或防滑套破损。

6）人骑在人字梯上工作。

7）人在梯上，下面的人移动梯子。

8）两人同时登梯工作。

9）使用有损伤、未经预试合格的梯子。

10）携带物品过大，抓扶不牢。

11）梯子使用时超过承载能力。

第三节　安全工器具的管理

一、安全工器具的管理总结

（1）安全工器具应有安全工器具管理制度，登记造册、实行编号、定位存放，定期进行外观检查，由专人管理。

（2）安全工器具应设专用的安全工器具室存放，安全工器具室具备干燥、通风条件。安全工器具不应与其他用途的房间合用。

（3）对安全工器具的定期检查情况应记录在专用记录簿内。

（4）绝缘安全工器具应存放在温度−15～35℃，相对湿度 5%～80%的干燥通风的工具室（柜）内。

（5）绝缘杆应架在支架上或悬挂起来，且不得贴墙放置。

（6）绝缘隔板应放置在干燥通风的地方或垂直放在专用的支架上。

（7）橡胶类绝缘安全工器具应存放在封闭的柜内或支架上，上面不得堆压任何物件，更不得接触酸、碱、油品、化学药品或在太阳下曝晒，并应保持干燥、清洁。

二、常用绝缘用具的校验周期

（1）绝缘杆、绝缘隔板、绝缘罩及验电器，应每年校验一次。

（2）绝缘手套、绝缘靴等，应每半年校验一次。

（3）携带型接地线操作棒每 5 年进行工频耐压试验，成组直流电阻试验周期不得超过 5 年。

三、安全工器具的日常检查

（1）检查的安全绝缘工器具应在有效试验周期内，且试验合格。

（2）验电器的检查。

1）检查验电器的绝缘杆是否完好，有无裂纹、断裂、脱节情况。

2）按试验钮检查验电器发光及声响是否完好，电池电量是否充足，电池接触是否完好，如有时断时续的情况，应立即查明原因，不能修复的应立即更换。

3）每次使用前应检验是否良好。严禁使用不合格的验电器进行验电。

（3）接地线的检查。

1）检查接地线接地端、导体端是否完好，接地线是否有断裂，螺栓是否紧固。

2）带有绝缘杆的接地线，检查绝缘杆有无裂纹、断裂等情况。

（4）绝缘手套的检查。

1）每次使用前检查绝缘手套有无裂纹、漏气、表面应清洁、无发黏等现象。

2）三个月擦一次。

（5）绝缘靴的检查。

1）每次使用前检查绝缘靴靴底部无断裂，靴面无裂纹，并清洁。

2）三个月擦一次。

（6）绝缘棒的检查。

1）每三个月检查一次。

2）检查时应擦净表面。

3）检查绝缘棒无裂纹、断裂现象。末端杆及首端杆堵头不应有破损。

4）油漆表面有无损坏。

（7）绝缘垫的检查。

1）每三个月检查一次。

2）检查有无破洞，有无裂纹，表面有无损坏，擦洗干净。

（8）安全帽的检查。

检查安全帽有无裂纹，系带是否完好无损。

第四节　电气安全工器具使用规定

一、电力安全工作规程对电气安全工器具针对性的规定

（1）雷雨天气，需要巡视室外高压设备时，应穿绝缘靴，并不得靠近避雷针和避雷器。

（2）进入高压设备发生接地的区域人员应穿绝缘靴，接触设备的外壳和构架时，应戴绝缘手套。

（3）用绝缘棒拉合隔离开关或经传动机构拉合开关和隔离开关时，均应戴绝缘手套。雨天操作室外高压设备时，绝缘棒应有防雨罩，还应穿绝缘靴。接地网电阻不符合要求的，晴天也应穿绝缘靴。装卸高压熔断器，应戴护目眼镜和绝缘手套，必要时使用绝缘夹钳，并站在绝缘垫或绝缘台上。

（4）验电时，应使用相应电压等级而且合格的接触式验电器，在装设接地线或合接地开关处对各相分别验电。验电前，应先在有电设备上进行试验，确证验电器良好；无法在有电设备上进行试验时可用高压发生器等确证验电器良好。如果在木杆、木梯或木架构上验电，不接地线不能指示的，可在验电器绝缘杆尾部接上接地线，但必须经值班负责人或工作负责人许可。

（5）高压验电必须戴绝缘手套。验电器的伸缩式绝缘棒长度应拉足，验电时手应握在手柄处不得超过护环，人体应与验电设备保持安全距离。雨雪天气时不得进行室外直接验电。

（6）装设接地线应由两人进行。当验明设备确已无电压后，应立即将检修设备接地并三相短路。对于可能送电至停电设备的各方面都要装设接地线或合上接地开关，所装接地线与带电部分应考虑接地线摆动时仍符合安全距离的规定。在配电装置上，接地线应装在该装置导电部分的规定地点，这些地点的油漆应刮去，并划下黑色记号。所有配电装置的适当地点，均应设有接地网的接头。接地电阻必须合格。接地线应采用三相短接式接地线，若使用分相式接地线时，应设置三相合一的接地端。

（7）装设接地线必须先接接地端，后接导体端，且必须接触良好。拆接地线的顺序与

此相反。装、拆接地线均应使用绝缘棒和戴绝缘手套。人体不得碰触接地线或未接地的导线，以防止感应电触电。

（8）成套接地线应用有透明护套的多股软铜线组成，其截面不得小于 25mm²，同时应满足装设点短路电流的要求。每组接地线均应编号，并存放在固定地点。存放位置亦应编号，接地线号码与存放位置号码必须一致。装、拆接地线，应做好记录，交接班时应交待清楚。

（9）电气工具和用具应由专人保管，定期进行检查。使用时，应按有关规定接入漏电保护装置、接地线。使用前应检查电线是否完好，有无接地线，不合格的不准使用。

二、根据电气作业规程及电气安全规程并结合实际生产需要所作的规定

1．防护面罩

（1）无论是高压还是低压设备的停送电，操作人员和监护人员在断开或送上隔离开关、断路器、空气开关、小车开关、抽屉开关等设备时均要将防电弧面罩打下，以防电弧对面部造成伤害。

（2）在送上或取下高压保险、低压熔断器的过程中，操作人员和监护人员均要将防电弧面罩打下。

（3）在使用导线或接地线对设备放电的过程中，操作人员和监护人员均要将防电弧面罩打下。

2．绝缘手套

（1）在对高压设备进行验电的过程中，对高低压设备测绝缘时，操作人员必须使用电压等级相应的绝缘手套。

（2）在送上或取下高压保险、低压熔断器的过程中，操作人员必须使用绝缘手套。

（3）在拉合高压隔离开关的过程中，操作人员必须使用电压等级相应的绝缘手套。

（4）在使用绝缘棒对高压设备进行任何操作均应使用绝缘手套。

（5）在装拆接地线时必须使用绝缘手套。

3．绝缘靴

（1）雨天室外高压设备的操作均应使用绝缘靴。

（2）接地网接地电阻不符合要求或雷雨天气时对室外高压设备巡视、操作均应使用绝缘靴。

（3）高压设备发生接地时，室内 4m，室外 8m 范围内必须使用绝缘靴。

（4）在进行高压设备验电时要穿好绝缘鞋。

思考与练习

1．发现绝缘手套有什么现象时禁止使用？

2．绝缘安全工器具应当存放在什么条件的地方？

3．高压验电器使用方法及注意事项是什么？

4．电气安规中对安全工器具有何规定？

第十章 热工过程自动化及热工保护

热工是火力发电厂生产过程中一个重要的和必不可少的专业。本章主要面向火力发电厂新入职的员工，通过介绍火力发电厂中热工专业的发展过程和热工过程自动化的相关内容，引入热工保护的概念、主要保护的项目和内容、保护系统的组成及其特点，结合实际讲解了汽轮机主保护系统的功能及 ETS 系统保护动作原理。通过学习，使新入职员工能够对火电厂中热工专业是干什么的及热工过程自动化的概念有所了解，对热工保护的概念、热工保护系统的特点、汽轮机主保护系统的功能和原理有个初步的认识，为今后在火电厂生产岗位的工作打下良好的基础。

第一节 热工过程自动化概述

一、火力发电厂中的热工专业

（1）"热工"是工程热力学与传热学的简称。其中工程热力学主要是研究热力学机械的效率和热力学工质参与的能量转换在工程上的应用，如将热力学能转化成机械能推动动力机械做功以及其效率的学科；而传热学是研究热量传递的一门学科，如导热、对流换热、辐射能的传递等。

（2）早期的火电厂机组容量小、参数低、系统简单，需要运行人员监视的参数少，控制的手段和要求低，当时根本谈不上什么现在所说的"热工专业"，只是设有负责热力系统仪表维护的工种，即热工仪表工，简称热工，这与上面所说的"热工"的概念是不同的。

（3）随着火电厂机组容量的增大和热力参数的提高，热力系统和设备越来越复杂，这对热工仪表的配置和功能都提出了更高的要求。这种要求体现在两个方面。其一是系统和设备本身的需要：监视的测点大量增加，要求控制的项目和要求也大幅提高；其二是人力的需要：原有的靠运行人员人力监视、手动控制的监控方式不但不能满足机组安全、稳定、经济运行的需要，也变得越来越不可能。所以，需求促成了热工仪表的革命性的发展。

（4）当前的火力发电厂生产过程中，应用热工测量与控制技术，通过自动化装置的监视和控制，使锅炉、汽轮机及其辅助系统设备既能适应负荷的需要，同时又能在安全经济的工况下运行，实现了热工过程的自动化，提高机组运行的安全可靠性和经济性、减少运行人员、提高劳动生产率，使运行人员从繁忙的体力劳动和紧张的精神负担中解脱出来。

（5）火电厂热工仪表的革命性的发展也带来了对"热工"概念的变化，目前，"热工专业"更多的被叫作"热控专业"或"热工过程自动化专业"。

二、热工过程自动化内容

热工过程自动化主要包含自动检测、自动调节、程序控制、自动保护四个主要方面的内容。

1．自动检测

自动检测就是自动地检查和测量反映生产过程运行情况的各种物理量、化学量、电学量以及生产设备的工作状态，监视生产过程的进行情况和趋势。检测是热工过程自动化的基础。

热工检测的对象几乎覆盖了火电厂所有的系统和设备，内容包括：

（1）反映热力系统介质状态的参数，如温度、压力（差压、真空）、流量、水位、密度、火焰强度等。

（2）反映热力系统介质成分的参数，如氢气的纯度、湿度；烟气中氧、一氧化碳、二氧化碳、氨气、二氧化硫、一氧化氮、二氧化氮、粉尘含量；水的 pH 值、导电度、硅酸根、钠离子、溶氧、浊度等。

（3）反映热力系统设备状态的参数，如转速、振动、位移、膨胀、偏心、键相、阀门开度等。

（4）反映电力系统设备状态的参数，如电压、电流、电阻、频率、脉冲计数、功率等。

2．自动调节

自动调节是指自动地维持生产过程在规定的工况下运行。

比如：为了使供电电源的频率维持在一定的精度范围内，就要求汽轮机具备高性能的转速调节系统；为了保证循环锅炉的安全经济运行，就必须维持汽包水位在规定的范围内变化等。而这些调节单靠人来进行是无法完成的，必须实现自动调节。

目前，火电厂主工艺系统设置的自动调节主要有：机组协调控制、锅炉主燃料（煤）控制、锅炉送风控制、锅炉炉膛负压控制、锅炉燃烧氧量控制、锅炉一次风压控制、锅炉燃烧器风门挡板控制、锅炉给水控制、锅炉汽温（主蒸汽、再热蒸汽）控制、磨煤机入口风量及出口温度控制、燃油压力控制、汽轮机转速控制、汽轮机负荷控制、高压旁路（压力、温度）控制、低压旁路（压力、温度）控制、凝结水泵流量控制、除氧器、高压加热器、低压加热器、扩容器等压力容器的水位控制、汽轮机高、低压缸汽封的压力控制、发电机氢、油、水系统的相关温度、压力控制、大气污染物（NO_x、SO_2）的排放控制等。

3．程序控制

程序控制又称顺序控制，是根据预先拟定的步骤和条件自动地对设备进行一系列的操作。

随着大型机组的发展，程序控制在火电厂中获得越来越广泛的应用。从锅炉的水质处理、燃料输送，到大量的各种辅助设备、机炉主设备的启停和运行等，都需要采用程序控制技术来提高机组自动化水平、简化操作步骤、避免误操作、减轻劳动强度、加快机组启停速度。

程序控制与其被控制的对象联系十分紧密，对任何一个程序控制系统来说，我们不仅需要掌握所使用的程序控制装置及其外部设备的控制原理，还必须掌握被控对象的启停和运行操作规律及事故处理等方面的知识。每项程序控制的内容和步骤是根据生产设备的具体情况和运行要求决定的，而程序控制的流程则是根据操作次序和条件编制出来，并用自动装置来实现，这种装置称为程序控制装置。

程序控制装置必须具备逻辑判断能力和联锁保护功能，在进行每一项操作后，必须判明这一步操作已实现，并为下一步操作创造好条件，方可自动进入下一步操作，否则，应中断顺序，同时进行报警。

目前，火电厂中主要的程序控制一般有：化学水处理系统的程序控制、输煤系统的程序控制、锅炉燃油点火系统的程序控制、锅炉磨煤机系统启停的程序控制、锅炉吹灰系统的程序控制、汽轮机启/停（或升速）的程序控制、送风机、引风机、空气预热器、给水泵组等大型辅机的启/停程序控制、废水污泥处理的程序控制等。

随着机组容量增加，操作复杂度越来越高，部分机组采用了更先进的机组一键启停 APS 控制，APS 是基于整套机组自动启停控制，通过对机组启停过程中的条件、过程变量和调节参数进行实时的客观判断和调节，使机组各控制回路在机组启停过程中全程处于自动状态，减少了机组启停过程的人为因素，降低了因人为主观错误判断和误操作等导致的风险，提升了机组启停过程的本质安全。

4. 自动保护

自动保护就是当设备运行情况发生异常或参数超过允许值时，及时发出报警或进行必要的自动联锁动作，以免发生设备事故和危及人身安全。

随着机组容量的增大，热力系统变得复杂起来，操作控制也日益复杂，对自动保护的要求也愈来愈高。在第二节中我们将具体谈到有关热工保护的问题。

三、热工检测和控制设备分类

传统的热工检测和控制设备是根据信息的获得、传递、反映和处理的过程来分成如下五类的。

1. 检测仪表

它直接与被测对象联系，感受被测参数的变化，并将变化量转换成一个相应的信号输出或直接测量出来。主要包括温度、压力、流量、物位等参数的测量仪表，如热电偶、弹簧管压力表等。

2. 显示仪表

把被测物理量显示出来供人观察的仪表。它们可作模拟量或数字量的指示或记录，也可附设各种附加装置，实现报警、积算、调节和顺序控制等功能，如动圈式仪表、自动平衡显示仪表、数字显示仪表。它们只要与不同的检测元件配套，就可以测量不同参数。

3. 调节仪表

可把来自检测仪表的信息综合，再按预定的规律控制执行器动作，使生产过程中各种被调参数（如温度、压力、流量等）符合生产工艺的要求。

4. 集中控制装置

集中控制装置是一种速度较快、能连续自动地把就地、分散的设备进行集中检测或控制的自动化装置。如自动地集中监视生产过程的大量参数，具有报警、记录等功能的巡回检测装置；可以按照一定的步骤和条件对一台或一组设备进行控制，以达到预定目的的顺控装置；具有检测、调节、顺控、保护、计算功能的控制计算机。

5. 执行器

执行器的动作代替了人的操作，因而人们把执行器比喻为生产过程自动化的"手脚"。调节装置、顺控装置和计算机发出的操作命令都要通过执行器来完成，以达到调节、控制的目的。

随着火电行业对大机组、高参数的监控要求及控制技术本身的进步，热工测量和控制技术得到了迅速发展。在自动检测方面已向高精度、快响应的要求发展，采用新原理、新材料和新结构的热工测量仪表不断涌现；在控制技术方面，随着4C（计算机、通信、显示器、控制）技术的成熟，出现了分散控制系统（DCS），给传统的热工仪表带来了一场革命，从而打破了上述热工设备的分类。目前，热控设备可形象化的分为三类，即相当于人的眼、鼻、耳的检测传感仪表，相当于人的大脑的DCS装置，相当于人的手、脚的现场执行机构。有了这三个部分，热控系统就好像一个完整的人一样，具备了自动完成热力系统监控的功能。

四、主要热工系统及装置的缩写和定义

1. DCS：分散控制系统（distributed control system）

采用计算机、通信和屏幕显示技术，实现对生产过程的数据采集、控制和保护等，并利用通信技术实现数据共享的多微型计算机监视和控制系统。分散控制系统的主要特点是功能分散，操作显示集中，数据共享，根据具体情况也可以是硬件布置上的分散。

2. MCS：模拟量控制系统（modulation control system）

对锅炉、汽轮机及辅助系统的过程参数进行连续自动调节的控制系统总称。包括过程参数的自动补偿和计算，自动调节、控制方式的无扰切换，以及偏差报警等功能。

3. CCS：单元机组协调控制系统（unit coordinated control system）

单元机组的一个主控系统，作用是对动态特性差异较大的锅炉和汽轮发电机组进行整体负荷平衡控制，使机组尽快响应调度的负荷变化要求，并保证主蒸汽压力和机炉主要运行参数在允许的范围内。在一些特定的工况下，通过保护控制回路和控制方式的转换保持机组的稳定和经济运行。主要包括机组负荷指令控制、机炉主控、压力设定、频率校正、辅机故障减负荷等控制回路，直接作用的执行级是锅炉控制系统和汽轮机控制系统。

4. SCS：顺序控制系统（sequence control system）

按照规定的时间或逻辑的顺序，对（某一工艺系统或辅机的）多个终端控制元件进行一系列操作的控制系统。

5. FSSS：炉膛安全监控系统（furnace safety supervisory system）

保证锅炉燃烧系统中各设备按规定的操作顺序和条件安全启停、切投，并能在危急工况下迅速切断进入锅炉炉膛的全部燃料（包括点火燃料），防止爆燃、爆炸、内爆等破坏性事故发生，以保证炉膛安全的保护和控制系统。炉膛安全监控系统包括炉膛安全系统（furnace safety system，FSS）和燃烧器控制系统（burner control system，BCS）。

6. MFT 总燃料跳闸（master fuel trip）

由人工操作或保护信号自动动作，快速切除进入锅炉（包括常压循环流化床）所有燃料（包括到炉膛、点火器、风道燃烧器等的燃料）的控制措施。

7. DEH：数字式电液控制系统（digital electro-hydraulic control system）

是由按电气原理设计的敏感元件、数字电路（计算机），以及按液压原理设计的放大元件和液压伺服机构构成的汽轮机控制系统。

8. BPC：旁路控制系统（bypass control system）

汽轮机旁路系统的自动投、切控制及旁路出口蒸汽压力、温度模拟量控制系统的总称。

9. ETS：汽轮机紧急跳闸系统（emergency trip system）

当汽轮机运行过程中出现异常、可能危及设备安全时，采取紧急措施停止汽轮机运行的保护系统。

10. AGC：自动发电控制（automatic generation control）

根据电网调度中心负荷指令控制机组发电功率达到规定要求的控制。

11. ATC：汽轮机自启停系统（automatic turbine start-up and shut-down control system）

根据汽轮机的热应力或其他设定参数，指挥汽轮机控制系统完成汽轮机的启动、并网带负荷或停止运行的自动控制系统。

12. OPC：超速保护控制（over-speed protection control）

抑制超速的控制功能。当汽轮机转速达到或超过额定转速的103%，或转子加速度超过规定值时，自动关闭调节汽门，当转速恢复正常时再开启调节汽门，如此反复，直到正常转速控制回路可以维持额定转速。

13. TSI：汽轮机监视仪表（turbine supervisory instruments）

连续测量汽轮机的转速、振动、膨胀、位移等机械参数，并将测量结果送入控制系统、保护系统等用于控制变量及运行人员监视的自动化系统。

14. CEMS：烟气连续监视系统（continuous emissions monitoring system of flue gas）

通过采样方式或直接测量方式，实时、连续地测定火电厂排放的烟气中各种污染物浓度的监视系统。全面的锅炉烟气连续监视系统主要由烟尘检测子系统、气态污染物检测子系统、烟气排放参数检测子系统、系统控制及数据采集处理子系统组成。

15. FCS：现场总线控制系统（fieldbus control system）

利用现场总线技术，把现场测量、控制设备连接成网络系统，按公开、规范的通信协议，在现场测量、控制设备之间，以及这些设备与监控计算机（或 DCS 控制站）之间，实现双向数据传输与信息交换，构成由现场总线测量、控制设备集成的自治式控制系统。现场总线控制系统是和/或由现场总线测量、控制设备与监控计算机（或 DCS 控制站）结合在一起构成的完整的控制系统，可通过现场总线网络对现场测量、控制设备进行实时诊断、维护。

16. APS：全自动程序控制（一键启停）（automatic procedure start-up/shut-down）

将成熟的操作步骤利用逻辑组态方式固化成规范的流程，在设备启停机过程中的大量阀门开关、参数设置、设备切换、启停等，全部由控制系统自行判断并进行操作，实现了从化学制水、系统上煤，锅炉点火、汽轮机冲转到自动并网或机组停役时降负荷、发电机解列的全流程自动控制。

第二节　火电厂热工保护系统

一、热工保护的概念

（1）热工保护是一种以保证被控对象的安全为目标的自动控制手段。

热工保护可以看作是一种"自动控制手段"，这里所说的"被控对象"可以是某个热力系统，也可以是热力系统中的某个设备；"安全"可以理解为故障不扩大、系统不瘫痪、设备不损坏。

（2）从热工保护的作用过程可以更好地理解热工保护的概念。

首先，对被控对象的工作状态和运行参数进行连续监视；

其次，当被控对象的状态或参数发生异常时，及时发出报警信号，提醒运行人员注意，必要时自动启动或切除某些设备或系统，使被控对象维持原负荷运行或减负荷运行（这一过程也叫联锁控制）；

最后，当被控对象的状态或参数进一步异常，危急到被控对象的安全时，自动停止被控对象运行，避免事故进一步扩大，达到保护的目的。

（3）以锅炉汽包水位保护为例来说明保护的概念。

汽包水位是汽包锅炉运行监控的重要参数，锅炉运行中汽包水位太高或太低都会给设备的安全运行带来重大危害，汽包水位保护为此而设。

锅炉运行中，给水控制系统始终控制汽包水位保持在设定值（零水位线）附近，汽包水位保护系统对汽包水位参数进行连续不断的监视；

当汽包水位发生异常时（偏离设定值达到规定值如高一值或低一值），保护系统立即发出"汽包水位高一值"或"汽包水位低一值"报警信号，提醒运行人员注意；

发出水位异常报警后，若没有引起运行人员的注意，或运行人员虽然注意了但进行的干预无效，水位仍然继续往不安全的方向发展，如水位继续升高，达到设定的高二值时，则保护系统在发出"汽包水位高二值"报警信号的同时，还会同时发出"打开汽包紧急放水门"的连锁指令，实现汽包的紧急放水，以降低上涨的汽包水位，进一步挽救汽包水位往正常值方向发展；

若上述连锁作用失败，汽包紧急放水门打不开，或汽包紧急放水门虽然打开了但仍不能阻止汽包水位进一步上升，当水位上升至足以危及锅炉安全运行的红线"高三值"时，保护系统立即发出MFT跳闸指令，使锅炉停止运行，达到保护锅炉设备的目的。

二、热工主要保护的内容

1. 汽轮机组的热工保护

汽轮机保护系统由监视保护装置和液压系统组成的。当汽轮机发生透平比低、润滑油位低、超速、振动大、轴向位移大、凝汽器真空低、润滑油压低、电液控制油压低等监视保护装置动作时，相关电磁阀动作，快速泄放高压动力油，使汽轮机的全部主汽门和调节汽门迅速关闭，紧急停止汽轮机的运行，达到保护汽轮机的目的。

另外还有汽轮机的防进水保护、高压加热器保护和汽轮机旁路保护等自动保护系统，以保障汽轮机组的正常启停和安全运行。

2. 锅炉的热工保护

锅炉机组的热工保护主要包括炉膛安全监控、总燃料跳闸、锅炉快速切回负荷、机组快速切断等自动保护。

（1）炉膛安全监控保护。当锅炉启动、点火、运行或工况突变时，保护系统监视有关参数和状态的变化，防止锅炉或燃烧系统煤粉的爆燃，并对危险状态作出逻辑判断和进行紧急处理，停炉后和点火前进行炉膛吹扫等保护措施。实现炉膛安全监控的系统称为炉膛安全监控系统（FSSS）。

（2）总燃料跳闸保护。当锅炉设备发生重大故障，如送风机全部跳闸、或引风机全部跳闸、空气预热器全停或汽包水位异常越限、或炉膛压力异常越限、炉膛灭火、给水流量低越限、总风量低越限、主蒸汽压力高越限、再热器保护动作或汽轮机已跳闸但旁路未打开等等，保护系统立即动作，切断供给锅炉的全部燃料，并使汽轮机跳闸，这种处理故障的方法称为总燃料跳闸（MFT）保护。

（3）辅机故障减负荷保护。当锅炉的主要辅机如：给水泵、送风机、引风机、一次风机、空气预热器有部分发生故障跳闸停运时，为了使机组能够继续安全运行，必须迅速降低锅炉的负荷，这种处理故障的方法称为辅机故障减负荷（RB）保护。

（4）机组快速减负荷保护。当锅炉方面一切正常，而汽轮机、发电机或电网方面发生故障引起甩负荷时，为了能在故障排除后迅速恢复发电，避免因机组启停而造成经济损失，采用锅炉继续运行，但迅速自动降低出力，维持在尽可能低的负荷下运行，以便故障排除后能迅速重新并网带负荷，这种处理故障的方法称为机组快速减负荷（FCB）保护。

3. 炉、机、电大联锁保护

大型单元机组的特点是炉、机、电在生产中组成一个有机的整体，其中某些环节出现故障时，必然会不同程度地影响整个机组的正常运行。因此需要综合考虑故障情况下炉、机、电三者之间的关系，通常称为炉机电大联锁保护。例如，当汽轮机发生故障自动跳闸停运时，会同时联锁控制发电机跳闸，并使锅炉转入点火状态或停炉；当锅炉因某种原因自动跳闸停运时，会同时联锁控制汽轮机、发电机跳闸。

三、热工保护系统的组成

热工保护系统一般由输入信号单元、逻辑处理回路（或专用保护装置）以及执行机构等组成。

保护系统的输入信号由测量元件或传感器取得，并与其相应的给定值进行比较，当输入信号超过其限值时，事故处理回路或跳闸回路动作，输出信号，从而使保护系统的执行机构动作。

热工保护可分为两级保护，即事故处理回路（包括进行局部操作和改变设备运行方式）和事故跳闸回路的保护。例如，汽轮机润滑油压低时，保护系统首先会自动启动辅助油泵运行，事故处理的目的是维持机组继续运行；但是，当事故处理回路或其他自动控制系统处理事故无效时，致使机组设备处于危险工况下，或者这些自动控制系统本身失灵而无法处理事故时，如上述启动辅助油泵不成功或虽然辅助油泵启动成功但因润滑油系统泄漏导致油压继续下降，此时只能被迫进行跳闸处理，使机组停止运行。跳闸处理的目的是防止机组发生机毁人亡的恶性事故，所以跳闸保护是热工保护最极端的保护手段。

随着机组容量的不断增加，处理事故的过程更为复杂，热工保护装置也在不断发展和完善，从以前的由继电器搭成的控制电路，逐步发展到以可编程控制器（PLC）为中心的保护装置，近年来更被大型的分散控制系统（DCS）的功能所覆盖。

四、热工保护系统的主要特点

热工保护以保障设备和人身的安全为首要任务。如果保护系统本身不可靠就会造成不必要的停机（称为误动），或保护系统起不到应有的保护作用（称为拒动）从而造成不堪设想的严重后果。为此，必须精心设计和配置一套安全可靠的保护系统。

热工保护系统一般具有以下特点：

1. 输入信号可靠

输入信号来自各种被测参数的传感器或反映设备工作状态的开关触点，一般采用独立的传感器。对重要的保护项目，其输入信号采用多重化设计，避免出现所谓的"单点保护"。

2. 保护系统动作时能发出报警信号

当被监视的参数越限时，发出预报信号，及时提醒运行人员注意，在事故处理前采取必要的应急措施；当保护系统实际动作时发出事故处理和跳闸信号。

3. 保护指令一般是长信号

指令能满足保持到被控对象完成规定动作的要求。

4. 保护动作是单方向的

保护系统动作后，设备的重新投入要在查出事故原因和排除故障以后进行，并由运行人员人工完成。

5. 部分保护系统能进行在线试验

在进行保护系统动作试验时，不会影响机组的安全稳定运行。

6. 确定保护系统的优先级

当两个以上的保护联锁动作或相继动作时，如果它们之间动作不一致，则应确定它们的优先级，并采取必要的闭锁措施，优先保证处于主导地位的高一级保护和联锁动作的实现。

7. 保护系统有可靠的电源

保护装置一方面应该设计有足够可靠的电源供电，另一方面应能绝对避免因失电而引起的保护拒动或误动。

8. 保护系统具有独立性

保护系统不应该受其他自动化系统投入与否的影响，任何时候都能独立进行控制。

第三节　汽轮机主保护系统功能

一、什么是汽轮机的主保护

汽轮机的主保护就是针对汽轮机本体设备的保护。当检测到汽轮机组发生故障危及机组的安全运行时，或锅炉、发电机发生故障需要汽轮机跳闸时，汽轮机主保护系统能自动而迅速地动作使汽轮机组停运。

二、汽轮机主保护项目及系统功能

汽轮机作为高速旋转的大型精密机械设备，为了保证其运行的安全性而设置了一些必要的保护项目，按类型分主要有：汽轮机本体运行时的机械量参数超限，主要是转速超速、轴承振动超限、轴向位移超限、胀差超限等；保证汽轮机正常运行的辅助系统故障，主要是凝汽器真空低超限、汽轮机轴承润滑油压低超限、汽轮机控制 EH 油压低超限等；汽轮机控制系统故障，主要是 DEH 系统失电等；与汽轮机关联的主设备跳闸，主要是发电机主保护动作、锅炉 MFT 发信等；运行人员手动操作紧急停机按钮。

1. 超速保护

由于机组运行时处于高速旋转状态，离心力的增加正比于转速的平方，转子部分的材料强度有限定的设计裕量，机组即使在极短的时间内超速，也可能引起严重的事故发生，所以超速保护的设置对汽轮机组的安全运行是十分重要的。当机组运行中检测到转速超速（一般设定为额定转速的 110% 即 3300r/min）时，即启动主保护系统动作跳闸汽轮机。

2. 轴承振动保护

轴承振动是表征旋转机械运行的一个重要参数，它可反映出轴承的工作状态及转子不平衡、不对中、轴颈裂纹等机械故障，当轴承振动大于一定的数值（定值）时就会危及汽轮机的安全运行损坏设备，须启动主保护系统动作跳闸汽轮机。

3. 轴向位移保护

汽轮机运行中转子推力过大产生超过允许值的位移时，就会引起推力轴承的磨损，严重的会使汽轮机的动静部分产生碰磨，甚至会造成叶片断裂等重大事故，因此，汽轮机都必须设置轴向位移保护，当轴向位移大于一定的数值（定值）时，立即启动主保护系统动作跳闸汽轮机，以实现对机组的安全保护。

4. 胀差保护

当汽轮机的汽缸膨胀与转子膨胀的差值超过规定值时，汽轮机动静间的轴向间隙就会消失而发生摩擦，引起汽轮机组振动增大，甚至造成损坏叶片、大轴弯曲等严重事故。一般汽轮机会设置胀差保护，当胀差达到一定的数值（定值）时，启动主保护系统动作跳闸汽轮机，以实现对机组的安全保护。

5. 凝汽器真空低保护

汽轮机在运行中如果真空降低，会造成排汽温度过高，会使低压缸变形，机组轴振过大，从而影响汽轮机的安全。所以，汽轮机会设置凝汽器真空低保护，当凝汽器真空低到一定的数值（定值）时，启动主保护系统动作跳闸汽轮机。

6. 轴承润滑油压低保护

汽轮机运行中轴承润滑油压过低会破坏轴承油膜的建立，情况严重时会烧坏轴瓦，造成断油烧瓦的恶性机械事故，因此必须设置轴承润滑油压低保护，当检测到轴承润滑油压低至一定值时，启动主保护系统动作跳闸汽轮机。

7. 抗燃油压低保护

抗燃油作为 DEH 系统中的控制和动力用油，用来控制汽轮机的主汽阀和调节阀，当抗燃油压过低时可能导致汽轮机的失控，因此，必须设置抗燃油低油压保护。当检测到抗燃油压低至一定值时，启动主保护系统动作跳闸汽轮机。

8. DEH系统失电保护

DEH系统作为汽轮机的监控系统，担负汽轮机运行参数的监视和转速、负荷等控制任务，其失电会导致运行中汽轮机的失控，必须立即跳闸汽轮机。

9. 发电机主保护动作（电气解列）

锅炉MFT发信（锅炉跳闸）等与汽轮机关联的主设备跳闸时，汽轮机都无法继续正常运行，必须立即跳闸汽轮机。

10. 手动停机保护

当出现危及机组安全运行的紧急情况时，设置了运行人员可在操作台上手动操作"手动停机"按钮实现汽轮机的立即跳闸停运。

根据机组及热力系统的不同，还可能会设置汽轮机轴承温度高、高压缸排气温度高等保护项目。

汽轮机主保护的逻辑框图见图10-1。

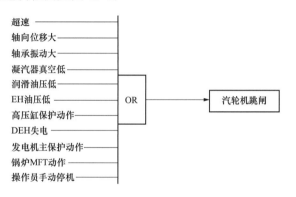

图 10-1　汽轮机主保护逻辑框图

监测系统随时保持对上述各保护项目的参数越限或设备状态进行监测，通过汽轮机保护装置的逻辑运算，当任意一个保护项目的条件满足时，都能触发保护装置发出汽轮机跳闸指令，该跳闸指令作用于汽轮机的液压系统的电磁阀，使电磁阀打开，快速泄放高压动力油，使汽轮机的全部主汽门和调节汽门迅速关闭，紧急停止汽轮机的运行，达到保护汽轮机组的目的。

三、汽轮机主保护系统的组成

汽轮机主保护系统也称汽轮机紧急跳闸系统ETS，即Emergency Trip System的英文缩写。广义地讲，ETS系统包括汽轮机机械危急遮断系统、电子保护装置（控制机柜）及现场检测和执行元件等在内的所有保护部套。

保护信号的检测主要有：监测汽轮机运行机械量参数是否超限的TSI系统，如汽轮机转速、轴承振动、轴向位移、胀差。偏心等；监测凝汽器真空、轴承润滑油压、汽轮机控制抗燃油压等是否低限的压力开关等；发电机主保护动作、锅炉MFT、DEH失电、手操紧急按钮停机等状态量信号。为了满足保护系统的安全可靠和在线试验的要求，这些检测信号通常为多重化分组独立配置。

电子保护装置（控制机柜）是汽轮机主保护系统的逻辑大脑，负责保护信号的接收和记录、保护逻辑运算、报警和跳闸信号的发出、保护动作首出信号的记忆、保护信号的复归等。控制机柜一般由 PLC 或 DCS 构成，重要逻辑卡件或控制器按双重冗余或三重冗余配置，以满足保护系统对安全可靠和在线试验的要求。

汽轮机机械危急遮断系统是动作汽轮机跳闸的执行机构，其控制的核心是四只自动停机遮断电磁阀（AST）。在汽轮机正常运行时，AST 电磁阀线圈带电，使电磁阀处于关闭状态，从而封闭了自动停机危急遮断（AST）母管上的抗燃油泄油通道，使汽轮机所有蒸汽阀执行机构活塞下腔的油压能够建立起来，蒸汽阀开启；当汽轮机主保护系统动作发出跳闸指令时，AST 电磁阀线圈失电使电磁阀打开，AST 总管泄油，导致所有汽阀关闭而使汽轮机停机。

第四节　ETS 系统保护动作原理及内容

一、什么是 ETS 系统

ETS 是 emergency trip system 的英文缩写，即汽轮机危急遮断系统，它是用于汽轮机本体保护的一套自动控制系统，是为了防止汽轮机在运行中因部分设备工作失常可能导致的汽轮机发生重大损坏事故而配置的。

ETS 系统监视汽轮机的某些参数，当这些参数超过其规定的运行限制值时，该系统能发出停机指令，关闭汽轮机全部蒸汽进汽阀门，使汽轮机紧急停运，从而有效避免机组设备的损坏或防止事故的进一步扩大。

ETS 与 TSI（汽轮机安全监视仪表系统）、DEH（数字电液调节系统）一起构成汽轮发电机组的监控保护系统。

二、ETS 系统的主要功能

1. 对汽轮机进行自动监测保护，通常设置的保护项目

（1）汽轮机本体机械参数越限，主要是超速、轴承振动大、轴向位移大；

（2）保证汽轮机正常运行的辅助系统故障，主要是凝汽器真空低、汽轮机轴承润滑油压低、汽轮机控制抗燃油压低；

（3）汽轮机控制系统故障，主要是 DEH 失电；

（4）与汽轮机关联的其他主设备跳闸，主要是发电机主保护动作、锅炉 MFT 动作等。

当上述保护项目中的任意一个条件满足时，都能触发 ETS 系统动作，通过 DEH 系统的 EH 液压控制部件及油路，关闭全部汽轮机蒸汽进汽阀门，紧急停止汽轮机的运行，同时向外发出跳闸原因及指示信号，达到保护汽轮机的目的。

ETS 的主要保护项目采用了双通道配置的方式，布置成"或-与"门的逻辑方式，这样就可以允许系统在运行时进行在线试验，在线试验过程中系统仍起保护作用，从而保证此系统的可靠性。

2. 遥控遮断

ETS 系统可接受用户遥控跳机信号，如发电机故障、锅炉灭火等。当用户监视的跳闸条件发生时，使汽轮机遮断。ETS 系统允许在线试验遥控遮断功能。

3. ETS 系统的复位

机组停机后，机组安全油压泄去，主汽门及其他阀门处于关闭状态。为使 ETS 系统恢复正常工作状态，需要通过运行人员的干预来完成或采用主汽门关闭信号经延时后，自动复位 ETS 跳机逻辑。

4. 汽轮机挂闸

汽轮机启动前安全油压尚末建立，主汽门及调节汽门均处于关闭状态；当 ETS 控制汽轮机挂闸后，安全油得到建立，隔膜阀关闭，四只 AST 电磁阀得电关闭，AST 油压建立，汽轮机主汽门完成开启动作。

5. 遥控手动停机

遥控手动停机功能用于在紧急情况下，运行人员认为必须立刻停机时使用。一般地，在汽轮机前轴承箱前上安装有就地手动停机装置，手动停机装置动作直接泄去隔膜阀上部安全油，隔膜阀弹簧复位打开，AST 油泄压，汽机紧急停机。但在电气方面，也必须在 BTG 盘上或运行人员可直接操作的地方设置遥控手动停机按钮。手动停机按钮必须直接接入 ETS 系统，不允许经过继电器扩展等间接转换。

6. 其他停机功能

其他停机功能根据机组的不同而有所差别，如轴承金属温度超限、回油温度超限、发电机断水等。

三、ETS 系统的组成及动作原理

ETS 系统由危急遮断系统、试验遮断功能块、控制柜和软操作盘组成。

1. 危急遮断系统

危急遮断系统相当于 ETS 的执行机构，由一个带有四只自动停机遮断电磁阀（AST）、二只超速保护控制电磁阀（OPC）和二只单向阀的危急遮断控制块（亦称电磁阀组件）、隔膜阀和压力开关等所组成，如图 10-2 所示。

四只 AST 电磁阀组成串并联布置，这样就有多重保护性，即每个通道中至少须一只电磁阀打开才可导致停机；同时也提高了可靠性，四只 AST 电磁阀中任意一只损坏或拒动均不会影响停机。在汽轮机正常运行时，AST 电磁阀线圈带电电磁阀关闭，从而封闭了自动停机危急遮断（AST）母管上的抗燃油泄油通道，使汽轮机所有蒸汽阀执行机构活塞下腔的油压能够建立起来，蒸汽阀开启；当 ETS 系统保护动作时，AST 电磁阀线圈失电电磁阀打开，则 AST 总管泄油，导致所有汽阀关闭而使汽轮机停机。

二只 OPC 电磁阀是超速保护控制电磁阀，受 DEH 系统 OPC 专用模件控制。正常运行时，二只 OPC 电磁阀的线圈不带电，电磁阀处于关闭状态，封闭了 OPC 母管油液的泄放通道，使汽轮机调节汽阀的执行机构活塞下腔能够建立起油压而开启；当汽轮机转速达 103%额定转速时，OPC 模件动作发信，则该两个 OPC 电磁阀线圈带电电磁阀打开，使 OPC 母管油液泄放，相应执行机构上的卸荷阀就快速开启，使调节汽阀迅速关闭。

二个单向阀安装在 AST 油路和 OPC 油路之间，当 OPC 电磁阀通电打开时，单向阀能维持 AST 的油压，从而实现调节汽阀关闭而主汽阀保持全开。当 AST 电磁阀失电打开时，AST 油路油压下跌，OPC 油路通过两个单向阀，油压也下跌，从而实现关闭所有的进汽阀而停机。

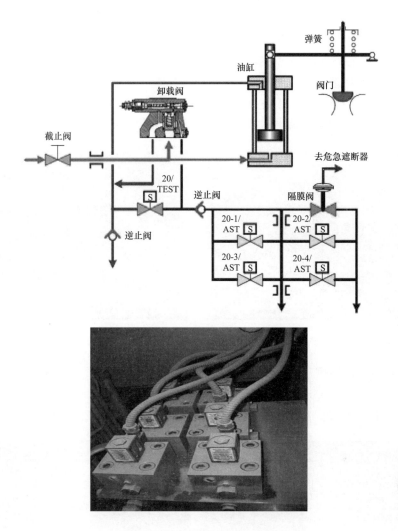

图 10-2 汽轮机危急遮断系统

隔膜阀联接着低压安全油系统与高压安全油系统，当低压安全油系统的压力下降到一定程度时，可通过高压抗燃油系统遮断汽轮机。当汽轮机正常运行时，低压安全油通入隔膜阀上面的腔室中，克服了弹簧力，使隔膜阀保持在关闭位置，堵住了危急遮断油母管通向回油的通道，使高压抗燃油系统投入工作；当汽轮机转速超过整定值时，机械超速遮断机构的飞锤飞出，从而使危急遮断油门中的蝶阀起座，将机械超速和手动遮断总管中的油压泄掉，从而使低压安全油压力降低或消失，隔膜阀弹簧复位而打开，将危急遮断油排到回油管，AST 安全油迅速失压，关闭汽轮机所有的进汽阀。

汽轮机的高、中压主汽门，其动力结构为液压单向油缸。油缸进入压力油时克服弹簧力将主汽门打开；油缸泄出压力油时在弹簧力的作用下强制关闭。

2. 试验遮断功能块

试验组件块按保护项目分别独立布置成双通道形式，以实现在线保护试验，即能在一个通道工作时进行另一个通道的试验。控制逻辑禁止同时进行二个通道的试验。

（1）凝汽器真空低保护及在线试验，其组件块见图 10-3。就地配置了检测凝汽器真空的显示表、压力开关及在线试验电磁阀，4 个压力开关提供凝汽器真空低信号至 ETS 系统，按 2/4 逻辑设置触发凝汽器真空低保护动作。

（2）汽轮机润滑油压力低保护及在线试验，其组件块见图 10-4。就地配置了检测汽轮机轴承润滑油压力的显示表、压力开关及在线试验电磁阀，4 个压力开关提供润滑油压低信号至 ETS 系统，按 2/4 逻辑设置触发润滑油压低保护动作。

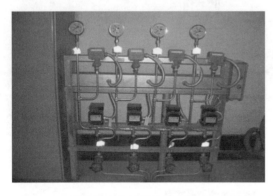 

图 10-3　凝汽器真空低保护及在线试验组件块　图 10-4　汽轮机润滑油压力低保护及在线试验组件块

（3）汽轮机电液控制油压力低保护及在线试验，其组件块见图 10-5。就地配置了检测汽轮机电液控制油压的显示表、压力开关及在线试验电磁阀，4 个压力开关提供电液控制油压低信号至 ETS 系统，按 2/4 逻辑设置触发电液控制油压力低保护动作。

图 10-5　汽轮机电液控制油压力低保护及在线试验组件块

（4）超速保护及试验。汽轮机转速信号是汽轮机运行的重要参数，在实际使用中配置了不同测量方式的多系统冗余和同一测量方式的多重测点配置。

1）TSI 转速表（见图 10-6）：三取二逻辑运算后提供 TSI 超速保护功能。

2）BRAUN 转速表（见图 10-7）：提供常规转速表超速保护信号，在 ETS 中三取二逻辑投票。

ETS 的转速信号经 DO 的常闭触点再输入到 BRAUN 测速表，在线做超速试验时，通过 DO 卡切换 BRAUN 表的输入转速为 DEH 仿真端子板的转速输出信号，DEH 仿真端子板输出提升转速信号，到达 BRAUN 的设定转速保护值时，BRAUN 输出开关量触点闭合到 LPC 卡，但由于 LPC 卡处于通道试验状态，所以 LPC 卡输出只是动作相应的电磁阀，AST1/3 或 AST2/4。

图 10-6 TSI 转速表

图 10-7 BRAUN 转速表

3. ETS 控制柜和软操作面板

（1）ETS 控制柜。由于 ETS 系统用于主机保护，作用十分重要，必须选用成熟、可靠的控制系统，通常采用 PLC 或 DCS 产品进行配置，其要求和功能主要有：

1）ETS 系统必须作为一个独立系统，要求具有独立的冗余可靠的供电系统。设计为失励遮断方式，即失电跳闸的本安方式。

2）ETS 系统可实现在线试验功能，图 10-8 所示为 ETS 转速在线试验原理图。

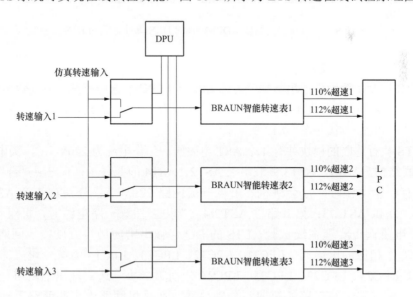

图 10-8 ETS 转速在线试验原理图

3）ETS 系统必须设计成冗余配置方式，即当一套系统故障时，另一套系统仍然具有使汽机停止运行的一切功能，且故障的一套系统可进行在线维修、更换，而不对保护功能和机组运行有任何影响。

4）ETS 系统的逻辑响应速度必须满足快速性要求，在不能保证通讯可靠、快速的情况下，不允许通过 DPU（计算机）来实现 ETS 逻辑。

5）ETS 系统具有记录首出跳机原因或事故顺序记录功能。

6）一般情况下，只报警而不停机的信号不进入 ETS 系统，跳机后联动其他设备的功能不在 ETS 系统内完成，应由其他系统完成。

7）ETS 系统在接到运行人员的挂闸或复位指令前，不允许自动复位或使汽轮机挂闸，更不允许自动打开汽轮机阀门。

8）一般不设置保护投切开关，以免保护功能被错误地切除，在特殊情况下，必须后备投切开关时，该开关均具有可记录的功能，保护切除后，具有报警提示。对取消机械危急速断器的机组，不允许禁止（或切除）ETS 超速信号。

图 10-9 为上海新华公司以 XDPS400+的 DCS 硬件配置的 ETS 机柜。

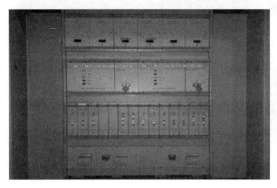

图 10-9　上海新华公司以 XDPS400+的 DCS 硬件配置的 ETS 机柜

（2）ETS 系统逻辑设置。

1）ETS 控制系统硬件选用新华公司的 LPC 卡，LPC 卡选用三选二方式输出跳机信号，两组三选二的输出采用串联连接，逻辑图中的左侧为 LPC 卡的输入信号，右侧为 LPC 卡的输出信号，如图 10-10～图 10-12 所示。

2）ETS 执行遮断的模块共有 4 个 AST 电磁阀，工作电源为 220V AC，失电跳机，采用了串并联结构，AST1、AST3 并联串上 AST2、AST4 的并联。只有出现"奇"和"偶"同时至少有一个动作时，才会跳机。所以分成两路 220V AC 分别对 4 个 AST 电磁阀供电，第一路供 AST1/3；第二路供 AST2/4。当失去任意一路电源时，机组不会误跳，每个 AST 电磁阀可实现在线试验，ETS 的 DO 卡输出常闭触点到硬接线回路中，可以在线分别动作相应的电磁阀。LPC11、LPC12、LPC13、LPC14 为第一块三选二输出的跳机信号，LPC21、LPC22、LPC23、LPC24 分别第二块三选二输出的跳机信号，各自的第一路、第二路、第三路、第四路分别串联。在跳机回路中串联两路手动停机的常闭触点。

（3）软操作面板。

1）ETS 通道试验操作面板，如图 10-13 所示。

2）ETS 监视面板，如图 10-14 所示。

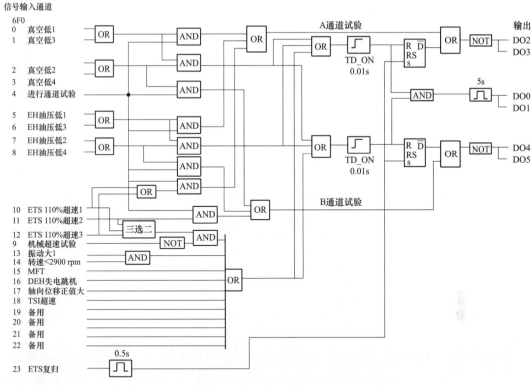

图 10-10 ETS 逻辑图（一）

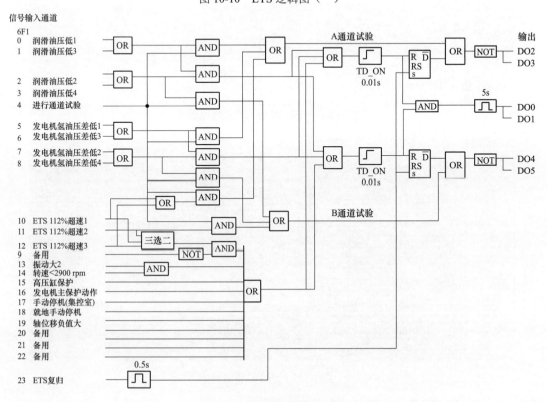

图 10-11 ETS 逻辑图（二）

315

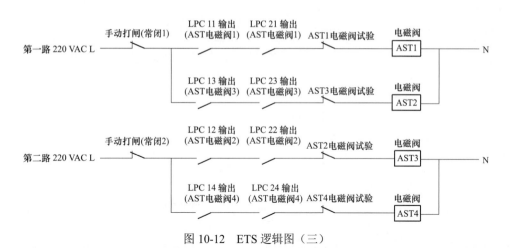

图 10-12　ETS 逻辑图（三）

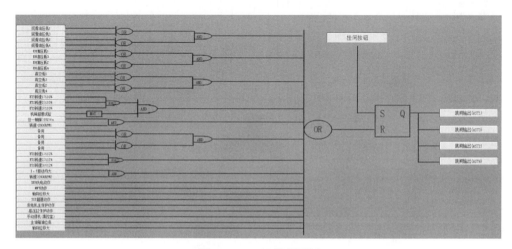

图 10-13　ETS 通道试验操作面板

图 10-14　ETS 监视面板

3）ETS 首出面板，如图 10-15 所示。

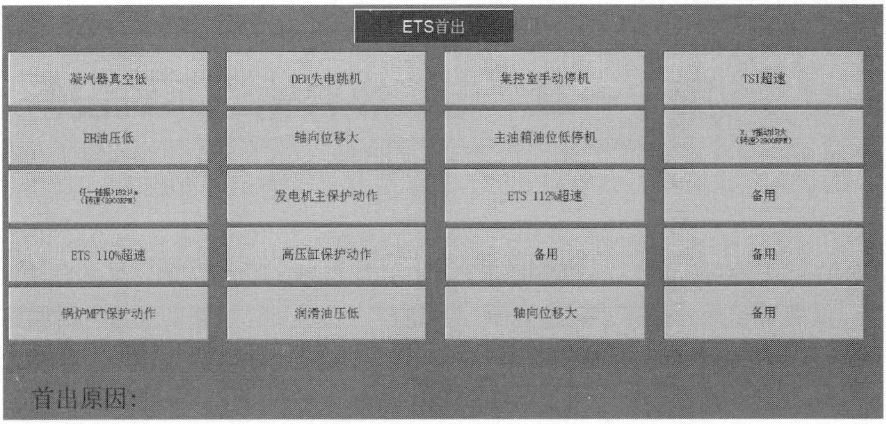

图 10-15 ETS 首出面板

思考与练习

1．热工过程自动化主要包括哪些内容？传统的热工检测和控制设备可分成哪几类？

2．什么是热工保护？它的作用过程如何？热工保护系统有哪些特点？

3．什么是汽轮机的主保护？汽轮机主保护一般设置哪些保护项目？汽轮机主保护系统有哪些部分组成？

第十一章 电厂燃料输送系统设备

电厂输煤系统设备一般包括燃料运输工具、卸煤机械、受煤装置、煤场设施、输煤设备、煤量计量装置和筛分破碎装置、集中控制和自动化以及其他辅助设备与附属建筑。

第一节 皮 带 输 送 机

一、皮带输送机简介

1. 皮带输送机概念
皮带输送机是火电厂将煤从卸煤系统向储煤场或锅炉原煤斗输送的主要设备。

2. 皮带输送机的特点
皮带输送机同其他类型的输送设备相比,具有输送能力大,结构简单,对物料适应性强,运行平稳、可靠,输送物料连续均匀,运输费用低,维修方便,且易于实现自动控制及远方控制等优点,因而在火力发电厂得到广泛应用。

3. 皮带输送机的分类
皮带输送机的分类如表 11-1 所示。

表 11-1 皮 带 输 送 机 的 分 类

胶带种类	机架形式	支撑装置的结构	托辊槽角结构	驱动滚筒数量
普通带芯	固定	托辊支撑	普通槽角	单驱动
钢丝绳芯	移动	气垫支撑	深槽角	双驱动
普通带芯	固定	托辊	六角管状	多点驱动

二、皮带输送机结构和原理

普通皮带机结构主要由胶带、驱动装置、制动装置、托辊及支架、拉紧装置、改向装置、清扫装置、装料装置和卸料装置、辅助安全设施等部分组成,见图 11-1。

1. 胶带
(1) 作用:既是承载件又是牵引件,用来承运物料和传递牵引力。

(2) 要求:强度高,耐磨性好,伸缩率小。

(3) 种类:

1) 按带芯织物的不同,可分为尼龙芯胶带、棉帆布芯胶带、涤纶布芯胶带、钢丝绳芯胶带。

2) 按胶面性能的不同,可分为普通型、耐热型、耐寒型、耐酸型、耐碱型、耐油型、阻燃型等。

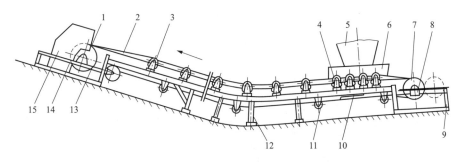

图 11-1　带式输送机结构简图

1—传动滚筒；2—输送带；3—上托辊；4—缓冲托辊；5—漏斗；6—导料栏板；7—改向滚筒；
8—螺旋张紧装置；9—尾架；10—空段清扫器；11—下托辊；12—中间架；13—头架；
14—弹簧清扫器；15—头罩

3）目前，电厂输煤系统中常用的胶带是普通帆布芯胶带、普通尼龙芯胶带和普通钢丝绳芯胶带。

2. 驱动装置及种类

（1）电动机和减速机组成的驱动装置。这种驱动装置主要由电动机、液力偶合器、减速器、联轴器、驱动滚筒、抱闸、逆止器等组成。

（2）电动滚筒驱动装置。电动滚筒就是将电动机、减速机（行星减速机）都装在滚筒壳内，壳体内的散热有风冷和油冷两种方式，所以根据冷却介质和冷却方式的不同可分为油冷式电动滚筒和风冷式电动滚筒。

（3）电动机和减速滚筒组合的驱动装置。这种驱动装置由电动机、联轴器和减速滚筒组成。所谓减速滚筒，就是把减速机装在传动滚筒内部，电动机置于传动滚筒外部。这种驱动装置有利于电动机的冷却、散热、也便于电动机的检修、维护。

3. 滚筒

（1）驱动滚筒。驱动滚筒是传递动力的主要部件，带式输送机的驱动滚筒结构一般为钢板焊接结构，均采用滚动轴承，滚筒有光面、人字胶面、菱形胶面及平行胶面等多种。

（2）增面滚筒。胶带输送机增面滚筒主要来增大头部驱动滚筒和尾部传动滚筒的包角，以增大摩擦力。

（3）改向滚筒。改向滚筒的作用是改变胶带的缠绕方向，使胶带形成封闭的环形。改向滚筒可作为输送机的尾部滚筒，组成拉紧装置的拉紧滚筒并使胶带产生不同角度的改向。

（4）提高皮带机驱动能力的方法。

1）提高输送带对滚筒的压紧力。

2）增加输送带对滚筒的包角。

3）提高滚筒与输送带之间的摩擦系数。

4. 制动装置

（1）逆止器。逆止器是提升运输设备上的安全保护装置，能防止设备停机后因载荷自重力的作用而逆转。适用于提升带式输送机、斗式提升机、刮板提升输送机等有逆止要求的设备。逆止器是一种特殊用途的机械式离合器，常见的有带式逆止器、滚柱式逆止器。

1）带式逆止器。皮带正常运行时，逆止带在回程皮带的带动下放松，不影响皮带运行；

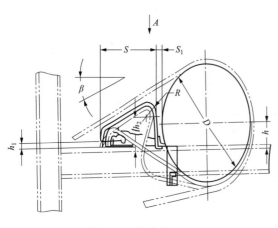

图 11-2　带式逆止器

当皮带停车发生倒转时，回程皮带带动逆止带反向卷入驱动滚筒与回程皮带中间，直到把逆止带拉展从而阻止了皮带机的逆转。结构如图 11-2 所示。

2）滚柱逆止器。滚柱式逆止器是由星轮、滚柱、外圈组成的，滚柱与转块之间有弹簧片或弹簧。其星轮为主动轮并与减速机轴联接。当其顺时针回转时，滚柱在摩擦力的作用下使弹簧压缩而随星轮转动，此时为正常工作状态，逆止器内圈空转。当胶带倒转即星轮逆时针回转时，滚柱在弹簧压力和摩擦力作用下滚移向空隙的收缩部分，楔紧在星轮和外套之间，这样就产生了逆止作用。结构如图 11-3 所示。

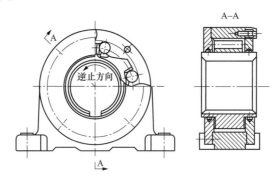

图 11-3　滚柱逆止器

（2）液压制动器。制动器就是所谓的刹车，是使机械中的运动件停止或减速的机械零件。俗称刹车、抱闸。制动器主要由支架、制动件和操纵装置等组成。为了减小制动力矩和结构尺寸，制动器通常装在设备的高速轴上，下坡的皮带必须安装制动器，防止皮带溜车。

5. 托辊及支架

（1）托辊是用来承托胶带并随胶带的运动而作回转运动的部件，作用是支承胶带，减少胶带的运动阻力，使胶带的垂度不超过规定限度，保证胶带平稳运行。

（2）托辊组按使用的不同可分为两大类：承载托辊组和回程托辊组。

1）用于有载段的为承载上托辊，承载托辊组包括槽形托辊组、缓冲托辊组（或缓冲托床，用于落煤管受冲击的部位）、前倾托辊组、自动调心托辊组等多种。

2）用于空载段的为回程下托辊，回程托辊包括水平回程托辊、V 型回程托辊、清扫托辊（胶环托辊）等。

（3）几种常见托辊。

1）槽型上托辊。一般由 2～5 个组成，其数目由带宽和槽角决定，最外侧辊子与水平线的夹角称为托辊槽角。托辊槽角增大后（0°～60°范围内）使物料堆积断面增大能提高生产能力，有防止撒料、跑偏的作用。辊体一般用无缝钢管制成，轴承座有铸铁式、钢板冲压式及酚醛塑料加布三种材料制造，托辊轴承一般均采用滚动轴承。

2）水平托辊。水平托辊一般为一个长托辊，主要用在支撑空载段皮带，简称下托辊。

3）清扫托辊组。清扫托辊组用于清扫输送带承载面的黏滞物。分为水平梳形托辊组、V型梳形托辊组和水平螺旋托辊组。

4）缓冲托辊。缓冲托辊的作用就是在受料处减小物料对胶带的冲击，以保护胶带，安装比较密集。

5）重型托辊缓冲床。重型托辊缓冲床，用于皮带机尾部落料点处，其特点有：橡胶块连接的托板与机架横梁之间，由螺旋弹簧和辊组组成的支撑架连接，螺旋弹簧预紧力可调，易具有双重缓冲性，且承受缓冲力度大，运行平稳。缓冲器上螺旋弹簧预紧力的松紧，安装时可根据物料块度的实际情况随时调节。

6）自动调心托辊。带式输送机，在运行时都不可避免地存在程度不同的跑偏现象。为了解决跑偏问题，除了在安装、检修、运行中调整外，还需装设一定数量的自动调心托辊。

6. 拉紧装置

（1）拉紧装置的作用是给输送带施加一个初张力，用来拉紧胶带或补偿胶带的伸长，保证输送带在传动滚筒上不打滑，使胶带与滚筒间保持足够的摩擦驱动力。在设计范围内，初张力越大，皮带与驱动滚筒的摩擦力越大。

（2）拉紧装置的主要结构形式有垂直重锤式、车式拉紧、螺杆式、液压式、电动绞车式等。

1）垂直重锤式拉紧装置。皮带垂直重锤式拉紧装置一般挂在皮带张力最小的部位，在倾斜输送机上多数采用垂直拉紧装置，将其设置在输送机走廊的空间位置上。重锤能给皮带提供恒定的初张力，而且能自动上下移动，不会因皮带长度的收缩而降低张紧效果；除此之外，还对皮带机的长度有一定的调节余量。

2）车式拉紧装置。车式拉紧装置由等边角钢与型钢组焊成的支架及拉紧小车两部分组成，适用于功率较大、长度大于300m的输送机。

3）螺杆式拉紧装置。螺杆式拉紧装置主要由丝杆与螺母总成及座板、轨道组成。这种拉紧装置行程短，适用于30m以下的短皮带机使用。

7. 清扫装置

（1）皮带输送机胶带卸载后，往往有许多细小的煤末粘在胶带表面。粘接在胶带工作面上的小颗粒煤，通过胶带传给下托辊和改向滚筒，在改向滚筒上形成一层牢固的煤层，特别是冬季室外皮带机上的光面滚筒，因钢质滚筒的热导率快，极易使粘在皮带上的小湿煤粒快速冻结在滚筒表面，而且越积越厚，使得滚筒表面高低不平，严重影响皮带机的正常运行；胶带上的煤撒落到回程的二层皮带上而黏于拉紧滚筒表面，甚至在传动滚筒上也会发生黏结。这些现象将引起胶带偏斜，影响张力均匀分布，导致胶带跑偏和损坏。同时由于胶带沿托辊的滑动性能变差，运动阻力增大，驱动装置的能耗也相应增加。因此在皮带运输机上安装清扫装置是十分必要的。

（2）清扫装置有头部清扫器和空段清扫器。头部清扫装置一般安装在头部驱动滚筒下方，用于清扫胶带工作面上的粘煤，粘煤直接排到头部落煤筒内；空段清扫器安装在尾部滚筒或重锤改向滚筒前部二层皮带上，用于清扫胶带非工作面上的粘煤。

8. 装料装置

装料装置主要由落煤斗、落煤管、缓冲器（锁气器）、导料槽组成。

9. 卸料装置

卸料装置主要由犁煤器、配煤车组成。

10. 带式输送机的保护

（1）拉线开关。拉线开关一般设在带式输送机机架两侧。拉线一端拴于开关杠杆处，另一端固定于开关的有效拉动距离处。当输送机的全长任何处发生事故时，操作人员在输送机任何部位拉动拉线，均可使开关动作，切断电路使设备停运。此外，当发出启动信号后，如果现场不允许启动，也可拉动开关，制止启动。

（2）防跑偏开关。防跑偏开关主要用作防止带式输送机的输送带因过量跑偏而发生事故。当输送带在运行中跑偏时，输送带推动防跑偏开关的挡辊，当挡辊偏到一定角度时开关动作，切断电源，使输送机停止运转。

（3）落煤筒堵煤监测开关。落煤筒堵煤监测开关安装在带式输送机头部漏斗壁上，用以监测漏煤斗内料流情况。当漏斗堵塞时，料位上升，监测器发出信号并切断输送机电源，从而避免事故。堵煤监测开关有阻转式和电极式等。

（4）皮带纵向撕裂保护开关。撕裂检测开关用于皮带纵向撕裂的保护。感知器采用拦索式结构或其他结构，安装在胶带的下面，当胶带被异物划漏，下落的物料或异物使钢索受力，使钢球脱离开关体，开关送出报警信号。

（5）料流检测器。料流检测器用于检测带式输送机在工作过程中胶带上是否有物料。料流检测器一般安装在上行胶带的下面。当皮带运送物料时，皮带下沉，使料流的托辊动作，从而发出信号。也有其他形式的料流检测器，根据各厂设备而定，此处不再赘述。

（6）速度检测仪。速度检测仪用于带式输送机在工作过程中速度的实时检测。测速传感器安装在下行皮带上。传感器的圆轮随着皮带转动而转动。还有安装在从动滚筒或增面滚筒上检测器，利用脉冲信号的个数来判定皮带是否欠速。

11. 带式输送机运行与联锁

（1）输煤系统是由卸储煤设备（翻车机、卸船机、斗轮堆取料机等）、运煤设备（给煤机、皮带机、犁式卸煤器等）、筛碎设备（筛煤机、碎煤机等）、辅助设备（除铁器、除尘器、电子皮带秤、煤炭自动采样器等）组成的。系统出力大、占线长、设备间的工作时序要求严，各台设备都要按照一定的要求顺序启停，互相制约，合理、可靠的联锁保护可以减少输送机启停次数，保证输煤设备按顺序启停，当系统发生故障时，能够自动停止与故障相关的设备运行，避免造成堆煤、堵煤、压皮带等故障的扩大。

（2）皮带输送机一般遵守如下联锁关系。

1）皮带系统启动时，按逆煤流方向逐一启动，而停运时则按顺煤流方向逐一停止。每台设备之间要按一定的延时时间，逐台启停运行。

2）筛碎设备加入程控联锁系统，启动时按逆煤流逐一启动，停运时按顺煤流筛碎设备较其他设备延时 2min 停运。

3）除铁器、除尘器等附属设备先于皮带机启动，后于皮带机停运，具体时间依现场实际。

4）粉尘自动喷淋系统应根据现场粉尘浓度与煤流信号这两个条件联锁，禁止空皮带喷水或湿煤喷水。

5）自动采样机与皮带机存在相互联锁关系，皮带启动时，采样机自动运行，采样机轻故障跳停时皮带不停，采样机重故障跳停时，联锁跳停采样的皮带机。

6）当运行流程中参与连锁运行的设备中某一设备发生故障停运时，则该设备上级各设备立即联跳，碎煤机不跳闸，下级设备仍继续运转。当全线紧急跳闸时，碎煤机也不停。当碎煤机跳闸时，立即联停上级皮带。

7）三通挡板的位置信号参与皮带系统的联锁，其位置应符合流程要求，当位置信号丢失时，上级皮带无法启动或跳停。

8）卸储煤设备与皮带机存在联锁关系，取煤时：皮带机跳停联锁跳停堆取料机或卸船机、翻车机；堆取料机或卸船机、翻车机跳停时，不跳停皮带机。堆煤时：皮带机跳停联锁跳停卸船机、翻车机，不跳停堆取料机。堆取料机跳停时，跳停皮带机。卸船机、翻车机跳停时，不跳停皮带机。

第二节　斗轮堆取料机

一、斗轮堆取料机类别

（1）按用途来分类。分为斗轮取料机和斗轮堆取料机。前者只具有取料功能而不具备堆料功能，称为单一功能的斗轮机；而后者两种功能均具备，系多功能的斗轮机，见图 11-4。

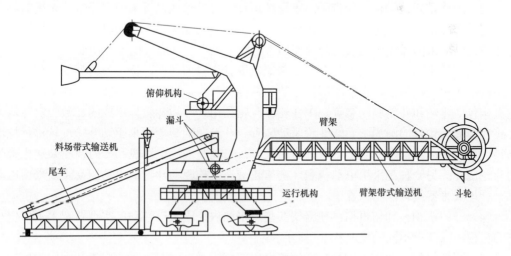

图 11-4　斗轮堆取料机

（2）按结构型式分类。分为悬臂型、门型、圆型等，其中悬臂型应用最为广泛，其次为圆型。

（3）按设备布置分类。分为通过式和折返式，其中折返式较多。

二、结构组成及工作原理

悬臂式斗轮堆取料机主要由金属构架、悬臂带式输送机、斗轮机构、仰俯机构、回转机构、行走机构、电气设备和操作室等组成。

（1）金属构架。由前臂架、后配重架、主立柱，拉杆体系、回转平台、门座和尾车七大部分组成。①前臂架。前臂架是用来安装胶带机和斗轮机构的主要构架。②后配重架。后配重架用来装设配重，平衡前臂架的倾覆力矩，提高斗轮机的稳定性。③主立柱。主立柱是回转平台上部的核心构件，通过它将前后臂架连接成为一整体，同时通过它把上部荷载传至回转平台上。④拉杆体系。拉杆体系是用来悬吊前、后臂架的，使前、后臂架与主立柱保持相对关系。⑤回转平台。回转平台是主立柱和回转座圈之间的连接体。悬臂胶带机的传动装置和臂架回转的驱动装置均布置在平台上，因此它既是一个驱动站，又是运行人员活动场所。⑥门座。门座分为三点支撑和四点支撑两种。门座设在整机的下半部分，它既要承受回转平台以上的重量，又要承担工作时所受到的反作用力和力矩。⑦尾车。尾车是斗轮堆取料与输煤主系统相互连接的桥梁。尾车按功能分为固定式、折返式、通过式、全功能尾车四大类型。固定式尾车结构，它与地面共用一条皮带，皮带驱动装置设在地面皮带机上。堆料时，地面皮带运来的物料经尾车落到主机悬臂皮带机上，由悬臂皮带机抛洒到料场上。斗轮取上来的物料经悬臂皮带机，中心落料管到地面皮带机上，且只能向前方输送）。固定式尾车皮带为单向运行。折返式尾车就是堆料时物料从何方来，取料时可原路反向返回的尾车装置。能够实现单向堆料，单向取料。通过式尾车能实现同向堆料、取料、单向通过。适用于通过式布置的堆场。全功能尾车能实现单向堆料、双向取料、双向通过。适合于双向取料布置堆场。

（2）悬臂带式输送机。胶带采用正反转运行，胶带输送机运来的煤经过斗轮机的尾车卸落到悬臂胶带机上。正转时，将来煤由其头部抛洒到煤场里，反转时，可从煤场取煤，将斗轮挖取出来的煤经过尾部的落煤管卸落到胶带机上，从而实现堆取作业。

（3）斗轮机构。斗轮机构是专门用来挖取散状物料的部件，位于前臂架的头部。由于其结构形式和运动特点，保证了所挖取的物料能够及时地排出，因而实现了连续挖取。斗轮机构包括斗轮和斗轮驱动装置。①斗轮。斗轮是由铲斗和斗轮体组成的，数个铲斗均匀分布在圆形斗轮体的圆周上。②斗轮驱动装置。斗轮驱动装置用来驱动斗轮旋转进行挖取物料。该装置的结构型式繁多，可分为两大类：一类是液压电动机和一对齿轮减速机构带动斗轮旋转；另一种是采用电动机和一个齿轮减速机构驱动斗轮。电动驱动主要采用电动机、行星减速器组合，结构紧凑。

（4）仰俯机构。仰俯机构可使臂架在垂直平面内绕固定轴转动，实现臂架上下仰俯动作的机构，以获得不同的挖取和堆料高度。

（5）回转机构。回转机构是指能使整个臂架绕铅垂轴线在水平面内进行回转的机构，位于臂架与门座之间，是由大型（支承装置）、多级立式减速机和驱动装置组成的。

（6）行走机构。行走机构是驱动整座斗轮机沿着轨道往返行走的机构，由多组从动台车和多组驱动台车所组成，每个驱动台车均安装有制动装置，安装在支腿门座的底部。装有自动夹轨器。驱动装置变频器加减速器，根据不同的机型设计，一般行走速度为 5～30m/min 可调。

（7）自动夹轨装置。目前生产的斗轮机都在走行装置中配备自动夹轨装置，其作用是用来夹住轨道，防止大风时斗轮机产生滑移。它是由操作室顶部的风速仪与走行装置中的自动夹轨器两部分组成。当风速超过规定的风速时，风速仪将信号传给控制仪表，控制仪表控制夹轨器动作。

第三节 卸 煤 设 备

一、螺旋卸船机

1. 概述

螺旋卸船机是以水平螺旋输送机、垂直螺旋输送机以及特制的取料装置为主要工作机构的卸船机械，它是一种高效连续型散货卸船机。

2. 组成结构及工作原理

（1）螺旋卸船机主要由门架、转台、水平螺旋、垂直螺旋和喂料器等部分组成。其最大优点是作业过程在密闭状态下进行，无粉尘污染，外形和重量比其他连续卸船机小，但能耗大。一般主要用来卸煤、水泥、散粮、化肥、钾盐等散状物料。

（2）螺旋卸船机具有以下特点：

1）卸船效率高。螺旋卸船机的额定生产率可高达 2000t/h 以上，该机效率高的另一个重要标志是平均工作能力较大。

2）对货物与船型的适应性强。螺旋卸船机可以用来卸各种粉末状、颗粒状及块状物料。螺旋卸船机的垂直部分断面尺寸小，且行走、回转、俯仰、摆动等辅助机构保证了该机灵活的动作，它可适合于各种类型的驳船与海船。

3）环境污染小。螺旋卸船机的物料输送系统为全封闭式，在卸船作业过程中没有料尘飞扬，没有物料或物料气味的泄漏。

4）结构简单、质量小。螺旋卸船机的物料输送系统均由无挠性牵引构件的螺旋输送机组成，输送机没有返回分支，结构比较简单，垂直臂与水平臂的断面尺寸较小。

5）工作构件的磨损较为严重。螺旋卸船机的主要易磨损部件是输送螺旋与垂直螺旋输送机的中间支承轴承。

6）能耗较大。输送螺旋在工作时由于物料与螺旋面之间的摩擦，物料与料槽或输送管壁的摩擦以及物料之间的摩擦与搅拌，物料的单位长度运移阻力较大，使得螺旋卸船机的单位能耗比其他机械式连续卸船机高，与抓斗卸船机相当，但比气力卸船机则低很多。

二、门座抓斗卸船机

1. 概述

（1）门座抓斗卸船机是指具有长悬臂大变幅，可旋转机构的抓斗卸船机。

（2）门座大车沿码头地面轨道行走，是目前应用最为广泛的散货卸船机，其基本构造和门座起重机相似，但在门架上装有漏斗和胶带输送系统。

2. 工作原理

卸船机工作时，抓斗将散货卸入漏斗，再经皮带输送机送到货场。由于漏斗及皮带机能够伸缩，作业时基本上只需起升和变幅动作就行，所以门座起重机工作循环的时间短、卸船效率高。但因提高起升和变幅速度会增加抓斗的偏摆和引起较大的动载荷，所以进一步提高速度受到限制。

三、翻车机

1．概述

（1）翻车机是用来翻卸铁路敞车散料的大型机械设备。可将有轨车辆翻转或倾斜使之卸料的装卸机械，适用于运输量大的港口和冶金、煤炭、热电等工业部门。翻车机可以每次翻卸 1～4 节车皮。

（2）早期的设备只能翻卸 1 节车皮，现在最大的翻车机可以翻卸 4 节车皮。

2．分类

（1）翻车机的形式主要有转子式和侧倾式，使用最多的是转子式翻车机。

（2）转子式翻车机的特点是自重轻尺寸小。但地面土建费用比较大。

（3）侧倾式翻车机使用得比较少。特点是自重比较大，消耗功率大，土建的费用相对要小一些。

（4）单车翻车机的效率一般为18～25节车厢 1h。为提高效率，多节翻车机采用不摘钩敞车。

3．工作原理

其原理是将敞车翻转到 170～180°将散料卸到受料斗中，由地面皮带机将卸下的散料运送到需要的地方，如图 11-5 所示。

图 11-5　翻车机

四、底开门自卸车

底开门自卸车卸煤速度快，单个车皮运量低，不适合长距离运输。

第四节　给　煤　设　备

一、环式给煤机

（1）环式给煤机是大中型火电厂圆形储煤筒仓下部使用的大型给煤机，均匀定量给煤，可大范围调整给煤量，当几个筒仓联用时，能够实现优劣煤种的配用，从而提高煤质的综合利用率，提升电厂的整体经济效益。

（2）环式给煤机由犁煤车、给煤车、驱动定位装置、卸煤犁和电控系统组成。环式给煤机工作时，车体沿圆弧轨道行走，犁煤车将筒仓下部圆周缝隙中的煤均匀地拨落在煤车上，再由卸煤犁将煤按需要的数量和比例均匀地拨到皮带输送机上。

二、叶轮给煤机

（1）叶轮给煤机是火力发电厂缝隙式煤沟中不可缺少的主要设备，它可沿煤沟纵向轴道行走或停在一处将煤定量、均匀连续地拨到输煤皮带上，也称叶轮拨料机。

（2）叶轮给煤机通过沿轨道前后行走和拨煤叶轮的转动，将煤沟沟槽两侧的原煤连续、均匀的拨到煤沟输煤皮带上，能在行走中给煤，也可定点给煤。

三、振动给煤机

（1）振动给煤机（含活化给煤机）的给料过程是利用特制的振动电机或两台电动机带动激振器驱动给料槽沿倾斜方向作周期直线往复振动来实现，当给料槽振动的加速度垂直分量大于重力加速度时，槽中的煤被抛起，并按照抛物线的轨迹向前跳跃运动，抛起和下落在瞬间完成，由于激振源的连续激振，给煤槽连续振动，槽中的煤连续向前跳跃，以达到给煤的目的。

（2）它具有起动迅速，停车平稳，维修少，安装方便，结构简单等特点，是煤炭行业中给料的理想设备。

四、往复式给煤机

（1）往复式给煤机，在煤斗下口设一给料槽，给料槽底板（也称给煤板）为活动式，它安放在托轮上，通过曲臂（或称摇杆、拉杆、连杆）与曲柄连接，曲柄固定在减速器输出轴上，减速器输入轴通过联轴器与电动机相连。当电动机带动减速器转动时，减速器输出轴上的曲柄就带动曲臂使底板在托轮上做直线往复运动，从而把煤斗内的煤送出煤斗口，卸到输送机胶带上，实现对矿石、砂、煤、粮食等散装物料的均匀定量给料。

（2）往复式给煤机由机架、漏斗、给料槽、给料底板、传动平台、闸门及托轮组成。传动平台由电机、联轴器、减速器、曲柄（偏心轮）、曲臂组成。

第五节　辅　助　设　备

一、滚轴筛（除木器）

1. 概述

滚轴筛（除木器）是输煤系统重要的辅助设备，它的作用是经过筛分，大于筛孔的石块、木块、铁块、挡皮等大块物体在输筛面上向前运动被送至大块收集室，收集室中的大块煤进入碎煤机，经破碎后返回输送系统，而来煤在自重及旋转力的作用下，沿轴筛之间的间隙落下。滚轴筛这种设计可防止堵筛现象，适于电厂原煤中含水分较大的工况下运行。

2. 结构组成及工作原理

滚轴筛由电动机、减速箱、轴筛、收集室、控制箱等几部分组成，根据现场情况设置不同的筛轴数，见图 11-6。

二、振动筛

（1）振动筛工作时，两电机同步反向旋转使激振器产生反向激振力，迫使筛体带动筛网做纵向运动，使其上的物料受激振力而周期性向前抛出一个射程，从而完成物料筛分作业。

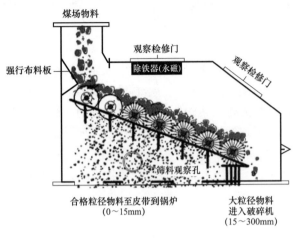

图 11-6　滚轴筛

（2）共振筛是振动筛的一种，它与振动筛不同点是：振动筛是在远离共振区的超共振状态下工作；而共振筛是在接近共振区的条件下工作，即筛分机的工作频率接近其本身的自振频率。利用这个特点，就可以用较小的激振力来驱动较大面积的筛箱，所以共振筛的动力消耗小，而生产能力大。在理论上，仅给予足以克服弹性体（弹簧或橡胶）内部阻力的能量即能使振动持续下去，因而共振筛除具有一般振动筛所具有的一系列优点外，还具有动力消耗少的突出优点。

三、环锤式碎煤机

1．结构组成

环锤式碎煤机主要由八大部分组成：后机盖、中间机体、转子部分、液压系统、前机盖、下机体、筛板架组件和调节机构，见图 11-7。

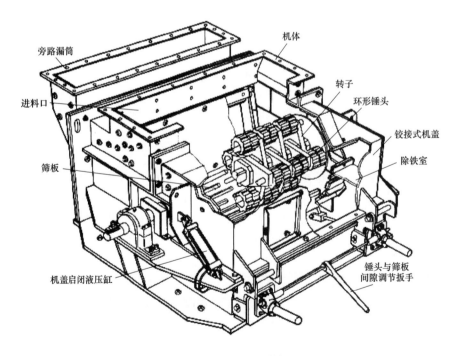

图 11-7　环锤式碎煤机

2. 工作原理

（1）当煤进入碎煤机后，环锤式碎煤机利用高速回转的转子环锤冲击煤块，使煤在环锤与碎煤板、筛板之间，煤与煤之间，产生冲击力、劈力、剪切力、挤压力、滚碾力，这些力大于或超过煤的抗冲击载荷以及抗压、抗拉强度极限时，煤就会沿其裂隙或脆弱部分破碎。

（2）第一段是通过筛板架上部的碎煤板与环锤施加冲击力，破碎大块煤。

（3）第二段是小块煤在转子回转和环锤自转不断的运转下，继续在筛板弧面上破碎，并进一步完成滚碾，剪切和研磨的作用，使之达到破碎粒度，从筛板栅孔中落下排出。

（4）部分破碎不了的坚硬的杂物被抛甩到除铁室内。

四、除铁器

1. 概述

在运往火力发电厂的原煤中，常常含有各种形状、各种尺寸的金属物。如果这些金属物进入输煤系统极有可能对皮带机、碎煤机、磨煤机等转动设备造成各种破坏，尤其是皮带的纵向撕裂，将给输煤系统造成重大故障。因此，从输煤系统中除去金属杂物，对于保证设备安全、稳定运行，是非常必要的。

2. 除铁器分类

（1）按磁铁性质的不同分为永磁除铁器和电磁式除铁器。

（2）电磁除铁器按弃铁方式的不同可分为带式除铁器和盘式除铁器。

3. 永磁除铁器的工作原理

（1）皮带运行中当皮带上的煤经过除铁器下方时，混杂在物料中的铁磁性杂物，在除铁器磁芯强大的磁场力作用下，被永磁磁芯吸起。

（2）由于弃铁皮带的不停运转，吸附在弃铁皮带上铁磁性杂物随弃铁皮带一起运动，当脱离磁芯时，磁力消失，铁件被扔进集铁箱，从而达到自动除铁的目的。

4. 电磁除铁器的工作原理与结构

（1）电磁除铁器是一种用于清除散状非磁性物料中铁件的电磁设备，一般安装于皮带输送机的头部或中部。通电产生的强大磁力将混杂在物料中的铁件吸起后由卸铁皮带抛出，达到自动清除的目的，并能有效地防止输送机胶带纵向划裂，保护破碎机正常工作。

（2）带式电磁除铁器。

1）主要由除铁器本体、卸铁部件和冷却部件组成。卸铁机构由框架、摆线针轮减速机、滚筒及螺杆、链条链轮和装有刮板的自卸胶带组成。

2）带式电磁除铁器悬吊在皮带输送机头部或中部，靠磁铁和旋转着的皮带将煤中铁件分离出来。

3）带式电磁除铁器一般与金属探测器配套使用，用于节约电能，减小除铁器长期高负荷运行的高温老化损失。一般运行情况下电磁除铁器在弱磁状态下小电流工作，当煤中有5kg以上的大铁件时，投入强磁可立即吸出大铁件。

5. 输煤系统对除铁器的使用要求

（1）一般不应少于两级除铁。多级除铁器应尽可能选用带式除铁器安装在皮带机头部与盘式除铁器安装在皮带机中部搭配使用。

（2）宽度 1.4m 以下皮带机宜选用带式永磁除铁器，宽度 1.6m 以上皮带机尽可能选用电磁除铁器。

（3）要求防爆的场合，宜使用永磁除铁器。

（4）电力容量不足时，宜使用永磁除铁器。

（5）在除铁器正下方尽可能选用无磁托辊或无磁滚筒。

五、计量和采样设备

1. 称重式电子皮带秤

（1）电子皮带秤主要由称重部分、测速部分、计算部分、通信部分组成。

（2）称重桥架横梁中的称重传感器检测皮带上物料的重量信号，测速传感器检测皮带的运行信号，积算器将接收到的重量信号和测速信号，进行放大、滤波、A/D 转换进入 CPU 进行积分运算，然后将物料的瞬时流量和累计重量在面板上显示出来，积算器具有可选的联网、通信、打印、DCS 联机等功能。同时称重式电子皮带安装有一套校验装置，定期对皮带秤进行校正。

2. 皮带采样机

（1）皮带采样机主要由采样头（有端部和中部两种）、一级给料机、破碎机、缩分机、二级给料机、集样器等部件组成。

（2）皮带端部煤流采样机。

1）利用输煤皮带端部做抛物线运动的煤流冲击到带有采样口的采样板上，而采样板的采样口以一定的速度旋转，切割煤流，截取到一段完整的横截体煤样。

2）采取到的煤样经一级给料机均匀地送到粉碎机，粉碎后的煤样（粒度小于 13mm 或 6mm）经缩分机按一定的缩分比（1/6～1/54）进行缩分，缩分后的子样进入子样桶，余煤直接进入下级皮带（或通过余煤回收设备将余煤送到相应的皮带上运走），完成一次采样循环。

（3）皮带中部煤流采样机。

1）利用运行轨迹与皮带横截面相吻合，以垂直于皮带运行方向旋转的采样刮斗，将皮带上的物料送到落煤管内，截取一段完整横截面煤样。

2）采取到的煤样经一级给料机均匀地送到粉碎机，粉碎后的煤样（粒度小于 13mm 或 6mm）经缩分机按一定的缩分比（1/6～1/54）进行缩分，缩分后的子样进入子样桶，余煤直接进入下级皮带（或通过余煤回收设备将余煤送到相应的皮带上运走），完成一次采样循环。

六、除尘设备

1. 袋式除尘器

（1）袋式除尘器是指含尘烟气被负压吸引通过过滤布袋时，气流中的尘粒被滤层阻截捕集下来，从而实现气固分离的设备。

（2）袋式除尘器本体结构主要由风机、上部箱体、中部箱体、下部箱体（灰斗）、清灰系统和排灰机构等部分组成。

（3）袋式除尘器性能的好坏，除了正确选择滤袋材料外，清灰系统对袋式除尘器起着决定性的作用。为此，清灰方法是区分袋式除尘器的特性之一，也是袋式除尘器运行中重要的一环。

2. 静电除尘器

在两个曲率半径相差较大的金属阳极和阴极上，通过施加高压直流电，维持一个足以使气体电离的电场。气体电离后产生的电子、阴离子和阳离子，吸附在通过电场的粉尘上，使粉尘荷电。荷电粉尘在电场力的作用下，向电极极性相反的电极运动而沉积在电极上，从而达到粉尘和气体分离的目的。当带有离子的粉尘颗粒到达极板时就释放离子，而颗粒依附在极板上，随着越来越多的烟尘颗粒在极板的依附，极板上就形成了块状尘埃，当积灰达到一定量的时候，在自重力及极板振打机构的振打力作用下，使块状尘埃掉落至灰斗，从而达到除尘的目的。由于易产生火星导致自燃和爆炸，静电除尘在输煤系统应用极少。

3. 水膜除尘

水膜除尘器是一种依靠强大的离心力的作用把烟尘中的尘粒甩向水膜壁，被侧壁不断流下的水冲走，从而除掉尘粒的除尘器产品。但对于微小颗粒的粉尘，由于惯性很小，所以很难除掉，除尘效率较低。

4. 干雾抑尘

（1）干雾抑尘技术是通过"云雾"化的水雾来捕捉粉尘，让水雾与空气中的粉尘颗粒结合，形成粉尘和水雾的团聚物，受重力作用而沉降下来，实现源头抑尘，可以有效解决局部封闭/半封闭状态下无组织排放粉尘的处理难题，如进料斗和给料机等装卸区域的除尘。

（2）干雾抑尘技术的抑尘设备，通过高性能喷嘴来产生 $1\sim100\mu m$ 超细干雾颗粒，能充分增加与粉尘颗粒的接触面积，定向抑尘，消除粉尘及呼吸性粉尘的效果明显。能够连续或间断地自动喷洒云状离子干雾，干雾有效喷射距离远，抗风能力强，形成一道捕捉、团聚粉尘的高效能云雾防尘墙。

（3）除此之外，干雾所形成的雾滴微细，耗水耗电量小，成本低，不影响后续工艺和成品的外观、质量，也延长了生产设备的使用寿命。

 思考与练习

1. 电厂输煤系统包括哪些设备和系统？
2. 简述入厂煤检斤检质在燃料成本控制中的作用。

第十二章　电厂化学及水处理过程

　　火电机组中水汽作为动力的工质类似人体中的血液，火电厂中化学专业人员就像保证机组健康、安全、经济运转的医生。据近年来的统计，我国大型电站因锅炉过热器、省煤器、水冷壁、再热器（简称"四管"）爆漏引起的停机事故，占锅炉设备非计划停用事件的70%，其中化学因素占有一定的比例。随着机组参数的提高和新建机组的迅速增加，制造质量、安装质量有所下降，新建电厂的运行、技术管理人员跟不上，这类事故还有上升的趋势，是影响火电厂机组安全、经济运行的主要因素之一。

　　火电机组一旦安装就位并投入运行，锅炉、汽轮机、发电机、凝汽器等大型设备均已成定局，想随意更换几乎不可能，但供给机炉的水、汽等的质量则可以通过化学工作人员的努力进一步提高。机组建成后要吃的东西——水，这些东西必须"清洁卫生"，而且还要合"胃口"。只有这样，才能为机组的安全、经济运行提供化学方面的保证，否则热力系统就会发生结垢、积盐、腐蚀等，水汽质量不好，将对热力设备造成损坏。

　　长期以来，大家都认为化学问题是慢性病，不会直接威胁机组的安全，特别是当许多问题一起出现时，化学问题往往被主设备出现的问题所掩盖，而得不到关心和重视，其实随着机组容量的增大和参数的提高，化学显得越来越重要，因化学原因引起的设备事故也逐渐体现出突发性、快速性等特点，而且只要是化学原因引起的腐蚀破坏往往遍布于整个设备，而绝不可能只在与之接触的设备的局部发生；另外因化学监督不到位，造成设备损坏事故，而这时往往涉及面积广，影响程度深，已经无法挽回。所以重视化学监督指标的微量变化，加强化学监督管理，是防止热力设备腐蚀突发性损坏事故的有力保证。

　　化学监督的任务是保证电厂设备长期稳定运行和提高设备健康水平；化学技术监督工作的方针是"安全第一，预防为主"；化学技术监督的目的是及时发现问题，消除隐患，防止电力设备在基建、启动、运行和停、备用期间，由于水、气、汽、油、燃料品质不良而引起的事故，延长设备的使用寿命，保证机组安全、可靠运行；化学技术监督工作的依据就是国家、行业以及华能集团公司制订的各种标准、导则、规程、规范、准则、条例、管理办法等。

　　化学技术监督的主要对象是火电厂的工质，是靠调整、控制各类型工质的监督指标在导则或标准规定的范围内，来控制或延缓锅炉、汽轮机等热力设备的结垢、积盐和腐蚀等，以防止其腐蚀损坏。

　　威胁"四管"爆漏的化学因素主要有：①因凝汽器泄漏引起给水水质恶化，导致锅内结垢、腐蚀甚至爆管。②因炉安装问题引起水质恶化导致爆管。③因炉水处理方式不当引起过热器、再热器积盐导致爆管。④因汽包锅炉汽水分离设计不当引起蒸汽恶化。⑤制造质量问题引起锅炉汽水分离效果差，引起的蒸汽恶化。⑥因锅炉化学清洗不当引起爆管。⑦因停用保护不当引起严重腐蚀等。

第一节　水在电厂中的作用

在火力发电厂中，水进入锅炉后，吸收燃料（煤、油或天然气）燃烧放出的热能，转变成蒸汽，导入汽轮机；在汽轮机中，蒸汽的热能转变机械能；汽轮机带动发电机，将机械能变成电能。所以锅炉和汽轮机为火力发电厂的主要设备，为了保证它们正常运行，对锅炉用水的质量要求有很严的要求，而且机组中蒸汽的参数越高，对其要求越严。

一、热力系统主要流程

凝汽式发电厂水汽循环系统主要流程如图 12-1 所示。

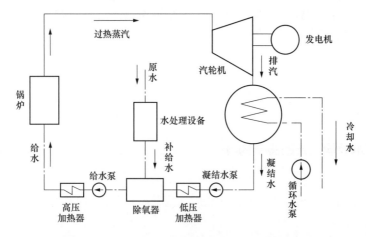

图 12-1　凝汽式发电厂水汽循环系统主要流程

在凝汽式发电厂中，水汽呈循环状运行。锅炉产生的蒸汽经汽轮机进入凝汽器，在这里它被冷却成凝结水，经凝结水泵送至低压加热器，加热后送至除氧器，再由给水泵将已除氧的水送到高压加热器后进入锅炉。

在上述系统中，汽水的流动虽呈循环状，但这是主流，并非全部，在实际运行中总不免有些损失。造成汽水损失的主要原因有如下几个方面：

（1）锅炉部分：锅炉的排污放水，锅炉疏水阀泄漏、蒸汽吹灰等。

（2）汽轮机机组：汽轮机的轴封处向外排气，在抽气器和除氧器排气口排出的一些蒸汽。

（3）各种水箱：各种水箱（如疏水箱等）有溢流和热水的蒸发等损失。

（4）管道系统：个别管道系统法兰盘连接处不严密和阀门泄漏等原因，也会造成汽水损失。

为了维护发电厂热力系统的水汽循环运行正常，就要补充这些损失，这部分水称为补给水。凝汽式发电厂的正常运行情况下，补给水量不超过锅炉额定蒸发量的 1%。

二、电厂水处理重要性

在火力发电厂的热力系统中，水的品质是影响热力设备安全、经济影响的重要因素。

333

天然水中含有许多杂质。若把这些水不经净化处理就引入热力设备，将会由于汽水品质不良引起各种危害，主要是热力设备的结垢、腐蚀和积盐。

1. 热力设备结垢

结垢易发生在热负荷较高的部位，如锅炉的炉管、各种热交换器。水垢的导热性比金属差几百倍，结垢的金属管壁就会产生过热，强度下降，引起管道的损坏。冷却水处理不当，会使凝汽器管结垢，降低换热效率，从而降低汽轮机出力，降低发电厂的经济型。热力设备结垢以后，必须及时进行清理，否则减少了设备的年利用小时数，还要增加检修工作量和费用。

2. 热力设备腐蚀

水质不良会引起热力设备的腐蚀，主要是电化学腐蚀。热力系统的腐蚀将大大减少设备的使用年限。而金属腐蚀产物转入水中，会加剧结垢，结成的垢又会加速锅炉炉管的腐蚀。此种恶性循环，会迅速导致爆管。

3. 过热器和汽轮机积盐

含有大量杂质的蒸汽通过过热器和汽轮机时，杂质会沉积下来，这叫作过热器、汽轮机的积盐。过热器的积盐有可能引起爆管，汽轮机的积盐将大大降低汽轮机的出力。

因此，为了保证安全经济运行，火电厂对锅炉用水的水质量规定了严格的要求。

三、电厂水处理工作的主要内容

（1）净化原水。净化原水的目的是制备所需质量的锅炉补给水，这个处理过程也叫作炉外水处理。其包括除去天然水中的悬浮物和胶体状杂质的澄清、过滤等处理；除去水中全部盐类的除盐处理。

（2）高参数机组或直流锅炉的凝结水净化。

（3）对给水的除氧、加药。

（4）对汽包锅炉进行锅炉水的加药处理和排污，这些工作称为锅内水处理。

（5）对冷却水进行防垢、防腐和防止生物、微生物等附着的处理。

（6）热电厂对返回水的净化处理。

（7）对热力系统各部分的水汽质量进行监督。

（8）锅炉及其他热力设备的清洗及机炉停运期间的保养工作。

热力发电厂水处理工作就是为了保证热力系统各部分有良好的汽水品质，以防止热力设备的结垢、腐蚀和积盐。因此，在热力发电厂中，水处理工作对保证发电厂的安全、经济运行具有十分重要的意义。

第二节 水 质 概 述

一、天然水及其种类

1. 水源

水是地面上分布最广的物质，几乎占据着地球表面的四分之三，构成了海洋、江河、湖泊以及积雪和冰川，此外，地层中还存在着大量的地下水，大气中也存在着相当数量的水蒸气。地面水主要来自雨水，地下水主要来自地面水，而雨水又来自地面水和地下水的蒸发。因此，水在自然界中是不断循环的。

水分子（H_2O）是由两个氢原子和一个氧原子组成，可是大自然中很纯的水是没有的，因为水是一种溶解能力很强的溶剂，能溶解大气中、地表面和地下岩层里的许多物质，此外还有一些不溶于水的物质和水混合在一起。

水是工业部门不可缺少的物质，由于工业部门的不同，对水的质量的要求也不同，在火力发电厂中，由于对水的质量要求很高，因此对水需要净化处理。

电厂用水的水源主要有两种，一种是地表水，另一种是地下水。

地表水是指流动或静止在陆地表面的水，主要是指江河、湖泊和水库水。海水虽然属于地表水，但由于其含盐量数十乃至数百倍于其他地表水，除淡水资源十分匮乏的濒海电厂外，不会以海水作为补给水的原水。

2. 天然水中的杂质

天然水中的杂质是多种多样的，这些杂质按照其颗粒大小可分为悬浮物、胶体和溶解物质三大类。

（1）悬浮物。悬浮物的表示方法：通常用透明度或浑浊度（浊度）来表示。

颗粒直径约在 10^{-4}mm 以上的微粒，这类物质在水中是不稳定的，很容易除去。水发生浑浊现象，都是由此类物质造成的。

（2）胶体。颗粒直径约在 $10^{-6} \sim 10^{-4}$mm 之间的微粒，是许多分子和离子的集合体，有明显的表面活性，常常因吸附大量离子而带电，不易下沉。

（3）溶解物质。是直径小于或等于 10^{-6}mm 的微小颗粒，主要是溶于水中的以低分子存在的溶解盐类的各种离子和气体。

溶解物质是指颗粒直径小于 10^{-6}mm 的微粒，它们大都以离子或溶解气体状态存在于水中。天然水中都存在 Ca^{2+}、Mg^{2+}、HCO_3^-、SO_4^{2-}。在含盐量不大的水中，Mg^{2+} 的浓度一般为 Ca^{2+} 的 $25\% \sim 50\%$，水中 Ca^{2+}、Mg^{2+} 是形成水垢的主要成分。

含钠的矿石在风化过程中易于分解，释放出 Na^+，所以地表水和地下水中普遍含有 Na^+。因为钠盐的溶解度很高，在自然界中一般不存在 Na^+ 的沉淀反应，所以在高含盐量水中，Na^+ 是主要阳离子。天然水中 K^+ 的含量远低于 Na^+，这是因为含钾的矿物比含钠的矿物抗风化能力大，所以 K^+ 比 Na^+ 较难转移至天然水中。

由于在一般水中 K^+ 的含量不高，而且化学性质与 Na^+ 相似，因为在水质分析中，常以（$K^+ + Na^+$）之和表示它们的含量，并取加权平均值 25 作为两者的摩尔质量。

天然水中都含有 Cl^-，这是因为水流经地层时，溶解了其中的氯化物。所以 Cl^- 几乎存在于所有的天然水中。

天然水中最常见的阳离子是 Ca^{2+}、Mg^{2+}、K^+、Na^+；阴离子是 HCO_3^-、SO_4^{2-}、Cl^-。天然水中常见的溶解气体有氧（O_2）和二氧化碳（CO_2），有时还有硫化氢（H_2S）、二氧化硫（SO_2）和氨（NH_3）等。

天然水中 O_2 的主要来源是大气中 O_2 的溶解，因为空气中含有 20.95% 的氧，水与大气接触使水体具有自充氧的能力。另外，水中藻类的光合作用也产生一部分的氧，但这种光合作用并不是水体中氧的主要来源，因为在白天靠这种光合作用产生的氧，又在夜间的新陈代谢过程中消耗了。

地下水因不与大气相接触，氧的含量一般低于地表水，天然水的氧含量一般在 0～14mg/L 之间。

天然水中 CO_2 的主要来源：为水中或泥土中有机物的分解和氧化，也有因地层深处进行的地质过程而生成的，其含量在几毫克/升至几百毫克/升之间。地表水的 CO_2 含量常不超过 20～30mg/L，地下水的 CO_2 含量较高，有时达到几百毫克/升。

天然水中 CO_2 并非来自大气，而恰好相反，它会向大气中析出，因为大气中 CO_2 的体积百分数只有 0.03%～0.04%，与之对应的溶解度仅为 0.5～1.0mg/L。水中 O_2 和 CO_2 的存在是使金属发生腐蚀的主要原因。

微生物。在天然水中还有许多微生物，其中属于植物界的有细菌类、藻类和真菌类；属于动物界的有鞭毛虫、病毒等原生动物。另外，还有属于高等植物的苔类和属于后生动物的轮虫、绦虫等。

为了研究问题方便起见，人为地将水中阴、阳离子结合起来，写成化合物的形式，这称为水中离子的假想结合。这种表示方法的原理是，钙和镁的碳酸氢盐最易转化成沉淀物，所以令它们首先假想结合，其次是钙、镁的硫酸盐，而阳离子 Na^+ 和 K^+ 以及阴离子 Cl^- 都不易生成沉淀物。因此它们以离子的形式存在于水中。

二、电厂用水的类别及指标

1. 电厂用水的类别

水在火力发电厂水汽循环系统中所经历的过程不同，水质常有较大的差别。根据实用的需要，人们常给予这些水以不同的名称，它们是原水、锅炉补给水、给水、锅炉水、锅炉排污水、凝结水、冷却水和疏水等。现简述如下：

（1）原水：也称为生水，是未经任何处理的天然水（如江河水、湖水、地下水等）。

（2）锅炉补给水：原水经过各种水处理工艺净化处理后，用来补充发电厂汽水损失的水称为锅炉补给水。按其净化处理方法的不同，主要为除盐水。

（3）给水：送进锅炉的水称为给水。主要是由凝结水和锅炉补给水组成。

（4）锅炉水：在锅炉本体的蒸发系统中流动着的水称为锅炉水，习惯上简称炉水。

（5）锅炉排污水：为了防止锅炉结垢和改善蒸汽品质，用排污的方法，排除一部分炉水，这部分排除的炉水称为锅炉排污水。

（6）凝结水：锅炉产生的蒸汽进入汽轮机，做完功后经冷凝下来的水称为凝结水，它又进入热力系统作为锅炉给水的主要组成部分。

（7）冷却水：用作冷却介质的水为冷却水。主要指用作冷却做功后的蒸汽的冷却水，如果该水循环使用，则称为闭式循环冷却水。

（8）疏水：在热力系统中，供加热器加热的蒸汽冷凝后的水，也包括机组启停时蒸汽系统中冷凝下来的水。

（9）其他生产用水：这里包括煤场用水和各车间生产用水。

（10）生活用水：生活用水指非生产用水。

在水处理工艺过程中，还有所谓的清水、除盐水及自用水等。

2. 水质指标

所谓水质是指水中其他杂质共同表现出的综合特性，而表示水中杂质个体性质的项目，称为水质指标。

由于各种工业生产过程对水质的要求不同，所以采用的水质指标也有差别。

火力发电厂用水的水质指标有二类：一类是表示水中杂质离子的组成的成分指标，如 Ca^{2+}、Mg^{2+}、Na^+、Cl^-、SO_4^{2-}等；另一类指标是表示某些化合物之和或表征某种性能，这些指标是由于技术上的需要而专门制定的，故称为技术指标。

（1）表征水中悬浮物及胶体的指标。

1）悬浮固体。

2）浊度。

3）透明度。

（2）表征水中溶解盐类的指标。

1）含盐量：含盐量是表示水中各种溶解盐类的总和，由水质全分析的结果，通过计算求出。含盐量有两种表示方法：一是摩尔表示法，即将水中各种阳离子（或阴离子）均按带一个电荷的离子为基本单位，计算其含量（mmol/L），然后将它们（阳离子或阴离子）相加；二是重量表示法，即将水中各种阴、阳离子的含量以 mg/L 为单位全部相加。

由于水质全分析比较麻烦，所以常用溶解固体近似表示，或用电导率衡量水中含盐量的多少。

2）溶解固体：溶解固体是将一定体积的过滤水样，经蒸干并在 105～110℃下干燥至恒重所得到的蒸发残渣量，单位用 mg/L 表示。它只能近似表示水中溶解盐类的含量，因为在这种操作条件下，水中的胶体及部分有机物与溶解盐类一样能穿过滤纸，许多物质的结晶水不能除尽，碳酸氢盐全部转换为碳酸盐。

3）电导率：表示水中离子导电能力大小的指标，称作电导率。由于溶于水的盐类都能电离出具有导电能力的离子，所以电导率是表征水中溶解盐类的一种代替指标。水越纯净，含盐量越小。电导率越小。

水的电导率的大小除了与水中离子含量有关外，还和离子的种类有关，单凭电导率不能计算水中含盐量。在水中离子的组成比较稳定的情况下，可以根据试验求得电导率与含盐量的关系，将测得的电导率换算成含盐量，电导率的单位为 μS/cm。

（3）表征水中易结垢物质的指标。表征水中易结垢物质的指标是硬度，形成硬度的物质主要是钙、镁离子，所以通常认为硬度就是指水中这两种离子的含量。水中钙离了含量称钙硬（HCa），镁离子含量称镁硬（HMg），总硬度是指钙硬和镁硬之和，即 H=HCa+HMg= $\left[(1/2)\ Ca^{2+}\right] + \left[(1/2)\ Mg^{2+}\right]$。根据 Ca^{2+}、Mg^{2+}与阴离子组合形式的不同，又将硬度分为碳酸盐硬度和非碳酸盐硬度。

1）碳酸盐硬度（HT）是指水中钙、镁的碳酸盐及碳酸氢盐的含量。此类硬度在水沸腾时就从溶液中析出而产生沉淀，所以有时也叫暂时硬度。

2）非碳酸盐硬度（HF）是指水中钙、镁的硫酸盐、氯化物等的含量。由于这种硬度在水沸腾时不能析出沉淀，所以有时也称永久硬度。

硬度的单位为毫摩尔/升（mmol/L），这是一种最常见的表示物质浓度的方法，是我国的法定计量单位。

（4）表征水中碱性物质的指标。表征水中碱性物质的指标是碱度，碱度是表示水中可以用强酸中和的物质的量。形成碱度的物质有：

1）强碱，如 NaOH、Ca(OH)$_2$ 等，它们在水中全部以 OH$^-$ 形式存在；

2）弱碱，如 NH$_3$ 的水溶液，它在水中部分以 OH$^-$ 形式存在；

3）强碱弱酸盐类，如碳酸盐、磷酸盐等，它们水解时产生 OH$^-$。

在天然水中的碱度成分主要是碳酸氢盐，有时还有少量的腐殖酸盐。

水中常见的碱度形式是 OH$^-$、CO$_3^{2-}$ 和 HCO$_3^-$，当水中同时存在有 HCO$_3^-$ 和 OH$^-$ 的时候，发生的化学反应为

$$HCO_3^- + OH^- \longrightarrow CO_3^{2-} + H_2O \qquad (12-1)$$

故一般说水中不能同时含有 HCO$_3^-$ 碱度和 OH$^-$ 碱度。根据这种假设，水中的碱度可能有五种不同的形式：只有 OH$^-$ 碱度；只有 CO$_3^{2-}$ 碱度；只有 HCO$_3^-$ 碱度；同时有 OH$^-$+CO$_3^{2-}$ 碱度；同时有 CO$_3^{2-}$+HCO$_3^-$ 碱度。

碱度的单位为毫摩尔/升（mmol/L），与硬度一样，在美国和德国分别用 ppmCaCO$_3$ 和 °G 为单位。

（5）表示水中酸性物质的指标。表示水中酸性物质的指标是酸度，酸度是表示水中能用强碱中和的物质的量。可能形成酸度的物质有：强酸、强酸弱碱盐、弱酸和酸式盐。

天然水中酸度的成分主要是碳酸，一般没有强酸酸度。在水处理过程中，如氢离子交换器出水出现有强酸酸度。水中酸度的测定是用强碱标准液来滴定的。所用指示剂不同时，所得到的酸度不同。如：用甲基橙作指示剂，测出的是强酸酸度。用酚酞作指示剂，测定的酸度除强酸酸度（如果水中有强酸酸度）外，还有 H$_2$CO$_3$ 酸度，即 CO$_2$ 酸度。水中酸性物质对碱的全部中和能力称总酸度。

这里需要说明的是，酸度并不等于水中氢离子的浓度，水中氢离子的浓度常用 pH 值表示，是指呈离子状态的 H$^+$ 数量；而酸度则表示中和滴定过程中可以与强碱进行反应的全部 H$^+$ 数量，其中包括原已电离的和将要电离的两个部分。

第三节　水 的 预 处 理

天然水未进热力系统前除掉水中杂质的工作，称为炉外水处理，也叫作补给水处理。锅炉补给水主要用来补充水汽系统的汽水损失。补给水处理按处理工艺流程可分为，水的预处理和除盐处理。水的预处理目的主要是除去天然水中的泥砂、黏土、腐殖质及胶体颗粒，使悬浮物降低到 1～5mg/L。

根据水中所含杂质种类不同，采取不同的水处理方法。

对水中较大的悬浮物，靠重力沉淀就可以除掉，这种处理称为自然沉淀法。

对于水中的胶体微粒，常向水中加入一些化学药品，使胶体颗粒凝聚沉淀，这种处理称为混凝沉淀法。

对于溶于水中的盐类，可采用蒸馏法、离子交换法、电渗析法和反渗透法等。目前多采用离子交换法及反渗透法处理。

炉外水处理就是由上述某些方法联合组成的水处理流程，如图 12-2 所示。

现将一般水处理流程中，各种水处理方法、原理及其设备分述如下。

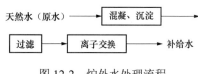

图 12-2　炉外水处理流程

一、混凝沉淀

1. 混凝沉淀的原理

混凝、沉淀过程一般是在澄清器内进行的。处理方法，是向水中加入混凝剂（硫酸铝、聚合铝和硫酸亚铁、氯化铁等）、石灰乳等化学药品。

混凝剂在水中的作用：是促使水中微小的悬浮物或胶体颗粒相互凝聚成大颗粒而下沉。

2. 混凝、沉淀设备及处理过程

利用混凝沉淀方法除掉水中悬浮物的沉淀设备叫作澄清池。目前常见的澄清池也有水力循环澄清池、机械搅拌澄清池、脉冲澄清池和泥渣悬浮澄清池等。各种澄清池尽管在结构上有差异，但它们的工作原理则是相似的。这里仅以悬浮澄清池为例来阐述澄清池的工作过程。

图 12-3 为悬浮澄清池的结构示意图。

原水首先经过空气分离器，把水中含有的空气分离出去。这样就可以避免空气进入澄清池内，搅动悬浮层和把悬浮泥渣带出澄清池，破坏悬浮层的正常工作。

不含空气的水和各种药剂，经过喷嘴送入澄清池下部的混合区。由于混合区水流旋涡很强，可以使混凝剂与水充分混合。

在混合区上部装有水平和垂直的多孔隔板，从混合区出来的水继续向上流经多孔板时，多孔板既能使水得到进一步的混合，又能消除旋涡使其成为平稳水流，进入反应区。反应区是澄清器的中心部分，是主要工作区。当水进入反应区后，水中杂质逐渐凝聚成絮状悬浮物（称为泥渣），由泥渣组成的悬浮层对水起过滤作用。

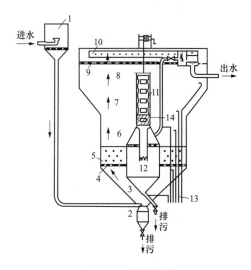

图 12-3　悬浮澄清池

1—空气分离器；2—喷嘴；3—混合区；4—水平隔板；
5—垂直隔板；6—反应区；7—过渡区；8—出水区；
9—水栅；10—集水槽；11—排泥系统；12—泥渣浓
缩器；13—采样管；14—可动罩子

经过反应区悬浮层的水，继续上升，进入过渡区。由于筒体截面逐渐增大，水的流速逐渐减小，使悬浮物与水分离。澄清池上部出水区截面最大，水在这里流速最低，水与悬浮物得到了很好的分离。最后，澄清水由环形集水槽引出，送至清水箱。

澄清池的中央设有垂直圆形的排泥筒。沿着排泥筒的不同高度开有许多层窗门，多余的泥渣自动地经排泥窗口进入浓缩器，浓缩后的泥渣由底部排污管排入地沟。

浓缩器与集水槽之间设有回水导管。由于浓缩器与集水槽之间有水位差，使浓缩器上部的清水经加水导管送入集水槽，而悬浮层上部的水经排泥窗口进入浓缩器，同时带走了多余的泥渣，使悬浮层保持固定的高度。

3. 澄清池的出水质量

一般可以达到以下标准：悬浮物含量不大于 20mg/L。

4. 影响混凝因素

影响混凝因素包括水的 pH 值；水温；混合速度；剂量；水中杂质（泥渣）。

二、过滤处理

生水经过混凝、沉淀处理后，虽然已将水中大部分悬浮物等杂质除掉，但是水中仍残留有 20mg/L 左右的细小悬浮颗粒，需要进一步处理。

除去残留有悬浮杂质，常用的方法是过滤。在电厂水处理中，主要是采用粒状滤料形成滤层，当澄清水通过滤层时，就可以把水中悬浮物吸附截留下来，流出的是清水。

1. 过滤原理

澄清水通过滤层时，为什么能除掉水中的悬浮物呢？对过滤的机理，现在还有些不同的看法。目前人们认为，经过混凝处理的水，通过滤层的滤料时，有两个作用：一个是滤料颗粒表面与悬浮物之间的吸力，使悬浮物被吸附；另一个作用滤层对悬浮颗粒的机械筛除作用，而主要是吸附作用。

2. 滤料选择

做滤料的固体颗粒，应有足够的机械强度和很好的化学稳定性，以免在运行和冲洗时，因摩擦而破碎，或因溶解而导致水质恶化。

石英砂有足够的机械强度，在中性、酸性水中都很稳定。

无烟煤的化学稳定性较高，在一般碱性、中性和酸性水中都不溶解，它的机械强度也较好。

此外，滤料的粒度和级配都应该选择合适。

3. 过滤设备种类

过滤设备有多种，电厂水处理中常见的有机械过滤器和滤池，滤池分为有阀滤池和无阀滤池。

（1）机械过滤器。

1）设备结构。机械过滤器的结构如图 12-4 所示。

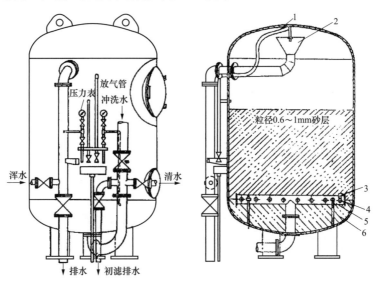

图 12-4　机械过滤器

1—放空气管；2—进水漏斗；3—缝式滤头；4—配水支管；5—配水干管；6—混凝土

它的本体是一个圆柱形容器，内部装有：进入装置、滤层和排水装置。外部设有必要的管道、阀门等。在进、出口的两根水管上装有压力表，两表的压力差就是过滤时的水头损失（运行时的阻力）。

进水装置可以是漏斗形式或其他形式的，其主要作用是使进水沿过滤器截面均匀分配。滤层由滤料组成，滤料的粒径一般采用 0.6～1.0mm。滤层的厚度一般为 1.1～1.2m。

排水系统多采用支管缝隙式配水装置。它的作用：一是使出水的汇集和反洗水的进入，能沿着过滤器的截面均匀分布；二是阻止滤料被带出。

2）设备运行。过滤器在工作时，浑水经进水口流到进水漏斗，然后流经过滤层除掉浑水中的细小悬浮物而成为清水。此清水上排水系统送出。滤速为 8～10m/h，或更大些。

过滤器的运行过程中，由于滤料不断吸附浑水中的悬浮杂质，使运行阻力逐渐增大。当阻力增大到一定时，应停止运行，对滤料进行反洗。

反洗滤料时，先将过滤器内的水排放到滤层以上约 10cm 处，用压缩空气吹洗 3min 左右，然后将反洗清水和压缩空气从过滤器底部排水系统进入，经过滤层上升并冲动滤料使滤料浮动起来。此时滤料颗粒在水中游动并相互摩擦，这样将滤粒表面所吸附的杂质洗掉。在用清水和压缩空气混合反洗 3～5min 后，停止压缩空气，仅用清水继续反洗约 2min 后停止反洗。洗掉的吸附杂质随水上升，经上部进水漏斗上底部排水门排入地沟。最后，用水正洗至合格投入运行或备用。

3）双层滤料。一般机械过滤器多用单层滤料，但单层滤料反洗后，在水流的作用下，滤料颗粒形成了"上细下粗"的排列。由于滤层上部的砂粒细，砂粒之间孔隙小，所以吸附的悬浮物大多数集中在上面，致使滤层下部的滤料不能充分发挥吸附作用。这样就带来了水流阻力增长快，运行周期短的缺点。

为了消除上述缺点，采用了双层滤料的办法。就是将滤层上部石英砂换一层颗粒较大的无烟煤，组成无烟煤-石英砂的双层滤料的过滤器。由于无烟煤的比重比石英砂的小，所以反洗后无烟煤仍然保持在上层。上层无烟煤颗粒之间的孔隙较大，水中悬浮物除被无烟煤吸附外，还可以进入下层石英砂滤层。这样就充分发挥了滤料的截污能力，使水流阻力增长较慢，延长了运行周期。

（2）无阀滤池。

1）设备结构。无阀滤池的结构如图 12-5 所示。

这种过滤设备是用钢筋水泥筑成的主体，由冲洗水箱、过滤室、集水室、进水装置以及冲洗用的虹吸装置等组成。

2）设备运行。无阀滤池运行时，浑水由进水槽 1 进入，经过进水管 2 流入过滤室 4，然后通过滤层除掉浑水中悬浮杂质，成为清水汇集到下部集水室 5，此清水再由连通管进入上部冲洗水箱 6，当水箱充满水后，澄清的水便经出水漏斗送出。

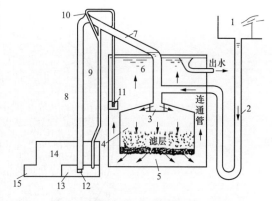

图 12-5　无阀滤池

1—进水槽；2—进水管；3—挡板；4—过滤室；5—集水室；6—冲洗水箱；7—虹吸上升管；8—虹吸下降管；9—虹吸辅助管；10—抽气管；11—虹吸破坏管；12—锥形挡板；13—水封槽；14—排水井；15—排水管

随着运行时间的增长，滤层的阻力逐渐增大。虹吸上升管 7 中的水面也随之升高，当水面上升到虹吸辅助管 9 的管口时，水立即从此管中急剧下降。这时主虹吸管（包括虹吸上升管 7 和虹吸下降管 8）中的空气，便通过抽气管 10 抽走，管中产生负压，使虹吸上升管和下降管中的水面同时上升，当两管水面上升达到汇合时，便形成了虹吸作用。这时，冲洗水箱的水，便沿着与过滤时相反的方向从下而上地经过滤层，形成自动反洗。这样，冲洗水箱的水位便下降，当水位降到虹吸破坏管 11 的管口以下时，空气便进入虹吸管内，虹吸作用遭到破坏，虹吸上升管的水位下降，反洗过程自动停止，过滤又重新开始。

经过机械过滤器或无阀滤池处理后的水，可以使出水中的悬浮物含量达到 5mg/L 以下。

第四节　水 的 除 盐 处 理

一、离子交换树脂

水中能电离的杂质可用离子交换法除掉，这种方法是用离子交换剂进行的。离子交换剂包括天然沸石、人造铝硅酸钠、磺化煤和离子交换树脂等四类，其中离子交换树脂在水处理中应用得比较广泛。因此，在讨论离子交换法前，先对离子交换树脂的结构和性质做一些介绍。

1. 树脂的结构

离子交换树脂是一种不溶于水的高分子化合物，外观上是一些直径为 0.3～1.2mm 的淡黄色或咖啡色的小球。微观上是一种立体网状结构的骨架；骨架上联结着交换基团，交换基团中含有能解离的离子，图 12-6 为一种离子交换树脂的结构示意图。下面简单地介绍树脂网状结构的孔隙和交换基团。

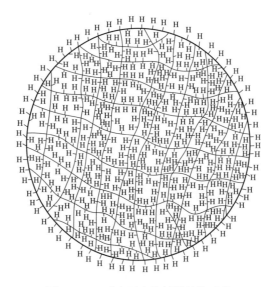

图 12-6　H 型离子交换树脂结构示意

（1）树脂孔隙。树脂内部的网架形成树脂中许多类似毛细孔状的沟道，即树脂的孔隙。实际上这些孔隙非常小，一般常用树脂的孔隙直径为 2～4nm，而且同一颗粒内的孔隙也是不均匀的。孔隙中充满着水分子，这些水分子也是树脂孔隙的一个组成部分。水和交换基团解离下来的离子组成浓度很高的溶液，离子交换作用就是在这样溶液条件下进行的。

树脂孔隙的大小，对离子交换运动有很大影响，孔隙小不利于离子交换运动，以致半径大的离子不能进入树脂内，也就不能发生交换作用。

树脂网状骨架部分不溶于水，在交换反应时也是不变的，一般用英文树脂的第一个字母 R 来表示不变的这一部分。

（2）交换基团。交换基团是由能解离的阳离子（或阴离子）和联结在骨架上的阴离子（或阳离子）组成。例如，磺酸基交换基团—$SO_3^-H^+$，季胺基交换基团—$N(CH_3)_3^+OH^-$ 等，其中 H^+ 或 OH^- 是能解离的并在反应中发生交换的离子，—SO_3^- 或—$N(CH_3)^+$ 是联结在骨架上的离子，即 R—SO_3^- 或 R—$N(CH_3)^+$，它们在反应中是不变的。

在书写某种离子交换树脂时，一般只写出树脂骨架符号 R 和交换基团中能解离的离子本身符号，如 RH 或 ROH 等。

2. 树脂的分类

离子交换树脂的分类，一般按交换基团能解离的离子种类分为阳离子交换树脂和阴离子交换树脂。

（1）阳离子交换树脂。交换基团能解离的离子是阳离子的，叫作阳离子交换树脂。在使用时通常是游离酸型即 RH 型，而且各种 RH 解离出 H^+ 能力的大小不同。所以，其中又分为强酸性阳离子交换树脂和弱酸性阳离子交换树脂。

（2）阴离子交换树脂。交换基团能解离的离子是阴离子的，叫作阴离子交换树脂。使用时通常是游离碱型即 ROH 型，而且各种 ROH 解离出 OH^- 能力的大小不同。所以，其中又分为强碱性阴离子交换树脂和弱碱性阴离子交换树脂。

（3）此外，离子交换树脂按其孔隙结构上的差异，又有大孔型树脂和凝胶型（或微孔型）之分。目前生产一种孔隙直径为 20～100nm 的树脂，称为大孔树脂；而把一般孔径在 4nm 以下的树脂，称为凝胶型树脂。

3. 化学性质

离子交换树脂的化学性质有：离子交换、催化、络盐形成等。其中用丁电厂水处理的，主要是利用它的离子交换性质。所以，这里仅介绍离子交换反应的可逆性、选择性和表示交换能力大小的交换容量。

（1）离子交换反应的可逆性。当离子交换树脂遇到水中的离子时，能发生离子交换反应。反应结果，树脂的骨架不变，只是树脂中交换基团上能解离的离子与水中带同种电荷的离子发生交换。例如，用 8%左右的食盐水，通过 RH 树脂后，出水中的 H^+ 浓度增加，Na^+ 浓度减小。这说明食盐水通过 RH 树脂时，树脂中的 H^+ 进入水中，食盐水中的 Na^+ 交换到树脂上。这一反应式为

$$RH+NaCl \longrightarrow RNa+HCl$$

或
$$RH+Na^+ \longrightarrow RNa+H^+ \tag{12-2}$$

如果用 4%左右的盐酸通过已经变成 RNa 的树脂后，出水中的 Na^+ 浓度增加，H^+ 浓度减小。说明树脂中的 Na^+ 进入水中，而盐酸中的 H^+ 交换到树脂上。这一反应式为

$$RNa+HCl \longrightarrow RH+NaCl$$

或

$$RNa+H^+ \longrightarrow RH+Na^+$$

(12-3)

对照两个反应我们知道：离子交换反应是可逆的。这种可逆反应，可用可逆反应式（12-4）表示，即

$$RH+NaCl \Longrightarrow RNa+HCl$$

或

$$RH+Na^+ \Longrightarrow RNa+H^+$$

(12-4)

（2）离子交换反应的选择性。这种选择性是指树脂对水中某种离子所显示的优先交换或吸着的性能。

同种交换剂对水中不同离子选择性的大小，与水中离子的水合半径以及水中离子所带电荷大小有关；不同种的交换剂由于交换换团不同，对同种离子选择性大小也不一样。下面介绍四种交换剂对离子选择性的顺序：

1）强酸性阳离子交换剂，对水中阳离子选择顺序：

$$Fe^{3+}>Al^{3+}>Ca^{2+}>Mg^{2+}>K^+>NH_4^+\approx Na^+>H^+$$

2）弱酸性阳离子交换剂，对水中阳离子的选择顺序：

$$H^+>Fe^{3+}>Al^{3+}>Ca^{2+}>Mg^{2+}>K^+>NH_4^+\approx Na^+$$

从上述选择顺序来看，强酸性阳离子交换剂对 H^+ 的吸着力不强；而弱酸性阳离子交换剂则容易吸着 H^+。所以，实际应用中，用酸再生弱酸性阳离子交换剂比再生强酸性阳离子交换剂要容易得多。

3）强碱性阴离子交换剂，对水中阴离子的选择顺序：

$$SO_4^{2-}>NO_3^->Cl>OH^->F^->HCO_3^->HSiO_3^-$$

4）弱碱性阴离子交换剂，对水中阴离子的选择顺序：

$$OH^->SO_4^{2-}>NO_3^->Cl^->HCO_3^-$$

从阴离子交换剂的选择性来看，用碱再生弱碱性阴离子交换剂比再生强碱性阴离子交换剂容易。但是弱碱性阴离子交换剂吸着 HCO_3^- 很弱，不吸着 $HSiO_3^-$。因此，弱碱性阴离子交换剂用于除掉水中强酸根离子。

（3）交换剂的交换容量。交换容量是离子交换剂的一项重要技术指标。它定量地表示出一种树脂能交换离子的多少。交换容量分为全交换容量和工作交换容量。

1）全交换容量。全交换容量是指离子交换剂能交换离子的总数量。这一指标表示交换剂所有交换基团上可交换离子的总量。同一种离子交换剂，它的全交换容量是一个常数，常用 mol/L 来表示。

2）工作交换容量。工作交换容量就是在实际运行条件下，可利用的交换容量。在实际离子交换过程中，可能利用的交换容量比全交换容量小得多，大约只有全交换容量的60%～70%。某种树脂的工作交换容量大小和树脂的具体工作条件有关，如水的 pH 值、水中离子浓度、交换终点的控制标准、树脂层的高度和水的流速等条件，都影响树脂的工作交换容量。工作交换容量常用 mol/L 来表示。

（4）新树脂处理。新树脂处理前，需先用水使树脂充分膨胀，然后用5%稀盐酸对其中无机杂质（主要铁的化合物）除去，用2%氢氧化钠浸泡去除有机杂质。如果树脂脱水，则先要用10%浓食盐进行浸泡膨胀再进行处理。

二、离子交换除盐

在离子交换法的水处理中，根据除掉水中离子种类不同，分为离子交换法除盐（化学除盐）和离子交换法软化（化学软化）两种。其中使用比较广泛的是化学除盐，所以我们着重讨论化学除盐的原理、设备及运行；对于化学软化只作概括介绍。

1. 化学除盐

化学除盐法就是将 RH 树脂和 ROH 树脂分别（或混合）放在两处（或一个）离子交换器内，用 RH 树脂除掉水中的金属离子，用 ROH 除掉水中的酸根，使水成为纯水。

（1）原理。化学除盐原理主要有两个交换反应，一个是除盐反应，另一个是再生反应。

1）除盐。当含盐水流过 RH 树脂层时，水中的金属离子与 RH 树脂中的 H^+ 发生交换反应。水中的 Na^+、Ca^{2+}、Mg^{2+} 等离子扩散到树脂的网孔内并留在其中，而网孔内的 H^+ 则扩散到水中。结果，水中除了少数残余的金属离子外，阳离子换成了 H^+。这个过程用下列反应式（12-5）表示，即

$$RH+Na^+ \longrightarrow RNa+H^+$$
$$2RH+Ca^{2+} \longrightarrow R_2Ca+2H^+ \qquad (12\text{-}5)$$
$$2RH+Mg^{2+} \longrightarrow R_2Mg+2H^+$$

经过 RH 树脂处理后的水，再通过 ROH 树脂层时，水中的酸根离子与 ROH 发生交换反应。水中的 Cl^-、SO_4^{2-}、$HSiO_3^-$ 等离子扩散到树脂网孔内并留在其中，而网孔的 OH^- 则扩散到水中。结果，水中除了少数酸根外，阴离子换成 OH^-。这个过程用下列反应式（12-6）表示，即

$$ROH+Cl^- \longrightarrow RCl+OH^-$$
$$2ROH+SO_4^{2-} \longrightarrow R_2SO_4+2OH^- \qquad (12\text{-}6)$$
$$ROH+HSiO_3^- \longrightarrow RHSiO_3+OH^-$$

水中的 H^+ 与 OH^- 相结合变成水 $H^+ + OH^- \longrightarrow H_2O$。水经过 RH 阳树脂和 ROH 阴树脂处理后，水中的金属阳离子被交换成 H^+，酸根阴离子被交换成 OH^- 相结合成水，原水中的盐类被除去。这样处理后的水叫作除盐水。

2）再生。RH 树脂和 ROH 树脂，经过交换后，分别转变为 RNa、R_2Ca、R_2Mg 和 RCl、R_2SO_4、$RHSiO_3$ 等新型树脂。这些新型树脂不能再起除盐作用，这种现象叫作树脂的失效。使失效的树脂重新恢复成最初类型的树脂的过程，叫作再生。再生是根据离子交换反应的可逆性进行的，即

$$RH + Na^+ \underset{\text{再生}}{\overset{\text{除盐}}{\rightleftharpoons}} RNa + H^+$$
$$ROH + Cl^- \underset{\text{再生}}{\overset{\text{除盐}}{\rightleftharpoons}} RCl + OH^- \qquad (12\text{-}7)$$

反应向右进行是除盐，向左进行是再生。而反应究竟向哪个方向进行与离子的性质和溶液中离子浓度有关。在溶液中反应方向主要决定于离子被树脂的选择性，当溶液中某种离子浓度增大到一定范围时，反应就可以按人们指定的方向进行。在上述反应中分别增加 H^+ 浓度和 OH^- 浓度，反应就向再生方向进行。这一可逆反应，提供了失效树脂再生的条件。RH 阳树脂失效后采用一定浓度的酸溶液再生，ROH 阴树脂失效后采用一定浓度的碱溶液

再生。使树脂再生的药剂如酸、碱等，称为再生剂。

在生产中，RH 的再生液一般用 4%～5%的盐酸或 1%～2%的硫酸；ROH 的再生液一般用 3%～4%的氢氧化钠溶液。

（2）设备和运行。

1）复床。水处理使用的离子交换器（也叫离子交换床，简称床）有多种形式，其运行方式也各不相同，常见的有复床除盐和混床除盐。下面先介绍复床除盐的设备结构和运行步骤。

复床就是把 RH 树脂和 ROH 树脂分别装有两个交换器内组成的除盐系统。装有 RH 树脂的叫作阳离子交换器；装有 ROH 树脂的叫作阴离子交换器。

①设备结构。离子交换器的主体是一个密闭的圆柱形壳体，体内设有进水、排水和再生装置，见图 12-7。进水装置多采用喇叭口形，水沿喇叭口周围淋下，以便使水分布均匀。排水装置，近年来多采用穹形多孔板加石英砂垫层的方式，也有用排水帽的。进再生液装置有辐射型、圆环形和支管形，如图 12-8 所示。

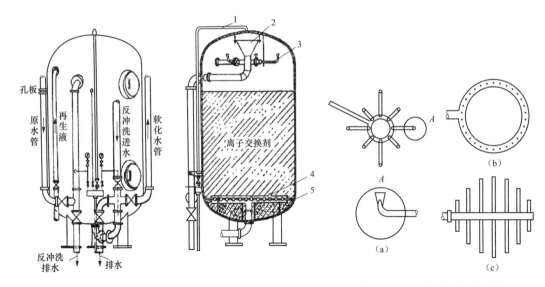

图 12-7　离子交换器结构

1—放空气管；2—进水漏斗；3—再生装置；4—缝式滤头；5—混凝土

图 12-8　离子交换器再生装置

（a）辐射型；（b）圆环型；（c）支管

②运行步骤。交换器的运行分为四个阶段：交换除盐、反洗、再生和正洗。

a．交换除盐。在除盐运行阶段，被处理的水先经过阳离子交换器，再进入阴离子交换器，除盐后的水送入除盐水箱。阳离子交换器内装入一定量的 RH 树脂，在阳离子交换器内水中的金属离子与 RH 树脂中的 H^+ 交换，金属被交换在树脂上；阴离子交换器内装入一定量的 ROH 树脂，在阴离子交换器内，水中的酸根离子与 ROH 树脂中的 OH^- 交换，酸根离子被交换在树脂上。经过两种交换处理后的水，送入除盐水箱。交换器运行若干小时后，出水含盐量增加，水的导电度增大。当运行到出水导电度明显增大并达到一定值时，说明交换剂已经失效，不能生产出合格的水。

在生产中，为了便于用导电度表监视树脂是否已经失效，一般是让阳树脂先失效。树脂失效后，停止运行进行再生。

b．反洗。树脂再生前需要反洗。这是因为交换是在较大压力下进行的，树脂颗粒间压得很紧，这样在树脂层内会产生一些破碎的树脂；此外，在阳离子交换树脂层表面几厘米的厚度内还会积累一些水中悬浮物，这些破碎的树脂和悬浮物都不利于交换剂的再生。所以，反洗的目的就是用清水松动交换剂层，清除树脂层内的悬浮物、破碎树脂和气泡等。反洗水经底部反洗进水门进入交换器内，自下而上地流过树脂层，再进入上部漏斗由排水门排入地沟。反洗时，要求树脂层膨胀 30%～40%，使树脂得到充分清洗。反洗一直进行到出水澄清为止。为了防止树脂被冲走，应先慢慢开大反洗进水门，然后慢慢开大排水门。使用的反洗水不应污染树脂。

c．再生。再生是一项重要的操作过程。再生开始前，打开空气门和排水门，放掉交换器内一部分水，使水位降到树脂层上 10～20cm 处，关闭排水门。然后将一定浓度的再生液送进交换器内，由再生装置将再生液均匀分布于整个树脂层上，并将交换器内的空气经空气管排出。当交换器内的空气排完再生液充满筒体后，并闭空气门，打开排水门，此时再生液流过树脂层，并与失效的阳离子（或阴离子）树脂发生离子交换反应，使失效树脂得到再生。再生过程中的废液从排水门排走。

d．正洗。待树脂中再生后的废液基本排完，树脂中仍有残留的再生剂和再生产物，必须把它们洗掉，交换器方能重新投入运行。正洗时，清水沿运行路线进入交换器，由排水门排入地沟。正洗开始时，排出的废液中仍有再生剂和再生产物，随着正洗的进行，出水中的再生剂和再生产物逐渐减少，同时除盐的交换反应也开始发生，当排出的水基本符合水质标准时，即可关闭排水门，结束正洗，投入运行或备用。

交换器从除盐→反洗→再生→正洗的全过程叫作一个运行周期。

2）混床。经过复床除盐的水，仅适用一般高压锅炉的补给水，仍不能满足高参数锅炉的给水水质要求。为此，可以将复床除盐水再通过混床处理，以提高水质的纯度。

混床就是把阳、阴离子交换树脂放在同一个交换器内，并在运行前两种树脂充分混合均匀。

①混床的除盐原理。一般制取高纯度的除盐水，均采用 RH 与 ROH 树脂，即 H-OH 型混床。在这种混床内可以把树脂层内的 RH 与 ROH 树脂颗粒看作为混合交错排列的，这样的混床就相当于许多级复床串联在一起，有利于下列反应式（12-8），即

$$RH + Na^+ \longrightarrow RNa + H^+$$

$$ROH + HSiO_3^- \longrightarrow RHSiO_3 + OH^-$$

$$H^+ + OH^- \longrightarrow H_2O \qquad (12-8)$$

由于 RH 与 ROH 树脂颗粒交错排列，生成的 H^+ 和 OH^- 很快能结合成难解离的水，

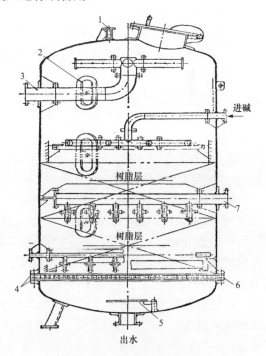

图 12-9　混合床离子交换器结构

1—放空气管；2—观察孔；3—进水装置；

4—多孔板；5—挡水板；6—滤布层；7—中间排水装置

使除盐反应进行得比较彻底。因此，HOH 型混床的出水水质纯度很高。

②设备结构。一般采用的混床有固定式体内再生混床和固定式体外再生混床。这里介绍体内再生混床设备，见图 12-9。

这种离子交换器是一个圆柱形密闭容器，交换器上部设有进水装置，下部有配水装置，中间装有阳、阴树脂再生用的排液装置，中间排液装置的上方设有进碱装置。

③再生。混床是把阳、阴树脂混合装在同一个交换器内运行的，所以运行操作与一般固定床不同，特别是混床的再生操作差别很大。当混床树脂失效再生时，首先应把混合的阳、阴树脂分层，然后才能分别通过酸、碱再生液进行再生，这是混床操作的特点。

再生方法分为体内再生法和体外再生法。本节介绍体内再生法，其步骤为：反洗分层、再生和正洗。

a. 反洗分层。混床内阳、阴树脂间的比重差是混床树脂分层的重要条件。阳树脂的湿真比重为 1.23～1.27，而阴树脂的湿真比重为 1.06～1.11。由于阳、阴树脂比重的不同，当混床树脂反洗时，在水流作用下树脂会自动会层，上层是比重较小的阴树脂，下层是比重较大的阳树脂。阳、阴树脂的比重差越大，分层越迅速、彻底；比重差小，分层比较困难。树脂的比重与失效树脂转型有关，失效树脂转型不同，其比重也各不相同，不同型式的阳树脂，它们的比重顺序为

$$\gamma_H < \gamma_{NH_4} < \gamma_{Ca} < \gamma_{Na} < \gamma_K < \gamma_{Ba}$$

不同型式阴树脂的比重顺序为

$$\gamma_{OH} < \gamma_{Cl} < \gamma_{CO_3} < \gamma_{HCO_3} < \gamma_{NO_3} < \gamma_{SO_4}$$

式中：γ 表示比重，γ 右下角的符号表示树脂的类型。

为了提高树脂分层效果，有时在分层前向混床内通入 NaOH，使阳树脂转换为比重较大的 RNa 树脂，使阴树脂转换为比重较小的 ROH 树脂。这样可以增大阳、阴树脂间的比重差，以达到提高分层效果的目的。

此外，反洗流速，也影响分层效果。一般反洗流速，应控制在使整个树脂层的膨胀率在 50%以上。

b. 再生。混床中阳、阴树脂分层后，就可以对上层的阴树脂和下层的阳树脂分别进行再生，亦可同时进行再生。以分别再生为例，说明再生操作：

再生阴树脂时，碱液从上部的进碱管进入，通过失效的阴树脂层，使失效树脂再生，其废液由混床中部排液装置排出。此时应特别注意防止碱液浸润阳树脂层。为此，在再生阴树脂的同时将清水按酸再生液的途径，从底部不断送入。当阴树脂再生完毕后，继续向阴树脂层进清水，清洗阴树脂层中的再生废液，清洗至排水的氢氧碱度为 0.5mmol/L 时为止。

再生阳树脂时，酸液从下面通过底部配水装置进入失效树脂层，使失效的阳树脂再生，其废液从混床中部的排液装置排出。此时应注意防止酸液浸润阴树脂层。为此，在再生阳树脂同时将清水按碱再生液的途径从上部进入。当阳树脂再生完毕后，继续向阳树脂层进清水，清洗阳树脂中的再生废液，清洗至排水的酸度为 0.5mmol/L 时为止。

c. 正洗。正洗就是用清洗水从上部进入，通过再生后的树脂层由底部排出。

首先进行混合前正洗，当正洗到排水的导电度在 1.5μS/cm 以下时，停止混合前正洗，

然后从混床交换器底部进入压缩空气，把两种树脂混合均匀，进行混合后的大流量正洗（流速约为 20m/h 左右）至出水合格，投入运行或备用。

混床的出水纯度虽然很高，但树脂交换容量的利用低、树脂磨损大、再生操作复杂。因此，它适用处理含有微量盐的水，如经过一级复床处理的除盐水和凝结水等。这样可以延长混床的运行周期，减少再生次数。

2. 化学软化

含有较多 Ca^{2+} 和 Mg^{2+} 的水，叫作硬水。降低水中 Ca^{2+} 和 Mg^{2+} 的含量或把水中 Ca^{2+} 和 Mg^{2+} 基本全部除掉的工作叫作软化。经过软化后的水叫作软水。

化学软化的反应原理、设备及其运行步骤基本上与复床除盐相似，不同的是软化只是除掉水中的 Ca^{2+} 和 Mg^{2+}，软化所用的交换剂是 RNa 或 RH。如果交换剂为 RNa 时，再生液为 5%～10% 的食盐水。软化和再生反应式为

$$2RNa^+ \begin{matrix} Ca^{2+} \\ Mg^{2+} \end{matrix} \underset{\text{再生}}{\overset{\text{软化}}{\rightleftharpoons}} \begin{matrix} R_2Ca \\ R_2Mg \end{matrix} + 2Na^+ \tag{12-9}$$

软化水的含盐量比除盐水中的含盐量高，所以软化水只能做中、低压锅炉或蒸发器的补给水。

三、除 CO_2 器

河水和井水一般均含有重碳酸盐，这种水经过 RH 树脂层时，发生反应如下

$$2RH+Ca(HCO_3)_2 \longrightarrow R_2Ca+2H_2CO_3$$
$$2RH+Mg(HCO_3)_2 \longrightarrow R_2Mg+2H_2CO_3 \tag{12-10}$$

水中其他重碳酸盐也发生类似反应，致使水中重碳酸盐转变为碳酸。除 CO_2 器主要用于除去水中的这部分碳酸。

1. 除 CO_2 的原理

含有重碳酸盐的水经过 RH 树脂处理后，它的 pH 值一般在 4.3 以下。在这种情况下水中 H_2CO_3 能分解为水和二氧化碳，即

$$H_2CO_3 \rightleftharpoons H_2O + CO_2 \tag{12-11}$$

这种 CO_2 可以看作是溶于水的气体。当水面上的 CO_2 压力降低或向水中鼓风时，溶于水中的 CO_2 就会从水中逸出。根据它的这个性质，可以采用真空法或鼓风法来除去水中的 CO_2。

除碳风机的作用是除去水中的二氧化碳。在离子交换系统中起到降低碱度的作用，在除盐系统中，减轻阴离子交换器的负担，降低碱量消耗，并有利于硅酸根的消除。

2. 鼓风除 CO_2 器

鼓风除 CO_2 器是一个圆柱形设备，如图 12-10 所示。除 CO_2 器的圆柱体可用金属、塑料或木料制成。气能充分接触。

除 CO_2 器运行时，水从圆柱体上部进入，经配水管和瓷环填料后，从下部流入贮水箱。空气则由鼓风机从柱体底部送入，经瓷环并与水充分接触，然后由上部排出。由于空气中 CO_2 含量很少，它的压力只占大气压力的 0.03% 左右。所以当空气鼓进柱体并与水接

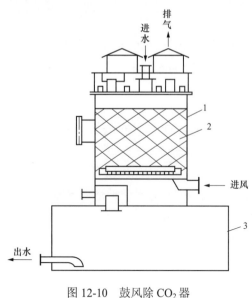

图 12-10　鼓风除 CO_2 器

1—脱气塔；2—充填物（拉西环）；3—中间水箱

触时，水里的 CO_2 就会扩散到空气中去，当水从上往下流动遇到从下向上的空气时，水中绝大部分 CO_2 即随空气带走。水越往下流其中 CO_2 越少，当水流到柱体底部时，残余的 CO_2 一般只有 $5\sim10$mg/L。

除 CO_2 器是一种物理去除水中溶解杂质的方法，设备简单、运行经济。原水中的碳酸氢盐在经过阳床后被转换成碳酸，因此在复床除盐系统的阳床之后设置除 CO_2 器，可将绝大部分的碳酸以 CO_2 的形态去除，这样可大幅度减少阴床进水的阴离子，从而大大减少了系统对阴离子交换容量的需求。这不但可减少复床系统建设成本，而且在系统的全生命生产过程中可大大减少再生剂消耗。有利于降低成本、节约资源、减少环境污染。

四、膜净化技术

膜法除盐是指在某一推动力作用下，利用特定膜的透过性能分离水中离子、分子或胶体，使水得以净化的膜分离技术。

过滤膜根据所加的操作压力和所用膜的平均孔径的不同，可分为微孔过滤、超滤和反渗透三种。微孔过滤所用的操作压通常小于 2×10^5Pa，膜的平均孔径为 50nm$\sim$14μm，用于分离较大的微粒、细菌和污染物等。超滤所用操作压为 $1\times10^5\sim6\times10^5$Pa，膜的平均孔径为 $1\sim10$nm，用于分离大分子溶质。反渗透所用的操作压比超滤更大，常达到 $20\times10^5\sim70\times10^5$Pa，膜的平均孔径最小，一般为 1nm 以下，用于分离小分子溶质，如海水脱盐，制高纯水等。过滤膜的分类及分离物质见表 12-1。

表 12-1　　　　　　　　　　　过滤膜的分类及分离物质

项目	操作压力	膜的平均孔径	分离物质
微孔过滤	通常小于 2×10^5Pa	平均孔径为 50nm$\sim$14μm	较大的微粒、细菌和污染物等
超滤	$1\times10^5\sim6\times10^5$Pa	平均孔径为 $1\sim10$nm	分离大分子溶质
反渗透	常达到 $20\times10^5\sim70\times10^5$Pa	一般为 1nm 以下	小分子溶质，如海水脱盐，制高纯水等

1. 超滤

超滤是以压力为推动力的膜分离技术之一。以大分子与小分子分离为目的，膜孔径在 $2\sim10$nm 之间。超滤是采用中空纤维过滤新技术，配合三级预处理过滤清除自来水中杂质；超滤微孔小于 0.01μm，能彻底滤除水中的细菌、铁锈、胶体等有害物质，不能除去水中原有的溶解盐类。

原理：超滤是一种加压膜分离技术，即在一定的压力下，使小分子溶质和溶剂穿过一定孔径的特制的薄膜，而使大分子溶质不能透过，留在膜的一边，因而实现对原液的净化、分离和浓缩的目的。也就是说，当水通过超滤膜后，可将水中含有的大部分胶体硅除去，同时可去除大量的有机物等。

超滤膜根据膜材料，可分为有机膜和无机膜。按膜的外形，又可分为平板式、管式、毛细管式、中空纤维和多孔式。以中空纤维为例，见图 12-11，以进水方式可分为外压式：原水从膜丝外进入，净水从膜丝内制取。反之则为内压式。内压式的工作压力较外压式要低。中空纤维超滤器（膜）具有单位容器内充填密度高，占地面积小等优点。超滤膜在饮用水深度处理，工业用超纯水和溶液浓缩分离等许多领域中，得到了广泛应用。超滤装置一般由若干超滤组件构成，通常可分为板框式、管式、螺旋卷式和中空纤维式四种主要类型，如图 12-12 所示。

超滤原理并不复杂。在超滤过程中，由于被截留的杂质在膜表面上不断积累，会产生浓差极化现象，当膜面溶质浓度达到某一极限时即生成凝胶层，使膜的透水量急剧下降，这使得超滤的应用受到一定程度的限制。为此，需通过试验进行研究，以确定最佳的工艺和运行条件，最大限度地减轻浓差极化的影响，使超滤成为一种可靠的反渗透预处理方法。

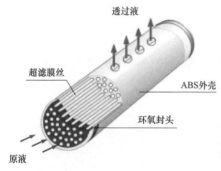

图 12-11　中空纤维　　　　　　　　　　　图 12-12　超滤装置

超滤膜组件使用过程中，会将细菌、有机物、悬浮物等杂质截留过滤，这些杂质会在膜组件中聚集，经过一段时间后这些杂质可能会对膜组件的性能造成影响，严重还会污染膜组件，影响膜组件的使用寿命，而反冲洗能够有效的去除膜组件中含有的杂质，使膜组件能够正常使用，且定期对膜组件进行清洗，能够有效地延长超滤膜的使用寿命。

2. 反渗透（reverse osmosis，RO）脱盐

由于 RO 膜的孔径是头发丝的一百万分之五（0.0001μm），一般肉眼无法看到，细菌、病毒是它的 5000 倍，因此，只有水分子能够通过，极少量的溶解盐随水逃逸。绝大部分溶解盐类均随浓水排出。

（1）什么是反渗透？当把相同体积的稀溶液和浓溶液分别置于一容器的两侧，中间用半透膜阻隔，稀溶液中的溶剂将自然地穿过半透膜，向浓溶液侧流动，浓溶液侧的液面会比稀溶液的液面高出一定高度，形成一个压力差，达到渗透平衡状态，此种压力差即为渗透压。若在浓溶液侧施加一个大于渗透压的压力时，浓溶液中的溶剂会向稀溶液流动，此种溶剂的流动方向与原来渗透的方向相反，这一过程称为反渗透，如图 12-13 所示。

反渗透是渗透的一种反向迁移运动，是一种在压力驱动下，借助于半透膜的选择截留作用将溶液中的溶质与溶剂分开的分离方法，它已广泛应用于各种液体的提纯与浓缩，其

中最普遍的应用实例便是在水处理工艺中，用反渗透技术将原水中的无机离子、细菌、病毒、有机物及胶体等杂质去除，以获得高质量的纯净水。

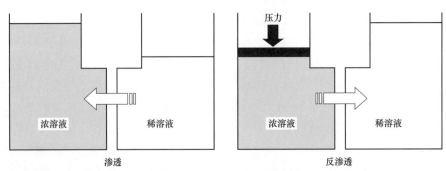

图 12-13 渗透和反渗透

（2）反渗透脱盐的依据是：

1）半透膜的选择透过性，即有选择地让水透过而不允许盐透过；

2）盐水室的外加压力大于盐水室与淡水室的渗透压力，提供了水从盐水室向淡水室移动的推动力。

（3）反渗透脱盐原理及渗透理论。

1）反渗透膜的主要特性。

2）膜分离的方向性和分离特性。

3）方向性。所谓方向性就是将膜表面置于高压盐水中进行脱盐，压力升高膜的透水量、脱盐率也增高；而将膜的支撑层置于高压盐水中，压力升高脱盐率几乎为 0，透水量却大大增加。由于膜具有这种方向性，应用时不能反向使用。

反渗透对水中离子和有机物的分离特性不尽相同，归纳起来大致有以下几点：

1）有机物比无机物容易分离。

2）电解质比非电解质容易分离。高电荷的电解质更容易分离，其去除率顺序一般为

$$Al^{3+}>Fe^{3+}>Ca^{2+}>Na^+ \qquad PO_4^{3-}>SO_4^{2-}>Cl^-$$

对于非电解质，分子越大越容易去除。

3）无机离子的去除率与离子水合状态中的水合物及水合离子半径有关。水合离子半径越大，越容易被除去，去除率顺序如下：$Mg^{2+}>Ca^{2+}>Li^+>Na^+>K^+$；$F^->Cl^->Br^->NO_3^-$

4）一般溶质对膜的物理性质或传递性质影响都不大，只有酚或某些低分子量有机化合物会使醋酸纤维素在水溶液中膨胀，这些组分的存在，一般会使膜的水通量下降，有时还会下降得很多。

5）硝酸盐、高氯酸盐、氰化物、硫代氰酸盐的脱除效果不如氯化物好，铵盐的脱除效果不如钠盐。

6）而相对分子质量大于 150 的大多数组分，不管是电解质还是非电解质，都能很好脱除。

（4）反渗透（RO）脱盐装置。反渗透水处理装置是包括从保安过滤器的进口法兰至反渗透淡水出水法兰之间的整套单元设备。包含保安过滤器、高压泵、反渗透本体装置、电气、仪表及连接管线、电缆等可独立运行的装置。此外包含化学清洗装置和反渗透阻垢剂加药装置，海水脱盐系统中还包含能量回收装置。如图 12-14 所示。

图 12-14 反渗透装置

反渗透技术的特点：

1）反渗透的脱盐率高，单只膜的脱盐率可达 99%，单级反渗透系统脱盐率一般可稳定在 90%以上，双级反渗透系统脱盐率一般可稳定在 98%以上。

2）由于反渗透能有效去除细菌等微生物、有机物，以及金属元素等无机物，出水水质极大地优于其他方法。

3）反渗透制纯水运行成本及人工成本低廉，减少环境污染。

4）减缓了由于源水水质波动而造成的产水水质变化，从而有利于生产中水质的稳定，这对纯水产品质量的稳定有积极的作用。

5）可大大减少后续处理设备的负担，从而延长后续处理设备的使用寿命。

3. 连续电解除盐

连续电解除盐（Electrodeionization，EDI）。EDI 是一种将离子交换技术、离子交换膜技术和离子电迁移技术相结合的纯水制造技术。它巧妙地将电渗析和离子交换技术相结合，利用两端电极高压使水中带电离了移动，并配合离子交换树脂及选择性树脂膜以加速离子移动去除，从而达到水纯化的目的。在 EDI 除盐过程中，离子在电场作用下通过离子交换膜被清除。同时，水分子在电场作用下产生氢离子和氢氧根离子，这些离子对离子交换树脂进行连续再生，以使离子交换树脂保持最佳状态。EDI 设施（见图 12-15）的除盐率可以高达 99%以上，如果在 EDI 之前使用反渗透设备对水进行初步除盐，再经 EDI 除盐就可以生产出电导率小于 $0.067\mu S/cm$ 以下的超纯水。

（1）EDI 除盐机理。一种说法是利用离子交换原理除去水中离子，利用水在直流电能的作用下分解产生 H^+ 和 OH^- 去再生混合离子交换树脂，从而实现在通电状态下，连续制水、再生；

一种理论是在电场作用下，水中的离子在树脂相的迁移速率要比水中高 2~3 个数量级，阴、阳离子会与树脂颗粒不断发生交换过程而构成"离子迁移通道"，即阴、阳离子主要通过树脂相迁移至阳膜和阴膜而进入浓水室。

EDI膜堆是由夹在两个电极之间一定对数的单元组成。在每个单元内有两类不同的室：待除盐的淡水室和收集所除去杂质离子的浓水室。淡水室中用混匀的阳、阴离子交换树脂填满，这些树脂位于两个膜之间：只允许阳离子透过的阳离子交换膜及只允许阴离子透过的阴离子交换膜。

图 12-15　EDI 装置

树脂床利用加在室两端的直流电进行连续地再生，电压使进水中的水分子分解成 H^+ 及 OH^-，水中的这些离子受相应电极的吸引，穿过阳、阴离子交换树脂向所对应膜的方向迁移，当这些离子透过交换膜进入浓水室后，H^+ 和 OH^- 结合成水。这种 H^+ 和 OH^- 的产生及迁移正是树脂得以实现连续再生的机理。

当进水中的 Na^+ 及 Cl^- 等杂质离子吸附到相应的离子交换树脂上时，这些杂质离子就会发生像普通混床内一样的离子交换反应，并相应地置换出 H^+ 及 OH^-。一旦在离子交换树脂内的杂质离子也加入 H^+ 及 OH^- 向交换膜方向的迁移，这些离子将连续地穿过树脂直至透过交换膜而进入浓水室。这些杂质离子由于相邻隔室交换膜的阻挡作用而不能向对应电极的方向进一步地迁移，因此杂质离子得以集中到浓水室中，然后可将这种含有杂质离子的浓水排出膜堆。

几十年来纯水的制备是以消耗大量的酸碱为代价的，酸碱在生产、运输、储存和使用过程中，不可避免地会带来对环境的污染，对设备的腐蚀，对人体可能的伤害以及维修费用的居高不下。反渗透的使用大大减少了酸碱的用量，但是，还留着弱电解离子存在。反渗透和电除盐的广泛使用，将会带给纯水制备一次产业性革命。

（2）工作原理。自来水中常含有钠、钙、镁、氯、硝酸盐、矽等溶解盐。这些盐是由负电离子（负离子）和正电离子（正离子）组成。反渗透可以除去其中超过 99% 的离子。自来水也含有微量金属，溶解的气体（如 CO_2）和其他必须在工业处理中去除的弱离子化的化合物（如硅和硼）。

交换反应在模组的纯化学室进行，在那里阴离子交换树脂用它们的氢氧根离子（OH^-）来交换溶解盐中的阴离子（如氯离子 Cl^-）。相应地，阳离子交换树脂用它们的氢离子（H^+）来交换溶解盐中的阳离子（如 Na^+）。

在位于模组两端的阳极（+）和阴极（–）之间加一直流电场。电势差就使交换到树脂上的离子沿着树脂粒的表面迁移并通过膜进入浓水室。阳极吸引负电离子（如 OH^-、Cl^-）这些离子通过阴离子膜进入相邻的浓水流却被阳离子选择膜阻隔，从而留在浓水流中。阴极吸引纯水流中的阳离子（如 H^+，Na^+）。这些离子穿过阳离子选择膜，进入相邻的浓水流却被阴离子膜阻隔，从而留在浓水流中。当水流过这两种平行的室时，离子在纯水室被除去并在相邻的浓水流中聚积，然后由浓水流将其从模组中带走。在纯水及浓水中离子交换树的使用是 EDI 技术和专利的关键。一个重要的现象在纯水室的离子交换树脂中发生。在电势差高的局部区域，电化学反应分解的水产生大量的 H^+ 和 OH^-。在混床离子交换树脂中局部 H^+ 和 OH^- 的产生使树脂和膜不需要添加化学药品就可以持续再生。

要使 EDI 处于最佳工作状态、不出故障的基本要求就是对 EDI 进水进行适当的预处理。进水中的杂质对去离子模组有很大影响，并可能导致缩短模组的寿命。EDI 主要用于把总固体溶解量（TDS）为 1～20mg/L 的水源制成电导率为 0.12～0.06μS/cm 的纯净水。通常水源是由反渗透（RO）产生。

（3）系统优势。

1）不需要酸碱再生。

电除盐的操作是安全的，废水的处理变得简单了。

2）可连续生产。

电除盐的生产是连续的，免除了使用混床过程中复杂的再生操作，减少了很多备用设备。

3）不需要处理废酸碱。

没有废酸碱的中和排放处理系统。电除盐的浓水可以直接排放或返回到 RO 的进口（EDI 中浓水量比纯水少得多）。

4）安装条件简单。

电除盐在安装时，占地面积小，大部分标准厂房都能满足，对于较低的厂房，可以通过对电除盐模块的水平配置解决。

5）系统设计简单。

电除盐的模块设计很容易把它的流量做到 450t/h 甚至更高。

6）运行成本低。

电除盐系统与各种混床相比，运行成本较低。

7）实用的设计。

对于电除盐系统，不管是维修还是增减设备的容量都是很容易的。必须要更换膜堆时，在现场只要花极少的停机时间就可以完成。

8）安装维修简便。

电除盐装置允许通过对其他膜堆的流量重新分配而达到对某一个膜堆维修的要求，不改变系统的性能。

9）水质稳定。

电除盐的出水质量稳定，不会有普通混床那样的水质变化。

10）标准设计。

利用标准单元，如同搭积木般的组合可以满足用户不同产水量的需要。

流程（见图 12-16）：原水→原水加压泵→多介质过滤器→活性炭过滤器→软水器→精密过滤器→一级反渗透机→中间水箱→中间水泵→EDI 系统→用水点。

纯水处理技术的发展主要经历了阴、阳离子交换器+混合离子交换器；反渗透+混合离子交换器；反渗透+电去离子装置等阶段；预处理+反渗透+连续电解除盐。整套除盐系统，有着其他处理系统无可比拟的优点，正被广泛应用于纯水、高纯水的制备中。

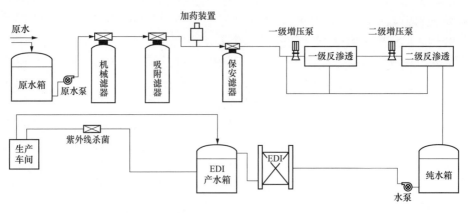

图 12-16　EDI 制水流程

第五节　热力设备腐蚀与防护

目前在发电厂中比较常见的腐蚀是给水系统的腐蚀、锅内腐蚀、汽轮机腐蚀以及凝汽器铜管腐蚀等。本节对这几个方面的腐蚀简述如下。

一、锅内腐蚀基础知识介绍

1. 腐蚀类型

金属表面和它接触的物质发生化学或电化学作用，使金属从表面开始破坏，这种破坏称为腐蚀。例如，铁器生锈和铜器长铜绿等，就是铁和铜的腐蚀。

腐蚀有均匀腐蚀和局部腐蚀两类。

（1）均匀腐蚀。均匀腐蚀是金属和入侵蚀性物质相接触时，整个金属表面都产生不同程度的腐蚀。

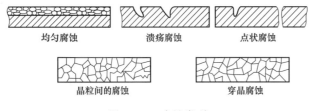

图 12-17　腐蚀类型

（2）局部腐蚀。局部腐蚀只在金属表面的局部位置产生腐蚀，结果形成溃疡状、点状和晶粒间腐蚀等。图 12-17 中所示的是各种腐蚀形状。

1）溃疡状腐蚀。这种腐蚀是发生在金属表面的别点上，而且是逐渐往深度发展的。

2）点状腐蚀。点状腐蚀与溃疡腐蚀相似，不同是点状腐蚀的面积更小，直径在 0.2～1mm 之间。

3）晶粒间腐蚀。晶粒间腐蚀是金属在侵蚀性物质（如浓碱液）与机械应力共同作用下，腐蚀是沿着金属晶粒边界发生的，其结果使金属产生裂纹，引起机械性能变脆，造成金属苛性脆化。

4）穿晶腐蚀。穿晶腐蚀是金属在多次交变应力（如振动或温度、压力的变化等）和侵蚀性介质（碱、氯化物等）的作用下，腐蚀穿过晶粒发生的，其结果使金属机械性变脆以致造成金属横向裂纹。

总之，局部腐蚀性能在较短的时间内，引起设备金属的穿孔或裂纹，危害性较大；均匀性腐蚀虽然没有显著缩短设备的使用期限，但是腐蚀产物被带入锅内，就会在管壁上形成盐垢，引起管壁的垢下腐蚀，影响安全经济运行。

2. 给水系统的腐蚀因素

给水系统是指凝结水的输送管道、加热器、疏水的输送管道和加热设备等。这些设备的腐蚀结果，不仅使设备受到损坏，更严重的是使给水受到了污染。

给水虽然是电厂中较纯净的水，但其中还常含有一定量的氧气和二氧化碳气。这两种气体是引起给水系统金属腐蚀的主要因素。

（1）水中溶解氧。若水中溶解有氧气，能引起设备腐蚀，其特征一般是在金属表面形成许多小型鼓包，其直径由 $1\sim30mm$ 不等。鼓包表面的颜色有黄褐色或砖红色，次层是黑色粉末状的腐蚀产物。当这些腐蚀产物被清除后，便会在金属表面出现腐蚀坑。

氧腐蚀最容易发生的部位，是给水管道、疏水系统和省煤器等处。给水经过除氧后，虽然含氧量很小，但是给水在省煤器中由于温度较高，含有少量氧也可能使金属发生氧腐蚀。特别是当给水除氧不良时，腐蚀就会更严重。

（2）水中溶解 CO_2。二氧化碳溶于水后，能与水结合成为碳酸（H_2CO_3），使水的 pH 值降低。当 CO_2 溶解到纯净的给水中，尽管数量很微小也能使水的 pH 值明显下降。在常温下纯水的 pH 值为 7.0，当水中 CO_2 的浓度为 $1mg/L$ 时，其 pH 值由 7.0 降至 5.5。这样的酸性水能引起金属的腐蚀。

水中二氧化碳对设备腐蚀的状况是金属表面均匀变薄，腐蚀产物带入锅内。给水系统中最容易发生 CO_2 腐蚀的部位，主要是凝结水系统。当用化学除盐水作为补给水时，除氧器后的设备也可能由于微量 CO_2 而引起金属腐蚀。

（3）水中同时含有 O_2 和 CO_2。当水中同时含有 O_2 和 CO_2 时，金属腐蚀更加严重。因为氧和铁产生电化学腐蚀形成铁的氧化物或铁的氢氧化物，它们能被含有 CO_2 的酸性水所溶解。因此，CO_2 促进了氧对铁的腐蚀。这种腐蚀状况是金属表面没有腐蚀产物，腐蚀呈溃疡状。腐蚀部位常常发生在凝结水系统，疏水系统和热网系统。当除氧器运行不正常时，给水泵的叶轮和导轮上均能发生腐蚀。

3. 防止腐蚀的方法

防止给水系统腐蚀的主要措施，是给水的除氧和氨处理。

（1）给水除氧。去除水中氧气的方法有热力除氧法和化学除氧化。其中以热力除氧为主，化学除氧为辅的办法。

1）热力除氧法。氧气和二氧化碳在水中的溶解度与水的温度、氧气或二氧化碳的压力有关。若将水温升高或使水面上氧气或二氧化碳的压力降低，则氧气或二氧化碳在水中的溶解度就会减小而逸掉。当给水进入除氧器时，水被加热而沸腾，水中溶解的氧气和二氧化碳，就会从水中逸出并随蒸汽一起排掉。

为了保证能比较好地把给水中的氧除去，除氧器在运行时，应做到以下几点：①水应加热到与设备内的压力相当的沸点，因此，需要仔细调节蒸汽供给量和水量，以维护除氧水经常处于沸腾状态。在运行中，必须经常监督除氧器的压力、温度、补给水量、水位和排气门的开度等。②补给水应均匀分配给每个除氧器，在改变补给水流量时，应不使其波动太大。对运行中的除氧器，必须有计划地进行定期检查和检修，防止喷嘴或淋水盘脱落、盘孔变大或堵塞。必要时，对除氧器要进行调整试验，使之运行正常。

2）化学除氧法。电厂中用作化学除氧药剂的有：亚硫酸钠（Na_2SO_3）和联氨（N_2H_4）。亚硫酸钠只用作中压电厂的给水化学除氧剂，联氨可作为高压和高压以上电厂的给水化学除氧剂。联氨能与给水中的溶解氧发生化学反应，生成氮气和水，使水中的氧气得到消除，即

$$N_2H_4+O_2\longrightarrow N_2+2H_2O$$

上例反应生成的氮气是一种很稳定的气体，对热力设备没有任何害处。此外，联氨在高温水中能减缓铁垢或铜垢的形成。因此，联氨是一种较好的防腐防垢剂。

联氨与水中溶解氧发生反应的速度，与水的 pH 值有关。当水的 pH 值为 9～11 时，反应速度最大。为了使联氨与水中溶解氧反应迅速和完全，在运行时应使给水为碱性。

当给水中残余的联氨受热分解后，就会生成氮气和氨，即

$$3N_2H_4\longrightarrow N_2+4NH_3$$

产生的氨能提高凝结水的 pH 值，有益于凝结水系统的防腐。但是，过多的 NH_3 会引起凝结水系统中铜部件的腐蚀。在实际生产中，给水联氨过剩量，应控制在 20～50ppb 之内。

联氨的加入方法：将联氨配成 0.1～0.2%的稀溶液，用加药泵连续地把联氨溶液送到除氧器出口管，由此加入给水系统。

联氨具有挥发性、易燃、有毒。市售联氨溶液的浓度为 80%。这种联氨浓溶液应密封保存在露天仓库中，其附近不允许有明火。搬运或配制联氨溶液的工作人员，应佩戴眼镜、口罩、胶皮手套等防护用品。

（2）给水氨处理。这种方法是向给水加入氨气或氨水。氨易溶于水，并与水发生下列反应式（12-12）使水呈碱性

$$NH_3+H_2O\longrightarrow NH_4OH$$
$$NH_4OH\Longleftrightarrow NH_4^+ + OH^- \qquad (12\text{-}12)$$

如果水中含有CO_2时，则会和 NH_4OH 发生下列反应：

$$NH_4OH+CO_2\longrightarrow NH_4HCO_3$$

当 NH_3 过量时，生成的 NH_4HCO_3 继续与 NH_4OH 反应，得到碳酸铵

$$NH_4OH+NH_4HCO_3\longrightarrow (NH_4)_2CO_3+H_2O$$

由于氨水为碱性，能中和水中的 CO_2 或其他酸性物质，所以能提高水的 pH 值。一般给水的 pH 值应调整在 8.5～9.2 的范围内。

氨有挥发性，用氨处理后的给水在锅内蒸发时，氨又能随蒸汽带出，使凝结水系统的 pH 值提高，从而保护了金属设备。但是使用这种方法时，凝结水中的氨含量应小于 2～3mg/L；氧含量应小于 0.05mg/L。

加到给水中的氨量，应控制在 1.0～2.0mg/L 的范围内。

此外，某些胺类物质，如莫福林和环己胺，它们溶于水显碱性，也能和碳酸发生中和反应，并且胺类对铜、锌没有腐蚀作用。因此，可以用其来提高给水的 pH 值。由于这种药品价格贵，又不易得到，所以目前没有广泛使用。

4. 锅内腐蚀的种类

当给水除氧不良或给水中含有杂质时，可能引起锅炉管壁的腐蚀。锅内常见的腐蚀有

以下几种：

（1）氧腐蚀。金属设备在一定条件下与氧气作用引起的腐蚀，称为氧腐蚀。

当除氧器运行不正常，给水含氧量超过标准时，首先会使省煤器的进口端发生腐蚀；含氧量大时，腐蚀可能延伸到省煤器的中部和尾部，直至锅炉下降管。

锅炉在安装和停用期间，如果保护不当，潮湿空气就会侵入锅内，使锅炉发生氧腐蚀。这种氧腐蚀的部位很广，凡是与潮湿空气接触的任何地方，都能产生氧腐蚀，特别是积水放不掉的部位更容易发生氧腐蚀。

（2）沉积物下的腐蚀。金属设备表面沉积物下面的金属所产生的腐蚀，称为沉积物下的腐蚀。造成锅炉沉积物下面的金属发生腐蚀的条件是炉口含有金属氧化物、盐类等杂质，在锅炉运行条件下发生下列过程：

首先，炉水中的金属氧化物，在锅炉管壁的向火侧形成沉积物。

然后，在沉积物形成的部位，管壁的局部温度升高，使这些部位炉水高度浓缩。

由于这些浓缩的锅炉水中含有的盐类不同，可能发生酸性腐蚀，也可能发生碱性腐蚀。

1）酸性腐蚀。当锅炉水中含有 $MgCl_2$ 或 $CaCl_2$ 等酸性盐时，浓缩液中的盐类发生下列反应式（12-13），即

$$MgCl_2+2H_2O \longrightarrow Mg(OH)_2\downarrow+2HCl$$
$$CaCl_2+2H_2O \longrightarrow Ca(OH)_2\downarrow+2HCl \qquad (12\text{-}13)$$

产生的 HCl，增强了浓缩液的酸性，使金属发生酸性腐蚀。这种腐蚀的特征是沉积物下面有腐蚀坑。坑下金属的金相组织有明显的脱碳现象，金属的机械性能变脆。

2）碱性腐蚀。当炉水中含有 NaOH 时，在高度浓缩液中的 NaOH 能与管壁的 Fe_3O_4 氧化膜以及铁发生反应式（12-14），即

$$Fe_3O_4+4NaOH \longrightarrow 2NaFeO_2+Na_2FeO_2+2H_2O$$
$$Fe+2NaOH \longrightarrow Na_2FeO_2+H_2\uparrow \qquad (12\text{-}14)$$

反应结果使金属发生碱性腐蚀。

碱性腐蚀的特征，是在疏松的沉积物下面有凸凹不平的腐蚀坑，坑下面金属的金相组织没有变化，金属仍保持原有的机械性能。

沉积物下腐蚀，主要发生在锅炉热负荷较高的水冷壁管向火侧。

（3）苛性脆化。苛性脆化是一种局部腐蚀，这种腐蚀是在金属晶粒的边际上发生的。它能削弱金属晶粒间的联系力，使金属所能承受的压力大为降低。当金属不能承受炉水所给予的压力时，就会产生极危险的炉管爆破事故。

金属苛性脆化是在下面因素共同作用下发生的：

1）锅炉中含有一定量的游离碱（如苛性钠等）。

2）锅炉铆缝处和胀口处有不严密的地方，炉水从该处漏出并蒸发、浓缩。

3）金属内部有应力（接近于金属的屈服点）。

（4）亚硝酸盐腐蚀。高参数的锅炉应注意亚硝酸盐引起的腐蚀。亚硝酸盐的高温情况下，分解产生氧，使金属发生氧腐蚀。腐蚀的特征呈溃疡状。这种腐蚀在上升管的向火侧比较严重。

5. 防止锅内腐蚀的措施

（1）保证除氧器的正常运行，降低给水含氧量。

（2）做好补给水的处理工作，减少给水杂质。

（3）做好给水系统的防腐工作，减少给水中的腐蚀产物。

（4）防止凝汽器泄漏，保证凝结水的水质良好。

（5）做好停炉的保护工作和机组启动前汽水系统的冲洗工作，防止腐蚀产物带入锅内

（6）在设计和安装时，应注意避免金属产生应力。对于铆接或胀接的锅炉，为防止苛性脆化的产生，在运行时可以维护炉水中苛性钠与全固形物的比值小于或等于 0.2（即 $\frac{NaOH}{全固形物} \leqslant 0.2$）。

（7）运行锅炉应定期进行化学清洗，清除锅内的沉积物。

二、锅内结垢和锅内水处理

1. 锅内结垢

（1）水垢的形成及其危害。锅炉管壁上产生的坚硬附着物，称为水垢。产生水垢的原因是凝汽器不严、生水漏入凝结水中或水处理工作异常等，都可能增加锅炉水中的硬度以及其他杂质。这些杂质在锅炉运行条件下，就会附着在管壁上并逐渐形成坚硬的水垢。

水垢是金属的导热能力几百分之一。因此，锅炉产生水垢就会造成热损失，浪费大量燃料，同时也可以使金属发生局部过热，造成设备损坏。水垢，还能引起沉积物下的金属腐蚀，危及锅炉安全运行。

（2）水垢的分类及其生成的部位。水垢按其主要化学成分，分为钙、镁水垢，硅酸盐水垢，氧化铁垢，磷酸盐铁垢和铜垢等。

不同类的水垢生成的部位不同：钙、镁碳酸盐水垢容易在锅炉省煤器、加热器、给水管道等处生成；硅酸盐水垢主要沉积在热负荷较高或水循环不良的管壁上；氧化铁垢最容易在高参数和大容量的锅炉内发生，这种铁垢生成部位，绝大部分是发生在水冷壁上升管的向火侧、水冷壁上升管的焊口区以及冷灰斗附近；磷酸盐铁垢，通常发生在分段蒸发锅炉的盐段水冷壁管上；铜垢主要生成部位是热负荷很高的炉管处。

2. 锅内水处理

防止锅内产生水垢的主要措施是做好补给水的净化工作，消除凝汽器的泄漏，保证给水品质良好。此外，汽包锅炉还要对锅内的水进行处理。

（1）锅内水处理原理。锅内水处理是把化学药品加进运行锅炉的水中或给水中，防止在锅内发生水垢。锅内水处理一般分为碱性处理和中性处理。目前普遍采用的是磷酸三钠的碱性处理。

磷酸三钠加到锅炉水中，能解离出磷酸根离子（PO_4^{3-}）。在锅炉水沸腾状态和碱性较强的条件下，PO_4^{3-} 与水中的 Ca^{2+} 发生下列反应式（12-15），即

$$10Ca^{2+} + 6PO_4^{3-} + 2OH \longrightarrow Ca_{10}(OH)_2(PO_4)_6 \downarrow \qquad （12-15）$$
（碱式磷酸钙）

生成的碱式磷酸钙沉淀呈泥渣状，可随锅炉排污排掉。

（2）处理方法。处理方法是将浓度为 1%～5%的磷酸钠溶液，用加药泵连续地加入给水中，或用高压加药泵加到汽包的锅炉水中。

加到锅炉水中的药量应适当。药量不足时，锅炉水中的钙、镁就会形成水垢；药量过

多时，又会产生粘着性的磷酸镁，或者引起蒸汽品质不良。各种类型锅炉的锅炉水 PO_4^{3-} 余量，可根据汽水质量标准控制。

3. 炉水蒸汽的水质控制

运行中锅炉排放高含盐量的炉水，即为锅炉排污，锅炉排污又分为连续排污与定期排污两种。

所谓连续排污，其目的是排出炉水中部分盐分，使炉水含盐量保持在规定的范围内，定期排污的目的是排除炉水中的沉淀物，调整炉水水质，以补连续排污之不足。炉水水质直接关系到蒸汽质量。炉水主要控制指标是 pH 值、磷酸根（磷酸盐处理）、电导率、二氧化硅、氯离子、铁、铜等项目，特别是前四项。

在炉水水质各项控制指标中，pH 值至关重要，为了防止炉管的腐蚀，炉水 pH 值必须加以严格控制。

（1）炉水处理方式。炉水处理方式主要分为磷酸盐处理和挥发性处理两类。应用最普通的磷酸盐处理方式为一般磷酸盐处理、协调磷酸盐处理。

（2）蒸汽品质的控制与防止积盐。锅炉产生蒸汽，由蒸汽冲动汽轮机，由汽轮机带动发电机发电。

锅炉产生的蒸汽必须符合设计规定的压力与温度，蒸汽中的杂质含量不允许超过一定限度，也就是必须保证蒸汽品质达到标准规定的要求，以防止汽轮机通流部位产生积盐与腐蚀。

1）蒸汽污染。蒸汽污染的根本原因是锅炉给水中所含杂质。炉水中杂质进入蒸汽是造成蒸汽污染的主要原因。①机械携带。蒸汽携带炉水叫作机械携带，机械携带量的多少取决于带出炉水及含盐量浓度的大小。②溶解性携带。蒸汽溶解盐类叫作溶解性携带，由于蒸汽对盐类溶解具有选择性，故又称为选择携带。

2）蒸汽净化。

为了提高蒸汽品质，可采取以下几种措施：①在汽包内部装有汽水分离装置，降低蒸汽对水滴的携带。②蒸汽清洗：所谓蒸汽清洗就是用含盐量低的清洁水与蒸汽接触，使得已经溶于蒸汽的盐转移到清洁水中，以减少蒸汽中的溶盐，所以说是利用给水与炉水含盐量浓度的巨大差异来实现清洗的。③锅炉排污：在锅炉运行中，将含盐浓度较大的炉水排走，称为锅炉排污。它又分为连续排污及定期排污两种方式。连续排污是从汽包水容积中含盐浓度最大的部位引出。定期排污是从蒸发面受热最低点（如水冷壁下联箱）引出，以排除炉水中的沉渣、铁锈等杂质。④确定最佳运行工况。

（3）汽轮机积盐与腐蚀。蒸汽品质控制不好将导致汽轮机通流部位产生积盐和腐蚀，有可能对机组的安全经济运行带来严重影响。在汽轮机的盐类沉积物中，主要为钠化合物、硅酸及铁氧化物等。蒸汽做完功后冷凝成水，故蒸汽品质与凝结水水质有着直接的联系。而凝结水经精处理后又返回锅炉，实现汽水循环运行。因而蒸汽品质的控制，成为热力系统用水的重要部分。

三、停炉腐蚀和保护方法

1. 停炉腐蚀和危害

锅炉在停用期间受空气中的水分和氧气的作用，使金属遭到腐蚀。

停用期间的腐蚀，不仅使锅炉管壁受到损伤，更严重的是在锅炉再次启动时，锅内的腐蚀产物在运行条件下形成沉积物和沉积物下的腐蚀，以致发生爆管事故。这就增加了锅炉停运时间和检修费用。

2. 停炉的保护方法

锅炉在停用期间的保护方法有：湿法保护和干法保护。

（1）湿法保护。这种方法是在锅炉内部充满不腐蚀金属的保护液，杜绝空气进入锅内，防止空气中的氧对金属的腐蚀。比较常用的湿法保护有下列几种：

1）联氨法。锅炉在停运前，用加药泵把联氨加入给水中，使锅内各部分充满浓度均匀的联氨溶液。溶液中过剩联氨浓度为 $100\sim200\mu L/L$ 或 $\mu g/g\times10^{-6}$。

如果联氨保护液的 pH 值低于 10，则用加氨方法，把 pH 值提高到 10 以上。

锅炉冷却后，还需再往锅内打入除氧水，使锅内溶液保持充满状态，然后关闭与锅炉相通的所有阀门，尽量防止空气漏入。

在停炉保护期间，如果发现联氨浓度和 pH 值下降，应补加联氨或氨。

在锅炉启动前，应将联氨溶液排入地沟，并对联氨溶液加以稀释，防止入畜中毒。

2）氨液法。将给水配成 $800\sim1000\mu L/L$ 的氨溶液，用泵打入锅炉，并在锅炉汽水系统内进行循环，直到各部分溶度均匀为止。然后关闭锅炉所有阀门，防止氨液漏出。

如果发现氨的浓度下降时，应查找原因，采取措施，防止漏氨，并补加氨液。

采用氨液保护时，应事先拆掉能与氨液接触的铜部件，防止设备发生氨腐蚀。

3）压力保护法。锅炉短期停用时，可以采用间断点火保持压力法或者采用给水保持压力法。前者是在停炉后，用间断点火的办法保持蒸汽压力为 $5\sim10kg/cm^2$；后者是在锅炉充满给水时，用给水泵顶压，保持炉水压力为 $10\sim15kg/cm^2$。

采用间断点火保持压力法时，在保护期间炉水磷酸根和溶解氧应维持运行标准。采用给水保持压力法时，应保持给水的溶解氧合格。

（2）干法保护。干法保护是把锅内的水彻底放空，保持金属表面干燥；或者金属表面被氮气（N_2）覆盖，防止金属遭受潮湿空气的腐蚀。干法保护有以下几种：

1）烘干法。当锅炉停止运行后，锅炉水水温降至 $100\sim120℃$ 时，开始放水。锅内水放完后，利用炉膛的余热或用锅炉点火设备，在炉膛点火加热，也可以用热风使锅炉金属表面干燥。此法仅适用于短期锅炉检修时采用。

2）干燥剂法。锅炉采用烘干法进行烘干，并清理锅炉附着的水垢和水渣，然后在汽包、联箱等处放入无水氯化钙、石灰或硅胶。无水氯化钙或石灰应放在搪瓷盘中；硅胶可装在布袋内。干燥剂放完后，并闭锅炉所有阀门，防止潮湿空气漏入。在锅炉停用保护期间，定期检查干燥剂的情况，发现失效应及时更换新的干燥剂或定期地更换干燥剂。此法适用于低压或中压小容量的汽包炉的长期停炉保护；高压、大容量锅炉停用时，不采用这种保护方法。

3）充氮法。这种方法是将氮气充入锅内，并保持压力在 $0.1kg/cm^2$ 表压以上，以防止空气侵入锅内，保护设备不受氧腐蚀。

锅炉停止运行后，当锅炉压力降到 $3kg/cm^2$ 表压时，将充氮管路用法兰连接好，氮气的减压阀定在 $0.3kg/cm^2$ 表压。关闭锅炉压力部分的所有阀门。锅炉在冷却时，压力逐渐下降，当锅炉压力降到 $0.3kg/cm^2$ 表压时，氮气经充氮临时管路进入锅内。

充氮时锅炉的水可以放掉，也可以不放掉。未放水的锅炉或锅内有存水的部分，水中应加有一定量的联氨并用氨调节其 pH 值在 10 以上。

锅炉在充氮保护期间，锅内的压力应保持在 $0.3\sim0.1kg/cm^2$ 表压之间，防止空气漏入。经常检查氮气的耗量，如果发现氮气耗量大，应查找泄漏处并及时进行密封。

氮气的纯度对保护效果有很大关系。一般要求氮气纯度在 99% 以上或更高。

锅炉启动时，在上水和点火过程中，把锅炉排气门打开，使氮气排入大气。

第六节　凝结水净化

凝结水包括汽轮机凝结水，热力系统的各种疏水，用户的生产、返回凝结水等，它是锅炉给水的主要组成部分。凝结水是给水中量最大，也是最优良的部分，水质应该是极纯的。凝结水的净化处理，一般是指汽轮机凝结水的处理。

一、凝结水污染主要由以下几方面原因

1．凝汽器泄漏

凝汽器的泄漏可使冷却水中的悬浮物和盐类进入凝结水中。泄漏可分两种情况：严重泄漏和轻微泄漏。

前者多见于凝汽器中管子发生应力破裂、管子与管板连接处发生泄漏、腐蚀或大面积的腐蚀穿孔等。此时，大量冷却水进入凝结水中，凝结水水质严重恶化。后者多因凝汽器管子腐蚀穿孔或管子与管板连接处不严密，使冷却水渗入凝结水中。

即使凝汽器的制造和安装较好，在机组长期运行过程中，由于负荷和工况的变动，引起凝汽器的震动，也会使管子与管板连接处的严密性降低，造成轻微的泄漏。

当用淡水作冷却水时，凝汽器的允许泄漏率一般应小于 0.02%。严密性较好的凝汽器，泄漏量小于此值，甚至可以达到 0.005%。当用海水作为冷却水时，要求泄漏率小于 0.0004%。

凝汽器泄漏往往是电厂热力设备结垢、腐蚀的重要原因。

2．金属腐蚀产物

火电厂的汽水系统中的设备和管道，往往由于某些腐蚀性物质的作用而遭到腐蚀，致使凝结水中含有金属腐蚀产物，其中主要为铁和铜的氧化物。使凝结水带有金属腐蚀产物而被污染。通常以悬浮物或胶体存在。进入凝结水中金属腐蚀产物的量与很多因素有关，如机组的运行工况，设备停用时保护的好坏，凝结水的 pH 值，溶解气体（氧和二氧化碳）的含量等。

3．补给水带入的悬浮物和盐分

锅炉补充水虽经深度除盐处理，但由于各种原因（如原水中有机物含量高等），除盐水在 25℃ 的电导率不能低于 $0.2\mu S/cm$，即使电导率小于 $0.1\mu S/cm$，补充水中仍含有一定量的残留盐分。此外，除盐水流过除盐水箱、除盐水泵和管道，也会携带少量的悬浮物及溶解气体而进入给水。

4．热电厂返回水夹带的杂质污染

从热用户返回的凝结水中通常含有很多杂质。生产用汽的凝结水一般含有较多的油类物质和铁的腐蚀产物，返回后需要进一步处理来满足机组对水质的要求。

由于以上几种原因，凝结水或多或少有一定的污染，而对于超临界参数的机组而言，

由于其对给水水质的要求很高，所以需要进行凝结水的更深程度的净化，即凝结水精处理。

二、凝结水处理的目的

随着锅炉机组参数的提高，给水水质对机组安全运行越来越重要，所要求的给水水质也越来越高，直流锅炉及亚临界压力及以上汽包锅炉的凝结水水质标准列于表 12-2。从这些标准的数值来看，在机组的长期运行中，要想稳定地达到这些要求，不对汽轮机凝结水进一步处理是很难实现的。

1．根据凝结水被污染引入杂质的类别，凝结水处理的目的

（1）去除凝结水中的金属腐蚀产物。

（2）去除凝结水中的微量溶解盐类。

表 12-2　　　　　　　　　　　　　　　　凝结水泵出口水质

锅炉过热蒸汽压力 MPa	硬度 μmol/L	钠 μg/L	溶解氧 a μg/L	氢电导率(25℃) μS/cm	
				标准值	期望值
3.8～5.8	≤2.0	—	≤50	—	
5.9～12.6	≤1.0	—	≤50	≤0.30	—
12.7～15.6	≤1.0	—	≤40	≤0.30	≤0.20
＞15.6	≈0	≤5 b	≤30	≤0.30	≤0.15

a　直接空冷机组凝结水溶解氧浓度标准值应小于 100μg/L，期望值小于 30μg/L。配有混合式凝汽器的间接空冷机组凝结水溶解氧浓度宜小于 200μg/L。

b　凝结水有精处理除盐装置时，凝结水泵出口的钠浓度可放宽至 10μg/L。

2．凝结水处理特点

含盐量低，流量大，pH 值高。

三、凝结水处理的适用范围和系统组成

1．凝结水处理应考虑的因素

汽轮机凝结水是否要进行处理，取决于多方面的因素，综合起来有以下几个方面：

（1）锅炉的炉型和机组的参数。

（2）冷却系统特性和冷却水水种类（淡水、苦咸水或海水）。

（3）凝汽器的结构及铜管的管材。

（4）机组的负荷特性，即基本负荷还是调峰负荷。

2．适用范围

凝结水是否需要处理以及处理量多少，与锅炉的型式（汽包炉、直流炉）、参数、有无分离装置、凝汽器的结构特点（冷却方式、冷却水含盐量等）以及机组运行特性（带基本负荷、尖峰负荷、启停次数等）有关。

（1）直流炉。超临界压力直流炉给水水质要求较高，因此，对它的凝结水需要进行全部处理。

高压和亚临界压力直流炉的给水，一般只需要进行部分处理；至于处理量的多少，取

决于锅炉有无汽水分离器、凝汽器有无泄漏的可能以及运行的启停次数等。

（2）汽包炉。对于装有汽水分离装置和给水清洗装置的超高压锅炉的给水，其凝结水是否需要处理，可根据所使用冷却水的情况而定：如果冷却水是淡水，一般其凝结水不需要处理；如果冷却水是海水或苦咸水，一般其凝结水需要进行处理，处理量为 50%~100%。

3. 凝结水处理系统的组成（见图 12-18）

凝结水处理系统由过滤和除盐两部分组成。过滤主要用来去除水中的金属腐蚀产物，除盐用于除去水中的溶解盐类。在除盐装置出水管上应安装树脂捕捉器，用以截留混床可能漏出的破碎树脂。

出于对机组安全经济性考虑，在火力发电厂亚临界压力及以上参数的汽包锅炉机组及直流锅炉机组中，设置凝结水精处理已成为一种普遍发展的趋势。

四、凝结水精处理体外再生系统

凝结水精处理体外再生系统设备结构及原理如下：

（1）前置过滤器。

1）作用。除去凝结水中悬浮物、胶体、腐蚀产物和油类等物质。它主要用在机组启动时对凝结水除铁、洗硅，缩短机组投运时间。另外除去了粒径较大的物质，延长了树脂运行周期和使用寿命。

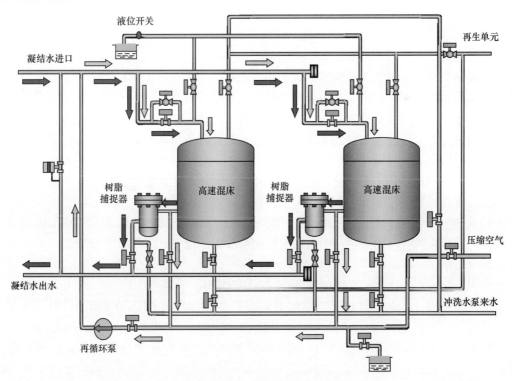

图 12-18　凝结水精处理系统图

2）结构及工作原理。前置过滤器整体为直筒状，采用碳钢结构。内部滤元为管式，滤元骨架采用材质，竖着固定在前置过滤器上下端之间。每根管上有若干水孔，并且在管外缠绕着聚丙烯纤维滤料，水从前置过滤器底部进入管束之间，流经纤维滤料，杂质被截留在滤料上，水流入孔内，管束中的水汇流至前置过滤器外。当前置过滤器进出口压差达到设定值时，前置过滤器需要反洗，水从底部出水口进入管中对滤料进行反冲洗，排水从进水口排出（与运行水的流向相反）。另外底部进气松动滤料，加强前置过滤器的反洗效果。为了保证空气反洗时布气均匀，在设备下部共设四个进气口，同时顶部排气口设快开气动蝶阀，以利于产生曝气将附着于滤元的脏物脱离滤元表面，便于反洗时予以清洗。

3）纤维过滤原理。纤维过滤是一种较新型的过滤技术。它可以使水流由大孔隙滤层向小孔隙滤层方向流动，提高了截污能力，降低了水流阻力，出水水质亦有较大改善。前置过滤器滤料是一种高分子化学纤维材料，叫聚丙烯纤维（又叫丙纶纤维），具有滤料直径小，滤料比表面积和比表面自由能大的优点，增加了水中杂质颗粒与滤料的接触机会和滤料的吸附能力。其化学性质很稳定，不带任何活性功能基团，水中悬浮物向纤维滤料表面的迁移和既有物理吸附又有化学吸附。

这种材料对水中的悬浮颗粒没有特殊的活性，主要起物理吸附作用，这与石英砂等粒状滤料相似，吸附的结合势能较差，所以纤维表面吸附的泥渣可用水冲洗和压缩空气擦洗的物理方法去除。丙纶丝的直径仅有几十微米，其表面积比石英砂等粒状滤料大得多。

（2）高速混床。

1）作用。主要除去水中的盐类物质（即各种阴、阳离子），另外还可以除去前置过滤器漏出的悬浮物和胶体等杂质。

2）高速混床结构及工作原理。高速混床采用直径为 3000mm 的球形混床，进水配水装置为三级配水。既充分保证进水分配的均匀，又防止水流直接冲刷树脂表面造成表面不平，从而引起偏流，降低混床的周期制水量及出水水质。水从混床上部进入床体，透过树脂后从下部出水装置流出。出水装置设计为蝶形板加水帽，共有 176 只水帽，整个出水装置采用 316 制作，其作用有两个：第一，由于水帽在设备内均匀分布，使得水能均匀地流经树脂层，使每一部分的树脂都得到充分的利用，可以使制水量达到最大的限度；第二，光滑的弧形不锈钢多孔板可减少对树脂的附着力，使树脂输送非常彻底。混床失效后，树脂从底部输出，输送完毕后，再生系统的阳塔备用树脂从混床上部输入，进入下一运行周期。混床投运时需经再循环泵循环正洗，出水合格后方可投入运行。

3）除盐原理。混床内装有强酸阳树脂和强碱阴树脂的混合树脂。凝结水中的阳离子与阳树脂反应而被除去，阴离子与阴树脂反应而被除去。以 R-H、R-OH 分别表示阳、阴树脂，反应如下：

阳树脂反应：$R\text{-}H+Na^+(Ca^{2+}/Mg^{2+})\longrightarrow RNa(Ca^{2+}/Mg^{2+})+H^+$

阴树脂反应：$R\text{-}OH+Cl^-(SO_4^{2-}/NO_3^-/HSiO_3^-)\longrightarrow RCl(SO_4^{2-}/NO_3^-/HSiO_3^-)+OH^-$

总反应：$R\text{–}H+R\text{–}OH+Na^+(Ca^{2+}/Mg^{2+})+Cl^-(SO_4^{2-}/NO_3^-/HSiO_3\text{–})\longrightarrow RNa + RCl+H_2O$

树脂失效后，阳树脂用酸再生，阴树脂用碱再生。再生化学反应为上面反应的逆向反应。

（3）树脂捕捉器。

1）作用。当混床出水装置有碎树脂漏出或发生漏树脂事故，树脂捕捉器可以截留树脂，以防树脂漏入热力系统中，影响锅炉炉水水质。树脂是高分子有机物，在高温高压下容易分解出对系统有害的物质，如果漏进水系统势必对热力系统造成较大影响。

2）结构及工作原理。捕捉器内部滤元为篮筐式结构，带少量树脂的水透过滤元流出，树脂被滤元截留。设备设计成带圆周骨架的易拆卸结构，在检修时不需管道解体的情况下打开罐体检查并可以取出过滤元件，清除堵塞污脏物，方便了运行与维修。捕捉器进出口压差超过设定值时，需要反冲洗。

（4）再循环泵。混床投运时用来循环正洗。再循环泵进水没有经过树脂捕捉器，是混床直接出水，经再循环阀流入混床形成一个循环。再循环泵的作用：第一，混床投运初期水质不合格，必须使其再循环合格后方能投运；第二，启动再循环泵后用较小流量使床层均匀压实，防止运行发生偏流，而大流量则不容易使床层均匀压实。

（5）分离塔。

1）作用。空气擦洗树脂擦掉悬浮杂质和腐蚀产物；水反洗使阴阳树脂分离以及去除悬浮杂质和腐蚀产物；暂时贮存少量未完全分离开的混脂层，以待下次分离。

2）结构及工作原理。分离塔采用碳钢焊制，橡胶衬里。其结构特点是上大下小，下部是一个较长的筒体，上部为锥筒形。这种结构的设计能充分利用反洗时的水流特性，使阴阳树脂彻底分离。设备中间留有约 1m 高的混脂层，避免了树脂输送时造成阴、阳树脂交叉污染。罐体设置有失效树脂进口、阴树脂出口、阳树脂出口、上部进水口（兼作上部进压缩空气、上部排水口）和下部进水口（兼作下部进气、下部排水口）。底部集水装置设计成双蝶形板加水帽式，绕丝或水帽缝隙宽度 0.25mm，使得水流分布较为均匀，上部配水装置为支母管式，反洗排水装置为梯形绕丝筛管制作，以便于正洗进水和反洗排水。分离塔还设有 7 个窥视镜，用于观察塔内树脂状态。

分离塔的特殊结构有以下优点：反洗时形成均匀的柱状流动，不使内部形成大的扰动；分离塔顶部锥筒形结构有足够的反洗空间，利于反洗；塔内设有会使产生搅动及影响树脂分离的中间集管装置，在反洗、沉降、输送树脂时，内部搅动减少到最小；分离塔截面小，树脂交叉污染区域小；分离塔有多个窥视孔，便于观察树脂分离；底部主进水门和辅助进水调节门可以提供不同的反洗强度水流，利于树脂的分离。

高速混床失效树脂输入分离塔后，通过底部进气擦洗松动树脂，使悬浮杂质和金属腐蚀产物从树脂中脱离，通过底部进水反洗直至出水清澈。然后通过不同流量的水反洗使阴阳树脂分离直至出现一层界面。阴树脂从上部输至阴塔，阳树脂从下部输至阳塔，阴、阳树脂分别在阴、阳塔再生。剩下的界面树脂为混脂层，留到下一次再生参与分离。

（6）阴塔。

1）作用：对阴树脂进行空气擦洗、反洗及再生。

2）结构及工作原理。阴塔上部配水装置为挡板式，底部配水装置为不锈钢碟形多孔板加水帽，既保证了设备运行时能均匀配水和配气，又使得树脂输出设备时彻底干净。进碱分配装置为 T 型绕丝支母管结构（又称鱼刺式），其缝隙既可使再生碱液均匀分布又可使完整颗粒的树脂不漏过，并可使细碎树脂和空气擦洗下来的污物去除。

分离塔阴树脂送进阴塔后，通过底部进气擦洗和底部进水反洗阴树脂，直至出水清澈。然后从树脂上部进碱再生、置换、漂洗。

（7）阳塔。

1）作用：对阳树脂进行空气擦洗及再生；阴阳树脂混合；贮存已经混合好的备用树脂。

2）结构及工作原理（结构同阴塔）。分离塔阳树脂送进阳塔后，通过底部进气擦洗和底部进水反洗阳树脂，直至出水清澈。然后从树脂上部进酸再生、置换、漂洗后，阴塔树脂再生合格后，阴树脂送入阳塔中与阳树脂混合，成为备用树脂。

（8）再生辅助设备。

1）精处理贮（碱）罐。用来贮存酸碱，树脂再生时送到酸（碱）计量箱。化工厂酸（碱）运输槽车运来酸（碱）后，经卸酸（碱）泵送入贮酸（碱）罐。

2）精处理酸（碱）计量箱。用来计量再生酸碱用量。

3）精处理酸雾吸收器。由于浓盐酸是挥发性酸，以防止酸雾对设备、建筑物产生腐蚀以及危害人体健康，设置酸雾吸收器将计量箱的排气口的排气引入，通过水喷淋填料后将酸雾吸收。吸收酸雾后的酸性水排入精处理废液池。

4）精处理酸（碱）喷射器。喷射器是利用流体（液体或气体）来输送介质的动力设备，与其他机械泵（离心泵、齿轮泵、柱塞泵等）相比，无运动部件。因而，具有结构简单、紧凑、轻便，运行可靠，无泄漏，免维修等优点。其工作原理是：利用有压介质通过喷嘴以高速射出，在喷嘴出口（混合室）造成较强的真空，使混合室中的介质与高速流动的工作介质发生能量交换，使被抽吸介质与工作介质在喉管处进行充分的能量转换。此时，被抽吸介质的流速增加而工作介质的压力降低，两种介质的速度到喉管出口处逐渐达到一致。最后，通过扩散管将混合介质的动能转换为压力。精处理利用喷射器将酸（碱）打入阳（阴）塔。

5）精处理热水箱。它是为了提高碱液温度，以提高阴树脂的再生效果。运行时必须充满水，加热器根据热水箱的温度定时加热。加热器启动加热到高限设定值时自动停止，当水温低于低温设定值时，加热器自动重新启动。冷水从底部进入热水箱，热水从上部出来至碱喷射器。碱喷射器出口温度通过热水箱出口三通阀控制，大约在40℃。

6）废水树脂捕捉器。该设备为敞开容器式，内衬耐酸碱橡胶，且设有金属网筒，能截留分离塔、阴塔或阳塔在树脂擦洗或水反洗由于流量控制不当而跑出的树脂，以防树脂排入废液池而树脂遭受损失，截留的树脂可以通过树脂添加斗重新加到阳塔。

7）冲洗水泵。冲洗水泵的水源为除盐水，接自除盐水水箱，用于树脂的反洗、清洗、输送、管道冲洗和稀释再生剂以及前置过滤器失效后的反洗。

8）罗茨风机。罗茨风机是一种容积式动力机械。一对相互啮合的叶轮将进、排气口分开，由同步齿轮传动，两叶轮在汽缸中作等速反向旋转，在旋转过程中，进气口的气体不断地被叶轮推移到排气口，从而达到强制排气的目的。

罗茨风机用于树脂的擦洗松动和树脂的混合。其气源是空气，进口有滤网，防止杂物进入。前后都有消声器，利于减少所释放的噪声。再生步骤需启动罗茨风机时，往往先要预启动，是为了吹去风管的杂物，此时开启风管上的排风门。

9）精处理储气罐。用于前置过滤器的擦洗和混床输出树脂以及阀门仪表用气，分离塔、阴塔和阳塔的顶压排水和阴、阳塔冲洗前的加压以及阳塔气力输出树脂。其气源是厂房来的压缩空气。

10）树脂填充斗：用于阴塔、阳塔的树脂添加，它是利用水的流动把树脂抽入罐体，一次填充树脂体积 $0.15m^3$。

11）精处理废液池：用于收集精处理排放的废水，经 3 台废水提升泵送至机组排水槽集中处理。

12）机组排水槽。用于收集主厂房的一些排污水，凝结水精处理再生废水也排入机组排水槽。

13）电热水箱。再生时提高碱液温度，再生效果，有利除硅。

第七节　循环冷却水处理

水在火电厂中起着能量传递、水变成高温后蒸汽后推动汽轮机旋转和冷却等作用。

水的优点：传热性能好，热容量高，分子量小，是火电厂用于做功的理想工质。

水的缺点：①低温时汽化潜热大，热损失大。按热力学卡诺热转换成电的转换率在 70%，实际发电效率不足 50%。②如果用水冷却蒸汽，冷却水易腐蚀结垢。

冷却水处理的目的：防止结垢；防止腐蚀；节水。

一、循环水系统类型

1. 直流式（开放式）冷却水系统

直流式（开放式）冷却水系统是指冷却用水只通过凝汽器就一次排放的系统。适用于水源充足的地方，一般采用海水。其处理方式是海水一级反渗透工艺。

2. 开式循环式冷却水系统

这类系统又分为密闭式和敞开式两种。

二、循环冷却水系统中的问题

工业循环冷却水系统在运行过程中，由于水分蒸发、风吹损失等情况使循环水不断浓缩，其中所含的盐类超标，阴阳离子增加、pH 值明显变化，致使水质恶化，而循环水的温度，pH 值和营养成分有利于微生物的繁殖，冷却塔上充足的日光照射更是藻类生长的理想地方。而生物粘泥、微生物导致垢下腐蚀。

1. 循环冷却水的腐蚀及其控制

循环水对换热设备的腐蚀，主要是电化学腐蚀，产生的原因有设备制造缺陷、水中充足的氧气、水中腐蚀性离子（Cl^-、Fe^{2+}、Cu^{2+}）以及微生物分泌的黏液所生成的污垢等因素。腐蚀的后果十分严重，不加控制极短的时间即使换热器、输水管路设备报废。

（1）腐蚀的常见类型。

腐蚀的形式：根据腐蚀时腐蚀面积的大小，可分为一般腐蚀和局部腐蚀。

1）一般腐蚀。

2）局部腐蚀：点蚀、电偶腐蚀、氧浓差腐蚀、不锈钢应力破裂。

（2）腐蚀的危害。

1）腐蚀产物成为软垢的一部分，增加软垢。

2）损坏设备。

3）缩短设备寿命。

4）增加维修费用。

（3）腐蚀的控制。

1）使用耐腐蚀材料，不易被氧化。

2）在金属表面形成耐腐蚀层，隔断与水的接触。

3）采用阴极、阳极保护。

4）使用缓蚀剂，对金属进行钝化。

5）避免不同金属的直接接触。

2. 循环冷却水中的沉积物及其控制

由于循环水在冷却过程中不断地蒸发，使水中含盐浓度不断增高，超过某些盐类的溶解度而沉淀。常见的有碳酸钙、磷酸钙、硅酸镁等垢。水垢的质地比较致密，大大地降低了传热效率，0.6mm 的垢厚就使传热系数降低了 20%。

（1）水中常见沉积物：水垢、污泥、生物黏泥。

1）水垢是水中的溶解盐类结晶析出沉积在金属表面的物质（主要是硬度成分）。

2）污泥是泥沙微生物残骸黏土胶体等沉积物。

3）生物黏泥是专指以微生物代谢物、残骸及菌团形成的沉积物。

（2）垢形成的原因及危害。水中所含盐类本身溶度积很小。循环水温度高，成垢盐类的溶解度随温度的上升而下降，水在暴气过程 pH 上升，盐类溶解度下降，水被浓缩后，离子浓度上升，超过溶度积，并超过其饱和度。结垢的危害如下：

1）阻碍热交换器的热传导效率。

2）降低水流量甚至堵塞管路或换热器。

3）引起垢下腐蚀。

4）增加能耗和维修费用。

（3）污泥形成的原因及危害。污泥是水中的悬浮物尘粒、微生物残骸、油等沉积而成。污泥通常沉积在水流慢的地方表面粗糙处，有黏性的地方。污泥和生物黏泥的危害如下：

1）非常类似于结垢。

2）为结垢提供晶核。

3）为微生物生长提供条件。

4）堵塞管道。

（4）污泥生物黏泥的控制。

1）良好的缓蚀、阻垢和微生物控制方案可适当减少污泥、黏泥。

2）物理（旁滤，在线过滤等）和化学方法相互配合。

3. 循环水中微生物及控制

因为循环水中溶有充足的氧气、合适的温度及富养条件，很适合微生物的生长繁殖，如不及时控制将迅速导致水质恶化、发臭、变黑，冷却塔大量黏垢沉积甚至堵塞，冷却散热效果大幅下降，设备腐蚀加剧。因此循环水处理必须控制微生物的繁殖。

（1）微生物的危害。

1）微生物引起的黏结物导热性差难以清除。

2）生物黏泥导致垢下腐蚀。

3）微生物引起金属的腐蚀。直接引起金属腐蚀（铁细菌、硫酸盐还原菌），产酸类细菌（硫杆菌、硝化菌）。

（2）微生物的控制方法。添加杀菌剂。氧化性杀生剂、非氧化性杀生剂、生物分散剂。

三、循环冷却水系统的运行

1. 水系统运行参数

水系统运行参数包括循环量、蒸发量、补充水量、排污量、保有水量、温差、浓缩倍数。

2. 水系统的运行管理原则

（1）高的浓缩倍数。保证处理效果的情况下尽量提高浓缩倍数，节约用水，降低水处理成本。

（2）良好的缓蚀、阻垢和微生物控制（化学处理）。保证设备使用寿命、延长检修周期保持能耗水平。

3. 控制浓缩倍数的意义

（1）提高浓缩倍数，补水、排污量下降，节约用水，降低药剂成本。

（2）浓缩倍数与腐蚀结垢控制有直接关系。

4. 浓缩倍数的控制方法

（1）控制排污水量（水表控制）消除直排水和泄漏。

（2）控制循环水电导率或离子浓度。

四、循环冷却水的化学处理

合适的缓蚀剂防止腐蚀；合适的阻垢剂防止结垢；合适的分散剂防止黏泥垢；合适的杀菌剂控制微生物生长。

根据企业循环水系统的特点和工艺条件，结合当地的水质特点，选择适合企业运行条件的水处理方案，通过加药等措施，控制循环水指标在一定范围内运行，既保证生产设备的长周期运行，又提高了循环水利用率。循环水处理技术的利用，既能给企业带来显著的经济效益，又能为社会带来良好的社会效益。所以循环水处理技术应用是非常有必要的。

第八节　废　水　处　理

一、废水处理方法

1. 废水中污染物的处理方法

（1）稀释处理。稀释处理虽然不是把污染物从废水中分离出来，也不改变污染物的化学本性，但它通过混合稀释，可降低污染物的浓度，达到减少毒害的作用。所以，稀释处理一般是利用高浓度废水与低浓度废水（或天然水体）的混合稀释作用，使废水中污染物的浓度降低到某一无害的允许范围之内，以满足排放标准的要求，但这种处理方法一般不提倡。

（2）转化处理。转化处理是通过化学或生物化学作用，改变污染物的化学本性，使其转化为无害的物质或能从水中分离的物质。为此，它分为化学转化处理和生物转化处理两二种类型。

1）化学转化处理又分为 pH 调节法、氧化还原法和化学沉淀法等。①pH 调节法。如向废水中投加酸性或碱性物质，使 pH 值调节至排放要求（pH=6.0～9.0），称为中和处理。

如向废水中投加碱提高 pH 值或投加酸降低 pH 值，分别称为碱化处理或酸化处理。②氧化还原法。它是向废水中投加氧化剂或还原剂，使之与污染物发生氧化还原反应，变为无害的或低毒的新物质。如向废水中投加还原剂硫酸亚铁等，使废水中有剧毒的六价铬还原为毒性极微的三价铬，在酸性条件下的还原反应为

$$H_2Cr_2O_7+6FeSO_4+6H_2SO_4=3Fe_2（SO_4）_3+Cr_3（SO_4）_3+7H_2O$$

由于生成的还原产物［$Cr_2(SO_4)_3$］溶解度比较大，所以要从水中分离出来，还必须进一步进行碱化处理，使之生成氢氧化铬沉淀。这其中第一步称为还原法，第二步称为化学沉淀法。③化学沉淀法。它是向废水中投加沉淀剂，使之与废水中某些溶解态的污染物生成难溶的沉淀物，进而从水中分离出来。

2）生物转化处理又为好氧生物转化处理和厌氧生物转化处理两种。①好氧生物转化处理。它是在有溶解氧的条件下，利用好氧微生物和兼性微生物的生物化学反应，将其废水中的有机污染物转化或降解为简单的无害的无机物。②厌氧生物转化处理。它是在无溶解氧的条件下，利用厌氧微生物和兼性微生物化学反应，转化或降解有机污染物。

除上述两种转化处理外，还有的是向废水中投加强氧化剂、重金属离子等药剂或利用高温、紫外光、超声波等能源抑制和杀死致病微生物，这称为消毒转化处理。

（3）分离处理。废水中的污染物按其颗粒大小不同，可分为四种存在形态，即悬浮物、胶体、分子和离子。颗粒大小不同，造成周围各种外力对其产生的效果不同，所以，分离方法也不同。

1）悬浮物分离法。这类污染物由于颗粒较大，重力和离心力十分明显，因此可依靠阻力截留、重力分离、离心分离、粒状介质截留等进行分离。阻力截留是依靠筛网与悬浮物之间的几何尺寸差异截留悬浮物的一种方法；重力分离是依靠悬浮物与水的密度差，让其悬浮物下沉或上浮而进行分离的一种方法；离心分离法是依靠作用于悬浮物上面的离心力，使其从废水中分离的一种方法；粒状介质是依靠粒状滤料截留悬浮物的一种方法，由于滤料之间的间隙很小以及滤料表面的吸附作用，所以这种分离方法不仅能除去悬浮物而且还可除去一部分颗粒较小的胶体污染物。

2）胶体分离法。这类污染物由于颗粒较小，重力和离心力都不明显，而且颗粒之间往往存在一种斥力，所以，完全依靠重力、浮力或离心力还是难以从水中分离出来的。但它可以用化学絮凝法、生物絮凝法进行分离。化学絮凝法是通过向废水中投加混凝剂、高分子絮凝剂等化学药剂，使胶体污染物絮凝成大而重的絮凝体，然后再进行分离；生物絮凝是利用生物活性物质（如生物膜和活性污泥）的生物转化作用，将有机胶体污染物絮凝而进行分离的一种方法。

3）分子分离法。这类污染物颗粒更小，是溶解性的，它既不能用重力法分离，也不能用絮凝法分离，但它可用吹脱法、汽提法、萃取法和吸附法等进行分离。吹脱法是使废水与空气充分接触，使溶解性的气态或挥发性污染物，由水相转移到气相而进行分离的一种方法；汽提法是使废水与水蒸气充分接触，直到沸腾，使挥发性污染物与水蒸气一起逸出而进行分离的一种方法；萃取法是向废水中投加一种不溶于水但能溶解污染物一种萃取剂，使污染物从水相转移到萃取剂中，然后再从萃取剂中进行分离或回收的一种方法；吸附法是让废水与固体吸附剂充分接触，使分子态污染物吸附于吸附剂上，然后再从吸附剂上进行解吸而进行分离的一种方法。

4）离子分离法。这类污染物的颗粒最小，也是溶解性的，而且起作用的主要是化学键力，而重力和离心力都不起作用。因此，它的分离方法与上述各种污染物都不相同。分离这类污染的方法有离子交换法，离子吸附法和电渗析法。离子交换法是使废水与固态离子交换剂相接触，废水中的离子态污染物便与离子交换剂上的同电荷离子相互交换，从而使废水中有害离子污染物分离出来，交换剂失效后可以通过再生操作，使离子态污染物随再生液排出或浓缩回收利用，交换剂本身又可重复利用；离子吸附法是使废水与具有离子吸附性能的固体吸附剂相接触，废水中的离子态污染物便与吸附剂上电性相反的活性基因相吸引，从而使废水中有害离子污染物分离出来，吸附剂也可以再生重复利用；电渗析法是在直流电场的作用下，利用阴阳离子交换膜对水中阴阳离子污染物的选择透过性，即阳离子交换膜只允许阳离子通过，阴离子交换膜只允许阴离子通过，所以只要让废水通过由阴阳离子交换膜排列组成的通道，就可将离子态污染物分离出来。因为这种处理方法与反渗透法一样，都是借助一个膜，所以也叫膜分离法。

二、废水的产生、废水的种类及性质

废水的产生及种类见图 12-19。

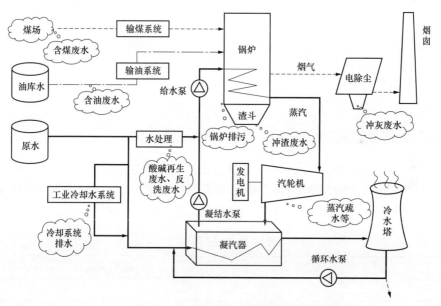

图 12-19　废水的产生和种类

1. 循环水排污水
（1）含盐量高；
（2）水质安定性差，容易结垢；
（3）有机物、悬浮物含量较高；
（4）藻类物质多；
（5）占全厂废水的 70%以上。

2. 冲灰废水
（1）pH 高；

（2）含盐量高；

（3）水质安定性差，容易结垢。

3. 机组杂排水

（1）经常性排水。①来源复杂，水质多变。②含盐量不高。③含油。

（2）非经常性排水：悬浮物很高。

4. 再生废水

（1）含盐量高；

（2）水质酸性或碱性。

5. 含煤废水

（1）含煤粉，黑色；

（2）含油；

（3）废水量与降雨状况有关。

6. 生活污水

（1）臭味，有机物、色度、悬浮物、细菌、表面活性剂等较高；

（2）含盐量比自来水稍高一些；

（3）流量变化大。

7. FGD 废水

（1）含盐量、悬浮物极高；

（2）含有多种重金属；

（3）高 COD、氟化物。

三、废水排放控制标准

第一类污染物，指能在环境或动植物体内积蓄，对人体健康产生长远不良影响的污染物。含有此类有害污染物质的废水，不分行业和排放方式，也不分受纳水体的功能类别，一律在车间或车间处理设施排出口取样，其最高允许排放浓度必须符合表 12-3 的规定。

表 12-3　　　　　　　　　　　废 水 排 放 控 制 标 准

序号	污染物	最高允许排放浓度（mg/L）
1	总汞	0.05
2	烷基汞	不得检出
3	总镉	0.1
4	总铬	1.5
5	六价铬	0.5
6	总砷	0.5
7	总铅	1.0
8	总镍	1.0
9	苯并芘	0.00003
10	总铍	0.005

序号	污染物	最高允许排放浓度（mg/L）
11	总银	0.5
12	总 a 放射性	1Bq/L
13	总 b 放射性	10Bq/L

第二类污染物，指其长远影响小于第一类的污染物质，在排污单位排出口取样，其最高允许排放浓度分为 3 级，即通常所讲的"一级标准""二级标准""三级标准"。其分级是按照废水排入水域的类别进行的（包括海水水域）。

四、废水综合利用的目的和要点

1. 目的

合理、充分地利用电厂的各类废水资源，达到节水和废水减排的目的。

2. 要点

（1）水平衡试验。

（2）制定废水综合利用方案；废水综合利用方案的制定要在全厂水平衡优化的框架内进行。废水资源的配置是水平衡优化的重要组成部分。

顺序：避免废水产生；减少废水数量；废水综合利用。

五、火电厂废水的分类

1. 不需要脱盐处理即可回用的低含盐量废水

（1）主厂房杂排水；

（2）生活污水等。

2. 需要脱盐处理才能回用的高含盐量废水

（1）循环水排水；

（2）再生废水。

3. 循环使用的废水

（1）灰渣废水；

（2）含煤废水。

4. 不能回用的极差废水

FGD 废水。

六、废水回用的现状

（1）低含盐量废水，大部分已经回用；机组杂排水、生活污水已有成功回用的工程实例；大部分作为循环水补充水。

（2）含煤废水、冲灰水循环使用。

（3）高含盐量的废水，普遍用来冲灰或外排；已有循环水排污水脱盐处理回用示范工程实例。

（4）脱硫废水，达标排放。

七、存在的问题

（1）废水处理设施陈旧，废水综合利用水平不高。

（2）整体来说，废水回用还处于较低的层次，没有按照最合理的方式进行分类、综合利用，在这方面潜力还很大。

（3）多数电厂的废水收集和处理系统是按照排放要求设计的，不能进行分类处和回用，因此废水收集、处理系统有待改造完善。

八、废水降级使用

例如，主厂房排水大多水质较好，经过处理后完全可以补入循环水系统。如果用这些水来冲灰，属于典型的废水降级使用。

有些电厂将各种废水都排入灰、渣系统，使得冲灰系统以很低的灰水比运行，除渣系统则产生大量的外溢废水。因为这些废水最终还是通过灰场或除渣系统外排，表面上看是废水回用，实际上是借道排水。

九、废水回用的典型方法

废水回用的典型方法见图 12-20。

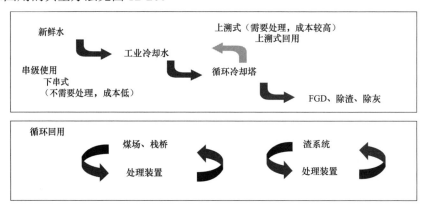

图 12-20　废水回用的典型方法

1．低含盐量废水的处理回用

（1）含盐量不高，比较容易进行回用；

（2）要去除的杂质。

不含污水时：悬浮物、油类和有机物；

含有污水时：悬浮物、细菌、油类、有机物和氨氮；

（3）处理工艺：混凝澄清、过滤等。

（4）回用点：循环冷却水系统、绿化等。

2．高含盐量废水的处理回用

（1）因含盐量很高，大部分水有结垢倾向，除了冲灰、除渣外，需脱盐处理后才能进行回用。

（2）要去除的杂质：无机盐分、悬浮物、油类和有机物。

（3）处理工艺。

1）预处理：混凝澄清、过滤、超滤等。

2）脱盐：反渗透。

（4）回用方式：代替工业水。

3．含煤废水的循环使用

含煤废水中的煤粉微粒很难直接沉降，混凝处理后形成的絮体强度较差，在澄清设备中絮体容易破碎而上浮，所以需要的澄清分离面积较大。

（1）特点：悬浮物含量最高的废水之一；主要来自电厂输煤皮带喷淋、输煤栈桥地面冲洗、煤场排水等。

（2）要除去的杂质：煤微粒、胶体、油。

（3）处理工艺：含煤废水收集池→煤泥沉淀池（初沉淀）→澄清器→过滤→煤系统补充水池。

（4）回用方式：循环使用。

4．冲灰废水的循环使用

（1）水质特点：悬浮物含量最高的废水之一；pH、含盐量都比较高；主要来自冲灰系统和灰场。

（2）要除去的杂质：悬浮物。

（3）处理工艺：灰浆→沉淀池（灰浆浓缩池或灰场）→系统补充水池。外排需要中和处理。

（4）回用方式：循环使用。有时需要向沉淀后的回水管道中加酸防垢。

5．化学水处理酸、碱废水的处理

化学水处理酸、碱废水是阳树脂和阴树脂再生工艺的必然产物。由于这种酸性废水的含酸量一般不大于 3%～5%，碱性废水的含碱量一般不大于 1%～3%，所以，回收的价值不大，大多是采用自行中和法进行处理。

虽然这两种废水都是在化学水处理车间内产生的，但两者往往不是同时产生的。因此，要想利用自行中和就必须设置中和池，即先将酸性废水（或碱性废水）排入池内，然后再将碱性废水（或酸性废水）排入，搅拌中和，使 pH 值达到 6～9 以后排放。为了达到有效中和，必须设置合理的中和设备。

中和池（或 pH 调整池）的水容积应不小于一台最大的阳离子交换设备和一台最大的阴离子交换设备一次再生全过程所排放的酸、碱性废水的总和。在水处理设备台数较多的情况下，中和池的水容积应不小于二台阳、阴离子交换设备再生所排出废水的总和。这样就能使阳、阴离子交换设备不同时再生，而且在同一时刻内有两台阳或两台阴离子交换相继再生时，仍能保证酸性废水和碱性废水的充分混合。

处理后可使废水的 pH 值控制在 6～9 之间，而且合格率可达到 80%以上。

化学车间酸碱废水的原则性流程见图 12-21。

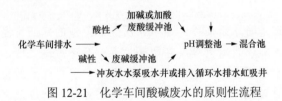

图 12-21　化学车间酸碱废水的原则性流程

案例分析 1　反应沉淀池出水水质异常

一、系统概况

某厂净水站反应沉淀池设计两座，制水能力为 $2×600m^3/h$。两座反应沉淀池同时配备两套污泥池和一套回收水池。污泥池用以接收和储存反应沉淀池的定期排泥，并将污泥送至污泥脱水机系统，进行后续处理。回收水池用以接收和储存污泥池的上层清液及过滤设备的反洗排水，并通过回收水泵将水送至反应沉淀池的进口，达到废水循环利用，节能降耗的目的。

二、影响反应沉淀池出水水质的因素

反应沉淀池采用药剂混合、絮凝、沉淀的处理工艺。因为混凝处理的目的是除去水中的悬浮物，同时使水中胶体、硅化合物及有机物的含量有所降低，所以通常以出水的浊度来评价混凝处理的效果。因为混凝澄清处理包括了药剂与水的混合，混凝剂的水解、羟基桥联、吸附、电性中和、架桥、凝聚及絮凝物的沉降分离等一系列过程，因此混凝处理的效果受到许多因素的影响，其中影响较大的有水温、pH 值、碱度、混凝剂剂量、接触介质和水的浊度等。

1. 水温

水温对混凝处理效果有明显影响。因高价金属盐类的混凝剂，其水解反应是吸热反应，水温低时，混凝剂水解比较困难，不利于胶体的脱稳，所形成的絮凝物结构疏松，含水量多，颗粒细小。另外水温低时，水的黏度大，水流剪切力大，絮凝物不易长大，沉降速度慢。

2. 进水的浊度

原水浊度小于 50NTU 时，浊度越低越难处理。当原水浊度小于 20NTU 时，为了保证混凝效果，通常采用加入黏土增浊、泥渣循环、加入絮凝剂助凝等方法；当原水浊度过高（如大于 3000NTU），则因为需要频繁排渣而影响澄清池的出力和稳定性。

3. 混凝剂剂量

混凝剂剂量是影响混凝效果的重要因素。当加药量不足，尚未起到使胶体脱稳、凝聚的作用，出水浊度较高；当加药量过大，会生成大量难溶的氢氧化物絮状沉淀，通过吸附、网捕等作用，会使出水浊度大大降低，但经济性不好。对于不同的原水水质，需通过烧杯试验确定最佳混凝剂剂量。

三、现象分析

1 号反应沉淀池出水浊度偏大。通过到现场对反应沉淀池水质进行检查，发现 1 号反应沉淀池水质较差，出水浑浊，浊度偏大；2 号反应沉淀池水质正常，出水清澈。出现此现象的原因有：

（1）1 号反应沉淀池进水水质差：净水站反应沉淀池的定期排泥，存积在净水站的两套污泥池中，而由于未能够及时处理，在两套污泥池存满污泥之后，污泥水向回收水池溢流，造成回收水池内水质变差。回收水池高液位后，由回收水泵打至反应沉淀池进口进行回用。此时回用水水质较差，带有大量失去活性的污泥进入反应沉淀池，造成反应沉淀池

出水水质变差。

（2）回收水池水质差：一是因为净水站正常排泥水经污泥池溢流至回用水池，二是过滤系统的反洗水中含有过滤截留后泥渣，长期慢慢沉积在回用水池底部。

（3）2号反应沉淀池进水水质正常：净水站回收水泵出水为母管制，然后再分别连接在1、2号反应沉淀池的进口管上，现场观察1、2号反应沉淀池同时运行时没有发现含污泥的回用水进入2号反应沉淀池，判断可能为回收水泵回收至反应沉淀池池存在偏流现象。

四、处理措施

结合上述分析原因，采取以下处理措施：

（1）对现有已经积存污泥的回收水池进行清理。保证回收水池的清洁。

（2）对净水站正常运行中排泥至污泥池中的污泥水及时处理，防止溢流至回用水池，污染回用水池。

（3）对回收水泵出口至1、2号反应沉淀池的管道、阀门进行排查，消除偏流现象。

（4）对回收水池进行改造，例如加装搅拌系统，对回收水池的水进行搅拌均匀回收，防止反洗水携带的泥渣长期运行后慢慢沉积，造成回收水池水质差。

五、总结

通过以上分析，了解了反应沉淀池布置和运行方式，了解了影响反应沉淀池水质的原因，在面对异常情况时，使化学运行人员能够准确做出判断，及时采取相应措施，保证后续设备的正常运行。

案例分析2　除盐水出口母管电导率升高原因分析

一、除盐水制备流程介绍

某厂锅炉补给水除盐系统由为全膜法：反渗透（RO）和电除盐（EDI）系统组成，EDI电除盐出水电导率正常在 $0.07\mu S/cm$ 以下。

除盐水箱出水用除盐水泵补充至机组凝汽器。同时反渗透（RO）系统用的低压冲洗水泵与除盐水泵共同接在除盐水箱出口母管上。除盐水泵出口母管电导率一直稳定在 $0.2\mu s/cm$ 以下，发电机定子冷却水采用除盐水补充。

二、现象

（1）最初一二天监视中发现除盐水泵出口母管电导率出现的较大幅度的上、下波动，高的峰值可以达到 $1.0\mu S/cm$ 以上（在线表计显示量程），低的峰值也可以回到正常 $0.2\mu S/cm$ 以下，波动的频次较少。

（2）经过四五天后，除盐水泵出口母管电导率上、下波动的频次增多，且高峰值时间多，低峰值时间少。

（3）同时发电机定子冷却水电导率也缓慢上升，几天内电导率从 $0.2\mu S/cm$ 以下慢慢升高至 $0.35\mu S/cm$ ，接近发电机定子冷却水的限值。

（4）机组汽水系统水质正常。

三、原因分析

（1）通过对除盐水制备流程的分析，我们可以得知，除盐水的电导率增高可能有以下几个原因：①EDI 的产水电导率偏高；②除盐水箱遭到污染，导致电导率偏高；③除盐水泵遭到污染，导致电导率偏高；④存在其他污染源污染了除盐水出口母管。

（2）针对以上原因分析，一一进行了试验。

1）对 EDI 电除盐产水进行化验分析，出水的 SiO_2、Na、电导率正常符合要求，不会导致出口母管电导率异常。

2）对除盐水箱水质分别进行化验分析，出水的 SiO_2、Na、电导率正常符合要求，不会导致出口母管电导率异常。

3）对除盐水泵出口水质进行化验分析，出水的 SiO_2、Na、电导率偏大，与除盐水箱内的水质不符。进一步对除盐水箱出口母管上接入的反渗透低压冲洗水泵出口水质进行化验分析，发现出水的 SiO_2、Na、电导率严重超标。判断为此路水源影响。

（3）原因分析。

1）反渗透运行过程中，在启动前与停运后需要利用大流量的除盐水将运行中沉积在反渗透膜表面的盐分冲走，防止结垢。

2）反渗透系统是靠压力为驱动力，运行过程中，由于长期时间运行，会慢慢污堵，为了保证正常的制水量，系统的运行压力会慢慢上升，造成了低压冲洗进水门由于压力的大幅上升，由严密状态慢慢发生泄漏，且越来越大。

3）反渗透低压冲洗水泵出口止回门一般情况下不可能十分严密，造成未经处理的高盐水通过反渗透低压冲洗管道倒入除盐水泵进口母管，被除盐水泵补充到机组汽水系统，造成发电机定子冷却水电导率上升。

四、处置办法

（1）暂时关闭反渗透低压冲洗水泵出口门，隔离高盐水的倒入，发电机定子冷却水电导率慢慢下降至正常。

（2）对反渗透低压冲洗进水门进行消缺，保证严密不漏。

（3）对反渗透系统进行化学清洗，恢复正常制能力。

五、总结

通过以上分析，可以延伸一下，全膜法制水系统由于正常运行中需要进行化学清洗工作，一般厂都是将化学清洗管道做成固定式，且几套反渗透（RO）及 EDI 电除盐系统的清洗管道相互连接在一起，共用化学清洗水箱、水泵。运行中必须要做到物理隔离（如加堵板），防止因清洗接口阀门的泄漏造成高盐水相互串通、影响除盐水水质。

 思考与练习

1．在凝汽式水汽循环状运行中，造成汽水损失的主要原因有哪些？

2．影响过热器内积盐的因素有哪些?

3．天然水中有哪些杂质?

4．火力发电厂用水的水质指标如何分类?

5．混凝澄清处理的主要影响因素有哪些?

6．过滤工艺按滤层结构分类有哪些类别?

7．新购树脂何如处理?

8．列出火电厂常规化学清洗的配方。

9．防止锅内腐蚀的措施有哪些?

10．停炉的保护方法有哪些?

11．凝结水处理应考虑哪些因素?

12．简述高速混床结构及工作原理。

13．简述循环冷却水中结垢形成的原因及危害。

14．循环水中微生物如何控制?

15．高含盐量废水如何处理回用?

16．含煤废水如何循环使用?

第十三章　火电厂集控运行基础知识 ◆

本章介绍了集控人员新进入岗位后会接触的主要制度以及工作内容，并对其中典型的操作进行介绍，便于读者对集控岗位工作内容有一个初步的了解。读者学习本章时需要结合本厂制度及现场具体情况，做到理论联系实际。

第一节　两　票　三　制

一、概述

两票是指工作票、操作票；三制是指交接班制、巡回检查制、设备定期试验轮换制。"两票三制"是电力企业安全生产保证体系中最基本的制度之一，是企业安全生产最根本的保障。在集控运行的日常工作中，无时无刻不在经历着对两票三制的实践，两票三制是集控运行一切工作的指导基础。

二、工作票制度

工作票分为电气工作票、热力机械工作票、工作联系单和事故紧急抢修单，如属外包工程，则应分为外包工程电气工作票、外包工程热力机械工作票和外包工作联系单。

1. 工作票适用范围

凡在热力和热控设备上进行安装、检修、维护或试验的工作，需要对设备采取安全措施的或需要运行人员在运行方式、操作调整上采取保障人身、设备运行安全措施的，或工作可能对运行设备产生影响需提请运行人员注意的，必须填用热力机械工作票或外包热力机械工作票。在电气设备上工作，并需运行值班人员对设备采取措施的或在运行方式、操作调整上采取保障人身、设备运行安全措施的，必须填用电气工作票或外包电气工作票。凡在生产设备或系统上进行检修工作涉及有毒、有害气体，粉尘超标，带压作业，缺氧环境，放射性作业时，均必须在电气工作票、热力机械工作票或工作联系单后附上特殊作业安全措施票。凡在防火重点部位或场所及禁止明火区需要动火工作时，必须在相应的工作票或工作联系单后附上动火安全措施票。设备在运行中发生故障或严重缺陷、威胁到人身和设备安全而需要立即进行的抢修工作，经值长（运行领班）许可后可使用事故紧急抢修票，节假日、夜间临时检修可以参照事故紧急抢修执行。如抢修时间超过 8h 或夜间检修工作延续到白班上班的均应办理或补办工作票。在生产区域从事不在设备上工作且不需要运行值班人员采取安全措施的工作使用工作联系单。

2. 工作票填写一般规定

工作票安全措施中，如采用电动门、气动门或液压门作为隔离措施时，必须将其操作能源（如：电源、气源、液源等）可靠地切断。运行人员现场执行安措后在安全措施执行情况栏内打"√"。由检修人员执行的安全措施，签发工作票时应注明"检修自理"。凡"检修自理"的安全措施，由运行人员现场检查后在安全措施执行情况栏内打"√"，并由检修安措执行人签名后，方可工作。工作票"运行人员补充安全措施"一栏，如无补充，应填写"无补充"。当使用书面工作票或电子工作票已打印后，若出现个别错、漏字需要修改时，应在错字上划两道横线，漏字可在填补处上或下方作"∨"记号，然后在相应位置补上正确或遗漏的字，字迹应清楚，并在错漏处盖上工作票签发人或工作许可人扁形红色印章，以示负责。但对设备名称、编号或编码、动词不得涂改。

3. 工作票各岗位人员职责

（1）工作票签发人负责的事项。工作的必要性；工作是否安全；是否开展危险点分析和预控工作，分析是否正确；工作票上所填写安全措施是否正确和完备；所签发工作票的工作负责人和工作班人员是否适当和足够；经常到现场检查工作是否安全地进行。

（2）工作负责人负责的事项。正确安全地组织检修工作；监督、监护工作人员遵守安全工作规程和安全措施；正确填写工作票安全措施，确保安措完备；开工时检查所做的安全措施是否符合现场实际条件；工作前开展作业危害分析，进行危险点分析和预控；对工作人员交待安全事项并能结合实际进行安全思想教育。

（3）安全措施执行人负责的事项。严格按照工作票上的安措内容进行隔绝或复役；对执行过程的正确性负责。

（4）工作许可人负责的事项。负责审查工作票所列安全措施是否正确完备，是否符合现场条件；工作现场的安全措施是否完备；负责检查检修设备有无突然来电、来水、来汽的危险；对工作人员正确说明哪些设备有电、有压力、高温和有爆炸危险等；对工作票中所列内容即使发生很小疑问，也必须向工作票签发人询问清楚，必要时应要求作详细补充。

（5）值长负责的事项。检修工作的必要性；审查检修设备隔绝范围是否合适，安全措施是否完备，并提出注意事项；当省调、网调管辖设备需停役检修，应及时向省调、网调提出停役申请，按省调、网调批准的工作时间批准合适的检修工作时间，当设备复役后应及时向省调、网调汇报；厂管设备检修，值长应根据厂部安排、运行部通知或机组运行需要批准检修工期；审查检修工期是否与批准的计划期限相符。

4. 工作票流程

（1）签发工作票。工作票签发人收到工作票后，对工作票内容进行审核。如有安措内容遗漏或其他不合格问题，应将工作票退回工作负责人。如无误，可将工作票提交至值长（运行领班）。危险点分析及预控措施票由工作负责人打印一份，自行保管。

（2）接收工作票。值长（运行领班）应根据现场是否具备设备停役检修的条件，决定是否批准检修工作。工作票接收人接到工作票后，应检查其隔绝范围是否正确完善，必要时可补充安全措施。

（3）布置和执行安全措施。值长（运行领班）根据现场运行状况，批准合理的检修时间，发令后，工作票许可人将工作票打印一式两份，由工作票许可人或指定的安措执行人持票进行操作，执行工作票所列安全措施。工作票安全措施中如需执行断开电源措施时，应通过值长（运行领班）发布电气操作命令，凭操作票或操作命令票操作。工作票安全措施中如涉及需要由继保、热控人员执行的安全措施时，由工作许可人通知继保、热控人员执行。

（4）工作许可。工作许可人将工作票一份交工作负责人，自持一份共同到检修现场。工作票许可人在现场许可开工前应再次询问检修工作的内容，确定检修工作的隔绝点，确保工作地点在隔绝范围内，并向工作负责人详细交待安全措施执行情况和安全注意事项。工作负责人对照工作票检查安全措施无误后，双方在工作票上签字并记上开工时间，盖"已开工"章。工作许可人留存一份，工作负责人自持一份，作为得到开工的凭证。工作负责人即可带领工作人员进入施工现场开始检修工作。

（5）工作终结。检修工作结束，工作班成员清扫、整理现场后，工作负责人应进行周密的检查，待全体工作人员撤离工作地点后，向工作许可人申请工作票终结，再和工作许可人一起到现场说明所修项目完成情况、发现的问题、试验结果和存在问题等，共同检查设备状况，有无遗留物件，是否清洁，然后再办理工作终结手续。工作负责人、工作许可人应分别在"工作票终结栏"内书签全名，并填入终结时间，盖上"已终结"章。

工作票终结以后，工作许可人还应及时将工作票的终结时间、工作许可人、工作负责人的姓名、工作票延期或工作负责人变更的情况输入至计算机对应的工作票上，工作票进入"已终结"状态。

三、操作票制度

1. 操作票适用范围

（1）进行电气倒闸操作和在热力系统上进行重要或复杂的操作均必须使用操作票（包括操作卡、检查卡）。

（2）电气倒闸操作和电气设备状态变化的操作都必须使用"电气操作票"，下列各项操作除外：

1）事故处理。

2）拉合断路器（开关）的单一操作。

3）程序操作。

4）拉开全厂（站）仅有的一组接地开关（装置）或拆除全厂仅有的一组接地线。

（3）按规定须在监护下进行的下述电气操作，凭值长、运行领班签发的"操作命令票"执行。"操作命令票"的管理等同"电气操作票"：400V MCC 及以下不涉及系统的抽屉开关或单一空开的操作。单一保护连接片投退的操作。

2. 操作票各岗位人员职责

操作票流程主要由操作人、监护人、值长（值班负责人）组成。

（1）操作人安全责任。

1）填写操作票，填写危险点分析和预控措施票，对操作票是否合格、内容是否和操作目的相一致负责；

2）在操作过程中严格执行操作票，认真核对设备名称、编号，按照集团《电力安全作业规程》规范操作行为；

3）严格按照监护人的指令进行操作，正确执行监护人的命令；

4）在操作过程中出现疑问，必须立即停止操作，向监护人汇报；

5）脱离监护时，必须立即停止操作，向值班负责人汇报；

6）不得进行与本次操作无关的工作。

（2）监护人安全责任。

1）监护人是本项操作的第一安全责任人，对该项操作的安全全过程负责；

2）监护人应认真开展危险点分析和预控工作，审核、补充危险点控制措施；

3）监护人应审查操作票是否合格，内容是否和操作目的相一致，检查操作人是否一次性带齐所需操作工具和安全防护用具；

4）监护人应在操作过程中监督落实危险点控制措施，提醒操作人现场安全注意事项及安全对策；

5）监护人应严格按操作票顺序发令，认真核对设备名称、编号，严格按照《电力安全作业规程》规范操作人的操作行为；

6）监督其他人员（非操作人）不得进行实际操作；

7）不得进行与本次操作无关的工作；

8）如发现操作票内容和现场实际情况不符合的地方，应立即终止操作，并汇报值班负责人。

（3）值长（值班负责人）安全责任。

1）审查操作票的操作内容与操作任务是否相符，对操作任务的必要性负责；

2）确认相关设备、系统所处的状态满足操作条件；

3）指派监护人、操作人，确认没有同时向其安排其他工作，对监护人、操作人是否符合要求负责；

4）操作前组织监护人、操作人认真分析系统运行方式、操作环境特点、人员身体精神状况等，制定或补充、完善危险点分析与控制措施并交待注意事项，不得批准没有危险点控制措施的操作票。

3. 操作票流程

（1）接受任务，弄清目的。操作任务应由值长（或领班）发布给监护人及操作人。发布任务时，发布人应讲清操作任务的目的和要求，讲清被操作设备或系统当时的状况，布置必要的安全措施。接受任务者（监护人和操作人）均应复诵操作任务无误。发布操作任务是要监护人和操作人做好操作准备工作，不能代替正式操作命令。发布命令应准确、清晰，使用正规操作术语和设备双重名称（即设备名称和编号或编码）。发令人使用电话发布命令前，应先和受令人互报单位、姓名，并使用普通话。

（2）核对系统，正确写票。操作票由操作人填写，一份操作票只能填写一个操作任务。填写操作票时，应认真核对模拟图、系统图，核对现场设备系统的实际运行方式，并按标准的设备名称、操作术语填写，一般情况下中，操作票应采用集团公司运行管理系统的操作票填写流程，在线上流程审核发现填写错误时应作废，重新填票。

"操作任务"栏的填写应指明机组号、电压等级、设备双重名称。小车开关和抽屉式开关的五种状态应以运行状态、热备用状态、冷备用状态、试验状态和检修状态表示。各种状态定义如下：

1）运行状态：设备的开关、隔离开关均在合闸位置（所连接的避雷器、电压互感器无特殊情况均应投入）；小车开关或抽屉式开关在工作位置，开关在合闸位置。

2）热备用状态：设备的开关断开而"隔离开关"在合闸位置；小车开关或抽屉式开关在工作位置，开关在断开位置。

3）冷备用状态：设备的开关、隔离开关均在断开位置。小车开关或抽屉式开关的冷备用状态：小车开关或抽屉式开关在试验位置，开关在断开位置，开关的控制和操作电源断开。

4）小车开关或抽屉式开关试验状态：小车开关或抽屉式开关在试验位置，开关在断开位置，开关的控制和操作电源合上。

5）检修状态：开关检修状态是指开关与两侧隔离开关均断开，开关、隔离开关控制电源和合闸电源均断开，在开关与两侧隔离开关间分别装设接地线或合上接地开关，检修的开关与隔离开关间接有电压互感器的，则该互感器的隔离开关应断开并取下高低压熔丝。若开关柜线路侧仍带电，则该柜出线的第一组线路隔离开关也应断开，否则该线路应转检修。

（3）逐级审核，签名批准。由监护人，值长对纸质操作票逐级审核签名审批，在审核中若发现错误，应盖作废章，重新填写操作票，审核正确后，根据危险点辨识措施卡进行安全交底后分别签字确认。

（4）核对实物，做好防护。监护人与操作人接到正式操作命令后，一起到现场再次核对设备名称、编号及实际运行位置，是否与操作票内容相符。并准备好防弧穿戴。

（5）唱票复诵，逐项执行。进行操作时，监护人应按操作票顺序唱票，每次只允许唱读一项操作，操作人手指设备进行复诵。监护人认为正确无误后，发布允许操作的口令："对，执行！"，然后操作人执行实际操作。每一操作项目执行后，监护人应在操作票该项目前打"√"记号，然后唱读下一操作项目。操作时必须遵照操作票顺序依次操作，不允许变更操作顺序、也不允许穿插口头命令。操作时，应按电力安全规程的规定，正确使用合格且合适的安全用具，操作时须注意有关讯号、仪表指示，在操作过程中若有疑问，应暂停操作，逐级汇报。现场操作必须录音，保证声音清晰洪亮。

（6）检查设备，汇报记录。实际操作结束后，如是电气操作或有系统模拟图板，应由操作人在监护人监护下调整模拟图板，图板调整结束后应由监护人向发令人汇报："'×××'操作任务已于×时×分全部完成"，并应经发令人复诵认可，在操作票上盖上"已执行"章，然后由操作人将所执行操作票进行登记回填，并记录好相关运行台账。妥善保存好纸质操作票备查。

四、运行交接班制度

运行交接班制是为适应电力生产的连续性和重要性要求，保障在设备运行责任人转移过程中电力生产过程有效延续的重要规范，是"两票三制"的重要组成部分。"运行交接班管理"主要明确运行责任人转移交接的时间、程序以及交接双方职责、交接班事故和异常责任的认定。

1．交接班前的准备工作

（1）交班值将本班的设备停复役、设备缺陷、运行方式调整及异常情况，当班期间发现的影响安全、经济运行的重大缺陷和检修对该缺陷的处理结果，当班期间处理过的电气工作票、联系单，包括安措执行、开工、终结及安措恢复等情况，上个班或上几个班提及的缺陷在本班的发展情况及检修处理情况，下一班须做的工作及注意事项，相关岗位值班人员汇报的所有异常情况及重大缺陷、分析处理结果及值长安排布置的相关措施等，详细记入交接班记录栏内。交班记录应表述正确完整，无漏项。检查本班各项操作任务及维护、检查、校验工作已全面完成，若因特殊原因未能完成的，应认真交班并说明情况。

（2）接班人员在接班前，根据各自职责范围做好接班前的了解检查和各项准备工作，并向交班人详细询问上一班情况，查看交接班记录、运行日志及其他有关记录情况；查阅相关通知。提前 20min 进入生产现场按各自岗位职责进行现场设备检查。了解设备异动、操作变更及技术命令通知，了解异常情况及初步分析。清点安全用具、工器具、钥匙及其他用品，清点公用规程、制度、技术资料及技术记录等。

2. 交接班的主要内容

各岗位通过就地设备检查、查阅交接班记录和询问交班值班员，对岗了解设备运行方式变更情况、设备缺陷以及工作票、工作任务的进程和注意事项等，还要根据接班前掌握的情况进行设备参数核查，发现异常以及设备状况和数据与工作任务（技术指令、工作票等）、交接班记录等不符时，应要求交班人员解释、更正和调整；此外还须进行交接班工器具检查，发现损坏和丢失要求交班人员签字记录。

3. 接班值班前会

接班前 5min，值班员向值长汇报接班设备检查情况，值长根据接班掌握情况向相应机组各岗位通报核实；值长向各岗位传达厂、部门技术和行政文件、通知，布置本班需要完成的主要任务，交代设备异动、设备缺陷等情况，布置危险点预控措施、安全注意事项，针对本班运行特点，进行必要的讲解和提问。并根据工作任务适当调配人员。班前会要求如下：

（1）班前会由值长召集主持。

（2）班前会应态度认真、思想集中，讲话简明扼要、重点突出、声音响亮。

（3）接班检查中有任何发现和疑问，要及时汇报。

4. 交班值班后会

交班后，值长召开班后会，及时总结本班工作，点评各岗位工作任务的完成情况。表扬好人好事，指出不足之处。如有异常情况发生，应按照"四不放过"原则，及时召开异常情况分析会，并由部门主任和专工一同参加分析讨论。

5. 交接班注意事项

（1）为保证顺利进行交接班和熟悉设备需要，交班前 0.5h，接班后 15min 内一般不接受新的工作任务和进行重要操作。如因临时特别需要，工作票、操作票、停/复役卡以及试验单等操作量大的工作在交班前未全部完成，相应交班值班员要对已经操作的项目和操作情况对接班人员进行重点交代并在已操作的项目上进行标记和签字（工作票等不允许进行标记的项目要在交接班记录上进行记录）。

（2）在处理事故或进行重要操作时，不得进行交接班。如在交接班时发生事故，在接班人员尚未接班时，由交班人员负责事故处理和操作，接班人员可在交接班值的值长的指挥下主动协助处理事故，在事故处理完毕或告一段落后方可履行交接手续。

（3）任何岗位接班人员因故不能在准点交接班时间到达现场，交班人员不得擅自离开岗位。到准点交接班时间相应岗位接班人员未接班，该岗位值班员应向上一级汇报，直到有人接班并履行交接班手续后方可离开岗位，任何情况运行岗位均不得空岗。在接班岗位人员空缺，本值（班）无法进行调整安排的情况下，值长可安排或申请部门安排人员替班，任何岗位均不允许连值替班。值长、副值长替班由部门安排。

（4）接班人员应穿统一工作服，佩戴胸卡，提前 20min 到达现场，按规定的内容做好接班前的检查及准备工作，并在接班前 5min 参加班前会议。

（5）各运行岗位应有交接班记录（包括书面交接班记录簿），实行岗位对口交接。交班人员有义务向接班人员详细交清本班运行情况，包括所发生的各种异常情况、分析意见、所采取的措施及注意事项等。对重要的设备状况变动或设备缺陷，交班人员应到现场向接班人员交代清楚。

（6）学习人员未批准独立值班前，不可独自负责岗位的交接班，应在师傅的监护、指导下进行。

五、设备巡回检查制度

巡回检查是运行人员对运行设备监护的基本手段，是运行人员的基本职责。通过巡回检查能及时发现设备异常，排除设备隐患，防止设备事故，保证发电设备安全经济运行。运行人员必须认真进行巡回检查。

1. 巡回检查的基本要求

巡检人员的着装必须符合《电力安全作业规程》规定，按劳动保护要求佩戴相应劳防用品。巡回检查必须针对性地携带相应的工具，如对讲机、测温仪、手电筒、听棒等，以保证巡检质量。设备或系统停运后检修，巡视人员应检查现场安全措施是否正确、安全标示是否齐全、运行隔绝是否可靠。

2. 巡回检查人员和过程的要求

（1）巡回检查按岗位专责制由独立值班员或经过考试合格人员负责进行。值班人员有事离开工作岗位，应有值班负责人指定他人代行检查。原值班人员回到岗位后应了解设备巡视情况，必要时可进行重点复查。

（2）巡检人员开始巡检前，应向值班负责人或主值班员汇报，明确巡视路线，针对巡检过程中的危险点做好预控措施。巡检结束后，巡检人员需及时向值班负责人或主值班员汇报巡检结果，做好记录、交班。

（3）巡检时应根据设备的具体情况和特点，采取眼看、耳听、手摸、鼻嗅的方法，认真仔细地检查设备，并带上必要的检查用具，以保证检查质量。

（4）巡视人员应了解设备与系统的关系，了解设备正常时的电压、电流、温度和声响等。

（5）对电气高压设备巡视时，不得进行其他工作，不得移开或越过遮栏，不得触摸设备带电部分。

（6）巡回检查时，巡视人员应按规定把设备参数和运行状况准确无误地记录到相应的表计中，巡检人员对数据的完整性和准确性负责。若发现设备有异常或疑问，应加强监视，分析原因，并及时向值长汇报。

（7）巡回检查的缺陷应及时输入设备缺陷管理系统；巡检中发现有威胁设备及人身安全的重大设备缺陷时，应立即用电话或无线通信向上级汇报，并按照有关规程的规定采取必要的措施果断进行处理。

（8）由于运行操作繁忙而不能按时进行巡回检查时，可由值长决定临时变更巡视时间或省略部分巡视项目。

（9）任何人外出巡检时都应携带对讲机等通信工具，始终保持与集控室联系的通畅。巡检时如遇集控室召唤，应立即返回集控室，不得以任何借口拖延返回。

3. 巡检周期

巡回检查周期一般分为接班前检查、班中检查和交班前检查。运行人员在接班前应对重要设备进行重点检查，掌握重要设备运行状况；值班中和交班前应按照规定的巡检计划及周期对设备进行全面详细检查，不得延长检查间隔时间。

六、设备定期试验和轮换制度

设备定期试验和轮换运行工作是确保备用设备和保护装置、信号能正确发挥作用的一项重要措施，运行人员必须按照集控定期工作表规定的要求，进行设备定期维护、试验、切换，并做详细记录。

1. 设备定期维护、试验、切换的分类

（1）备用设备的定期切换。

（2）保护装置、信号装置的定期试验。

（3）设备的定期试验和维护。

（4）根据季节、气候条件必须完成的切换试验工作。

2. 定期工作注意事项

（1）设备定期维护、试验和切换工作由值长（或主值班员）许可，重要辅机、主要辅机的定期试验与切换工作，若有三重一大生产管理特别规定的，除有操作人、监护人外，部门分管领导、专工应到现场指导，相关检修人员应到位。

（2）对机组运行影响较大的实验、试验和切换工作，应经运行部、生产管理部主任同意，值长批准考虑安排在适当负荷时进行，并做好事故预想，制定安全措施。

（3）在做定期试验和切换工作中，如发现问题应立即停止操作，分析原因，必要时恢复原运行方式，找出原因、提出对策后，经值长同意方可继续试验和切换工作。

（4）因故不能进行的切换、试验工作，应履行相关手续后进行延期、暂停或者取消，并由专工或部门分管领导批准，做好相关记录。

（5）设备定期试验、切换时应严格按照规程及操作监护制度进行，一般应先启动或投入备用设备，使其并列运行正常，有关参数稳定后，再停原来运行的设备，确保切换工作正常进行，并执行安规的有关规定。

3. 定期工作内容

（1）设备定期维护工作包括：压缩空气系统的放水、发电机补充氢压、氢气系统排污、刮片式油滤网清污、蓄能器氮压校验、锅炉油枪试投、辅机测绝缘、发电机励磁电刷更换等。

（2）设备定期试验工作包括：光字牌报警指示灯和信号校验、汽轮机主汽门、调节汽门活动试验、油泵低油压联锁启动试验、凝汽器真空严密性试验、相关备自投电源或 ATS 装置切换试验等。

（3）设备定期切换工作包括：辅机切换运行、电汇备合闸校验等。

第二节　设备的巡检原则

一、电气设备巡检原则

通常电气设备的异常，往往会表现在声音、颜色、振动、气味、温度等方面的变化上，巡检时要充分利用这些变化对设备状况进行辨析。

（1）眼观。电气设备异常或有故障时，常常使示剂、油漆变色，出现导体发热、火花增大、放电闪络、渗漏油或油色变黑、漆膜剥落等外观现象。通过观察这些现象，可以对电气设备的异常进行初步判断。如变压器漏磁，因导磁能力不好及磁场分布不匀，产生的涡流会造成油箱局部箱体过热而引起油漆变色、龟裂、起泡、剥离等；油断路器开断次数过多会造成油质碳化发黑；母线接头发热时，上部可看见上升的热空气、油漆变色等。

（2）耳听。电气设备异常时，有时会发出异常的声音。通过仔细倾听（有时需要借助听音棒等工具），可以发现设备存在的问题。如变压器音响比平时增大，可能是变压器过负荷或系统发生过电压（例如中性点不接地系统发生单相接地或铁磁共振时）；如音响中夹杂有"吱吱"的放电声，则可能是变压器本体或套管等表面有局部放电；如电动机发现有异常噪声，则可能是电动机动静部分有摩擦、断相运行、轴承缺油或铁芯松动等。

（3）鼻嗅。电气设备发生闪络、短路、过负荷、过电压时，常常因绝缘介质击穿烧毁而产生异常气味。故通过鼻嗅对气味进行分辩，也可以发现设备异常。如电机内部短路或导线短路等，会产生强烈的绝缘烧焦气味，瓷套管污闪放电会产生一种异臭等。

（4）手摸。电气设备异常或有故障，常常伴有发热和振动等现象，故对电机外壳，轴承座等有良好接地的部位（确证没有感应电存在的部位）也可用手感知。一般情况下，电机过负荷时外壳会很烫手，若手烫得立即缩回来，则电机可能过热了，需进一步核实采取措施如电动机轴承弹子损坏、中心不正等，会使电机振动增大，轴承烫手，用手摸可迅速得出结论。

（5）充分利用恶劣天气对电气设备进行巡检。许多运行人员常常放松恶劣气候或夜间的巡检工作错过了发现，证实设备缺陷及异常的大好机会。如雨雪天，可根据雨滴、雪花，分析判断母线、导线夹头是否接触不良而发热，夜间可通过变压器套管电晕辉光或蓝色小火花，很容易判断变压器套管是否发生污闪等。

二、典型电气设备具体巡查项目

1. 变压器巡检项目：

（1）观察变压器的油位：油浸式变压器中的油起冷却和绝缘的作用的，油位是随温度变化的，因此变压器上刻有不同温度下所对应的油位，当发现油位过低时应测量比较变压器的温度，仔细观察变压器身是否有漏油现象，若是密闭式变压器应提起放气阀，检查是否是假油位。

（2）观察变压器的油色：变压器的油的颜色应是呈浅黄色，透明无杂物，若发现油中有黑色碳化物应检查分接开关、线圈、桩头引出线等，黑色碳化物一般是由电弧燃烧引起的。

（3）观察变压器的瓷套管：瓷套管起绝缘作用的，套管表面应清洁、无裂纹、无破损，无放电现象。电缆接头无发热现象，架空线接头无放电或电晕现象，雨雪天气绝缘子无放电或爬电现象。

（4）闻闻变压器有无异味。

（5）听听变压器有无异音：变压器正常时应该发出嗡嗡的声音，若有噼啪的声音，则说明变压器有短路现象。

（6）变压器的温度：检查变压器的温度，与过去进行比较，若有升高，应查看变压器的电流是否增加、环境温度是否增加、通风是否通畅、声音是否正常。变压器上层油温不能超过 85℃。

（7）变压器本体、冷却散热器上有无杂物。

（8）变压器本体、气体继电器、套管无漏油渗油现象。

（9）变压器冷却系统运行正常无异声，冷却系统控制柜无异常报警。

（10）高压厂用变压器中性点接地电阻无发热现象，分接头位置与远传位置指示正常一致。

（11）变压器中性点接地开关位置正常，与运行方式相符。

巡检内容如图 13-1～图 13-4 所示。

图 13-1　变压器巡检项目（一）

图 13-2　变压器巡检项目（二）

图 13-3   变压器巡检项目（三）

图 13-4   变压器巡检项目（四）

2. 高、低压柜的巡检

（1）各绝缘子、互感器、断路器表面应清洁、干燥、无破损、无放电。

（2）油断路器的油位不能过低或过高，油色要透明呈淡黄色，无黑色碳化物，无渗漏。

（3）柜内、柜顶无杂物，各柜门关好。

（4）柜内各连接头温度不能超过 70℃。

（5）无异味。

（6）转换开关、断路器位置、指示灯显示应与运行状态对应。

巡检内容如图 13-5、图 13-6 所示。

3. 继电保护设备巡检内容

（1）检查继电保护及自动装置的运行状态、运行监视指示灯是否正确。

（2）检查继电保护各元件有无异常，各继电器声响正常，内部触点无振动，接线是否坚固，有无过热、异味、冒烟现象。

（3）继电保护及自动装置屏上各交直流电源小开关、方式切换把手的位置是否正确。各保护连接片投退位置是否与其运行状态一致。

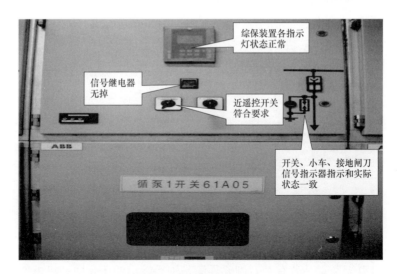

图 13-5　开关巡检项（一）

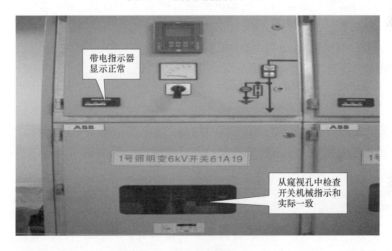

图 13-6　开关巡检项（二）

（4）检查继电保护及自动装置有无异常信号。

（5）核对继电保护及自动装置的投退情况是否符合调度命令要求。

（6）检查高频通道测试 dB 数据是否在规定值范围内。

（7）检查记录有关继电保护及自动重合闸装置计数器的动作情况。

（8）微机保护的打印机运行是否正常，有无呼唤报警和打印记录。

（9）检查微机录波保护和录波器的定值和时钟是否正常。

巡检内容如图 13-7 所示。

4．电动机的巡检项目

（1）电动机的转速是否正常，不能有卡涩现象。

（2）电动机的电流、电压是否超标。

（3）电动机的外壳、风扇罩、风扇是否有破损，风扇罩网上是否堵有杂物影响散热。

（4）电动机的紧固螺栓不能松动，地角螺栓松动会引起电机的振动。

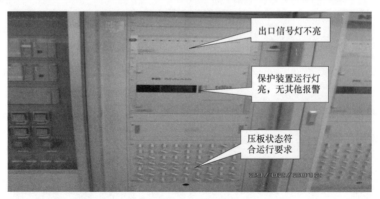

图 13-7 继电保护设备巡检内容

（5）电动机有无异味。

（6）电动机有无杂音，若有杂音则要弄清是轴承发出的还是电动机内部发出的。

（7）电动机的温度是否超标：电动机线圈温度为 A－95℃、E－105℃、B－110℃、F－125℃、H－145℃。滚动轴承不能超过 95℃、滑动轴承不能超过 80℃。

（8）电动机振动不能超标：2 极电机双振幅值小于 0.05mm、4 极电机双振幅值小于 0.08mm、6 极电机双振幅值小于 0.1mm、8 极电机双振幅值小于 0.12mm。

三、热机设备巡检原则

通常热机设备的异常，往往会表现在设备运行声音、振动、温度等方面的变化上，可能伴随漏汽、气、水、油、灰、风等现象，巡检时要充分利用这些变化对设备状况进行辨析。热机巡检一般原则：

（1）眼看。看设备外观是否正常。如设备主体结构是否完好，基座、支架、壳体、连接管道等有无开裂、砂眼、脱焊、泄漏现象，转轴转动是否平稳，阀门位置是否正确，轴承油位和轴封漏水是否正常，各类表计指示是否正常等。对于带有附属设备油站的，如磨煤机油站，要看油位、油温、油压、油量、水温、水压等表计指示是否正常。对于带有皮带的设备，如给煤机，要看皮带有没有刮痕、开裂、咬边、跑偏、脱胶、撕裂等。对于带有带传动或链传动设备，如斗提，要看是否有磨损、松弛等，链板、链轮、销钉有无损坏或脱落，传动轮、从动轮有无磨损和咬链板现象等；对于联轴器，要看梅花盘、缓冲胶、尼龙棒磨损情况。

（2）耳听。听设备运行有无异声。如设备壳体、设备内部转动部件有无刮擦声，轴承有无异声，阀门是否有不正常节流声或者泄漏声，管道是否有振动声等。对于带有减速机装置的，要听装置内部轴承有无异声、齿轮咬合有无异响。

（3）鼻嗅。闻设备和管阀有无异味。对于带有皮带的设备，如石子煤输送机，闻是否有焦煳味。对于油系统设备，如排烟装置，闻是否有油烟味。对于危化品设备，如液氨蒸发器，闻是否有无刺鼻的氨味。

（4）手摸。摸设备各部位温度和振动是否正常。如设备各轴承、泵壳有无异常发热现象和明显振动感觉，基座、支架、连接管道有无共振现象，基座螺栓、壳体螺栓，有无松动、脱落现象。对于带有附属设备油站的，如磨煤机油站，要摸油温、水温等是否正常。对于有泄漏声的真空管道，要摸管道温度是否正常、管道泄漏处是否吸气。

四、典型热机设备的巡检内容

1. 水泵一般巡检项目

（1）检查水泵基座地脚螺栓是否紧固，联轴器防护罩螺钉是否紧固，管道支吊架是否正常，电机外壳是否接地良好。

（2）检查水泵进、出口压力表和温度表指示是否正确，进、出口等阀门开度是否正常。

（3）倾听泵体、密封装置、轴承有无异声，发现噪声和异常声音应立即汇报，必要时停泵检查。

（4）检查轴承、泵体、电动机是否过热，辅机侧滑动轴承温度不超过 70℃，滚动轴承温度不超过 80℃（厂家有规定的除外）。

（5）检查轴承振动是否正常：3000r/min 双振幅值小于 0.05mm、1500r/min 双振幅值小于 0.08mm、1000r/min 双振幅值小于 0.1mm、750r/min 双振幅值小于 0.12mm。

（6）对于有油位观察窗的，需检查油位在观察窗的 1/3～2/3 之间，油中是否带水，油质是否乳化变质。

（7）检查泵和管路有无不正常渗漏，是否存在吸气部位，特别保证吸入管和轴端密封处不漏，否则会影响泵的正常运行。

（8）相应辅助系统如密封水、冷却水系统运行符合要求。

2. 某厂凝结水泵检查内容（见图 13-8～图 13-11）

图 13-8　泵巡检项（一）

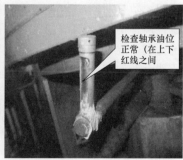

图 13-9　泵巡检项（二）

图 13-10　泵巡检项（三）

图 13-11　泵巡检项（四）

3．风机一般巡检项目

（1）风机调节风门（挡板）及进出口风门（挡板）位置是否正常。

（2）润滑油站是否完整，油箱油位指示是否正确，油质是否良好，有无漏油现象。

（3）冷油器是否完整，闭冷水系统运行是否正常。

（4）风机电动机有无异声、异味，振动是否正常，润滑油系统运行是否正常。电机冷却装置运行是否正常。

（5）风机所有检查门是否封闭严密。

（6）电机外壳接地是否良好。

4．送风机巡检检查内容

（1）检查送风机电机轴承温度、振动、声音正常。

（2）电机滤网无杂物堵塞，电机外壳接地良好。

（3）风机运行声音正常。

（4）油站压力表、温度表、差压表指示正确，无漏油、油位正常，冷却水无泄漏，回油油质良好，油站内无积油，渗油现象。

（5）控制柜内各状态灯指示与实际一致。

（6）送风机入口滤网干净，出口门位置正确，动叶位置正确。

（7）电机自由端、电机驱动端轴承牛油润滑正常，无外溢现象。

（8）油站闭冷水运行正常，无泄漏现象。

具体内容如图 13-12 所示。

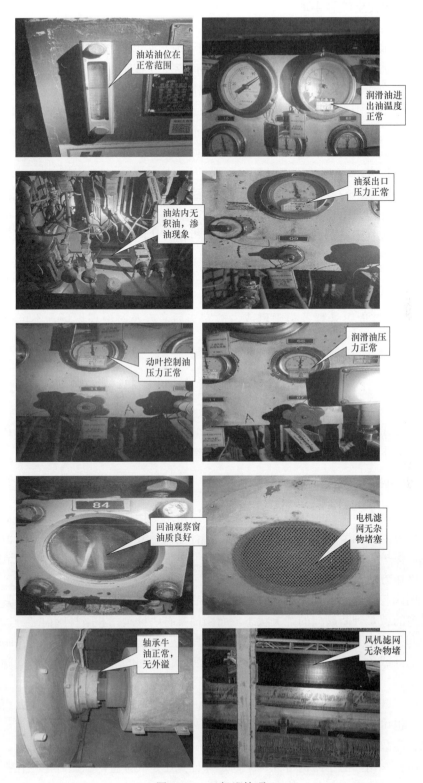

图 13-12　风机巡检项

5. 巡检的安全注意事项

（1）进入巡检区域必须确保劳保用品佩戴齐全，着装符合要求。热机巡检需按一看二听三闻四摸要求，充分辨识巡检区域相关风险，做好风险预控。

（2）巡检通道不得有杂物、细碎物料，如有应及时清理。

（3）不得在巡检过程中接打手机，与人打闹，触摸运转的部件。

（4）雷雨天气不得使用对讲机，不得靠近接地线或接地点。

（5）高空巡检不得将身体探身于护栏外，不得将高空物料随意踢起，以防落下伤人。

（6）发生威胁人身安全及其他严重故障（如着火、水淹、放电等）应按下紧急停止按钮，以防事故扩大化。

（7）下楼梯应扶栏杆而上，切不可双手背后或不扶栏杆，以防脚踏空或出现其他意外。

（8）高空巡检时不得将任何物品从高空抛落或直接将物料清扫至地面。

（9）巡检过程中不得横跨皮带或穿越皮带机以及从运转的设备上行走，不得拆除运转中的设备的防护装置。

（10）巡检过程中发现隐患应及时处理或汇报，处理不了的应设置警戒或采取必要的措施。

（11）巡检过程中处理各类隐患或事故完毕后，应及时清理现场，不可留下杂物、油污等。

第三节　集控运行操作

集控运行主要分为远程操作和就地操作，其中热机和电气的操作任务一般均包含较多操作内容，以下以几个常见的操作为例着重介绍。

一、机炉阀门操作

阀门是管路介质输送系统中的控制装置，通常用来接通或切断管路介质的流通和改变介质的流动方向，调节介质的压力和流量，具有导流、截止、节流、止回、分流或溢流泄压等功能，保护管路和设备的正常运行。热机工作票安措执行中，阀门的操作至关重要。

阀门操作方法及注意事项如下：

（1）明阀与暗阀的区别。在平时运行以及启停机过程中，阀门操作是很频繁的，这之中涉及最多的就是判断阀门的开关状态，而阀门又有明杆阀门和暗杆阀门之分，其中明杆是指随着阀盘转动开或关，丝杆退或进，即丝杆既有转动，又有进出的位移；暗杆是指随着阀盘转动开或关，看不到丝杆的退或进，但实际上里面的活铃在上下，带动阀头与阀座脱离或压紧。

明杆阀门开关位置相对来说比较容易判断，只要通过阀杆露出的长度，就可以看出来是否开启，也可以大致看出来大约开启的位置。若用于调节则需要根据经验值，例如记录露出的丝扣圈数。

对于暗杆阀门，由于结构特性，无论是开位置还是关位置，从阀杆上变化都不明显，需要借助其他手段来判断开关状态。

1）如果手动操作阀门可以关动，也可以开动，那就说明阀门在未完全关又未完全开的中间位置。可以根据需要进行全开或者全关操作。

2）手动无法操作时，可以用操作扳手适当用力对阀门进行开关，如果关不动，判断在关位置，然后再开，能开动，则可以确认在关位置；如果开不动，尝试关，能关动则说明在开位置。

3）对于气动门和电动门，则需要通过现场的阀位指标器和阀杆的长度变化来判断，如现场无法判断，可以联系远程在不影响系统的情况下进行操作，观察就地的动作状态。

4）如果是高温介质管道上的阀门，则可以通过测量管道上的温度变化情况来判断。

5）和同类型阀门的阀杆露出的长度进行对比，来判断阀门开关的位置。

（2）手动门操作方法及注意事项。阀门在操作过程时，手轮顺时针旋转方向表示阀门关闭方向；逆时针方向表示阀门开启方向，操作前应与阀盘上的启闭标志核对。

1）在操作阀门时，应站在阀门的一侧，尤其是在操作高温高压阀门时，严禁将身体正对着阀门操作，以防阀门盘根介质泄漏烫伤。

2）操作阀门时应均匀用力，不能用力过猛，用力过大过猛容易损坏手轮、手柄，擦伤阀杆和密封面，甚至压坏密封面。不能使用大扳手启闭小阀门，防止用力过大，损坏阀门。

3）操作高温高压阀门时应戴手套，操作时用专用的扳手，扳手的大小要合适。在操作疏水门、排污门、取样门、加氨门以及仪表一次门等管道较细的阀门时，应用力均匀，先戴上手套手操一下，看能否操作，若手操不动，则一只手拿着扳手，另一只手扶着阀门手轮开关阀门。

4）关闭阀门应以介质不泄漏为标准，不应过分用力，防止顶弯阀杆，对于要求全开和全关的阀门，特别是主蒸汽系统和高压给水系统的截止阀，不能用作调节介质流量。

5）在操作两个串联的一、二次门时，如排污门、疏水门等，应先开一次门后再逐渐全开二次门，特殊情况下需用二次门调节时，必须全开一次门；关闭时先关二次门，后关一次门。

6）闸阀、截止阀等阀门启闭到头时，要回转半圈，有利于操作时检查，以免拧得过紧，损坏阀门。

7）对安全运行有影响的阀门，操作时应有专人指挥，缓慢操作，切忌操作过快。遇到阀门损坏不能正常开关时，不能用蛮力强行操作，应及时汇报值长。

（3）电动阀门就地控制。电动阀是用电动执行器控制阀门，从而实现阀门的开和关。多用于流体管路控制通断的进出口阀门、旁路阀门，如：汽轮机侧低压加热器疏水进出口门、旁路门，锅炉侧风烟系统风门、挡板等。如果某种因素，比如停电，电动执行器故障导致阀门不能开启和关闭，或者被固定在某一位置时，就需要手动来完成操作。就地操作可分为两种方式：

1）就地按钮或旋钮操作（见图 13-13）。

2）就地手轮操作（见图 13-14）。

（4）气动阀门就地控制。图 13-15 以西门子定位器为例说明气动门的近控操作。

电动门和气动门的形式较多，原则上发生故障时应及时通知检修处理。紧急情况时，在确保人身和设备安全前提下，运行人员方可操作。

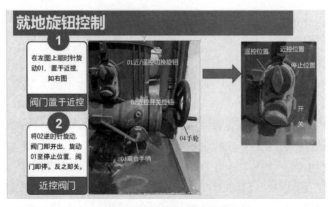

图 13-13　就地旋钮操作

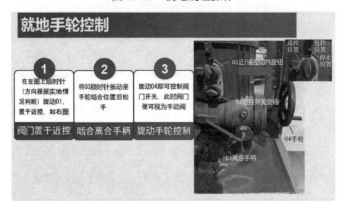

图 13-14　就地手轮操作

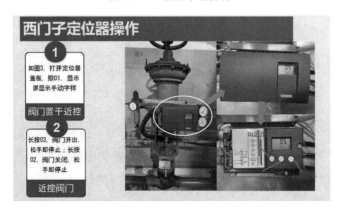

图 13-15　气动门近控操作

二、典型热机操作

以制粉系统启停、高压加热器的启动和停用为例，介绍热机系统投停操作。

1. 制粉系统启停操作

（1）制粉系统的启动。

1）开启磨煤机密封门，若密封门已开则进行以下操作。

2）关闭燃烧器冷却风门，若点火油支持满足或火焰支持有效且燃烧器冷却风门全关闭则进行以下操作。

3）开启磨煤机出口门1～6，开启给煤机进、出口煤闸门。若磨煤机出口门1～6已开启且给煤机进、出口煤闸门已开启则进行以下操作。

4）开启磨煤机冷隔门；开启磨煤机热隔门；投入冷、热风门自动，设置出口温度为50℃。

5）磨煤机一次风量大于或等于90t/h开始吹扫5min。

6）启动磨煤机。

7）启动给煤机至最小煤量，根据负荷需要逐步增加给煤量，并调整运行给煤机的煤量和投入给煤量自动。

8）检查磨煤机电流正常，检查给煤机煤流正常，皮带无走偏现象，并检查刮煤机运行正常。

9）全面检查制粉系统运行工况。

（2）制粉系统的停运。

1）将冷热风门自动解除，逐渐开大冷风门，关小热风门，降低磨煤机出口温度至50℃，缓慢降低给煤机煤量至32t/h；

2）给煤机煤量小于32t/h且磨煤机出口温度小于50℃，关闭给煤机进口煤闸门；

3）给煤机煤量至0t/h后，将给煤机煤量指令输0，停用给煤机；

4）缓慢关闭热风门、热隔门，维持一次风量大于或等于90t/h；

5）磨煤机电流小于29A并维持一次风量大于或等于90t/h，5min后停用磨煤机；

6）磨煤机停用15min后，关闭冷风门、冷隔门、磨煤机出口门、磨煤机密封风门、检查燃烧器冷却风门开足；

7）全面清理石子煤渣斗一次，根据磨煤机冷油器出口油温调整闭冷水。

2. 高压加热器启停操作

（1）高压加热器启停原则（见图13-16）。

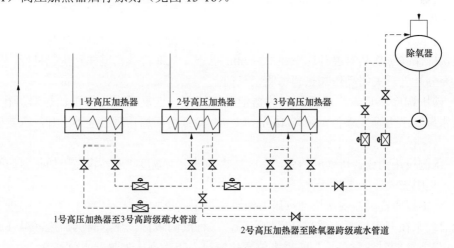

图13-16　高压加热器启停原则

1）为确保机组经济满发，机组运行时各高压加热器应投入运行。

2）机组启动前向锅炉进水阶段，应校验高压加热器各项保护动作正常，电动门、调整门动作正常。

3）机组启动前向锅炉进水时，高压加热器水侧应尽可能投入，以便对水侧进行清洗，在除氧器加热前应确定高压加热器汽侧氮气已放完。

4）高压加热器汽侧应尽可能在机组正式并网后投入，若因故不能投入，在高压加热器消除故障原因后即应对高压加热器汽侧进行投入工作。

5）高压加热器停用后，一般应放尽汽水侧存水。

6）高压加热器停用 7 天内不考虑化学保护，停用期超过 7 天，汽水侧应充氮保护。

7）高压加热器汽、水侧进行化学保护后机组启动前一天应将该保护药液或气体放尽，并冲洗干净。

（2）高压加热器的停用。

1）"两降"运行准备停用：机组逐渐降压、降负荷运行，幅值一般在额定参数的 10% 左右，防止高压加热器停用过程中，进入汽轮机的蒸汽量瞬间增加导致超压、超负荷现象发生。

2）"两缓"操作停用汽侧：依次按抽汽压力高至低停用高压加热器 1、2、3 汽侧，缓慢将高压加热器疏水由正常疏水切至危急疏水，缓慢关闭抽汽以及其止回门，在关闭过程中，注意高压加热器水侧温降速率，一般不超过 2℃/min。

3）"两密"关注隔绝水侧：在高压加热器进出水温差低于 20℃ 后，将高压加热器水侧切至旁路运行，密切关注给水流量（汽包水位）变化情况，防止给水低流量导致机组跳闸，密切关注锅炉受热面温度变化，防止汽温超限。

4）"两升"恢复正常方式：逐渐恢复上升主汽压力、负荷运行，但注意参数不超限。

5）其他参数不可忽视：遇高压加热器钢管泄漏时，需注意高压加热器水位和机组真空变化情况；高压加热器泄压放水时，需注意凝汽器真空变化。

（3）高压加热器系统的投运。

1）检查工作票终结，高压加热器相应放水门已关闭，相关安措已经恢复，高压加热器水位跳闸保护已投入。

2）充水赶气暖管要充分，开启高压加热器进水三通旁路门，对高压加热器进行水侧充水赶气，确保高压加热器温升速率在 2℃/min 以下，就地检查管道振动情况良好，无泄露情况，充分赶气后关闭高压加热器水侧空气门。

3）磅压程序不可缺。遇高压加热器泄漏等情况，恢复时需对高压加热器进行磅压，维持给水母管压力至要求值，维持 10min 以上，检查高压加热器水位不上升，汽侧压力不上升。

4）水侧投用为先，待磅压结束，高压加热器进出水温度正常，将高压加热器切回正常回路，过程中需关注给水量变化。

5）汽侧投用在后，依次按抽汽压力低至高投用高压加热器 3、2、1 汽侧，检查高压加热器危急疏水在开启位置，缓慢开启抽汽门，进行汽侧暖管。注意高压加热器温升速率在 2℃/min 以下，同时注意高压加热器水位变化情况，防止高压加热器水位突升。

6）待高压加热器水位正常后，投入高压加热器水位自动。

暖管：是通过缓慢加热使管道及附件（阀门，法兰）均匀升温，防止出现较大温差应力，并使管道内的疏水顺利排出，防止出现水冲击现象。

三、电气倒闸操作

1. 倒闸操作的定义

电气设备分为运行、热备用、冷备用、检修四种状态。通过操作隔离开关、断路器以及挂、拆接地线将电气设备从一种状态转换为另一种状态或使系统改变了运行方式，这种操作就叫倒闸操作。倒闸操作必须执行操作票制和工作监护制。

2. 倒闸操作的一般原则

（1）停电拉闸操作，必须按照"断路器（开关）、线路侧隔离开关、母线侧隔离开关的顺序依次进行。送电合闸操作应按与上述相反的顺序进行，严禁带负荷拉闸。

（2）变压器两侧（或三侧）开关的操作顺序规定如下：停电时——先拉开负荷侧开关，后拉开电源侧开关，送电时——顺序与此相反（即不能带负载切断电源）。

（3）单极隔离开关的操作顺序规定如下：停电时，先拉开中相，后拉开两边相；送电时，顺序与此相反。

（4）操作中，应注意防止通过电压互感器二次返回的高压。

（5）用高压隔离开关拉、合电气设备时，应按照产品说明书和试验数据确定的操作范围进行操作。无资料时，可参照下列规定（指系统运行正常下的操作）：

1）可以分、合电压互感器、避雷器。

2）可以分、合母线充电电流和开关的旁路电流。

3）可以分、合变压器中性点直接接地点。

4）10kV 室外三极、单极高压隔离开关可以分、合的空载变压器容量不大于 560kVA；可以分、合的空载架空线路长度不大于 10km。

5）10kV 室内三极隔离开关可以分、合的空载变压器容量不大于 320kVA；可以分、合的空载架空线路长度不大于 5km。

6）分、合空载电缆线路的规定可参阅有关规定。

7）采用电磁操动机构合高压断路器时，应观察直流电流表的变化，合闸后电流表应返回；连续操作高压断路器时，应观察直流母线电压的变化。

3. 倒闸操作的注意事项

（1）倒闸操作必须执行操作票制度。

（2）倒闸操作必须有两人执行，一人唱票，监护，一人复诵命令，特别是重要和复杂的倒闸操作必须由熟悉的运行人员进行操作，值班主值或值长进行监护。

（3）严禁带负荷拉合隔离开关。

（4）严禁带地线合闸。

（5）操作前必须仔细核对操作设备的名称和编号。

（6）操作人员必须使用必要的合格的绝缘安全用具和防护安全用具。

（7）在电气设备或线路送电前必须收回并检查所有工作票，拆除安全措施拉开接地隔离开关或拆除临时接地线及警示牌，然后测量绝缘电阻合格后方可送电。

（8）雷电时一般不进行倒闸操作。

4. 典型电气倒闸操作

开关常见分为以下几种状态：

1）运行：断路器及两侧隔离开关均在合位且带电，已将电送出；

2）热备用：断路器在开位，但两侧隔离开关均在合位，断路器一经合闸，即可将电送出；

3）冷备用：断路器在开位，控制电源断开，两侧隔离开关在开位，断路器如果合闸，也不能将电送出；

4）检修：断路器在开位，控制电源断开，两侧隔离开关也在开位，且接地隔离开关在合位。

5. 6kV 辅机测绝缘

操作过程如下：

（1）将设备状态由热备用改为冷备用；

（2）设备验明无电后测绝缘；

（3）测绝缘合格后将设备状态由冷备用改为热备用。具体操作过程见表 13-1。

表 13-1   6kV 设备测绝缘操作

序号	操 作 内 容
1	查××开关在分闸位置
2	查××开关上仓面板位置指示器指示正确
3	查××开关带电显示器指示三相无电压
4	将××开关近遥控切换开关切至就地位置
5	拉开××开关仓内控制保护电源开关 SM30
6	拉开××开关仓内表计辅助电源开关 SM91
7	拉开××开关仓内电压测量开关 1F
8	将××开关小车由工作位置拉至隔离/试验位置
9	在××开关下仓验明三相无电，测量三相对地和相间绝缘并记录数值
10	查××开关在分闸位置
11	将××开关小车由隔离/试验位置推至工作位置
12	合上××开关仓内控制保护电源开关 SM30
13	合上××开关仓内表计辅助电源开关 SM91
14	查××开关仓内加热电源开关已合上 SM90
15	合上××开关仓内电压测量开关 1F
16	查××开关上仓面板位置指示器指示正确
17	查××开关综保装置正常
18	将××开关小车由隔离/试验位置推至工作位置
19	汇报值长，操作结束

测量绝缘注意事项如下：

（1）测量设备绝缘应严格执行操作监护制度。

（2）测量绝缘需要选取适合的工具（电压合适的验电笔、绝缘电阻表）。

（3）测量绝缘时要佩戴适合的防护用具（防护面罩、绝缘服、绝缘手套）。

（4）测量绝缘时，必须将被测设备从各方面可靠电气隔离，验明无电压，确定设备无人工作后，方可进行。在测量中禁止他人接近设备。

（5）在有感应电压的线路上测量绝缘时，必须将另一回路同时停电，方可进行。在带电设备附近测量绝缘电阻时，测量人员和绝缘电阻表安放位置，必须选择适当，保持安全距离，以免误触碰带电部分。移动引线时，必须注意监护，防止工作人员触电。

（6）使用机械摇表应放在平稳的地方，避免剧烈震动。

（7）摇动手柄切忌忽快忽慢，以免指针摇动大而引起误差。

四、加减负荷操作

集控运行人员日常工作有很多，除了日常的巡检和定期执行外，对机炉运行情况的调整占据很大的工作内容，其中以加减负荷为最常规的操作。图 13-17 为某电厂机组主控图。

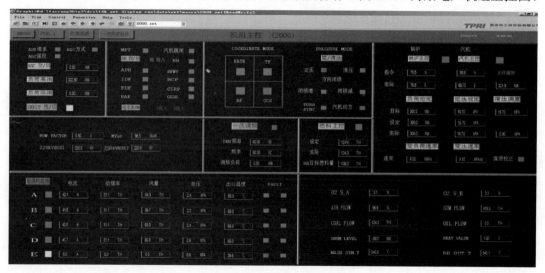

图 13-17　某电厂机组主控图

1. 机组控制方式

机组控制方式有：BASE、BF、TF、COORD、AGC 五种基本方式。

（1）BASE 方式下，汽轮机、锅炉主控均为手动方式，由人工手动对汽轮机调门开度、锅炉燃料量进行加减实现对负荷、主汽压的控制。

（2）BF 方式下，汽轮机主控在收到负荷指令后，改变汽轮机进汽量，使发电机输出与指令一致。由于蒸汽流量变化，引起主汽压力变化，使主汽压与给定值产生偏差，锅炉主控根据此偏差调节锅炉燃料量，保持主汽压与给定值相等。在这种调节方式中机组负荷由汽轮机控制，主汽压力由锅炉控制。该方式利用了锅炉蓄热量，使机组功率迅速变化，对负荷反应速度快，但由于锅炉燃烧延迟大，对主汽压的调节不可避免存在滞后现象，容易使调节过程不稳定，因此必须对负荷变化率进行限制。

（3）TF 方式下，锅炉主控在收到负荷指令后，立即改变燃料量至相应值，从而使主汽压变化，为维持主汽压不变，汽轮机主控根据主汽压偏差改变汽轮机进汽量，使主汽压恢复至给定值，从而使发电机出力与目标值相等。在此方式下由汽轮机主控来维持主汽压力，反应较快，主蒸汽压力变化很小，对维持锅炉稳定运行有利，但发电机出力必须随蒸发量上升、主汽压力上升才能增加上去，而锅炉燃料量、燃烧及热传导变化有延迟，因而机组输出功率变化有较大延迟，导致出力变化慢，不利于负荷控制。

（4）COORD 方式（协调方式）中，锅炉与汽轮机主控同时接受功率与主汽压的偏差信号。当机组要求增加出力，出现正的功率偏差信号，在汽轮机主控上使汽轮机调门开大，在锅炉主控上使燃料量增加。汽轮机调门的开大，使主汽压下降，虽然锅炉已增加燃料量，但因延迟未能使主汽压恢复，因此产生一正的压力偏差信号，该信号使汽轮机调门关小，而使锅炉燃料量更加增大。总的结果是汽轮机调门略有增大，而燃料量增加较多。经一段时间，燃料量增大的效果开始反应，主汽压上升，压力偏差消失，汽轮机主控逐渐增大调门开度，机组出力增加，使功率偏差减小，直至功率偏差及汽压偏差消失。该方式一方面利用汽轮机调门使主汽压在允许的范围内，利用锅炉的一部分蓄热量，适应负荷变化的要求，另一方面使锅炉迅速增加燃料量。既使功率变化迅速，又使主汽压稳定。

（5）AGC 模式为自动发电控制（AGC）是根据负荷的变化，在不同的发电厂调节多个发电机的功率输出的系统。由于电网要求发电量和负荷时刻保持密切平衡，经常调整发电机的输出是必要的。AGC 模式下，电厂根据电网要求控制负荷，根据机组容量大小，响应负荷的速率也有所变化。

2. 加减负荷注意事项

（1）加减负荷对锅炉汽温影响较大，快速加减负荷导致汽压快速下跌或者上升，此时原先的平衡被迅速打破，很容易引发超温和低温。所以应及时关注煤量变化，发现煤量大幅增加或减少情况，必要时及时退出 AGC，将过加或者过减的煤量回调后再进行加减负荷操作。及时启停磨煤机，并清楚了解启停的磨煤机对汽温所带来的影响，提前做好预控。

（2）加减负荷一定要加强对风量和氧量的关注，负荷增加往往导致氧量不足，因此应适当先增加风量，再增加煤量，保证锅炉燃烧稳定。减负荷则反之。正常运行中，锅炉氧量控制在自动方式，不同的负荷对应不同的氧量控制，负荷需改变时，锅炉主控指令发生变化，相应的煤量发生改变，需要的氧量、送风量发生变化，而风量的变化将导致炉膛负压发生变化，此时引风机动叶开度或者引风机频率发生变化，维持炉膛负压在正常范围，从而完成整个调节过程。当风量、炉膛负压发生变化超出正常范围时，则可相应手动控制送风机动叶开度或者引风机动叶开度和频率。

（3）关注磨煤机运行参数的变化，主要有磨组煤量、一次风量、磨碗差压和出口温度等。负荷需增加时，锅炉主控指令增加，磨组的煤量自动增加，一次风量相应增加来维持一定的风粉比，而煤量增加后，磨煤机出口温度下降，则磨组的冷热风门开度发生变化来提高一次风温，维持磨组正常的出口温度。煤量的突变往往会导致堵磨和爆燃事故的发生，此时，需要及时调整煤量、一次风量和一次风温、磨组出口温度等参数。

（4）加强环保参数的检查，主要有 NO_x、粉尘、SO_2 等。检查氨气调节门自动调节控制一定的氨气流量来控制 NO_x，检查布袋差压、电除尘电压和电流来控制粉尘，检查脱硫循环泵工作情况来控制 SO_2。尤其制粉系统启停时，风量和煤量变化剧烈，对环保参数的扰动较大，需及时手动干预来确保环保参数在正常范围。

（5）注意对高低压加热器水位、除氧器、凝汽器水位进行监视。检查高低压加热器正常疏水调整门自动调节来控制高低压加热器水位，检查凝结水泵频率或者除氧器水位调整门自动调节来控制除氧器水位，检查热井补水调自动调节来控制热井水位。水位超过规定的正常范围时，需手动调节上述调整门或者采取其他措施来恢复正常水位。

（6）注意对轴封和汽轮机 TSI 参数的检查，如机组轴承振动、轴向位移、推力瓦温等。正常情况下，上述参数稳定在一定范围运行，一旦进汽参数突变，往往将导致上述参数发生变化，造成机组异常运行，需立即采取措施稳定进汽参数。

五、机组经济性调整

当前煤炭价格的逐步上涨，使得电厂的利润减少，因此必须提高机组的发电效率来减少发电成本，增加企业效益。所以对火力发电厂来说如何提高机组的热经济性日益显得重要。影响机组经济性的因素有很多，运行人员主要通过对主汽温、再热汽温、主汽压力、减温水、排烟温度、辅机电耗、真空等经济指标进行监视调整，达到提高机组经济性的目的。

1. 主汽温、再热蒸汽温调整

蒸汽温度是锅炉运行中的主要参数之一。汽温过高或过低，都将严重影响锅炉、汽轮机的安全和经济。汽温过高，将使钢材加速蠕变，从而降低设备使用寿命，严重的超温甚至会使管子过热而爆管；蒸汽温度过低，将会降低热力设备的经济性。据计算，主汽温度每下降 $10℃$，将使供电煤耗上升 1.3g/kWh。汽温过低，还会使汽轮机最后几级的蒸汽湿度增加，对叶片的侵蚀作用加剧，严重时将会发生水冲击，威胁汽轮机的安全。因此，锅炉运行中，在各种内、外扰动因素影响下，通过运行分析调整，用最合理的方法保持汽温额定稳定，是汽温调节的首要任务。在日常监盘过程中，对汽温的调节占据日常操作很大一部分内容：

（1）机组正常运行中的汽温调节。汽温调节可以分为烟气侧调整、蒸汽侧的调整，烟气侧的调节过程惯性大，通常情况下需要 3～5min 温度才会开始变化；而蒸汽侧的调节相对比较灵敏。因此正常运行过程中，应保持减温水调整门具有一定的开度，如果减温器已经关闭或开度很大时，由于阀门的特性原因它的调节性能减弱，会造成汽温波动时无法及时调整，裕量不足。另外还可以对燃烧进行调整（在炉膛氧量允许时可适当调整风量，或调整风门使火焰中心变化），或对炉膛进行吹灰，以达到调节各级减温器开度，使其具有足够的调节余量。总之，在机组正常运行时，各级减温后的蒸汽温度在不同工况下是不相同的。应加强对各级减温器后蒸汽温度的监视，并做到心中有数，以便在汽温异常时作为调整的参考。

（2）变工况时汽温的调节。变工况时汽温波动大，影响因素众多，值班员应在操作过程中分清主次因素，对症下药，及早动手，提前预防，必要时采取过调手段处理，以免酿成超温、低温事故。变工况时汽温的变化主要是锅炉的燃烧负荷与汽轮机的负荷不匹配所造成的。一般情况下，当锅炉的热负荷大于汽轮机的机械负荷时，汽温为上升趋势，两者的差值越大，汽温的上升速度越快。必须及时手动干预，使两者负荷相匹配。

2. 主蒸汽压力

主汽压力过低会使机组效率下降，据计算，主蒸汽压力每下降 1MPa，将使供电煤耗上升 1.9g/kWh。负荷变化时，值班员应及时根据本机组滑压曲线，调整主汽压力，提高机组效率。

3. 减温水

机组正常运行时，要尽量减少减温水的投用，尤其是再热减温水对机组经济性的影响比较大。值班员可通过燃烧调整、吹灰等手段减少减温水的使用。

4．排烟温度

机组运行时，锅炉损失主要来源于排烟损失。通常采用定期吹灰方式来减少烟气换热阻力。值班员需要严格执行各厂规定的吹灰要求，降低排烟温度，也可通过适当提高暖风器温度降低排烟损失。

5．辅机电耗

对燃煤发电厂来说，制粉系统、引送风机、一次风机、凝结水泵和循环水泵所消耗的电能占厂用电的比例最大。所以，降低这些电动机负荷的用电量，对降低厂用电率效果最明显。

（1）降低循环水泵的耗电量：①尽可能减少管道阻力损失，如适当调整循出；②根据电厂实际情况使用变频循泵或者可换极循泵；③保持凝汽器在最有利真空下工作的前提下，实现循环水泵最合理的运行方式，比如根据负荷和江水温度启停循泵。

（2）降低引、送风机的耗电量：值班员根据机组负荷和燃烧煤种，合理控制氧量，调整送引风机出力。在降低风机电耗的同时，还可以避免机组风量过大而增大排烟损失。

（3）制粉系统的耗电量在厂用电中占有相当比重，应通过燃烧调整试验找出最佳通风量、合理干燥出力、煤粉经济细度以及磨煤机的运行方式等参数，运行中调节磨煤机一次风量和风压，及时启停制粉系统使磨煤机电耗下降。

（4）凝结水泵变频运行时根据机组负荷，在保证凝结水用户和机组安全情况下，尽量降低凝结水母管压力，减少凝结水泵出力。

6．真空

真空是影响机组经济性的重要指标，也是机组安全的重要参数，凝汽器真空提高，使汽轮机功率增加，但过高的真空会使循环水泵电耗增加，增加的功率与循环水泵多消耗功率的差数达到最大时的真空值为凝汽器的最有利真空（即最经济真空）。在运行时，值班员需要投入胶球清洗装置保障循环水管路清洁，同时根据机组负荷及江水温度及时启停循泵或调整循环水流量。

六、深度调峰

1．深度调峰定义

近年来随着新能源发电装机规模的快速增加，煤电机组发电利用小时数逐年下降，煤电在系统中的定位已由基荷电源向调节电源转变，参与调峰已是常态。所谓深度调峰就是机组负荷降低至设计安全运行容量以下，国内以 40%、35%额定负荷调峰为主，部分电厂可以做到30%额定负荷及以下。

2．深度调峰危险点分析

（1）自动投入率降低。低于50%负荷时，机组控制方式由"协调"切至"机跟随"或"基本方式"，主、再热蒸汽温手动调节，在干湿态转换过程，给水泵手动调节。

（2）燃烧安全裕度下降。由于炉膛热负荷下降较多，燃烧稳定性和抗扰动能力降低，如发生煤质突变、磨煤机跳闸、风机跳闸等异常，极易引发锅炉灭火。

（3）燃烧组织不易优化。单台磨煤机煤量少，燃烧器出口煤粉浓度低；磨煤机运行台数少，火检相互支持效果差，燃烧恶化、火检不稳；堵煤、断煤等制粉系统异常或煤质突变时燃烧扰动过大，更易发生燃烧不稳或灭火。

（4）给水调节性能降低。机组 50%负荷以下时，四抽压力低，给水泵汽轮机低压调门开度偏大，给水调节性能下降。当发生一台给水泵跳闸时，另外一台给水泵无法满足给水量的调节要求，往往造成给水流量低，对机组安全运行造成影响。

（5）给水流量波动大，调整难度加大。低于 35%负荷，锅炉由"干态"转入"湿态"运行，并列运行汽动给水泵最小流量阀波动、给水管道切换时阻力急剧变化，一系列操作均会造成给水流量大幅波动，"给水流量低"及"汽温突降"保护动作概率增加。

（6）抽汽系统存在安全隐患。甩负荷或下降过快，滑压运行的除氧器会发生自生沸腾，止回门不严时，窜入四抽管道，存在返汽和给水泵汽轮机进冷汽等风险。

3. 深度调峰操作（本章以某电厂 300MW 机组 35%深度调峰为例）

（1）机组开始减负荷，目标负荷 160MW，主蒸汽压力为 11～13MPa。

（2）机组深度调峰时需降低供热压力至 1～1.2MPa 运行。

（3）注意监视脱硝 SCR 进口烟温，当脱硝 SCR 进口烟温低于 310℃时，联系热工将机组脱硝 SCR 低烟温保护及喷氨快关阀开启的低烟温定值进行修改，修改为 280℃。

（4）将机组省煤器再循环门送电，退出机组省煤器再循环门联锁，开启机组省煤器再循环门。

（5）开启给泵再循调阀门。

（6）机组负荷 160MW，将送风机动叶由自动切至手动调节。

（7）机组继续减负荷，目标负荷 110MW，主蒸汽压力 8～9MPa。

（8）机组减负荷时，调整电动给水泵 1C 勺管开度至 40%。

（9）机组减负荷时，逐渐开启给泵/再循调至 25%。

（10）机组减负荷，检查除氧器水位调自动调节正常，烟冷器各调门动作正常，凝结水泵频率稳定在最低，凝结水泵出口压力正常，除氧器水位稳定。检查凝结水泵和给水泵密封水自动调节正常，各加热器疏水自动调节正常，轴封汽参数正常。

（11）机组减负荷时，检查给泵的低压调门开度不超过 65%，否则适当降低主汽压力运行。

（12）确认机组高中压缸上下缸温差正常，主再热蒸汽温稳定，轴封汽温正常，各加热器水位正常，退出高低压疏水联锁。

第四节　典型事故案例介绍

一、某电厂误操作定冷水系统阀门致机组跳闸事故

1. 事故经过

10:00 左右，巡检员准备进行 4 号发电机定冷水补水操作，准备好操作票后值长安排两名巡检人员一人操作、一人监护。10:10，两名巡检员到现场开始执行"操作票"，第一项操作是：联系主控加强定冷水系统运行工况的监视，操作监护人即联系值长，得到确认后在"操作票"上打"√"，第二项操作是确认补水系统阀门状态，执行并打"√"。操作监护人在准备执行第三项操作前，在检查确认定冷水滤网前隔离阀开度时（操作票中无此检

查内容），碰到定冷水滤网前隔离阀操作手柄（90°开关蝶阀，该阀也是定冷水流量调节阀），感觉该阀开度开大了（因自带卡槽闭锁装置，实际未动），即要求操作人进行恢复操作，但操作时用力过大造成关的太多，又急忙开大；监盘人员发现定冷水及集电环流量波动。10:12:30 发电机励磁变压器冷却水流量低于 260L/min 报警），10:14:23 备用定冷泵 B 自启动（定冷水泵出口母管压力低至 0.5MPa，压力开关动作自启），值长立即通知现场操作人员停止操作恢复原状，待工况稳后再操作。定冷水系统工况稳定后，10:15:40 值长令监盘人员停用定冷泵 B。操作监护人发现离子交换器循环流量比补水操作前指示值大，慌乱中再次要求操作人操作定冷水滤网前隔离阀，致使定冷水流量快速下跌。10:18:52 发电机励磁变压器冷却水流量低低保护动作（流量开关三取二，动作值 200.6L/min 延时 10s），机组跳闸。

2. 原因分析

（1）运行人员未严格执行"操作票管理规范""运行操作管理规定"，未按操作票步序操作；运行人员现场操作遇到问题时，未按规定立即停止操作。

（2）执行定冷水箱补水操作的运行人员操作不当，致使发电机励磁变压器冷却水流量大幅晃动；监盘人员事故预想不到位，发生定冷水流量波动备用泵自启时未及时查明原因，停用自启泵处置不当，造成发电机励磁变压器低流量开关保护动作，机组跳闸。

（3）值长安排工作任务时考虑不周，未安排胜任的运行人员进行定冷水箱补水工作。两名现场操作巡检员，当班时间较短，均未进行过定冷水水箱补水实际操作，对系统不熟悉；由于缺乏操作经验，遇到问题时慌乱不能冷静处理。

二、某电厂误开补水阀致机组跳闸

1. 事件经过

20 时 31 分 50 秒，运行人员监盘发现闭冷水箱水位低（1200mm）报警，检查发现闭冷水箱正常补水调阀已开启，闭冷水箱水位快速回升至复归值以上，复位报警。

20 时 36 分 20 秒，现场检查罗茨真空泵汽水分离器水位偏低，开启补水电磁阀旁路阀对汽水分离器进行补水，闭冷水箱水位再次下降。

20 时 53 分 22 秒，闭冷水箱水位低（1200mm）再次报警，运行人员检查画面闭冷水箱正常补水调阀已开启，确认报警，未进一步检查闭冷水箱水位趋势。

21 时 57 分 03 秒，闭冷水箱水位低低报警（200mm，闭冷泵跳闸值），随即闭冷泵跳闸，备用闭冷泵联锁出跳闸信号；立即派人至就地开启闭冷水箱凝水事故补水。

21 时 57 分 04 秒，汽动给水泵 A 因机械密封冷却水流量低跳闸，电动给水泵自启后供水。

21 时 57 分 08 秒，汽动给水泵 B 因机械密封冷却水流量低跳闸。

21 时 58 分 30 秒，汽包低水位保护动作触发锅炉 MFT，机组跳闸，立即执行机组跳闸后检查。

22 时 00 分 00 秒，闭冷水箱事故补水至正常水位后启动闭冷泵 A，关闭补水电磁阀旁路阀。确认故障原因后机组于次日重新并网。

2. 原因分析

（1）直接原因：给泵跳闸，给水流量快速下降，电动给水泵自启后供水仍难以维持汽包水位，导致锅炉汽包水位低，机组跳闸。

（2）间接原因：罗茨真空泵分离器水箱补水旁路阀开启后，补水量大于闭冷水箱正常补水，闭冷水箱水位下降，但运行人员未及时发现，造成闭冷水箱水位低低，闭冷泵 A 跳闸，备用闭冷泵 B 联锁出跳闸信号；汽动给水泵 A、B 因机械密封冷却水流量低跳闸。

 思考与练习

1. 两票三制是什么？
2. 操作票的一般流程是什么？
3. 请说明一般热机设备巡检的内容。
4. 谈一谈对第四节几起事故的心得。

第十四章 燃气轮机电厂设备及生产过程 ◆

燃气-蒸汽联合循环机组是把燃气轮机循环和蒸汽轮机循环组合成为一个整体的热力循环,通过能源梯级利用,使得燃气-蒸汽联合循环发电机组的效率更高。燃气-蒸汽联合循环机组以燃烧清洁燃料为主,并结合先进的排放污染控制技术,使得燃气-蒸汽联合循环发电机组比燃煤火力发电机组污染物排放更低。从节约能源、保护环境的战略出发,燃气-蒸汽联合循环发电技术正日益受到我国电力行业的重视和不断发展。燃气-蒸汽联合循环发电技术具有热效率高、建设周期短、单位容量投资费用低、用地和用水少、污染物排放量少等优点。21世纪以来,燃气-蒸汽联合循环发电机组逐渐成为我国电力系统的重要组成部分。

本章节通过对燃气轮机电厂设备及生产过程的介绍,新员工能了解、掌握燃气轮机的工作原理、设备结构、机组启停、运行维护。

第一节 燃气-蒸汽联合循环发电介绍

一、概述

1. 主要技术流派及发展情况

随着节能、环保理念深入人心,高效率、低排放的燃气-蒸汽联合循环发电机组已成为各国电力行业的主要选项,其核心、关键设备是重型燃气轮机,它们各自具有技术特点,当今世界范围内的重型燃气轮机主要流派如下:

(1)美国通用(GE)。

(2)西门子(Siemens)。

(3)三菱重工。

(4)阿尔斯通(安萨尔多)。

2. GE 燃气轮机主要机型

(1)GE 燃气轮机包括航改型燃气轮机、工业和发电用重型燃气轮机,其技术路线主要是按照比例放大,并进行了一系列的技术改进。当前 GE 重型燃气轮机主流机型为:

1)PG6111FA(6FA);

2)PG9171E(9E);

3)PG9351FA(9FA);

4)PG9371F(9FB)。

(2)GE 燃气轮机命名规则,以 9E 燃气轮机型号为例:PG9171E 型。

1)PG:表示 PACKAGE GENERATOR(箱装式发电设备);

2)9:表示设备系列号,表示 9000 系列机组。

3)17:表示机组大致的额定出力大小(万马力),即 17 万马力,约 12.5 万 kW。

4）1：表示单轴机组。

5）E：表示型号，即 9 系列中的 E 型。

3. 西门子重型燃气轮机主要机型

（1）西门子重型燃气轮机技术路线主要是按照比例放大，并进行了一系列的技术改进。

（2）主流机型：

1）SGT5-2000E（V94.2）。

2）SGT5-4000F（V94.3A）。

3）SGT5-8000H。

（3）命名规则：以 F 燃气轮机型号为例，SGT5-4000F 型。

1）SGT：西门子燃气轮机。

2）5：表示频率，50Hz。

3）4000F：表示燃气轮机级别，F 型。

4. 三菱重型燃气轮机主要机型

M701F3、M701F4。

5. 阿尔斯通重型燃气轮机主要机型

GT13E2、GT24、GT26。

6. 工业燃气轮机的发展

公用燃气轮机的发展史见表 14-1，华能系统内各燃气轮机机型对比见表 14-2。

表 14-1　　　　　　　　　　　　　公用燃气轮机的发展史

项目		第一阶段	第二阶段	第三阶段	第四阶段
时期		1950—1960	1970—1990	2000 年前后	21 世纪
热力参数	初温 T3（℃）	600～1000	1050～1370	1400～1500	>1500
	压比（bar）	4～10	约 15	约 20	约 30
热效率（%）	简单循环	10～30	30～40	>40	>45
	联合循环	<40	45～55	约 60	
单机最大功率（MW）	简单循环	100	100～200	250-300	>350
	联合循环		150～350	约 400	>500
典型机型		GE：3J、5A、5P 西门子：W251、W501	GE：7F、7FA、9F、9FA 三菱：501F、701F 西门子：V64.3、V84.3、V94.3 阿尔斯通：GT11N2、GT13E2	GE：9FB.03 三菱：701F4、M701F5 西门子：SGT5-4000F(4)	GE：9HA.01、9HA.02 三菱：701J 西门子：SGT5-8000H

表 14-2　　　　　　　　　　　　华能系统内各燃气轮机机型对比

项目	制造厂	燃气轮机型号	压气机级数/压比	透平级数	燃气轮机额定容量（MW）	燃气轮机热效率%	机组型式（是否供热）	联合循环效率（%）
9FA 级燃机投产的电厂								
南京燃气轮机	GE	PG9351FA	18/15.4	3	256	36.9	单轴	56.7

续表

项目	制造厂	燃气轮机型号	压气机级数/压比	透平级数	燃气轮机额定容量MW	燃气轮机热效率%	机组型式（是否供热）	联合循环效率（%）
上海燃气轮机、中原燃气轮机	西门子	SGT5-4000F	18/17	4	266	38.6	单轴	57.1
9FB 级燃机投产的电厂								
北京热电、两江燃机电厂、东山燃机电厂	三菱	M701F4	17/18	4	312	39.5	均为供热机组。两江为单轴，一拖一。其余两家为多轴，二拖一	57.3
天津临港燃机电厂	GE	PG9371F	18/18.3	3	282	37.4	一拖一，双轴，供热	
9E 级燃机投产的电厂								
南京燃机电厂	GE	PG9171E	17/12.3	3	126	33.8	一拖一，双轴，供热	52.8
桐乡燃机电厂、苏州燃机电厂	阿尔斯通	GT13E2	21/16.9	5	165	35.7	一拖一，双轴，供热	55.1
天津 IGCC	西门子	SGT5-2000E	17/11.7	4	170	38.9	一拖一，双轴	53.8
6F 级燃机投产的电厂								
桂林燃机电厂	GE	PG6111FA	12/20.9	3	50	37.9	一拖一，双轴，供热	56.2

二、燃气轮机工作原理

燃气轮机，以燃气为工质，内燃、连续回转的叶轮式热能动力机械，由压气机、燃烧室、透平组成。燃气轮机与汽轮机的区别：

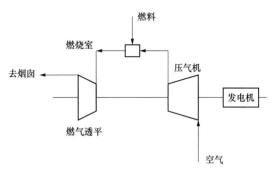

图 14-1　燃气轮机工作流程

（1）工质：采用燃气，而非蒸汽。

（2）燃烧方式：内燃，设备简单。

（3）流程：如图 14-1 所示，先由压气机将空气压缩成一定的压力，然后在燃烧室中加入燃料燃烧产生高温的燃气，再经过透平膨胀做功。透平的机械功扣除带动压气机所消耗的功，该净功率输出带动发电机或其他负荷，同时经过透平膨胀后的燃气直接排入大气。燃气透平发出的机械功约有 2/3 用来驱动压气机，其余 1/3 左右的机械功驱动负荷（发电机等）。

三、联合循环发电的工作原理

燃气轮机简单循环（布雷顿循环）：燃气轮机运行时，燃料与空气燃烧产生燃气，经透平后排气温度还很高，为 450～650℃，且大型机组排气流量高达 100～600kg/s，有大量的热能随着高温燃气排入大气。

汽轮机简单循环（朗肯循环）：汽轮机进汽温度一般为 540～560℃，但是蒸汽动力循环放热的平均温度很低，一般为 30～38℃。

联合循环：燃气轮机的排气温度正好与朗肯循环的最高温度相接近，将两者结合起来，互相取长补短，便形成一种初始工作温度高而最终放热温度低的燃气-蒸汽联合循环。利用燃气轮机做功后的高温排气在余热锅炉中放热，使余热锅炉内的给水变成蒸汽，再送到汽轮机中做功，是燃气循环和蒸汽循环联合在一起的循环。图 14-2 所示为联合循环工作流程图。

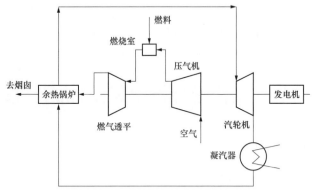

图 14-2　联合循环工作流程图

四、联合循环发电的优点

（1）热效率高：相同功率，高于常规机组 15%以上。百万煤机最高约 45%，GE9FA 机组的热效率为 56.7%。H 级将超过 60%。表 14-3 所示为常规煤机与燃气-蒸汽联合循环发电机组热效率对比表。

表 14-3　　　　　常规煤机与燃气-蒸汽联合循环发电机组热效率对比表

蒸汽参数	常规煤机				燃气轮机电厂		
	超高压	亚临界	超临界	超超临界	简单循环	联合循环	IGCC 电厂
热效率（%）	34-35	37-38	40-41	43-45	32-42	53-60	39-45

（2）环保性能好：一氧化碳（CO）、氮氧化物（NOx）排放少。燃烧生成物没有灰渣。

（3）投资省：每千瓦的投资费用仅 3000-4000 元/kW，甚至更低，而燃煤电厂目前投资高达 8000～11000 元/kW。

（4）建设周期短：由于土建少，可以分阶段建设，建设周期为燃煤电厂的 40%。

（5）占地用水少：无须煤场、输煤、除灰等系统，燃气轮机和余热锅炉等可以户外布置。占地仅为燃煤机组的 40%不到。用水仅为常规煤机电厂的 30%。

（6）运行可靠，自动化程度高：以南京燃气轮机电厂为例，四台机组，装机 116 万千瓦，定员 156 人，目前 147 人，远低于燃煤机组人员定编。

（7）运行方式灵活：可以作为基本负荷运行，也可以调峰运行。启动快，热态启动仅约 50min，冷态启动约 3h。

五、联合循环发电与电网、气网的关系

（1）与电网的关系：优化电网调度，利用燃气轮机启停速度快，提升电网调峰能力；

大力发展联合循环发电，推进热电联产，有利于提高全社会能源使用效率，助力"双碳"目标实现；可以就地平衡电网负荷需求；提高当地区域电网的静态稳定极限；提高区域电网暂态稳定的影响；提高电网应急能力建设，燃气轮机电厂可作为电网"黑启动"应急电源点。

（2）与气网的关系：配合气网，做好气网调压，保障天然气管网安全运营。天然气供应分配原则：首先保证居民用气，其次向工业和电厂用户供气。

（3）受电网和气网的双重制约，近年来调峰燃气轮机主要承担电网迎峰度夏、迎峰度冬极寒天气和特殊时段电网调峰任务，年利用小时在1000h左右，远低于设计利用3500h。热电联产燃气机组按以热定电方式运行，年利用小时3500h左右。

第二节　联合循环发电机组性能与布置

一、联合循环电站的组成

发电主设备：燃气轮机、汽轮机、余热锅炉、发电机。

流程：燃气轮机将空气压缩后，在燃烧室中加入燃料燃烧产生高温燃气，继而在燃气透平中膨胀做功，将热能转换为机械能。高温排气进入余热锅炉；水在余热锅炉中受热后产生蒸汽，用蒸汽来推动汽轮机，将热能转换成机械能；燃气轮机、汽轮机拖动发电机，将机械能转换成电能。

效率：燃气轮机的排气引入余热锅炉，会使燃气透平的排气压力略有增加，与直接排入大气的简单循环发电相比，燃气轮机功率略有下降，效率约37%；蒸汽动力循环中可以得到相当于燃气轮机容量约1/2的功率；联合循环热效率大幅提高，GE PG9351FA机组效率高达56.7%。

额定性能：机组处于"新的和清洁的状态"下，额定工况时的性能。

性能参数：燃料消耗量、输出功率、排气温度、排气流量。性能在不同的压气机进口温度和负荷下不一致。

GE PG9351FA额定性能：由PG9351FA型燃气轮机，D10型、三压、再热、双缸双流式汽轮机，390H型氢冷发电机，和三压、再热、自然循环余热锅炉组成；联合循环运行时，在ISO条件下燃气轮机输出功率为254.1MW，蒸汽轮机输出功率为141.8MW。热效率56.7%；ISO条件：15℃，101.3kPa，湿度60%。

变工况能力：在外界负荷和大气温度变化时，联合循环发电机组的功率和效率都会相应发生变化，使机组偏离设计工况运行。气温升高，出力降低；气温降低，出力升高。一般情况下，9E机组，温度和出力变化的对应关系是1℃-1MW，9F机组，温度和出力变化的对应关系是1℃-2MW。表14-4所示为GE PG9351FA机组变工况性能。

表14-4　　　　　　　　　　　GE PG9351FA机组变工况性能

大气温度 （℃）	输出功率 （MW）	燃料流量 （T/h）	燃料流量 （1000Nm³/h）	气耗率 （Nm³/kWh）	每立方发电量 （kWh/Nm³）	净热耗 （kJ/kWh）	效率 （%）
1	412.69	53.0	70.67	0.171	5.85	6257.4	57.53
	309.51	41.5	55.33	0.179	5.59	6521.5	55.20

续表

大气温度 （℃）	输出功率 （MW）	燃料流量 （T/h）	燃料流量 （1000Nm³/h）	气耗率 （Nm³/kWh）	每立方发电量 （kWh/Nm³）	净热耗 （kJ/kWh）	效率 （%）
1	206.34	30.1	40.53	0.196	5.10	7170.1	50.21
	123.81	21.8	29.07	0.235	4.26	8569.6	42.01
15	394.55	50.8	67.73	0.172	5.83	6262.8	57.48
	295.91	10.0	53.33	0.180	5.54	6581.5	54.70
	197.27	29.4	39.21	0.199	5.03	7248.5	49.67
	118.36	21.0	28.00	0.237	1.92	8651.1	11.61
28.5	355.66	16.7	52.27	0.176	5.67	6389.0	56.35
	266.73	37.1	19.67	0.186	5.37	6776.5	53.13
	177.83	27.4	36.53	0.205	4.87	7503.8	47.98
	106.71	19.8	26.4	0.247	4.04	9030.6	39.87

二、联合循环发电机组的基本结构

1. 两种基本结构

（1）单轴：一台燃气轮机、一台蒸汽轮机、一台发电机和一台余热锅炉，其中燃气轮机、蒸汽轮机与发电机同轴串联排列。

（2）多轴：多轴联合循环系统由一台或多台燃气轮机发电机通过各自的余热锅炉向分开的单独的汽轮机发电机组供汽，共同组成联合循环系统。（常见双轴）

2. 两种单轴方式

（1）发电机位于燃气轮机和汽轮机之间，燃气轮机排气端（热端）输出功率，侧向排气。

（2）汽轮机处于燃气轮机和发电机之间。这种排列方式下，燃气轮机冷端输出功率。GE PG9351FA 采用这种方式，如图 14-3 所示。

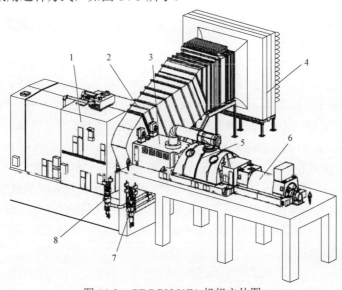

图 14-3　GE PG9351FA 机组立体图

1—燃气轮机外厢；2—燃气轮机进气蜗壳；3—高/中压汽轮机外厢；4—燃气轮机进气过滤—消声器；

5—低压汽轮机；6—发电机；7—再热蒸汽截止/控制组合阀；8—高压蒸汽截止/控制组合阀

第三节　联合循环机组主要设备

一、概述

联合循环机组由燃气轮机、汽轮机、余热锅炉组成，燃气轮机主要部件包括轴流式压气机、燃烧器、燃气轮机透平、燃气轮机辅助系统。

二、燃气轮机本体

1. 压气机

做高速旋转运动的动叶片和固定在气缸上的静叶片是轴流式压气机的两个主要组成部件。在轴流式压气机中，气体工质是在圆柱形回转面上沿着轴线方向流动的。工质在动叶流道中获得从外界输入的机械功，转换成提供压缩空气所需的力，使气流加速，然后在扩压的静叶流道中，逐渐改变气流的流动方向，并使气流减速，由此达到增压的目的。一个动叶列加上位于其后的静叶列就组成压气机的一个级。多级压气机则是由许多个彼此串联在一起工作的级组合成的。对于轴流式压气机，一个级的增压比只有1.15-1.35，而整台燃气轮机的总压比要多得多，因此，在燃气轮机中，轴流式压气机必然是多级的。以下以GE公司PG9351FA机组压气机为例介绍压气机的结构。

PG9351FA机组的压气机是一台18级轴流式、压缩比为15.4:1、空气质量流量为623.7kg/s的多级轴流式压气机，由压气机转子和封闭的气缸组成。

装在压气机气缸内的有进口可转导叶、18级转子、静叶和两排出口导向叶栅。相邻的动叶和静叶组成一级，在第1级前有一列进口可转导叶，前两级为跨声速级。压缩空气从压气机排气缸出来进入燃烧室。

从压气机级间抽出的空气用作透平喷嘴、轮间或轴承的冷却和密封空气，在启动过程中抽气可以防止压气机喘振.

压气机零件的制造和装配必须非常精确，以确保压气机内转子和定子的间隙最小，能提供最佳性能。

（1）压气机转子。如图14-4所示，压气机转子是一个由16个叶轮、2个端轴和叶轮组件、拉杆螺栓及转子动叶组成的组件。前端轴装有零级动叶片，后端轴装有第17级动叶片，16个叶轮各自装有第1～16级动叶片。

第16级压气机叶轮后端面上有导流片。在第16级压气机叶轮和压气机转子后半轴之间有间隙允许导向风扇汲取压气机空气流，并将空气引向压气机转子后联轴器上的15个轴向孔，流到透平前半轴与压气机转子后联轴器相应的15个轴向孔，以冷却透平叶轮。

每个叶轮和前、后端轴的叶轮部分都有斜向拉槽，动叶片插入这些槽中，在槽的每个端面将叶片冲铆在轮缘上。

为了控制同心度，各叶轮之间，或者端轴与叶轮之间，用止口配合定位，并用拉杆螺栓固定。依靠拉杆螺栓在叶轮端面间形成的摩擦力传递扭矩。

压气机每级叶轮装上叶片后，都应做级的动平衡，有很高的动平衡精度。当压气机转子与透平转子装配在一起后，需再次进行动平衡。

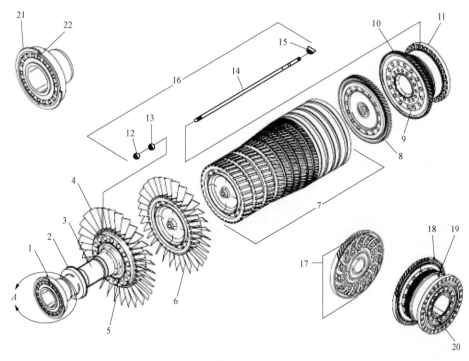

图 14-4 压气机转子分解图

1—前联轴器；2—推力盘；3—1 号轴承轴颈；4—前端轴（0 级）；5—前平衡块槽；6—第 1 级叶轮；7—叶轮；

8—第 16 级叶轮；9—15 个冷却孔通道；10—后轴颈；11—后联轴器；12—锁帽；13—螺母；14—转子拉杆；

15—转子螺母；16—转子拉杆（16 根）；17—第 16 级叶轮后视图；18—后平衡块槽；19—2 号轴颈；

20—后联轴器 15 个冷却孔；21—测速齿环；22—环形持销

（2）压气机定子。压气机定子由进气缸、气缸和排气缸组成。它们依靠水平和垂直中分面的法兰螺栓紧固。压气机进气缸位于燃气轮机的前端，位于进气室内。它的主要功能是将空气均匀地引入压气机。进气缸支撑 1 号轴承组件。1 号轴承下半部与内喇叭口铸成一体。上半部轴承座是一个独立铸件，用法兰螺栓连接到下半部。内喇叭口由数个机翼形径向支柱或多根轴向连杆固定在外喇叭口上。

（3）压气机空气流向。燃烧室：压气机排气。

1）燃料系统吹扫空气：压气机排气。

2）进气加热气源：压气机排气。

3）防喘放气阀控制气源：压气机排气。

4）冷却空气及防喘放气：从压气机第 9、13 两级抽气，用来冷却燃气轮机透平叶片。

（4）不同制造厂压气机参数对比。表 14-5 所示为华能各燃气轮机电厂压气机主要数据对比表。

表 14-5　　　　　　　　华能各燃气轮机电厂压气机主要数据对比表

项目	燃气轮机型号	压气机级数/压比
9FA 级燃机投产的电厂		
南京燃机电厂	PG9351FA	18/15.4

419

项目	燃气轮机型号	压气机级数/压比
上海燃机电厂、中原燃机电厂	SGT5-4000F	18/17
9FB 级燃机投产的电厂		
北京热电、两江燃机电厂、东山燃机电厂	M701F4	17/18
天津临港燃机电厂	PG9371F	18/18.3
9E 级燃机投产的电厂		
南京燃机电厂	PG9171E	17/12.3
桐乡燃机电厂、苏州燃机电厂	GT13E2	21/16.9
天津 IGCC	SGT5-2000E	17/11.7
6FA 级燃机投产的电厂		
桂林燃机电厂	PG6111FA	12/20.9

（5）四大厂商压气机技术特点。

1）GE 压气机：压气机的气缸、外壳、框架都有水平中分面，当压气机上半缸吊开时，所有静叶能按圆周方向滑出来。压气机的每一级都有独立的轮盘，各级轮盘在中心插孔附近用凸台径向定位，轮缘间存在轴向间隙，保证启动时热膨胀。设计空冷燃气轮机透平叶片时，从压气机末级抽气，供应冷却空气。压气机叶轮材料基本使用三种合金钢：CrMoV、NiCrMo、NiCrMoV。

2）三菱压气机：三菱压气机的特征是高压比，G 型 17 级压气机的压比高达 19.2。采用拉杆连接的压气机转子结构，应用涂层以减少压气机间隙，提高压气机效率。压气机静叶有涂层防结垢。为改善压气机特性，采用先进叶型，并在级间做合理的配置，使其流量增加 25%，效率提高 1%。

3）西门子压气机：叶栅设计为了达到最佳效率，采用了"可控扩压翼型"叶型。在动静叶的设计和制造中，对不同流道部分的气体流动状态进行了三维优化。在 3A 系列燃气轮机压气机上，采用了在 V94.3 型中第 1 级启动抽气级装在前置压气机壳内的结构设计原则，这种缸体结构具有中分法兰和上下加强筋，产生轴向和径向完全对称的热膨胀。最后 7 级静叶由于温度较高，被安装在导叶架内。

4）阿尔斯通压气机：压气机为亚音速轴流压缩机。为防止喘振，设置了三个中间放气口。多级可转导叶改善燃气轮机和联合循环部分负荷特性。压气机叶片采用可调控的扩压翼面叶片设计。

2. 燃烧室

基本功能：使燃料与由压气机送来的一部分压缩空气，在其中进行有效的燃烧；使由压气机送来的另一部分压缩空气与燃烧后形成的燃烧产物均匀地掺混，将其温度降低到燃气透平进口的初温水平，以便送到燃气透平中去做功；控制 NO_x（氮氧化物）的生成，使透平的排气符合环保标准的要求；燃烧室必须保证提供工质所需要的高温，同时可以在近乎等压的条件下，把燃料中的化学能有效地释放出来，使之转化成为高温燃气的热能。

（1）燃烧器形式。

结构：侧立筒型、分管型、环管型、环型。GE 燃气轮机均采用分管型。目前，主流机型多采用分管型与环形。

燃烧方式：标准型、干式低 NO_x。GE 燃气轮机采用低 NO_x。

干式低 NO_x：DLN2.0；DLN2.0+（GE PG9351FA 燃气轮机采用）；DLN2.6（GE 9FB 燃气轮机采用）。

GE PG9351FA 机型分管式燃烧室（一圈环形布置 18 个燃烧器）。

西门子 SGT5-4000F 燃气轮机环型燃烧室（24 个燃烧器）。

（2）燃烧器结构。以下以美国通用的 9F 机组 DLN2.0+、2.6+燃烧器为例介绍燃烧器结构及燃烧模式。

1）DLN2.0+燃烧器。美国通用的 9F 机组 2.0+并联式为分级燃烧器，燃料分级供应，共圆周布置 18 个燃烧室，如图 14-5 所示。

图 14-5　2.0+燃烧器布置图

如图 14-6 所示，每只燃烧室有 5 个燃料喷嘴，每个喷嘴配有一条扩散管路，一条预混管路；由 VGC-1 气体控制阀调节燃料气体的流量。每只燃烧室的 4 只预混通道连接，组成 PM4 支管，由 VGC-3 气体控制阀调节燃料气体流量。每只燃烧室剩余的一只预混通道连接组成 PM1 支管，由 VGC-2 气体控制阀调节燃料气体流量。这样，将所有燃料通道并联地分成三级，分别由三只控制阀控制燃料气体的流量。

2.0+燃烧器共有五种基本配气模式，分别为扩散燃烧模式、亚先导预混模式；先导预混模式；预混模式；甩负荷模式。

a. 扩散燃烧：燃料气直接供给每个燃烧室的 5 只扩散燃烧燃料喷口；这时 PM4 的预混通道用压气机出口抽气进行空气吹扫。

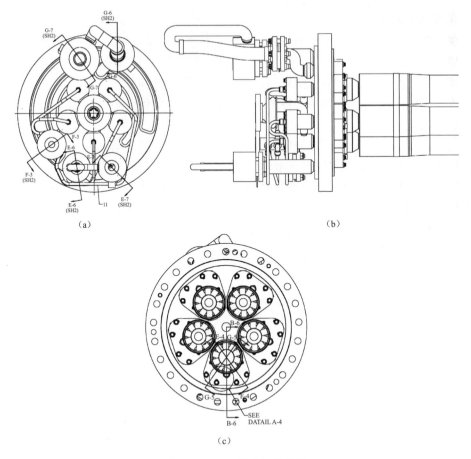

图 14-6　2.0+燃烧器外形图

（a）燃烧器端面；（b）燃烧器侧视图；（c）燃烧器出口侧

b．亚先导预混：燃料气直接供给每个燃烧室的 5 只扩散燃烧燃料喷口和 PM1 燃料喷口。这时 PM4 预混通道用压气机出口抽气进行空气吹扫。燃气轮机启动时，从 95%额定转速到加载至 10%基本负荷时，相当于燃烧基准温度（TTRF1）1093℃时；或卸载时，从 TTRF1 为 1065℃，直至 95%额定转速时，燃气轮机处于这种运行模式。

c．先导预混：燃料气分别流到 D5，PM1 和 PM4 通道，直至预混燃烧模式时，VGC-1 关闭，流过 VGC-2 和 VGC-3 的流量比为 20/80。燃气轮机加载时，TTRF1 从 1093℃到 1243℃的区间内；或燃气轮机卸载时，TTRF1 从 1216℃，直至 1065℃，燃气轮机均处于这种运行模式。

d．预混：流过 PM1 和 PM4 通道的流量比为 20/80，当加载时，TTRF1 高于 1243℃；或卸载时，TTRF1 超过 1216℃时，燃气轮机均处于预混燃烧模式。此时相应的燃气轮机负载为 50%～100%基本负荷区间。

2）DLN2.6+燃烧室。主要对 DLN2.0+燃料喷嘴的配置做了改进外，还采用了新型火焰筒导流衬套、过渡段，同时燃料输送管路也做了相应的改动。

启动过程中的燃烧方式：30%负荷时就开始进入亚预混燃烧，在 40%负荷时开始进入预混燃烧。扩大了预混燃烧工作区间，可减轻启动时的黄色排放污染。

DLN2.6+燃烧器配气模式如图 14-7 所示。

（3）不同制造厂燃烧器特点。

1）GE 燃烧室。使用分管逆流式燃烧室，优点是尺寸较短、结构紧凑、重量轻、便于解体检修，燃烧过程易组织，燃烧效率高且稳定。燃烧室的火焰筒直径只有两种不同规格：268 和 358。燃烧室的数量匹配于燃气轮机空气流量除以压比的值。燃烧室过渡段用耐热合金 263 制造，尾部壳体用 FSX-414 铸造，内表面使用耐热涂层，降低金属温度梯度。

2）三菱燃烧室。使用逆流、环管形、带旁路阀的预混干式低 NO_x 燃烧室。燃烧室尾部装有一个旁路阀去调节绕过燃烧室火焰的燃烧空气量，控制燃料/空气比，具有良好的火焰稳定性。燃烧室采用一种双壁冷却结构的冷却系统，优化燃烧室出口温度场。701G 型燃气轮机采用蒸汽冷却燃烧室，不采用传统的空气冷却，使得第一级透平喷嘴燃气温度保持在 1500℃（传统空气冷却 1350℃）。

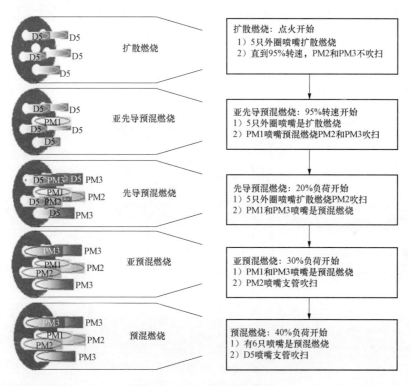

图 14-7　DLN2.6+配气模式

3）西门子燃烧室。采用成双对称布置的大型圆筒形燃烧室典型设计方案，"2" 系统为立式布置，"3" 系列为卧式布置，"3A" 系列改用新的由混合燃烧器组成的环形燃烧室。燃烧室采用的结构是双层壳体结构，刚度大，火焰脉动小。暴露在高温燃气中的表面侧衬有陶瓷合金隔热片，减少温差引起的变形。环形燃烧室构成了表面积与容积的最佳比例，因而单位冷却空气需要量最小，优点是减少了燃烧室表面积。

4）阿尔斯通燃烧室。采用三种结构形式的燃烧室：标准的圆筒形燃烧室、装设 EV 型燃烧器的圆筒形燃烧室、装设 EV 型燃烧器的环形燃烧室。燃烧室基本上采用完全热回收的逆流冷却系统，降低了火焰温度，抑制了 NO_x 的生成。阿尔斯通燃烧器的先进核心技术是顺序燃烧系统，就相同的输出功率而言，可沿用较低的透平进气温度，这样可不必采用新的高温材料或增加过多冷却空气量。

3. 燃气轮机透平

（1）概述。燃气透平是燃气轮机中一个重要部件。它的作用是，把来自燃烧室的，储存在高温高压燃气中的能量转化为机械功，其中一部分用来带动压气机工作，多余的部分则作为燃气轮机的有效功输出，带动外界的各种负荷。按照工质在透平内部的流动方向，通常可以把透平区分为轴流式与径流式两大类型，大型燃气轮机都采用轴流式透平。

轴流式透平既可以做成单级的，也可以做成多级的。在透平中完成能量转换的基本单元是单级透平，称为级，级由一列喷嘴和一列动叶串联组成。多级透平则由各个单级按气流流动方向串联构成。装有动叶片的工作叶轮通过转动轴与压气机轴和燃气轮机所驱动的负荷轴相连接。不同制造厂的透平级数有多有少，一般为 3～5 级。

（2）透平转子。GE PG9351FA 透平转子，采用贯穿螺栓结构，由透平前半轴，一、二、三级叶轮，级间轮盘，透平后半轴及拉杆螺栓组成。图 14-8 所示为透平转子结构平面图。

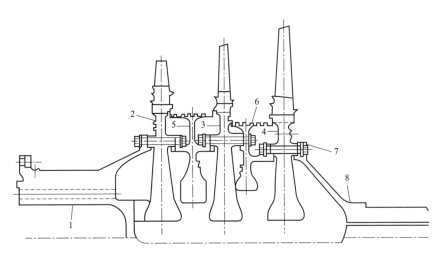

图 14-8　PG9351FA 透平转子结构平面图

1—前半轴；2—第一级轮盘；3—第二级轮盘；4—第四节轮盘；5—一、二级间轮盘；

6—二、三级间轮盘；7—拉杆螺栓；8—后半轴

图 14-9 所示为动叶片视图。动叶片的尺寸由第一级（叶高 386.69mm）到第三级（叶高 519mm）逐级增高，因为每一级的能量转化使得压力减少，要求环形面积增加以接收燃气的流量，保持各级的容积流量相等。

透平叶片的制作材料（以 GE PG9351FA 机型为例）如下：

一级，DS-GTD-111（定向结晶），等离子耐高温涂层，内部有冷却孔。

二级，DS-GTD-111（定向结晶），等离子耐高温涂层，内部有冷却孔。

三级，DS-GTD-111（定向结晶），堆积耐高温涂层。

（3）透平定子。透平气缸、排气框架，以及安装在气缸上的透平喷嘴、护环，支撑在排气框架上的 2 号轴承和排气扩压段共同组成了透平定子。

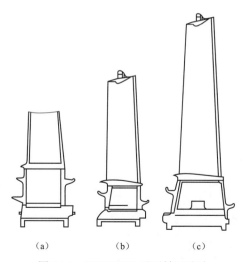

（a）　　　　　（b）　　　　　（c）

图 14-9　PG9351FA 透平转子动叶

（a）一级动叶；（b）二级动叶；（c）三级动叶

1）透平气缸。透平气缸为铸造结构般用耐热铸钢或球增铸铁制成，采用双层结构和有空气冷却。在采用双层结构后，气缸作为承力骨架，承受着机组的重量、燃气的内压力和其他作用力。内层则由喷嘴持环和护环组成，它们的工作温度高而受力小，主要承受热负荷。在内、外层之间接通冷却空气，这样就能有效地降低气缸的工作温度。

2）透平喷嘴。燃气轮机透平有三级喷嘴，它们引导经过膨胀的高速燃气流向透平动叶，使转子转动。由于气流通过喷嘴时产生高压降，在喷嘴的内外侧都安装有气封，以防止由泄漏引起的系统能量损失。

a．透平喷嘴数量。

透平第一级喷嘴设计成两只叶片一组的铸造喷嘴段，共 24 组、48 片。

透平第二级喷嘴设计成两只叶片一组的铸造喷嘴段，共 24 组、48 片。

透平第三级喷嘴设计成三只叶片一组的铸造喷嘴段，共 20 组、60 片。

b．透平喷嘴材料。

一级，FSX-414（钴基超级合金），等离子耐高温涂层，内部有冷却孔。

二级，GTD-222（镍基合金），等离子耐高温涂层，内部有冷却孔。

三级，GTD-222（镍基合金），堆积耐高温涂层，内部有冷却孔。

3）透平转子、喷嘴的冷却方式。燃气轮机透平叶片进口温度一般为 1200℃以上，某些机型高达 1400℃，工作环境恶劣。为了使透平叶片有足够长的工作寿命，动叶、喷嘴表面还有隔热涂层。同时动叶、喷嘴采用冷却结构，常规的叶片冷却方式有三种：①对流冷却，通过空心叶片壁面对流传递冷却。②冲击冷却，将冷却空气从叶片内部直接吹到需加强冷却的部位，增强该部位的冷却效果。③气膜冷却，将冷却空气通过一排小孔流至叶片外表面形成气膜，冷却效果良好（+）。

叶片冷却是把压气机引来的空气，流过叶片内部的冷却通道，冷却叶片后排入扩散段；各燃气轮机厂家采用的冷却方式略有差别。GE PG9351FA 冷却方式如图 14-10 所示。

4. 三大燃气轮机厂商透平进气初温比较

GE 燃气轮机：GE 燃气轮机透平的发展一直围绕着提高进气初温进行，MS9001FA 机组的透平初温已达 1327℃，而 MS9001G 机组的透平初温高达 1430℃。

三菱燃气轮机：三菱 G 型燃气轮机的设计参数，第 1 级喷嘴前缘处的燃气温度为 1500℃，第 1 级喷嘴后的透平转子进口温度 1427℃。

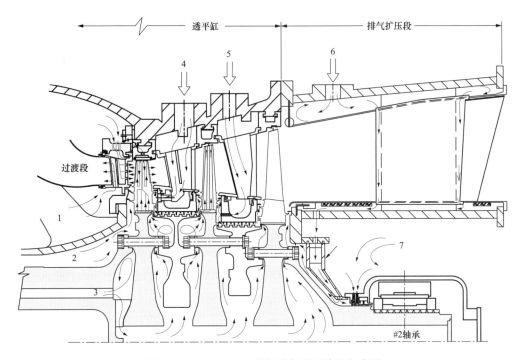

图 14-10　PG9351FA 燃气轮机透平冷却气流图

1—来自压气机排气；2—来自压气机高压侧密封空气；3—来自 16 级抽气；4—来自级抽气；

5—来自 9 级抽气；6—来自排气框架风机；7—来自 2 号轴承冷却风机

西门子燃机：西门子 501 燃气轮机产品系列发展到现在的 501G，转子进气温度达 1420℃，进而在 501ATS 上高达 1510℃。

三、燃气轮机辅助系统

燃气轮机辅助系统包括：空气进气系统；压气机进口可转导叶（IGV）；冷却和密封空气；通风和加热；压气机水洗。各燃气轮机电厂机型辅助系统配置大同小异，本节结合 GE PG9351FA 机型简单介绍。

1. 空气进气系统

燃气轮机的进口空气质量和纯净度是有效地运行燃气轮机，提高燃气轮机的性能和可靠性的前提。在空气进入燃气轮机之前，需要对进入压气机的大气进行处理，滤除杂质。

作用：改善供给压气机进口的空气质量。经过专门设计的进气系统，以改善在各种温度、湿度和污染状态下的空气质量，使之更适用于燃气轮机；消声器能消除压气机的低频率噪声以及降低其他频率范围的噪声；将进气压降保持在允许范围，保证燃气轮机的性能。进气系统应以最小压降，将空气流从进口过滤室引入进气室。

组成：进口滤网；除湿器；带自动过滤清洗系统的滤芯。

流程：在进口过滤室后，顺气流而下安装有进气加热母管。进气加热系统，包括控制阀、压力传感器、位置指示器和抽气加热管道。该管道将压气机抽气引入进气加热母管。有助于防止压气机结冰，并用来减少 NO_x 排放污染。然后弯管重新将空气向下引入进气室。

（1）过滤脉冲清洗系统。

作用：清洗入口过滤器滤芯。

原理：脉冲清洗系统提供压缩空气脉冲，它使空气暂时反向流过滤芯，驱除积聚在滤芯进气侧的积灰，从而延长了滤芯的使用寿命，有助于保持过滤器效率。

进气精滤的清洁：燃气轮机采用脉冲空气自清洗过滤装置，当大气中的空气进入压气机进气滤网时，颗粒集聚在过滤器介质外层，滤芯两侧的差压增加。当达到最大差压设定点时，差压开关激活脉冲清洁系统运行。对进气滤进行进气滤反向脉冲吹扫。吹扫时来自空气处理单元的纯净干燥空气，进入吹扫母管对过滤器进行分段吹扫。

（2）进气抽气加热（IBH）。

作用：防止压气机进口结冰；扩大预混燃烧工作范围；限制压气机压比。

将少量压气机排气抽出，加热压气机进气。抽气的流量最大可以控制到5%的压气机进气流量。

2. 压气机进口可转导叶（IGV）

机组启停或运行中 IGV 角度的开和关都由控制系统自动进行。主要的作用有：在机组的启动、停机过程中起防止喘振的作用。在燃气轮机联合循环的运行中，通过调节进口可转导叶的开度，调节燃气轮机的排气温度，实现 IGV 温度控制。在单轴联合循环机组的启动、停机过程中，通过调节进口可转导叶的开度，调节燃气轮机的排气温度，实现燃气轮机排气温度与蒸汽轮机汽缸温度的匹配。DLN 2.0+ 的机组，在加负荷时用减小 IGV 的最小全速角的设定值运行燃气轮机，能够扩大预混燃烧的运行范围。

3. 冷却和密封空气系统

作用：该系统从压气机抽出适量的空气，向燃气轮机转子和定子的各个部件提供必须的冷却空气，防止在正常运行过程中零部件过热，并防止压气机喘振。燃气轮机运行时，从轴流压气机的第9和第13级以及压气机出口抽取空气。基座外的离心式风机将空气送入透平排气框架和2号轴承区进行冷却。

主要组成：透平框架冷却风机（88TK）；2号轴承冷却风机（88BN）；压气机防喘放气阀（VA2-1/2/3/4）；防喘放气阀的限位开关（33CB-1/2/3/4）；电磁阀（20CB）。

冷却和密封功能：压气机防喘保护；冷却受高温影响的内部零件；冷却透平排气框架；冷却2号轴承区；为气动阀提供操作用空气源。

4. 通风和加热系统

配置的目的：使燃气轮机各间室保持在固定温度范围内，从而保证人员的安全和设备的防护；燃气轮机各间室的通风系统还提供了稀释泄漏的烟气和燃料气等气体的功能，并且连续吹扫掉积聚在室内的泄漏气体；燃气轮机各间隔通风系统还通过保持气缸四周温度均衡，有助于维持燃气轮机动静叶片间隙的作用。

通风和加热间隔组成：燃气轮机前间；燃气轮机后间（扩压段间）；负荷轴间；三个间隔实现分段通风。

5. 压气机水洗系统

压气机为什么水洗：当压气机吸入空气时，被吸入的空气可能含有灰尘、粉尘、昆虫和碳氢化合物烟气。它们中的很大部分在进入压气机前已被进气过滤器除去。有少量的干性污染物以及湿性污染物，如碳氢化合物烟气，会通过过滤器沉积在压气机的通流部件上。污染物在内部零件上的沉积会造成燃气轮机性能损失；在燃气轮机运行一段时期以后为了恢复它的性能，要求定期对通流部件进行清洁。一些油性的污染物，如碳氢化合物烟气，必须通过水洗用含有洗涤剂的水溶液将它们清洗掉。

（1）两种水洗方式。

1）在线水洗：机组在接近基本负荷，IGV 全开时，将水喷向压气机进行清洗。

2）离线水洗：机组以冷拖方式运行，向压气机喷射清洗液进行清洗。

在线水洗的优点是可以在不停机的状态下完成，但它的效果没有离线水洗好，因此在线水洗不能替代离线水洗。

（2）水洗周期。

离线水洗的周期推荐为：当压气机的性能由于阻塞而下降或机组在基本负荷的条件下经大气温度和压力修正后的输出功率下降 10%或更大时。在两次离线水洗的间隔期内可穿插数次在线水洗。每次在线水洗时间不要超过 30min。

6. 气体燃料系统

（1）燃气轮机对气体燃料的要求。

燃料的分类，如表 14-6 所示。

表 14-6　　　　　　　　　燃气轮机气体燃料种类

燃料	低热值（MJ/m^3）	主要组分
天然气	30～45	甲烷
液化石油气	86～119	丙烷、丁烷
气化气	3.7～14.9	一氧化碳、氢气、水蒸气

（2）气体燃料的属性。

1）热值：单位质量（体积）燃料完全燃烧时产生的能量，单位一般为 kJ/m^3 或 kJ/kg

2）组分限制：限制组分以保证燃气轮机在所有情况下能稳定燃烧。对于天然气，要求甲烷不低于 85mol%；乙烷组分最大为 15mol%；丙烷组分最大为 15mol%；丁烷+高阶石蜡类（C4+）最大为 5mol%；同时在天然气进入燃气轮机前应去除高阶的碳氢化合物。

3）韦伯指数（华白指数）：确定同一个燃料系统可以燃烧哪些种类的燃料（多种气体燃料），在规定状态下从通过燃料控制阀的气体燃料得到的热量输入与韦伯指数成正比，韦伯指数（MWI）的上、下限值说明在进行燃料系统设计时允许燃烧什么样的气体。GE 的规范规定韦伯指数变化范围为±5%

华白指数（韦伯指数）：度量气体燃料可互换性测量值，又称互换性因子。

华白指数是表示热负荷的参数（发热指数）。具有相同华白指数的不同的燃气成分，在相同的燃烧压力下，能释放出相同的热负荷。

低华白指数= 净热值/ 相对密度的平方根

高华白指数= 总热值/ 相对密度的平方根

（3）气体燃料供给压力和温度。

1）压力：对于一台正在运行的燃气轮机，最大可达到的输出功率是在最低环境温度条件下，由供气压力决定的。燃料气体供应压力要允许在最低的现场环境温度时，经过所有阀门、管道和燃料喷嘴后，进入燃烧室的燃料流量为最大流量。保证燃气轮机输出功率不受限制。

2）温度：燃料气的温度必须要有一定的过热度，保证100%没有液滴。过热度指燃料气体温度和它自己的露点之间的温差。要求高于露点至少15℃，最高不超过70℃。GE PG9351FA 带有干式低 NO_x 燃烧系统（DLN2.0+）机组气体燃料供气温度。运行时，既有冷加热（燃料气加热至不大于120℉/49℃），又有热加热区（在热加热区，燃料气体加热至365℉/185℃）。

（4）天然气调压站。

调压站主要运行参数（本节内容以南京燃气轮机 GE PG9351FA 为例）如下：

调压站进口压力：3.9MPa。

调压站进口天然气温度：环境温度。

调压站出口压力：3.33MPa。

调压站出口天然气温度：大于露点5℃。

调压系统：每台燃气轮机的调压回路均为一用一备。调节燃气轮机天然气的进口压力，以稳定燃气轮机进口处天然气的压力。每个调压回路具有相同的配置，依次有一台独立的切断阀，一台监控调压器，一台工作调压器，一只泄放阀，一只止回阀及进出口隔断阀组成。自动切换原理：正常情况下，工作调压器调节天然气调压站的出口压力，当工作调压器失效，监控调压器将投入运行控制管线压力，如果监控调压器也失效，下游压力继续升高，当压力达到切断阀设定点时切断阀切断。此时备用回路工作调压器将投入运行，来控制天然气调压站的出口压力。

（5）天然气前置模块。

作用：加热天然气，满足韦伯指数调整要求。增加燃料气体进入燃气轮机的温度，可以减少燃料加入量，从而改善燃气轮机效率。运行时用中压省煤器出口的锅炉给水加热气体燃料至185℃，具有最佳效果。去除燃料气中的颗粒。来自调压站的燃料气首先经过两只100%容量的并联前置过滤分离器，除去燃料气中的液滴和颗粒。

（6）燃料气控制系统。

作用：以适当的压力、温度和流量向燃烧室输送燃料气，以满足燃气轮机运行时启动、加速和加负荷的所有要求。

燃料气控制系统的组件：燃料气截止阀（VS4）；燃料气速度/比例截止阀（VSR）；燃料气控制阀（VGC-1/2/3）。

（7）燃料气吹扫系统。

作用：对于未投入使用的燃料气喷嘴流道，用抽出的压气机排气对燃料气进行吹扫，以防止在相关的燃气轮机燃料气管道中形成燃料气积聚和燃烧回流现象。燃料气喷嘴的吹扫空气来自压气机排气 AD6 接口。一路通往扩散燃料气喷嘴流道（D5），另一路通往预混燃料气喷嘴流道（PM4）。

四、余热锅炉

1. 概述

余热锅炉是回收燃气轮机排气中的余热，产生蒸汽，推动蒸汽轮机发电的换热装置。在燃气轮机内做功后排出的燃气，仍具有比较高的温度，一般在 500～600℃。水汽化的四个阶段：预热主要在省煤器中进行，汽化主要在蒸发器中进行，过热阶段在过热器中进行，而再热阶段在再热器中进行。余热锅炉产生的过热蒸汽送到汽轮机高压缸膨胀做功后，蒸汽的压力和温度都降低了，再将这些蒸汽送回余热锅炉中加热，即再热，然后再送到汽轮机中、低压缸去继续膨胀做功。

2. 余热锅炉分类

（1）按烟气侧热源分类。

1）无补燃：单纯回收燃气轮机排气热量；

2）有补燃：在适当位置安装补燃燃烧器，让燃料充分燃烧，提高烟气温度。

无补燃的余热锅炉效率更高，目前大型联合循环机组大多采用无补燃的余热锅炉。

（2）按产生的蒸汽的压力等级分类。

1）单压余热锅炉；

2）双压或多压余热锅炉。

（3）按受热面布置方式分类。

1）卧式余热锅炉：各级受热面部件的管子垂直布置，烟气横向流过。

2）立式余热锅炉：各级受热面部件的管子水平布置，烟气自下而上流过。

（4）按工质流动分类。

1）自然循环余热锅炉：通过垂直方向安装，密度差合宜。

2）强制循环余热锅炉：烟气总是通过水平管簇垂直流动，通过循环泵保证蒸发器的循环流量恒定。

3）直流余热锅炉：依靠水泵压头，通过各受热面，将实现其工质的流动。

目前大型联合循环机组大多采用自然循环余热锅炉。

3. 性能与结构

自然循环余热锅炉结构特点：锅炉本体受热面管箱由高/中/低压汽包及附件、高压过热器、再热器、高压蒸发器、高压省煤器、中压过热器、中压蒸发器、中压省煤器、低压过热器、低压蒸发器、低压省煤器等模块化组装而成。与煤机不同，余热锅炉炉膛无水冷壁，且炉墙内壁装有保温，保证燃气轮机排气热量最大化吸收。

4. 特点

余热锅炉有以下主要特点：采用燃气轮机排气作为生产蒸汽的热源，一般不需要燃烧系统。主要是对流热交换而不是辐射热交换，采用鳍片管提高传热效率。余热锅炉可在多压状态下产生蒸汽，提高热回收效率。余热锅炉具有系统惯性小、膨胀补偿能力强、适应燃气轮机启停迅速、调峰频繁的特点。余热锅炉在部分负荷时采用滑压运行，适应燃气轮机排气温度随负荷的变化。余热锅炉结构设计模块化，模块组件集成出厂，简化便于现场安装。

5. 脱硝系统

燃气轮机燃烧室的燃烧效率几乎近 100%，但由于燃烧室中的火焰温度较高，且空气中

的 N_2 和 O_2 起化学反应生成 NO_x 的起始温度约 1350℃，超过 1650℃后大量生成，因此燃气轮机排气中的 NO_x 成为主要的污染物。干低式 DLN 燃烧器通过优化燃烧室结构和合理组织燃烧的方法来抑制 NO_x 生成。但随着环境保护要求越来越高，优化燃烧方式已无法要求。新建燃气轮机往往采用高效的 SCR 烟气脱硝工艺。

SCR 脱硝原理：SCR 是选择性催化还原法，在催化剂和氧气存在的条件下，在较低的温度范围内（280～420℃），还原剂有选择性将烟气中的 NO_x 还原生成水和氮气来减少 NO_x 排放的技术。

脱除率：SCR 脱硝系统 NO_x 脱除率不小于 85%。

五、蒸汽轮机

1. 联合循环蒸汽轮机的特点

相比常规燃煤机组而言，联合循环蒸汽轮机具有以下特点：

（1）排汽相对较大，不设置给水加热器，而在余热锅炉换热面低温段设置给水加热器，以充分利用余热，排汽量和进汽量几乎相等。

（2）启动速度快，调峰性能好。肩负调峰任务，启停频繁。燃气轮机从点火到满负荷最快只需要 30min，因此，蒸汽轮机在结构设计方面采取了相应措施，以适应快速启停。

（3）全周进汽，滑压运行。联合循环机组调峰和调频的任务是由燃气轮机来完成，汽轮机的负荷变化取决于燃气轮机的负荷变化，处于跟随状态。汽轮机运行时，进汽阀门全开，不参与负荷调节。

（4）以 GE PG9351FA 机组 D10 蒸汽轮机为例，具体参数如下：

三压、再热、冲动式汽轮机。

高压缸，12 级、中压缸 9 级。

低压缸：为双分流 2×6 级。

高压：9.563MPa、280.9t/h，565.5℃。

再热：2.146MPa、309.5t/h，565.5℃。

低压：0.366MPa、361t/h，313.5℃。

2. D10 蒸汽轮机主要部件

（1）高/中压透平；

（2）低压透平；

（3）一个高压蒸汽截止和控制组合阀（MSV、CV）；

（4）两个再热蒸汽截止和控制组合阀（RSV、IV）；

（5）一个低压蒸汽进汽截止阀（ASV），一个低压蒸汽进汽控制阀（ACV）。

3. D10 汽轮机本体结构特点

（1）高/中压汽缸：高中压合缸；合金钢铸造；单缸、逆向汽流；

（2）低压汽缸：焊接而成；单缸、逆向汽流；

（3）单缸、逆向汽流、高压和中压合缸结构的再热式汽轮机；

（4）布置方式紧凑，而又不降低可靠性；

（5）逆向汽流还将最高的温度安排在转子的中心，而最冷处在轴端汽封和轴承处；

（6）机组在夜间及周末停用期间温度下降速度较慢，从而可以更快地进行再启动。

第四节 燃气轮机运行维护

一、机组启停

本节内容，结合 GE PG9351FA 机组的实例，简要介绍启动系统及启、停机操作。

1. 概述

燃气蒸汽联合循环机组机组启动方式，常见的有两种：

（1）变频启动（GE 称为 LCI，西门子、三菱称为 SFC）；

（2）启动电机+液力偶合器配套启动的方式。

2. 启动系统

在机组的启动过程中，当透平发出的功率小于压气机所需功率这一段时间内，必须由外部动力来拖动机组的转子，在达到自持状态时，再把外部设备脱开。单轴联合循环机组将燃气轮机、蒸汽轮机和发电机串联在一根长轴上，为了缩短轴系的长度，采用了静态启动系统（LCI）。它是一种把同步发电机作为电动机运行带动机组启动的大型变频装置。

负荷整流逆变器 （简称 LCI）：在启动时，LCI 的输出连接到发电机定子电枢绕组上，每一瞬间有两相通电，就在定子上产生一个磁场，这个磁场与已经加了励磁的转子作用，就使发电机旋转。逐步增加逆变器输出电流的频率，就使转子的转速逐步增加。在燃气轮机需要启动时，发电机主回路开关首先将发电机与高压电力系统断开，然后由高压电力系统向静态启动系统供电。

LCI 静态变频装置工作过程分为启动、清吹、点火、暖机、加速、LCI 退出运行，具体如下：

（1）启动：在启动前，机组应处于盘车状态。当启动令下达后，LCI 将加速机组达到清吹转速 23.3%。

（2）清吹：机组保持在清吹转速，直到要求完成的清吹时间，约 11min，见 BC 段。燃气轮机在清吹过程中将按恒定电流或按摆频速度型式控制。在清吹转速时，转速在 26.8% ～24.8% 间波动。

（3）点火：当清吹程序完成时，LCI 切断到发电机定子的电流并让燃气轮机滑行，降到燃气轮机点火转速 14.5%，即 D 点。燃气轮机达到点火转速时，启动点火程序。

（4）暖机：当燃气轮机燃烧系统内探测到火焰时，暖机计时器开始计时，暖机 1min。在暖机期间，LCI 将燃气轮机转速保持在点火转速，即 DE 段。

（5）加速：在燃气轮机暖机周期结束时，见 F 点，Mark Ⅵ 将 LCI 速度设置点设置到 100% 转速。在大约 81% 转速时，LCI 电流按电流与速度关系曲线规定递减。在大约 90% 转速时，LCI 与发电机端子断开，燃气轮机继续加速到 100% 速度。

（6）LCI 退出运行：当转速到达 95% 转速时，LCI 退出，LCI 的电动隔离开关断开，发电机中性点接地开关合上。当机组转速达到 14HF（约 98% 转速）时，发电机起励，励磁设置到正常运行方式运行。

3．机组启动的主要过程

（1）机组启动，由 LCI 拖动升速至 750r/min，保持并吹扫约 11min。

（2）降速至 420r/min 左右，机组点火，暖机 1min 后，由 LCI 拖动升速至 3000r/min。汽轮机由燃气轮机拖动，跟随升速至 3000r/min。

（3）机组并网，带初始负荷，适时投入温度匹配，获得与对应汽轮机缸温对应温度的蒸汽。

（4）汽轮机进汽，燃气轮机根据汽轮机进汽情况适当调整负荷并控制环保排放，直至进汽结束。

（5）机组升负荷，于 190MW 左右，机组燃烧方式切至预混模式，预混模式下，环保数据不再超标。

（6）机组继续升负荷，直至达到 baseload（基本负荷，满负荷）。

冷态启动，整个启动过程约为 3h；热态约 1h，温态略长。

4．机组停运的主要过程

（1）机组降负荷至 300MW 左右，稳定并调整好参数。

（2）机组点击 STOP，开始顺控停机，燃气轮机以每分钟 8.3%的速率降负荷。

（3）机组负荷降至 190MW 左右，机组燃烧模式退出预混模式。

（4）机组继续降负荷，直至燃气轮机排烟温度降至 566℃，汽轮机开始停机。此时，燃气轮机停止降负荷，维持排烟温度稳定在 566℃。汽轮机退出运行的整个过程，耗时约 5min。

（5）汽轮机退出运行后，机组继续降负荷直至解列。

（6）解列后 8min，机组熄火，进入惰走。

（7）机组零转速，投入盘车。

正常情况下，由满负荷 390MW 开始停机到机组解列，整个过程耗时约 20min。亦可根据检修需要，采用滑参数停机方式（以调整燃气轮机排烟温度的方式来精确控制蒸汽温度）。

二、燃气轮机检修与维护

1．燃气轮机检修分类

由于燃气轮机各部分工作温度的不同，所以检修周期也不同，通常可将燃气轮机的检修分成三种形式：

（1）燃烧室检查（也称小修）；

（2）热通道检查（也称中修）；

（3）整机检查（也称大修）。

2．燃气轮机检修周期

燃气轮机检修周期依据等效运行小时（EOH）开展，各制造厂的 EOH 计算方法不同，以下以 GE PG9351FA 燃气轮机为例，基准检查间隔周期如表 14-7 所示。

表 14-7　　　　　　　　　　　　PG9351FA 燃气轮机检修间隔

检查项目	运行小时数（h）	启动次数（次）
燃烧室	8000	450

续表

检查项目	运行小时数（h）	启动次数（次）
热通道	24000	900
燃气轮机整机	48000	2400

PG9351FA 对比运行小时数和启动次数，周期以先到者为准进行检修。

3. 维护模式

（1）CSA 模式：南京燃气轮机电厂 9F 燃气轮机长期维护协议采用的是一种合约式服务协议，简称 CSA（CONTRACTUALSERVICEAGREEMENT），该类型合约实质是交钥匙式长期合约，由燃气轮机制造厂 GE 公司派工程师常驻电厂，按燃气轮机运行维护手册指导运行，进行燃烧调试、热通道检查，承担机组大、中、小修，同时向电厂提供合格的热通道部件，保证机组的出力和效率，电厂按折算有火运行小时数付款。南京燃气轮机电厂的 CSA 与 GE（上海）有限公司签订，9F 机组在 2007 年 11 月正式生效，有效期 25 年。

（2）MMP 服务模式：GE 公司的 MMP 称之为菜单式服务。可以商定的单价按计划购买备件，其中机组维护、风险等均由业主负责。最终的付款金额将取决于实际所购买的部件及修理的数量。华电江苏分公司的 9F 燃气轮机电厂目前采用的是 MMP 模式，与通华公司签署该合同，通华公司与 GE（上海）签有服务合同。小修约 1200 万元，中修约 5600 万元，均摊备件费每台机组每年另外增加 2200 万元，总计约每年 3500 万元。虽然其燃气轮机维护成本约为采用 CSA 电厂的 90%，但质保一年后热部件能否安全运行的风险仍较大，江苏省内 9F 燃气轮机发生压气机断叶片的恶性事故，因 MMP 模式，造成直接和间接损失特大，备件更换费用庞大。

（3）燃气轮机市场第三方服务模式（ISP-IndependentServiceProvider）。

1）华电江苏分公司的 ISP 模式：2014 年，中国华电与瑞士苏尔寿公司合资成立了华瑞燃气轮机服务有限公司，在江苏南通设立燃气轮机部件修理厂，从事燃气轮机现场服务、部件修理及核心部件新件供应业务，打破了目前国内燃气轮机检修市场由外企垄断的格局，燃气轮机维护费用预计比采用 CSA 电厂降低 35%左右，这将有利于促进我国燃气轮机发电产业可持续发展。目前华电已经能够自主检修。

2）华能上海检修公司的 ISP 模式：华能上海电力检修公司计划与德国阿洛德燃气轮机服务公司成立合资公司，在江苏苏州设立燃气轮机部件修理厂，负责上海燃气轮机电厂及其他燃气轮机电厂现场服务、部件修理及核心部件新件供应业务，目前德国阿洛德燃气轮机服务公司在国内只开展 9E 燃气轮机长期维护业务，9F 燃气轮机长期维护业务业绩无，暂无对比数据。

第五节　典型事故案例

一、压气机 R0、R1 叶片裂纹、断裂

F 级燃气轮机的压气机部分由 18 级动叶与静叶组成。第一级被指定为 0 级，0 级动叶

称为 R0 级叶片。这些叶片离心负荷最大，也受压气机共振影响最强。R0 动叶如图 14-11 所示。

压气机转子的叶片通过将其底座与转子叶轮中的燕尾形轴向槽配合来固定。在运行过程中，叶片的离心载荷通过叶片/槽两侧的平面传递。装配时，这些接口将被隐藏起来，叶片底座的唯一暴露表面是外表面，称为叶片平台。

某电厂一台 9FA 机组发生了一起压气机事故，原因是 R1 动叶断裂。断裂的叶片进一步造成后面叶片损坏，如图 14-12 所示。

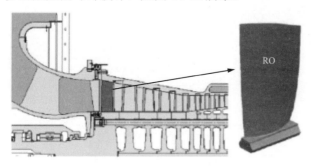

图 14-11　F 级压气机横截面图

图 14-12　F 级压气机叶片断裂损坏现场图

二、F 级燃气轮机二级动叶叶冠损坏

部分 9F 燃气轮机机组，采用复合曲线圆滑过渡的二级动叶出现了多种形式的损坏，如图 14-12 所示。这些二级动叶在内窥镜检查中发现，其吸气侧 Z 型凹口区域出现裂纹或材料缺失。这些裂纹从吸气侧 Z 形凹口圆弧处开始萌生、扩展，最终可能导致吸气侧叶冠在接触面处断裂，如图 14-13 所示。其中某些事件导致了非计划停机，由于受断裂材料的冲击破坏，某些处于寿命早期的第 2 级和（或）第 3 级叶片需要

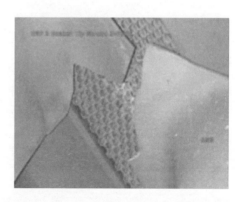

图 14-13　9F S2B Z 形凹口断裂-复合圆滑过渡型

更换掉。一些叶片 Z 形凹口出处现裂纹但未断裂，在维修时也只能报废，如图 14-14 所示。

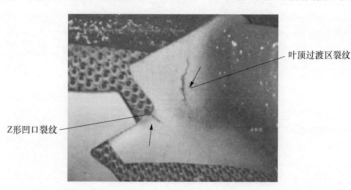

叶顶过渡区裂纹

Z形凹口裂纹

图 14-14　Z 形凹口裂纹和叶冠过渡区裂纹-复合圆滑过渡型

思考与练习

1. 简述联合循环发电的工作原理。

2. 联合循环发电的优点有哪些?

3. 燃气轮机组成的主要部件有哪些,分别起什么作用?

4. 简述 LCI 静态变频装置工作过程。

5. 简述燃气轮机启动的主要过程（以 GE9FA 单轴燃气轮机为例）。

第十五章　城市热网运行管理

集中供热为城市提供了稳定、可靠的热源，节约能源和减少城市污染，具有明显的经济效益和社会效益。集中供热已成为现代城市中不可缺少的基础设施，而供热管网的管理也成为供热企业经营管理的重要组成部分。

随着能源供需矛盾的日益加剧，热电企业承担着当地社会和经济稳定的责任，供热管网管理与企业的经营密不可分，供热管网系统的有效管理是企业生存和发展的重要基础。供热管网管理的过程体现了较强的经营理念和管理手段，供热管网管理包含一个项目的全生命周期，即：规划、设计、施工、验收、安全运行、经营开拓及后评价。所以，规范和强化供热管网管理工作已成为热电企业重要工作之一。

一个合理的供热管网规划是决定项目成败的关键，优化的供热管网设计为供热管网经济运营奠定良好的基础，规范施工、严格把关为供热管网的安全运行提供保证，供热管网的安全运行需要精细化的基础管理作支持，企业利润增长需要供热管网不断的经营和开拓，客观的供热管网项目后评价能为新建扩建项目提供决策依据。

本章通过供热管网系统的介绍，了解和熟悉热网管网系统的设备及其特性，进一步深入探讨热网运行管理，包含日常的巡检、检修维护及停运投运操作及管网日常管理等内容，包括各项工作中的重点、难点及注意事项；通过讲解初步掌握热网日常运行管理要点，在深入探讨新材料、新技术在热网发展中的运用及热网运行管理的发展方向。

第一节　供热管网系统概述

一、供热管网布置的原则和要求

1. 供热管网布置的原则和要求

供热管网的设计和布置形式，需对地区热负荷进行充分调研、统计分析的基础上，充分考虑远期发展需求，按照 "一次规划、分步实施"的总体思路，在城市总体规划的前提下，结合目前实际需要和未来的发展，突出重点，统一规划，分步实施。近期建设突出可行性和可操作性；远期主要考虑指导性、前瞻性，实现经济的可持续发展。根据热负荷分布的具体情况，考虑区域内工业及相关产业的规划，全力消除供热盲区，并避免重复建设，减少投资。

管网布置的基本原则如下：

（1）符合地方政府总体规划要求，满足热负荷发展的需要。

（2）管线带的布置应与道路或建筑红线相平行。

（3）供热管道需在有关部门指导下敷设。

（4）管线综合布置应将干管布置在用户较多的一侧。

（5）管线与管线、建筑物之间的最小水平间距及管架与建、构筑物之间水平间距与道路之间的最小垂间距应满足《城市工程管线综合规划规范》的要求。

（6）地上敷设供热管道与建筑物（构筑物）其他管线的最小距离应满足《城镇供热管网设计规范》（CJJ 34—2010）要求，见表 15-1。

表 15-1　　　　地上敷设供热网管道与建筑物（构筑物）或其他管线的最小距离　　　　m

建筑物、构筑物或管线名称		最小水平净距	最小垂直净距
铁路钢轨		轨外侧 3.0	轨顶一般 5.5 电气铁路 6.55
电车钢轨		轨道外侧 2.0	—
公路边缘		1.5	—
公路路面		—	4.5
架空输电线（水平净距：导线最大风偏时；垂直净距：热力网管道在下面交叉通过导线最大垂度时）	<1kV	1.5	1.0
	1～10kV	2.0	2.0
	35～110kV	4.0	4.0
	220kV	5.0	5.0
	330kV	6.0	6.0
	500kV	6.5	6.5
树冠		0.5（到树中不小于 2.0）	—

（7）直埋蒸汽管道与建筑物（构筑物）其他管线的最小距离应满足《城镇供热直埋蒸汽管道技术规程》（CJJ/T 104—2014）要求，见表 15-2。

表 15-2　　　　　　　　直埋蒸汽管道与其他设施的最小净距　　　　　　　　m

设施名称		最小水平净距	最小垂直净距
给水、排水管道		1.5	0.15
直埋热水管道/凝结水管道		0.5	0.15
排水盲沟		1.5	0.50
燃气管道（钢管）	≤0.4MPa	1.0	0.15
	>0.4MPa，≤0.8MPa	1.5	
	>0.8MPa	2.0	
燃气管道（聚乙烯管）	≤0.4MPa	1.0	燃气管在上 0.50 燃气管在下 1.00
	>0.4MPa，≤0.8MPa	1.5	
	>0.8MPa	2.0	
压缩空气或 CO_2 管道		1.0	0.15
乙炔、氧气管道		1.5	0.25
铁路钢轨		钢轨外侧 3.0	轨底 1.20
电车钢轨		钢轨外侧 2.0	轨底 1.00
铁路、公路路基边坡底脚或边沟的边缘		1.0	—

设施名称			最小水平净距	最小垂直净距
通信、照明或10kV以下电力线路的电杆			1.0	—
高压输电线铁塔基础边缘（35~220kV）			3.0	—
桥墩（高架桥、栈桥）			2.0	—
架空管道支架基础			1.5	—
地铁隧道结构			5.0	0.80
电气铁路接触网电杆基础			3.0	—
乔木、灌木			2.0	—
建筑物基础			2.5（外护管≤400mm）	—
			3.0（外护管>400mm）	—
电缆	通信电缆管块		1.0	0.15
	电力及控制电缆	≤35kV	2.0	0.50
		>35kV ≤110kV	2.0	1.00

（8）地下敷设蒸汽管道与建筑物（构筑物）或其他管线的最小距离应满足《城镇供热管网设计规范》（CJJ 34—2010）要求，见表15-3。

表 15-3　　　　地下敷设蒸汽管道与建筑物（构筑物）或其他管线的最小距离　　　　　　　　　m

建筑物、构筑物和管线名称			最小水平净距	最小垂直净距
建筑物基础	管沟敷设热力网管道		0.5	—
	直埋闭式热水热力网管道	DN≤250	2.5	—
		DN≥300	3.0	—
	直埋开式热水热力网管道		5.0	—
铁路钢轨			钢轨外侧3.0	轨底1.2
电车钢轨			钢轨外侧2.0	轨底1.0
铁路、公路路基边坡底脚或边沟的边缘			1.0	—
通信、照明或10kV以下电力线路的电杆			1.0	—
桥墩（高架桥、栈桥）边缘			2.0	—
架空管道支架基础边缘			1.5	—
高压输电线铁塔基础边缘 35~220kV			3.0	—
通信电缆管块			1.0	0.15
直埋通信电缆（光缆）			1.0	0.15
电力电缆和控制电缆	35kV 以下		2.0	0.5
	110kV		2.0	1.0

续表

建筑物、构筑物和管线名称			最小水平净距	最小垂直净距
燃气管道	管沟敷设热力网管道	燃气压力<0.01MPa	1.0	钢管 0.15 聚乙烯管在上 0.2 聚乙烯管在下 0.3
		燃气压力≤0.4MPa	1.5	
		燃气压力≤0.8MPa	2.0	
		燃气压力>0.8MPa	4.0	
	直埋敷设热水热力网管道	压力≤0.4MPa	1.0	钢管 0.15 聚乙烯管在上 0.5 聚乙烯管在下 1.0
		压力≤0.8MPa	1.5	
		压力>0.8MPa	2.0	
给水管道			1.5	0.15
排水管道			1.5	0.15
地铁			5.0	0.8
电气铁路接触网电杆基础			3.0	—
乔木（中心）			1.5	—
灌木（中心）			1.5	—
车行道路面			—	0.7

2. 供热管网布置的形式

（1）管道敷设方式。目前国内外关于供热网的敷设方式主要有四种形式：架空敷设、地下管沟敷设、地下直埋敷设和城市综合管沟。

关于这四种敷设方式各有优缺点，结合具体特点和规划部门的具体要求，通过技术经济比较，综合考虑热网的敷设方式。

1）架空敷设。在条件允许情况下首先采用低支架地上架空敷设。地上敷设除管架基础外，可以不受地下设施和地下水位的影响，运行、维护、检修、安装均较为方便，施工时土方量也较小，施工工期短，因而是最经济的敷设方式。其缺点是管道热损失较大，另外如从集聚区中心通过，会影响周边环境的美观。

2）地下管沟敷设。管沟的敷设方式虽然能满足环保规划要求，但其防腐、保温性较差，热损失比较高，管网维护量大，运行成本高，施工周期长，影响交通，并且工程造价高。

3）地下直埋敷设。蒸汽管道采用直埋敷设具有使用寿命长，施工周期短、热损失小、维护工作量大、运行经济，虽然比中、低架空敷设投资高，但不影响工业园区的景观，有利于城市规划。蒸汽直埋敷设近年来已成为国内外积极采用的敷设方式。维护检修难度和工作量均较大、维护检修费用较高。

4）城市综合管沟。城市综合管沟是城市建设的发展方向，有利于城市市政建设的发展，适宜地下管线的扩建，不影响交通，不破坏城市道路。但城市综合管沟的设计，要求较高，设计应具有综合各类专业的能力，要具有超前意识和前瞻性，城市综合管沟造价巨大，如果考虑不当，其效果不佳，因此目前我国蒸汽管道很少采用综合管沟。

（2）管道补偿器的选用。目前常用的补偿方式有自然补偿（含 π 型补偿）、波纹管补偿器补偿、套筒补偿器、球形补偿器、方形补偿器及无推力旋转筒补偿器补偿等，应根据不同的敷设方式采用不同的补偿型式。管道尽可能利用跨越和走向转折及调整管道高差产生自然的 π 型、L 型和 Z 型补偿。为减少压损，没有自然补偿的平直管段应采用合适的补偿器，不特意设置 π 型补偿。各种补偿器的优缺点比较如下：

1）波纹管补偿器。该补偿器主要有吸收轴向位移的内压轴向型、外压轴向型；吸收横向（侧向）位移的大拉杆横向型和复式拉杆型；吸收角位移的万向型和铰链型。优点是结构紧凑占地少，无泄漏，补偿量较大；缺点是内推力大，对安装质量要求严格。

2）套筒补偿器。该补偿器具有补偿量较大，占地小，流阻小等优点；缺点是只能用于无横向位移的条件下，易泄漏，维护工作量大，推力大，对制造和安装有严格的要求。因此，目前采用此类型较少。

3）球形补偿器。该补偿器主要利用角位移，一般由两个组成一组，吸收量一般为 0～15°，最大可达 23°，补偿量大，大口径球形补偿器使用实践较少。

4）方形补偿器。该补偿器不需要购买，用四个弯头及直管段焊接而成。优点是加工简单、安装方便，补偿量根据臂长和宽确定，是最常见的补偿器；缺点是水平方形补偿器占地大，流动阻力也大。

5）无推力旋转筒补偿器。目前最先进可靠的耐高压自密封旋转补偿器，使用参数范围：压力为 1.0～4.0MPa，温度为 -60～420℃，超过此范围需另行设计。产品结构为双重密封，一是环面密封，密封面厚度不小于 4cm；二是端面密封，端面密封面不小于 2.5cm，端面密封材料为耐磨高强度不锈钢复合密封件，抗压强度不小于 50MPa。

该补偿器主要由整体密封座（密封座必须为二级锻钢整体打造，严禁拼接，避免应力集中）、密封压盖装有减摩定心轴承、异径管、环面密封材料、耐磨高强度不锈钢复合断面密封材料、旋转筒体、紧固件等部件组成。

（3）管线热补偿注意事项。

1）应充分利用管道转角管段进行自然补偿，在自然补偿时，应注意管道的弯角应不大于 120°且不小于 60°，并符合强度计算要求。

2）采用波纹管补偿器时，设计应考虑安装时的冷紧。冷紧系数可取 0.5。

3）采用套筒补偿器时，应计算各种安装温度下的补偿器安装长度，并保证管道在可能出现的最高、最低温度下，补偿器留有不小于 20mm 的补偿余量。

4）采用波纹管轴向补偿器时，管道上应安装防止波纹管失稳的导向支座；宜优先采用轴向外压式，以降低事故状态下的损失。采用其他形式补偿器，补偿管段过长时，亦应设导向支座。

5）采用球形补偿器、铰链型波纹管补偿器、旋转补偿器，且补偿管段较长时宜采取减小管道摩擦力的措施。

6）当两条管道垂直布置且上面的管道直接敷设在固定于下面管道的托架上时，应考虑两管道在最不利运行状态下热位移不同的影响，防止上面的管道自托架上滑落。

综上所述，根据工程项目特点，架空蒸汽管道热补偿宜采用自然补偿与球形补偿器（或旋转补偿器）相结合的方式，地埋蒸汽管道热补偿宜采用自然补偿、球形补偿器与波纹管补偿器相结合的方式。

3. 水力计算

水力计算依据。供热管网项目初步设计应根据近期最大负荷确定管径，综合投资比较，确定最优管径方案，并根据平均、最小负荷核算管径。至用户的管径是根据用户的参数要求、负荷情况确定的。

压降、温降公式。

（1）根据《动力管道手册》压降计算公式得到

$$\Delta p = 1.15 \frac{pw^2}{2} \times \frac{10^3 \lambda}{d}(L + L_d) + 10\rho(H_2 - H_1)$$

式中：1.15 为安全系数；L 为管道直线长度，m；L_d 为管道局部阻力当量长度，m；w 为蒸汽管道平均流速，m/s；d 为管道内径，mm；ρ 为蒸汽介质平均密度，kg/m^3；λ 为管道摩擦阻力系数；根据管道绝对粗糙度 K 值选择，对过热蒸汽管道，按管道绝对粗糙度 $K=0.1mm$ 取用；$H_2 - H_1$ 为管道终端与始端的高差，m。

（2）根据《设备及管道绝热设计导则》（GB/T 8175—2008）单层保温的管道单位热损失计算公式得到

$$q = \frac{T - T_a}{R_1 + R_2} = \frac{\alpha\pi(T - T_a)}{\frac{1}{\lambda}\ln\frac{D_o}{D_i} + \frac{2}{\alpha \cdot D_o}} \quad [W/(m \cdot h)]$$

式中：T 为设备和管道的外表面温度，℃；T 应取管道蒸汽介质的平均温度即 $T = \frac{t_1 + t_2}{2}$；t_1 为管道始端蒸汽温度，℃；t_2 为管道终端蒸汽温度，℃；T_a 为环境温度，根据工程情况定；R_1 为保温层热阻，对管道为（m·K）/W；对平面为（m^2·K）/W；R_2 为保温层表面热阻，对管道为（m·K）/W；λ 为保温材料制品在平均温度下导热系数，W/（m·K）；D_o 为保温层外径，m；D_i 为保温层内径，m；a 为保温层外表面与大气的换热系数，W/（m^2·K），$\alpha = 6 + 3\sqrt{w}$，GB/T 8175—2008 推荐 $\alpha=11.63W/$（m^2·K），此时风速 w 为 3.5m/s。

根据近期、远期热负荷调查、统计分析，通过水力计算，确定供热管网主线、各支线及用户支线的管径。

二、供热管网的附属设备

（1）阀门。

1）蒸汽管道使用的阀门宜选用焊接连接，且无盘根的截止阀或闸阀，若选用蝶阀时，应选用偏心硬质密封蝶阀；

2）所选阀门公称压力应比管道设计压力高一个等级；

3）阀门必须进行保温，其外表面温度不得大于 60℃，并应做好防水和防腐处理；

4）井室内阀门与管道连接处的管道保温端部应采取防水密封措施。

（2）排潮管。

1）直埋蒸汽管道必须设置排潮管。排潮管应设置于外护管位移量较小处。其出口可引入专用井室内，井室内应有可靠的排水措施。排潮管如引出地面，开口应下弯，且弯顶距地面高度不宜小于 0.25m（对于部分地区不宜小于 0.4m），并应采取防倒灌措施。

2）排潮管宜设置在不影响交通的地方，且应有明显的标志。排潮管的地下部分应采取防腐措施。

（3）疏水装置。

1）埋地管道的疏水装置应设置在工作管与外护管（固定支架）相对位移较小处。从工作管引出疏水管处应设置疏水集水罐，疏水集水罐罐体直径按工作管的管径确定，当工作管公称直径小于DN100时，罐体直径应与工作管相同；当工作管公称直径大于或等于DNl00时，罐体直径不应小于工作管直径的 1/2，且不应小于 100mm。疏水阀门可以做疏水井，将疏水排至疏水井。对于地下水位较高的地区，为防止煮水现象的发生或将疏水管引出地面，疏水阀门做在地面上。

2）长距离直管道应根据管道的坡度来进行启动疏水和经常疏水装置的设置。对于顺坡管道宜 400～500m 设一疏水装置，逆坡管道宜 200～300m 设一处疏水装置。对于局部登高处应设启动和经常疏水装置。

（4）检查井。

1）地下水位高于井室底面或井室附近有地下供、排水设施时，井室应采用钢筋混凝土结构，并应采取防水措施；

2）管道穿越井壁处应采取密封措施，并应考虑管道的热位移对密封的影响，密封处不得渗漏；

3）井室应对角布置两个人孔，阀门宜设远程操作执行机构，井室深度大于 4m 时，宜设计为双层井室，两层人孔宜错开布置，远程操作执行机构应布置在上层井室内；

4）疏水井室宜采用主副井布置方式，关断阀和疏水口应分别设置在两个井室内。

（5）固定支座。

1）直埋蒸汽固定支座的选取和推力计算应符合下列规定：

①补偿器和三通处应设置固定支座，阀门和疏水装置处宜设置固定支座；

②采用钢质外护管的直埋蒸汽管道，宜采用内固定支座；

③内固定支座应采取隔热措施，且其外护管表面温度应小于或等于 60℃；

④直埋蒸汽管道对固定墩的作用力应包括工作管道的作用力和外护管的作用力；

⑤固定墩两侧作用力的合成及其稳定性验算和结构设计，应符合《城镇供热直埋蒸汽管道技术规程》（CJJ/T 104—2014）的规定。

2）架空管道固定支架应根据管网的布置形式进行推力计算，根据计算结果进行基础设计。

（6）保温及防腐涂层。

1）一般规定：

①保温结构除主保温层外，也可设置辐射隔热层和空气层。

②保温材料应符合国家现行标准《城镇供热预制直埋蒸汽保温管及管路附件》（CJ/T 246—2018）的规定。

③设计保温结构时，应按外护管外表面温度小于或等于 50℃计算保温层厚度。采用复合保温结构时，保温层间的界面温度不应超过外层保温材料安全使用温度的 0.8 倍。

④当按规范计算的保温厚度，不能满足对蒸汽介质温度降或周围土的环境温度设计要求时，应按设计条件计算确定保温层厚度。

⑤保温计算时，土的导热系数应采用管道运行期间的平均值；当无历史记录数据时，应有实测数据，并应按实测值的 0.9～0.95 倍取值。

2）保温结构。

①保温层外应有性能良好的保护层，保护层的机械强度和防水性能应满足施工运行的要求；预制保温结构还应满足运输的要求。

②管道采用硬质保温材料保温时，直管段每隔 10～20m 及弯头处应预留伸缩缝，缝内应填充柔性保温材料，伸缩缝外防水层应搭接。

③地下敷设管道严禁在沟槽或地沟内用吸水性保温材料进行填充式保温。

④阀门、法兰等部位宜采用可拆卸式保温结构。

3）防腐涂层。

①架空管道除锈后，对连续运行的高温蒸汽管线，可不再刷耐高温防锈底漆进行防腐。

②架空敷设的管道宜采用镀锌钢板、铝合金板、塑料外护等做保护层，当采用普通薄钢板作保护层时，钢板内外表面均应涂刷防腐涂料，施工后外表面应刷面漆。

③按照有关防腐规范要求，埋地蒸汽管道外护管外防腐涂层选用应遵照以下原则：

a. 实际工程应用中技术成熟可靠，防腐效果好；

b. 有良好的化学稳定性，与管道具有良好黏结力，耐阴极剥离，耐植物根茎穿透，耐微生物腐蚀，具有足够机械强度和绝缘性能，易于补口补伤，能与阴极保护联合使用；

c. 质量可靠，来源广泛，经济合理，在达到防腐技术要求前提下节省投资；

d. 能机械化连续生产，满足工程建设需要；

e. 防腐层能耐 60℃以上温度。

三、供热管网的计量系统

热网计量宜采用无线、GSM 模块、GPRS 模块等无线数据传输设备与现场一次表和积算仪表构成热网无线监测系统，该系统建立可降低热网运行成本和蒸汽管损，并可无人值守，进行热网实时监控，实现整个热网管理现代化，从而产生极大的经济效益。

1. 监测系统组成

供热企业建设热网实时监测与计量系统，由预付费、远传监控及自动充值系统等系统组成，具备远传数据、供用热报表、预付费及自动充值等功能。

2. 计量设备组成

用户计量系统由减压阀、电动切断阀、涡街流量计、二次表演算仪、温度计、压力变送器、预付费控制表箱组成。涡街流量计计量准确度高、量程比宽且易安装维护等特点，现今宜采用此种流量计进行计量。

第二节　供热管网运行管理

一、供热管网运行操作

供热管网运营管理人员应熟悉管辖范围内管道的分布情况及主要设备和附件的现场位置，掌握各种管道、设备及附件等的作用、性能、构造及操作方法。供热管网运行、维修人员及调度员必须经安全技术培训，并经考核合格，方可独立上岗。

运行维护中的安全管理

1. 供热管网系统日常管理

（1）供热管网管道、设备及附件应处于良好状态、外表保温应完好。

（2）供热管网管道所到之处不准堆放杂物，以免阻碍巡检。

（3）供热管网管道在横跨道路上方或靠近人群地点要设立警示牌，并要标示"限制高度"和"小心烫伤"等提示。

（4）直埋蒸汽管道，在其地面上方要设立警示牌，并要标示"地下蒸汽管道"等提示。

（5）供热管网管道各疏水出口，应有必要的保护遮盖装置，防止放疏水时烫伤人。

（6）供热管网管道、设备保温层表面的温度一般不允许超过 50℃。

2．供热管网运行前的准备

（1）供热管网投入运行前应编制运行方案，办理管网操作票。

（2）供热管网投入运行前应对系统进行全面检查，并应符合下列规定：

1）阀门应灵活可靠，疏水及阀门应严密，系统阀门状态应符合运行方案要求。

2）供热管网系统仪表应齐全准确、安全装置必须可靠有效。

3）新建、改建固定支架、卡板、滑动导向支架应牢固可靠。

（3）供热管网冷态启动时，应进行暖管，暖管应在确认运行前准备工作完毕，方可开始送汽，在排净冷凝水后，方可逐步升压。

3．供热管网的运行与调节

（1）供热管网投入运行后，应对系统的下列各项进行全面检查：

1）供热管网管道设备及其附件不得有泄漏；初次投用的法兰连接部位应热拧紧。

2）供热管网设施不得有异常现象。

3）管沟、检查井室不得有积水、杂物。

4）外界施工不应妨碍供热管网正常运行。

5）夏季应进行防汛检查，冬季应进行防冻检查。

（2）运行的供热管网宜每周检查二次以上。节假日、冬雨季和对新投入运行的管道，宜加强巡视检查维护，并将巡视维护情况及时填报运行日志。

（3）供热管网运行检查时不得少于两人，一人检查，一人监护，严禁在检查井及地沟内休息；当人在检查井内作业时，应在井口设安全围栏及标志；夜间进行操作检查时，应设警示灯；在高支架检修维护时应系安全带。

（4）当被检查的井室环境温度超过 40℃时，应采取安全降温措施。

（5）供热管网检查井及地沟的临时照明用电电压不得超过 36V；严禁使用明火照明。当人在检查井内作业时，严禁使用潜水泵。

（6）对操作人员较长时间未进入的供热管网地沟、井室或发现供热管网地沟、井室有异味时，应进行通风，严禁明火；必要时可进行检测，确认安全后方可进入。

（7）根据供热管网系统和热用户的使用压力等实际情况，应合理制定供热管网安全经济运行调节方案。

4．供热管网的停运

（1）供热管网停运前，应编制停运方案，办理管网操作票。

（2）供热管网停运的各项操作，应严格按停运方案或调度指令进行。

（3）停运后的蒸汽供热管网宜将疏水阀门保持开启状态；再次送汽前，应检查疏水阀门开闭状态。

（4）较长时期停止运行的管道，必须采取防冻、防水浸泡等措施，对管道设备及其附件应进行除锈、防腐处理。对季节性运行的管线，在停止运行后，应将管内积水放出，必要时采用充氮保护。

（5）已停运两年或两年以上的直埋蒸汽管道，运行前应按新建管道要求进行吹洗和严密性试验。

（6）直埋蒸汽管道每两年宜对管道腐蚀情况进行评估，当发现腐蚀加快时，应采取技术措施。

二、供热日常管理

1．基础管理

供热管网基础管理包括供热管网中最基础的记录、数据、标准和制度。基础管理制度应根据实践经验、以实用有效为原则，制定科学的管理制度和相应的规程标准。

供热管网运行、操作、检修规程应以国家、行业有关技术管理法规、典型规程、制造厂设备说明书及设计说明书等相关资料的要求为依据进行编写，并满足下列要求：

（1）新管线、新设备投运以前，应完成运行、操作、检修规程（包括临时规程）的编制、审批和印发工作。

（2）运行系统发生变更时，应对规程及系统图及时予以补充或修订。

（3）应根据已发生事故暴露的问题和反事故措施，通过编制典型运行方式的标准流程，及时对规程予以完善。

（4）每3～5年应对规程进行一次全面修订，设备系统有较大变化时应及时进行一次全面修订，并履行审核批准手续。

2．供热标准化管理

（1）为提高管理质量、效率，应推行标准化作业管理。

（2）两票管理：应制定详细的供热管网工作票、操作票（含外包）管理制度，在供热管网操作、检修中严格执行，并定期跟踪检查，及时发现和纠正违反"两票"制度的问题。

（3）安全管理：按照华能本质安全管理体系要求，健全供热安全管理体系，制定日常巡回检查、安全检查整改、管道检修消缺、供热管网技改、隐患排查治理及应急管理等方面的制度，完善日常管理台账、记录。

1）巡视检查管理。

①巡视检查是检查和掌握设备基本状况的重要手段，应按照规定的检查标准和周期，细致地对供热管网（包含用户支线、用热站）设备进行状态检测，掌握供热管网运行状况。

②应制定巡检标准表格，巡检人员按照巡检项目表逐一进行检查，并填写检查情况。

③巡视检查时，要配备必要的检查工器具，携带相关的检查表，及时记录有关数据。

④对于夜巡、特殊巡检及事故后巡查，要具体规定巡查的要求和注意事项。

⑤应定期对管线上的补偿器、阀门、疏水器等重要设备进行检查，并做好记录。

⑥应定期对供热管网管道外表面温度、保温层间温度进行检查。可利用红外线测温仪，每隔100～200m对管道表面温度进行检测、记录，并与目前较好保温的温降进行对比、判定。

⑦应加强对热用户的计量前管道检查；对存在问题的热用户管线，应及时通知用户，

要求其按期整改。

2）设备缺陷检修管理。

①应制定供热管网设施的缺陷管理办法，加强供热管网系统的检查和消缺工作，杜绝供热管网跑、冒、滴、漏现象。

②巡检人员应按照供热管网的检查路线进行巡回检查，对检查中发现的异常征兆和隐患，巡检人员负责排查并及时做好记录；按照小缺陷不过班（8h）、大缺陷不过日（24h）、重大缺陷不超过72h的要求，进行消缺管理。

③对突发故障（包括事故）按照规定进行分析处理和抢修，并做好记录。

④缺陷处理结束后，应根据相应的规程规定，对检修后的设备进行试运工作，试运正常后方可将设备投入运行。

⑤为减少设备故障，应全面搜集各种检查记录资料，日常维修、故障修理及其他修理记录资料，进行统计、整理和分析，探索故障原因与规律，拟定维修对策。

3）节能降耗管理。

①应建立供热管网运行经济指标管理和考核体系，逐级、逐项分解运行指标，并定期进行经济性评价。

②应加强节能管理，通过专业人员，进行有效的节能与系统优化管理，做到经济合理运行，降低网耗和运行成本。

③加强表计管理，定期完成计量表计（含热电阻、压力变送器）的日常检查和定期校验工作。

4）信息及台账管理。

①供热管网运行管理部门应配置相关法律法规文件、企业管理制度、相关供热管网规程及各种供热管网基础技术资料。

②应建立并完善供热管网台账，做到台账标准化、规范化。供热管网台账宜包括：基础台账，即设备台账；生产日报表、月报表、年报；管网巡回检查台账；设备缺陷及处理台账；工作票、操作票台账；用户计量设备及周期校验台账；管网技术培训台账。

安全台账，即两措台账；安全学习、教育培训台账；安全检查整改台账；外包单位管理台账；经营台账，即热用户明细台账；供用热合同台账；商务结算及来往函件台账；经济分析台账。

③应建立并完善热用户信息库，全面掌握热用户用汽性质、用汽量、用汽时段等基础资料，实现供热管网能效规范管理。

（4）供热管理分析：包含全厂（包含全部用户）供汽量、售汽量、供热损耗日、月及年度统计情况，供热指标分析、对标比对。

（5）用户服务：包含供热预付费、远程充值系统的管理，实现用户远程网银在线充值，并进行月度结算、调价清算等。供热管网压力实施调整，满足用户用汽需求。配合用户生产经营需要，开展用户支管线停、投运服务工作。

3. 计量管理

（1）管理范围及管理要求。

1）计量管理包括热源厂出口蒸汽流量系统、热用户的蒸汽计量系统。热计量装置包括热流量仪表（差压变送器、压力变送器、流量结算仪、温度传感器）、节流装置（孔板）、涡街流量计等。计量装置的选型、安装、使用、更新、改造必须符合供热系统的技术要求，应使用具有温度、压力补偿、断电数据保护等功能的符合产业技术发展的计量装置。

2）计量装置是供热管网络的重要组成部分，完备的热计量设施是实施热计量收费的基本条件，是供热管网安全经济运行的重要手段。为加强热能计量的监督管理，保证计量设备的准确性，依据《中华人民共和国计量法》《中华人民共和国节约能源法》等有关规定，必须对计量系统进行正确的系统设计、安装调试以及周期性的与日常性的检验、维修和技术改进等工作，使之经常处于完好、准确、可靠状态。凡列入国家强制检定目录的计量装置，应按《中华人民共和国强制检定工作计量装置检定管理办法》，申请强制检定，检定/校准部门对检定/校准合格的计量装置应出具检定证书、校准报告，并有相应的标识。

3）非强制检定的计量装置根据其使用频率和生产特点，可自行确定其确认间隔，按期进行检定或校准。

4）未经检定或未按规定周期检定（由于技术条件限制，国内无法进行正式检定的除外），或经检定不合格的计量装置，视为失准的计量装置，应禁止使用。

5）新安装的、停用后恢复使用的用于结算的计量装置，必须经计量检定合格并加贴标记后方可正式投入使用。停用或恢复用热的热用户，经供热单位确认需要更换热能计量装置的，应到检定机构办理变更手续。不得使用未经检定或检定不合格或超过检定周期的热能计量装置。

6）计量装置在修复、更换期间，其用汽计量可由供需双方按合同要求（或日用汽平均累计法）进行结算，保证用户的正常生产用汽。

7）发生计量纠纷，双方应本着公平、公正、公开的原则，实事求是的处理。双方应首先通过协商解决；未达成一致意见时，企业可根据国家有关规定向当地政府计量行政部门申请调解和仲裁解决。

8）根据热用户的用汽性质、压力、温度、用汽量，按照不同口径计量表计的上下限流量合理选择流量仪表。同一供热管网内使用的计量装置的规格型号宜保持统一。可优先选用差压一体化表计或涡街表计，并进行规范化管理。

9）计量装置的购置，应符合我国法定计量单位制及热计量产品市场准入标准。没有计量装置制造许可证、型式批准书和非法定计量单位的计量装置原则上不得选用和采购。

10）计量装置的安装应委托有计量安装资质单位；供热计量管理部门应对用户计量装置实施全过程的技术质量监督。不得擅自改装、拆除、迁移热计量设施。

11）计量装置的安装位置应符合该计量装置使用说明书规定的要求，且具有通风隔热功能，环境温度常年应保持在 0～40℃。

12）计量装置必须按周期进行检定/校准，检定合格后方可使用。

（2）计量管理人员的要求。

1）计量管理人员应掌握计量法制管理和计量科学管理的基本知识，了解和掌握先进的计量技术和方法，具有一定的管理水平。

2）从事计量检定/校准和计量装置维修、计量操作的人员，必须经培训、考核合格后持证上岗，认真、负责、实事求是地开展计量工作。

3）要积极采用先进、科学的计量数据管理技术和方法，加强对计量检测数据的确认和监督，确保计量数据的真实性、准确性。对计量装置上能影响其性能的可调部位和测量软件，应进行封缄或采取其他措施，以防止非预期改动。任何单位和个人不得破坏计量装置准确度、伪造计量数据、利用计量装置作弊。

4）计量装置应在统一管理的基础上，结合实际情况，建立计量装置台账及设备档案，制定相应的管理措施。

5）计量管理人员应定期查看热源厂、热用户流量计是否正常，检查期间的断电记录、故障报警等。数值如有异常，应及时了解分析并进行处理。计量数据原始记录的保管期限应根据需要确定，但不得少于 3 年。

第三节 智慧供热探索

一、智慧供热的必要性

智慧供热是当前供热行业探索和发展的新方向，智慧供热是以数字化、网络化、智能化的信息技术与先进供热技术的深度融合为基础，以提高供热经济性、安全性为目标，以具有自感知、自分析、自诊断、自决策、自学习等为技术特点的现代供热形式。

智慧供热管网是由供热物理设备网（热源、供热管网、用户系统、就地显示仪表和控制调节设备组成的网络）、供热信息物联网（传感器、数据采集设备、数据传输设备等组成的网络）和基于智能供热平台的智能决策系统组成的新型供热网络，简称智能热网。智能供热是以供热物理设备网为基础，以供热信息物联网为支撑，通过智能决策系统，分析供热主管及用户侧流量、压力、温度等参数，合理优化调整管网运行方式，为运行管理人员提供辅助决策支持，达到既满足用户用热需求，又降低运行能耗的经济供热模式。同时提供远程充值、预付费结算、管网缺陷报警、集成报表及手机 App 等功能，提高供热管理人员的管理效率。

1. 供热智慧化管理的优势

（1）提升供热安全管理水平。传统供热管理系统的软件无法满足智能化要求，操作系统低级，系统的完整性、安全性、准确性水平低，存在较多的隐患和漏洞，经常造成系统瘫痪或无故死机等严重现象，存在影响热用户用汽资金的充值，造成用户阀门异常关闭停汽，影响热用户正常的安全生产，给热用户造成经济损失，存在法律赔偿诉讼的安全风险。

目前对供热管理系统的智能化改造势在必行，完善供热管理系统硬件，采用最新国家标准的流量计、流量积算仪、GPS 通信模块等硬件设备，重新建设智慧供热管理系统，集成远程监控、远程充值、预付费、智能演算分析等功能。提高热用户的集中管理、管损分析、故障分析处理的管理能力。满足可全方位移动办公、无纸化办公、智能化办公需求，极大地提升系统的灵活性、可定制性、集成性。提高供热管理系统的稳定性、安全性、准确性，为供热系统优化调节、供热经济性分析提供支撑数据。

（2）提高供热经济性。目前华能苏州热电厂总供汽量约 150 万 t，管网汽损超过 20%，管网供热汽损长期偏高，供热经济性较差，造成了能源浪费。对供热管理系统及计量系统进行改造升级，能够提高计量精度、完善功能，通过提高计量表计量程比范围、蒸汽防盗等功能设施，掌握管网运行情况，查找出供热汽损偏高的主要区域，便于管理人员分析供热汽损偏高原因，采取有针对性的措施，降低供热管网运行汽损，降低供热能耗，提高供热经济性。经测算，管网汽损每降低 1%，能给电厂节约燃料成本约 225 万元；通过系统改造升级，预计能降低供热汽损约 5%，电厂每年能节约燃料费约 1125 万元。

2. 供热智慧化实施的条件

（1）系统硬件技术成熟。智慧供热管理系统硬件主要包括涡街流量计、流量积算仪、GPS 通信模块等，主要硬件技术均已较为成熟，并成功在供热电厂投用。

智控涡街流量计系统是由智控涡街流量传感器和 XOF-2000C 型流量积算仪等组成的新型计量产品，它可根据用户预缴的汽费，设定用量，正常使用。当用户余额低于报警设定值时，控制系统会发出报警信息，并以短信方式通知用户；当余额为零时，仪表自动关闭管道阀门。当非法闯入时，仪表自动关闭管道阀门。有效地实现了电厂与用户间的人性化管理。广泛应用于封闭管道中液体、气体、蒸汽介质体积和质量、流量、热量的测量和管理。

流量积算仪满足《流量积算仪计量检定规程》（JJG 1003—2016），可实现与 4G 网络传输功能的多通道模块相匹配的积算仪，而且精度更高、功能更安全，满足智慧热网的需求，并与智慧热网系统软件相适应。

（2）系统功能满足智慧供热需求。

1）一次计量需具备的功能。

①流量传感器和电动阀门有机组合一体。为实现用户预付费定量使用能源（水、汽）提供了可控制硬件接口；

②支持远程短信操作防盗系统；

③支持摄像头防盗监控系统；

④减少现场管理人员、节约管理成本；

⑤大量程比，量程比不小于 1:30；

⑥流量传感器结构坚固，采用机械平衡设计，通过水锤测试、抗震测试以及抗温度冲击测试（温度冲击：150k/S）；

⑦高精度，精度 1.0 级；

⑧ 现场的各种变送器均可由远程计量监控终端供电（输出电源 24V DC），并具有短路保护功能。

2）计量箱内部功能及控制。

①实现数据上行及下行的透明传输。

②支持双路传输、主和备远程不同 IP 地址的服务器连接。

③支持 TCP 和 UDP 两种数据传输方式，连接可以绑定本地端口号。

④支持短信远程操作控制和无线遥控操作控制功能。

⑤支持短信操作防盗报警系统。

⑥支持摄像头防盗控制报警系统。

⑦支持上位机软件防盗控制系统。

⑧支持远程和现场开关阀门功能控制系统。

⑨支持预付费系统。

⑩具有分时计算流量和定价功能，可以实现一天内设定峰、谷、平三个时间段有不同价格需求。通过仪表面板设定起始时间结束时间来分别累计每个时段的流量和，鼓励热用户分时段用汽，保持日夜负荷平衡提供了支持，需要峰、谷、平三个不同时段的单价时，可以通过上位机进行联动调价。

二、智慧供热方案的探讨

目前苏州某电厂管网物理设备已健全，形成了以燃气轮机、煤机为热源点，煤机南线、北线、燃气轮机东线、西线及联络线组成的枝状供热管网，用户系统、就地仪表齐全；压力、温度传感器，数据采集及传输设备齐全；由于相关硬件设备建设时期不一致，部分功能不能满足智慧供热管理要求，需对部分进行更新换代，同时增加供热管网支线总管远程控制阀、压力、流量、温度监测点。

1. 建立智慧供热方案

（1）管网智能监控中心。

1）建立基于供热管网地理分布图为基础的监控画面，实现对管网包括所有仪表等设备的监控状态信息显示，由不同颜色区分设备状态、蒸汽流向等情况，点击位置图的对应图标即可打开每个表的详细参数，包括瞬时流量、温度、压力、差压、累积流量、仪表通信状态、电动执行机构状态和用户充值的余额。能够放大、缩小图面，现场巡检人员发现设备故障可反馈给控制室，操作员在图面上标出相应故障位置，形成动态过程。

2）集中列表显示热源点出口、各供热支线总管重要参数（包含流量、压力、温度等）。

3）集中列表显示各热用户子站的全部测量参数及设置参数；（瞬时流量、温度、压力、累计流量、报警状态、通信状态）。

4）自动生成各热用户的瞬时流量、温度、压力、累计流量、频率或差压的并行历史曲线，并可查询任意用户、任意参数、任意时段的历史数据。

5）自动生成各热用户的用汽量日报表，月报表及年报表。

6）实时显示并历史记录就地流量测量系统的各种报警信息，如流量、压力、温度的超限，变送器工作电源不正常，不间断电源的电池欠压，交流市电消失，非法闯入，通信故障等报警信息。

7）自动生成各管线的管损值及总管损，并可查询任意管线、任意时段的管损分析记录。

8）根据不同人员权限级别，可设置不同的操作权限，防止不同级别的操作人员越权操作。

9）数据库查询功能强、完整，能兼容不同通信协议。

10）所有参数能实现多种排序方式，以供业主不同情况下选择（应包括用汽量高低排序、出口距离远近排序、不同支线排序、按机组排序等）。

11）能实现自动调节，通过控制支线总管控制阀，控制和引导管道介质流向用户需求较高的供热区域，实现管网压力自动调节。

12）可实现蒸汽单价输入，形成自动结算报表，可按日期、小时设定结算时间。

13）能够实现曲线在线分析，任意用户的同一参数进行同一曲线下的分析比较。

14）实现手机 App 实时数据、历史数据、报表等信息的查看。

（2）计量系统。

1）多种测量参数显示，瞬时流量、总累计流量、日累计流量、夜累计流量、压力、温度、差压、频率。瞬时热流量、累计热流量、工况密度、绝对压力、焓值、时钟等。可选择质量、流量作为贸易结算方式。

2）对蒸汽密度进行温度、压力高精度补偿。补偿参数齐全，仪表对测量过程中出现的各种变动参数（流量系数、流束膨胀系数、节流件开孔直径、工质密度、工质焓值）都进行了补偿，确保计量的准确性。

3）多种累计方式（下限流量、超流量），累计系数（百分数）可设置。可设定当流量小于量程的某一百分数时（如 10%），则固定按此定值进行下限流量累计，也可设定当流量大于量程的某一百分数时（如 110%），则超出的流量按设定的倍率进行超流量累计，从而解决了小流量、超流量测量时，流量超量程的问题，满足供热计量计算的实际需要。

4）具有分时计算流量和定价功能，可以实现一天内多个时段有不同价格需求，即：峰、谷、平用汽计量，通过仪表面板设定起始时间结束时间来分别累计每个时段的流量和，为供热方鼓励热用户晚上用汽，保持日夜负荷平衡提供了支持。

5）具有故障保护功能，当温度和压力信号出现不正常时，仪表可以自动调用设定温度值进行计量，适应现场突发事件的需要。

6）预付费后用汽控制功能模式，为加强热网系统的用汽管理，在蒸汽用户端增设控制切断阀，热网远程监控管理系统可实现先付费后用汽的管理控制功能，即充值设定、用户手机提醒充值、欠费指令（欠费或停电）停汽等功能。

7）满足管内流量对象有蒸汽、高温水等计量要求，实现流量实时反映实时计费。

8）可以实现以上月价格预付款，后修正定价结算同时修正用户余额，过程需审批确认，单个用户不能随意修改，系统要留痕迹并进行审核审批。

9）自动充值功能，系统与银行系统对接，用户通过银行转账后自动充值到结算系统并自动到积算仪至充值生效。

10）状态变化记录功能，包括不限于参数设置变化，包括通断电，开关阀，开关计量箱等。

11）全面的报表分析功能，管损分析，日、月、年报表。历史曲线查询。

12）用户疏水补贴量的计量及瞬时、累计流量统计。

13）具备批量设置价格及结算功能。

14）按期间查询、生成各用户缴费汇总表，点击单个用户可联查。

15）生成各用户任意时间段的结算报表。

16）可生成收款单及结算单，并具备打印功能。

17）具有与税务开票系统接口，实现结算数据传输及电子开票。

18）可查询、生成任意时点的余额报表。

19）对于结算量有修正的功能。

（3）计量演算系统。

1）含流量积算仪、GPRS 模块、阀门控制器、后备蓄电池、电源模块、断路器电子元器件等。

2）支持通过传感器采集并转换成模拟电信号的管网测量设备，包括温度传感器、压力传感器、流量计等。

3）一个计量箱数据可以发送给多个 GPRS 接收点，具备向用户及控制中心同时发送数据的功能。

4）备用电池满足 36h 供电的要求。

5）计量箱防水、防潮、防雷、防盗功能，箱门合法开启有记录，非法开启有报警。

（4）其他功能。

1）防雷设备。计量仪表安装于室外时，容易遭受直接雷击，进而通过电缆、通信线、金属管道等引入控制箱内，造成箱内电气设备、通信网络的损坏。仪表箱装有电源防雷器，外部接有防雷保护接地。安全仪表系统均应在有可能将由于雷击（直击雷、感应雷等）产生的高压导入电气设备的接口位置设置完善的防雷击和浪涌保护措施。

电源防雷器依据 IEC 标准设计，能在最短的时间内，将被保护线路接入等电位系统中、将浪涌限制在一定的电压保护水平，并迅速对大地释放因雷击引起的高压脉冲能量，降低各接线间的电位差，起到保护用户配电设备的作用。

电源防雷器采用新型防雷元件，构成多重保护电路，具有适用于各种配电设备的专用防雷接线形式，产品安装便捷、无需维护。

为防止防雷器失效时有可能引起的短路，在防雷器与 L 线之间串接一个 32A 以上的空气开关。

2）仪表防盗。将涡街流量传感器与阀门有机结合，将阀门的信息传递给流量结算仪，以流量结算仪与 DTU 相连接，上位机软件系统作信号认证，只要信号传递为非法侵入阀门自动关闭。

在仪表箱中安装摄像头，当非法侵入时摄像头自动唤醒阀门关闭，图像取证。

在设计时采用硬件与软件相结合用于防盗，当维修人员需检查仪表或维修仪表时，只要用手机作设置，与后台软件作连接，此时阀门锁解除，仪表正常用汽计量，阀门不会关闭。上位机软件设置了强开、强关、自动等模式，可以在不同情况下自动或手动打开或关闭现场阀门，保证正常供汽。

仪表箱门无论是正常检查开箱还是非法侵入开箱，上位机都保留开箱记录、时间、次数。

3）门锁防盗。可以装一般的简单锁，也可以装带有专业芯片的防盗锁，由后台记录或授权开锁，并与手机 App 端相连，保证现场非工作人员开箱，所有开锁的人都是经过后台身份验证才能进入的。

4）系统数据融合。集中设立两台服务器用于热网系统数据的存储，并做数据冗余。

5）系统功能优势。智控流量控制系统由智控涡街流量传感器、流量结算仪、压力变送器、温度变送器、通信模块、软件控制系统等软硬件设备组成，如图 15-1 所示。具有不同管径流量计量、远程数据采集、控制、提醒、预付费、系统报表、防偷盗等功能。

智控涡街流量计及控制系统：该流量计控制系统是在普通涡街流量计的基础上增加了控制阀门和系列软硬件，将流量传感器和控制阀门有机地组合在一起，实现了热焓值计量、远程数据采集、控制、用户预交费、防偷盗等功能为一体的计量自动化系统，同时增加了手机遥控和权限管理。

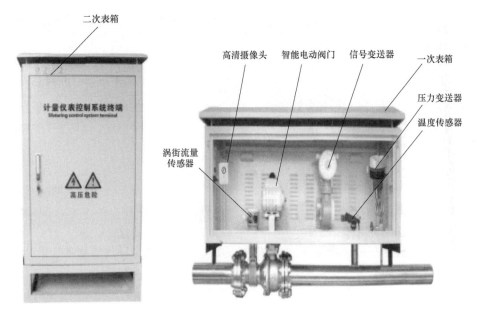

图 15-1 智控流量控制系统示意图

控制系统由流量测量系统和智能涡街流量计组成，流量测量系统是由 UPS 仪表电源和流量积算仪组成并共同放置在专用仪表箱内。智能涡街流量计由涡街流量传感器组件，信号放大器、球阀和电动执行器、散热器组件等组成。工作过程为：当用户预交了一定量的费用后，在流量积算仪上自动设定用量，球阀打开，用户可正常用汽，当用户预缴金额低于所设报警值时，仪表自动提醒用户续缴费用，当表内余额为零且未被充值时，仪表阀门自动关闭，停止工作。该仪表还可通过无线远程热网监测系统，实现先付费后用汽的功能，即具有充值设定，手机提醒预警充值，欠费指令停汽的功能。流量积算仪的主要功能为流量积算仪全中文显示，除了进行用量设定外，还可显示仪表运行状态，显示信息包括瞬时流量和累积流量，瞬时热量和累积热量，频率、差压、压力、温度、密度、时钟等，这些显示可通过面板键盘随时召唤显示，也可以通过编程自动循环或定格显示。对整个管网的损失作自动分析，有助于企业管理的全面提升。

6）管理功能。

①防外盗系统是一个由硬件和配套软件相结合的计量系统，其中一个突出的特点是防盗功能，通过整合一次仪表箱、二次仪表箱、电动阀门和智控系统来实现防窃热功能。用户想窃热时必须打开一次仪表箱或二次仪表箱或联结电缆。当仪表箱被打开后，智控计量系统将自锁——电动阀门自动关闭从而停热。无论用户如何操作，仪表均不能解锁。需供热方计量管理人员现场解码，系统才能恢复供热。

②多重制约管理：系统联网后将取消现场解码，实现远程监测和控制。表箱被打开后，智控计量系统将自锁（即电动阀门关闭）后，任何人将无法现场打开，只能通过调度室微机远程打开，该次操作将记录于调度室日志。

③防欠费：实现充值管理时，用户需预交费充值，电动蒸汽阀门自动打开（人员现场通过手动阀门控制流量）；欠费时，电动蒸汽阀门自动关闭。当发生其他情况需停止供热时，调度室可通过远程关闭仪表电动阀，操作人员不用去现场即可实现停热。为预付费系统的

正常运行起到了支撑保障作用。

2. 智慧供热管理提升效果

（1）大数据分析掌握管网运行及热负荷需求。通过智慧热网管理，管理者能够实时掌握热源点、供热管网支管口、用户侧的压力、流量及温度等运行情况；并清晰地通过图表显示，通过数据精确分析各个供热片区热负荷情况及特性，统计各区域供热量、供热汽损在不同时段、不同季节的变化情况。对供热汽损异常的片区进行报警，及时查找和处置管网泄漏、破损等情况。同时为管理者是否对老旧管网进行改造，提供可靠的数据支撑依据。可以对新建管网的运行数据进行分析，根据不同运行负荷下不同的热损、温降等数据，判断管网是否达到设计参数指标。

（2）实现供热管网的智能调度和调节。目前供热管网主要通过监控末端用户及重要用户的压力需求，通过调节热源点出口压力，满足用户需求。这种管网运行调节方式，虽然能满足需求但效率低、能耗高；实现智慧供热管理后，能根据各个支线流量情况及需求，通过管网内部调节，合理调整整个供热管网的流量，满足全网用户的用热需求。达到优化管网运行方式、降低管网运行汽损的目的。

（3）精确计量提高供热准确性。通过用户侧计量设备的更新换代，同时计量系统增加的防盗、分时段计量等措施，数据传输系统的精确数据保存和输送，提高供热计量精度，保障电厂及用户的合法权益。

思考与练习

1. 热力管网运行前的准备工作有哪些?
2. 压力管道设备方面重点检查内容有哪些?

第十六章　风力发电设备

本章主要介绍并网型风电场（包括海上风电场）的主要电气设备和风力发电机组。主要电气设备包括一次设备和二次设备，一次设备主要有承担输电作用的电力电缆、承担变压作用的电力变压器、承担连接和断开相关设备或线路的断路器等；二次设备包括用于设备保护的继电保护及安全自动装置、用作运行监控的监控系统、用作风电场和电力调度机构之间信息交互的通信系统等；风力发电机组是利用风能驱动叶轮转动，再通过增速齿轮箱带动发电机转动发电的成套装置，是风电场最核心的设备。通过对以上设备描述，意在为读者展示并网型风电场基本设备及其结构、原理和运行维护要求等，使读者初步掌握风电场的基本知识。

第一节　风电场主要电气设备

一、一次设备

直接生产、输送、分配和使用电能的设备，称为一次设备，主要包括以下几种：①生产和转换电能的设备，如将机械能转换成电能的发电机，变换电压、传输电能的变压器，将电能变成机械能的电动机等。②接通和断开电路的开关设备，如高低压断路器、负荷开关、熔断器、隔离开关、接触器、磁力启动器等。③保护电气设备，如限制短路电流的电抗器、防御过电压的避雷器等。④载流导体，如传输电能的软、硬导体及电缆等。⑤根据一次设备的定义，一次设备主要有发电机（电动机）、变压器、断路器、隔离开关、接触器、母线、输电线路、电力电缆、电抗器等。此外，电流互感器、电压互感器作为一次设备与二次设备的联络设备，由于其一次绕组接入一次回路，通常也将其归入一次设备。

1. 变压器

变压器是一种静止的电气设备，是用来将某一数值的交流电压（电流）变成频率相同的另一种或几种数值不同的电压（电流）的设备。它是利用电磁感应原理工作的，一、二次电压之比与一、二次绕组的匝数成正比，一、二次电流之比与一、二次绕组的匝数成反比，有功功率不变。

2. 箱式变电站

箱式变电站的结构组成及性能特点：

箱式变电站由高压开关设备、电力变压器、低压开关设备等部分组合在一起，构成的户外变配电成套装置，具有成套性强、占地面积小、投资小、安装维护方便、造型美观、耐候性强等特点。

箱式变电站的高压室一般由高压负荷开关、高压熔断器和避雷器等组成，可以进行停/送电操作并且设有过负荷和短路保护。低压室由低压空气开关、电流互感器、电流表、电压表等组成。电力变压器室一般采用 S9、S10、S11 型等油浸式变压器。箱式变电站中的电气设备元器件，均选用定型产品，元器件的技术性能均满足相应的标准要求。另外，箱式变电站还都具有电能检测、带电显示、计量的功能，并能实现相应的保护功能，还设有专用的接地导件，并有明显的接地标志。

箱式变电站有欧式变电站、美式变电站、华式变电站。欧式变电站是指高低压柜及变压器这三个独立区间用一个箱体组合成的成套设备；美式变电站是指将变压器及高压部分采用油箱绝缘组成、低压部分采用箱体组合形成组合而成的成套装置；华式变电站一般采用各单元相互独立的结构，分别设有变压器室、高压开关室、低压开关室，通过导线连成一个完整的供电系统。现阶段风电场一般采用华式变电站。图 16-1 为欧式变电站的结构，其有一层外壳，有操作空间，便于现场维护；图 16-2 为美式变电站；图 16-3 为华式变电站。

图 16-1　欧式变电站　　　　　　　　　　图 16-2　美式变电站

图 16-3　华式变电站

风电场专用箱式变电站：风电场专用箱式变电站是将风力发电机组发出的 0.6～0.69kV 电压升高到 11kV 或 37.5kV 后并网输出的专用设备。其具有成套性强、占地面积小、投资小、安装维护方便、造型美观、耐候性强等特点。它的出现适应了全国大范围建立风电场的趋势，是风力发电系统的最佳配套产品。

3. 高压负荷开关

高压负荷开关是一种介于高压断路器和高压隔离开关的高压电器。它和高压隔离开关一样，在分断线路时，会有一个明显的断开点。它具有简单的灭弧功能，可以断开负荷电流。所以它在电力系统中又有类似断路器的功能。由于高压负荷开关的灭弧能力不及高压断路器，所以它只能开断负荷电流，而不能开断短路电流。为保证设备安全，往往将高压负荷开关和高压熔断器串接在一起，以保证开断短路电流。图 16-4 为高压负荷开关。

4. 高压隔离开关

隔离开关没有灭弧装置，不能用来接通和断开负荷电流和短路电流，只能在高压负荷开关断开的情况下才能进行分合操作，为检修工作提供明显断开点。图 16-5 为高压隔离开关。

5. 高压熔断器

熔断器是最简单和最早使用的一种保护电器，用来保护电路中的电气设备，使其免受过载和短路电流的危害。熔断器不能用作电路的正常切断和接通，必须与其他电器（隔离开关、接触器、负荷开关等）配合使用。图 16-6 为高压熔断器。

图 16-4　高压负荷开关　　　　图 16-5　高压隔离开关　　　　图 16-6　高压熔断器

6. 高压断路器

高压断路器是发电厂及电力系统中非常重要的一次设备，它具有完善的灭弧结构，因此具备足够的灭弧和断流能力，按其采用的灭弧介质，断路器可分为六氟化硫（SF_6）断路器、真空断路器、油断路器。风电场中应用的高压断路器以六氟化硫断路器和真空断路器为主。图 16-7 为高压断路器。

7. 高压开关柜

高压开关柜是指用于电力系统发电、输电、配电、电能转换和消耗中起通断、控制或保护作用的设备。

高压开关柜应满足交流金属封闭开关设备标准的有关要求，由柜体和断路器二大部分组成，柜体由壳体、电器元器件（包括绝缘件）、各种机构、二次端子及连线等组成。高压开关

图 16-7　高压断路器

柜具有架空进出线、电缆进出线、母线联络等功能，在风电场得到广泛应用。金属铠装封闭式高压开关柜如图 16-8 所示。

图 16-8 高压开关柜

8. 互感器

（1）电流互感器的作用。电流互感器，文字符号为 TA，起到电流变换的作用。其具体作用如下：①将一次系统的交流大电流变成二次系统的交流小电流（5A 或 1A），供电给测量仪表和保护装置的电流线圈；②使二次回路可采用低电压、小电流控制电缆，实现远方测量和控制；③使二次回路不受一次回路限制，接线灵活，维护、调试方便；④使二次设备与高压部分隔离，且互感器二次侧均接地，从而保证设备和人身安全。

（2）电压互感器的作用及特点。电压互感器，文字符号为 TV，与变压器很相像，用来变换电压。它是把高电压按比例关系变换成 100V 或更低等级的标准二次电压，供保护、计量、仪表装置使用。同时，使用电压互感器可以将高电压与电气工作人员隔离。电压互感器特点有：①一次绕组与被测电路并联，一次侧的电压（即电网电压）不受互感器二次侧负荷的影响，并且在大多数情况下，二次侧负荷是恒定的；②二次绕组与测量仪表和保护装置的电压线圈并联，且二次侧的电压与一次电压成正比；③二次侧负荷比较恒定，测量仪表和保护装置的电压线圈阻抗很大，正常情况下，电压互感器近于开路（空载）状态运行。

9. 无功补偿设备

电源能量与感性负荷线圈中磁场能量或容性负荷电容中的电场能量之间进行着可逆的能量交换而占有的电网容量称为无功。从参数特性来看，感性无功电流矢量滞后电压矢量 90°，如电动机、变压器线圈、晶闸管变流设备等；容性无功电流矢量超前电压矢量 90°，如电容器、电缆输配电线路、电力电子超前控制设备等。

无功功率不做功，但传输过程中仍有电流通过传输路径，占用电网容量和导线截面积，造成线路压降增大，损耗增加，使供配电设备过负荷，谐波无功使电网受到污染，甚至会引起电网振荡颠覆。

电网中的电力负荷如电动机、变压器等，大部分属于感性负荷，这些感性负荷在实际运行中，均需向电源索取滞后无功，实现能量的转换或传递。为了补偿这部分滞后无功的消耗，比较普遍的方法是采用电容器并联补偿方式。在电网中安装并联电容器等无功补偿设备以后，可以提供感性负荷所消耗的无功功率，减少了电网电源无功负担。因为减少了无功功率在电网中的流动，所以可以降低线路和变压器因输送无功功率造成的电能损耗，这就是无功补偿。广义的无功补偿设备包括容性无功补偿设备和感性无功补偿设备。

电力系统用于无功补偿的设备包括电容补偿器（FC）、电抗器、同步调相器、调压式无功补偿装置、静止无功补偿器（SVC）、静止无功发生器（SVG）等装置。风电机组本身功率因数较高（一般为 1），但由于风电场多处于电网末端，网架结构薄弱，加之风电的间歇性和随机性，导致风电场的电压波动大。从稳定风电场电压、提高电能质量、减少风电机组脱网次数的角度考虑，风电场宜选用具有自动调节的、动态的无功补偿设备。实际上，风电场使用的无功补偿设备除了传统的电容器、电抗器之外，目前广泛使用的是 SVC、SVG 型动态无功补偿装置，且 SVG 使用范围越来越大。

10. 高压电抗器

海上风电场长距离 220kV 海缆容性功率较大，会导致海上升压站母线电压升高，给风电场设备安全带来影响。安装高压并联电抗器，可限制工频过电压和操作过电压、平衡海缆部分容性充电功率。

高压电抗器由铁芯、绕组和辅助设备而组成。高压并联电抗器按照外壳结构可分为钟罩式和平顶式（桶式）两种。图 16-9 和图 16-10 所示分别为钟罩式高压电抗器和桶式高压电抗器。

图 16-9　高压电抗器（钟罩式）　　　　图 16-10　高压电抗器（桶式）

11. 母线、绝缘子

（1）母线。发电厂和变电站中各种电压等级配电装置的主母线，发电机、变压器与相应配电装置之间的连接导体，统称为母线，其中主母线起汇集和分配电能的作用。

（2）绝缘子。绝缘子广泛应用在发电厂的配电装置、变压器、开关电器及输电线路上，是一种特殊的绝缘件。其用来支持和固定母线与带电导体，并使带电导体间或导体与大地之间有足够的距离和绝缘。因此，绝缘子应具有足够的绝缘强度、机械强度、耐热性和防潮性。

12. 组合电器

六氟化硫封闭式组合电器，国际上称为气体绝缘开关设备，简称 GIS。它是将一座变电站中除变压器以外的一次设备，包括断路器、隔离开关、接地开关、互感器、避雷器、母线、电缆终端、进出线套管等，经优化设计有机地组合成的一个整体。图 16-11 所示为六氟化硫封闭式组合电器。

与常规敞开式变电站相比，GIS 具有结构紧凑、占地面积小、可靠性高、配置灵活、安装方便、安全性强、环境适应能力强、维护工作量很小（其主要部件的维修间隔不小于

20 年）等优点。

13. 电力电缆

电力电缆线路是传输和分配电能的一种特殊电力线路，它可以直接埋在地下及敷设在电缆沟、电缆隧道中，也可以敷设在水中或海底。

14. 防雷设备

电力系统除了遭受直击雷、感应雷过电压的危害外，还要遭受沿线路传播的侵入雷电波过电压以及各种内部过电压的危害。电力系统防雷设备包括避雷针、避雷线和避雷器。避雷针和避雷线可防止直击雷和感应雷过电压对电气设备的危害，但对雷电波过电压及内部过电压不起作用。采用避雷器可限制雷电波过电压以及各种内部过电压，保护电气设备。

图 16-11　六氟化硫封闭式组合电器

二、二次设备

二次设备是对一次设备进行监察、测量、控制、保护及调节的设备，即不直接和电能产生联系的设备，主要包括以下几个方面：①测量仪表，如电流表、功率表、电能表，用于测量电路中的电气参数。②控制和信号装置。③继电保护及自动装置，如继电器、自动装置等，用于监视一次系统的运行状况，迅速反应异常和事故，然后作用于断路器，进行保护控制。④直流电源设备，如蓄电池组、直流发电机、硅整流装置等，供给控制保护用的直流电源、直流负荷和事故照明用电等。⑤备自投装置等。

风电场二次设备包括变电站二次设备和风电机组二次设备。变电站二次设备是对变电站一次设备进行监察、测量、控制、保护及调节的设备。风电机组二次设备主要指它的控制系统和保护系统。本节重点介绍变电站二次设备。

1. 继电保护及安全自动装置

继电保护装置是指能反映电力系统中电气元器件发生故障或不正常运行状态，并动作于断路器跳闸或发出信号的一种自动装置。它的基本任务是：①自动、迅速、灵敏、有选择性地将故障元器件从电力系统中切除，使故障元器件免于继续遭到破坏，保证其他无故障部分迅速恢复正常运行；②反应电气元器件的不正常运行状态，并根据运行维护条件而动作于信号，以便值班员及时处理，或由装置自动进行调整，或将那些继续运行就会引起损坏或发展成为事故的电气设备予以切除，此时一般不要求保护迅速动作，而是根据对电力系统及其元器件的危害程度规定一定的延时，以免短暂的运行波动造成不必要的动作和干扰而引起误动；③继电保护装置还可以与电力系统中的其他自动化装置配合，在条件允许时，采取预定措施，缩短事故停电时间，尽快恢复供电，从而提高电力系统运行的可靠性。由此可见，继电保护装置在电力系统中的主要作用是通过预防事故或缩小事故范围来提高系统运行的可靠性。因此，继电保护是电力系统的重要组成部分，是保证电力系统安全、可靠运行的必不可少的技术措施之一。

安全自动装置的作用是当系统发生事故后或不正常运行时，自动进行紧急处理，以防止大面积停电并保证对重要负荷连续供电，以及恢复系统的正常运行，如自动重合闸、备用电源自动投入、稳控装置及远方切机、切负荷装置等。

2. 微机监控系统

风电场微机监控系统分为变电站微机监控系统和风机监控系统。

3. 仪表及计量装置

仪表的基本要求：

（1）常用测量仪表的配置应能正确反映电力装置的电气运行参数和绝缘状况。

（2）常用测量仪表是指安装在屏、台、柜上的电测量表计，包括指针式仪表、数字式仪表、记录型仪表及仪表的附件和配件等。

（3）常用测量仪表可采用直接仪表测量、一次仪表测量和二次仪表测量方式。

4. 电力调度通信与自动化

（1）电力调度通信的基本组成。电力调度通信网是电力系统不可缺少的重要组成部分，是电力生产、电力调度、管理现代化的基础，是确保电网安全、经济、稳定运行的重要技术手段。

电力系统通信为电力调度、继电保护、调度自动化、调度生产管理等提供信息通道并进行信息交换。

电力通信设备包括网络、传输、交换、接入等主要设备以及电源、配线架柜、管线、仪表等辅助设备。

（2）调度自动化。调度自动化系统由电网监控、电量采集、动态监测、市场运营、调度生产管理等主站系统、子站系统和数据传输通道构成。

1）风电场向调度传输实时信息的主要内容如下：

遥测：风机有功、无功、电流、电压、风速、风向、温度，全风电场有功、无功，主变压器各侧有功、无功，输电线路电压、有功、无功，母线电压，无功补偿设备无功功率等。

遥信：升压站事故信号，110kV 电压等级以上母线联络断路器、母线隔离开关、线路断路器、主变压器断路器、并网计量关口断路器等位置信号，变压器分接头位置信号、线路保护、稳定装置等有关继电保护动作信号等。

风电场 AGC 功率调节设定值、AVC 调节设定值。

主变压器高压侧有功电度量、并网计量关口电度量。

其他电网调度所需的信息。

2）风电场向调度传输非实时信息主要内容包括：发用电计划、检修计划、设备参数、调度生产日报数据、电能量计量数据及其他相关生产管理信息。

3）风电场应装设自动发电量控制装置（AGC），AGC 的可调范围、调节速率、响应时间、调节精度、投运率需满足调度要求。风电场应装设站端自动电压控制装置（AVC），投运率及合格率应满足调度要求。

5. 风电场通信系统

风电场通信系统包括系统通信和场内通信。

（1）系统通信。系统通信包括光纤通信系统、综合数据网通信和通信电源。

1）光纤通信系统采用同步数字体系（SDH），SDH 设备采用 2Mbit/s 接口与通信系统接入点设备相连接，接口模块采用冗余配置。220kV 及以上升压站分别接入省、地通信传输网，220kV 以下升压站按各地的传输网络模式接入。

2）综合数据网主要用来传输电力系统数据业务、话音业务、视频及多媒体业务。风电场数据业务入网采用网际协议（IP），采用路由器或局域网端口方式计入。话音业务采用透明的传输方式。

3）通信电源包括交流配电单元、直流配电单元、整流模块、监控单元和蓄电池组，为光纤和交换设备供电。高频开关电源设备一般采用模块化、热插拔式结构，具有完整的防雷措施、智能监控接口、告警输出。蓄电池作为通信备用电源，一般采用阀控式密封铅酸电池。

（2）场内通信。场内通信包括风电机组通信网络、生产调度和生产管理通信。

1）风电机组通信网络一般采用逻辑环网，通过同一光纤内的光纤跳接实现风电机组的通信，在风电机组或光缆出现线路故障的情况下，数据可实现反向传输，实现链路自愈功能。场内通信光纤采用单模光纤。根据风电场地理环境，光缆敷设方式可分为地埋和架空两种。

2）生产调度和生产管理通信主要指风电场与电网的调度通信，其设备主要为传输信道设备，即光传输设备、载波通信设备。光传输设备以环的形式接入主光纤网，具有自愈保护功能。载波通信作为一种辅助调度通信方式存在于生产调度系统中，生产调度系统设备主要包括调度交换机和行政交换机。调度交换机在生产调度通信系统中将传输设备接入系统，同时也担负生产调度通信功能。行政交换机在管理通信的同时担负生产调度通信功能。

风电场通信系统具有同步时钟对时的功能，要求对升压站和风电场的站控层和间隔层智能电子设备进行对时，并具有时钟同步网络传输矫正措施。风电场对时方案满足多个保护小室设备和风电机组的对时要求，能够传输对时信号。

6. 直流系统

直流系统在变电站中为控制、信号、继电保护装置、自动装置及事故照明提供可靠的直流电源，还为断路器、隔离开关等一次设备提供操作电源。直流系统的可靠与否，对变电站安全运行起着重要作用。

直流系统为继电保护装置、自动装置和断路器的正常动作提供动力，作为断路器的操作电源，直流系统应满足：操作电源母线电压波动范围小于 ±5% 的额定值；事故时母线电压不低于 90% 的额定值；失去浮充电源后，在最大负荷下的直流电压不低于 80% 的额定值。此外电压波纹系数小于 5%。

直流系统主要由免维护阀控式密封铅酸蓄电池组、智能高频开关电源整流充电装置、微机直流绝缘检测装置、控制单元、电压监察装置、闪光装置和直流馈线等组成。其中最主要的设备就是整流充电装置和蓄电池组。

7. 不间断电源（UPS）

不间断电源（UPS）是一种含有储能装置，以逆变器为主要元件，可稳压恒频输出的主要电源保护设备。主要作用是在设备交流工作电源失电的状态下，一定时间可由不间断电源提供备用电源，保证重要设备正常工作。风电场中由不间断电源提供备用电源的负载主要包括：升压站事故照明、风机后台服务器和监控系统、通信装置、风功率预测系统等。

第二节　风力发电机组

风电机组是将风能转变成机械能，再将机械能转化成电能的机电一体化设备。在从风能到电能的能量转换过程中，风速的大小和方向是随机变化的，因此风电机组最最经济有效的利用方式是并网运行，由电网负责电力负荷的调度和平衡。风电机组的设计首先考虑应对自然风况的随机变化，控制机组实现自动并网与脱网及对运行过程中故障的检测和保护；还要考虑运行过程中机组能否高效地获取风能，即如何控制风电机组使其在各种风况下均能高效地将风能转换成机械能；同时还要考虑风电机组的供电质量及满足电网的相关并网技术要求。

一、风电机组分类

风电机组按照风轮旋转轴与风向的关系可分为水平轴风电机组和垂直轴风电机组。水平轴风电机组风轮的旋转轴与风向平行，水平轴风电机组按照风向、风轮和塔架的相对位置又可分为上风向和下风向；垂直轴风电机组风轮的旋转轴与地面或风向垂直，垂直轴风电机组按照风与风轮的作用方式又分为阻力型和升力型。

目前市场上的主流机型是变桨变速型风电机组，而变桨变速型风电机组又分为双馈异步风力发电机组、直驱永磁机组和半直驱机组。

变速恒频技术解决了机电转换效率低的问题。变速恒频技术就是将风电机组的转速做成可变的，通过控制使发电机在任何转速下都始终工作在最佳状态，机电转换效率达到最高，输出功率最大，而频率不变。变桨变速风电机组是将变桨和变速恒频技术同时应用于风电机组，使其风能转换效率和机电转换效率都同时得到提高的风电机组。

变桨变速风电机组的优点，发电效率高，超出定桨距风电机组10%以上；缺点，机械、电气、控制部分都比较复杂。

1）双馈异步型风电机组。

双馈型变桨变速恒频技术采用了风轮可变转速的变桨运行，传动系统采用多级齿轮箱增速驱动有刷双馈式异步发电机并网。

双馈型机组技术的优、缺点如下。

优点：发电机的转速高，转矩小，重量轻，体积小，变流器容量小，技术成熟可靠。

缺点：齿轮箱的运行维护成本高且存在机械运行损耗。

2）直驱型风电机组。

直驱型变桨变速恒频技术采用了风轮与发电机直接耦合的传动方式，发电机多采用多极同步发电机，通过全功率变频装置并网。

直驱型风电机组技术的优、缺点如下。

优点：省去了齿轮箱，传动效率得到进一步提高，造价也有可能降低；免除了齿轮箱出现故障的情况。

缺点：由于无齿轮箱，发电机转速较慢，因此发电机的级数较多，结构庞大，增加了发电机的制造和运输难度；电控系统复杂，运行维护难度较大。

二、风轮

风轮的作用是把风的动能转换成风轮的旋转机械能，并通过传动链传递给发电机，进而转换为电能。风轮是风电机组最关键的部件，它决定风电机组的工作效率，风轮的成本占风电机组总造价的 20%～30%，其设计寿命为 20 年。

风力发电机的转换效率取决于风轮；而风轮的优劣则取决于叶片数、叶片的弦长、扭角及叶片所用翼型的空气动力特性等。

风轮一般由一个、两个或两个以上的几何形状一样的叶片和一个轮毂组成。从吸收风能的能力来说，风轮扫掠面积越大，所能捕获的风能越多，制造和安装的难度也就越大。

1. 基本概念

（1）叶片参数。

1）叶片长度。叶片长度即叶片的叶根到叶尖的长度。

2）扭角。扭角为叶片翼型几何弦与参考几何弦的夹角，也可以定义为叶片各剖面弦线和风轮旋转平面的扭角。

3）翼型的参数描述。

①参考几何弦：指在叶片设计过程中叶片展向某一确定位置处的几何弦，叶片其他位置的几何弦以此位置为参考。一般定义为 0° 位置，即该处几何弦与风轮旋转平面平行。

②中弧线：翼型上下表面内切圆圆心光滑连接起来的曲线。在前部，最小内切圆与翼型周线的切点是中弧线的起点；在后部，最小内切圆与翼型周线的切点是中弧线的终点。

③前缘：翼型中弧线的最前点。

④后缘：翼型中弧线的最后点。

⑤弦线：连接前缘与后缘的直线。

⑥弦长：弦线的长度。

⑦重心：在重力场中，物体处于任何方位时，所有各组成质点重力的合力通过的那一点。

4）叶片面积。叶片面积通常理解为叶片旋转平面上的投影面积。

5）叶片弦长。叶片弦长为叶片径向各剖面翼型的弦长。叶片根部剖面的翼型弦长称为根弦，叶片尖部剖面的翼型弦长称为尖弦。

叶片弦长分布可以采用最优设计方法确定，但要从制造和经济角度考虑，叶片的弦长分布一般根据叶片结构强度设计要求对最优化设计结果做一定的修正。根据对不同弦长分布的计算，梯形分布可以作为最好的近似分布。

（2）风轮参数。

1）叶片数。风电机组叶片数量。叶片数多的风轮在低叶尖速比运行时有较高的风能利用系数，具有较大的转矩，而且启动风速较低，比较适用于启动力矩大的机械，如提水风力机。而叶片数少的风轮则在高叶尖速比运行时有较高的风能利用系数，但启动风速高，适用于风力发电。

2）风轮直径。风轮直径是指风轮在旋转平面上的投影圆的直径，如图 16-12 所示。

3）风轮中心高度。风轮中心高度指风轮旋转中心到基础平面的垂直距离，如图 16-12 所示。

4）风轮扫掠面积。风轮扫掠面积是指风轮在旋转平面上的投影面积。

5）风轮锥角。风轮锥角是指叶片相对于旋转轴垂直的平面的倾斜角度，如图 16-13 所示。使风轮具有锥角的目的是在运行状态下减小离心力引起的叶片弯曲应力及防止叶尖和塔架碰撞。

6）风轮仰角。风轮的仰角是指风轮的旋转轴线和水平面的夹角，如图 16-13 所示。仰角的作用是避免叶尖和塔架的碰撞。

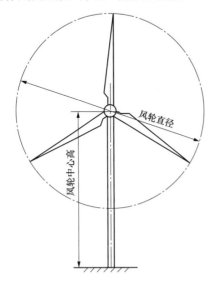

图 16-12　风轮直径和风轮中心高度

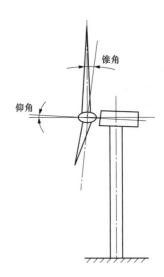

图 16-13　风轮锥角和仰角

7）风轮偏航角。风轮偏航角是指风轮旋转轴线和风向在水平面上投影的夹角。偏航角可以起到调速和限速的作用，大型风电机组中一般不采用这种方式。

8）风轮实度。风轮实度是指叶片在风轮旋转平面上投影面积的总和与风轮扫掠面积的比值，实度大小取决于叶尖速比。

2. 轮毂

轮毂的作用是将叶轮与主轴连成一体，通过传动链将风轮的转矩传递给发电机。叶轮的材料通常是球墨铸铁，利用球墨铸铁良好的成形性能铸造而成。

水平轴风力发电机通常采用以下 3 种形式的轮毂：

（1）刚性轮毂。

（2）铰接叶片轮毂：允许叶片相对旋转平面单独挥舞运动，较少使用。

（3）跷跷板式叶片轮毂：连接叶片的部件和连接主轴的部件可以实现相对运动。在早期的研究项目中，通常用于两叶片或单叶片机组。

水平轴三叶片机组的刚性轮毂有两种外形：三叉形和球壳形。

三叉形（三通形）刚性轮毂多用于失速型风电机组，球壳形刚性轮毂用于变桨变速型风电机组，轮毂直接与主轴法兰连接；失速型风电机组叶根法兰有腰形孔，用于在特定的风场调整叶片初始安装角。

3. 变桨系统

定桨距控制的机组的功率调节依靠叶片的失速特性，在高风速时风轮的功率不增加，但由于失速点的设计，很难保证机组在失速后能维持输出额定功率，所以一般失速后功率小于额定功率。而变桨距机组可以根据风速的大小调节气流对叶片的攻角，当风速超过额定风速时，输出功率可以稳定在额定功率上。在出现台风时，可以使叶片处于顺桨，使整个风力机的受力情况大为改善，避免大风损害风电机组。在机组故障时，变桨距机构可以使叶片迅速顺桨到 90°，风轮速度降低，减小风电机负载的冲击，延长风电机组的使用寿命。

变桨距调节是沿桨叶的纵轴旋转叶片改变桨叶位置，控制风轮的能量吸收，保持一定的输出功率。变桨距控制的优点是机组起动性能好、输出功率稳定、停机安全等；其缺点是增加了变桨距装置，控制复杂。随着风电技术的不断成熟与发展，变桨距风力发电机的优越性显得更加突出。

变桨系统是安装在轮毂内通过改变叶片角度（桨距）对机组运行进行功率控制的装置，它的主要功能如下：

变桨功能：通过精细的角度变化，使叶片向顺桨方向转动，改变合成气流的攻角，降低升力，实现机组的功率控制，这一过程往往在机组达到其额定功率后开始执行。

制动功能：通过变桨系统，将叶片转动到顺桨位置以产生空气动力制动效果，和轴系的机械制动装置共同使机组安全停机。

目前变桨执行机构主要有两种：液压变桨和电动变桨，按其控制方式可分为统一变桨和独立变桨两种。在统一变桨基础上发展起来的独立变桨距技术，每支叶片根据自己的控制规律独立变化桨距角，可以有效解决桨叶和塔架等部件的载荷不均匀问题，具有结构紧凑简单、易于施加各种控制、可靠性高等优势，故越来越受到风电市场的欢迎。

（1）液压变桨系统。液压变桨距系统主要由动力源液压泵站、控制阀块、执行机构伺服液压油缸与蓄能器等组成。

（2）电动变桨系统。电动变桨没有液压伺服变桨机构那么复杂，也不存在非线性、漏油、卡涩等现象发生。电动机减速器驱动叶片根部回转轴承的齿圈，改变叶片与轮毂间的相对位置，实现变桨距调节。

（3）电动和液压驱动变桨系统优缺点比较，见表 16-1。

表 16-1　　　　　　　　　　电动变桨与液压变桨的优缺点对比

变桨方式	电动变桨	液压变桨
桨距调节性能	基本无差别，电路的响应速度比油路略快	基本无差别，油缸的执行（动作）速度比齿轮略快，响应频率快、转矩大
紧急情况下的保护	在低温下，蓄电池储存的能量下降较大	在低温下，蓄能器储存的能量下降较小
	蓄电池储存的能量不容易实现监控	蓄能器储存的能量通过压力容易实现监控
主要部件寿命	主要耗件蓄电池使用寿命约 3 年	主要耗件蓄能器使用寿命约 6 年
外部配套需求	占用空间相对较大；需对齿轮进行集中润滑	占用空间小，轮毂及轴承可相对较小；无需对齿轮进行润滑，减少集中润滑的润滑点
对工作环境的影响	机舱及轮毂内部清洁	容易存在漏油，造成机舱及轮毂内部油污
维护要点	蓄电池的更换	定期对液压油、滤清器进行更换

三、风电机组传动链

风电机组传动链是指将风轮获得的动力以机械方式传递给发电机的整个轴系及其组成部分，由主轴、齿轮箱、联轴器等组成。风电机组传动链的布置方式各异，其结构也具有多样化。轴系的结构主要与机组采用的发电机形式有关。风电机组采用齿轮箱增速的传动链，轴系的尺寸和重量较小，但长度较直驱结构长。由风轮直接驱动的直驱类机组，采用的永磁型或励磁型低速电动机尺寸和重量较大，但传动轴系相对简单。

1. 传动链布置

（1）有齿轮箱的传动链布置。采用齿轮箱增速的传动链按主轴轴承的数量、支撑方式，以及主轴与齿轮箱的相对位置来区分，有"两点式""三点式""一点式"和"内置式" 4 种。

1）"两点式"布置。在"两点式"布置结构（见图 16-14）中，风轮连接的主轴用两个

图 16-14 "两点式"轴系布置及齿轮箱支架

轴承座支撑，其中靠近轮毂的轴承作为固定端，以便承受风轮和主轴的重力和推力；另一个轴承作为浮动端，当主轴因温度变化引起长度变化时轴向能够移动，避免结构产生过大的涨缩应力。主轴末端与齿轮箱的输入轴通过胀套联轴器连接。齿轮箱的扭力臂作为辅助支撑，通过销轴弹性套与机架相连接或通过弹性垫与机舱底座连接。使用弹性套或弹性垫的目的是减小振动和噪声。这样除了转矩以外，主轴不会将其他载荷传给齿轮箱。

有的风电机组将主轴的两个轴承座做成一体，这样可减少构件的数量，便于在机舱装配前，预先将主轴、轴承和轴承座，甚至包括变桨距机构进行组合，以减少机舱装配周期。有的则将主轴装入齿轮箱内，做成一体化的形式。

"两点式"布置让主轴及其轴承承受风轮的大部分载荷，减少风轮载荷突变对齿轮箱的影响，在传统的水平轴齿轮增速型的机组上应用较多，其稳定性优于其他几种布置形式。但由于轴系较长，增大了机舱的体积和重量。机组功率越大，主轴直径和长度越大，机舱布置和吊装难度也随之加大。

2）"三点式"布置。"三点式"布置实际上是在"两点式"的基础上省去一个主轴承，由主轴前端轴承和齿轮箱两侧的支架组成所谓的"三点式"布置，既缩短轴向尺寸，又简化了结构，见图 16-15。

主轴上只有一个前轴承，另外两个支撑点设置在齿轮箱上，主轴与齿轮箱的低速轴常采用胀套刚性连接。齿轮箱除承受主轴传

图 16-15 "三点式"轴系布置及齿轮箱支架

递的转矩以外，还要承受平衡风轮重力等形成的支反力，因此，必须适度提高齿轮箱的承载能力。通常在齿轮箱两个支点处加装减振弹性套或垫块，以减轻振动，降低噪声水平。

3）"一点式"布置。"一点式"布置不使用主轴，轮毂法兰直接通过一个大轴承支撑在机架上，通常轴承外圈与主机架连接，轴承内圈与齿轮箱输入轴连接，如图 16-16 和图 16-17 所示。

风轮的推力和重力载荷通过轴承传递到机架上，转矩通过轴承内圈传递给齿轮箱。齿轮箱的输入轴不会因为弯曲力矩而产生变形，齿轮箱箱体两侧的转矩臂作为辅助支撑，通过弹性套或弹性垫与机架相连。

另一种"一点式"布置方式如图 16-17 所示，齿轮箱箱体与机舱支架做成一体，整个传动装置更为紧凑，但传动链的前轴承、齿轮箱和机座合一的机舱结构设计难度加大，并且对零部件的强度和性能都得提高要求。

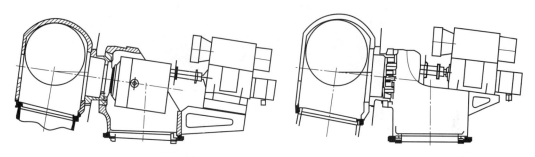

图 16-16 "一点式"轴系布置　　　　　图 16-17 紧凑型"一点式"轴系布置

4）"内置式"布置。"内置式"主轴布置是指主轴、主轴承与齿轮箱集成在一起，主轴内置于齿轮箱内，主轴与齿轮箱行星架采用花键或过盈连接。风轮载荷通过箱体传到主机架上，如图 16-18 所示。这种传动方案的特点是结构紧凑，风轮与主轴装配方便，主轴承内置在齿轮箱中，采用的是集中强制润滑，润滑效果好，现场安装和维护工作量小。但齿轮箱外形尺寸和质量大，制造成本相对较高。此外，风轮载荷直接作用在齿轮箱箱体上，对齿轮和轴承的运转影响较大。

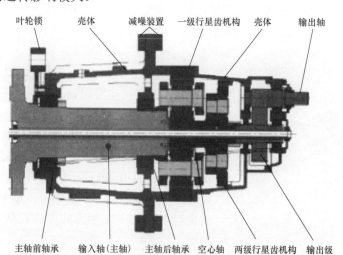

图 16-18 主轴"内置式"布置

（2）直驱型风电机组传动系统布置。直驱型风电机组的发电机分为外转子和内转子两种形式。当采用外转子发电机时，风轮一般直接与转子法兰盘相连，如图 16-19 所示，外转子直接由风轮轮毂驱动，由于转速较低，支撑轴承可采用润滑脂润滑，简化了机舱结构，更便于维护。

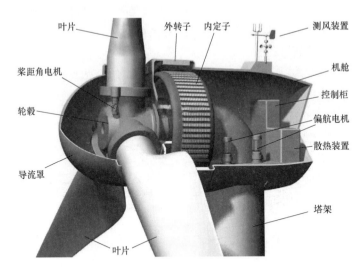

图 16-19　直驱型外转子传动结构

当发电机采用内转子发电机时，风轮也直接驱动转子，连接在与发电机转子相连的主轴上。发电机只承受风轮传来的转矩，不承受其他载荷，设计制造相对简单，发电机成本相对较低。

直驱式机组采用永磁或励磁同步发电机，机构相对简单，但结构庞大，运输和吊装都十分困难，对更大功率的机组，倾向于采用增加齿轮传动的所谓"半直驱"方式。

（3）"半直驱"型风电机组传动系统布置。"半直驱"是指采用比传统机组齿轮增速比小的齿轮增速装置（如一级行星齿轮增速比 1:10），减少发电机的极对数，从而缩小发电机的尺寸，以便于运输和吊装。发电机转速在传统齿轮增速型机组和直驱型机组之间，故称"半直驱"。

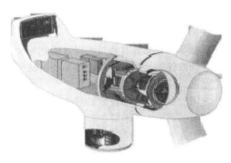

图 16-20　"半直驱"型机组机舱布置

"半直驱"型风电机组的发电机一般采用内转子形式，风轮直接连接到输入轴法兰盘上，通过齿轮副将动力传递到发电机。该布置方式相对于直驱型来说，由于增加了齿轮副增速，使发电机能够缩小外形尺寸，结构更加紧凑，从而减小了机舱体积，便于运输和吊装。图 16-20 所示的"半直驱"机组的风轮轮毂通过内齿圈驱动 3 个功率分流小齿轮增速，将动力传至与发电机主轴相连的中心轮使发电机转子旋转发电。

2. 主轴

风电机组主轴（见图 16-21）连接风轮并将风轮的转矩传递给齿轮箱，通过主轴轴承将轴向推力、气动弯矩传递给底座。

3. 联轴器

联轴器是用来联接不同机构中的两根轴（主动轴和从动轴），使之共同旋转以传递转矩的机械零件。它具有补偿两轴线的相对位移或位置偏差，从而减小振动与噪声，以及提高轴系动态性能等特点。联轴器一般由两个半联轴节及联接件组成，通常两半联轴节分别与主动轴、从动轴采用键等联接。常用的联轴器有刚性联轴器和弹性联轴器两种。

图 16-21　风电机组主轴

刚性联轴器结构简单、成本低廉，但对被连接的两轴间的相对位移缺乏补偿能力，故要求被连接的两轴具有很高对中性。在风电机组中常常在主轴与齿轴箱输入轴（低速轴）连接处采用刚性联轴器，如胀套式联轴器。

弹性联轴器对被联接两轴的轴向、径向和角向偏移具有一定的补偿能力（见图 16-22），能够有效减小振动和噪声。在风电机组的齿轮箱和发电机与机座之间采用弹性减振垫，在机组安装时及正常工作状态下，齿轮箱输出轴的中心线与发电机输入轴的中心线之间的相对位置（轴向、径向和角向）不可避免地会出现相对位置偏差，所以需要在齿轮箱输出轴与发电机输入轴之间使用高弹性的联轴器来补偿彼此间产生的相对位移，同时要求联轴器在补偿相对位移时产生的反作用力越小越好，以减小施加在齿轮箱和发电机轴承上的附加载荷。齿轮箱输出轴（高速轴）与发电机输入轴连接处采用的弹性联轴器有膜片联轴器和连杆式联轴器等。

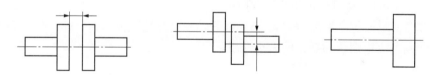

图 16-22　两轴间轴向、径向和角向位移或偏差

高弹性联轴器在风电机组中的作用非常重要，对其性能的基本要求是：①承载能力大，有足够的强度。要求联轴器的最大允许转矩为额定转矩的 3 倍以上。②具有较强的补偿功能，能够在一定范围内补偿两半轴发生的轴向、径向和角向位移，并且在偏差补偿时产生的反作用力越小越好。③具有高弹性、高柔性，能够把冲击和振动产生的振幅降低到允许的范围内，并且在旋转方向应具备减缓振动和冲击的功能。④工作可靠、性能稳定，要求使用橡胶弹性元件的联轴器还应具有耐热性好、不易老化、寿命长等特性。⑤联轴器必须具有 100Ω 以上的绝缘电阻，并能承受 $2kV$ 的电压，防止发电机通过联轴器对齿轮箱内的齿轮、轴承等造成电腐蚀及避开雷击的影响。⑥便于安装、维护和更换。

（1）胀套式联轴器。风力发电机常用的胀套式联轴器有 Z10 型胀套式联轴器和液压胀套式联轴器两种。

胀套式联轴器的特点：胀紧套或锁紧盘是一种无键联接装置，由带锥度的内环和外环组成，通过高强度拉力螺栓的作用，在内环与轴之间、外环与轮毂之间产生巨大抱紧力，以实现机件与轴的无键联接。

这与一般过盈联接、有键联接相比，具有许多独特的优点：

1）制造和安装简单，安装胀套的轴和孔的加工精度不像过盈配合那样要求高。安装胀套也无需加热、冷却或加压设备，只需将螺栓按规定的转矩拧紧即可，并且调整方便，可以将轮毂在轴上很方便地调整到所需位置。

2）有良好的互换性，且拆卸方便。这是因为胀套能把较大配合间隙的轮毂连接起来。拆卸时将螺栓拧松，即可使被联接件容易地拆开。

3）胀套式联轴器可以承受重负载。胀套结构可做成多种式样，还可多个串联使用。

4）胀套的使用寿命长、强度高。因为它是靠摩擦传动，对被联接件没有键槽削弱，也没有相对运动，工作中不会磨损。胀套在胀紧后，接触面紧密贴合不易锈蚀。

5）胀套在超载时，配合面可以打滑卸载，保护设备不受损坏（注意：应避免重复打滑）。但是，如果装配前轴、孔的配合表面存在某些缺陷，一旦打滑，两者容易产生冷焊胶合不能分开，如要拆卸，只能破坏构件。

（2）万向式联轴器。万向式联轴器（见图16-23）是一类容许两轴间具有较大角位移的联轴器，适用于有大角位移的两轴之间的连接。一般两轴的轴间角最大可达 45°，而且在运转过程中可以随时改变两轴的轴间角。为了消除单万向式联轴器从动轴转速周期性波动，可以将两个单万向式联轴器串联而成为双万向式联轴器。

通常，风电机组齿轮箱输出轴和发电机的转轴之间的位移一般都很小，由此引起的动力损失可以忽略。在这种情况下十字铰链式万向联轴器的效率为97%～99%。

双十字钗链式联轴器补偿功能很强，允许联接轴有较大的轴线偏移和角度偏移，径向尺寸紧凑。但是主动轴、从动轴之间有角度偏移误差时，从动轴的转速与主动轴不完全一致.运行有扭转振动，易引起相关件疲劳损坏。

（3）膜片式联轴器，见图16-24。膜片式联轴器是弹性联轴器的一种。膜片式联轴器有标准系列产品，可根据传递载荷的大小选用。

图16-23　万向联轴器

图16-24　膜片式联轴器外观

（4）连杆式联轴器（见图16-25）。在运转中，齿轮箱和发电机轴中心线的三向位移偏差也一直处在变化中。特别是机组在启动、停机和紧急制动的瞬间，轴中心线的偏差会更大。因此，风电机组对联轴器三向位移偏差补偿能力提出很高的要求，而在这方面，连杆式联轴器具有较大的优势。

4. 齿轮箱

齿轮箱是风电机组中的一个重要的机械部件，其主要功能是将风轮在风力作用下所产生的动力传递给发电机并使其得到相应的转速。风轮的转速很低，远达不到发电机发电的要求。必须通过齿轮箱齿轮副的增速作用来实现，故也将齿轮箱称为增速箱。

图 16-25　连杆式联轴器

（1）齿轮传动机构。风力发电设备常用的齿轮机构有平行轴内、外圆柱齿轮传动，行星齿轮传动，锥齿轮传动和蜗轮蜗杆传动等，如图 16-26 所示。

1）平行轴圆柱齿轮外啮合传动：在相互平行的两轴之间传递运动。主、从动齿轮旋转方向相反。圆柱齿轮可以是直齿，也可以是斜齿。斜齿轮传动比直齿轮平稳、噪声低。

2）内啮合圆柱齿轮传动：小齿轮在齿圈内旋转，两者的旋转方向相同。

3）行星齿轮传动：行星轮轴绕中心轴旋转，行星轮既与内齿轮啮合，又与中心轮（太阳轮）啮合，承担动力分流的任务。

4）锥齿轮传动：能实现相交轴之间的传动。

5）蜗轮蜗杆传动：用于在空间相互垂直而不相交的两轴间的传动。

（2）轮系。由一对齿轮组成的机构是齿轮传动的最简单形式。但是在机械传动中，为了获得较大的传动比，或者为了将输入轴的一种转速变换为输出轴的多种转速等原因，常采用一系列互相啮合的齿轮将输入轴和输出轴连接起来。这种由一系列齿轮组成的传动系统称为轮系。

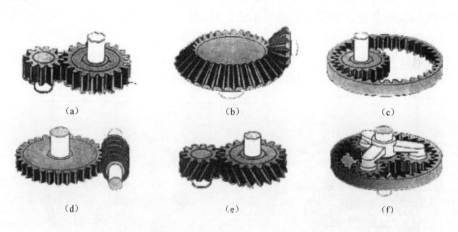

图 16-26　齿轮传动机构的类型

（a）圆柱齿轮；（b）锥齿轮；（c）内啮合齿轮；（d）蜗轮蜗杆；（e）斜齿轮；（f）行星齿轮

轮系的结构形式很多，根据轮系在传动中各齿轮的几何轴线在空间的相对位置是否固定，轮系可分为定轴轮系和周转轮系两大类。

1）定轴轮系。传动时每个齿轮的几何轴线都是固定的，这种轮系称为定轴轮系。

2）周转轮系。当轮系运转时其中至少有一个齿轮的几何轴线是绕另一齿轮的固定几何轴线转动的，此轮系称为周转轮系。

（3）风电机组中的齿轮箱。

1）齿轮箱结构和主要零部件。风电机组齿轮箱齿轮传动的种类很多，按照传动类型可分为平行轴圆柱齿轮传动、行星齿轮传动及它们互相组合起来的传动；按照传动的级数可分为单级传动齿轮箱和多级传动齿轮箱；按照传动的布置形式又可分为展开式、分流式、同轴式及混合式等。

通常将与风轮主轴相连的输入轴称为低速轴，与发电机相连的轴称为高速轴；根据中间轴的连接情况将中间轴分为低速中间轴、高速中间轴等。

齿轮箱的润滑方式有飞溅式、压力强制润滑式或混合式。在油箱和主要的轴承处设置温度传感器以控制油温，在箱体上还设置有相应的仪表和控制线路，以确保齿轮箱正常运行。

2）齿轮箱的传动方案。风电机组的主传动有多种方案可供选择。较小功率的机组可采用较为简单的两级或三级平行轴齿轮传动。功率更大时，由于平行轴展开尺寸过大，不利于机舱布置，故多采用行星齿轮传动或行星齿轮与平行轴齿轮的复合传动及多级分流、差动分流传动。

确定传动方案时要结合机组载荷工况和轴系的整体设计，满足动力传递准确、平稳、结构紧凑、重量轻、便于维护的要求。

下面介绍两种常见的兆瓦级风电机组齿轮传动齿轮箱。①一级行星和两级平行轴齿轮传动齿轮箱。行星架将风轮动力传至行星轮（通常设置3个行星轮），再经过中心太阳轮到平行轴齿轮，经两级平行轴齿轮传递至高速轴输出。图16-27所示的三维结构图和剖面图显示了动力传递和增速线路以及齿轮箱的结构。机组的主轴与齿轮箱输入轴（行星架）利用胀套联接，装拆方便，能保证良好对中性，且减少了应力集中。在行星齿轮中常利用太阳轮的浮动实现均载。这种结构在1～2MW的机组中应用较多。②两级行星和一级平行轴齿轮传动齿轮箱。图16-28所示的结构采用两级行星齿轮增速可获得较大增速比，实际应用时在两级行星之外常加上一级平行轴齿轮，错开中心位置，以便利用中心通孔通入电缆或液压管路。

图16-27　一级行星和两级平行轴齿轮传动

四、风电机组发电机

发电机是风电机组中将机械能转化为电能的主要装置，它不仅直接影响到输出电能的品质和效率，而且也影响到整个风能转换系统的性能和结构。风能具有波动性，而电网要求稳定的并网电压和频率，风电机组通过机械和电气控制可以有效解决这一问题，实现能量转换，向电网输出满足要求的电能。不同的控制方式，使用不同形式的发电机。

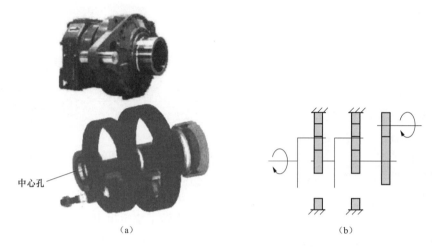

中心孔

(a)　　　　　　　　　(b)

图 16-28　两级行星和一级平行轴齿轮传动

　　根据风电机组并网后的风轮转速，可以分为定速恒频发电机组和变速恒频发电机组两大类。目前，并网型风电机组常用的发电机有鼠笼式异步发电机、绕线式异步发电机及永磁同步发电机等。

　　虽然发电机种类繁多，但其基本结构则是相似的。简单地说，发电机的工作原理是基于电磁感应定律和电磁力定律。处于变化磁场中的导体产生感应电动势，进而产生感应电流。

　　下面简单介绍几种风电机组常用的发电机的结构及其基本工作原理。

1. 异步发电机

　　异步发电机主要由定子、转子、端盖、轴承组成。定子由定子铁芯、定子三相绕组和基座组成，其中定子铁芯是发电机的磁路部分，由经过冲制的硅钢片叠成；定子三相绕组是发电机的电路部分，嵌放在定子铁芯槽内；机座用于支撑定子铁芯，承受运行时产生的反作用力，也是内部损耗热量的散热途径。转子由转子铁芯、转子绕组及转轴组成，其中转子铁芯和转子绕组分别作为发电机磁路和发电机电路的组成部分参与工作。图 16-29 是异步发电机的基本结构图。

接线盒　定子铁芯　端盖　定子绕组　转子　风扇　机座　轴承　端盖

图 16-29　异步发电机基本结构图

2. 双馈异步发电机（见图 16-30）

　　（1）双馈异步发电机基本结构。双馈异步发电机在结构上是一个有励磁系统的绕线式异步发电机。绕线式转子绕组三相引出线从轴孔引出，连接在同轴安装的集电环上，电流通过电刷引出或引入。因转子绕组有变流器供电，转子绕组绝缘和轴承与一般绕线式异步发电机不同，采用耐电晕绝缘材料和绝缘轴承。图 16-30 所示为双馈异步发电机的实物。

双馈式异步发电机定子三相绕组由外接电缆引出固定于定子接线盒内，直接与电网相连；转子三相绕组输出电缆通过集电环室的接线盒接至一台双向功率变流器，变流器与电网相连，向转子绕组提供交流励磁。变流器将频率、幅值、相位可调的三相交流电通过电刷和集电环向发电机转子提供三相励磁电流，变流器以近 1/3 发电机额定功率，就可以实现发电机全功率恒频输出，通过改变励磁电流的频率、幅值和相位就可实现发电机有功功率、无功功率的独立调节，并可实现双向功率控制。

图 16-30　双馈异步发电机

（2）双馈异步发电机工作原理。双馈异步发电机是将定子、转子三相绕组分别接入两个独立的三相对称电源，定子绕组接入工频电源，转子绕组接入频率、幅值、相位都可以按照要求进行调节的交流电源，即采用交－直－交或交－交变频器给转子绕组供电的结构。

双馈异步发电机的定子是直接连到电网的。定子旋转磁场恰好匹配电网频率（50Hz），发电机的转子与电网的耦合是通过变频器实现的。如果在转子三相对称绕组中接入三相对称交流电，则将在发电机气隙内产生旋转磁场。此旋转磁场的速度与通入的交流电频率 f_2 及电机的极对数 p 有关，即

$$n_2=60f_2/p \qquad (16\text{-}1)$$

式中：n_2 为绕线转子三相对称绕组通入频率为 f_2 的三相对称电流后所产生的旋转磁场相对于转子本身的旋转速度。

从式（16-1）可知，改变频率 f_2，即可改变 n_2。若改变通入转子三相电源的相序，还可以改变转子旋转磁场的方向。

因此，若 n_1 为对应于电网频率为 50Hz（f_1=50Hz）时异步发电机的同步转速（磁场的转速），而 n 为异步发电机转子本身的旋转速度，则只要维持 $n\pm n_2=n_1$ 为常数，则异步发电机定子绕组的感应电动势的频率始终维持 f_1 不变。

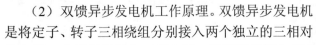

$$f_2=p(n_1-n)/60=p(n_1-n)n1/60n_1=(n_1-n)n_1\times pn_1/60=sf_1\cdots \qquad (16\text{-}2)$$

可见，在异步发电机转子以变化的转速转动时，只要在转子绕组中通入转差率（sf_1）的电流，则在异步发电机的定子绕组中就能产生 50Hz 的恒频电动势。

双馈异步发电机有以下三种状态：

亚同步状态。在此种状态下转子转速 $n<n_1$ 同步转速，由滑差频率为 f_2 的电流产生的旋转磁场转速 n_2 与转子的转速方向相同，因此 $n+n_2=n_1$。

超同步状态。在此种状态下转子转速 $n>n_1$ 同步转速，改变通入转子绕组的频率为 f_2 电流的相序，则其产生的旋转磁场转速 n_2 的转向与转子转向相反，因此有 $n-n_2=n_1$。

为了实现 n_2 转向反向，在亚同步运行转速超同步运行时，转子三相绕组能自动改变其相序；反之，也是一样。

同步运行状态。此种状态下 $n=n_1$，滑差频率 f_2=0，这表明此时通入转子绕组的电流的频率为 0，也即是直流电流，因此与普通发电机一样。

双馈异步发电机根据风速的大小及发电机的转速,及时调整转子绕组三相电源的频率、幅值、相位,调节风电机组的转速、有功功率和无功功率的输出。定子则可感应出恒定频率的三相交流电,还可以灵活控制双馈异步发电机输出超前或滞后的无功功率,调节发电机功率因数。

双馈异步发电机通过变频器的控制调节可以实现大滑差运行,转子机械转速与定子同步转速的转差一般可达到±30%,远高于普通的笼形异步发电机,利用这个特性,双馈异步发电机可有效地提高风能利用率。

双馈发电机因为采用了双馈变频器给转子提供励磁,其运行特性与普通绕线转子有很大区别,双馈发电机转速运行范围大大提高,普通笼形异步发电机只能在同步转速范围以上发电,而且运行范围很窄,只有1%左右,超过后发电机即进入失速区;只要双馈变频器容量不受经济限制,双馈发电机转速运行范围可以是0~2倍同步转速。

双馈变频器采用矢量控制,有功、无功分量完全解耦,可以使双馈发电机灵活输出超前、滞后无功功率,可以改善电网功率因数,稳定电网电压。

与失速型风力发电机组相比,通过双馈变频器的四象限运行,可使双馈风力发电机组运行转速范围大大提高,转速范围增大30%。发电机转子旋转速度在低于同步转速时,变频器向发电机转子输出有功功率;转子旋转速度高于同步转速时,转子向电网输出有功功率。

(3)双馈异步发电机冷却。双馈异步发电机的冷却一般采取空-空冷或机壳水冷两种方式。空-空冷双馈异步发电机所产生的热量通过闭环回路的内部空气回路被输送到热交换器,在热交换器中被冷却。

机壳水冷方式是由冷却系统的水冷泵驱动冷却水在发电机机壳内循环,将机壳通过传导和对流吸收的热量带出,外部冷却将热水冷却之后再循环使用。

3. 同步发电机

同步发电机和其他交流电机一样,也是由定子和转子两大部分组成,定、转子间为空气隙。其中,定子是一个圆筒形铁芯,在靠近铁芯的内表面的槽里嵌放了导体。把这些导体按照一定的规律连接起来,就形成了绕组。圆筒形铁芯内部是可以旋转的转子,转子上装了主磁极。主磁极可以是永久磁铁,也可以是电磁铁。所谓电磁铁,是在每主磁极的铁芯上都套一个线圈,把这些线圈按照一定的规律连接起来,就叫作励磁绕组。给励磁绕组里通入直流电流,各个磁极就表现出一定的磁性。

同步发电机按照励磁方式的不同,有电励磁同步发电机和永磁同步发电机两种,永磁同步发电机主要用于直驱型和半直驱型风电机组,由于不用齿轮箱,简化了传动链,是目前风电机组的主流技术之一,有较好的应用前景。

(1)电励磁同步发电机。电励磁同步发电机的特点是转子采用凸极或隐极结构,定子与异步发电机的定子三相绕组相似。转子侧通过励磁控制器调节发电机的励磁电流,电励磁同步发电机工作在起动力矩大、频繁起动机换向的场合,与全功率变流器连接后实现变速运行,适合应用于风力发电系统。当应用于大型风电机组时,系统要求在较低转速时,发电机要能够产生足够大的力矩,因此一般发电机极对数较多,发电机具有较大的尺寸和质量。

电励磁同步发电机主要应用于变速恒频风电机组。该类发电机的主要优点是通过调节励磁电流来调节磁场，从而实现变速运行时发电机电压恒定，并可满足电网低电压穿越的要求，但应用该类型的发电机要全功率整流，功率大、成本高。

（2）永磁同步发电机。永磁同步发电机的定子结构与电励磁同步发电机的定子结构相同，励磁磁场由于永磁体产生，发电机效率较一般发电机略高。

直驱或半直驱变速恒频风力发电机组用采用同步发电机。

直驱型风电机组的发电机转子与风轮相连，省去了传动结构，因转速低，所以发电机具有较大的尺寸和质量。同功率的用于半直驱的发电机尺寸和质量较直驱型的发电机小。

永磁同步发电机的尺寸不可调，需要全功率整流器，成本较高。永磁同步发电机在风电机组的使用有外转子和内转子两种结构。

由于风力发电机组的永磁同步发电机都采用多极设计，可降低风电机组的额定转速，有效利用风能。运行中随着转速的变化，永磁同步发电机定子侧感应出的交流电频率也是不断变化的，所以还必须使用一台全功率变频器，利用整流和逆变模块将电能变换为恒频恒压的交流电，才能输入电网。

当用永磁同步电动机的定子通入三相交流电时，三相电流在定子绕组的电阻上产生电压降。有三相交流电产生的旋转电枢磁动势及建立电枢磁场，一方面切割定子绕组，并在定子绕组中产生感应电动势；另一方面电磁力拖动转子以同步转速旋转。电枢电流还会从上产生仅与定子绕组相交连的定子绕组漏磁通，并在定子绕组中产生感应漏电动势。此外，转子永磁体产生的磁场也以同步转速切割定子绕组，从而产生空载电动势。发电机控制系统除了控制发电机"获得最大能量"外，还要使发电机向电网提供高品质的电能。因此要求发电机控制系统尽可能产生较低的谐波电流，能够控制功率因数，使发电机输出电压适应电网电压的变化，向电网提供稳定的功率。

在永磁同步发电机中，永磁体既是磁源，又是磁路的组成部分，较多采用钕铁硼磁永磁材料，具有高剩磁密度、高磁能积和线性退磁等优点，不足之处是磁性受温度影响较大，磁性会随温度的升高有所下降，另外表面要加防锈涂层保护，防止生锈，日常工作中应加强检查和维护。磁钢的拆卸和安装要有专业厂家进行，日常维护要严格执行厂家提供的用户手册中的规定。

五、风电机组控制系统

主要介绍风电机组的控制原理与控制系统的功能、传感器的工作原理。

1. 控制系统

（1）控制系统的功能。并网运行的定桨恒速风电机组的控制系统必须具备以下功能：

1）机组能根据风况自行起动和停机。

2）并网和脱网时，能将机组对电网的冲击影响减小到最低限度。

3）能根据功率及风速大小进行转速切换（双速发电机）。

4）根据风向信号自动对风，并能自动解除电缆过度扭转。

5）能对功率因数进行自动补偿。

6）对出现的异常情况能够自行判断，并在必要时切出电网。

7）当发电机切出电网时，能确保机组安全停机。

8）在机组运行过程中，能对电网、风况和机组的运行状况进行监测和记录，能够根据记录的数据生成各种图表，以反映风电机组的各项性能指标。

9）在风电场中运行的风电机组还应具备远程通信的功能。

对于变速恒频风电机组，还应具备以下更强的功能：

1）并网时不对电网产生冲击影响。

2）能根据功率及转速信号对机组实施变桨和变速恒频控制，使机组运行在预先设定的最佳功率曲线上。

3）能通过变桨和变速调节使机组的动态载荷受到控制。

4）能够接受远程调度，对机组输出的无功功率和有功功率进行控制。

5）能够凭借电力电子装置实现短时故障穿越。

（2）监测与控制的主要内容。

1）电力参数监测。风电机组需要持续监测的电力参数包括电网三相电压、机组输出的三相电流、电网频率等。这些电力参数无论风电机组是处于并网还是脱网状态，都会被监测，用于判断风电机组的状态、起动条件及故障情况，还用于统计风电机组的有功功率、无功功率、功率因数和总发电量。

2）风况参数监测。①风速。风速通过机舱外的风速仪测得。通常风电机组中央控制器每秒采集一次来自风速仪的风速数据，每10min计算一次平均值，用于判别启动风速（$v>3m/s$）和停机风速（$v>25m/s$）。安装在机舱顶上的风速仪处于叶轮的下风向。②风向。风向标安装在机舱顶部两侧，主要用于测量风向与机舱中心线的偏差角。一般采用两个风向标，以便互相校验，以排除可能产生的错误信号。控制器根据风向信号启动偏航系统。当两个风向标不一致时，偏航会自动中断。当风速低于3m/s时，偏航系统不会启动。

3）机组状态参数检测。主要检测参数有：转速、温度、机舱振动、电缆扭转、油位等。

4）各种反馈信号的检测。控制器在变桨、机械制动、偏航、齿轮箱润滑油等控制指令发出后的设定时间内应收到动作已执行的反馈信号，否则将出现相应的故障信号，执行安全停机。

5）齿轮箱油温的控制。

6）发电机温升控制。

7）功率过低或过高处理。

8）风电机组退出电网。

（3）风电机组的运行状态控制。

（4）制动与保护系统。

1）风电机组的制动系统。制动系统是风电机组安全保障的重要环节，风电机组运行时均由液压系统的压力保持其处于非制动状态。过去制动系统一般按失效保护的原则设计，即失电时或液压系统失效时处于制动状态，但是在目前的大型风电机组中，也有采取主动机械制动形式的。

叶尖扰流器是目前定桨恒速风电机组设计中普遍采用的一种制动器。当风电机组处于运行状态时，叶尖扰流器作为桨叶的一部分起吸收风能的作用，保持这种状态的动力是风电机组中的液压系统。液压系统提供的液压油通过旋转接头进入安装在桨叶根部的液压缸，压缩叶尖扰流器机构中的弹簧，使叶尖扰流器与桨叶主体平滑地连为一体。当风电机组需停机时，液压系统释放液压油，叶尖扰流器在离心力作用下，按设计的轨迹转过 90°，在空气阻力下起制动作用。

盘式制动器在中大型风电机组中主要作为辅助制动装置，并且在大型风电机组上，机械制动器都被安排在高速轴上。因为随着风电机组容量的增大，主轴上的转矩成倍增加，如用盘式制动器作为主制动器，制动盘的直径也会很大，迫使风电机组的整体结构增大；同时当液压系统的压力增大时，整个液压系统的密封性能要求就会高，漏油的可能性增大。所以，在大中型风电机组中，盘式制动装置只是当机组在需要维护检修时作为制动用。

2）超速保护。当转速传感器检测到发电机或叶轮转速超过额定转速的 110% 时，控制器将给出正常停机指令。在中大型风电机组上都安装有过速保护传感器，它可以检测任何在叶轮旋转面上的低频振动频率，因而可以准确地指示叶轮的过速情况。它可以用作转速传感器的自我校验。

3）电网失电保护。风电机组离开电网的支持是无法工作的。一旦失电，控制叶尖扰流器和机械制动器的电磁阀就会立即打开，液压系统失去压力，制动系统动作，相当于执行紧急停机程序，这时控制器可以维持运行 10～15min 以记录相关数据。对由于电网原因引起的停机，控制系统将在电网恢复正常供电 10min 后，自动恢复正常运行。

4）电气保护。

5）紧停安全链。安全链是独立于计算机系统的最后一级保护措施。它采用反逻辑设计，将可能对风电机组造成致命伤害的故障节点串联成一个回路，一旦其中一个动作，将引起紧急停机反应。一般将如下部件的信号串联在紧急安全链中：紧急停机按钮、控制器看门狗、显示叶尖扰流器液压缸液压的压力继电器、扭缆传感器、振动传感器、转速传感器、控制器 24V DC 电源失电、主控制器死机等，只要其中任一部件动作，中断了安全链，系统就会控制机组实施就会紧急停机。紧急停机后，只能手动复位后才能使机组重新启动。

设计原则与要求：①若风电机组发生故障，或运行参数超过极限值而出现危险情况，或控制系统失效，风电机组不能保持在它的正常运行范围内，则应启动安全保护系统，使风电机组维持在安全状态。②安全保护系统的设计应以失效–安全为原则。③安全保护系统的动作应独立于控制系统。

2．传感器

为了监测和控制风力发电机组的运行状态，需要对风电机组外部环境（气候和电网）及机组部件的状态进行监测，并据此进行控制。传感器便是一种能够反映被测对象情况的检测装置，它能感受到被测量的信息，并更能够感受到信息按一定规律变换成电信号或其他所需形式的信号形式输出，以满足信息的传输、处理、储存、显示、记录和控制等要求。

在风电机组状态监测系统中，主要使用的传感器包括加速度传感器、压力传感器、位置传感器、温度传感器、液体特性传感器、液位传感器、电压电流互感器和压电薄膜传感器等。针对风力发电设备的特殊性要求，对传感器的具体要求有以下几点：①传感器应具有较好的响应特性。②传感器从被测对象获取的能量要小。③传感器加在被测对象上的负载要尽可能小。④传感器必须具有较高的稳定性和较长的使用寿命。⑤信号传递，记录和处理要方便。⑥传感器要具有较好的可抗干扰能力，如电磁场干扰、振动干扰等。

（1）温度监控传感器。风电机组的传动系统每个旋转部件都能产生热，这些热量不能及时散出就会损伤部件。如发电机、齿轮箱和机舱的温升监控，通常温升检测传感器采用工业铂电阻 PT100（见图 16-31）进行测试。

（2）超速开关。以 MITA 公司的 WP2035 超速传感器为例（见图 16-32），该传感器是专用于监视风电机组旋转速度的设备，它内部配置 16 位微处理器，可以发出精确的信号来预防机组由于超速造成的损坏。

报警频率的设定由数字转换开关决定，系统在超出预设报警频率时发出报警继电器的 LED 指示灯，当频率达到设定频率的 95%时，系统自动输出报警信号。

图 16-31　PT100

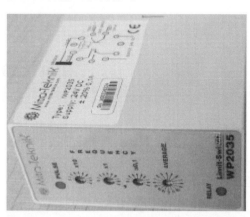

图 16-32　WP2035 超速开关

（3）机械振动传感器。特性：两个方向检测振动、振动器有自检回路、RS-485 通信、通过与控制器的通信设置所有参数。

型号为 WP4084 的振动分析器可用于监测两个方向上的振动（见图 16-33），保证设备运行中不超过临界振动点；频段为 0.1～5.0Hz，振幅 0.01～0.30g，用于低频振动的参数监测，它内部两个加速器可以用来测量振动，分别测量 X 方向和 Y 方向的振动，X 方向的加速器可以监测两种频率；提供内部报警功能，用户可以根据需要自行调整报警和延时时间，报警状态可以通过

图 16-33　WP4084 振动分析器

内部的继电器输出，可用于远程的报警系统也可以停止监测进程。

（4）振动保护传感器。摆锤式振动传感器使用行程开关（常见为 MCK-M 系列行程开关）+摆锤来实现对强烈振动的感应功能，并且以机械开关输出信号。

振动传感器灵敏度可以通过上下移动重量来调整，安装在垂直于重力方向上，强烈的振动可以激活传感器的微动开关。当微动开关被激活后，振动传感器将改变其内部簧片的状态，可能是由开到关（13/14），或由关到开（11/12）。振动传感器通常被用在安全链中，振动信号产生时将触发机组紧急停机。灵敏度可以通过摆锤的位置和重量来调整。摆臂通常安装在垂直于重力方向上。

（5）风速传感器和风向传感器。图 16-34（a）所示是风速传感器的三风杯组件，由三个碳纤维风杯和杯架组成。转换器为多齿转杯和狭缝光耦。当风杯受水平风力作用而旋转时，通过活转轴杯在狭缝光耦中的旋转转动，输出频率的信号。

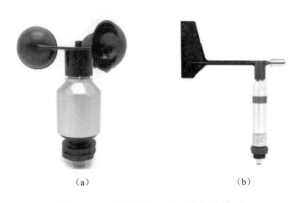

风向传感器的变换器为码盘和光电组件，如图 16-34（b）所示。当风杯随风向变化而转动时，通过轴带动码盘在光电组件缝隙中转动。产生的光电信号对应当时风向的格雷码输出。传感器的变化器采用精密导电塑料电位器，从而在电位器的活动端产生变化的电阻随信号输出。

风速传感器和风向传感器都有加热系统，以防止它们的电子元件受冻。

加热系统包括两个串联的外部加热元件。一个元件连接到风向标的底座，另一个元件连接到风速计的底座，加热系统还有一个位于桅杆内并与之直接接触的外部温度传感器 PT。

图 16-34　风速传感器和风向传感器

（a）风速传感器；（b）风向传感器

如果 PT 传送给加热系统的温度低于 2℃，加热元件会接收到最大功率，如果温度在 2℃到 0℃之间，加热元件接收到的功率会被恒温调节。加热系统根据温度，切断加热元件的电源最长可达 2s。如果外部环境高于 10℃，加热系统能长期切断加热元件电源。

（6）转速传感器。接近式开关转换传感器分为电感式和电容式，其工作原理是金属物体与传感器间的距离变化改变了其电感或电容值。转速传感器安装在风电机组的低速轴或高速轴附近，通过感受金属物体的距离发出相应的脉冲。

一般测频的方法有两种：一种通过计量单位时间内的脉冲个数获得；另一种测量相邻脉冲的时间间隔，通过求倒数获得频率。对于频率较高的信号，采用前一种方法可以获得较高的精度；对于频率较低的信号，采用后一种方法可以节省系统资源，获得较高精度。模块类型与测量风速的相同，由 PLC 把频率信号转换成对应的转速。频率与转速的对应关系为线性的。

（7）编码器（见图 16-35）。用于测量风电机组中包括发电机、变桨电机等旋转部件的旋转角度和旋转速度。

（8）位移传感器。如图 16-36 所示，一种磁滞伸缩位置传感器，变桨角度的位置通过长度的线性测量得

图 16-35　编码器

到。测量长度通过在保护管内部波导管内传输的电流脉冲完成。

波导管是一种波导物质边界装置，形状是一根固体电介质或充满电介质的管状导体，可导引高频电磁波。

（9）机舱偏航位置传感器。如图 16-37 所示，偏航传感器上有 4 个凸轮，它们可与 4

个微型开关连接/断开，共同测量绞缆的圈数；偏航传感器还内置了一个用来测量机舱位置编码器。

图 16-36　位移传感器

六、风电机组其他系统

1. 偏航系统

（1）概述。偏航系统是风电机组特有的伺服系统。它主要有两个功能：一是使风电机组叶轮跟踪变化的风向；二是当风电机组由于偏航作用，机舱内引出的电缆发生缠绕时，自动解除缠绕。

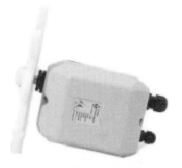

图 16-37　机舱偏航位置传感器

偏航系统有被动偏航系统和主动偏航系统两种。被动偏航系统是当风轮偏离风向时，利用风压产生绕塔架的转矩使风轮对准风向，若是上风向，则必须有尾舵；若是下风向，则利用风轮偏离后推力产生的恢复力矩对风。但大型风电机组很少采用被动偏航系统，被动偏航系统不能实现电缆自动解扭，易发生电缆过扭故障。主动偏航则是采用电力或液压驱动的方式让机舱通过齿轮传动使风轮对准风向来完成对风动作。

偏航系统一般为电动机驱动，但也有少数整机厂商选择液压驱动形式。偏航电动机通过速比非常大的行星减速器以调向小齿轮与偏航回转支撑的齿环啮合。偏航电动机一般为2～4个，除了偏航制动盘的制动夹钳起到制动效果外，偏航电动机本身也带电磁制动器。当风向改变时，风向仪将信号输入控制系统，控制驱动装置工作，小齿轮在大齿圈上转动，从而带动机舱旋转，使得风轮对准风向。

机舱可以两个方向旋转，旋转方向由传感器进行检测。当机舱向同一个方向偏航的圈数达到设定度数时，一般由限位开关将信号输入控制装置后，控制机组快速停机，并反转解缆。

在布置偏航系统时应考虑如下因素：

1）偏航轴承的位置应与机舱对称面对称。另外，还要将风轮仰角、风轮锥角、运行时叶尖的最大挠度等因素考虑在内，并确保叶尖与塔架外侧的距离大于安全距离。

2）偏航驱动器、阻尼器和偏航制动装置应沿圆周方向等距离布置，使其作用力均匀分布。否则，驱动偏航时除了旋转力矩外，还会引起附加的剪力，从而增加偏航轴承的负担。

3）尽可能采用内齿圈偏航驱动，即轮齿布置在塔架之内。这样偏航驱动小齿轮和偏航传感器都装在塔架内部，使安装、维修和调整都比较方便。

4）偏航装置的滑板安装时，必须使水平接触面和侧面接触面分别可靠贴合，以确保机组安全。因为只要一块滑板的连接失效，它的载荷立即转移到其他滑板上，从而使其他滑板的连接装置过载，可能相继引起所有滑板失效，导致机头掉落。

（2）偏航系统的主要部件。偏航系统一般由偏航轴承、偏航驱动装置、偏航制动（阻尼）器、偏航位置传感器、扭缆保护装置、偏航液压系统等组成。

2. 风电机组润滑

（1）润滑基础。润滑是解决机器零件摩擦、磨损的一种手段。一般来说，在摩擦副之间加入某种物质，用来控制摩擦、降低磨损，以达到延长机件使用寿命的措施叫润滑。能起到减低机件接触面间的摩擦阻力的物质叫做润滑剂（或称为减磨剂、包括液态、气态、半固体及固体物质）。

润滑对机械设备的正常运转起着如下作用：

1）降低摩擦系数。

2）减少磨损。

3）降低温度。

4）防止腐蚀、保护金属表面。

5）清洁冲洗作用。

（2）润滑分类。

1）根据润滑剂的物质形态分类：气体润滑、液体润滑、半固体润滑、固体润滑。

2）根据润滑膜在摩擦表面间的分布状态分类：全膜润滑、非全膜润滑。

（3）润滑剂。

1）润滑油的组成：由基础油加添加剂调和而成。

2）润滑脂的组成：由基础油加添加剂和肥基（增稠剂）组成。

（4）风电机组的润滑。风电机组因其工作环境和设备运行方式的特殊性，对机组的润滑提出了较高的要求。只有这样才能使风力发电机组在恶劣多变的复杂工况下长期保持最佳运行状态。

风电机组使用的油品应当具备下列特性：

1）较少部件磨损，可靠延长齿轮及轴承寿命。

2）降低摩擦，保证传动系统的机械效率。

3）降低振动和噪声。

4）减少冲击载荷对机组的影响。

5）作为冷却散热媒体。

6）提高部件抗腐蚀能力。

7）带走污染物及磨损产生的铁屑。

8）油品使用寿命较长，价格合理。

3. 液压系统

风电机组的液压系统的主要功能是为制动（轴系制动、偏航制动）、变桨距控制、偏航控制等机构提供动力。

在定桨距风电机组中，液压系统除了提供机械制动动力外，还对机组的空气制动液压管路提供动力，控制空气制动与机械制动的开启、关闭，实现机组的开机和停机。

在某些变桨距风电机组中，采用了液压变桨距装置，利用液压系统控制叶片变距机构，实现风电机组的转速控制、功率控制，同时也控制机械制动机构以及驱动偏航减速机构。

4．制动系统

（1）气动制动机构。空气制动机构是利用空气的阻力使机组风轮停止运行的装置，也称为气动制动机构，是大型风电机组的主要制动装置。对于定桨恒速风电机组，气动制动机构是叶尖扰流器；对于具有变桨机构的风电机组，气动制动机构是变桨机构。

（2）机械制动机构。机械制动装置是一种借助摩擦力使运动部件减速或直至静止的装置，它是风电机组安全保护系统的辅助制动机构。盘式制动器的结构形式按制动钳的结构形式区分可分为固定钳式、浮动钳式两种，其中浮动钳式又可分滑动钳式和摆动钳式两种。

 思考与练习

1．风电场主要有哪些一次设备？

2．风电场主要有哪些二次设备？

3．直流系统在风电场中的作用是什么？

4．风电机组基本构成包括哪些主要部件或系统？

5．有齿轮箱的风电机组传动链有哪几种形式？

6．风电机组控制系统的主要功能是什么？

7．风电机组中主要应用到哪些传感器？

8．风电机组偏航系统的功能是什么？

第十七章　光伏发电设备和生产过程 ◆

大力发展光伏产业，对构建现代能源体系、建设能源强国、实现"双碳"目标具有重要意义。经过多年的发展，光伏产业已成为我国少有的形成国际竞争优势，并有望率先成为高质量发展典范的战略性产业。当前国家和企业需要大量的光伏应用人才。本章阐述了光伏的工作原理和生产过程，介绍了光伏发电系统区别于其他发电系统的主要设备，旨在为新入职的员工储备必要的光伏发电生产知识提供参考，从而能更快更好地适应企业绿色低碳发展的要求。

第一节　光伏系统概述

光伏发电就是将太阳辐射能直接转换成电能，其原理就是半导体的光生伏特效应，所谓光生伏特效应就是指半导体在受到光照射时产生电动势的现象，简称光伏效应。

一、光伏发电的优缺点

（1）光伏发电无温室气体排放，因而称为"绿色"能源，主要具备以下优点：

1）太阳能取用不竭，遍布全球，可以减少化石燃料的消耗；

2）发电设备无旋转机械，无磨损，无污染、无噪声，寿命可长达 30 年以上；

3）安装方便，建设周期短，即便是大型光伏电站，从设计到施工安装可在 3～6 个月完成；

4）运行维护费用相对火电等常规发电站而言较低；

5）可因地制宜，就近设置，分布式光伏还能就近消纳，不必长距离输送，应用方便；

6）模块化结构，规模可按需调节，大到 GW 级光伏电站，小到分布式户用屋顶光伏系统，应用灵活。

（2）光伏发电系统缺点：

1）波动、不连续，受气候环境因素影响大；

2）能量密度低，占地面积大；

3）供电波形中谐波含量较火电要大；

4）大规模存储技术尚不成熟。

二、光伏系统的分类

光伏系统（PV 系统），通常按照与公共电网的关系分为离网型与并网型两大类。

离网光伏发电，指光伏发电系统发出来的电被负载直接使用，并不与电网相连。可以直接供给直流负载，也可以经逆变后供给交流负载。

并网光伏发电，就是太阳能组件产生的直流电经过并网逆变器转换成符合市电电网要求的交流电之后接入公共电网。

按照布置方式，分为集中式光伏和分布式光伏。

集中式光伏就是通过组件大面积的集中布置，组成较大容量的光伏电站，通过较高的电压等级，并入公共电网。一般接入电网的电压等级在 35kV 及以上。

分布式光伏是指在用户现场或靠近用电现场配置的容量较小的光伏发电系统，所发电量主要在并网点附近消纳。一类为 10kV 及以下电压等级接入，且单个并网点总装机容量不超过 6MW，另一类为 35kV 电压等级接入，年自发自用电量大于 50%或 10kV 电压等级接入且单个并网点总装机容量超过 6MW，年自发自用电量大于 50%。

关于分布式电源的界定参见《国家电网关于分布式电源并网服务管理规则的通知》。

三、光伏系统的构成及生产过程简述

光伏发电系统的核心设备是光伏组件和逆变器。光伏组件负责将太阳辐射能转变为直流电能，逆变器负责将直流电能转变为交流电能。

并网光伏电站的生产过程可简单表述如下：光伏组件通过串并联，组成光伏阵列，将太阳能转变成直流电能，经逆变器逆变成交流后，按照容量根据光伏电站接入电网技术规定，由变压器升压后，接入相应等级的电网。

根据逆变器选型不同，常见并网光伏电站的生产过程有三种：

（1）组件发出的直流电经分散分布在组件附近的直流汇流箱汇流后，送至大容量集中式逆变器，经逆变成交流后送至电网，如图 17-1 所示。

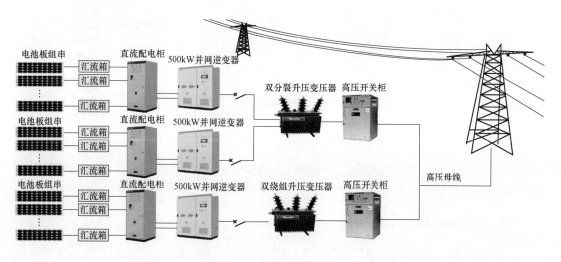

图 17-1 集中逆变并网

（2）组件发出的直流电经分散分布在组件附近的组串式逆变器逆变成交流后，再汇流至交流配电柜，然后送至电网，如图 17-2 所示。

（3）组件发出的直流电经分散分布在组件附近的光伏控制器（具备 MPPT 功能、升压功能，常与汇流箱合并为智能汇流箱）功率寻优后，送至大容量集散式逆变器，经逆变成交流后送至电网，如图 17-3 所示。

除开核心设备，光伏电站电气一次、二次系统和常规火电厂基本相似，包括变压器、

不同电压等级的母线、断路器、隔离开关、电压互感器、电流互感器、配电柜、UPS、直流系统、蓄电池、交直流电缆，以及与电网连接的架空线等，此外还有常规火电厂不太常见的无功补偿装置。

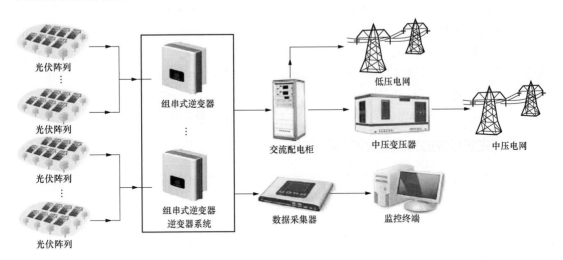

图 17-2　组串逆变并网

图 17-3　集散逆变并网

光伏电站二次系统主要包括监控系统、五防系统、继保装置、测控装置、自动装置、远动装置、通信装置、安防装置，还有新能源电站特有的功率预测装置。

四、系统接入电压等级

光伏电站接入系统应根据总装机容量、当地电网的实际情况、电能质量等技术要求选择合适的接入电压等级。以江苏电网为例，按照江苏省电力公司《光伏电站接入系统导则》（2010 年版）要求，光伏电站接入江苏电网的电压等级一般应符合表 17-1 规定。

表 17-1　　　　　　　　　　光伏电站接入电网电压等级

总装机容量 G	电压等级
$G \leqslant 200\text{kWp}$	400V
$200\text{kWp} < G \leqslant 3\text{MWp}$	10kV

总装机容量 G	电压等级
3MWp$<G\leqslant$10MWp	10kV 或 20kV
10MWp$<G\leqslant$20MWp	20～110kV
$G>$20MWp	110kV

实际接入电压等级应在接入系统专题中进行具体论证后确定。

五、并解列过程介绍

以图 17-1 中的光伏一次系统为例,其并解列过程如下:并网前,系统交流侧由电网送电至变压器,经变压器降压后,送电至逆变器交流输出端,即逆变器并网接触器输出端;系统直流侧由就地光伏组件经串并联后,供电至汇流箱,再由汇流箱供电至直流配电柜,然后至逆变器直流输入端,随后在逆变器内完成逆变,输出至逆变器并网接触器输入端。逆变器控制系统会跟踪并网接触器输出端参数,去调节逆变后送至并网接触器输入端的参数。当白天太阳辐射量足够,逆变器直流侧电压达到启动电压,并网接触器两侧参数满足并网要求,并网接触器会自动合闸,逆变器开始并网发电。当傍晚或阴雨天,太阳辐射逐步减弱,逆变器并网输出功率下降至设定的解列值,并网接触器自动分闸,逆变器解列,逆变器进入待机状态。从逆变器交流输出直至电网高压输出,这部分交流系统一般情况下,始终保持带电运行。

第二节　光伏主要设备

一、太阳电池和光伏组件

1. 太阳电池分类及简介

从第一块太阳电池问世到现在,光伏发电技术不断发展,电池种类众多,性能各异。按照使用材料的不同,商用的太阳电池主要有单晶硅电池、多晶硅电池、非晶硅电池、化合物电池等,如图 17-4 所示。

目前广泛应用于电力生产的是晶硅电池,规模化量产的主流产品是 Perc 型太阳电池。发射极钝化和背面接触(passivated emitter and rear contact,PERC),该技术利用特殊材料在电池片背面形成钝化层作为背反射器,增加长波光的吸收,同时增大 P-N 极间的电势差,降低电子复合,提高效率。2021 年,Perc 型太阳电池市场占比达 90%以上,这是生产成本和转换效率两个重要指标博弈的结果。

2. 太阳电池工作原理

硅原子的最外电子壳层中有 4 个电子,每个原子的外层电子都有固定位置,并受原子核约束。它们在外来能量的激发下,如受到太阳光辐射时就会摆脱原子核的束缚而成为自由电子,同时在它原来的地方留出一个空位,即空穴。由于电子带负电,空穴则表现为带正电。在纯净的硅晶体中,自由电子和空穴的数目相等。如果在硅晶体中掺入能够俘获电子的硼、铝、镓或铟等杂质元素,就构成了空穴型半导体,简称 P 型半导体。如果在硅晶

◆ 光伏电池分类

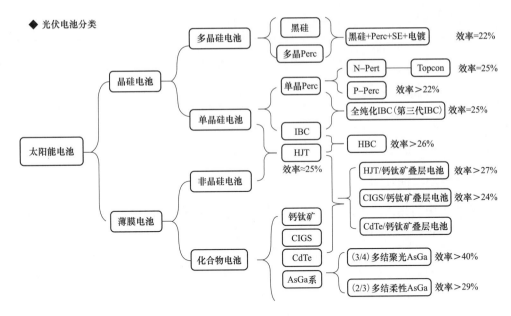

图 17-4　太阳电池分类

体中掺入能够释放电子的磷、砷或锑等杂质元素，就构成了电子型半导体，简称 N 型半导体。若把这两种半导体结合在一起，由电子和空穴的扩散，在交界面处便会形成 PN结，并在结的两边形成内建电场，又称势垒电场。由于此处电阻特别高，所以也称为阻挡层。当太阳光照射半导体时，其体内的原子由于获得了光能而释放电子，同时相应地便产生了电子空穴对，并在势垒电场的作用下，电子被驱向 N 型区，空穴被驱向 P 型区，从而使 N 型区有过剩的电子，P 型区有过剩的空穴。于是，就在 PN 结的附近形成与势垒电场方向相反的光生电场。光生电场一部分抵消势垒电场，其余部分使 P 型区带正电 N 型区带负电，于是就使得在 N 型区与 P 型区之间的薄层产生电动势，即光生伏特电动势。当接通外电路时便有电能输出。这就是 P-N 结接触型单晶硅太阳电池发电的基本原理，如图 17-5 所示。

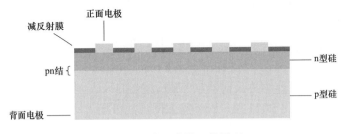

图 17-5　太阳电池工作原理

3. 光伏组件性能参数

太阳电池是光电转换的最小单元，一般不能单独作为电源使用。将太阳电池进行串并联封装后，成为太阳电池组件，也叫光伏组件，其功率一般为几瓦至几百瓦，是可以单独作为电源使用的最小单元。光伏组件再经过串并联安装在支架上，就构成了光伏方阵，可以满足负载所要求的输出功率。

衡量光伏组件性能的各项参数主要包括：标准测试条件（STC）下组件最大功率、最佳工作电流、最佳工作电压、短路电流、开路电压、转换效率、填充因子等。

所谓标准测试条件（STC），即欧洲委员会定义的 101 号标准，包括三个条件：①光伏组件表面温度 25℃；②大气质量 AM1.5；③辐照度 1000W/m²。

将光伏组件接上负载，在 STC 条件下其输出电流-电压的特性如图 17-6 所示，该曲线即为 STC 条件下的 I-V 曲线（伏安曲线），是光伏组件最基本的特性曲线。

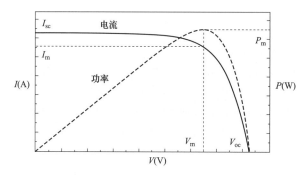

图 17-6　光伏组件伏安特性曲线

最大功率（P_m）：在光伏组件的伏安特性曲线上，工作电压与工作电流乘积的最大值，组件铭牌上标注的峰瓦值就是标准测试条件（STC）下组件最大功率；

最佳工作电流（I_m）：在光伏组件的伏安特性曲线上，最大功率点所对应的电流；

最佳工作电压（V_m）：在光伏组件的伏安特性曲线上，最大功率点所对应的电压；

短路电流（I_{sc}）：正负极间为短路状态时的电流；

开路电压（V_{oc}）：正负极间为开路状态时的电压；

转换效率（η）：受光照光伏组件的最大功率与入射到该光伏组件上的全部辐射功率的百分比。$\eta = P_m / （1000 \times S）$，这里的 1000 是指 STC 条件下辐照度为 1000W/m²，S 为组件面积，单位平方米，P_m 即 STC 条件下组件最大功率，单位瓦，η 为一个百分数；

填充因子（FF）：光伏组件的最大功率与开路电压和短路电流乘积之比。$FF = P_m / （V_{oc} \cdot I_{sc}）$，$FF$ 越接近 1，表明光伏组件伏安特性曲线越趋近于矩形，光伏组件的转换效率越高，其质量也越好。

4. 最大功率点跟踪 MPPT

MPPT（Maximum Power Point Tracking）全称最大功率点跟踪。

MPPT 控制器能够实时侦测光伏组件的发电电压、输出电流，并追踪最高电压电流乘积，使系统始终工作在最大输出功率点（附近），以充分发挥光伏组件的潜力。

有的光伏系统 MPPT 是合成在逆变器内，有的是布置在汇流箱中，有的汇流箱及逆变器均具备 MPPT 功能。

二、汇流箱

汇流箱分为直流汇流箱及交流汇流箱。

直流汇流箱：为了减少光伏阵列与逆变器之间的连线，同时实现防雷、保护、测控等功能，一般需要在光伏组件与逆变器之间增加直流汇流箱，有的汇流箱还具备直流升压功能，用于降低线损，有的汇流箱内置了多路 MPPT 功能，可以提高发电量。带有防反功能的汇流箱，还装有防反二极管，主要用于防止组串之间产生环流。

交流汇流箱：用于采用组串式逆变器的光伏发电系统，安装于逆变器交流输出侧和电网之间，主要用于汇流多个逆变器的输出电流，同时保护逆变器免受到来自交流电网侧的危害，作为逆变器输出断开点，提高系统的安全性，应具备防雷功能，宜配置测控功能。

三、逆变器

1. 逆变器的定义及简单分类

逆变器是将直流电变换成交流电的电子设备。由于光伏组件发出的是直流电，当负载是交流负载时，或需要接入公共电网时，逆变器是不可缺少的。

逆变器按运行方式可分为离网逆变器和并网逆变器。技术要求是有所区别的。

逆变器按使用模式不同，可分为集中式逆变器、组串式逆变器和集散式逆变器，三者各有优缺点，适用于不同类型的光伏电站。

2. 逆变器的主要功能

逆变器除具有将直流电逆变成为交流电的变换功能外，还应具有最大限度地发挥光伏组件性能以及提供系统故障保护的功能。

（1）离网逆变器的主要功能。

1）自动运行和停机功能。早晨日出后，太阳辐照度逐渐增强，光伏组件的输出也随之增大，当达到逆变器工作所需的工作电压后，逆变器即自动开始运行。逆变器运行后，便持续监视光伏方阵的输出，当光伏方阵的输出功率大于逆变器正常工作的最小输入功率，逆变器就持续运行，直到日落停机。

2）电压自动调节功能。当输入直流电压在额定值的 85%～120% 范围变化时，逆变器应能自动调整交流输出电压，使其变化范围不超过额定电压的 ±5%。

3）必要的保护功能。逆变器应设有以下保护：①交流输出短路保护。当交流用户侧发生短路事故时，逆变器应该有自动停机功能，防止逆变器损坏，动作时间应小于或等于 0.5s。②直流过电流保护。如果逆变器因为内部器件的损坏而导致直流短路，其直流侧将输出足以引起电路火灾的短路电流，因此逆变器对直流的过电流状态须具有保护切断的功能。③直流过电压保护。当直流输入电压过高时，会对逆变器本身造成损坏，形成安全隐患，因而逆变器应能检测直流输入电压，当直流电压过高时，逆变器停止工作。④直流电源反接保护。当直流电源正负极接线错误时，逆变器自动保护停止工作。⑤其他保护。逆变器还应该具有过热、雷击、输出异常、内故障等保护或报警功能。

4）保护自动恢复功能。逆变器在发生各种异常状态保护性停机时，故障消除后可以自动恢复运行。

（2）并网逆变器的主要功能。当光伏发电系统并网后，要求并网逆变器除了具有离网逆变器的一般功能以外，还应具有以下功能。

1）最大功率跟踪控制。光伏阵列的输出功率曲线具有非线性特性，受负荷状态、环境温度、辐照度等因素影响，其输出的最大功率点时刻都在变化。若负载工作点偏离光伏电池最大功率点将会降低光伏电池输出效率。最大功率跟踪控制就是在一定的控制策略下，使光伏阵列工作在最大功率点，尽量提高其能量转换效率。

2）孤岛检测。当电网供电因故障事故或停电维修时，用户的光伏并网发电系统未能及时检测出停电状态，形成由光伏发电系统和周围的负载组成的自给供电孤岛。孤岛效应可能对整个配电系统设备及用户端的设备造成不利影响，比如：危害输电线路维修人员的安全；影响配电系统上的保护开关的动作程序；电力孤岛区域所发生的供电电压与频率会出现不稳定现象；当供电恢复时造成相位不同步等。所以光伏并网逆变器应具有检测出孤岛状态且立即断开与电网连接的能力。

3）软启动。逆变器启动运行时，输出功率应缓慢增加，不应对电网造成冲击。逆变器输出功率从启动至额定值的变化速率可根据电网的具体情况进行设定。

4）方阵绝缘阻抗检测。应能在线检测接入逆变器的各光伏方阵对地的直流绝缘电阻，如阻抗小于 U_{maxpv}/ 30mA（U_{maxpv} 是光伏方阵最大输出电压），应能指示故障，对于不带电气隔离的逆变器，应限制其接入电网。

5）参与 AGC 和 AVC 调节。逆变器与监控系统之间规范应全面开放，逆变器应能接受监控及调度指令进行有功功率和无功功率的调整，实现 AGC 和 AVC 功能。

6）低电压穿越功能。当系统电压在低电压穿越曲线上方，要求光伏电站不能脱网，要保持连续运行。当系统电压在低电压穿越曲线下方，允许光伏电站从电网切出。图 17-7 为低电压穿越曲线。

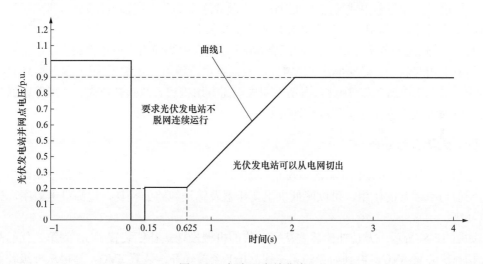

图 17-7　低电压穿越曲线

3. 集中式、组串式、集散式逆变器的优缺点

（1）集中式逆变器一般用于日照均匀的大型厂房，荒漠电站，地面电站等大型发电系统中，系统总功率大，一般是兆瓦级以上。

1）集中式逆变器主要优点：①逆变器数量少，可靠性高，便于管理；②逆变器无多台并联，谐波含量少，直流分量少，电能质量高，便于运营管理和电网调度；③逆变器集成度高，功率密度大，成本低；④逆变器各种保护功能更齐全，电站安全性高。

2）集中式逆变器主要缺点：①直流汇流箱故障率较高，影响整个系统；②集中式逆变器 MPPT 路数少,组件配置不灵活。在阴雨天,雾气多的部区,发电时间短;③需要专用的机房和设备;④逆变器自身耗电以及机房通风散热耗电增加,系统维护相对复杂;⑤冗余能力差,如有发生故障停机,影响发电的范围大。

(2)组串式逆变器适用于中小型屋顶光伏发电系统,山地电站。

1)组串式逆变器主要优点:①组串式逆变器采用模块化设计,每个光伏串对应一个逆变器,直流端具有最大功率跟踪功能,交流端并联并网,其优点是受组串间模块差异,和阴影遮挡的影响小,同时减少光伏电池组件最佳工作点与逆变器不匹配的情况,最大程度增加了发电量。②组串式并网逆变器的体积小、重量轻,搬运和安装都非常方便,不需要专业工具和设备,也不需要专门的配电室,在各种应用中都能够简化施工、减少占地,直流线路连接也不需要直流汇流箱和直流配电柜等。组串式还具有自耗电低、故障影响小、更换维护方便等优势。

2)组串式逆变器主要缺点:①设备数量多,电子元器件多,功率器件电气间隙小,可靠性稍差;②户外型安装,风吹日晒很容易导致外壳和散热片老化;③往往不设直流断路器和交流断路器,当系统发生故障时,不容易断开。

(3)集散式逆变器是介于集中式逆变器与组串式逆变器之间的一种发电解决方案,就是前置了多路 MPPT 寻优功能,先进行分散 MPPT 寻优,再进行集中逆变并网。

1)集散式逆变器主要优点:①与集中式对比,分散 MPPT 跟踪减小了失配的概率,提升了发电量;②与集中式及组串式对比,集散式逆变器具有提前升压功能,降低了线损;③与组串式对比,"集中逆变"在建设成本方面更具优势。

2)集散式逆变器主要缺点:①工程经验少。较前两类而言,市场份额小,在工程项目方面的应用相对较少。②安全性、稳定性以及高发电量等特性还需要经历工程项目的检验。③因为采用"集中逆变",因此,占地面积大、需专用机房、散热耗电大、故障停机影响发电的范围大等缺点也存在于集散式逆变器中。

四、无功补偿装置

无功功率补偿(reactive power compensation),简称无功补偿,在电力供电系统中起提高电网的功率因数的作用,可以降低供电变压器及输送线路的损耗,提高供电效率,改善供电环境。

如图 17-8 所示,无功补偿装置从第一代的机械投切式补偿装置 FC,到第二代的晶闸管投切补偿装置 SVC,再到如今的第三代 IGBT 全控式补偿装置 SVG,补偿从分级补偿进化为连续补偿,补偿的精度越来越高,速度越来越快,灵活性越来越强,调节电压、限制谐波、改善闪变的性能越来越好。

SVG(Static Var Generator)是迄今为止性能最为优越的电能质量优化装置。

1. SVG 的作用

(1)稳定系统电压,避免出现电压不合格的现象。

(2)快速连续调节无功。

(3)吸收负荷谐波电流,减小电压畸变率。

(4)分相补偿,可使三相负荷平衡,减小负序。

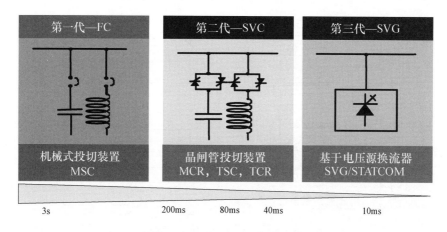

图 17-8 无功补偿装置发展进程

（5）减小线损，节省电能，提高设备使用寿命。

（6）控制线路潮流，改善系统静态及暂态稳定性，增加线路输电能力。

（7）增强系统阻尼，抑制低频振荡。

（8）具有低电压穿越功能，当电网电压跌落时向电网快速提供一定的无功功率，支持电网恢复。

2. SVG 的组成和基本原理

SVG 装置主要由启动装置、功率模块和控制装置构成。根据接线形式的不同 SVG 又可分为降压式和直挂式。通过连接变升压至系统电压等级的接线形式为降压式，增加连接变的阻抗，即可实现抑制高次谐波的功能，故降压式接法可省去电抗器，但降压式 SVG 单套容量较小，适用于 12Mvar 以下；直挂式 SVG 没有连接变，一般通过电抗器连接至相同电压等级的系统，其单套设备容量可以做到较大，但成本相对较高，价格较大，散热要求也相对较高。

启动装置：在 SVG 初启动时，限制上电时直流电容的充电涌流，避免 IGBT 模块、直流电容损坏。SVG 上电时，旁路电阻串于充电回路，起限流保护作用；完成充电后，需将电阻通过启动开关旁路后 SVG 方能投入运行。

功率模块：由多个 IGBT 元器件与电容器串并联而成的自换相桥式电路，当其接入交流电源时，桥式电路可实现对直流电容器充电，正常运行后，也需要从系统吸收少量有功满足其内部损耗，保持电容的电压水平，同时桥式电路串联形成多电平结构，控制各桥式电路的导通角，即可控制电容的放电过程，从而叠加出接近于正弦波的阶梯波，串联的级数越多，波形越接近正弦波，该正弦波的幅值和相位均可通过指令的变化进行调节。所以桥式电路可以等效为幅值和相位均可控制、与电网同频率的交流电压源。调节交流侧输出电压相位和幅值就可以控制 SVG 吸收和发出无功功率。对于理想 SVG（SVG 至系统间无电阻，呈纯感性，即无有功功率损耗），仅改变其输出电压的幅值即可调节与系统的无功交换：当输出电压小于系统电压时，SVG 工作于"感性"区，（相当于电抗器）；反之，SVG 工作于"容性"区，（相当于电容器）。图 17-9 所示为无功补偿功率模块工作原理示意。

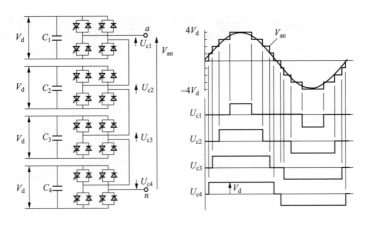

图 17-9 无功补偿功率模块工作原理示意

控制装置：一般包括监控单元、驱动单元、控制单元等。监控单元测量直流电容电压、状态、继电器状态、IGBT 驱动模块温度、状态等信息，并通过光纤传输到控制单元；驱动单元给 IGBT 提供驱动电路，接收放电命令对直流电容进行放电控制；控制单元根据检测到的信息，电网无功、电压、功率因数的反馈，以及装置运行模式、参数的设定，给出控制指令，并且提供故障的判断和一系列的保护功能。

出口电抗器：能有效地抑制 SVG 开关频率纹波电流所衍生的高次谐波，使 SVG 输出的无功功率能够更加平滑地调节，防止因冲击电流而发生故障。

3. SVG 常见运行方式

SVG 常见的运行方式见表 17-2。

表 17-2   SVG 常见运行方式

方式	名称	说　　　　明
1	手动无功输出模式	通过设定相关定值，使装置输出恒定大小的无功
2	恒电压控制	设定电压控制目标值，通过检测系统电压与目标值的偏差，自动调节装置输出的无功大小，以满足电压控制目标
3	恒系统无功控制	设定系统侧无功目标值，通过检测系统无功负荷，自动调节装置输出无功大小，以满足系统侧无功控制目标
4	恒功率因数控制	设定系统侧功率因数目标值，通过检测母线有功负荷、无功负荷，计算系统侧实际功率因数值，自动调节装置输出无功大小，以满足系统侧功率因数控制目标，提高电能质量

五、光功率预测系统

由于光伏电站输出功率与太阳辐射量有关，而太阳辐射量与气象环境相关，气象环境的不稳定就造成了光伏发电系统输出功率间歇性、随机性的缺点，随着新能源的占比越来越大，电力系统调度部门需要对光伏电站的输出功率进行预测，并结合未来可能的用电负荷，提前制定火电、燃气轮机、核电等各类并网机组的调度计划。否则可能对电力系统的安全稳定、经济运行造成影响。这就需要光伏电站配备光功率预测系统。

1．光功率预测简介

根据气象条件、统计规律等技术和手段，对光伏发电站有功功率进行预报，即为光功率预测。

光功率预测系统应配备实时气象信息采集系统（也叫光伏环境监测仪），包括总辐射表、散射辐射表、环境温度计、光伏组件温度计、风速仪、风向仪等。

光功率预测系统运行需要的数据包括数值天气预报数据、实时气象数据、实时有功功率数据和光伏电站运行状态数据等。

数值天气预报数据来自专业的气象部门，包括辐照、温度、湿度、气压、风速、风向、雨量、云量、日照时间等数据。

实时气象数据来自光伏环境监测仪实时测量所得。

实时有功功率数据和光伏电站运行状态数据来自光伏监控系统。

2．短期功率预测和超短期功率预测

光功率预测包括短期功率预测和超短期功率预测。

短期功率预测主要利用数值天气预报数据建立预测模型，预测次日零时起至未来 3 天（江苏省最新要求已改为 7 天）的光伏电站输出功率，每 15min 一个预测点。

超短期功率预测主要利用实时气象数据、实时有功功率数据和光伏电站运行状态数据建立预测模型，预测未来 15min～4h（江苏省最新要求已改为 10h）的光伏电站输出功率，每 15min 一个预测点。

第三节　光伏电站发电量影响因素分析

为了提高光伏电站发电量，在一开始的设计、安装过程中就需要注重很多细节，比如对系统设计进行优化，系统主接线图尽量简洁，避免一些不必要的设备增加系统能耗；设备选型时，尽量选择衰减慢、效率高的组件，选择 MPPT 功能完善先进、效率高且稳定的汇流箱、逆变器；采用经济截面法进行计算选择高低压电缆，以减少系统线路损耗；适当提高汇流箱输出电压，降低直流输送损耗；将组件串并联时要注意参数的匹配，降低由制造、安装产生的先天失配损失；要求厂家必须提供安全有效的抗 PID 效应的措施，以减少电势诱导衰减；安装组件时尽量避免磕碰、压损产生隐裂，导致衰减加快，甚至形成热斑损坏组件；实际安装倾角尽量准确，不要偏离设计值，造成辐射量的浪费等等。以上种种，在建设过程中予以重视，均可有效提高系统发电量。

下面重点将主要放在电站建成投产后的运维工作上，在实际运行中，可能导致系统效率下降，发电量降低的主要因素如下所述。

一、灰尘的遮挡

脏污、灰尘的遮蔽降低了组件对太阳辐射的吸收，从而降低了发电量；并且灰尘与组件的导热性有差异，也影响光伏组件表面散热，从而降低组件的光电转换效率；此外，具有酸碱特性的灰尘沉积到光伏组件表面，经过长时间的侵蚀之后，组件表面会粗糙不平，这将加剧灰尘的积累，降低透光率，形成恶性循环。

二、组件的热斑效应

高于组件的杂草、飞溅的泥浆、鸟屎等都会对组件产生不均匀的局部的遮挡，被遮挡的电池片，将被当作负载消耗其他有光照的电池片所产生的能量，此时问题电池片将会发热，这就是热斑效应，如图 17-10 所示。除了局部遮挡外，个别电池特性变坏、电池电极焊片虚焊、电池隐裂等都可能会造成热斑现象，热斑会不同程度地降低组件的输出功率，严重的可导致电池组件局部烧毁，这都将对系统的发电量造成影响。

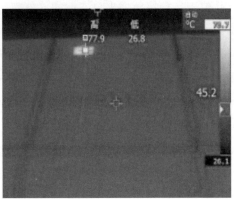

图 17-10　组件被鸟屎遮挡在红外镜头下观察到的热斑现象

三、组件的温度效应

光伏组件的峰值功率随工作温度的升高而降低（直接影响到效率），对市场主流晶硅光伏组件而言，一般温度每升高 1℃，组件的峰值功率损失率为 0.35%～0.45%（各品牌组件大小不一），这个百分比即为组件的温度系数，如图 17-11 所示。组件表面的灰尘遮挡，影响散热，背部杂草丛生，影响通风，以及组件形成热斑，都会导致组件工作温度上升，发电量下降。

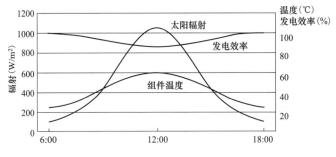

图 17-11　组件温度与效率的关系

四、组件的衰减效应

光伏组件的衰减是指随着光照时间的增加，组件的输出功率会不断呈下降趋势的现象。实际上，光伏组件在制造出来后就一直处于衰减的状态，不过在包装内未见光时衰减得非常慢，一旦开始接受光照，衰减会加快，衰减到一定比例后会逐步稳定下来。前期的生产工艺、安装质量，后期的运维管理都会影响组件的衰减特性，组件隐裂、断栅、表面脏污、酸碱腐蚀、面板玻璃破裂、运行环境引起的 PID 效应等都会加快组件的衰减。

五、光伏系统设备故障或运行不稳定

设备出现故障或运行不稳定，如组件大面积被大风吹损、雪压过大压坏组件、屋顶光伏因承载力不足产生坍塌、组件接线盒或 MC4 连接插头进水导致阻抗降低或接线盒、插头过热烧坏、汇流箱未正常唤醒、汇流箱受潮或进水发生短路、逆变器因阻抗异常未正常并网或因 IGBT 温度高而解列、箱式变压器或主变压器故障停运、输电线路因外部故障跳闸等，都将导致发电量不同程度下降。

思考与练习

1．光伏电站是如何并网与解列的？

2．光伏组件最基本的特性曲线是什么？有哪些性能参数？

3．并网逆变器有哪些不同于离网逆变器的功能？

4．SVG 常见的运行方式有哪几种？

5．光功率预测系统运行需要的数据有哪些？分别来自何处？

6．光伏组件发电功率下降的因素可能有哪些？

第十八章　电力市场 ◆

　　在电力市场化改革的道路上，符合我国国情的市场建设探索持续不断，电价机制逐步完善，电力市场化交易取得一定进展。通过分析中国电力市场改革的进程、经验及取得的相关成果，多角度、多层次剖析电力市场升级过程中的发展现状、未来趋势及市场前景，探究电力市场多种交易模式，介绍江苏电力交易市场发展情况、江苏电网架构、装机情况，使学员初步了解目前竞争日益激烈的电力体制改革，掌握电力交易基本理论、主要政策和相关技能要求等，了解电力营销相关基础知识并拓宽电力市场学习思路。电力市场化改革进入新阶段，在不同的电力供需形势下，现货市场的开展是必然趋势。通过阐述电力现货原理和典型现货市场让学员更为深入地了解电力市场，在未来构建新型电力市场中能够结合客观实际践行担当。

第一节　电力市场概述

一、电力市场综述

　　电力市场包括广义和狭义两种含义。广义的电力市场是指电力生产、传输、使用和销售关系的总和。狭义的电力市场即指竞争性的电力市场，是电能生产者和使用者通过协商、竞价等方式就电能及其相关产品进行交易，通过市场竞争确定价格和数量的机制。

　　竞争性电力市场具有开放性、竞争性、计划性和协调性。竞争性电力市场的要素包括市场主体（售电者、购电者）、市场客体（买卖双方交易的对象，如电能、输电权、辅助服务等）、市场载体、市场价格、市场规则等。

　　电力由于具有网络性、公共性、不可储存性等技术经济特性，传统上电力行业被认为是自然垄断型产业。1989 年英国首次提出电力市场概念，在实际需要与理论发展的双重背景下，世界范围内掀起了电力市场化改革的浪潮，许多国家的电力工业都在进行打破垄断、解除管制、引入竞争、建立电力市场的电力体制改革，目的在于更合理地配置资源，提高资源利用率，促进电力工业与社会、经济、环境的协调发展。

　　由于各国政治体制、经济体制、电源结构、电网规模、负荷特性等多种因素差异很大，从而使各国电力市场化体制改革各具特色。

二、中国电力市场改革历程

　　中国电力工业从 1882 年有电以来，在中华人民共和国成立后的 69 年里，中国电力迎头赶上世界先进水平，将失落的半个世纪追了回来，使中国的电力无论从装机容量到发电量都稳居世界第一位。中国电力市场改革历程如图 18-1 所示。

　　1978 年党的十一届三中全会以后，全国各行各业掀起了改革的热潮，电力工业也开始了寻求解决方案的体制改革的探索。

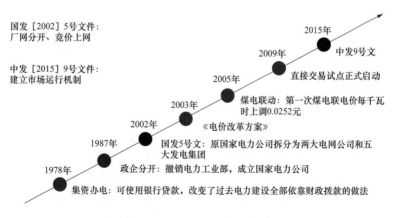

图 18-1 中国电力市场改革历程

1979 年 2 月国务院决定撤销水利电力部，成立电力工业部和水利部，电力工业管理机构的调整变化已经显现出"政企分开，省为实体，联合电网，统一调度，集资办电"的趋势。

1984 年 12 月，水利电力部制定了《关于电力工业简政放权的规定》。1985 年 5 月，水利电力部党组向党中央又提出了"自负盈亏，以电养电"的建议。

1987 年 9 月 14 日，国务院原总理李鹏代表国务院提出"政企分开，省为实体，联合电网，统一调度，集资办电"和"因地因网制宜"的电力改革方针。

1988 年 5 月，七届人大一次会议决定撤销水利电力部，正式成立能源部。在网省电业局、电力工业局的基础上成立电力公司。国务院于 1988 年 10 月 21 日印发了电力工业体制改革方案，授予能源部负责组织实施，全面开始了电力工业的公司化改组，组建成立了华能集团公司，这是中国电力工业的第一个集团公司。

2002 年国务院批准电力体制改革方案，实施厂网分开，重组发电和电网企业，成立国家电网公司、南方电网公司、华能集团、华电集团、大唐集团、国电集团、电力投资集团等，实现厂网分开、发电侧充分竞争的格局正式形成。

2004 年底，国家发改委《关于建立煤电价格联运机制的意见》出台，标志着备受各界瞩目的电煤问题朝着市场化方向迈出一大步。

2007 年国办发 19 号文《关于"十一五"深化电力体制改革的实施意见》提出加快电力市场建设，推进大用户与发电企业直接交易。

2009 年 3 月，发改委下发通知首次明确放开 20%售电市场，对符合国家产业政策的，用电电压等级在 110kV 以上的大型工业用户，允许其向发电企业直接购电，鼓励供需双方协商定价。

2015 年 3 月 16 日，国务院下发了《关于进一步深化电力体制改革的若干意见》（9 号文），这是继 2002 年《电力体制改革方案》、时隔 13 年之后重新开启的新一轮电力体制改革。

2017 年，江苏省先后发布了《江苏省售电侧改革试点实施细则》《江苏电力中长期交易规则》《江苏省电力市场建设方案》，在电力直接交易的基础上积极推进电力体制改革，售电公司正式入场交易。

电力投资体制改革、电价制度改革、电力资产重组、政企分开改革、构建新的市场体系……不断的变革中，集中统一的计划管理体制走向终结，取而代之的，是一个全新的"政府调控、机构监管、企业自主经营、行业协会自律管理和服务"的电力体制格局展现在世人面前。

三、基于市场经济结构转型下的新一轮电力市场改革——中发9号文

我国在电力市场化的探索过程中，主要提出了三个类型的电力市场模式：省级电力市场模式、区域电力市场模式以及节能发电调度和大用户直供。在中国电力市场化的各种探索中，不论是省级市场模式还是区域市场模式，包括严格意义上的节能调度发电，最终都处于模拟阶段或停止状态，其主要原因是市场各方在利益调整的公平性、合理性等方面容易产生分歧。随着经济不断发展，市场化程度越来越高，电力体制改革刻不容缓。

1. 中央电改9号文件

2015年3月16日由中共中央、国务院印发以"三放开、一独立、三强化"为核心的《关于进一步深化电力体制改革的若干意见》（中发〔2015〕9号）意味着继2002年《电力体制改革方案》、时隔13年之后新一轮电力体制改革拉开序幕。

"9号文"是进一步深化电力体制改革，解决制约电力行业科学发展的突出矛盾和深层次问题，促进电力行业又好又快发展，推动结构转型和产业升级，提出的相关意见。这份名为《关于进一步深化电力体制改革的若干意见》的电力体制改革方案，共分七大条二十八小条，主要内容可以概括为"三放开、一独立、三强化"。辅以N个实施细则（见图18-2），部分已制定完成，新电改有序推进。

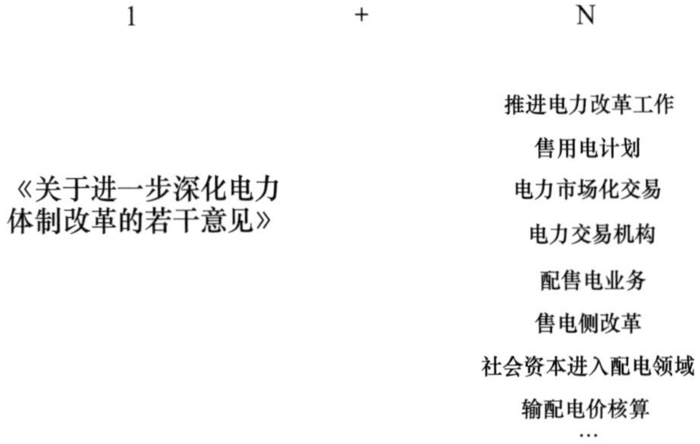

| 1 | + | N |

《关于进一步深化电力
体制改革的若干意见》

推进电力改革工作
售用电计划
电力市场化交易
电力交易机构
配售电业务
售电侧改革
社会资本进入配电领域
输配电价核算
……

图18-2　中央电改文件

2. 新电改背景

（1）国家政策背景。党的十八届三中全会明确提出要充分发挥市场在资源配置中的决定性作用，中华人民共和国第十二届全国人民代表大会第三次会议上，国务院总理李克强所作《政府工作报告》指出，我国将加快电力、油气等能源领域体制改革。电力作为国民经济的重要组成部分，此时推动电力体制改革，促使市场在电力资源配置中起决定性作用，正当其时。

（2）行业发展背景。当前，我国进行经济结构调整，用电需求进入中低速增长的"新常态"，而发电装机仍保持高速增长，电力产能相对过剩。国家推动能源结构的转变，保障可再生能源多发满发，火电由原有的保障电力供应的重要资源逐渐转变为新能源的调峰资源，市场是解决过剩经济的唯一出路。近年来，各地区相继开展了电力用户直接交易、竞价上网、发电权交易、跨省区电能交易等，部分地区交易平台已搭建完毕，运行趋于成熟，为电改方案的出台奠定了基础。

（3）行业存在问题。现阶段，电力行业还面临一些亟须通过改革解决的问题，主要有：市场交易机制缺失，资源利用效率不高；价格关系没有理顺，市场化定价机制尚未完全形成；政府职能转变不到位，各类规划协调机制不完善；发展机制不健全，新能源和可再生能源开发利用面临困难；立法修法工作相对滞后，制约电力市场化和健康发展。

与上轮电改不同的一个重大前提是，本轮电改的大背景已经发生了历史性的根本变化。变化的两个重要标志：一是国家已经明确了"能源革命"战略构想，二是中央已经决定全面建设"法治社会"。

总体而言，本轮电改方案是比较务实的，综合考虑了改革需求和可操作性原则，相比于2002年的"5号文"，更具有现实意义。虽然两个文件都是围绕"放开两头、管住中间"这条基本路径展开讨论，但9号文件体现的核心价值取向与2002年的5号文具有本质的不同，因而不是其简单延伸。

3. 电改总体思路和基本原则

中发9号文确定电改的基本目标为"建立健全电力行业'有法可依、政企分开、主体规范、交易公平、价格合理、监管有效'的市场机制"，对于改革的重点和基本路径概括为"三放开、一独立、三强化"，体制框架设计为"放开两头，管住中间"，基本原则为"坚持安全可靠；坚持市场化改革；坚持保障民生；坚持节能减排；坚持科学监管"。

在进一步完善政企分开、厂网分开、主辅分开的基础上，按照管住中间、放开两头的体制架构，有序放开输配以外的竞争性环节电价，有序向社会资本开放配售电业务，有序放开公益性和调节性以外的发用电计划；推进交易机构相对独立，规范运行；继续深化对区域电网建设和适合我国国情的输配体制研究；进一步强化政府监管，进一步强化电力统筹规划，进一步强化电力安全高效运行和可靠供应。

本轮电改的核心价值取向是指在建立一个绿色低碳、节能减排和更加安全可靠，实现综合资源优化配置的新型电力之体系，推动我国顺应能源大势的电力生产、消费及技术结构转型。"三个有序放开"是为了发电侧和售电侧能够建立电力市场而提出的，就是要将发电侧原有的发电计划，发电厂的上网电价放开；售电侧的终端用户电价及用电计划放开。这样有利于形成发用电市场。但是由于在供电侧，各个电厂机组的状况不同，各个电厂不可能在同一起跑线上参与市场竞争；在用电侧，需要对用户用电进行计划统筹来保证电力系统安全运行。因此在市场放开需要一个循序渐进的过程。

4. 售电侧市场改革

售电侧改革是本次电改的最大亮点，这标志着电网独家垄断配售电的体制被彻底打破。通过向社会资本开放售电业务，多途径培育售电侧市场竞争主体，给予电力用户更多的选择权，提升售电服务质量和用户用能水平。国家发布了《售电侧市场运营规则》《售电企业准入和退出办法》《售电市场监管办法》《保底供应服务商管理办法》《社会资本投资配电业务管理办法》等一系列配套文件。电改前后电力市场格局如图 18-3 所示。

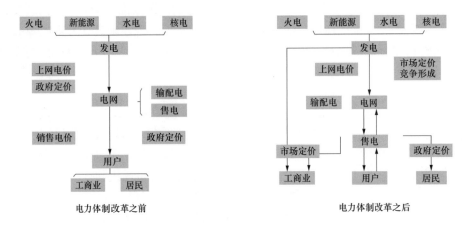

图 18-3　电改前后电力市场格局

（1）鼓励社会资本投资配电业务。增量配电网络不具有自然垄断属性，与存量（电网公司）相比，增量配电网络公用事业属性较弱；新增配网引入社会资本，能够增加其发展活力，有效提高其市场效率以及技术革新，整合互联网、分布式发电、智能电网等新兴技术，研究优化煤电、天然气、可再生能源等电源组合向用户供电。

（2）多途径培育市场主体，建立市场主体准入和退出机制。按照 9 号文的规定，未来可能出现以下几种类型的售电企业：一是以五大电力为主的发电企业，在企业内部组建售电公司，直接与用户谈判，从事售电和新增配电业务；二是不承担电力输配任务的市县级供电局，重组为独立的售电公司，从发电企业直接购电，自主向用户售电；三是与电网相关的工程建设公司，与用户贴近的节能服务公司均可能参与售电竞争；四是工业园区内可以组建配售电主体，为园区或开发区内部企业提供售电打包服务；五是有条件的社会资本组建售电公司，直接参与售电服务；六是与用户接近的供水、供电、供气的公用事业单位；七是分布式能源项目具有余电上网出售的先天优势，随着电力法的修改也将成为新的主体。

对于售电企业的准入条件，国家要求独立法人，按照不同注册资本授权不同的售电量规模，同时对人员数量、素质和企业信用等方面提出了要求。按照简政放权、不再新增行政许可的要求，国家不再设置售电业务许可证，符合准入条件的售电企业，纳入省政府售电企业目录，在交易中心完成市场注册程序后，即可以开展售电业务。售电企业的退出机制分为自愿退出和强制退出（违法、违规、破产等）两种方式。

（3）赋予市场主体相应的权责。售电主体的主要权利和义务有：一是采取多种方式从电力市场购电，包括直接向发电企业购电、通过集中竞价购电、向其他售电商购电等。其中向其他售电商购电方式较为新颖（新加坡不允许），为售电商之间进行合同余缺调剂和转让创造了条件。二是依据合同向电力用户售电，按照合同约定电价进行电费结算。三是向用户提供包括合同能源管理、综合节能和用能咨询等增值业务。四是对于拥有配电资产的售电商，还要承担配电网安全责任，无歧视提供配电服务。五是按照国家有关规定承担电力基金、政策性交叉补贴、普遍服务、社会责任等义务。

第二节 江苏电力市场改革

一、江苏电网主要结构

1. 江苏电网基本情况

江苏位于东部沿海、长江中下游地区，面积 10 万 km²，2021 年人口数量为 8505.4 万人，现设 13 个地级市。

（1）省内网架特点。江苏电网经过多年的发展，特高压已形成了"一交三直"混联电网格局，其中"一交"指淮南—南京—泰州—苏州—上海工程，已于 2016 年 4 月投运，其中过江段为苏通 GIL 综合管廊工程，已于 2019 年 9 月 26 日投运。"三直"分别是锦苏特高压直流，起点是四川锦屏落点在苏州同里，最大输送功率 720 万 kW。±800kV 雁淮特高压直流，2017 年 6 月份投运，起点在山西雁门关，落点在江苏淮安，最大送电能力 800 万 kW，目前最大输送功率已超过 600 万 kW。±800kV 锡泰特高压直流，2017 年 9 月份投运，起点在内蒙古锡林郭勒，落点在江苏泰州，最大送电能力 1000 万 kW，目前最大输送功率已超过 500 万 kW。

江苏电网的 500kV 的骨干网架已形成了"六纵六横"的格局，潮流走向是"北电南送、西电东送"。江南、江北通过 8 回 500kV 通道和 1000kV GIL 管廊连接，额定容量 1500 万 kW。与外省通过 10 回 500kV 线路（其中上海 4 回、浙江 2 回、安徽 4 回）和上海、浙江、安徽电网紧密相连。山西阳城电厂通过 3 回 500kV 线路向江苏点对网送电，最大输送功率 300 万 kW；三峡水电通过±500kV 龙政直流送江苏，落点在常州政平，最大输送功率 300 万 kW。

我省新能源与电力负荷呈逆向分布，苏北地区新能源装机比重高，但是用电负荷小；苏南地区装机比重小，但是用电负荷高，大量富余电力必须送往苏南消纳。目前过江通道的限额为 1500 万 kW，在负荷高峰时段整体输送潮流已达到最大能力的上限值。考虑后续新建煤电、核电机组也将集中在苏北沿海，将进一步加剧了北电南送过江断面的压力。

（2）对外连接情况。江苏电网地处华东电网腹部，东连上海市、南邻浙江省、西接安徽省。现由 10 条 500kV 省际联络线分别与上海市、浙江省、安徽省相连；3 条 500kV 线路与山西省阳城电厂相连；1 条 500kV 直流线路与三峡电站相连；1 条 800kV 特高压直流线路与华北电网相连；1 条 800kV 特高压直流线路与东北电网相连；2 条 1000kV 特高压直流线路与安徽电网相连；2 条 1000kV 特高压直流线路与上海电网相连。

（3）区外通道情况。

1）山西阳城电厂（2001 年投产）通过 3 回 500kV 线路向江苏省以点对网的形式送电，最大输送功率为 300 万 kW。

2）三峡水电通过 500kV 龙政直流输电工程于 2003 年投运，向江苏省送电，落地常州政平，最大输送功率为 300 万 kW。

3）四川省锦屏的西南水电通过 800kV 锦苏特高压直流输电工程向江苏省送电，落地苏州同里，最大输送功率为 720 万 kW。

4）800kV 雁淮特高压直流输电工程于 2017 年 6 月投运，起点在山西雁门关，落点在江苏省淮安市，最大输送能力为 800 万 kW。

5）800kV 锡泰特高压直流输电工程于 2017 年 9 月投运，起点在内蒙古锡林郭勒盟，落点在江苏省泰州市，最大输送能力为 1000 万 kW。

6）2 条 1000kV 特高压交流线路与安徽电网相连。

7）2 条 1000kV 特高压交流线路与上海电网相连。

8）另有 800kV 白鹤滩—苏州特高压直流输电工程正在建设中，预计 2022 年投运；800kV 彬长—徐州特高压直流输电工程规划在"十四五"末期投运。

（4）全社会用电规模。2021 年，江苏省全社会用电量为 7101.16 亿 kWh，同比增长 11.41%。第一产业累计 64.46 亿 kWh，同比增长 19.91%；第二产业累计 5047.02 亿 kWh，同比增长 10.18%，其中工业累计 4979.99 亿 kWh，同比增长 10.10%；第三产业累计 1118.23 亿 kWh，同比增长 18.78%；城乡居民用电累计 871.45 亿 kWh，同比增长 9.25%，其中城镇累计增长 11.57%，乡村累计增长 6.92%。

2021 年迎峰度夏期间全省最高用电负荷 12041.48 万 kW，同比增长 4.59%，创历史新高，是国家电网系统内首个用电负荷连续 6 年突破一亿千瓦的省级电网；全年由区外来电的购入电量为 1233.9 亿 kWh，占全省用电量的 17.4%。

2021 年江苏电网结构不断加强，结合 500kV 东吴—吴江南线工程、500kV 苏州吴江南站、无锡映月站、连云港花果山站、宿迁宿豫东站、徐州黄集站、盐城射阳站、盐城丰海站新建和南京龙王山站、镇江梦溪站、扬州高邮站、淮安旗杰站、南通扶海站增容扩建等输变电工程投运，江苏电网分层分区将持续优化，到 2021 年底 220kV 电网将增加至 32 个分区运行，结构完善、运行灵活。

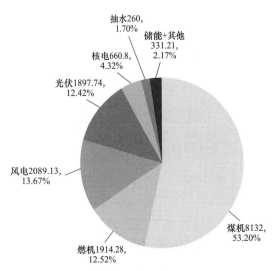

图 18-4　2021 年 12 月底全省装机结构

2. 江苏装机情况

（1）全省装机机构统计。截至 2021 年 12 月底，全省装机容量 15420.45 万 kW，含统调电厂 13067.30 万 kW，非统调电厂 2353.15 万 kW，如图 18-4 所示。全省装机结构占比：煤机 53.20%、燃气轮机 12.52%、风电 13.67%、光伏 12.42%、核电 4.32%、抽水 1.70%、储能垃圾农林生物 2.17%，如图 18-5 所示。

统调煤机：100 万机组 26 台，容量占比 33.80%、60 万机组 41 台，容量占比 34.36%、30 万机组 55 台，容量占比 23.72%，自备及供热给水泵汽轮机组容量占比 8.12%。

统调燃气轮机：9F 调峰燃气轮机 14 台，容量占比 31.44%；9 F 供热燃气轮机 15 台，容量占比 34.73%；9E 及其他燃气轮机（分布式）44 台，容量占比 33.8%。

（2）全省各发电集团装机占比，如图 18-6 和图 18-7 所示。表 18-1 所示为省内各大集团装机容量统计表（2021 年 12 月期末容量）。

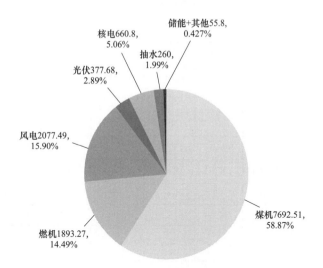

图 18-5　2021 年 12 月底全省统调装机结构

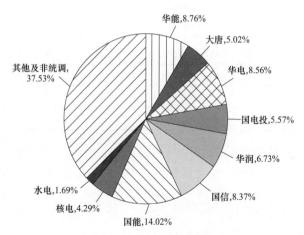

图 18-6　2021 年 12 月底全省各集团装机占比

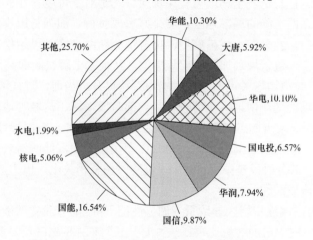

图 18-7　2021 年 12 月底全省统调各集团装机占比

表 18-1　　　　省内各大集团装机容量统计表（2021 年 12 月期末容量）　　单位：万 kW

本年	统调	华能	大唐	华电	国电投	华润	国信	国能	其他
全口径	13067.30	1346.49	774.12	1319.83	858.83	1037.71	1290.22	2161.40	4358.72
占比情况		10.30%	5.92%	10.10%	6.57%	7.94%	9.87%	16.54%	32.74%
煤机	7692.51	783.00	526.00	629.00	659.50	1001.00	906.00	1669.50	1518.51
100 万	2600.00	300.00	—	400.00	400.00	200.00	200.00	900.00	200.00
60 万	2643.00	126.00	396.00	132.00	126.00	441.00	520.00	516.00	386.00
30 万	1825.00	330.00	130.00	97.00	132.00	326.00	132.00	198.00	480.00
供热	624.51	27.00	—	—	1.50	34.00	54.00	55.50	452.51
燃气轮机	1893.27	247.06	182.28	625.20	0.00	18.38	259.60	—	561.15
燃气轮机（9F 调峰）	595.2	78.00	—	346				—	171.20
燃气轮机（9F 供热）	658.11	87.86	87.20	85.20	—	—	176.00		221.85
燃气轮机（9E 及其他）	639.96	81.20	95.08	194		18.38	83.2		168.10
风电	2077.49	294.92	55.84	42.04	179.33	36.71	125.02	491.90	931.75
海上风电	941.29	250.93	30.18	—	124.42	—	50.05	249.32	316.40
陆上风电	1136.20	43.99	25.66	42.04	54.91	36.71	74.97	242.58	615.36
光伏	377.68	21.51	10.00	—	23.59	20.00			307.00

（3）江苏电网的主要薄弱环节。

1）局部电网存在供电瓶颈，安全运行压力大。我省部分 500、220kV 同杆并架双回线考虑 N–2 校核后，相关断面稳定限额大幅下降，局部地区电网送受电能力受到较大影响。公司系统各单位、部门采取积极有效措施，缓解安全运行压力。一是提前制定低压侧负荷转供、临时运行方式调整等方案，并做好针对性事故预案；二是加强重要设备的巡视和运维工作，保障电网运行稳定安全和电力有序供应。三是对于可能存在的用电缺口以及临时方式调整后供电可靠性下降的局部地区，安排好重要负荷，加强与用户的沟通协调，并及时汇报政府相关部门。经采取上述措施后，仍有部分断面高峰时段超稳定限额运行，后续需通过实施线路增容改造、规划加强网架等措施，从根本上解决断面越限问题。

2）西电东送、北电南送关键通道输送能力有待提升。当前，过江通道潮流分布不均，中、东通道潮流偏重，受江南地区负荷较重、局部时段南通、盐城等地区新能源大发等因素影响，导致电气距离较近的过江输送中、东通道潮流重载，部分时段超出稳定限额运行。受吉泉直流大功率、皖电东送潮流影响，500kV 茅山至斗山双线潮流较重；雁淮直流南送一级通道潮流较重，部分时段越限运行。虽通过实时调整相关电厂出力短时缓解上述矛盾，但对全网电力平衡造成制约。

3）新能源出力占比逐步增大导致系统调节性能下降。随着我省新能源及区外直流来电的快速增长，江苏电网煤机的装机比重已从"十一五"末的 84% 降至目前的 54%，盐城南、南通西北等部分 220kV 分区新能源出力占比高达 90% 以上，夏季高峰负荷期间，新能源最高出力占负荷比重已经达到 10%，占发电出力比重高达 12%，且非高峰时段上述比例将进一步提高。新能源发电占比提高加剧了电力系统的电力电子化趋势，大电网特性发生了本质变化，系统有效转动惯量持续降低，动态无功支撑和调节能力变弱，电网频率稳定风险和电压稳定风险不断增大，主网"空心化"趋势越发明显。此外，电力电子设备抗扰动能力差，容易引发电网事故连锁反应，扩大事故范围。后续需通过电网第三道防线智慧化改造，提高电网运行态势可观测性；加强新能源涉网性能技术监督，利用 PMU（电网同步相量测量装置）数据优势，开展电网实时转动惯量检测、电网振荡在线监测和预判研究等工作，提升电网抵御风险能力。

二、江苏电力市场改革历程

应该说，江苏电力市场的发展历程同全国电力市场发展历程基本上是一致的。江苏是一个经济发达且市场化程度较高的省份，伴随国家电力市场化的脚步，江苏的电力市场建设进行着不断的探索与实践。具体表现在：

（1）2006 年 9 月份开始，在全国率先进行了发电权交易，当年成交了 62 亿 kWh。

（2）2007 年起率先对不同机组基数利用小时实行差别下达，60 万比 30 万机组多 50h，100 万机组比 60 万机组多 50h。2013 年分别为 100、150h。

（3）2008 年 1 月 9～10 日、2008 年 11 月 1～6 日分别进行了节能调度模拟试运行。

（4）2012 年 2 月，发改委、能源局、电监会三部委联合发文，同意在江苏省开展电力直接交易试点，只允许 60 万及以上机组参与大用户直购电交易。

（5）2016 年 4 月 25 日，江苏正式出台"关于 2016 年电力直接交易扩大试点工作的通知"允许 30 万机组参与大用户直购电交易。

（6）2016 年 9 月 10 日，江苏省首次开展发电企业和电力大用户参与的月度集中竞价交易，市场交易电量规模 50 亿 kWh。

（7）2016 年 11 月 3 日，江苏省经信委、江苏能监办、江苏省物价局联合发布"关于开展 2017 年电力直接交易工作的通知"，市场交易电量规模在 2016 年基础上增至 1350 亿 kWh。

（8）2017 年 3 月份开始，江苏省每两个月组织发电企业和电力大用户开展月度集中竞价交易。

（9）2017 年 3 月 7 日，国家发改委、能源局批复《江苏省售电侧改革试点方案》。

（10）2017 年 8 月 9 日，江苏省人民政府办公厅发布《江苏省售电侧改革试点实施细则》和《江苏省增量配电业务改革试点实施细则》。

（11）2017 年 9 月 12 日，江苏省电力交易中心对第一批受理注册的售电公司进行了公示，售电公司正式入市，华能江苏能源销售有限责任公司第一批、第一个获得售电资质。

（12）2017 年 10 月 30 日，江苏能监办、经信委、发改委和物价局联合发布《江苏省电力中长期交易规则（暂行）》。

（13）2017 年 12 月 15 日，江苏经信委、能监办、发改委和物价局联合发布《江苏省电力市场建设组织实施方案》。

（14）2018 年 3 月 13 日，国家发展改革委 国家能源局发布关于印发《增量配电业务配电区域划分实施办法（试行）》的通知。

（15）2018 年 3 月 23 日，国家能源局综合司发布《可再生能源电力配额及考核办法（征求意见稿)》。

（16）2018 年 4 月 28 日，国家能源局发布《关于进一步促进发电权交易有关工作的通知》国能发监管〔2018〕36 号。

（17）2019 年 6 月 27 日，国家发展改革委发布《全面放开经营性电力用户发用电计划有关要求的通知》，明确经营性电力用户的发用电计划原则上全部放开，提高电力交易市场化程度。

（18）2019 年 10 月 21 日，国家发展改革委发布《关于深化燃煤发电上网电价形成机制改革的指导意见》（发改价格规〔2019〕1658 号）。将现行燃煤发电标杆上网电价机制改为"基准价+上下浮动"的市场化价格机制。基准价按当地现行燃煤发电标杆上网电价确定，浮动幅度范围为上浮不超过 10%、下浮原则上不超过 15%。

（19）2019 年 12 月 9 日，江苏能源监管办发布《江苏省分布式发电市场化交易规则（试行）》的通知。

（20）2020 年 1 月 19 日，国家发展改革委发布《省级电网输配电价定价办法》的通知（发改价格规〔2020〕101 号），进一步提升输配电价核定的规范性、合理性，完善输配电价定价机制。

（21）2021 年 1 月 6 日，江苏能监办会同江苏发改委修订印发《江苏省电力中长期交易规则》，售电公司保函最低 200 万经营性用户发用电计划全放开。

（22）2021 年 10 月 8 日，江苏省发改委和能监办发布《关于 2021 年四季度电力市场交易有关事项的通知》。通知指出价格浮动范围为上浮不超过基准价的 10%，下浮原则上不超过 15%；当市场成交价格高于基准价时，二类用户与售电公司可在友好协商、达成一致的基础上对批发市场增加的购电成本进行合理分摊；尚未执行的年度双边交易电量，双方协商一致后对价格进行合理调整。

（23）2021 年 10 月 12 日，国家发改委价格司发布《国家发展改革委关于进一步深化燃煤发电上网电价市场化改革的通知》（发改价格〔2021〕1439 号），并召开专题发布会进一步深化电力市场化改革。

（24）2021 年 10 月 23 日，国家发展改革委办公厅发布《关于组织开展电网企业代理购电工作有关事项的通知》（发改办价格〔2021〕809 号）。

（25）2021 年 10 月 23 日，省发展改革委发布《关于进一步做好深化燃煤发电上网电价市场化改革工作的通知》（苏发改价格发〔2021〕1008 号）。

（26）2021 年 10 月 27 日，江苏省发改委和能监办发布《关于抓紧做好电力市场交易合同签订有关工作的通知》。

（27）2021 年 11 月 11 日，国家发展改革委、国家能源局制定了《售电公司管理办法》发改体改〔2021〕1595 号。

（28）2021 年 12 月 10 日，江苏电力交易中心发布关于填报和发布 2022 年省内绿电交易需求的通知。

（29）2022 年 1 月 21 日，国家发展改革委等七部门联合印发了《促进绿色消费实施方案》（发改就业〔2022〕107 号）。

（30）2022 年 1 月 18 日，国家发改委、国家能源局联合印发了《关于加快建设全国统一电力市场体系的指导意见》（发改体改〔2022〕118 号）。

（31）2022 年 2 月 10 日，国家发改委、国家能源局发布《关于完善能源绿色低碳转型体制机制和政策措施的意见》（发改能源〔2022〕206 号）。

（32）2022 年年初发布《江苏省电力现货市场运营规则（试行）》，开展现货模拟试运行。

（33）2022 年 3 月 25 日，中共中央　国务院发布《中共中央　国务院关于加快建设全国统一大市场的意见》。

三、江苏的大用户直购电

1. 漫长的大用户直购电交易历程

大用户直购电是既能够满足电网安全节能调度要求，又基本能够被各市场主体接受的交易，这一市场模式几年前开始浮现，并且在江苏这样一个发用电大省施行开来。

在我国进行大用户直购电改革初期，大用户直接交易获批缓慢，主要受到两个方面的约束，一是独立输配电价尚未形成，交易试点输配电价难以获批；二是国家部门之间对大用户直接交易意见不统一，将其与节能减排政策对立起来。如果选择在高耗能、高污染企业开展电力直接交易，等同于为其提供优惠电价、低电价，与国家节能减排政策不符。

根据国家发改委 2009 年 6 月 30 日下发的《关于完善电力用户与发电企业直接交易试点工作有关问题的通知》要求，江苏的大用户直购电试点于 2009 年底上报审批。提交的首批试点发电企业都是高效低能耗机组，电力用户涉及全省 13 个省辖市，主要是电子、新能源、纺织、船舶、机械等行业，方案较符合节能减排要求和电力体制改革方向。在发电侧，国家当时要求的准入条件是 2004 年及以后新投产，单机容量在 30 万 kW 及以上的火电机组。为体现节能减排的要求，江苏省自觉把该标准提高到了 60 万 kW 及以上的高效低能耗机组。而名单中的电力用户均是符合产业政策和节能减排要求的优势工业企业，不仅单位产值能耗低于同行业水平，而且还低于全省 GDP 能耗。

尽管江苏省做好了所有的准备，审批过程仍然漫长。2010 年 5 月江苏输配电价就已经获批，而直到 2012 年 2 月才正式开展大用户与发电企业直接交易工作。这意味着处于"悬空"状态两年多的江苏省直购电试点最终尘埃落定。而江苏也是 2010 年被国家发改委批复独立的输配电价的四个试点地区中最终唯一破冰的省份。

江苏直购电试点交易方式采取双边协商，电力用户与发电企业自主寻找交易对象，自主协商达成交易意向并签订交易合同。电力用户的用电成本由 4 项组成：直接交易电价、输配电价、线损费及政府性基金；后三项核定后是固定不变的。交易用户采用非全电量交易，一般占到各家企业年用电量的 80%左右。2012 年完成大用户直购交易电量 13.16 亿 kWh，交易量占电力用户年度申量 81.35%，占全省用电总量 0.5%。这一数据在逐年增加，2014 年大用户直购电量占全省用电总量的 2%。

2017 年初江苏省大用户直购电量规模增加 505 亿 kWh，存量电量 545 亿 kWh，年度计划 1050 亿 kWh，年度实际成交 1054.91 亿 kWh。发电侧准入条件是 30 万 kW 级煤机及以上机组。华能江苏分公司所辖电厂中 30 万级及以上煤机均参与了大用户直购电交易，2017 年共取得电量 123.27 亿 kWh。

在新电改进一步推进的当下，大用户直购电这一交易模式将得到长足的发展，在明确降低传统火电机组基数发电计划，60%～70%的发电计划从市场取得的政策下，大用户直供无疑是各发电企业必争之地。

2. 新电改推进下的江苏电力交易市场

2016 年江苏省按照《中共中央国务院关于进一步深化电力体制改革的若干意见》（中发〔2015〕9 号）精神及国家发改委、能源局制定的配套文件要求，分别于 2016 年 2 月和 3 月相继出台《江苏电力市场建设方案》和《江苏电力直接交易集中竞价规则（试行）》征求意见稿全力推进江苏地区电改试点工作，2016 年 4 月 18 日江苏电力交易中心在南京揭牌成立。新一轮电改在江苏迅速推进。

（1）大用户直接交易模式。江苏省电力交易当时主要形式有发电权交易、抽水蓄能及大用户直购电交易。大用户直购电交易一直以发电企业和用电企业协商的形式开展。2016 年 9 月份首次开展发电企业和电力大用户参与的平台集中竞价交易。2017 年电力大用户直接交易以双边协商交易为主、平台集中竞价为辅。

（2）关于大用户直接交易价格。2017 年新增直接交易采取保持电网购销差价不变的方式执行，即用户直接交易电量的电度电价为直接交易价格加上购销差价（含政府性基金及附加）。

（3）2017 年江苏省大用户直购电市场规模及交易方式。2017 年度大用户直接交易电量规模为 1350 亿 kWh，其中双边协商交易为 1050 亿 kWh，平台集中竞价交易为 300 亿 kWh。双边协商交易中，存量电量为 545 亿 kWh，新增电量为 505 亿 kWh。

市场交易方式分为年度双边协商交易和月度集中竞价交易。

（4）大用户直接交易集中竞价规则。2016 年 8 月 8 日，江苏能源监管办、江苏省经信委、江苏省物价局联合发布《江苏省电力集中竞价交易规则（试行）》，主要内容如下：

1）交易组织：省经信委、江苏能源监管办根据年度直接交易电量总量确定集中竞价电量规模、电力用户及发电企业申报电量上限，由电力交易平台提前 3 个工作日发布集中竞价交易日期以及相关市场信息。

2）交易申报：发电企业申报上网价差时，以参加直接交易的机组上网电价为基准，电力用户以自身执行的目录电度电价为基准；发电企业的每台机组只能申报一个价差及对应电量，电力用户同一户号下的每个电压等级只能申报一个价差及对应电量。

3）交易出清：交易申报截止后，交易出清价格按边际统一出清或高低匹配出清方式形成。电力交易中心在 1 个工作日内形成无约束交易结果。

4）边际统一出清方式（江苏月度集中竞价交易所采用的方式）：①按照"价格优先原则"对发电企业申报价差由低到高排序，电力用户申报价差由高到低排序。②申报价差相同时，按容量优先排序；容量相同时，按交易申报时间排序。③按市场边际成交价差作为全部成交电量价差统一出清。④若发电企业与电力用户边际成交价差不一致，则按两个价差算术平均值执行。

5）集中竞价交易市场主体：发电侧为 60 万 kW 级以上燃煤机组和省内核电机组，用户侧为 35kV 及以上用电电压等级且两个月剩余电量（用电量–年度双边协商交易分解电量）大于 500 万 kWh。

四、《江苏省电力市场建设组织实施方案》

1. 第一阶段 2017—2019 年

（1）2017 年放开 35kV 及以上大用户直接交易，规模 1300 亿 kWh 左右。

（2）2018年放开20kV及以上大工业和一般工商业及其他用户，交易规模1900亿kWh。

（3）2019年放开部分10kV大工业及一般工商业的电力用户，交易规模达到3000亿kWh。

2. 第二阶段2020年

（1）取消竞争性发电计划，用户市场化电量达到4000亿kWh左右。

（2）开展当前市场和实时市场交易，形成中长期交易与现货交易相结合的市场体系。

3. 第三阶段2021年

（1）逐步缩小优先发电计划范围。

（2）开展电力期货、期权等金融衍生品交易。

（3）建立优先购电优先发电制度。

第三节　江苏售电侧市场放开后的2018年电力市场交易

一、江苏售电侧市场放开的相关政策文件

1.《江苏省售电侧改革试点实施细则》——江苏售电侧改革纲领性文件

（1）明确售电公司、电力用户和发电企业等市场主体准入条件；

（2）明确市场主体注入流程：注册、审批、公示；

（3）明确市场交易方式、交易价格、交易结算的原则；

（4）明确市场监管的原则。

2.《江苏省电力中长期交易规则（暂行）》——市场交易的基本准则

（1）明确发电企业、电力用户、售电公司、电网企业、独立辅助服务商、电力交易机构、电力调度机构等市场主体的权利和义务；

（2）明确细化发电企业、电力用户、售电公司准入条件，对售电公司增加履约保函的要求；

（3）明确交易品种：电力直接交易、跨省跨区交易、抽水蓄能电量招标交易、合同电量转让交易、辅助服务补偿交易等，电力直接交易指发电企业与电力用户（含售电企业）经双边协商、集中竞价、挂牌等方式达成的购售电交易；

（4）明确交易价格通过双边协商、集中竞价、挂牌等市场方式形成；

（5）明确市场主体结算规则，售电公司（电力用户）结算规则。

1）实际用电量低于市场化交易合同约定的月度计划97%时，低于97%的差值电量部分，按照当期江苏燃煤机组标杆电价的10%征收偏差调整费用；

2）实际用电量在月度计划97%～103%之间时，按实际用电量结算。其中超出月度计划的电量按照市场化合同加权平均价结算；

3）实际用电量在月度计划103%～110%之间时，超出103%部分按照对应的目录电价结算并按照当期江苏燃煤机组标杆电价的10%征收偏差调整费用；

4）实际用电量超过月度计划110%时，超出110%部分按照对应的目录电价结算并按照当期江苏燃煤机组标杆电价的20%征收偏差调整费用。

二、江苏售电公司准入基本情况

（1）2017年10月12日，36家售电公司注册生效。

（2）2017年10月16日，35家售电公司注册生效。

（3）2017年10月30日，26家售电公司注册生效。

（4）2017年12月1日，47家售电公司注册生效。

（5）2017年12月17日，13家售电公司注册生效。

（6）2018年1月2日，8家售电公司注册生效。

（7）2018年2月12日，26家售电公司注册生效。

（8）2018年7月3日，11家售电公司注册生效。

截至目前，江苏注册生效的售电公司已达到202家，在2018年度交易截止前完成注册的售电公司一共157家，其中只有72家参与2018年市场交易（一家已退市，一家转让绝大部分用户）。

第四节　电力现货市场基础知识

一、如何理解电力现货市场

一般商品具有时序价格和位置信号两个属性，例如西红柿早上的价格和下午的价格不同体现了时序价格，在零售超市购买的价格和直接到农场批发的价格不同体现了位置信号。电力现货市场使得电力价格跟随不同时段供需变化而波动体现了电力的时序价格，同时受传输线路阻塞等因素的影响，不同交割点的电力价格也不尽相同，体现了电力的位置信号。所以说电力现货市场还原了电力的商品属性。此外，现货市场也是电力实际交割的市场，电力现货市场通过日内发用电计划滚动调整以保证电力供需的即时平衡。

二、电力现货市场基础知识

1. 什么是现货

现货市场主要开展日前、日内、实时电能量交易和备用、调频等辅助服务交易。严格来讲，上述表述只是介绍了现货市场可能的存在方式，并没有说明现货的含义是啥。经济学上现货核心特征只有即时交易、即时交割两个。

让我们先抛开电力市场，以影视业市场为例分析一下现货市场下的交易行为。

首先，影视业市场作为完全竞争市场，电影票就是一个典型的现货价格商品，热门电影票的价格从不打折。不同客户群体对于如何购买电影票会存在认知和行为上的偏差。假设小王、小丁和小李代表了三类不同的典型客户群体。

小王看电影喜欢直接到影院柜台购买电影票，他觉得这样子最方便快捷。

小丁则比较精明一点，他看电影前采购了这家影院的优惠券，35元可以抵扣40元，如果不够的话再补差价就可以了，这样子他就能够省下5元。

小李则是电影爱好者，因为经常看电影的缘故所以他提前在团购平台购买了电影通票12张，每张只需要30元，而且通票不受限制可以看任意价格的电影不需要补差价，不过通票存在着有效使用期，唯一需要担心的就是逾期未使用的风险。

显然，小王是一个市场价格的完全接受者，购票价格完全交由电影市场来决定。这就是直接参与纯现货的弊端，需要完全接受市场行情的变化。

小丁则具备一定的风险意识，通过购买优惠券的方式提前锁定了电影票的折扣，无论电影价格如何波动，小丁始终能够享受到 5 元的折扣。这就是中长期差价合约+现货的资产组合方式，通过合理的配置可以降低市场行情不确定性的风险。

小李通过提前购买电影通票的方式来抵御市场价格波动对于自己的影响，这种交易方式有效规避了现货市场价格波动带来的风险，但是同样的如果电影市场不景气影票价格大幅下跌低于通票价格，或者由于需求预期偏差导致购买了过多的通票反而会得不偿失。

2. 美式现货和欧式现货

美式现货和欧式现货是现货电力市场的两大典型模式。澳洲、新加坡、南欧、南美、南非等地的电力市场，都是这两大典型模式的衍生产物。

（1）美式现货市场的特点是什么？

1997 年 3 月 31 日，宾夕法尼亚、新泽西、马里兰三家电力公司成立了 PJM、INT 和 LLC。这三家电力公司合成了一家电力公司，商定共享电网，实行发电经济调度，实现发电成本最低、电网利用最优化。

因为三家电网都是独自规划，下属发电企业究竟听从哪一家的安排调度也就成了难题，为了打通输电阻塞三家公司按照商务契约的精神，建立一家独立的电力调度机构，按照中立公正的原则，对发电厂进行调度。PJM ISO 就此诞生了。

到此为止，我们可以看到美式现货市场的两个特点：

1）美国以私营电力公司（电网、电厂）为主体的基础条件决定想要进入现货市场的发电企业就必然要上交调度权。

2）选择压缩购电成本的单边优化模式，调度权利最大化，ISO 直接决定所辖市场范围内电厂发电、开停机的所有行为。

ISO 本质上不是一个交易所，而是一个按报价由低到高制定发电计划的电力调度中心。

所以，以 PJM 为代表的美式现货是一个市场报价驱动的经济调度模式。

当然，美式现货市场采用的节点电价也很有特点，这里不展开。

（2）欧式现货市场的特点是啥？

欧洲电力市场的发展是一个逐步融合统一的动态过程。现状就是七家电力交易中心，通过市场耦合机制，把各自服务区域内的发电、用电的下单汇总到一起，统一计算出清，最后形成这个泛欧洲大市场的电力交易结果。

欧洲的电力调度机构只是依据统一的出清结果执行电力调度，调度机构的权力被大大削弱了。

欧洲大多数国家都有自己的国家电网公司这一基础条件给欧洲电网互联提供了优越的基础条件，各国电力调度机构只需要依据市场统一出清结果执行电力调度即可，相对通畅的电网互联也就无须再设立独立的集权调度机构。

不同国家的电网公司可以共用一家交易中心，交易中心的运营则更加类似一个撮合购电和发电的"滴滴"平台。

作为欧洲的某一个服务于多国的电力交易中心，以 Nord Pool 为例，电力交易主管的工作大概也就像滴滴的派单员一样，把某国用户提交的用电需求单派给某一个有发电能力、价格最低的发电厂。

从电厂的角度来看，也就是报价完之后等待着接收交易中心派发的每个小时的用电量需求订单，然后依据订单安排执行发电。

从这里，我们可以看到欧洲现货市场的几个特点：

1）电力交易让电力调度更轻松了，只要给定几个跨国的输电能力，绝大多数发电计划通过计算并匹配供需就自发形成了，可以实现泛欧洲的供需集中优化。

2）新加入欧洲市场的新成员国，不需要上交调度权，只需要提交自己发电、购电需求即可。新加入成员国的电力调度机构依然需要对本国内的小市场进行平衡调度。

3）市场主体完全自愿加入泛欧洲的跨国大市场，认为跨国交易划算就加入，不划算还在本国内买卖电。比如西班牙一直认为只放开40%的跨国输电能力参加欧洲市场就可以了。当然，由于欧洲市场的优势实在巨大，资源互补效应太强，基本上超过85%的发用电量都在欧洲大市场上完成了交易。

另外，之所以说欧洲的各家电力交易中心和滴滴这样的平台很相似，还因为这些交易中心之间经常发生滴滴收购Uber这样的合并。比如阿姆斯特丹交易所APX收购了英国交易所UKPX，而随后欧洲电力交易所EPEX又收购了APX。

最后说一下，无论哪一种，都不是能直接拿来为我国所用的，需要消化吸收引进。

3. 节点电价

节点电价法由Schweppe等人于1988年首先提出，它实质上是一个基于最优潮流的算法。用这种方法得到的节点电价受4个因素的影响，发电机边际成本、系统容量、网损和线路阻塞情况。由此，采用节点电价法不仅得到了计及输电阻塞的发电计划，而且求出的节点电价也为阻塞费用的分摊提供了依据。

由浅入深，节点电价理解为：市场中某个节点（用户所处的位置）增加一个单位的负荷，按照最经济方式购电的购电成本增加了多少？

市场里A机报价3毛钱/度电，B机报价4毛钱/度电，按照价低者先发电的原则，只要A机没有达到满出力，那么用户每增加1度用电，购电成本增加量都是A机的3毛钱，则用户节点电价是3毛。如果A机达到满出力，那么用户增加一度用电就必须从B机购买，此时用户节点电价变为4毛钱。

下面我们举一个生活中的例子来帮助我们理解一下。

我们仍然用打车平台的例子来类比电力市场，早上八点的某地点的节点车价可以理解为：该地点新增一位乘客，按照最低成本打车的车价。

小明每天早上八点都要从家打车去单位上班，那么八点钟他家所在位置的节点车价正是该时间段他所能打到最低成本的车价费。打车平台的可选车型分别为了每千米1元的快车，每千米2元的优享车和每千米10元的专车。

（1）城市无阻塞的节点车价。小明首选快车因为快车最便宜，只要快车能够到达城市的任何地点，那么任何一个位置的节点车价都是快车的车价1元。1元即为就是全市的无阻塞节点车价。

（2）城市有阻塞的节点车价。小明在家的位置叫车，此刻所有快车到小明家都由于阻塞的原因无法抵达，而此刻能够抵达的最近车辆是离小明家一公里之外的一辆优享车。此刻小明家位置的节点车价就变为2元，比城市无阻塞时的节点电价增加了1元。这1元就是小明家打车的阻塞价。

但是因为优享车距离较远需要小明支付 0.05 元的空载接驳费，小明也没有选择于是接受了。这 0.05 元就是空载损耗价。

现在我们可以看到，小明家的节点车价=无阻塞节点车价+阻塞车价+空载损耗价=2.05元。而其他能够叫到快车位置的节点车价仍然是 1 元。

（3）既有阻塞也有速度约束时的节点车价。小明早八点如同往常一样打车上班，但是今天有些急事儿要处理需要在 15min 赶到单位，此时平台由于阻塞问题只能选择优享车和专车，但是优享车还在洗车店洗车需要等待 10min 才能出发而专车立刻就能够出发，小明只能选择乘坐 10 元/km 的专车。

比城市无阻塞、不需要赶时间的节点车价增加了 9 元。

9 元=阻塞车价 1 元+速度约束车价 8 元。

（4）节点车价可以是负的吗？——可以。让我们考虑两次叫车的最优问题。假设小明家 7:00 出现了第一位乘客小李叫车，快车由于阻塞问题继续无法接单，而此时原本打算洗车的优享车决定不洗车了去接小李的订单，接单送完小李之又回到小明家附近等待新订单。8:00 小明打车时，优享车又可以马上发车了。

问题，7:00 时刻小明家的节点车价是多少？

答案是出乎意料的–6 元。

由于小李在 7:00 提出的叫车单，使得原本八点需要等待十分钟的优享车可以发车，尽管 7:00 车价为 2 元，但是 8:00 车价由 10 元减为 2 元，因此 7:00、8:00 这两次叫车的总费用减少了 6 元。

所以，按照节点车价的定义，7:00 的节点车价即为，新增一次叫车使得两次叫车总车价的增量变化量–6 元。

为什么多一人乘车还会省钱？

简言之，上例权衡了两次叫车的总成本最低，以节点车价的方式最鲜明、最直接地揭示出，在 7:00 叫车对于"小李+小明"二人组是最划算的！可以让低价出租车保持随时可以发车！

这就是以市场手段实现社会福利最大化的魅力，也是节点车价引导车辆资源优化配置的体现。

这省下的 6 元，就是社会福利。

【问题 1】生活中乘客如何应用节点车价？

很简单，小明在出发前先拿出 2 元请小李打优享车在附近兜 1 公里，不要给优享车洗车的机会，然后他 8:00 用车时候，就可以打到低价的优享车了。

【问题 2】生活中司机如何应用节点电价？

也很简单，专车请优享车装作车辆故障不接单，然后小明家的节点车价就可以稳定维持在 10 元。这就是串谋+容量持留。

第五节　发电企业应对电改所做的工作

一、成立能源销售公司

2015 年 4 月，集团公司成立了营销体制改革领导小组，按照集团公司贯彻落实中央电力体制改革精神，抓好顶层设计，建设"三个中心"的整体部署和要求，全面负责集团公司营销体制改革的设计、实施和重大事项决策。同时指导集团公司上下统一思想、加强研究、主动发声，在中央及地方电改文件制定过程中反映企业的建议和想法。明确电力营销在迎接电力体制改革方面主要开展两方面工作：一是明确做好电力营销工作是当前区域公司最重要的工作，区域公司是营销的责任主体。集团公司重要举措之一是决定在北方、澜沧江、山东、江苏、广东、辽宁等六家区域公司进行营销体制改革试点。试点分公司将成立省级销售（分）公司，尽快完成省级售电公司的注册工作，同时加强现有营销力量，统一电、热市场开拓，深化客户合作与服务，鼓励进入售电业务和新增配电业务，尽快形成改革经验，保证华能改革不落后。二是相关部门统一思想，注重顶层设计，密切跟踪参与国家各项配套措施的研讨、修改工作，主动向制定政策的部委反映公司意见，争取政策话语权。

2015 年 8 月 5 日，华能江苏能源销售有限责任公司正式完成工商注册，2017 年 10 月 12 日江苏省首批第一个获得售电资质，且交易电量无上限。图 18-8 所示为华能江苏能源销售有限责任公司组织架构。

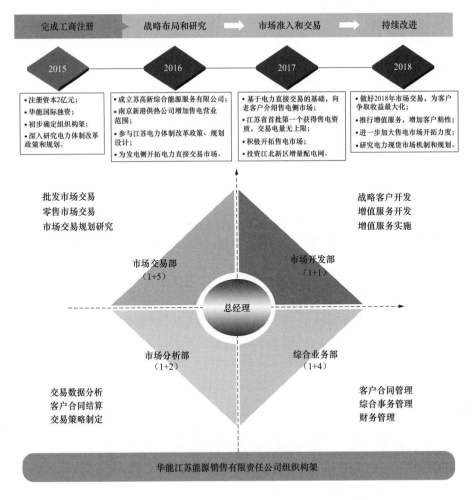

图 18-8　华能江苏能源销售有限责任公司组织架构

二、成立运营中心

为适应电力体制改革需要，整合内部资源，维护市场秩序，更好地应对现货市场竞争，设立区域电力交易运营中心，简称运营中心。运营中心作为区域公司直属单位，挂靠市场营销部，与市场营销部实行一体化运作，主要承担区域公司在批发市场各类交易的组织、协调和运营职能。2021 年 10 月份，江苏公司运营中心完成人员招聘工作，按市场交易组、市场分析组及结算风控组三个工作组设置分工。

现阶段运营中心人员重点围绕中长期交易规则、电力经济学基础、现货市场运营规则等方面开展专题培训。深度参与江苏电力现货市场运营规则编制工作，积极争取容量补偿、分区电价、阻塞盈余等关键内容，提前谋划模拟试运行的交易组织，在两次模拟试运行期间基本实现保机组运行方式、保机组负荷率的既定目标。通过模拟试运行，初步建立与基层电厂的沟通协调机制，优化运营中心内部分工协作机制，初步建立市场分析逻辑及数据分析模型，为后续技术支持系统的建设奠定了基础。

【案例解读】

表 18-2 所示为某企业月度电量结算方案。

表 18-2　　　　　　　　　某企业月度电量结算方案

企业 A	集中竞价 交易电量	月内挂牌 交易电量	年度双边协商 月度计划电量
电量（kWh）	300 万	200 万	500 万
电价优惠（分/kWh）	1.2	1.0	1.5
实际电量（kWh）	900 万 kWh		

以此为例计算该企业需支付的偏差考核费用？

（1）以–1.2 分/kWh 的优惠价格结算 300 万竞价电量；

（2）以–1 分/kWh 的优惠价格结算 200 万挂牌电量；

（3）以–1.5 分/kWh 的优惠价格结算 400 万年度双边协商电量；

（4）剩余 100 万 kWh 的电量作废（不滚动结算）；

（5）低于 97% 的差值电量 70 万 kWh，需承担偏差考核费用 3.91 分/kWh。

适用规则：实际用电量低于市场化交易合同约定的月度计划 97% 时，按照《江苏省电力中长期交易规则》规定的市场化合同结算次序进行结算，低于 97% 的差值电量部分，按照当期江苏燃煤机组标杆电价的 10% 征收偏差考核费（即 3.91 分/kWh）。

思考与练习

1．在电力体制改革的大背景下，我们要做好哪些准备，迎接机遇？

2．从售电侧及发电侧的角度，分别分析如何在电力交易市场中获得自身利益最大化？

第十九章　综合能源服务

　　综合能源服务是将不同种类的能源服务组合在一起的能源服务模式，是面向能源系统终端，以用户需求为导向，通过能源品种组合或系统集成、能源技术或商业模式创新等方式，使用户收益或满足感得到提升的行为。作为能源服务的高级形态，综合能源服务旨在提供符合能源发展方向、契合用户实际需求的能源解决方案，是推动能源革命的重要举措。同时，综合能源服务能够有效提升能效、促进清洁能源利用，大力发展综合能源服务将是推进中国能源低碳发展、实现 2030 年前碳达峰目标和 2060 年前碳中和愿景的关键着力点。本培训课程主要面向电力企业新入职的员工，通过介绍综合能源服务的发展与现状、主要服务模式、特点、意义以及其典型分类和发展前景，并结合实际案例讲解了综合能源服务的应用场景。通过学习，使新入职员工能够对综合能源服务的概念有所了解，为今后在综合能源服务的项目开发和建设管理打下良好的基础。

第一节　综合能源服务概述

一、什么是综合能源服务

　　（1）定义：综合能源服务是一种新型的、为终端客户提供多元化能源生产与消费的能源服务方式，其涵盖能源规划设计、工程投资建设、多能源运营服务以及投融资服务等方面。

　　（2）内容：综合能源服务包含两方面的内容：一是涵盖电力、燃气和冷热等系统的多种能源系统的规划、建设和运行，为用户提供"一站式、全方位、定制化"的能源解决技术方案；二是综合能源服务的商业模式，涵盖用能设计、规划，能源系统建设，用户侧用能系统托管、维护，能源审计、节能减排建设等综合能源项目管理运营全过程。

二、发展与现状

　　人类能源发展从传统的化石能源到可持续发展的清洁能源，历经了漫长的过程。蒸汽时代，煤炭成为了时代的宠儿，带来的却是环境被破坏，自然资源被过度开采。随着时代的发展、科技的进步，以清洁能源为主的可持续发展能源系统正在逐步地取代传统的能源。人们日益增长的对美好生活的需求，促使能源行业的发展。现如今更加便利、更加智能的能源系统已经日趋成熟，人们习惯将这种新型的能源服务叫做"综合能源服务"。

1. 历史发展

　　能源服务始于 20 世纪中后期，大体可分为三个阶段：

　　第一阶段，传统能源。起源于 20 世纪中叶的美国，所针对的主要是节能减排、发展节能设备，使能源像普通的商品一样可以买卖，开发了能源合同管理的模式。

第二阶段，分布式能源。萌芽于 20 世纪下半叶，发展于 20 世纪 70 年代，随着光伏、风力、生物质能的发展，分布式能源服务也开始发展，吸收的资本更多，发展模式更加多样化。

第三阶段，综合能源。随着第四次工业革命的到来，智能化的浪潮不断的加剧。大数据、物联网等新技术的出现，为能源行业注入了新鲜的血液。以提高可再生能源的利用率和节约资源为导向，更加智能和符合人们用能习惯的能源服务模式开始出现。

2. 现状评述

综合能源服务的概念是由西方发达国家提出，2006 年底美国将综合能源服务的研究工作上升到国家战略高度。在此之后，许多国家纷纷效仿制定了适合本国的综合能源的研究性计划，开始积极地探索综合能源服务。综合能源由此得到了巨大的发展，在基本的框架、内部的构成以及运行的方式上都取得了长足的进步。

（1）国外发展现状。西方发达国家是最早一批提出综合能源服务的地区，由欧盟主导陆续开展一大批具有大范围影响的综合能源项目。以德国为例，德国加强了能源和通信信息技术方面的协同，先后投资超过 2 亿欧元开发智能发电、智能储能及智能电网等项目，并以通信信息技术为框架构建高效能源系统，借助智能通信来调控不断增多的各类复杂用户的能源需求。

除欧盟外，美国也在积极推广综合能源服务。美国的能源业务主要由美国 DOE 能源部负责，包括相关政策的制定、能源价格的推动、能源使用的监管。在这种机制下，运作效率更高，有效促进了各能源的协调配合。在技术上，美国非常重视高效节能、高清洁性能源的发展，并先后开发了分布式能源及冷热电联供等能源服务。此外，在奥巴马时期，美国就将智能电网建设上升到国家战略层面，旨在传统电网基础上进行升级改造，打造出效能更高、安全性更好、更加灵活的智能供电模式。

日本是亚洲范围内最早推广综合能源服务的国家，更重视可再生能源的利用，旨在有效降低温室气体排放。2010 年，日本建立了智能社区技术，在智能社区能源系统中，不仅整合了传统的电力、热力及燃气等能源供应，还将交通、信息、医疗等内容相结合，覆盖全社会的各类能源供应，这种集成化管理更高效集中，节省了管理与服务成本。在客户管理上，根据客户业务情况，分成大客户及居民客户，采取差异化管理，更具针对性。

（2）国内发展现状。我国的综合能源起步比较晚，无论是技术层面还是人们的思想观念方面都落后于一些老牌的强国。但是我们有我们的优势，国家出台了一系列的相关文件鼓励新型能源的开发与利用。借助于迅速发展的互联网信息技术，相信在不久的将来，综合能源这种能源的体系可以逐步代替我们传统的化石能源，让我们的生活环境变得更加的美好，让我们的生活愈发地便利。

当前我国的综合能源服务处在发展初期阶段，综合能源服务主要有两大类型，一是产业融合方式，如发电、冷暖、光伏、燃气、天然气等能源的联产，配合智能技术，实现深加工。二是在售电业务基础上的综合服务，并把能源供应、节能、服务延伸等内容整合到一起。这种类型和前一种相比，对于产业基础的要求相对较低，同时也是百姓更能直观感受到的变革。

三、主要服务模式

综合能源服务实际上包含两层含义，即综合能源供应+综合能源服务。简单来说，就是不仅销售能源商品，还销售能源服务，包括能源规划设计、工程投资建设、多能源运营服务以及投融资服务等方面。这个概念提出代表着我国能源行业重心从"保障供应"转移到"以用户为中心的能源服务"。

国家电网发布《关于全面深化改革奋力攻坚突破的意见》的 2020 年 1 号文件中，综合能源服务的四大重点业务领域被进一步明确，其主要服务模式包括以下几种：

（1）供给端延伸型的综合能源服务。为社会提供电力、油气、燃气、热能等能源的企业处于能源生态链中的供给端，在过去仅负责"生产"，不参与流通和消费。新能源体制改革和区域能源互联网等新技术变革，为供给端实施产业链延伸提供了政策、制度和技术保障，进而使多元化的综合能源服务企业成为可能。

（2）网络传输端升级型的综合能源服务。按照新电改关于网运分离的政策，电网企业从过去以投资、建设、运营电网为核心业务，转变为负责输配环节业务，其盈利模式也由收取上网电价和销售电价价差转变为按照政府核定的输配电价收取过网费。

（3）消费端衍生型的综合能源服务。售电侧放开后，目前国内成立多家售电公司，其中最有可能发展为综合能源服务商的是具有增量配电网投资，拥有配电网运营权的售电公司，这类公司的定位是综合能源服务的盈利模式，除基本售电业务外，更多发展增值业务。

（4）技术、装备渗透型的综合能源服务。在分布式能源、区域能源互联网技术、节能改造技术、电能替代等方面具有优势的技术型企业，具有先进能源设备生产运营经验和雄厚技术基础的制造型企业，以及具有能效管理、合同能源管理领先水平的服务型企业，依托专业人才、关键技术、先进的能源管理理念、优秀的设计方案，都可能发展成为综合能源服务提供商。

四、综合能源服务的特点

综合能源服务本质上是由新技术革命、绿色发展、新能源崛起引发的能源产业结构重塑，从而推动以电为核心的新兴业态、商业模式、服务方式不断创新，其具有综合、互联、共享、高效、友好的特点。

（1）综合是指能源供给品种、服务方式、定制解决方案等的综合化。

（2）互联是指同类能源互联、不同能源互联以及信息互联。

（3）共享是指通过互联网平台实现能源流、信息流、价值流的交换与互动。

（4）高效是指通过系统优化配置实现能源高效利用。

（5）友好是指不同供能方式之间、能源供应与用户之间友好互动。

五、综合能源服务的意义

随着我国经济社会持续发展，能源生产和消费模式也在发生着重大转变，能源产业肩负着提高能源效率、保障能源安全、促进新能源消纳和推动环境保护等新使命。综合能源服务的重要意义主要有以下三个方面：

（1）有助于打破能源子系统间的壁垒。目前我国传统能源系统在提高能源利用效率和能源互补方面存在一些障碍。而综合能源系统可以接纳包括清洁能源在内的多种能源，提高各种能源的利用效率，促进能源系统之间的协调优化，实现多种能源的互补互济。

（2）有助于解决我国能源发展面临的挑战和难题。由于国际能源格局的变化，我国能源安全面对着清洁能源电力消纳难题和能源技术创新瓶颈等问题，而综合能源服务所衍生出的系统作为一种新型的能源供应、转换和利用系统对于规避能源供应风险、保障能源安全具有重要作用。

（3）有助于推动我国能源战略转型。当前，我国正处于能源转型关键时期，环境保护和能源安全将成为能源战略向多元化和清洁化方向转型的驱动力。综合能源服务有助于推动我国能源向低碳型、多元化、全方位国际合作转型。

第二节　综合能源服务典型分类与发展前景

综合能源服务业务的市场空间长期来看是一片蓝海市场，从宏观经济角度，我国经济从长期粗放式发展伴随高耗能、非环保的用能特点，将随着我国经济结构的转型释放出巨大的市场空间。

未来的综合能源服务公司，从专业性上分工，主要可分为以下四种类型：资产投资型、工程服务型、运营服务型、平台服务型。

1. 资产投资型

这类综合能源公司侧重于提供金融和投资相关服务，比如从事项目投资（合同能源管理本质上是一种投资型项目）、设备租赁（或者金融租赁）、融资、工程或者设备保险、资产证券化等业务。

其核心竞争力，一是融资能力，看谁的渠道多，融资成本低；二是投资管理能力，谁能找到更好的项目。其实目前电网公司下属的综合能源服务公司，更多的是金融投资型的能源服务公司。

2. 工程服务型

这类综合能源服务公司侧重于为投资方提供工程项目服务，比如之前跑路条就是一个专业服务，还包括勘察设计、土建安装、机电安装、工程调试等，还有就是提供工程总承包的 EPC 方。

目前一些电力设计院、传统的工程建设单位，由于专业内容接近，在未来的综合能源服务中的定位，更多的是在往这个方向发展。

工程服务型的综合能源公司，其商业模式一般是 BT（建设—移交），当然现在也有其他的模式，比如 BOT（建设—运行—移交）。但是就实际操作而言，O（运行）这个环节，未来会逐渐专业化，就像房地产集团是投资方、房地产项目公司是工程管理方，而未来的运行环节，就是物业公司，引申出第三种专业公司——运营服务方。

3. 运营服务型

运营服务方就是综合能源物业公司，比如 BOT、BOO、OOO 等各类带 O 的，都是运营服务的范围。以前的综合能源项目，比如分布式光伏、风电、三联供等，相对收益模式清晰，运行管理的技术复杂度不高，大多是少人维护，甚至可以免维护，所以对运维这块的管理要求不高。

未来随着设备复杂度和系统复杂度的增加，特别是商业模式从政府补贴型向客户收益型转换，必然需要更为专业的运维服务，提升客户满意度，确保能从客户那里收到能源服务相关费用，因此运营服务将会逐渐专业化，就像物业公司和4S店的汽车售后服务，甚至可能成为项目主要的利润贡献者。

综合能源的运营服务主要包括：调度运行（比如复杂的大型源网荷储项目）、巡视巡检、检修大修抢修、备品备件、运行优化等。运营服务一方面是后续收益的保障，另一方面也是建立长期客户黏性、深入企业用能服务内部的关键抓手。

4. 平台服务型

当市场高度成熟且开放，会有互联网+能源服务的平台服务型企业出现。这也是国网的"三型两网"，以及南网"数字南网"战略的核心，都把成为平台型、生态型企业作为转型的关键。但是传统能源企业向平台服务型企业转型，目前有两方面的困难：

一是市场和客户不够成熟，产业链上下游专业化、细分化完全不够。平台就像丛林，需要各种小草、灌木、大树和动物，当这些要素发育不够完善，所谓平台只是几颗参天大树加上一片荒漠。

二是平台型企业的定位问题。平台企业需要提供公平的第三方服务，比如客户互动、交易撮合、C2B拼团、信用评估和信用担保、金融服务。所有平台化业务的核心是：公平的第三方服务。但是当下的某些公司虽然提出平台化业务战略，现实是"既做运动员、又做裁判员、还要兼卖运动服装和矿泉水"。缺乏了严肃的第三方中立性，平台业务都是起不来的。

随着市场化水平的提升，以及补贴的退坡，未来综合能源服务领域的专业化趋势将逐渐明显，专业化的本质就是做自己擅长的事情，形成自己独特的专业DNA，然后通过产业分工合作形成大贸易格局，在这个格局下，会有少量头部的平台化企业出现，提供第三方独立的平台服务。

当下最重要的，不是高喊平台化口号，然后各种烧钱去做看似很互联网的事情，而是扎扎实实地把产业生态做起来，做好定位，不靠政府靠市场，政府维护好市场的公平公正，这样综合能源服务产业生态才能发展起来，平台化才有市场基础和民意基础。未来这类公司将发展为能源互联网+产业的模式，将能源互联网的服务融合到每一个不同的产业链里面，将综合能源服务于各行各业的发展。

从业务类别上分，综合能源服务主要可分为以下六类。

（1）综合能源输配服务业务。

这项业务主要包括：投资、建设和运营输配电网、微电网、区域集中供热/供冷网、油气管网等，并为客户提供多网络、多品种、基础性的能源输配服务，同时为其它能源服务业务的开展提供网络基础设施的支持。

（2）分布式能源开发与供应服务业务。

目前，各大发电企业、电网企业均积极向综合能源服务产业链的上游拓展，开展多种类型的分布式能源开发与供应服务，包括分散式风电、分布式光伏、生物质能发电、余热余压余气开发利用服务以及天然气三联供、区域集中供热/供冷站的投资、建设、运营服务等。

（3）综合能源系统建设与运营服务业务。

综合能源系统是指在某个区域内，利用先进技术与管理模式，整合热、电、冷、天然气、新能源等多种能源，实现多种能源间的交互响应和互补互济，在满足多种用能需求的同时，提高能源系统效率，促进能源可持续发展。综合能源系统是能源互联网的物理系统形态，具体形态可能包括：终端一体化集成供能系统；风光水火储多能互补系统；互联网+智慧能源系统；基于微电网的综合能源系统；基于增量配电网的综合能源系统等。

（4）节能服务业务。

节能服务是利用合同能源管理的方式，通过向客户提供技术、设备，转换能量以及利用设备节能等环节，实现经济效益并达到社会效益的系统性服务。节能服务的目的在于减少能源消耗、提高能效、降低污染排放等问题。

（5）综合储能服务业务。

储能对于提升能源系统的安全可靠性、经济性、绿色性具有多重价值，是我国能源变革的重大着力方向。储能技术多种多样，包括抽水蓄能、压缩空气储能、飞轮储能、电化学储能等。随着可再生能源和分布式能源的大规模利用以及电改的逐步深入，对储能服务的需求将会越来越大，储能服务未来发展形势乐观。

（6）综合智慧能源服务业务。

智慧能源服务是综合能源服务业务发展的重大新方向。综合智慧能源服务=能源互联网+智慧能源+综合能源服务，综合智慧能源服务可以充分满足用户多样化用能需求，创新能源消费方式，利用需求的差异化，实现用能需求的互补，同时发挥不同能源品种的协同优势，实现能源供给侧优化以及源、网、荷协同运营，最大限度促进清洁能源就地消纳，为用户提供高效、灵活、便捷、经济的能源供给和增值服务。未来智慧能源服务市场需求广泛，主要包括：能源生产消费智能化设施建设和运维服务、智慧节能服务、智慧用能服务、能源市场智能化交易服务等。

第三节　综合能源服务项目案例介绍

案例：《智慧综合能源监管平台：智能楼宇》

1. 背景需求

随着我国资源约束日益加剧，环境承载能力已经达到或接近上限，发展与资源环境之间的不协调，已成为经济社会可持续发展的突出矛盾。为了促进经济社会发展与资源环境相协调，借助信息技术手段，全面、准确、及时地掌握各地区、各行业能源消费情况，打造区域级智慧综合能源监管平台系统势在必行。这既是贯彻国家发展改革委及省委省政府决策部署，推进能源生产和消费革命、深化创新节能工作的需要，也是企业发掘节能潜力、提高能源管理精细化水平的需要，同时还有利于培育和发展节能环保等战略性新兴产业，为调整和优化产业结构发挥积极推动作用。

在"碳达峰、碳中和"双碳目标的大背景下，为客户提供绿色、低碳、环保、科技综合能源整体解决方案；与用户共建综合能源服务项目；为客户最大化获取电力体制改革红利。

2. 案例简介

（1）客户信息：项目总建筑面积为 4 万 m^2，其中地上 14 层，主要做办公使用，主要用电设备为空调、照明、电梯等，地下二层，为地下停车场以及部分暖通机房，该建筑设计进线电压为 10kV，双电源进线，一主一备，其中变压器数量二台，总容量为 4000kVA，总出线为 78 路。

（2）建设内容：智能楼宇以楼宇智能化、大楼管理智能化、能源管理可视化、平台管理集成化、用户体验扁平化为目标，融合多种元素。内容包含：智能访客管理系统、智能会议系统、智能楼宇自控系统、绿色节能管理、楼宇智能综合操作系统平台、可视化平台以及配套大屏建设。

3. 技术方案

（1）综合大屏展示（见图 19-1）：重点展示江苏综合能源监管平台中大厦用能与能效、访客管理、安防信息、运维告警等应用场景及信息。

图 19-1　综合大屏及监管中心展示

（2）综合楼宇管理系统（见图 19-2）：包含数据中台、负荷预测、智能运维、手机小程序等内容，为各类智慧应用提供数据服务，实现场景数据化、数据网格化、数据智能化、控制智能化。

（3）楼宇自控系统：通过与江苏综合能源监管平台进行对接，获取楼宇内用电、用水、用冷、用热等能耗信息，并对这些信息进行采集、存储、统计，对楼宇机电设备、分布式光伏系统进行优化管理和控制，达到统一调度和节能的目的。图 19-3 为智能楼宇数据中台。

（4）智慧应用场景：以提升人员舒适度和管理智能化为目标，构建智慧访客管理系统、智慧会议系统以及智慧工位。

4. 项目实施过程

本项目具体实施过程分三步进行：

第一步，建设平台基础支撑体系，充分运用物联网、大数据等数字化技术，通过安装采集端设备、与能耗系统数据集成、跨类别跨层级业务协同等方式，实现全楼层全品类设备能耗数据汇聚，经过数据收集、数据筛选、数据比对、数据校核，完成数据初始化工作，确保平台数据准确、可用、可靠。

第二步，基于平台完善的基础支撑体系，切合目标用户实际需求，完成用能在线监测、能耗数据可视化分析、能耗预警预测等相关应用上线。

第三步，基于平台数据上线试运行阶段，分析处理后台数据，不断优化后台算法及控制策略，在保证大楼办公人员舒适度的前提下，降低能源损耗。

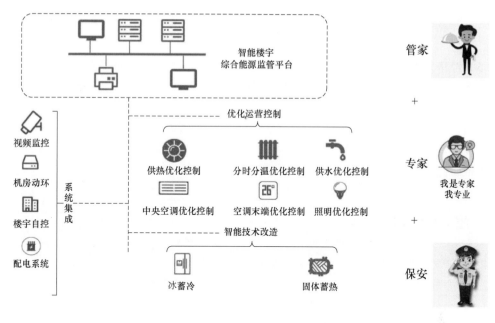

图 19-2　智能楼宇管理服务系统架构图

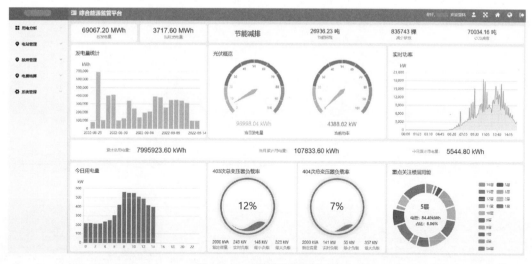

图 19-3　智能楼宇数据中台

5. 商业模式

本项目可采用经营性租赁模式，综合能源服务公司建设期间对项目进行融资、建设及相关服务，项目建成集平台搭建后租给大厦物业公司使用。

6. 项目亮点和意义总结

（1）应用暖通智控系统，通过前端室内环境检测感知系统收集数据，控制新风系统、空调系统，在保证人员舒适度的前提下，降低能源损耗。

（2）通过综合能源监管平台中的智能楼宇模块操作系统，采用 3D 建模技术，实现整栋楼宇能源、安防、环境等信息可视化。

（3）采用基于大数据和暖通模型相结合的负荷预测方法，大幅提升负荷预测的准确度。

（4）开发手机小程序，对接智能楼宇各类智能化子系统，实现设备及应用的轻量化操作。

（5）经济效益显著提升，相较于传统楼宇、采用照明、空调系统智能控制后，预计实现节电率约为 30%的目标，以 2021 年大厦用电量约为 300 万 kWh 电为基准，即年节约电费约 63 万元。

该项目的顺利实施，将作为公司综合能源服务领域智能楼宇建设的重要实践和良好示范，建设要素全、技术方案先进、智能化程度高，为在企业楼宇、商业楼宇、医院、学校等场景推广提供了样本。

 思考与练习

1．综合能源服务在国内、外的发展历程与现状是怎样的？

2．综合能源服务主要服务模式和服务内容大致可以分为哪些？

3．综合能源服务的特点、意义主要有哪些？

4．综合能源服务目前的典型分类及发展前景如何？

5．文中所提及到的关于综合能源服务的项目案例给我们带来哪些启示和思考，如何在今后的业务拓展及项目方案设计上得到更好地运用？

附录 1　中华人民共和国安全生产法（节选）

第一条　为了加强安全生产工作，防止和减少生产安全事故，保障人民群众生命和财产安全，促进经济社会持续健康发展，制定本法。

第二条　在中华人民共和国领域内从事生产经营活动的单位（以下统称生产经营单位）的安全生产，适用本法；有关法律、行政法规对消防安全和道路交通安全、铁路交通安全、水上交通安全、民用航空安全以及核与辐射安全、特种设备安全另有规定的，适用其规定。

第三条　安全生产工作坚持中国共产党的领导。

安全生产工作应当以人为本，坚持人民至上、生命至上，把保护人民生命安全摆在首位，树牢安全发展理念，坚持安全第一、预防为主、综合治理的方针，从源头上防范化解重大安全风险。

安全生产工作实行管行业必须管安全、管业务必须管安全、管生产经营必须管安全，强化和落实生产经营单位主体责任与政府监管责任，建立生产经营单位负责、职工参与、政府监管、行业自律和社会监督的机制。

第四条　生产经营单位必须遵守本法和其他有关安全生产的法律、法规，加强安全生产管理，建立健全全员安全生产责任制和安全生产规章制度，加大对安全生产资金、物资、技术、人员的投入保障力度，改善安全生产条件，加强安全生产标准化、信息化建设，构建安全风险分级管控和隐患排查治理双重预防机制，健全风险防范化解机制，提高安全生产水平，确保安全生产。

平台经济等新兴行业、领域的生产经营单位应当根据本行业、领域的特点，建立健全并落实全员安全生产责任制，加强从业人员安全生产教育和培训，履行本法和其他法律、法规规定的有关安全生产义务。

第五条　生产经营单位的主要负责人是本单位安全生产第一责任人，对本单位的安全生产工作全面负责。其他负责人对职责范围内的安全生产工作负责。

第六条　生产经营单位的从业人员有依法获得安全生产保障的权利，并应当依法履行安全生产方面的义务。

第七条　工会依法对安全生产工作进行监督。

生产经营单位的工会依法组织职工参加本单位安全生产工作的民主管理和民主监督，维护职工在安全生产方面的合法权益。生产经营单位制定或者修改有关安全生产的规章制度，应当听取工会的意见。

第二十条　生产经营单位应当具备本法和有关法律、行政法规和国家标准或者行业标准规定的安全生产条件；不具备安全生产条件的，不得从事生产经营活动。

第二十一条　生产经营单位的主要负责人对本单位安全生产工作负有下列职责：

（一）建立、健全本单位安全生产责任制；加强安全生产标准化建设；

（二）组织制定本单位安全生产规章制度和操作规程；

（三）组织制定并实施本单位安全生产教育和培训计划；

（四）保证本单位安全生产投入的有效实施；

（五）组织建立并落实安全风险分级管控和隐患排查治理双重预防工作机制，督促、检查本单位的安全生产工作，及时消除生产安全事故隐患；

（六）组织制定并实施本单位的生产安全事故应急救援预案；

（七）及时、如实报告生产安全事故。

第二十二条 生产经营单位的安全生产责任制应当明确各岗位的责任人员、责任范围和考核标准等内容。

生产经营单位应当建立相应的机制，加强对安全生产责任制落实情况的监督考核，保证安全生产责任制的落实。

第二十三条 生产经营单位应当具备的安全生产条件所必须的资金投入，由生产经营单位的决策机构、主要负责人或者个人经营的投资人予以保证，并对由于安全生产所必须的资金投入不足导致的后果承担责任。

有关生产经营单位应当按照规定提取和使用安全生产费用，专门用于改善安全生产条件。安全生产费用在成本中据实列支。安全生产费用提取、使用和监督管理的具体办法由国务院财政部门会同国务院安全生产监督管理部门征求国务院有关部门意见后制定。

第二十五条 生产经营单位应当对从业人员进行安全生产教育和培训，保证从业人员具备必要的安全生产知识，熟悉有关的安全生产规章制度和安全操作规程，掌握本岗位的安全操作技能，了解事故应急处理措施，知悉自身在安全生产方面的权利和义务。未经安全生产教育和培训合格的从业人员，不得上岗作业。

生产经营单位使用被派遣劳动者的，应当将被派遣劳动者纳入本单位从业人员统一管理，对被派遣劳动者进行岗位安全操作规程和安全操作技能的教育和培训。劳务派遣单位应当对被派遣劳动者进行必要的安全生产教育和培训。

生产经营单位接收中等职业学校、高等学校学生实习的，应当对实习学生进行相应的安全生产教育和培训，提供必要的劳动防护用品。学校应当协助生产经营单位对实习学生进行安全生产教育和培训。

生产经营单位应当建立安全生产教育和培训档案，如实记录安全生产教育和培训的时间、内容、参加人员以及考核结果等情况。

第二十六条 生产经营单位采用新工艺、新技术、新材料或者使用新设备，必须了解、掌握其安全技术特性，采取有效的安全防护措施，并对从业人员进行专门的安全生产教育和培训。

第二十七条 生产经营单位的特种作业人员必须按照国家有关规定经专门的安全作业培训，取得相应资格，方可上岗作业。

第三十一条 生产经营单位新建、改建、扩建工程项目（以下统称建设项目）的安全设施，必须与主体工程同时设计、同时施工、同时投入生产和使用。安全设施投资应当纳入建设项目概算。

第三十二条 生产经营单位应当在有较大危险因素的生产经营场所和有关设施、设备上，设置明显的安全警示标志。

第三十九条 生产、经营、储存、使用危险物品的车间、商店、仓库不得与员工宿舍在同一座建筑物内，并应当与员工宿舍保持安全距离。

生产经营场所和员工宿舍应当设有符合紧急疏散要求、标志明显、保持畅通的出口。

禁止锁闭、封堵生产经营场所或者员工宿舍的出口。

第四十一条　生产经营单位应当教育和督促从业人员严格执行本单位的安全生产规章制度和安全操作规程；并向从业人员如实告知作业场所和工作岗位存在的危险因素、防范措施以及事故应急措施。

第四十二条　生产经营单位必须为从业人员提供符合国家标准或者行业标准的劳动防护用品，并监督、教育从业人员按照使用规则佩戴、使用。

第四十三条　生产经营单位的安全生产管理人员应当根据本单位的生产经营特点，对安全生产状况进行经常性检查；对检查中发现的安全问题，应当立即处理；不能处理的，应当及时报告本单位有关负责人，有关负责人应当及时处理。检查及处理情况应当如实记录在案。

生产经营单位的安全生产管理人员在检查中发现重大事故隐患，依照前款规定向本单位有关负责人报告，有关负责人不及时处理的，安全生产管理人员可以向主管的负有安全生产监督管理职责的部门报告，接到报告的部门应当依法及时处理。

第四十七条　生产经营单位应当安排用于配备劳动防护用品、进行安全生产培训的经费。

第五十条　生产经营单位发生生产安全事故时，单位的主要负责人应当立即组织抢救，并不得在事故调查处理期间擅离职守。

第五十一条　生产经营单位必须依法参加工伤保险，为从业人员缴纳保险费。

国家鼓励生产经营单位投保安全生产责任保险；属于国家规定的高危行业、领域的生产经营单位，应当投保安全生产责任保险。具体范围和实施办法由国务院应急管理部门会同国务院财政部门、国务院保险监督管理机构和相关行业主管部门制定。

第五十二条　生产经营单位与从业人员订立的劳动合同，应当载明有关保障从业人员劳动安全、防止职业危害的事项，以及依法为从业人员办理工伤保险的事项。

生产经营单位不得以任何形式与从业人员订立协议，免除或者减轻其对从业人员因生产安全事故伤亡依法应承担的责任。

第五十三条　生产经营单位的从业人员有权了解其作业场所和工作岗位存在的危险因素、防范措施及事故应急措施，有权对本单位的安全生产工作提出建议。

第五十四条　从业人员有权对本单位安全生产工作中存在的问题提出批评、检举、控告；有权拒绝违章指挥和强令冒险作业。

生产经营单位不得因从业人员对本单位安全生产工作提出批评、检举、控告或者拒绝违章指挥、强令冒险作业而降低其工资、福利等待遇或者解除与其订立的劳动合同。

第五十五条　从业人员发现直接危及人身安全的紧急情况时，有权停止作业或者在采取可能的应急措施后撤离作业场所。

生产经营单位不得因从业人员在前款紧急情况下停止作业或者采取紧急撤离措施而降低其工资、福利等待遇或者解除与其订立的劳动合同。

第五十六条　生产经营单位发生生产安全事故后，应当及时采取措施救治有关人员。

因生产安全事故受到损害的从业人员，除依法享有工伤保险外，依照有关民事法律尚有获得赔偿的权利的，有权提出赔偿要求。

第五十七条　从业人员在作业过程中，应当严格落实岗位安全责任，遵守本单位的安全生产规章制度和操作规程，服从管理，正确佩戴和使用劳动防护用品。

第五十八条 从业人员应当接受安全生产教育和培训，掌握本职工作所需的安全生产知识，提高安全生产技能，增强事故预防和应急处理能力。

第五十九条 从业人员发现事故隐患或者其他不安全因素，应当立即向现场安全生产管理人员或者本单位负责人报告；接到报告的人员应当及时予以处理。

第六十一条 生产经营单位使用被派遣劳动者的，被派遣劳动者享有本法规定的从业人员的权利，并应当履行本法规定的从业人员的义务。

第九十五条 生产经营单位的主要负责人未履行本法规定的安全生产管理职责，导致发生生产安全事故的，由应急管理部门依照下列规定处以罚款：

（一）发生一般事故的，处上一年年收入百分之四十的罚款；

（二）发生较大事故的，处上一年年收入百分之六十的罚款；

（三）发生重大事故的，处上一年年收入百分之八十的罚款；

（四）发生特别重大事故的，处上一年年收入百分之一百的罚款。

第一百一十条 生产经营单位的主要负责人在本单位发生生产安全事故时，不立即组织抢救或者在事故调查处理期间擅离职守或者逃匿的，给予降级、撤职的处分，并由安全生产监督管理部门处上一年年收入百分之六十至百分之一百的罚款；对逃匿的处十五日以下拘留；构成犯罪的，依照刑法有关规定追究刑事责任。

生产经营单位的主要负责人对生产安全事故隐瞒不报、谎报或者迟报的，依照前款规定处罚。

第一百一十四条 发生生产安全事故，对负有责任的生产经营单位除要求其依法承担相应的赔偿等责任外，由应急管理部门依照下列规定处以罚款：

（一）发生一般事故的，处三十万元以上一百万元以下的罚款；

（二）发生较大事故的，处一百万元以上二百万元以下的罚款；

（三）发生重大事故的，处二百万元以上一千万元以下的罚款；

（四）发生特别重大事故的，处一千万元以上二千万元以下的罚款。发生生产安全事故，情节特别严重、影响特别恶劣的，应急管理部门可以按照前款罚款数额的二倍以上五倍以下对负有责任的生产经营单位处以罚款。

附录2　中华人民共和国电力法（节选）

第一条　为了保障和促进电力事业的发展，维护电力投资者、经营者和使用者的合法权益，保障电力安全运行，制定本法。

第二条　本法适用于中华人民共和国境内的电力建设、生产、供应和使用活动。

第三条　电力事业应当适应国民经济和社会发展的需要，适当超前发展。国家鼓励、引导国内外的经济组织和个人依法投资开发电源，兴办电力生产企业。

电力事业投资，实行谁投资、谁收益的原则。

第四条　电力设施受国家保护。

禁止任何单位和个人危害电力设施安全或者非法侵占、使用电能。

第五条　电力建设、生产、供应和使用应当依法保护环境，采取新技术，减少有害物质排放，防治污染和其他公害。

国家鼓励和支持利用可再生能源和清洁能源发电。

第七条　电力建设企业、电力生产企业、电网经营企业依法实行自主经营、自负盈亏，并接受电力管理部门的监督。

第十九条　电力企业应当加强安全生产管理，坚持安全第一、预防为主的方针，建立、健全安全生产责任制度。

电力企业应当对电力设施定期进行检修和维护，保证其正常运行。

第五十二条　任何单位和个人不得危害发电设施、变电设施和电力线路设施及其有关辅助设施。

在电力设施周围进行爆破及其他可能危及电力设施安全的作业的，应当按照国务院有关电力设施保护的规定，经批准并采取确保电力设施安全的措施后，方可进行作业。

第五十三条　电力管理部门应当按照国务院有关电力设施保护的规定，对电力设施保护区设立标志。

任何单位和个人不得在依法划定的电力设施保护区内修建可能危及电力设施安全的建筑物、构筑物，不得种植可能危及电力设施安全的植物，不得堆放可能危及电力设施安全的物品。

在依法划定电力设施保护区前已经种植的植物妨碍电力设施安全的，应当修剪或者砍伐。

第五十四条　任何单位和个人需要在依法划定的电力设施保护区内进行可能危及电力设施安全的作业时，应当经电力管理部门批准并采取安全措施后，方可进行作业。

第五十五条　电力设施与公用工程、绿化工程和其他工程在新建、改建或者扩建中相互妨碍时，有关单位应当按照国家有关规定协商，达成协议后方可施工。

第五十九条　电力企业或者用户违反供用电合同，给对方造成损失的，应当依法承担赔偿责任。

电力企业违反本法第二十八条、第二十九条第一款的规定，未保证供电质量或者未事先通知用户中断供电，给用户造成损失的，应当依法承担赔偿责任。

第六十条 因电力运行事故给用户或者第三人造成损害的，电力企业应当依法承担赔偿责任。

电力运行事故由下列原因之一造成的，电力企业不承担赔偿责任：

（一）不可抗力；

（二）用户自身的过错。

因用户或者第三人的过错给电力企业或者其他用户造成损害的，该用户或者第三人应当依法承担赔偿责任。

附录3 中华人民共和国消防法（节选）

第一条 为了预防火灾和减少火灾危害，加强应急救援工作，保护人身、财产安全，维护公共安全，制定本法。

第二条 消防工作贯彻预防为主、防消结合的方针，按照政府统一领导、部门依法监管、单位全面负责、公民积极参与的原则，实行消防安全责任制，建立健全社会化的消防工作网络。

第三条 国务院领导全国的消防工作。地方各级人民政府负责本行政区域内的消防工作。

各级人民政府应当将消防工作纳入国民经济和社会发展计划，保障消防工作与经济社会发展相适应。

第四条 国务院公安部门对全国的消防工作实施监督管理。县级以上地方人民政府公安机关对本行政区域内的消防工作实施监督管理，并由本级人民政府公安机关消防机构负责实施。军事设施的消防工作，由其主管单位监督管理，公安机关消防机构协助；矿井地下部分、核电厂、海上石油天然气设施的消防工作，由其主管单位监督管理。

县级以上人民政府其他有关部门在各自的职责范围内，依照本法和其他相关法律、法规的规定做好消防工作。

法律、行政法规对森林、草原的消防工作另有规定的，从其规定。

第五条 任何单位和个人都有维护消防安全、保护消防设施、预防火灾、报告火警的义务。任何单位和成年人都有参加有组织的灭火工作的义务。

第八条 地方各级人民政府应当将包括消防安全布局、消防站、消防供水、消防通信、消防车通道、消防装备等内容的消防规划纳入城乡规划，并负责组织实施。

城乡消防安全布局不符合消防安全要求的，应当调整、完善；公共消防设施、消防装备不足或者不适应实际需要的，应当增建、改建、配置或者进行技术改造。

第九条 建设工程的消防设计、施工必须符合国家工程建设消防技术标准。建设、设计、施工、工程监理等单位依法对建设工程的消防设计、施工质量负责。

第十条 对按照国家工程建设消防技术标准需要进行消防设计的建设工程，实行建设工程消防设计验收制度。

第十六条 机关、团体、企业、事业等单位应当履行下列消防安全职责：

（一）落实消防安全责任制，制定本单位的消防安全制度、消防安全操作规程，制定灭火和应急疏散预案；

（二）按照国家标准、行业标准配置消防设施、器材，设置消防安全标志，并定期组织检验、维修，确保完好有效；

（三）对建筑消防设施每年至少进行一次全面检测，确保完好有效，检测记录应当完整准确，存档备查；

（四）保障疏散通道、安全出口、消防车通道畅通，保证防火防烟分区、防火间距符合消防技术标准；

（五）组织防火检查，及时消除火灾隐患；

（六）组织进行有针对性的消防演练；

（七）法律、法规规定的其他消防安全职责。

单位的主要负责人是本单位的消防安全责任人。

第十八条 同一建筑物由两个以上单位管理或者使用的，应当明确各方的消防安全责任，并确定责任人对共用的疏散通道、安全出口、建筑消防设施和消防车通道进行统一管理。

住宅区的物业服务企业应当对管理区域内的共用消防设施进行维护管理，提供消防安全防范服务。

第十九条 生产、储存、经营易燃易爆危险品的场所不得与居住场所设置在同一建筑物内，并应当与居住场所保持安全距离。

生产、储存、经营其他物品的场所与居住场所设置在同一建筑物内的，应当符合国家工程建设消防技术标准。

第二十一条 禁止在具有火灾、爆炸危险的场所吸烟、使用明火。因施工等特殊情况需要使用明火作业的，应当按照规定事先办理审批手续，采取相应的消防安全措施；作业人员应当遵守消防安全规定。

进行电焊、气焊等具有火灾危险作业的人员和自动消防系统的操作人员，必须持证上岗，并遵守消防安全操作规程。

第二十二条 生产、储存、装卸易燃易爆危险品的工厂、仓库和专用车站、码头的设置，应当符合消防技术标准。易燃易爆气体和液体的充装站、供应站、调压站，应当设置在符合消防安全要求的位置，并符合防火防爆要求。

已经设置的生产、储存、装卸易燃易爆危险品的工厂、仓库和专用车站、码头，易燃易爆气体和液体的充装站、供应站、调压站，不再符合前款规定的，地方人民政府应当组织、协调有关部门、单位限期解决，消除安全隐患。

第二十三条 生产、储存、运输、销售、使用、销毁易燃易爆危险品，必须执行消防技术标准和管理规定。

进入生产、储存易燃易爆危险品的场所，必须执行消防安全规定。禁止非法携带易燃易爆危险品进入公共场所或者乘坐公共交通工具。

储存可燃物资仓库的管理，必须执行消防技术标准和管理规定。

第三十九条 下列单位应当建立单位专职消防队，承担本单位的火灾扑救工作：

（一）大型核设施单位、大型发电厂、民用机场、主要港口；

（二）生产、储存易燃易爆危险品的大型企业；

（三）储备可燃的重要物资的大型仓库、基地；

（四）第一项、第二项、第三项规定以外的火灾危险性较大、距离国家综合性消防救援队较远的其他大型企业；

（五）距离国家综合性消防救援队较远、被列为全国重点文物保护单位的古建筑群的管理单位。

第四十四条 任何人发现火灾都应当立即报警。任何单位、个人都应当无偿为报警提供便利，不得阻拦报警。严禁谎报火警。

人员密集场所发生火灾，该场所的现场工作人员应当立即组织、引导在场人员疏散。

任何单位发生火灾，必须立即组织力量扑救。邻近单位应当给予支援。

消防队接到火警，必须立即赶赴火灾现场，救助遇险人员，排除险情，扑灭火灾。

第五十二条 地方各级人民政府应当落实消防工作责任制，对本级人民政府有关部门履行消防安全职责的情况进行监督检查。

县级以上地方人民政府有关部门应当根据本系统的特点，有针对性地开展消防安全检查，及时督促整改火灾隐患。

第五十三条 消防救援机构应当对机关、团体、企业、事业等单位遵守消防法律、法规的情况依法进行监督检查。公安派出所可以负责日常消防监督检查、开展消防宣传教育，具体办法由国务院公安部门规定。

消防救援机构机构、公安派出所的工作人员进行消防监督检查，应当出示证件。

第五十八条 违反本法规定，有下列行为之一的，由住房和城乡建设主管部门、消防救援机构按照各自职权责令停止施工、停止使用或者停产停业，并处三万元以上三十万元以下罚款：

（一）依法应当进行消防设计审查的建设工程，未经依法审查或者审查不合格，擅自施工的；

（二）依法应当进行消防验收的建设工程，未经消防验收或者消防验收不合格，擅自投入使用的；

（三）本法第十三条规定的其他建设工程验收后经依法抽查不合格，不停止使用的；

（四）公众聚集场所未经消防安全检查或者经检查不符合消防安全要求，擅自投入使用、营业的。

建设单位未依照本法规定在验收后报住房和城乡建设主管部门备案的，由住房和城乡建设主管部门责令改正，处五千元以下罚款。

第六十条 单位违反本法规定，有下列行为之一的，责令改正，处五千元以上五万元以下罚款：

（一）消防设施、器材或者消防安全标志的配置、设置不符合国家标准、行业标准，或者未保持完好有效的；

（二）损坏、挪用或者擅自拆除、停用消防设施、器材的；

（三）占用、堵塞、封闭疏散通道、安全出口或者有其他妨碍安全疏散行为的；

（四）埋压、圈占、遮挡消火栓或者占用防火间距的；

（五）占用、堵塞、封闭消防车通道，妨碍消防车通行的；

（六）人员密集场所在门窗上设置影响逃生和灭火救援的障碍物的；

（七）对火灾隐患经公安机关消防机构通知后不及时采取措施消除的。

个人有前款第二项、第三项、第四项行为之一的，处警告或者五百元以下罚款。

有本条第一款第三项、第四项、第五项、第六项行为，经责令改正拒不改正的，强制执行，所需费用由违法行为人承担。

第六十一条 生产、储存、经营易燃易爆危险品的场所与居住场所设置在同一建筑物内，或者未与居住场所保持安全距离的，责令停产停业，并处五千元以上五万元以下罚款。生产、储存、经营其他物品的场所与居住场所设置在同一建筑物内，不符合消防技术标准的，依照前款规定处罚。

第六十三条 违反本法规定，有下列行为之一的，处警告或者五百元以下罚款；情节严重的，处五日以下拘留：

（一）违反消防安全规定进入生产、储存易燃易爆危险品场所的；

（二）违反规定使用明火作业或者在具有火灾、爆炸危险的场所吸烟、使用明火的。

第六十四条 违反本法规定，有下列行为之一，尚不构成犯罪的，处十日以上十五日以下拘留，可以并处五百元以下罚款；情节较轻的，处警告或者五百元以下罚款：

（一）指使或者强令他人违反消防安全规定，冒险作业的；

（二）过失引起火灾的；

（三）在火灾发生后阻拦报警，或者负有报告职责的人员不及时报警的；

（四）扰乱火灾现场秩序，或者拒不执行火灾现场指挥员指挥，影响灭火救援的；

（五）故意破坏或者伪造火灾现场的；

（六）擅自拆封或者使用被消防救援机构查封的场所、部位的。

第七十三条 本法下列用语的含义：

（一）消防设施，是指火灾自动报警系统、自动灭火系统、消火栓系统、防烟排烟系统以及应急广播和应急照明、安全疏散设施等。

（二）消防产品，是指专门用于火灾预防、灭火救援和火灾防护、避难、逃生的产品。

（三）公众聚集场所，是指宾馆、饭店、商场、集贸市场、客运车站候车室、客运码头候船厅、民用机场航站楼、体育场馆、会堂以及公共娱乐场所等。

（四）人员密集场所，是指公众聚集场所，医院的门诊楼、病房楼，学校的教学楼、图书馆、食堂和集体宿舍，养老院，福利院，托儿所，幼儿园，公共图书馆的阅览室，公共展览馆、博物馆的展示厅，劳动密集型企业的生产加工车间和员工集体宿舍，旅游、宗教活动场所等。

第七十四条 本法自 2019 年 4 月 23 日起施行。

附录4　中华人民共和国环境保护法（节选）

第一条　为保护和改善环境，防治污染和其他公害，保障公众健康，推进生态文明建设，促进经济社会可持续发展，制定本法。

第二条　本法所称环境，是指影响人类生存和发展的各种天然的和经过人工改造的自然因素的总体，包括大气、水、海洋、土地、矿藏、森林、草原、湿地、野生生物、自然遗迹、人文遗迹、自然保护区、风景名胜区、城市和乡村等。

第三条　本法适用于中华人民共和国领域和中华人民共和国管辖的其他海域。

第四条　保护环境是国家的基本国策。

国家采取有利于节约和循环利用资源、保护和改善环境、促进人与自然和谐的经济、技术政策和措施，使经济社会发展与环境保护相协调。

第五条　环境保护坚持保护优先、预防为主、综合治理、公众参与、损害担责的原则。

第六条　一切单位和个人都有保护环境的义务。

第二十二条　企业事业单位和其他生产经营者，在污染物排放符合法定要求的基础上，进一步减少污染物排放的，人民政府应当依法采取财政、税收、价格、政府采购等方面的政策和措施予以鼓励和支持。

第二十三条　企业事业单位和其他生产经营者，为改善环境，依照有关规定转产、搬迁、关闭的，人民政府应当予以支持。

第二十五条　企业事业单位和其他生产经营者违反法律法规规定排放污染物，造成或者可能造成严重污染的，县级以上人民政府环境保护主管部门和其他负有环境保护监督管理职责的部门，可以查封、扣押造成污染物排放的设施、设备。

第三十条　开发利用自然资源，应当合理开发，保护生物多样性，保障生态安全，依法制定有关生态保护和恢复治理方案并予以实施。引进外来物种以及研究、开发和利用生物技术，应当采取措施，防止对生物多样性的破坏。

第四十二条　排放污染物的企业事业单位和其他生产经营者，应当采取措施，防治在生产建设或者其他活动中产生的废气、废水、废渣、医疗废物、粉尘、恶臭气体、放射性物质以及噪声、振动、光辐射、电磁辐射等对环境的污染和危害。

排放污染物的企业事业单位，应当建立环境保护责任制度，明确单位负责人和相关人员的责任。

重点排污单位应当按照国家有关规定和监测规范安装使用监测设备，保证监测设备正常运行，保存原始监测记录。

严禁通过暗管、渗井、渗坑、灌注或者篡改、伪造监测数据，或者不正常运行防治污染设施等逃避监管的方式违法排放污染物。

第四十三条　排放污染物的企业事业单位和其他生产经营者，应当按照国家有关规定缴纳排污费。排污费应当全部专项用于环境污染防治，任何单位和个人不得截留、挤占或者挪作他用。

依照法律规定征收环境保护税的，不再征收排污费。

第四十四条　国家实行重点污染物排放总量控制制度。重点污染物排放总量控制指标由国务院下达，省、自治区、直辖市人民政府分解落实。企业事业单位在执行国家和地方污染物排放标准的同时，应当遵守分解落实到本单位的重点污染物排放总量控制指标。

对超过国家重点污染物排放总量控制指标或者未完成国家确定的环境质量目标的地区，省级以上人民政府环境保护主管部门应当暂停审批其新增重点污染物排放总量的建设项目环境影响评价文件。

第四十五条　国家依照法律规定实行排污许可管理制度。

实行排污许可管理的企业事业单位和其他生产经营者应当按照排污许可证的要求排放污染物；未取得排污许可证的，不得排放污染物。

第四十六条　国家对严重污染环境的工艺、设备和产品实行淘汰制度。任何单位和个人不得生产、销售或者转移、使用严重污染环境的工艺、设备和产品。

禁止引进不符合我国环境保护规定的技术、设备、材料和产品。

第五十五条　重点排污单位应当如实向社会公开其主要污染物的名称、排放方式、排放浓度和总量、超标排放情况，以及防治污染设施的建设和运行情况，接受社会监督。

第五十九条　企业事业单位和其他生产经营者违法排放污染物，受到罚款处罚，被责令改正，拒不改正的，依法作出处罚决定的行政机关可以自责令改正之日的次日起，按照原处罚数额按日连续处罚。

前款规定的罚款处罚，依照有关法律法规按照防治污染设施的运行成本、违法行为造成的直接损失或者违法所得等因素确定的规定执行。

地方性法规可以根据环境保护的实际需要，增加第一款规定的按日连续处罚的违法行为的种类。

第六十条　企业事业单位和其他生产经营者超过污染物排放标准或者超过重点污染物排放总量控制指标排放污染物的，县级以上人民政府环境保护主管部门可以责令其采取限制生产、停产整治等措施；情节严重的，报经有批准权的人民政府批准，责令停业、关闭。

第六十三条　企业事业单位和其他生产经营者有下列行为之一，尚不构成犯罪的，除依照有关法律法规规定予以处罚外，由县级以上人民政府环境保护主管部门或者其他有关部门将案件移送公安机关，对其直接负责的主管人员和其他直接责任人员，处十日以上十五日以下拘留；情节较轻的，处五日以上十日以下拘留：

（一）建设项目未依法进行环境影响评价，被责令停止建设，拒不执行的；

（二）违反法律规定，未取得排污许可证排放污染物，被责令停止排污，拒不执行的；

（三）通过暗管、渗井、渗坑、灌注或者篡改、伪造监测数据，或者不正常运行防治污染设施等逃避监管的方式违法排放污染物的；

（四）生产、使用国家明令禁止生产、使用的农药，被责令改正，拒不改正的。

附录 5　电力安全工作规程（节选）

第一部分：电力安全工作规程（热力和机械部分）

1　总则

1.1　通则

1.1.1　为了加强华能集团公司电力生产安全管理，规范各类工作人员的行为，保证人身和设备安全，依据国家有关法律、法规，结合电力生产的实际情况，制定本规程。

1.1.2　各级人员应牢记"安全第一，预防为主，综合治理"的安全生产方针，全面树立"安全就是信誉，安全就是效益，安全就是竞争力"的华能安全理念。

1.1.3　安全生产，人人有责。各级领导必须以身作则，要充分发动群众，依靠群众，发挥安全监督机构和群众性安全组织的作用，严格监督本规程的贯彻执行。

1.1.4　本规程适用于华能集团公司生产性企业。各级管理人员、生产技术人员、运行人员、检修人员以及本规程涉及到的有关人员均须认真学习本规程的全部或有关部分，并严格贯彻执行。热机系统管理和工作人员对本规程每年应考试一次。

1.1.5　企业必须对所有新进入员工和新入厂外来作业人员进行厂（公司）、车间（部门）、班组（岗位）的三级安全教育培训，告知作业现场和工作岗位存在的危险因素、防范措施及事故应急措施，并按本部分和其他相关安全规程的要求，考试合格后方可上岗作业。调整岗位人员，在上岗前必须学习本规程的有关部分，并经过考试合格后方可上岗。对于中断工作连续 1 个月以上人员，必须重新学习本规程，并经考试合格后，方能恢复工作。对外来参观、检查、指导人员，必须进行现场危险有害因素的告知，并在有关人员陪同下，方可进入现场。

1.1.6　各级领导应组织、教育职工学习和遵守本规程，督促检查规程中规定的安全设施和安全用具的完整齐全。班组长及以上岗位人员应负责和监督本规程的贯彻执行。

1.1.7　各级领导人员不准发出违反本规程的命令。工作人员接到违反本规程的命令，应拒绝执行。任何工作人员除自己严格执行本规程外，还应督促周围的人员遵守本规程。如发现有违反本规程者，应立即制止。

1.1.8　对认真遵守本规程者，应给予表扬和奖励。对违反本规程者，应认真分析，加强教育，分别情况，严肃处理。对造成事故者，应按情节轻重，予以处分。

1.1.9　各企业可根据现场情况制定补充规定和实施细则，但安全要求不得低于本规程，特殊情况下必须采取其他能保证安全的措施，并经本企业主管生产的副厂长（或总工程师）批准后执行。

1.2　生产区域和工作场所

1.2.1　新建或改、扩建项目应经过安全条件论证，平面布局合理。工程竣工后，安全设施应经过竣工验收。

1.2.2　厂房等主要建筑物、构筑物必须定期进行检查，结构应无倾斜、裂纹、风化、下塌、腐蚀的现象，门窗及锁扣应完整，化妆板等附着物固定牢固。

1.2.3　寒冷地区的厂房、烟囱、水塔、风机叶轮、叶片等处的冰溜子（覆冰），若有掉落伤人的危险时，应及时清除。如不能清除，应采取安全防护措施。厂房屋面板上不许堆放物件，对积灰、积雪、积冰应及时清除。厂房建筑物顶的排汽门、水门、管道应无因漏气、漏水而造成的严重结冰，以防压垮房顶。

1.2.4　厂区的道路应保持畅通。室外设备的通道上、厂区的主要道路有积雪或结冰时，应及时清除，室外作业场所路滑的地段应采取防滑措施。

1.2.5　易燃、易爆、有毒有害危险品，高噪声以及对周边环境可能产生污染的设备、设施、场所，在符合相关技术标准的前提下，应远离人员聚集场所。进入易燃易爆场所（氨站、氢站等）的机动车，必须有防火防爆措施。

1.2.6　工作场所必须设有符合规定照度的照明。主控制室、重要表计、主要楼梯、通道等地点，必须设有事故照明。工作地点应配有手持、移动式等应急照明。高度低于 2.5m 的电缆夹层、隧道应采用安全电压供电。

1.2.7　室内的通道应随时保持畅通，地面应保持清洁。

1.2.8　所有楼梯、平台、通道、栏杆都应保持完整、牢固。踏板及平台表面应防滑。在楼梯的始、末级应有明显的防踏空线标志。

1.2.9　门口、通道、楼梯和平台等处，不准放置杂物；电缆及管道不应敷设在经常有人通行的地板上；地板上临时放有容易使人绊跌的物件（如钢丝绳等）时，必须设置明显的警告标志。当过道上方存在距地面高度低于 2m 的物件时，必须设置明显的防碰头线标志。地面有油水、泥污等，必须及时清除，以防滑跌。

1.2.10　工作场所的井、坑、孔、洞或沟道，必须覆以与地面齐平的坚固盖板。在检修工作中如需将盖板取下，必须设有牢固的临时围栏，并设有明显的警告标志。临时打的孔、洞，施工结束后，必须恢复原状。

1.2.11　所有升降口、大小孔洞、楼梯和平台，必须装设不低于 1200mm 高的栏杆和不低于 180mm 高的护板。如在检修期间需将栏杆拆除时，必须装设牢固的临时遮拦和明显的警告标志，并在检修结束时将栏杆立即装回。原有高度 1000mm 或 1050mm 的栏杆可不作改动。

1.2.12　所有高出地面、平台 1.5m，需经常操作的阀门，必须设有便于操作，牢固的梯子或平台。

1.2.13　楼板、平台应有明显的允许荷载标志。

1.2.14　禁止利用任何管道、栏杆、脚手架悬吊重物和起吊设备。

1.2.15　在楼板和结构上打孔或在规定地点以外安装起重设备或堆放重物等，必须事先经过本单位有关技术部门的审核许可。规定放置重物及安装起重设备的地点应标以明显的标记，并标出界限和荷重限度。

1.2.16　生产厂房及仓库应备有必要的消防设施和消防防护装备，如：消防栓、水龙带、灭火器、砂箱、防火毯和其他消防工具以及正压式空气呼吸器、防毒面具等。消防设施和防护装备应定期检查和试验，保证随时可用。严禁将消防工具移作他用；严禁放置杂物妨碍消防设施、工具的使用。

1.2.17　禁止在工作场所存储易燃物品，例如：汽油、煤油、酒精、油漆、稀释剂等。运行中所需少量的润滑油和日常使用的油壶、油枪，必须存放在指定地点的储藏室内或密闭铁箱内。

1.2.18　生产厂房应备有带盖的铁箱，以便放置擦拭材料（抹布和棉纱头等），用过的擦拭材料应另放在废棉纱箱内。含有毒有害工业油品的废弃擦拭材料，应设置专用箱收集，定期处理。

1.2.19　所有高温的管道、容器等设备上都应有保温，保温层应保证完整。当环境温度在 25℃时，保温层表面温度不宜超过 50℃。

1.2.20　油管道不宜用法兰盘连接。在热体附近的法兰盘，必须装金属罩壳，热管道或其他热体保温层外必须再包上金属皮。如发现保温有渗油，应更换保温。

1.2.21　油管道的法兰、阀门以及轴承、调速系统等应保持严密不漏油，如有漏油现象，应及时修好，漏油应及时拭净。

1.2.22　生产厂房内外的电缆，在进入控制室、电缆夹层、开关柜等处的电缆孔洞，必须按相关规定用防火材料严密封闭，并沿两侧规定长度上涂以防火涂料或其他阻燃物质。

1.2.23　生产厂房的取暖用热源，应有专人管理。使用压力应符合取暖设备的要求，如用较高压力的热源时，必须装有减压装置，并装安全阀。安全阀应定期校验。

1.2.24　冬季室外作业采取临时取暖设施时，必须做好相应的防火措施，高处作业的场所必须设置紧急疏散通道。

1.2.25　进入煤仓、引水洞、阀门井等相对受限场所以及地下厂房等空气流动性较差的场所作业，必须事先进行良好的通风，并测量氧气、一氧化碳、可燃气等气体含量，确认不会发生缺氧、中毒、爆炸等情况，方可开始作业。作业时必须在外部设有监护人，随时与进入内部作业人员保持联络。进出人员应登记。

1.2.26　在高温场所作业时，应为工作人员提供足够的饮水、清凉饮料及防暑药品。对温度较高的作业场所必须增加通风设备，根据现场情况安排间歇作业并做好监护工作。

1.2.27　主控室、化验室等必要场所应配备急救箱，应根据生产实际存放相应的急救药品，并指定专人经常检查、补充或更换。

1.2.28　应根据生产场所、设备、设施可能产生的危险、有害因素的不同，分别设置明显的安全及职业危害警示、告知标志。

1.2.29　电梯在使用前应经有关部门检验合格，取得合格证并制订安全使用规定和定期检验维护制度等。电梯应有专责人负责维护管理，相关人员持证上岗。电梯的安全闭锁装置、自动装置、机械部分、信号照明等有缺陷时必须停止使用，并采取必要的安全措施，防止高空摔跌等伤亡事故。

1.2.30　冬季作业中对温度有特殊要求的工序，将分别采取搭设帐篷，使用电暖器或热风机等取暖设备，以确保作业的正常进行，应做好防触电、防火措施。

1.2.31　厂区内机动车行驶规定：

1.2.31.1　机动车在无限速标志的厂内主干道行驶时，在保证安全的情况下不得超过 20km/h。

1.2.31.2　机动车行驶下列厂内地点、路段或遇到特殊情况时，在保证安全的情况下不得超过 10km/h：

（1）在道口、交叉路口、装卸作业、人行稠密地段、下坡道、设有警告标志处或转弯、调头；

（2）结冰、积雪、积水的道路；

（3）恶劣天气能见度在 30m 以内时。

1.2.31.3　机动车行驶下列厂内地点、路段或遇到特殊情况时，在保证安全的情况下不得超过 5km/h：

（1）进出厂房、仓库大门、停车场、油库、加卸油区域、上下地中衡、危险地段、生产现场、倒车或拖带损坏车辆时；

（2）货运汽车载运易燃、易爆等危险货物时。

1.2.31.4　恶劣天气能见度在 5m 以内或道路最大纵坡在 6%以上且能见度在 10m 以内时，应停止行驶。

1.2.31.5　因特殊原因须超过上速规定的速度，应经本企业主管生产的副厂长（或总工程师）批准后执行。

1.2.31.6　执行应急救援任务的消防车、工程抢险车、救护车在保证安全的情况下，不受上述规定速度限制。

1.3　工作人员的条件和个人防护

1.3.1　新录用的工作人员应经过身体检查合格。工作人员至少两年进行一次身体检查。凡患有不适于担任热力和机械生产工作病症的人员，经相应资质的医疗机构鉴定后，按照国家有关法律法规，调换从事其他工作。

1.3.2　所有工作人员都应具备必要的安全救护知识，应学会紧急救护方法，特别要学会触电急救法、窒息急救法、心肺复苏法等，并熟悉有关烧伤、烫伤、外伤、气体中毒等急救常识。

1.3.3　使用易燃物品（如乙炔、氢气、油类、天然气、煤气等）的人员，必须熟悉这些材料的特性及防火防爆规则。

1.3.4　使用有毒危险品（如氯气、氨、汞、酸、碱）的人员，必须熟悉这些物质的特性及应急处理常识，防止不当施救。

1.3.5　使用有放射性物质（如钴、铯）的人员，必须熟悉放射防护及应急处理常识。

1.3.6　作业人员的着装不应有可能被转动的机械绞住的部分和可能卡住的部分，进入生产现场必须穿着合格的工作服，衣服和袖口必须扣好；禁止戴围巾，穿着长衣服、裙子。工作服禁止使用尼龙、化纤或棉、化纤混纺的衣料制作，以防遇火燃烧加重烧伤程度。工作人员进入生产现场，禁止穿拖鞋、凉鞋、高跟鞋；对接触高温物体、酸碱作业、易爆、带电设备、有毒有害、辐射等作业，必须穿专用的防护工作服、戴面罩、手套等。带电作业必须穿绝缘鞋。

1.3.7　油漆等挥发性液体作业时，应保持现场通风良好，工作人员戴防护口罩或防毒面具，现场应做好防火措施。

1.3.8　任何人进入生产现场（办公室、控制室、值班室和检修班组室除外），必须正确配戴安全帽。辫子、长发必须盘在帽内。

1.3.9　冬季在高寒地区的室外作业，必须穿防寒衣物及戴棉安全帽。

1.3.10　工作服、专用防护服，个人防护用品等应根据产品说明或实际情况定期进行更换或检验。

1.5　一般电气安全注意事项

1.5.1　所有电气设备的金属外壳均应有良好的接地装置。使用中不准将接地装置拆除或对其进行任何工作。

1.5.2　任何电气设备上的标示牌，除原来放置人员或负责的运行值班人员外，其他任何人员不准移动。

1.5.3　不准靠近或接触任何有电设备的带电部分，特殊许可的工作，应遵守华能集团公司《电力安全工作规程（电气部分）》中的有关规定。

1.5.4　严禁用湿手去触摸电源开关以及其他电气设备。

1.5.5　电源开关外壳和电线绝缘有破损不完整或带电部分外露时，应立即找电工修好，否则不准使用。

1.5.6　敷设临时低压电源线路，应使用绝缘导线。架空高度室内应大于2.5m，室外应大于4m，跨越道路应大于6m。严禁将导线缠绕在护栏、管道及脚手架上。所有临时电线在检修工作结束后，应立即拆除。

1.5.7　厂房内应合理布置检修电源箱。电源箱箱体接地良好，接地、接零标志清晰，分级配置漏电保安器，宜采用插座式接线方式，方便使用。

1.5.8　发现有人触电，应立即切断电源，使触电人脱离电源，并进行急救。如在高空工作，抢救时必须注意防止高处坠落。

1.5.9　遇有电气设备着火时，应立即将有关设备的电源切断，然后进行救火。对可能带电的电气设备以及发电机、电动机等，应使用干式灭火器、二氧化碳灭火器或六氟丙烷灭火器灭火；对油开关、变压器（已隔绝电源）可使用干式灭火器、六氟丙烷灭火器等灭火，不能扑灭时再用泡沫式灭火器灭火，不能扑灭时可用干砂灭火；地面上的绝缘油着火，应用干砂灭火。扑救可能产生有毒气体的火灾（如电缆着火等）时，扑救人员应使用正压式呼吸器。

1.5.10　在进入电缆沟、孔洞、密闭容器内工作前，必须进行充分通风，确认有足够的空气可供正常呼吸。

1.5.11　在室（内）外作业现场严禁乱拉临时电源，检修工作必要时，要将临时电源线架起并摆放整齐。电源线应使用橡胶电缆线，禁止使用花线或护套线。裸露电源线严禁使用，必要时将裸露电源部位用绝缘胶布包扎合格。

2　热力机械工作票

2.1　热力机械工作票的填用

2.1.1　凡在热力、机械和热控设备、系统上进行安装、检修、维护或试验的工作，需要对设备采取安全措施的或需要运行人员在运行方式、操作调整上采取保障人身、设备运行安全措施的，必须填用热力机械工作票或外包热力机械工作票（格式见附录B、C）。

2.1.2　严禁采取口头联系的方式在生产区域进行工作，凡在生产区域进行不需要办理工作票的工作，必须填用生产区域工作联系单或生产区域外包工作联系单（格式见附录D、E），由分管该工作区域的运行值班人员履行许可、终结手续，并记录备案。

2.1.3　工作票如附有措施票，必须在工作票上注明措施票的内容和编号，否则应填写"无"。

2.1.4　工作票安全措施中如涉及需要由继保、热控人员执行的安全措施时，必须在由继保、热控人员执行的安全措施栏内填写，并由继保、热控人员执行。

2.1.5 检修工作涉及动火作业时，应遵守 DL 5027《电力设备典型消防规程》的相关规定，同时，必须附动火作业措施票（格式见附录 G）。涉及有毒有害气体，缺氧环境、放射性作业时，必须附特殊作业措施票（格式见附录 H）。涉及继电保护、热控措施的必须附继热措施票（格式见附录 I）。措施票编号与工作票编号相同，可以手书，工作票上必须注明措施票张数。措施票执行及管理原则按工作票执行。

2.1.6 事故紧急抢修，经运行值班负责人许可后，使用事故紧急抢修单（见附录 F）。各企业应根据现场实际制定事故紧急抢修单的使用管理规定。事故紧急抢修系指：设备在运行中发生故障或严重缺陷、威胁到人身和设备安全而需要立即进行的抢修工作。

第二部分：电力安全工作规程（电气部分）

1 总则

1.1 为了加强华能集团公司各生产性企业的现场管理，规范各类工作人员的行为，保证人身、电网和设备安全，依据国家有关法律、法规，结合华能集团电力生产的实际情况，制定本规程。

1.2 安全生产，人人有责。各级领导必须以身作则，充分发动群众、依靠群众，发挥安全监督机构和群众性安全组织的作用，严格监督本规程的贯彻执行。

1.3 各级人员应牢记"安全第一，预防为主，综合治理"的安全生产方针，全面树立"安全就是信誉，安全就是效益，安全就是竞争力"的华能安全理念。

1.4 本规程适用于中国华能集团公司系统生产性企业。各级管理人员、生产技术人员、运行人员、检修人员以及本规程涉及到的有关人员均必须认真学习本规程，并严格贯彻执行；光伏发电的电气安全工作执行本规程。各企业可根据现场情况制定补充条款和实施细则，但安全要求不得低于本规程，并经本企业主管生产的副厂长（或总工程师）
批准后执行。

1.5 本规程适用于在运用中的电气设备上工作的一切人员。

所谓运用中的电气设备，指全部带有电压、一部分带有电压或一经操作即带有电压的电气设备。

1.6 各级领导人员不应发出违反本规程的命令。工作人员接到违反本规程的命令，应拒绝执行。任何工作人员除自己严格执行本规程外，还应督促周围的人员遵守本规程。如发现有违反本规程者，应立即制止。

1.7 作业现场的基本条件

1.7.1 作业现场的生产条件、安全设施、作业机具和安全工器具等应符合国家或行业标准规定的要求，安全工器具和劳动防护用品在使用前应确认合格、齐备。

1.7.2 现场使用的作业机具和安全工器具等应定期检验合格并符合有关要求。

1.7.3 各主控室、值班室、化验室等经常有人工作的场所及施工车辆上宜配备急救箱，根据生产实际存放相应的急救药品，并指定专人经常检查、补充或更换。

1.7.4 作业人员应掌握作业现场和工作岗位存在的危险因素、防范措施及事故应急措施。

1.8 电气工作人员应具备的基本条件

1.8.1 经医师鉴定，无妨碍工作的病症（体格检查每两年至少一次）。

1.8.2　具备必要的电气知识和业务技能，熟悉电气设备及其系统，且按其岗位和工作性质，熟悉本规程的有关部分，并经考试合格，持证上岗。

1.8.3　具备必要的安全生产知识和技能，学会紧急救护法（见附录 A），特别要掌握触电急救。

1.9　教育和培训

1.9.1　电气工作人员应接受相应的安全生产教育和岗位技能培训。

1.9.2　电气工作人员对本规程应每年考试一次。间断电气工作连续三个月以上者，必须重新温习本规程，并经考试合格后，方能恢复工作。

1.9.3　新参加电气工作的人员、实习人员和临时参加劳动的人员，应经过安全知识教育并经安规考试合格，方可进入现场随同参加指定的工作，但不得单独工作。

1.9.4　外单位参与华能集团公司系统电气工作的人员，应熟悉本规程、并经考试合格，方可参加工作。工作前本企业有关人员应告知现场电气设备接线情况、危险因素、防范措施及事故应急措施。

1.10　电气设备分为高压和低压两种：

高压电气设备：电压等级在 1000V 及以上者；

低压电气设备：电压等级在 1000V 以下者。

1.11　本规程所指的安全用具必须符合附录 B、附录 C 中的要求。

2　电气设备工作的基本要求

2.1　电气设备的运行值班工作

2.1.1　运行值班人员必须熟悉电气设备。单独值班人员或运行值班负责人还应有实际工作经验。

2.1.2　高压电气设备符合下列条件者，可由单人值班：

2.1.2.1　室内高压设备的隔离室设有安装牢固、高度大于 1.7m 的遮栏，遮栏通道门加锁；

2.1.2.2　室内高压断路器的操动机构用墙或金属板与该断路器隔离或装有远方操动机构。

单人值班不得单独从事修理工作。

2.1.3　不论高压设备带电与否，值班人员不得单独移开或越过遮栏进行工作；若有必要移开遮栏时，必须有监护人在场，并符合表 2-1 的安全距离。

表 2-1　　　　　　　　　　　设备不停电时的安全距离

电压等级（kV）	安全距离（m）
10 及以下（13.8）	0.70
20～35	1.00
60～110	1.50
220	3.00
330	4.00
500	5.00

注 1：表中未列电压等级按高一档电压等级安全距离。

注 2：750kV 数据是按海拔 2000m 校正，其他等级数据按海拔 1000m 校正。

2.1.4　10、20、35kV 户外（内）配电装置的裸露部分在跨越人行过道或作业区时，若导电部分对地高度分别小于 2.7（2.5）、2.8（2.5）、2.9m（2.6m），该裸露部分两侧和底部应装设护网。

2.1.5　户外 10kV 及以上高压配电装置场所的行车通道上，应根据表 2-2 设置行车安全限高标志。

表 2-2　　　　　车辆（包括装载物）外廓至无遮栏带电部分之间的安全距离

电压等级（kV）	安全距离（m）
35	1.15
63（66）	1.40
110	1.65（1.75[①]）
220	2.55
330	3.25
500	4.55
750	6.70[②]

注 1：括号内数字为 110kV 中性点不接地系统所使用。

注 2：750kV 数据是按海拔 2000m 校正，其他等级数据按海拔 1000m 校正。

2.1.6　室内母线分段部分、母线交叉部分及部分停电检修易误碰有电设备的，应设有明显标志的永久性隔离挡板（护网）。

2.1.7　待用间隔（母线连接排或连接线已经连上母线，但出线或出线设备尚未安装完毕的间隔）应有名称、编号，并列入运行管理范围。其隔离开关操作手柄、网门应加锁。

2.2　电气设备的巡视

2.2.1　经本企业批准允许单独巡视高压电气设备的人员巡视高压电气设备时，不得进行其他工作，不得移开或越过遮栏。

2.2.2　雷雨天气巡视室外高压电气设备时，应穿绝缘靴，不应使用伞具，不应靠近避雷器和避雷针。

火灾、地震、台风、冰雪、洪水、泥石流、沙尘暴等灾害发生时，如需要对电气设备进行巡视时，应制定必要的安全措施，得到电气设备运行单位分管领导批准，并至少两人一组，巡视人员应与派出部门之间保持通信联络。

2.2.3　高压电气设备发生接地时，室内人员不得接近故障点 4m 以内，室外不得接近故障点 8m 以内。进入上述范围人员必须穿绝缘靴，接触设备的外壳和架构时，应戴绝缘手套。

2.2.4　巡视配电装置，进入配电室，必须随手将门关闭；离开时，必须将门锁好。

2.2.5　配电室的钥匙至少应有三把，由运行值班人员负责保管，按值移交。一把专供紧急时使用，一把专供运行值班人员使用，其他可以借给许可单独巡视配电设备的人员和工作负责人使用，但必须登记签名，当日交回。

2.3　倒闸操作

2.3.1　倒闸操作应根据设备分管权限分别由电网调度员或值长（运行值班负责人）发

布命令，受令人复诵无误后执行。发布命令应准确、清晰、使用规范的操作术语和设备双重名称（即设备名称和编号）。发令人使用电话发布命令前，应先和受令人互报单位、姓名，并使用普通话。电网调度员发布命令的全过程（包括复诵命令）和向电网调度员汇报命令执行情况，都要录音并作好记录。

操作人员（包括监护人）应了解操作目的和操作顺序，对指令有疑问时应向发令人询问清楚无误后执行。

2.3.2　每份操作票只能填写一个操作任务。一个操作任务，系指根据同一个操作命令，且为了相同的操作目的而进行的一系列相互关联并依次进行的倒闸操作过程，其范围可以涉及几个电气连接部分和几个地点。

2.3.3　停电操作必须按照断路器——负荷侧隔离开关——母线侧隔离开关的顺序依次操作，送电操作应按与上述相反的顺序进行。严防带负荷拉合隔离开关。

2.3.4　为防止误操作，高压电气设备都应安装完善的防误操作闭锁装置，必要时加挂机械锁。防误闭锁装置不得随意退出运行，停用防误闭锁装置应经本企业主管生产的副厂长（或总工程师）批准；紧急情况时，需短时间解除防误闭锁装置进行操作的，必须经当班值长批准，并应按程序尽快投入。单人操作时，严禁解除防误闭锁装置。防误闭锁装置的解锁用具（包括钥匙）应妥善保管，按规定使用，不许乱用。机械锁要一把钥匙开一把锁，钥匙要编号并妥善保管。

2.3.10　电气操作有就地操作、遥控操作和程序操作三种方式。遥控操作、程序操作的设备应满足有关技术条件。正式操作前应进行模拟预演，确保操作步骤正确。

2.3.11　倒闸操作分类

2.3.11.1　监护操作：由两人共同完成的操作项目，其中一人对设备较为熟悉者作监护，另一人实施操作。

特别重要和复杂的倒闸操作，由熟练的运行值班人员操作，运行值班负责人监护。

2.3.16　电气设备停电后，即使是事故停电，在未拉开有关隔离开关和做好安全措施以前，不得触及设备或进入遮栏，以防突然来电。

2.3.17　在发生人身触电事故时，为了解救触电人，可以不经许可，即行断开有关设备的电源，但事后必须立即报告。雷电天气时，不宜进行电气操作，不应进行就地电气操作。

2.3.20　下列各项工作可以不用操作票：

2.3.20.1　事故处理；

2.3.20.2　拉合断路器的单一操作；

2.3.20.3　拉开全厂（站）仅有的一组接地开关（装置）或拆除仅有的一组接地线；

2.3.20.4　程序操作。

上述操作完成后应作好记录，事故处理应保存原始记录。

2.4.1.3　不停电工作系指：

（1）工作本身不需要停电并且不可能触及导电部分的工作。

（2）许可在带电设备外壳上或导电部分上进行的工作。

2.4.2　在高压电气设备上工作，必须遵守下列规定：

a）填用电气工作票或工作联系单；

b）至少应有两人在一起工作；

c）完成保证工作人员安全的组织措施和技术措施。

3 保证安全的组织措施

3.1 在电气设备上工作，保证安全的组织措施：

3.1.1 工作票制度。

3.1.2 工作许可制度。

3.1.3 工作监护制度。

3.1.4 工作间断、转移和终结制度。

3.2 工作票制度

3.2.1 在电气设备上工作，并需运行值班人员对设备采取措施的或在运行方式、操作调整上采取保障人身、设备运行安全措施的，必须填用电气工作票或外包电气工作票（格式见附录F、附录G）。带电作业或与带电设备距离小于表2-1规定的安全距离但按带电作业方式开展的不停电工作，填用电气带电作业工作票（见附录H）。

3.2.2 严禁采取口头联系的方式在生产区域进行工作，凡在生产区域进行不需要办理工作票的工作，必须填用生产区域工作联系单或生产区域外包工作联系单（格式见附录I、附录J），由分管该工作区域的运行值班人员履行许可、终结手续，并记录备案。

3.2.3 工作票和工作联系单应附有作业危险点（源）辨识预控措施卡（格式见附录K）。

3.2.4 检修工作涉及动火作业时必须附动火作业措施票（格式见附录L）。涉及有毒有害气体，缺氧环境、有限空间、放射性作业时，必须附特殊作业措施票（格式见附录M）。涉及继电保护、热控措施的必须附继热作业措施票（格式见附录N）。措施票编号与工作票编号相同，可以手书，工作票上必须注明措施票张数。

3.2.6 事故紧急抢修，经运行值班负责人许可后，使用事故紧急抢修单（格式见附录O）。各企业应根据现场实际制定事故紧急抢修单的使用管理规定。

事故紧急抢修指：设备在运行中发生故障或严重缺陷、威胁到人身和设备安全而需要立即进行的抢修工作。

节假日、夜间临时检修可以参照事故紧急抢修执行。如抢修时间超过8h或夜间检修工作延续到白班上班的均应办理或补办工作票。

3.3 工作许可制度

3.3.1 工作许可人在完成施工现场的安全措施后，还应完成以下工作：

a）会同工作负责人到现场再次检查所做的安全措施，对具体的设备指明实际的隔离措施，证明检修设备确无电压。

b）对工作负责人指明带电设备的位置和注意事项。

c）和工作负责人在工作票上分别确认、签名。

完成上述许可手续后，工作班方可开始工作。

3.3.2 工作负责人、工作许可人任何一方不得擅自变更安全措施，运行值班人员不得变更有关检修设备的运行方式。工作中如有特殊情况需要变更时，应事先取得对方的同意。变更情况及时记录在值班日志内。

3.4 工作监护制度

3.4.1 完成工作票许可手续后，工作负责人（监护人）、专责监护人应向工作班人员交待工作内容、人员分工、现场安全措施、带电部位和其他注意事项，进行危险点告知。工作负责人（监护人）、专责监护人必须始终在工作现场，对工作班人员的安全认真监护，及时纠正违反安全的行为。

3.5　工作间断、转移和终结制度

3.5.1　工作间断时，工作班人员应从工作现场撤出，所有安全措施保持不动，工作票仍由工作负责人执存。间断后继续工作，无需通过工作许可人。每日收工，应清扫工作地点，开放检修作业时临时封闭的通路。次日复工时，工作负责人必须事前重新认真检查安全措施是否符合工作票的要求后，方可工作。若无工作负责人或专责监护人带领，工作人员不得进入工作地点。

3.5.2　工作票未办理终结手续，在未采取可靠安全措施前任何人员不准将停电设备送电。

4　保证安全的技术措施

4.1　在全部停电或部分停电的电气设备上工作，必须完成下列措施：

4.1.1　停电。

4.1.2　验电、装设接地线。

4.1.3　悬挂标示牌和装设遮栏。

在电气设备上工作，保证安全的技术措施由运行人员或有操作资格的人员执行。工作中所使用的绝缘安全工器具应满足附录 B 的要求。

4.2　停电

4.2.1　必须停电的设备如下：

4.2.1.1　检修设备。

4.2.1.2　与工作人员在进行工作中正常活动范围的距离小于表 4-1 规定的设备。

表 4-1　　　　　　　　工作人员工作中正常活动范围与带电设备的安全距离

电压等级（kV）	安全距离（m）
10 及以下（13.8）	0.35
20～35	0.6
60～110	1.50
220	3.00
330	4.00
500	5.00
750	8.00

注 1：表中未列电压等级按高一挡电压等级安全距离。

注 2：750kV 数据按海拔 2000m 校正，其他等级数据按海拔 1000m 校正。

4.2.1.3　工作人员与 35kV 及以下设备的距离大于表 4-1 规定，但小于表 2-1 规定，同时又无绝缘隔板、安全遮栏等措施的设备。

4.2.1.4　带电部分邻近工作人员，且无可靠安全措施的设备。

4.2.1.5　其他需要停电的设备。

4.3.1　装设接地线必须由两人进行。若为单人值班，只允许使用接地开关接地。人体不应碰触未接地的导线。

在全封闭的电气间隔装设接地线宜由检修人员配合运行人员进行。

4.3.2　装设接地线必须先接接地端，后接导体端，接地线应接触良好，连接可靠。拆接地线的顺序与此相反。装、拆接地线均应使用绝缘棒和戴绝缘手套，人体不应碰触接地线。

4.4　悬挂标示牌和装设遮栏（标示牌式样见附录 P）

4.4.1　在一经合闸即可送电到工作地点的断路器和隔离开关的操作把手上，均应悬挂"禁止合闸，有人工作！"的标示牌。

如果线路上有人工作，应在线路断路器和隔离开关操作把手上悬挂"禁止合闸，线路有人工作"的标示牌。

在计算机显示屏上操作的断路器和隔离开关操作处，应设置"禁止合闸，有人工作！"或"禁止合闸，线路有人工作！"的标记。

4.4.3　在室内高压设备上工作，应在工作地点两旁及对侧运行设备间隔的遮栏上和禁止通行的过道遮栏上悬挂"止步，高压危险！"的标示牌。

4.4.6　在工作地点悬挂"在此工作"的标示牌。

4.4.8　禁止工作人员在工作中移动或拆除遮栏和标示牌。